高等教育土木建筑类专业新形态教材

土木工程制图

（第3版）

主　编　张　郁　聂　瑞

副主编　岳文萍　田呈林

　　　　石丽辉　孙国宁

参　编　路　程

北京理工大学出版社

BEIJING INSTITUTE OF TECHNOLOGY PRESS

内容提要

本书是根据土建制图方面的有关国家标准，以及适应当前高等教育合理调整系科和专业设置、拓宽专业面、优化课程结构、精选教学内容等发展趋势而编写的。本书的主要内容包括绪论，制图基本知识，投影基本知识，点、直线和平面的投影，投影变换，平面立体，曲面立体，轴测图，组合体的投影图，建筑形体表达，标高投影，透视投影，建筑施工图，结构施工图，建筑给水排水施工图，道路桥梁工程图和计算机绘图。

本书可作为高等学校土木类、建筑类、工程管理类、工程造价类等各专业及相近专业教材，也可作为工程技术人员的自学和参考用书。

图书在版编目（CIP）数据

土木工程制图 / 张郁，聂瑞主编. -- 3版. -- 北京：北京理工大学出版社，2022.6（2022.7重印）

ISBN 978-7-5763-0286-8

Ⅰ. ①土… Ⅱ. ①张… ②聂… Ⅲ. ①土木工程－建筑制图－高等学校－教材 Ⅳ. ①TU204

中国版本图书馆CIP数据核字(2021)第177591号

出版发行 / 北京理工大学出版社有限责任公司
社　　址 / 北京市海淀区中关村南大街5号
邮　　编 / 100081
电　　话 /（010）68914775（总编室）
（010）82562903（教材售后服务热线）
（010）68944723（其他图书服务热线）
网　　址 / http://www.bitpress.com.cn
经　　销 / 全国各地新华书店
印　　刷 / 北京紫瑞利印刷有限公司
开　　本 / 787毫米×1092毫米　1/16
印　　张 / 19.5
插　　页 / 12
字　　数 / 526千字
版　　次 / 2022年6月第3版　2022年7月第2次印刷
定　　价 / 58.00元

责任编辑 / 江　立
文案编辑 / 江　立
责任校对 / 周瑞红
责任印制 / 边心超

第3版前言

本书是在《土木工程制图》第2版的基础上，结合高等院校教育教学改革的实践经验，为适应应用型人才培养的需要修订而成的。

为了进一步满足高等院校教育教学工作的需要，编者在第2版的基础上，结合近年来土木工程制图的教学实践，按照教育部高等学校工程图学课程教学指导委员会修订发布的普通高等学校工程图学课程教学基本要求，对本书进行修订。另外，在本书使用过程中，相关院校的师生也对本书提出了很多宝贵意见和建议，本次修订时据此对内容进行了调整与完善。

本次修订主要进行了以下工作：

1. 本次修订增加了标高投影、透视投影、道路桥梁工程图等内容，以利于扩展学生的知识。

2. 为方便教师授课，编者结合多年的土木工程制图教学工作经验，制作并配备了教学课件。

3. 结合线上学习的特点，本次修订在部分例题及相关知识点处配备了丰富的教学资源，以二维码形式呈现，读者通过扫描二维码可观看相关教学内容和动画演示。

另外，与本书配套使用的《土木工程制图习题集》另行编写出版。

本书由西京学院张郁、陕西国防工业职业技术学院聂瑞担任主编，由西京学院岳文萍、田呈林、石丽辉、孙国宁担任副主编，西京学院路程参与编写。具体编写分工为：聂瑞编写第1章，张郁、孙国宁编写绪论、第2～11章，岳文萍、路程编写第12～14章，石丽辉编写第15章，田呈林编写第16章；同时，各位老师也参与制作了教材配套的课件和微视频。本书修订过程中，得到了北京理工大学出版社和西京学院以及兄弟院校教师们的大力支持，在此表示衷心的感谢！

由于编者的水平有限，编写时间仓促，书中难免存在疏漏及不妥之处，恳请广大读者批评指正。

编　者

第2版前言

本书是在《土木工程制图》第1版的基础上，结合高等院校教育教学改革的实践经验，为适应应用型人才培养的需要而修订的。

本书基本上保持第1版的体系和特点，主要作了以下调整和修订：

1. 采用新制图标准《房屋建筑制图统一标准》（GB/T 50001—2010）、《总图制图标准》（GB/T 50103—2010）、《建筑制图标准》（GB/T 50104—2010）、《建筑结构制图标准》（GB/T 50105—2010）、《给水排水制图标准》（GB/T 50106—2010）、相应的“条文说明”及有关的技术制图标准和新规范。

2. 根据教材体系力求体现高等应用性人才培养的办学宗旨，教材内容的取舍贯彻以应用为目的、以“必需、够用”为度的原则，精简画法几何内容，适当增强专业图和计算机绘图内容。考虑第1版中第12章单层工业厂房的内容与第10、11章大同小异，其施工图可用第10、11章所介绍的方法原理来绘制，故删去第1版中的第12章单层工业厂房施工图，取而代之的是建筑给水排水施工图，以扩展读者的知识。

3. 为了便于初学者的学习，本书调整了工程实例附图，包括一套民用建筑建筑施工图和结构施工图。

4. 对第1版中存在的问题进行修正。对第1版中的部分插图进行更新、修改和完善。

另外，与本书配套的习题集《土木工程制图习题集》另行编写出版，与教材配套使用。

本书由张郁、岳亚峰主编。参加编写的人员及分工为：张郁编写绪论，第1、2、3章，第9章的第2、3节；宋永军编写第4、7章；权娟娟编写第5、13章以及第9章的第1节；张海龙编写第8、11章；杨少斌编写第6章；田晓艳编写第10、11章并绘制附图；殷颖迪编写第12章。

由于编者的水平有限，时间仓促，书中难免存在缺点和错误，恳请使用本书的教师、同学及广大读者批评指正。

编　者

第1版前言

在建筑工程中，无论是建造巍峨壮丽的高楼大厦还是简单的房屋，都要根据设计完善的图纸才能进行施工。建筑物的形状、大小、结构、设备、装修等，都不能用语言或文字描述清楚，但图纸可以借助一系列的图样，将建筑物的艺术造型、外表形状、内部布置、结构构造、各种设备、地理环境以及其他施工要求，准确详尽地表达出来，作为施工的依据。所以图纸是建筑工程中不可或缺的重要技术资料。所有从事工程技术的人员，都首先必须掌握制图的技能。工程图一直被称为工程界的共同语言，它还是一种国际性的语言，各国的工程图都是根据投影理论绘制出来的。因此，掌握一国的绘图技术就不难看懂其他国家或地区的图纸。各国的工程界相互之间经常以工程图为媒介进行交流讨论，引进技术、技术改革等活动。总之，凡是从事工程的设计、施工、管理的技术人员都离不开图纸。

本书主要介绍土木工程制图的一般理论和绘图方法，紧密结合专业。注重从投影理论到制图实践的应用，遵循国家规范，力求反映近年来土木工程专业的发展水平。

本书由张郁任主编，权娟娟、宋勇军、张海龙任副主编。

本书编写分工为：绪论、第1、2、3章由张郁编写，第4、7章由宋勇军编写，第5、12、13章以及第9章的第1节由权娟娟编写，第8、10、11章由张海龙编写，第6章由杨少斌编写，第9章的第2、3节由张郁和杜春玲共同编写。

本书编写过程中得到了很多教师的大力支持，在此深深表示感谢。

限于编者的水平，且编写时间仓促，书中难免存在缺点和错误，恳请使用本书的教师、同学及广大读者批评指正。

编　者

目 录

绪　论

1. 本课程的性质、目的和任务

在建筑工程中，无论是建造巍峨壮丽的高楼大厦，还是简单的房屋，都要根据设计完善的图纸，才能进行施工。建筑物的形状、大小、结构、设备、装修等，都不能用人类的语言或文字描述清楚。但图纸可以借助一系列的图样，将建筑物的艺术造型、外表形状、内部布置、结构构造、各种设备、地理环境以及其他施工要求，准确、详尽地表达出来，以此作为施工的依据。所以图纸是建筑工程中不可或缺的重要技术资料。所有从事工程技术的人员，都必须掌握制图的技能。否则，不会读图，就无法理解别人的设计意图；不会画图，就无法表达自己的构思。因此，工程图一直被称为工程界的共同语言。工程图还是一种国际性的语言，各国的工程图都是根据投影理论绘制出来的。因此掌握一国的绘图技术就不难看懂他国的图纸。各国的工程界相互之间经常以工程图为媒介进行交流讨论、技术引进、技术改革等活动。总之，凡是从事工程的设计、施工、管理的技术人员都离不开图纸。

本课程是一门研究用投影法绘制工程图样的理论和方法的技术基础课。其主要目的是让学生了解国家的有关制图标准，培养绘制、阅读土木工程图样的基础能力和空间想象能力。本课程是土建类专业必修的一门专业技术基础课。

本课程的主要任务：

(1)学习投影法(主要是正投影法)的基本理论及其运用。

(2)学习贯彻国家相关的制图标准和其他规定。

(3)培养绘制和阅读房屋建筑工程图样的基本能力。

(4)培养空间几何问题的图解能力以及空间想象能力和空间分析能力。

(5)使学生对计算机绘图有初步了解。

(6)培养认真负责的工作态度和严谨治学的工作作风。

2. 本课程的学习方法

本课程分为画法几何、制图基础、土木工程图和计算机绘图四个部分。画法几何部分主要是学习投影理论，它的特点是系统性强、逻辑严密，而且与初等几何(特别是立体几何)联系紧密；制图基础主要是学习制图的基础知识和图样画法及其相关的国家标准；土木工程图主要是对土木工程实例图样的绘制和阅读；计算机绘图主要是学习计算机绘图软件的应用。在学习中，要注意：

(1)学习画法几何部分时，要深刻领会基本概念，掌握基本原理，养成空间思维习惯，要多练习、勤思考，必须注意稳扎稳打，循序渐进。

(2)学习制图基础部分时，要自觉培养正确使用绘图工具仪器的习惯，严格遵守国家颁布的制图标准，会查阅相关的制图标准，培养自学能力和图形表达能力。

(3)学习土木工程图时，要结合工程实例，掌握工程图的图示方法和图示内容，逐步掌握绘制和阅读工程图的基本方法和基本技能。

(4)学习计算机绘图时，在了解了绘图软件的基本命令、基本方法的前提下，要尽可能多地上机操作实践，才能运用自如，达到利用计算机绘制高水平图样的目的。

第 1 章　制图基本知识

1.1　制图基本规定

为了使建筑制图规格基本统一，图面清晰简明，提高制图效率，保证图面质量，符合设计、施工、存档的要求，以适应工程建设的需要，国家颁布了一系列制图标准和规范，有《技术制图》中的相关国家标准(包括 ISO TC/10 的相关标准)及建筑制图的国家标准，包括总纲性质的《房屋建筑制图统一标准》(GB/T 50001—2017)和专业部分的《总图制图标准》(GB/T 50103—2010)、《建筑制图标准》(GB/T 50104—2010)、《建筑结构制图标准》(GB/T 50105—2010)、《建筑给水排水制图标准》(GB/T 50106—2010)、《暖通空调制图标准》(GB/T 50114—2010)。本书依据上述标准和规范编写而成。

制图国家标准是所有工程人员在设计、施工、管理过程中都必须遵守和执行的国家法令。我们每个人都应养成严格遵守国家法令的优良品质和严谨的工作作风。

1.1.1　图纸幅面

图纸幅面是指图纸宽度与长度组成的图面，可简称为“幅面”。

1. 幅面的大小

为了便于绘制、使用和保管，图样均应画在具有一定规格和幅面的图纸上。绘制图样时，应优先采用表 1-1 所规定的基本幅面，必要时，也允许按规定加长幅面。

表 1-1　幅面及图框尺寸　mm

幅面代号 / 尺寸代号	A0	A1	A2	A3	A4
$b\times l$	841×1 189	594×841	420×594	297×420	210×297
c	10			5	
a	25				

注：表中 b 为幅面短边尺寸，l 为幅面长边尺寸，c 为图框线与幅面线间的宽度，a 为图框线与装订边间的宽度。

从表 1-1 中可以看出，基本幅面的长边是短边的$\sqrt{2}$倍，A0 幅面的面积为 1 m^2，沿上一号图纸的长边对裁即可得次一号图纸的大小。当采用加长幅面时，一般不应加长短边，长边加长尺寸列于表 1-2 中。

表 1-2　图纸长边加长尺寸　mm

幅面尺寸	长边尺寸	长边加长后的尺寸			
A0	1 189	1 486 (A0+1/4l)	1 783 (A0+1/2l)	2 080 (A0+3/4l)	2 378 (A0+l)

续表

幅面尺寸	长边尺寸	长边加长后的尺寸					
A1	841	1 051 (A1+1/4l)	1 261 (A1+1/2l)	1 471 (A1+3/4l)	1 682 (A1+l)	1 892 (A1+5/4l)	2 102 (A1+3/2l)
A2	594	743 (A2+1/4l) 1 635 (A2+7/4l)	891 (A2+1/2l) 1 783 (A2+2l)	1 041 (A2+3/4l) 1 932 (A2+9/4l)	1 189 (A2+l) 2 080 (A2+5/2l)	1 338 (A2+5/4l)	1 486 (A2+3/2l)
A3	420	630 (A3+1/2l) 1 892 (A3+7/2l)	841 (A3+l)	1 051 (A3+3/2l)	1 261 (A3+2l)	1 471 (A3+5/2l)	1 682 (A3+3l)
注：有特殊需要的图纸，可采用$b \times l$为 841 mm×891 mm 与 1 189 mm×1 261 mm 的幅面。							

一个设计过程中，每个专业所使用的图纸不宜多于两种幅面，不含目录及表格所采用的 A4 幅面。

2. 图框和图纸格式

图框是图纸上限制绘图区域的边线。在绘制图样时，图纸上必须用粗实线画出图框，一般工程图纸均需装订，故需留出装订边，其格式随图纸分为横式和立式两种。图纸以短边作为垂直边使用的称为横式，以短边作为水平边使用的称为立式。一般 A0～A3 图纸宜横式使用；必要时，也可立式使用，如图 1-1 所示，尺寸按表 1-2 的规定选择。

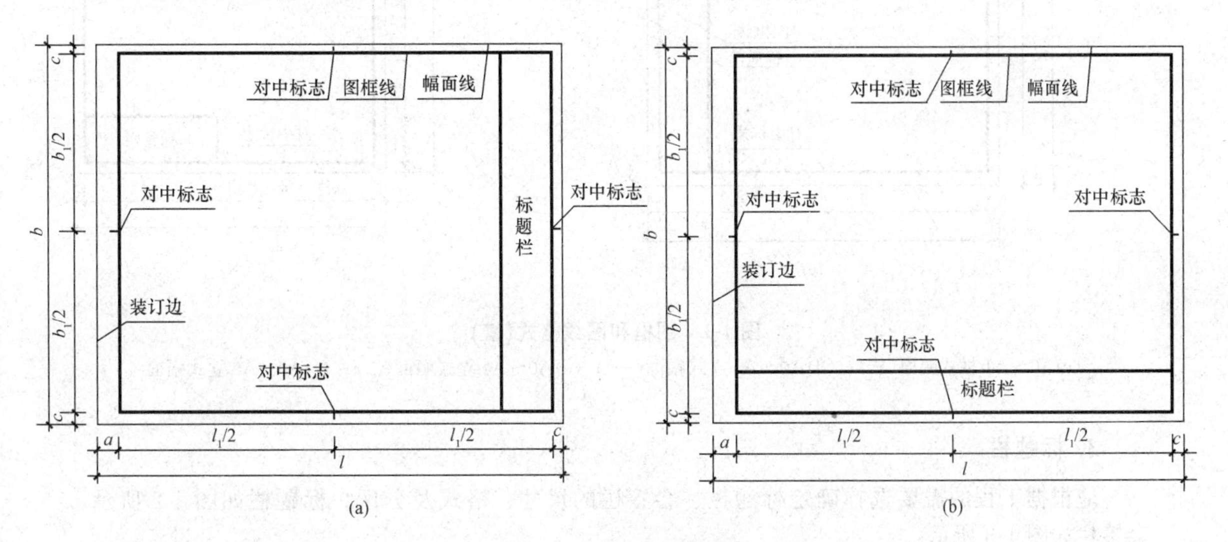

图 1-1 图框和图线格式

(a)A0～A3 横式幅面(一)；(b)A0～A3 横式幅面(二)

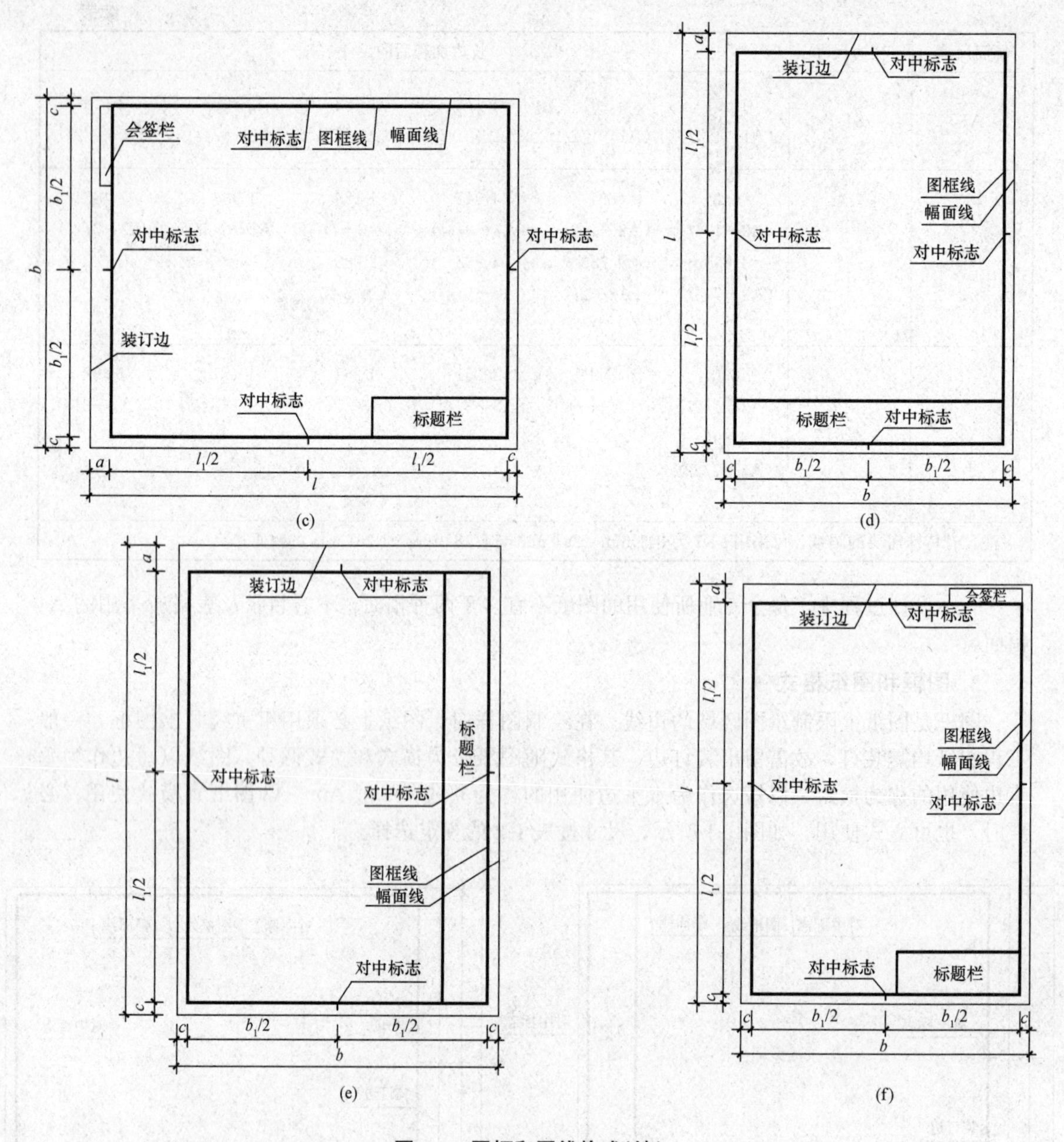

图 1-1　图框和图线格式(续)

(c)A0～A1 横式幅面(三)；(d)A0～A4 立式幅面(一)；(e)A0～A4 立式幅面(二)；(f)A0～A2 立式幅面

3. 标题栏

应根据工程的需要选择确定标题栏、会签栏的尺寸、格式及分区。标题栏如图 1-2 所示，会签栏如图 1-3 所示。

1.1.2　字体

图纸上有各种符号、字母代号、尺寸数字及文字说明，为了使图样的字体整齐、美观、清晰，书写时必须做到字体工整、笔画清楚、间隔均匀、排列整齐、标点符号清楚正确。

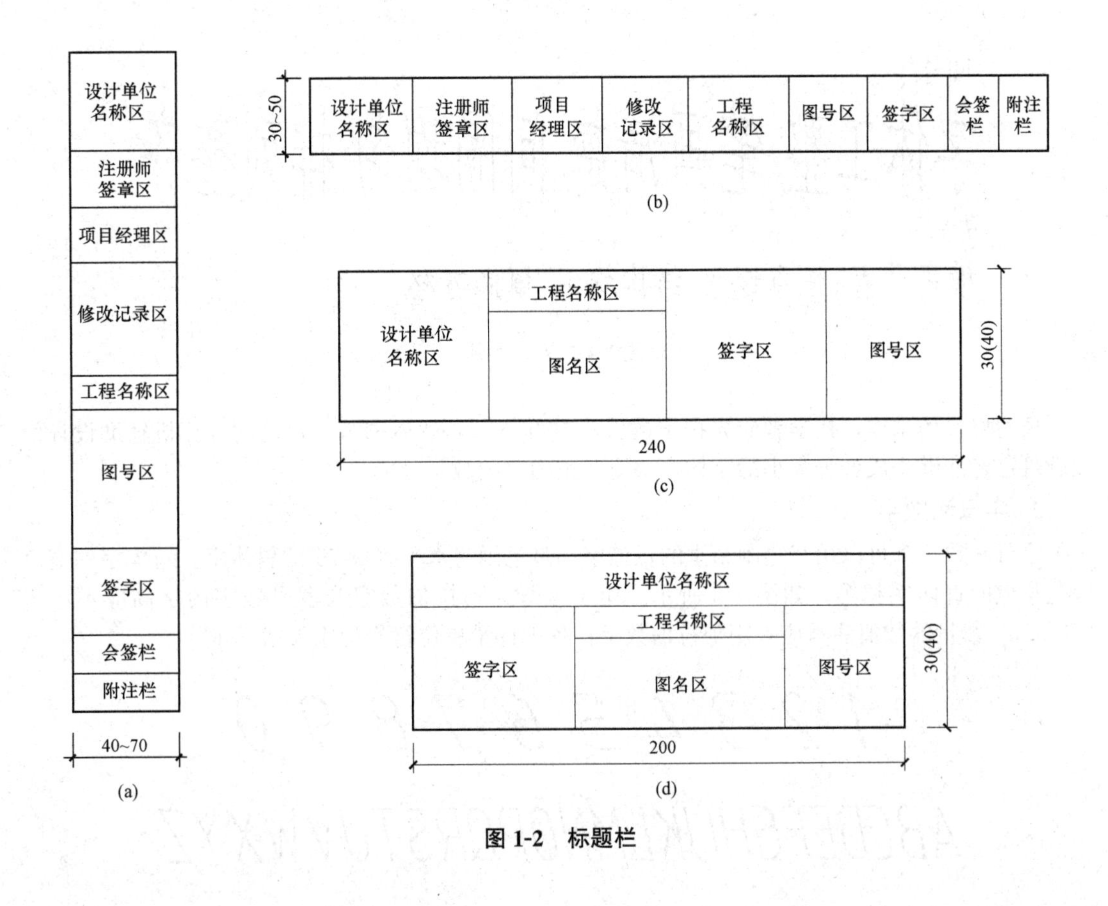

图 1-2 标题栏

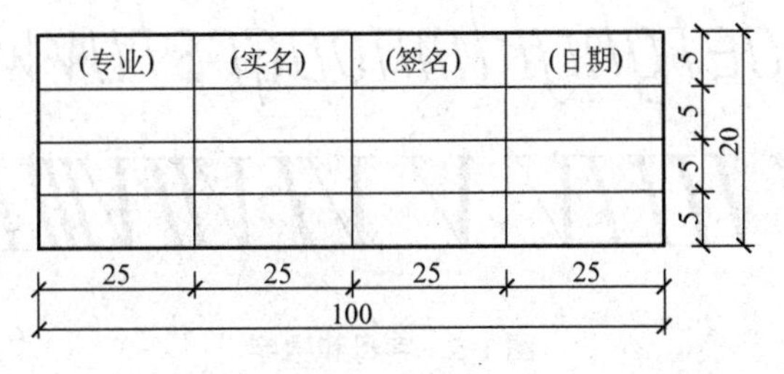

图 1-3 会签栏

1. 汉字

国家标准中规定，工程图样的汉字应采用长仿宋体，长仿宋体的字高与字宽的比例大约为 1∶0.7，常用的文字高度应从如下系列中选用：3.5 mm、5 mm、7 mm、10 mm、14 mm、20 mm，字高与字宽的比例关系见表 1-3。如需更大的字，其高度应按$\sqrt{2}$的倍数递增。

表 1-3 长仿宋体字的高度与宽度 mm

字高	20	14	10	7	5	3.5
字宽	14	10	7	5	3.5	2.5

书写长仿宋体的要领是横平竖直、注意起落、结构均匀、填满方格。示例如图 1-4 所示。

10号字

字体工整 笔画清楚 间隔均匀 排列整齐

7号字

横平竖直 注意起落 结构均匀 填满方格

图 1-4 汉字示例

要写好长仿宋体，初学者应先按字的大小打好格子，然后书写。目前的计算机辅助设计绘图软件已经能够生成各种大小的字体，快捷、正确、美观。

2. 字母和数字

字母和数字都可以用竖笔画铅垂的正体字和竖笔画与水平线成 75°的斜体字。斜体字的宽度应与相应的直体字相等，如图 1-5 所示。拉丁字母、阿拉伯数字与罗马数字的字高应不小于 2.5 mm。数量的数值注写应采用阿拉伯数字；各类计量单位符号均应采用正体字。

1 2 3 4 5 6 7 8 9 0

ABCDEFGHIJKLMNOPQRSTUVWXYZ

abcdefghijklmnopqrstuvwxyz

I II III IV V VI VII VIII IX X

图 1-5 字母和数字

拉丁字母、阿拉伯数字、罗马数字有一般字体和窄体字之分，书写格式应符合表 1-4 的要求。

表 1-4 字母和数字的书写格式

书写格式	一般字体	窄体字
大写字母高度	h	h
小写字母高度(上下均无延伸)	$7/10h$	$10/14h$
小写字母伸出的头部或尾部	$3/10h$	$4/14h$
笔画宽度	$1/10h$	$1/14h$
字母间距	$2/10h$	$2/14h$
上下行基准线的最小间距	$15/10h$	$21/14h$
词间距	$6/10h$	$6/14h$

1.1.3 图线

图线

绘制于图纸上的线条统称为图线。图线的线型有实线、虚线、点画线、折断线、波浪线等。每个图样应先根据形体的复杂程度和比例的大小确定基本线宽 b，再选用表 1-5 中相应的线宽组。b 值宜从下列线宽系列中选取：1.4 mm、1.0 mm、0.7 mm、0.5 mm，图线宽度不应小于 0.1 mm。工程建设制图应选用表 1-6 所示的图线。

表 1-5　线宽组

mm

线宽比	线宽组			
b	1.4	1.0	0.7	0.5
$0.7b$	1.0	0.7	0.5	0.35
$0.5b$	0.7	0.5	0.35	0.25
$0.25b$	0.35	0.25	0.18	0.13

注：1. 需要缩微的图纸，不宜采用 0.18 mm 及更细的线宽。
2. 同一张图纸内，各不同线宽中的细线，可统一采用较细的线宽组的细线。

表 1-6　图线

名称		线型	线宽	一般用途
实线	粗		b	主要可见轮廓线
	中粗		$0.7b$	可见轮廓线、变更云线
	中		$0.5b$	可见轮廓线、尺寸线
	细		$0.25b$	图例填充线、家具线
虚线	粗		b	见各有关专业制图标准
	中粗		$0.7b$	不可见轮廓线
	中		$0.5b$	不可见轮廓线、图例线
	细		$0.25b$	图例填充线、家具线
单点长画线	粗		b	见各有关专业制图标准
	中		$0.5b$	见各有关专业制图标准
	细		$0.25b$	中心线、对称线、轴线等
双点长画线	粗		b	见各有关专业制图标准
	中		$0.5b$	见各有关专业制图标准
	细		$0.25b$	假想轮廓线、成型前原始轮廓线
折断线			$0.25b$	断开界线
波浪线			$0.25b$	断开界线

注：图线在各专业图中的应用，详见第 12、13 章。

要正确地画好一张工程图纸，除要正确地选择线型外，还要注意下列几点：

(1)绘制图线时，用力应该一致，速度均匀，线条应达到光滑、圆润、浓淡一致的要求。

(2)一般情况下，同一张图纸内相同比例的图样，应选用相同的线宽组。

(3)相互平行的图例线，其净间距或线中间隙不宜小于 0.2 mm。

(4)虚线、单点长画线或双点长画线的线段长度和间距，宜各自相等。虚线的线段和间距应保持长短一致。线段长为 3～6 mm，间距为 0.5～1 mm；单点长画线和双点长画线每段线段的长度也应大致相等，为 15～20 mm，间隔为 3～5 mm，如图 1-6 所示。

(5)单点长画线或双点长画线，当在较小图形中绘制有困难时，可用实线代替。当作轴线或中心线时，应适当超出图形的轮廓线。

(6)单点长画线或双点长画线的两端，不应是点。

(7)虚线与虚线、点画线与点画线、虚线或点画线与其他图线交接时，应是线段交接，如图 1-7 所示。虚线作为实线的延长线时，不得以线段相交，应留有空隙，以表示两种图线的分界，如图 1-8 所示。

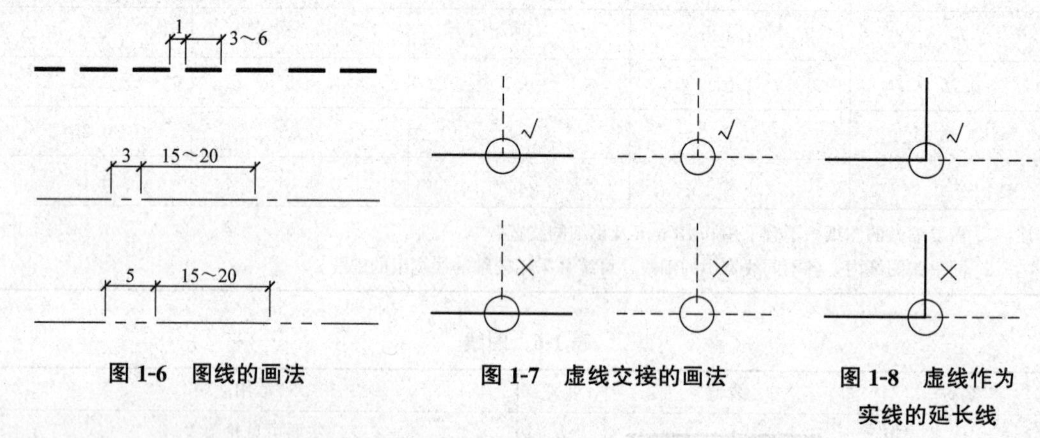

图 1-6　图线的画法　　图 1-7　虚线交接的画法　　图 1-8　虚线作为实线的延长线

(8)图线不得与文字、数字或符号重叠、混淆，不可避免时，应首先保证文字的清晰。

1.1.4　比例

图样的比例应为图形与实物相对应的线性尺寸之比。比例的符号为"："，应以阿拉伯数字表示，如 1：1、1：2、1：100 等。

比值为 1 的比例，即 1：1，称为原始比例；比值大于 1 的比例，如 2：1 等，称为放大比例；比值小于 1 的比例，如 1：2 等，称为缩小比例。比例的大小，是指其比值的大小，如 1：50 大于 1：100。

比例宜注写在图名的右侧，字的基准线应取平；比例的字高宜比图名的字高小一号或二号，如图 1-9 所示。

平面图 1:100　　⑥ 1:20

图 1-9　比例的注写

绘制图样所用的比例，应根据图样的用途与被绘制对象的复杂程度，从表 1-7 中选用，并应优先选用表中的常用比例。一般情况下，一个图样应选用一种比例。根据专业制图需要，同一图样也可选用两种比例。

表 1-7　绘图所用的比例

常用比例	1：1、1：2、1：5、1：10、1：20、1：30、1：50、1：100、1：150、1：200、1：500、1：1 000、1：2 000
可用比例	1：3、1：4、1：6、1：15、1：25、1：40、1：60、1：80、1：250、1：300、1：400、1：600、1：5 000、1：10 000、1：20 000、1：50 000、1：100 000、1：200 000

1.1.5 尺寸标注

图样除画出形体的形状外，还必须准确、详尽和清晰地标注尺寸，以确定其大小，作为施工时的依据。

1. 尺寸的组成

图样上的尺寸由尺寸界线、尺寸线、尺寸起止符和尺寸数字四部分组成，如图 1-10 所示。

(1)尺寸界线：标注尺寸时用来表示所度量对象的边界的直线称为尺寸界线。尺寸界线应用细实线绘制，一般应与被标注长度垂直，其一端应离开图样轮廓线不小于 2 mm，另一端宜超出尺寸线 2～3 mm。图样的轮廓线可用作尺寸界线，如图 1-11 所示。

(2)尺寸线：表示目标长度的直线叫作尺寸线，也用细实线绘制，应与被标注目标平行。图样本身的任何图线均不得用作尺寸线。尺寸线一般不得与其他图线重合，或画在其延长线上。

图样轮廓线以外的尺寸线，距图样最外轮廓之间的距离不宜小于 10 mm。平行排列的尺寸线间的距离宜为 7～10 mm；在同一张图纸上这两种间距应保持一致。

(3)尺寸起止符：尺寸起止符是被标注目标的尺寸线和尺寸界线的交点，一般用中粗斜短线绘制，其倾斜方向应与尺寸界线成顺时针 45°角，长度宜为 2～3 mm。轴测图中的尺寸起止符宜用小圆点表示，半径、直径、角度、弧长的尺寸起止符宜用箭头表示(图 1-12)。

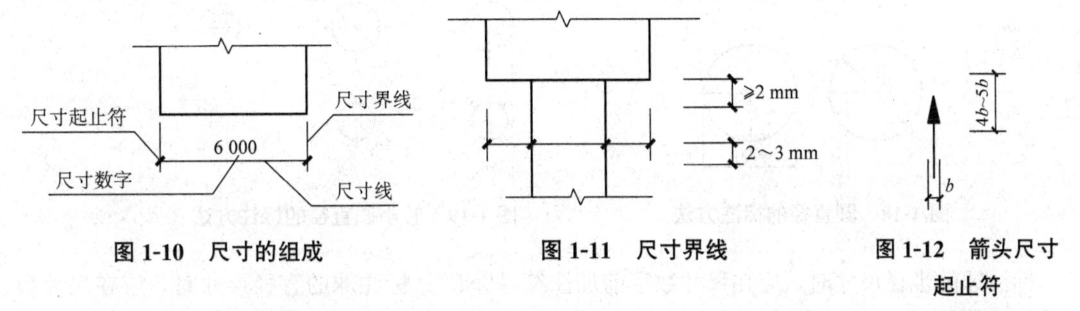

图 1-10 尺寸的组成　　**图 1-11 尺寸界线**　　**图 1-12 箭头尺寸起止符**

(4)尺寸数字：图样中标注的尺寸数字，表示物体的真实大小，与绘图时的比例、图形的大小、绘图的精度无关。

在房屋建筑图中，标注的尺寸除标高和总平面图以米(m)为单位外，其余一律以毫米(mm)为单位。图中尺寸数字都不再注写单位，只在设计说明中注明即可。

同一张图纸中，尺寸数字应大小一致。尺寸数字的方向，应按图 1-13(a)所示的方向注写和识读，并尽量在 30°范围内标注尺寸数字，当无法避免时可按图 1-13(b)所示的形式标注。

线性尺寸的尺寸数字一般应依据读数方向注写在尺寸线的上方中部，如没有足够的注写位置，最外边的尺寸数字可注写在尺寸界线的外侧，中间相邻的尺寸数字可错开注写，如图 1-14 所示。

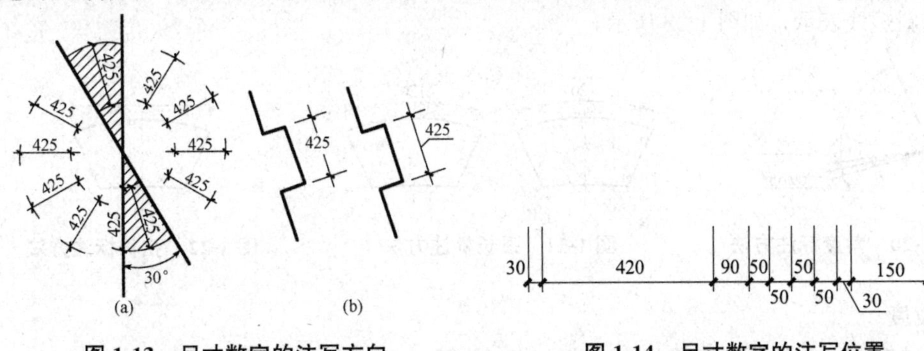

图 1-13 尺寸数字的注写方向　　**图 1-14 尺寸数字的注写位置**

任何图线不得与尺寸数字相交，无法避免时，应将图线断开。

2. 半径、直径、球的尺寸标注

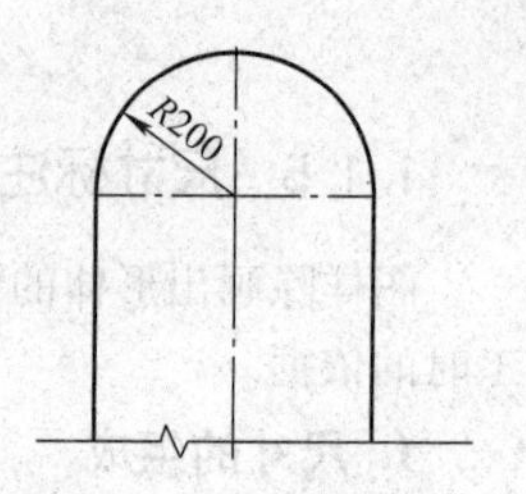

图 1-15　半径标注方法

半径的尺寸应一端从圆心开始，另一端画箭头指向圆弧。半径数字前应加注半径符号“*R*”，如图 1-15 所示。较小圆弧的半径可按图 1-16 所示形式标注，较大圆弧的半径可按图 1-17 所示形式标注。

标注圆的直径尺寸时，直径数字前应加直径符号“*ϕ*”。在圆内标注尺寸线应通过圆心，两端画箭头指至圆弧，如图 1-18 所示。较小圆的直径尺寸可标注在圆外，如图 1-19 所示。

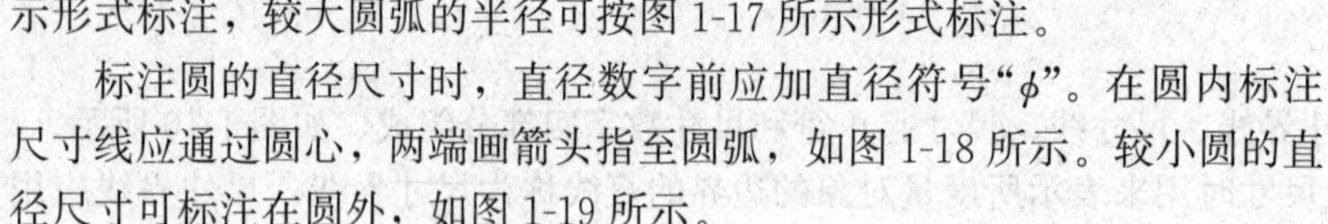

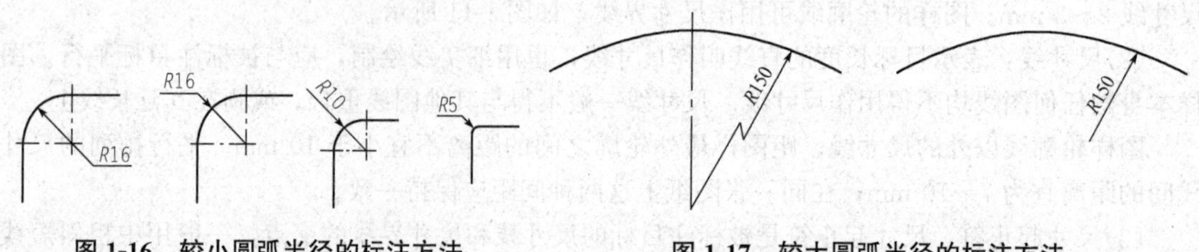

图 1-16　较小圆弧半径的标注方法　　图 1-17　较大圆弧半径的标注方法

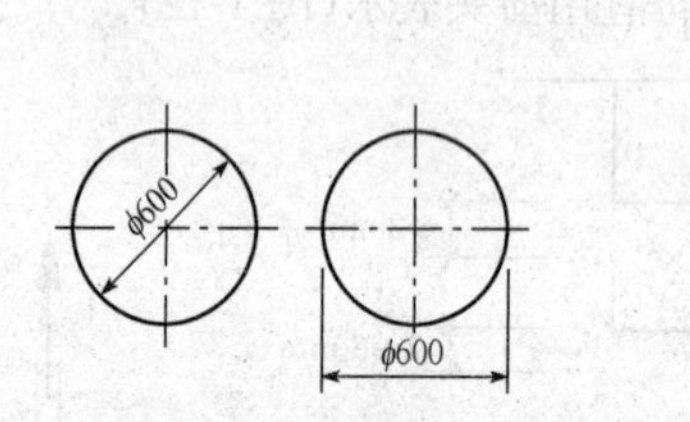

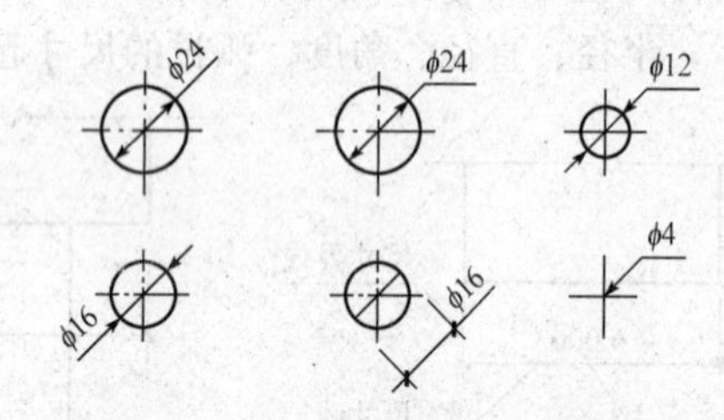

图 1-18　圆直径的标注方法　　图 1-19　较小圆直径的标注方法

标注球的半径尺寸时，应在尺寸数字前加注符号“*SR*”；标注球的直径尺寸时，应在尺寸数字前加注符号“*Sϕ*”。注写方法与圆弧半径和圆直径的尺寸标注方法相同。

3. 角度、弧长、弦长的标注

角度的尺寸线应以圆弧表示。该圆弧的圆心应是该角的顶点，角的两条边为尺寸界线。起止符号应以箭头表示，如没有足够位置画箭头，可用圆点代替，角度数字应按水平方向注写，如图 1-20 所示。

标注圆弧的弧长时，尺寸线应以与圆弧同心的圆弧线表示，尺寸界线应垂直于该圆弧的弦，起止符号用箭头表示，弧长数字上应加注圆弧符号“⌒”，如图 1-21 所示。

标注圆弧的弦长时，尺寸线应以平行于弦长的直线表示，尺寸界线应垂直于该弦，起止符号用中粗斜短线表示，如图 1-22 所示。

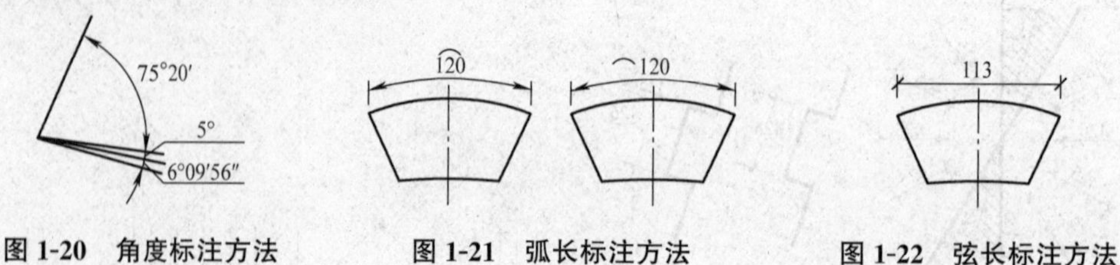

图 1-20　角度标注方法　　图 1-21　弧长标注方法　　图 1-22　弦长标注方法

4. 坡度

标注坡度时，应加注坡度符号“←”或“←”，如图 1-23(a)和(b)所示。箭头应指向下坡方向

[图 1-23(c)、(d)]。坡度也可用直角三角形的形式标注[图 1-23(e)、(f)]。

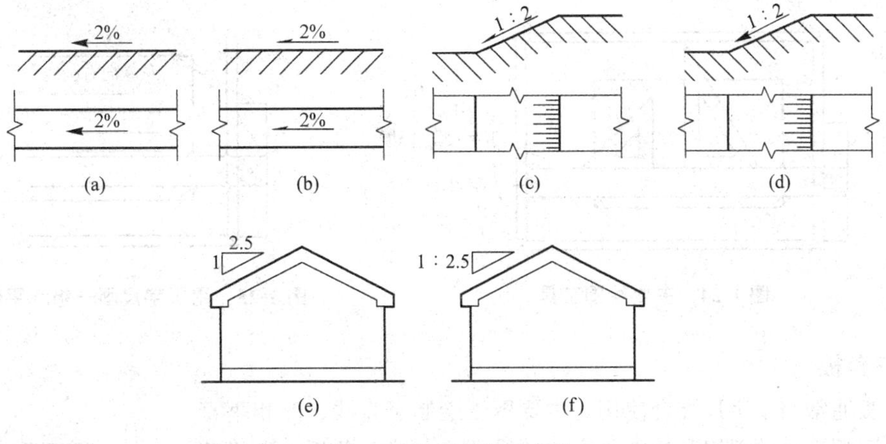

图 1-23　坡度的标注方法

1.2　绘图工具和仪器

学习制图，首先要了解各种绘图工具和仪器的性能，熟练掌握它们的使用方法，且平时应注意维护保养，这样，才能保证绘图质量，加快绘图速度。随着科技的进步，绘图工具也向计算机方向发展。本节仅介绍手工绘图工具和仪器的使用知识。

1.2.1　绘图工具

1. 图板

微课：制图工具

图板是用来铺放和固定图纸的，通常用胶合板制成，如图 1-24 所示。图板表面应光滑、平整、无裂缝；短边为图板的工作边(也称导边)，要求平、直、硬。图板大小有 0 号、1 号、2 号等规格，根据所画图幅大小而定，例如，0 号图板适合画 A0 图纸，1 号图板适合画 A1 图纸，四周还略有宽余。图板放在桌子上，板身应略微倾斜。图板不能受潮或暴晒，以防板面翘曲和开裂。为保持板面平滑，在图板上铺贴图纸时宜用透明胶纸，不得使用图钉。不画图时可将图板竖立保管，并注意保护工作边。

2. 丁字尺

丁字尺用来绘制水平方向的平行线，一般由有机玻璃制成。丁字尺由相互垂直的尺头和尺身组成，两部分必须牢固连接。如图 1-24 所示，尺身的上边沿为工作边，常带有刻度，要求平直光滑、无刻痕，切勿用小刀靠住工作边裁纸。选择丁字尺要与图板相适应，一般两者等长为好。丁字尺用完后应悬挂起来，防止尺身变形。

所有水平线，无论长短，都要用丁字尺画出，如图 1-25 所示。画线时应用左手握住尺头，使它始终紧贴图板的左边，然后上下推动，直至工作边对准要画线的地方，再从左向右画出水平线。画一组水平线时，要由上至下逐条绘出。每画一条线，左手都要向右按一次尺头，使它紧贴图板。画长线时或所画的线段接近尺尾时，要用左手按住尺身，以防止尺尾翘起或尺身摆动。

切勿将丁字尺头靠图板的右边、下边和上边画线，也不得用丁字尺下边沿画线。

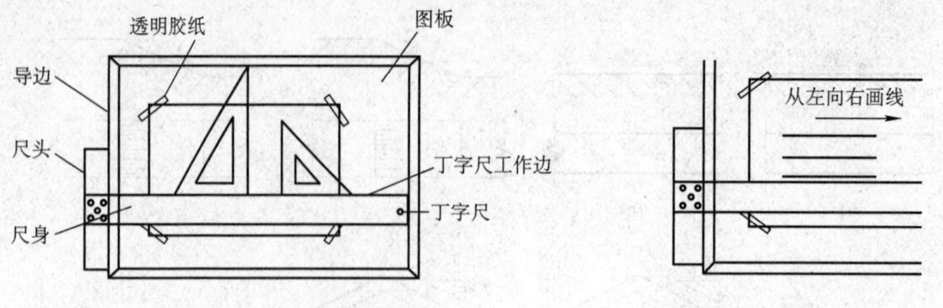

图 1-24　主要绘图工具　　　　图 1-25　用丁字尺画一组水平线

3. 三角板

三角板通常与丁字尺配合使用，主要用于绘制竖直线、互相垂直的直线、互相平行的斜线和特殊角度的斜线等。一般三角板由有机玻璃制成。一副三角板包括 30°、60°和 45°两块，规格以 30°、60°三角板长直角边或 45°三角板斜边的长度确定。绘图用的三角板应大一些，以 25 cm 以上为宜。三角板应板平边直、角度准确。

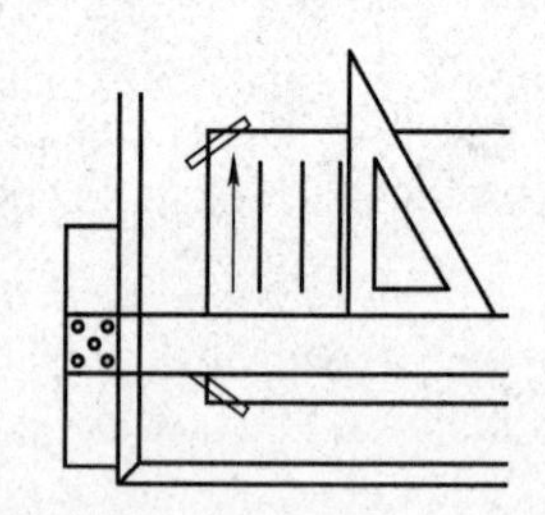

图 1-26　三角尺和丁字尺配合画竖直平行线

所有竖直线，不论长短，一律用三角板配合丁字尺画出。画线时应先将丁字尺推至要画的线的下方，将三角板放在线的右边，并使它的一条直角边靠贴在丁字尺的工作边上，然后移动三角板，直至另一直角边靠贴竖直线，如图 1-26 所示；再用左手轻轻按住丁字尺和三角板，右手手持铅笔，自下而上画出竖直线。

一副三角板和丁字尺配合使用，除可画竖直线外，还可绘制出与水平线成 15°及其整倍数(30°、45°、60°、75°)的斜直线，如图 1-27 所示。

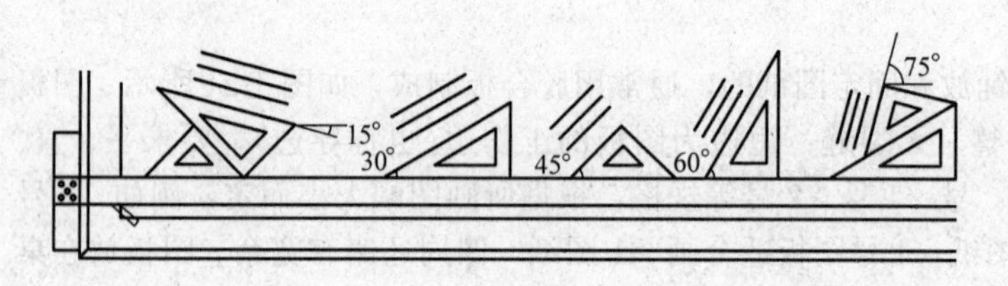

图 1-27　与水平线成 15°、30°、45°、60°、75°角斜直线的画法

4. 比例尺

在建筑制图中，所绘制的图样往往要比图纸大得多。这些图样不可能也没有必要按等大的尺寸绘出。可以根据实际需要和图纸的大小，选择适当的比例将形体缩小。比例尺就是用来缩小(也可以放大)实际尺寸的一种尺。常用的比例尺会做成三棱状，所以又称为三棱尺，如图 1-28(a)所示，三个面上有六种不同的比例刻度，分别表示 1∶100、1∶200、1∶300、1∶400、1∶500、1∶600 六种比例。有的比例尺做成直尺形状，如图 1-28(b)所示，这种叫作比例直尺，它有一行刻度三行数字，表示三种不同的比例，分别是 1∶100、1∶200、1∶500，比例尺上的数字以“米(m)”为单位。当使用比例尺上某一比例时，不用计算，可直接按照比例尺上所刻的数值，截取或读出该线段的长度。

例如，已知图样的比例为 1∶200，想知道图上线段 AB 的实长[图 1-28(b)]，可以用 1∶200 的比例尺度量。将比例尺的零点对准点 A，而点 B 在 7.2 处，则可读出线段 AB 的长度为 7.2 m，即

7 200 mm。1∶200 的刻度值还可作 1∶2、1∶20、1∶2 000 的比例使用。如果比例改为 1∶2，则读数应为 $7.2\times\frac{2}{200}=0.072$(m)；若比例改为 1∶20 时，则读数应为 $7.2\times\frac{20}{200}=0.72$(m)；若比例改为 1∶2 000 时，读数应为 $7.2\times\frac{2\ 000}{200}=72$(m)。

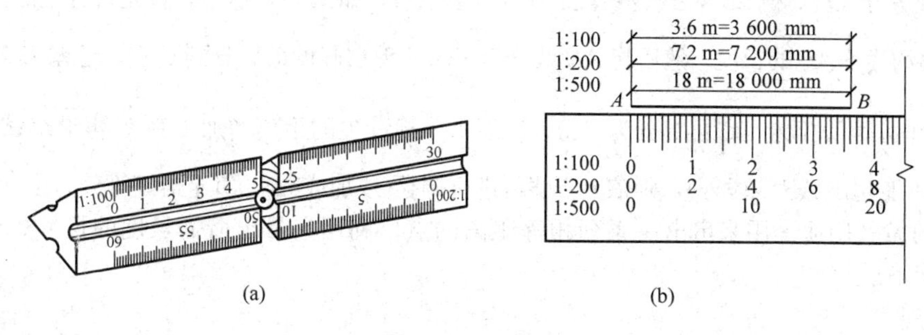

图 1-28　比例尺

(a)三棱尺；(b)比例直尺

5. 曲线板

曲线板是用来绘制非圆曲线的工具。曲线板形式多样，曲率大小各有不同。曲线板应平滑，板内外边沿应光滑，曲率变化自然。画图过程如下(图 1-29)：

(1)定出曲线上若干控制点；

(2)用较硬的铅笔徒手将各点轻轻连接成直线；

(3)从曲率较大的部分开始，在曲线板上选择曲率与曲线的一部分(至少三个点)大致相同的一段，靠在曲线上，并稍微转动曲线板，使之与曲线吻合后，将曲线描深或上墨；

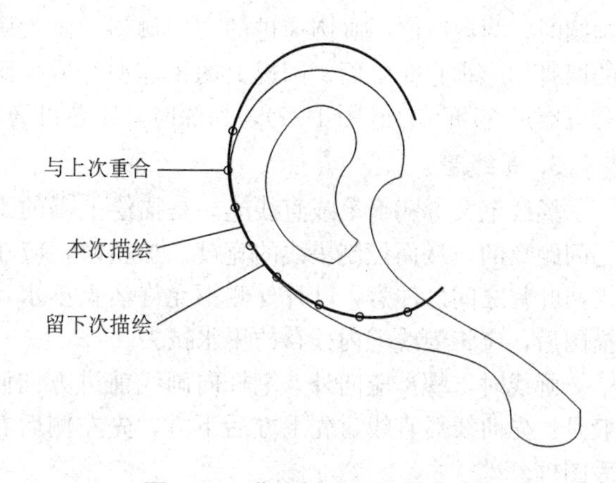

图 1-29　曲线板绘制非圆曲线

(4)然后依次连接各段，前后两段应有一小段重合搭接，保证曲线的平滑。

6. 绘图铅笔

绘图使用的铅笔，笔芯的硬度会有所不同，用字母 H 和 B 表示，H 表示硬，B 表示软，H 和 B 前面的数字越大，表示笔芯越硬或者越软，HB 表示软硬适中。画底稿时常用 H～2H，描粗时常用HB～2B。削铅笔时应保留有标号的一端，以便识别。铅笔可以削成锥状，用于画底稿、加深细线和写字[图 1-30(a)]；也可以削成四棱锥状，用于加深粗线[图 1-30(b)]。

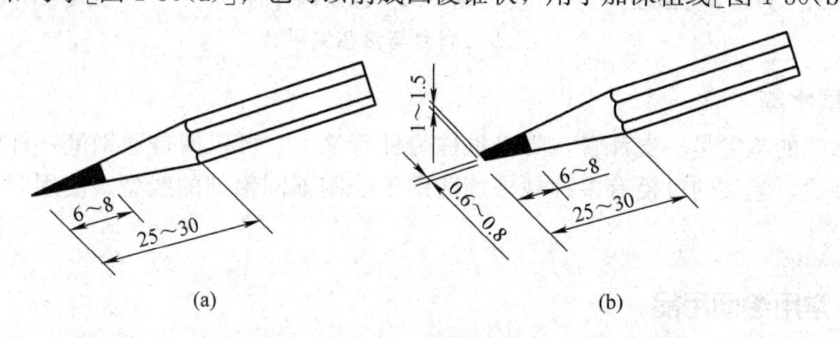

图 1-30　铅笔削法

(a)锥状铅笔；(b)四棱锥状铅笔

1.2.2 绘图仪器

1. 分规

分规是用来等分线段或圆弧，以及量取尺寸的仪器。分规合拢两脚时，针尖应合于一点。

用分规等分线段，例如，将已知线段 AB 等分为三份，如图 1-31 所示，首先将分规的两脚分开，针尖的距离约为$\frac{1}{3}AB$的长度，然后将 AB 试分为三份。现在假设最后分到 C 点，还差 BC 一小段没有分完，此时，可大致将 BC 再等分为三份，使原来分规针尖的距离增加$\frac{1}{3}BC$，再继续试分。如仍有差额(也可能超出 AB 线段外)，则依上步骤再进行调整(或加或减)，直至恰好等分为止。

分规的另一用途是用来定出一系列相等距离的点。利用它量出所需长度的尺寸，然后移至各处进行定点。

2. 圆规

圆规是用来绘制圆和圆弧的仪器。圆规附件有钢针插脚、铅芯插脚、鸭嘴插脚和延伸插脚等。

画圆时，圆规的钢针应使用有肩台一端，使肩台与铅芯或鸭嘴笔尖平齐，如图 1-32 所示。画圆时，圆规应略向画圆前进的方向倾斜。画大圆时，应在圆规上接大圆插脚。画图时，圆规的两脚均应垂直于纸面。圆规上的铅芯型号应比画同类直线所用的铅芯软一号。打底稿时，铅芯应磨成 65°的斜面(图 1-32)，加深时，铅芯可磨成与线宽相等的扁平状。

3. 墨线笔

墨线笔又称鸭嘴笔或直线笔，是描绘上墨的工具。墨线笔笔尖上的螺母是用来调节两叶片之间距离的，从而控制墨线的宽度。加墨时，应在图纸范围外进行，用小钢笔或吸管将墨水注入两叶片之间。注意，叶片外侧不允许沾上墨水，每次加墨量以不超过 6 mm 高度为宜，上墨描图后，应将墨线笔内残存的墨水拭去。

画线时，螺母应向外，笔杆向画线前进方向倾斜 30°，如图 1-33 所示。上墨描图的次序一般是：先曲线后直线，先上方后下方，先左侧后右侧，先实线后虚线，先细线后粗线，先图形后图框。

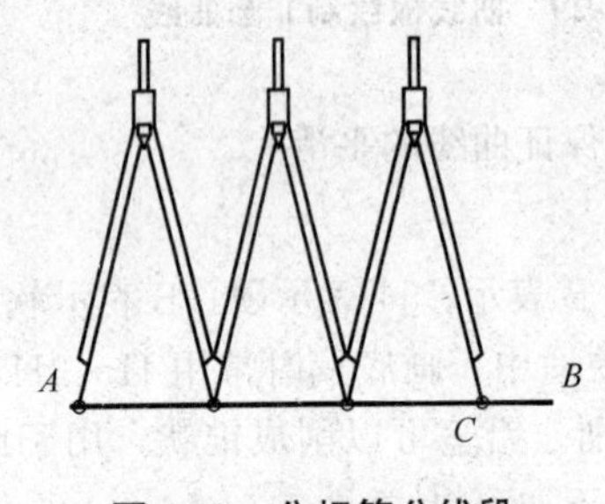

图 1-31　分规等分线段

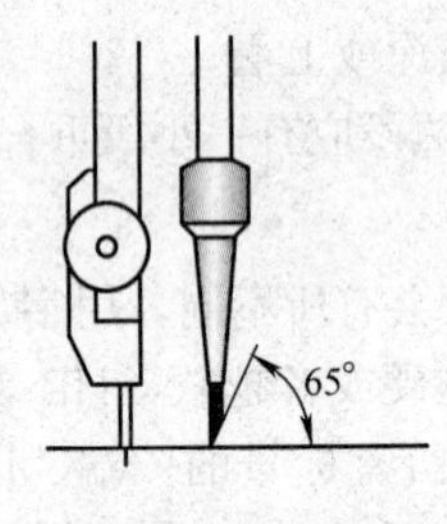

图 1-32　圆规钢针的肩台与铅芯尖平齐

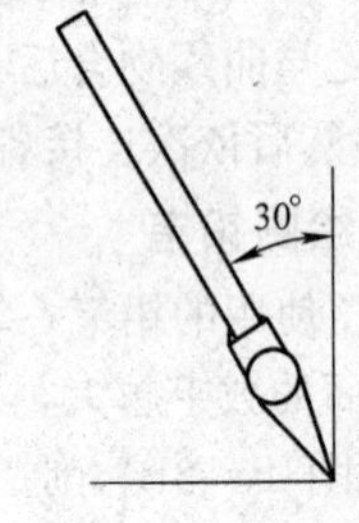

图 1-33　墨线笔

4. 绘图墨水笔

绘图墨水笔的笔尖是一支针管，所以也称为针管笔。它可以像普通钢笔一样吸墨水，绘图时不用频繁加墨。笔尖的口径有多种规格，适用于绘制不同粗细的线型。使用时，要注意保持笔尖清洁。

1.2.3 常用绘图用品

常用的绘图用品有橡皮、小刀、擦线片、胶带纸、砂纸、建筑模板等。其中，砂纸是用来打磨铅笔的。胶带纸是用来把图纸固定在图板上的。当要擦掉一条画错的图线时，很容易擦掉周围邻近的图线，擦线片就是用来保护邻近图线的。擦线片通常是用塑料或金属制成，上面留有很多孔槽，使用时，让画错的图线从孔槽中露出来，用橡皮擦去。

1.3 几何作图

建筑形体是多种多样的，它的投影也是由一些直线或曲线按一定规律组成的。为了准确地绘制出建筑形体的投影，我们必须掌握几何作图的方法。下面介绍几种常用的几何作图方法。

微课：过已知点作已知线的平行线

1.3.1 过已知点作已知线的平行线

过已知点作已知线的平行线的方法如图 1-34 所示。

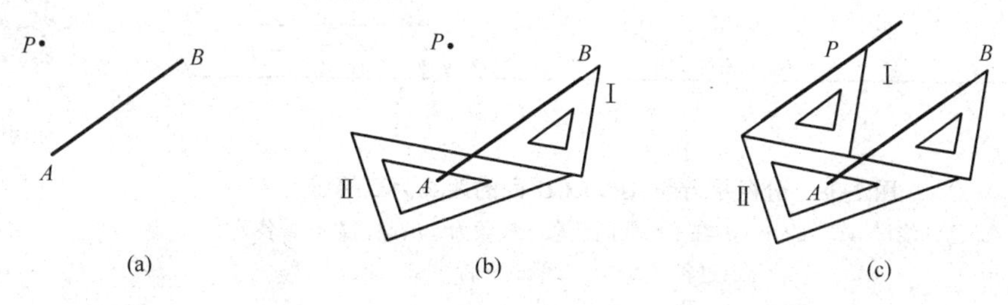

图 1-34 过已知点 P 作已知线 AB 的平行线

(a)已知点 P 和直线 AB；(b)使三角板Ⅰ的一边平贴 AB，另一三角板Ⅱ平贴三角板Ⅰ的另一边；(c)按住三角板Ⅱ不动，沿三角板Ⅱ的一边推动三角板Ⅰ，使之平贴点 P，画一直线，即为所求

1.3.2 过已知点作已知线的垂直线

过已知点作已知线的垂直线的方法如图 1-35 所示。

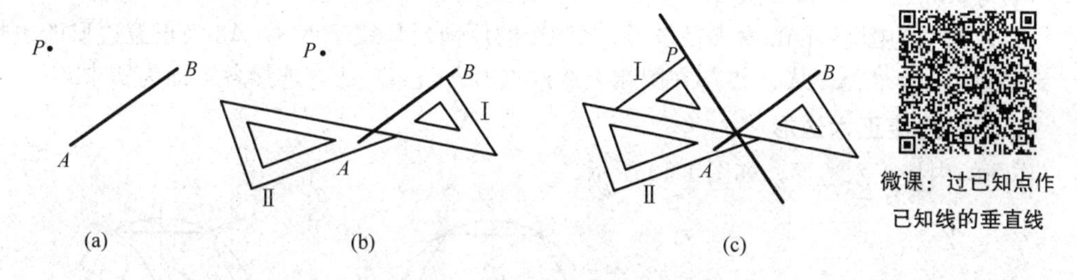

微课：过已知点作已知线的垂直线

图 1-35 过已知点 P 作已知线 AB 的垂直线

(a)已知点 P 和直线 AB；(b)使三角板Ⅰ的一直角边平贴 AB，其斜边平贴另一三角板Ⅱ；(c)推动三角板Ⅰ，使其另一直角边平贴点 P，画一直线，即为所求

微课：分已知线段为任意等份

1.3.3 分已知线段为任意等份

将已知线段分为任意等份，如图 1-36 所示。同理，可以按比例分线段，如图 1-37 所示。

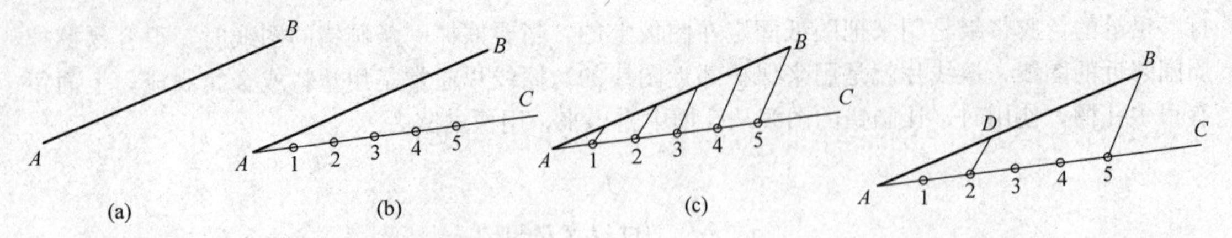

图 1-36　五等分线段 *AB*

(a)已知线段 *AB*；(b)过 *A* 点引任意直线 *AC*，以任意长度在 *AC* 上截取五等份，1、2、3、4、5；(c)连接 *B*5，然后过其他点作 *B*5 的平行线，交 *AB* 于四个等分点，即为所求

图 1-37　按 2∶5 分线段 *AB*

1.3.4　分两平行线间的距离为任意等份

分两平行线间的距离为任意等份的方法如图 1-38 所示。

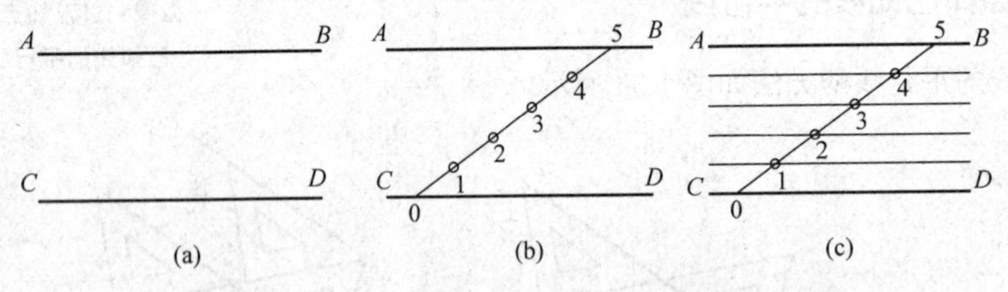

图 1-38　分两平行线 *AB* 和 *CD* 间的距离为五等份

(a)已知线段 *AB*、*CD*；(b)在平行线间任取一线段为 5 的整倍数，得各分点；(c)过各分点作已知线的平行线

微课：分两平行线间的距离为任意等份

1.3.5　作圆的内接正多边形

作圆的内接正多边形，也就是等分圆周。我们这里介绍圆的内接正五边形、正六边形的作法，以及圆的内接正多边形的近似作法。

1. 圆的内接正五边形

已知圆 *O*，作圆 *O* 的内接正五边形，如图 1-39 所示。

(1)等分半径 *O*1，得分点 2；

(2)以点 2 为圆心、*A*2 为半径作弧，交 *O*1 的反向延长线于点 3，*A*3 为正五边形的边长；

(3)以 *A*3 为半径，从 *A* 点起在圆弧上截取点 *B*、*C*、*D*、*E*，连接各点即为所求。

2. 圆的内接正六边形

作圆的内接正六边形，如图 1-40 所示。

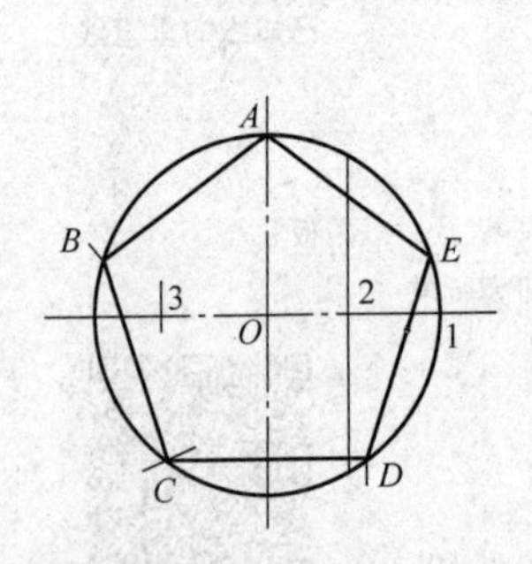

图 1-39　作圆的内接正五边形

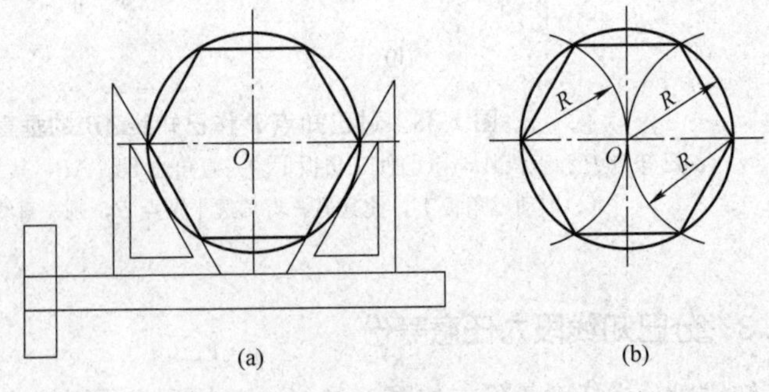

图 1-40　作圆的内接正六边形

(a)用丁字尺、三角板作圆的内接正六边形；(b)用半径 *R* 作圆的内接正六边形

方法一：利用丁字尺和60°三角板作圆的内接正六边形。

以60°三角板紧贴丁字尺的工作边，过水平直径与圆的交点作60°斜线，按图1-40(a)所示方法即可得圆的内接正六边形。

方法二：以已知圆的半径为六边形的边长，在圆上截取各分点，如图1-40(b)所示，连接即为所求。

3. 圆的内接正多边形的近似画法

这里，以圆的内接正七边形为例介绍圆的内接正多边形的近似画法。

已知圆O，作圆的内接正七边形，如图1-41所示。

(1)将已知圆的直径AM按内接正多边形的边数等分，此例中为七等份，得分点1、2、3、4、5、6；

(2)以M为圆心，MA为半径作弧，交圆的水平直径于点K；

(3)过K点分别连接分点2、4、6并延长，交圆弧于点G、F、E；

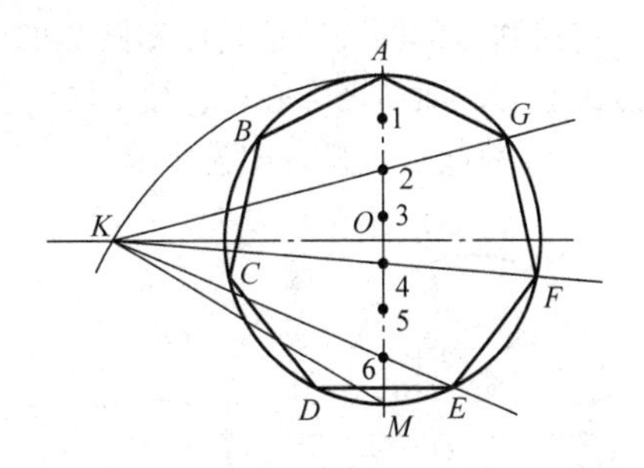

图1-41 圆的内接正七边形的近似画法

(4)作点G、F、E的对称点B、C、D，并顺次连接A、B、C、D、E、F、G，即为所求。

同理，可作出任意边数的多边形。

1.3.6 圆弧连接

绘制工程图样时，经常会遇到圆弧与直线、圆弧与圆弧之间的连接问题。这里所说的连接指的是平滑连接，即相切。在连接问题中，我们把用来连接其他圆弧或直线的圆弧称为连接圆弧，把连接圆弧的圆心称为连接中心，把连接圆弧与被连接的圆弧或直线的切点称为连接点。解决圆弧连接问题的关键在于连接中心和连接点的确定。

首先来讨论圆弧连接的作图原理，然后依据原理实现圆弧连接。

1. 作图原理

(1)圆弧与直线的连接。已知点A和直线L，如图1-42(a)所示，用半径为R的圆弧过点A连接直线L，如图1-42(b)所示。

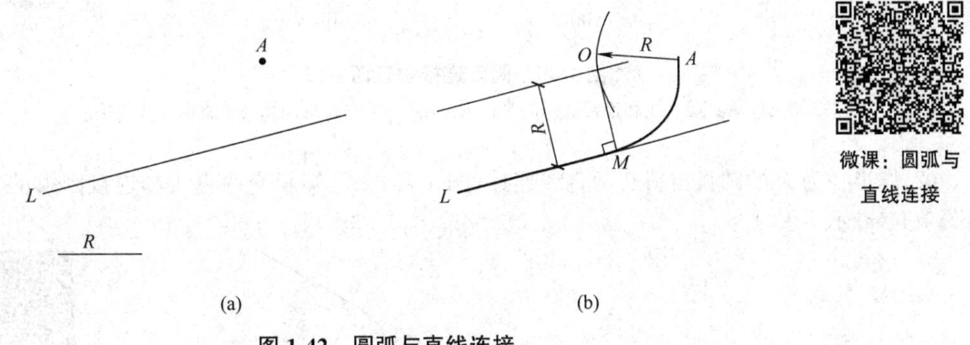

微课：圆弧与直线连接

图1-42 圆弧与直线连接

(a)已知点A、直线L和半径R；(b)用半径为R的圆弧过点A连接直线L

1)作直线L的平行线，距离为R；

2)以点A为圆心、R为半径作弧，交直线L的平行线于点O，即为连接圆弧的圆心；

3)过点O作直线L的垂线，交直线L于点M，即为连接点；

4)以点O为圆心、R为半径，作弧AM，即为所求。

(2)圆弧与圆弧的连接。

1)内连接。如图 1-43 所示，求作半径为 R 的圆弧与已知圆弧(圆心 O_1、半径 R_1)内连接。

连接圆弧的圆心轨迹是已知圆弧的同心圆，其半径为 $R_0=|R_1-R|$。在此同心圆上任意确定一点圆心 O，即连接中心；连接 O_1O 并延长，交已知圆弧于点 M，即连接点。以点 O 为圆心、R 为半径、点 M 为起点作弧，即为所求。

2)外连接。如图 1-44 所示，求作半径为 R 的圆弧与已知圆弧(圆心 O_1、半径 R_1)外连接。

连接圆弧的圆心轨迹是已知圆弧的同心圆，其半径为 $R_0=R_1+R$。在此同心圆上任意确定一点圆心 O，即连接中心；连接 O_1O，交已知圆弧于点 M，即连接点。以点 O 为圆心、R 为半径、点 M 为起点作弧，即为所求。

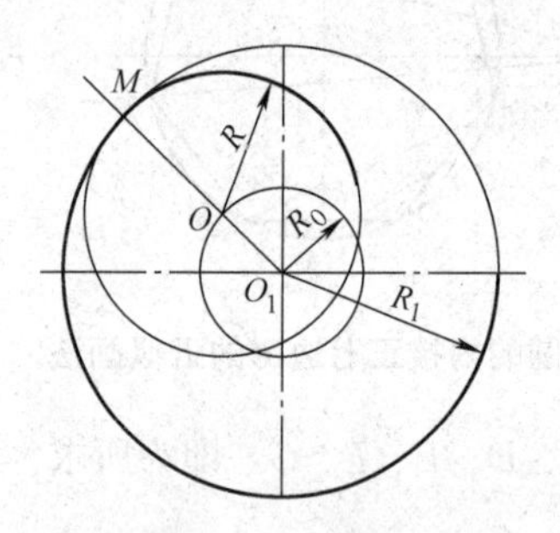

图 1-43 圆弧与圆弧内连接

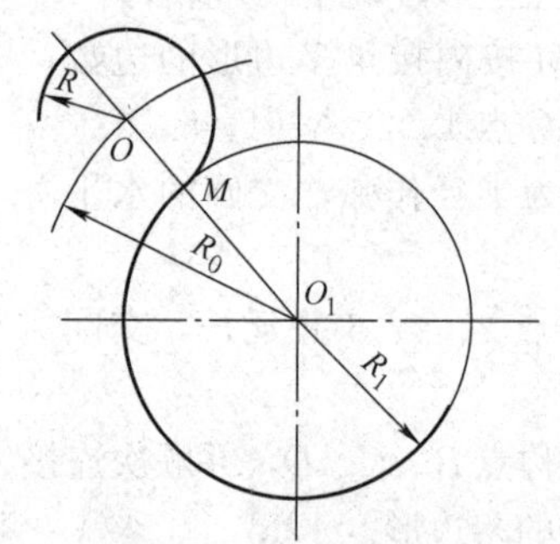

图 1-44 圆弧与圆弧外连接

微课：圆弧与圆弧内连接

微课：圆弧与圆弧外连接

2. 作图举例

(1)作半径为 R 的圆弧与垂直两直线连接(图 1-45)。已知垂直两直线和连接圆弧的半径 R，如图 1-45(a)所示。

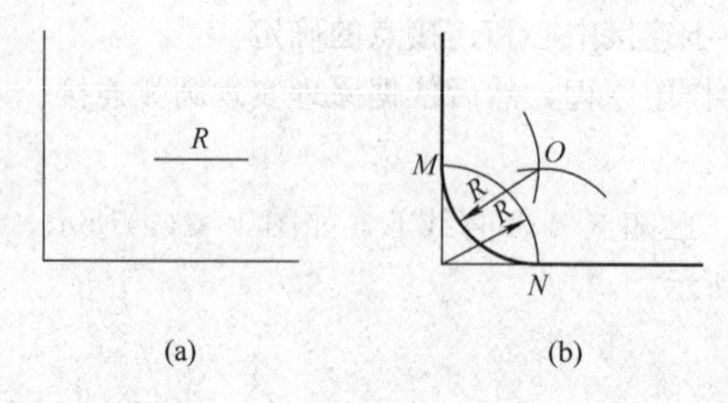

图 1-45 圆弧连接垂直两直线

(a)已知垂直两直线和连接圆弧的半径 R；(b)半径为 R 的圆弧与垂直两直线连接

微课：圆弧连接垂直两直线

(2)作半径为 R 的圆弧与斜交两直线连接(图 1-46)。已知斜交两直线和连接圆弧的半径 R，如图 1-46(a)示。

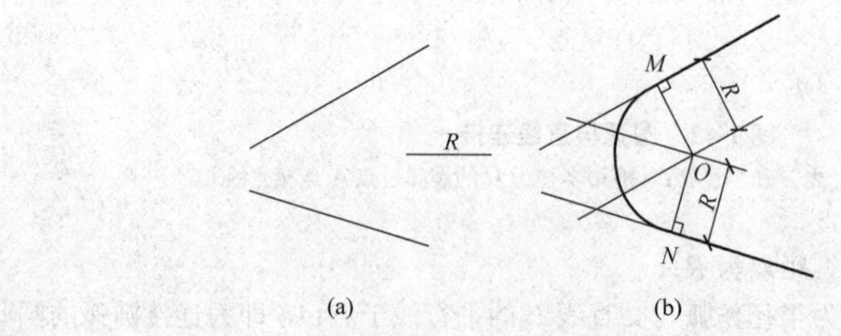

图 1-46 圆弧连接斜交两直线

(a)已知斜交两直线和连接圆弧的半径 R；(b)半径为 R 的圆弧与斜交两直线连接

微课：圆弧连接斜交两直线

(3)作圆弧连接一直线和一圆弧(图 1-47)。已知直线 L 和半径为 R_1 的圆弧 O_1，连接圆弧的半径为 R，如图 1-47(a)所示。

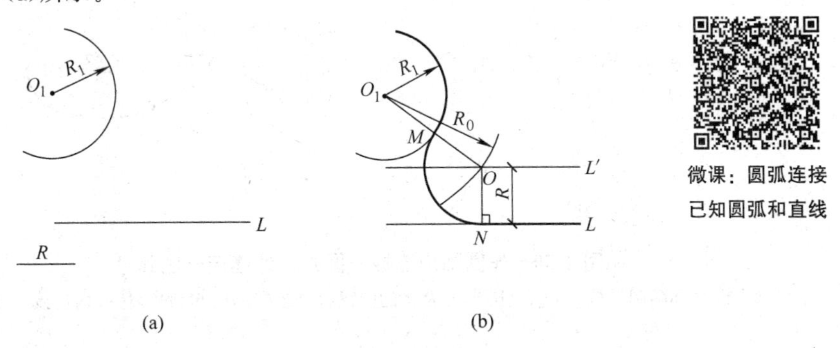

图 1-47　圆弧连接已知直线和圆弧

(a)已知直线 L 和半径为 R_1 的圆弧 O_1；(b)半径为 R 的圆弧 O 连接直线 L 和圆弧 O_1

由已知条件可实现与已知圆弧的外连接。

(4)作圆弧内连接两圆弧(图 1-48)。已知圆弧 O_1 和 O_2，如图 1-48(a)所示，其半径分别为 R_1 和 R_2，求作半径为 R 的圆弧与已知圆弧内连接。

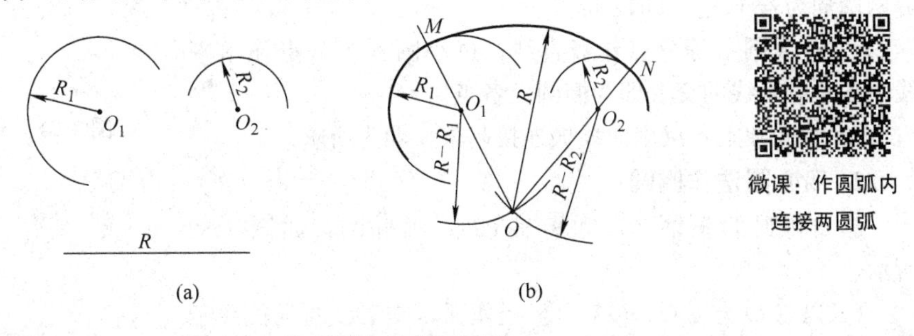

图 1-48　作圆弧内连接两圆弧

(a)已知半径 R 和两圆弧 O_1、O_2；(b)半径为 R 的圆弧内连接已知两圆弧 O_1、O_2

(5)作圆弧外连接两圆弧(图 1-49)。已知圆弧 O_1 和 O_2，如图 1-49(a)所示，其半径分别为 R_1 和 R_2，求作半径为 R 的圆弧与已知圆弧外连接。

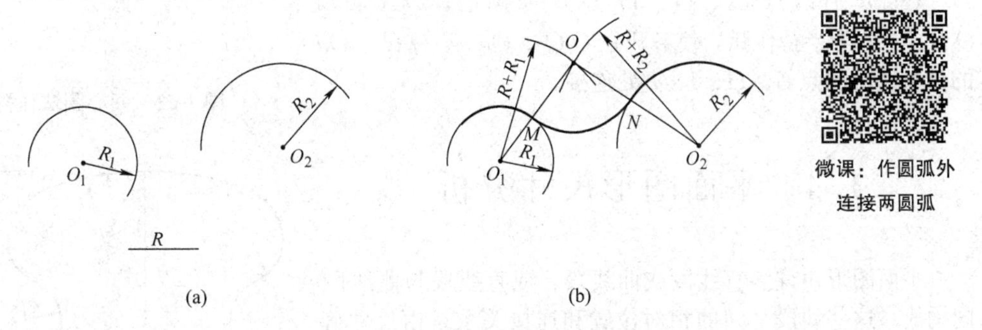

图 1-49　作圆弧外连接两圆弧

(a)已知半径 R 和两圆弧 O_1、O_2；(b)半径为 R 的圆弧外连接已知两圆弧 O_1、O_2

(6)作圆弧内连接一圆弧、外连接一圆弧(图 1-50)。已知圆弧 O_1 和 O_2，如图 1-50(a)所示，其半径分别为 R_1 和 R_2，求作半径为 R 的圆弧与已知圆弧 O_1 外连接，与已知圆弧 O_2 内连接。

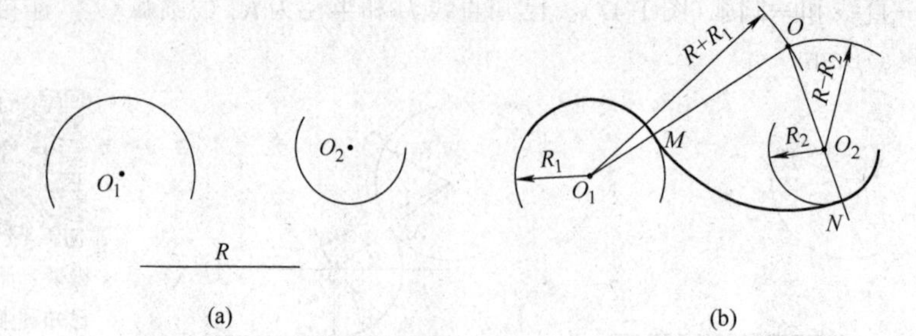

微课：作圆弧内连接一圆弧、外连接一圆弧

图 1-50　作圆弧内连接一圆弧、外连接一圆弧

(a)已知半径 R 和两圆弧 O_1、O_2；(b)半径为 R 的圆弧 O 外连接一已知圆弧 O_1 并内连接一已知圆弧 O_2

1.3.7　椭圆画法

1. 同心圆法作椭圆

(1)已知椭圆的长轴 AB 和短轴 CD，画椭圆，如图 1-51 所示。以 O 为圆心，分别以 AB、CD 为直径画同心圆，并等分两圆周为若干份，如 12 份。

(2)过大圆各等分点作竖直线，过小圆各等分点作水平线，各对应直线的交点即为椭圆上各点。

(3)将椭圆上各点用曲线板连接起来，即为所求。

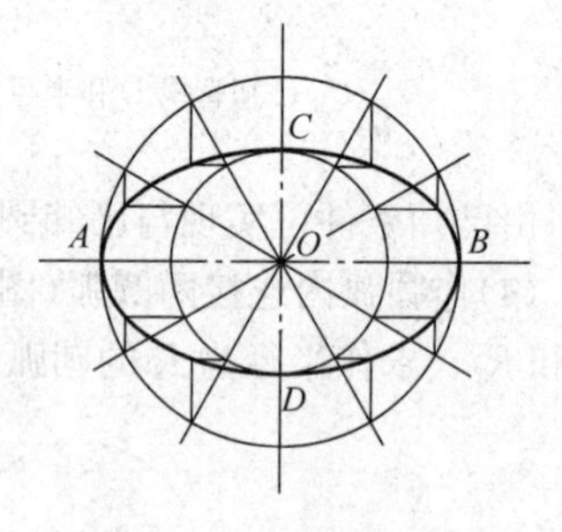

图 1-51　同心圆法作椭圆

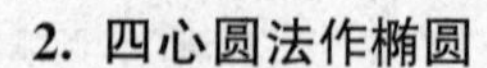

2. 四心圆法作椭圆

已知椭圆的长轴 AB 和短轴 CD，画椭圆，如图 1-52 所示。

(1)以点 O 为圆心、OA 为半径作弧，交 DC 的延长线于点 E。以 C 点为圆心、CE 为半径作弧，交直线 AC 于点 F。

(2)作 AF 的垂直平分线，交椭圆的长轴于点 O_1，交短轴于点 O_2。在 AB 上截取 $OO_3=OO_1$，在 DC 的延长线上截取 $OO_4=OO_2$。

(3)分别以点 O_1、O_2、O_3、O_4 为圆心，O_1A、O_2C、O_3B、O_4D 为半径作弧，使各弧在 O_2O_1、O_4O_1、O_2O_3、O_4O_3 的延长线上的点 G、H、I、J 处连接。

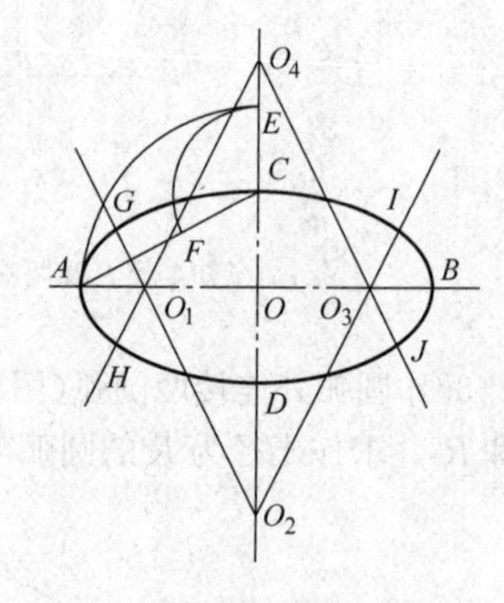

图 1-52　四心圆法作椭圆

1.4　平面图形尺寸分析

平面图形由许多直线段或曲线段，或直线段与曲线段共同构成。这些线段之间的相对位置和连接关系是由尺寸确定的。所以，在绘制图样之前必须进行尺寸分析。

平面图形中的尺寸可以分为以下两大类。

1. 定形尺寸

定形尺寸用于确定平面图形各组成部分的形状和大小，如图 1-53 中的 $R98$、$R16$ 等。

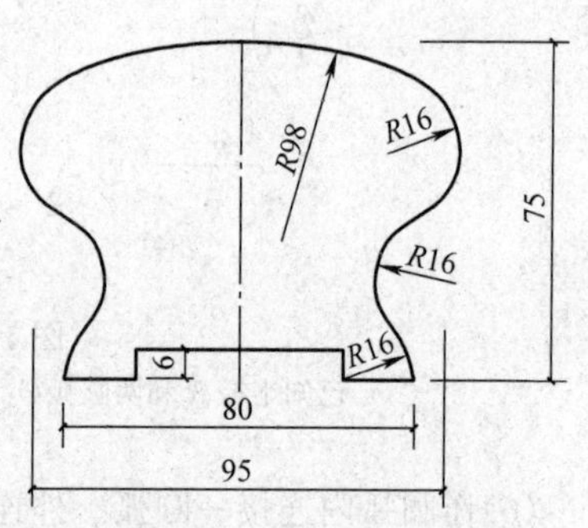

图 1-53　木扶手断面

2. 定位尺寸

定位尺寸用于确定平面图形中各组成部分的相对位置，如图 1-53 中的尺寸 75、95、80 等就是来确定图形位置的。

定位尺寸通常以平面图形的对称轴线、圆的中心线及其他线段或点作为尺寸标注的起点，这个起点称为尺寸线的基线。如图 1-53 所示，木扶手的对称轴就是图形水平方向的基准线，木扶手的最底边就是竖直方向的基准线。

有时候某个尺寸既是定位尺寸，又是定形尺寸。

1.5 绘图的一般步骤

1. 绘图前的准备

(1)阅读有关的文件、资料，了解所要绘制图样的内容和要求。

(2)准备绘图仪器工具，擦净图板、三角板、丁字尺，削好铅笔，调整好分规和圆规。

(3)图纸应位于图板偏左下的位置，图纸下边距图板边缘至少要留有丁字尺尺身的宽度，图纸的四角用透明胶带固定在图板上。

2. 画图幅、图框和标题栏

图幅应画在图纸的中央，先连接图纸对角找出图纸中心，根据此中心画出图幅、图框和标题栏，尺寸如前所述。

3. 布图

为了合理利用图纸，使图样清晰美观，要根据图形的最大轮廓范围，结合标注尺寸的需要进行布图。

4. 画底稿

底稿一般用 H 或 2H 铅笔绘制，要求线条轻而细，但应清晰可见。

先画图形的对称轴、中心线和主要轮廓线，再根据投影关系画出图样的细部，最后画尺寸界线和尺寸线。底稿画完检查无误后，擦去不必要的线条。

5. 描深

描深一般用 B 或 2B 铅笔，描深后的图线宽度要符合线型及线宽的要求。同类线型描深后要浓淡一致，因此应把图线按宽度分批描深，而且画线时用力要均匀。描深的一般顺序如下：

(1)描深点画线(先描水平点画线，后描竖直点画线)；

(2)描深粗实线的圆、圆弧、曲线；

(3)描深水平方向粗实线(自上而下)和竖直方向粗实线(自左向右)；

(4)描深倾斜的粗实线；

(5)描深虚线、细实线；

(6)画尺寸起止符号或箭头，标注尺寸数字、文字说明，填写图标；

(7)描深图框线、图标线。

最后应检查全图，如有错误，应立即更改。

1.6 徒手图

用绘图仪器画出的图称为仪器图；不用仪器，而是徒手画出的图称为徒手图，也称作草图。草图是技术人员交流、记录、构思、创作的有力工具。技术人员必须熟练掌握草图的作图技巧。

草图的“草”只是指徒手作图，并不意味着草图就允许潦草。草图上的线条也要粗细分明、基本平直、方向正确、长短大致符合比例、线型符合国家标准。

画草图时，持笔的位置高一些、手放松一些，比较灵活，如图 1-54 所示。

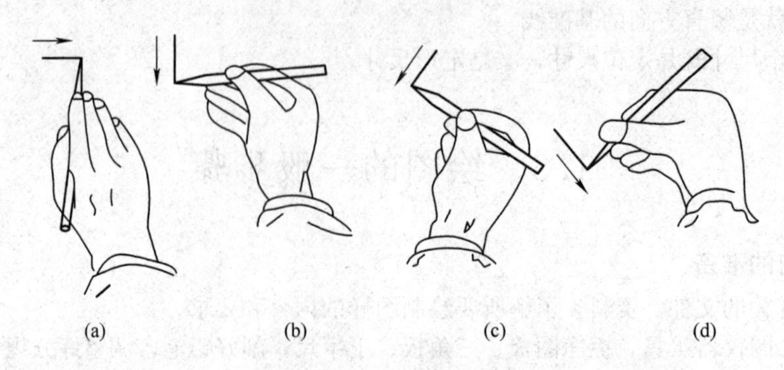

图 1-54　徒手画直线

(a)画水平线；(b)画竖直线；(c)向左画斜线；(d)向右画斜线

画草图要手眼并用，画角度、等分线段或圆弧，截取相等的线段等，都是靠眼睛估计决定的。画圆和椭圆的方法，如图 1-55 和图 1-56 所示。

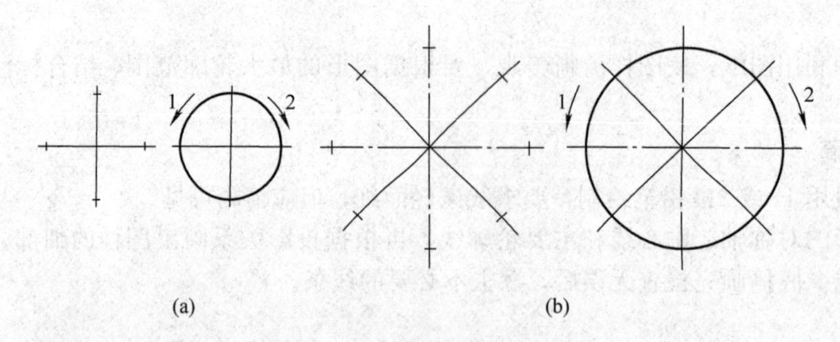

图 1-55　徒手画圆

(a)徒手画小圆；(b)徒手画大圆

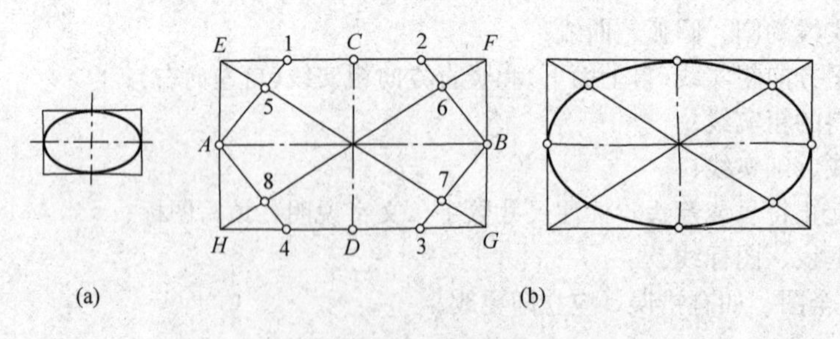

图 1-56　徒手画椭圆

(a)徒手画小椭圆；(b)徒手画大椭圆

徒手画平面图形时，不要急于画细部，要考虑大局，要注意图形的长与高的比例，以及图形的整体与细部的比例是否正确。草图最好画在方格纸上，图形各部分之间的比例可借助方格数的比例来确定，如图 1-57 所示。

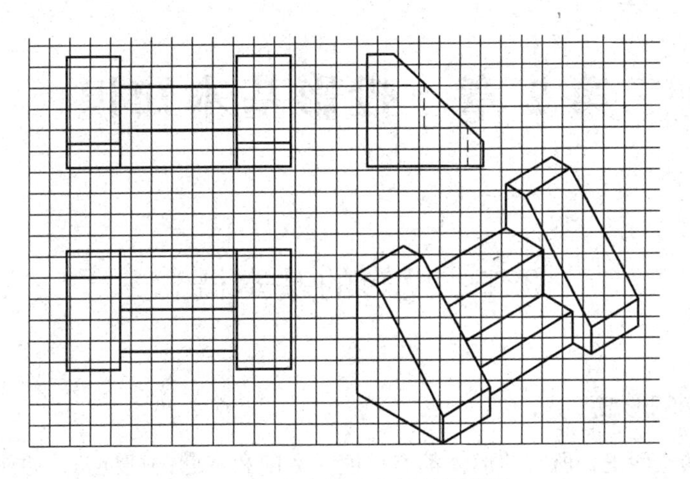

图 1-57　在方格纸上徒手画草图

思考题

1. 线性尺寸标注是由哪几部分组成的？对它们有怎样的要求？
2. 圆弧连接作图时的关键问题是什么？
3. 徒手作图时应注意哪些问题？

第 2 章　投影基本知识

2.1　投影的基本概念

2.1.1　投影的形成

在人们生活的空间里，所有的形体都有长度、宽度和高度(或厚度)，如何才能在一张只有长度和宽度的图纸上，准确而全面地表达出形体的形状和大小呢？人们采用了投影方法。

当光线照射物体时会在墙面或地面上产生影子，而且随着光线照射角度或距离的改变，影子的位置和大小也会改变，人们经过长期的探索总结出了物体的投影规律。

如图 2-1 所示，假设空间中有光源 *S* 和三角形 *ABC*，假设光源发出的光线能够透过形体而将各个顶点和各条边线的影都显示在平面 *H* 上，这些点和线将组成一个能够反映出形体形状的图形。这个图形通常称为形体的投影，光源 *S* 称为投影中心，*SA*、*SB*、*SC* 称为投射线，平面 *H* 称为投影面。这种使空间形体在投影面上生成投影的方法，称为投影法。

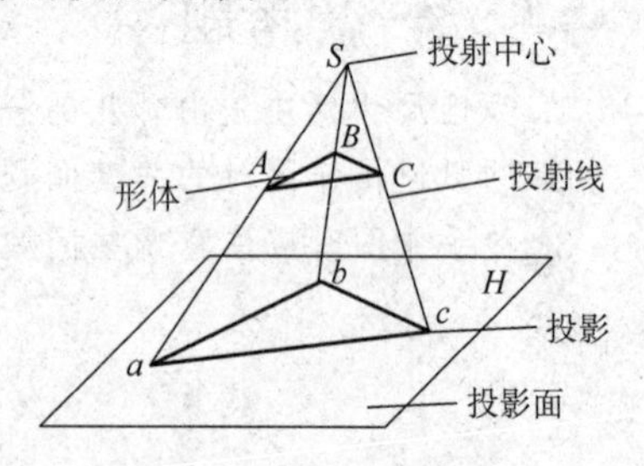

图 2-1　投影的形成

由此可见，产生投影必须具备三个条件：投射线；投影面；空间形体(包括点、线、面等几何元素)。

2.1.2　投影法的分类

投影法分为中心投影法和平行投影法两类。

1. 中心投影法

如图 2-2 所示，投射中心 *S* 在有限的距离内，发出放射状的投射线，用这种投射线作出的投影四边形 *abcd* 称为四边形 *ABCD* 在 *H* 面的中心投影，作出中心投影的方法称为中心投影法。

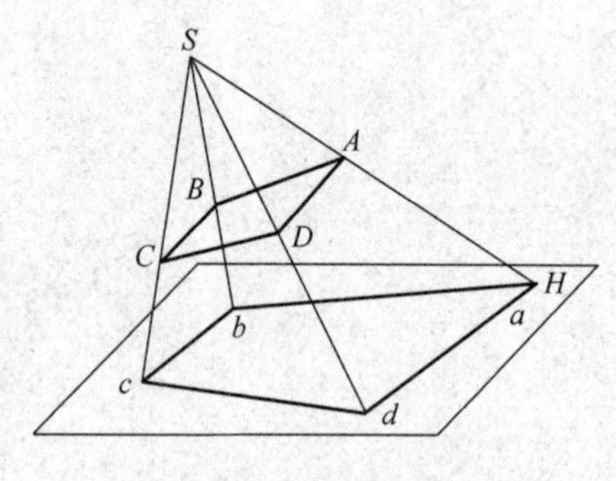

图 2-2　中心投影

2. 平行投影法

如图 2-3 所示，当投射中心 *S* 距离投影面无限远时，所有的投射线成为平行线，用这种投射线作出的投影△*abc* 称为△*ABC* 在 *H* 面的平行投影，作出平行投影的方法称为平行投影法。

平行投影法根据投射线与投影面的夹角不同，还可分为以下两种：

(1)正投影法：投射线与投影面垂直时所作出的平行投影称为正投影，如图 2-3(a)所示，作出正投影的方法称为正投影法。这种方法是工程上最常用的一种方法。

(2)斜投影法：投射线与投影面倾斜时所作出的平行投影称为斜投影，如图 2-3(b)所示，作出斜投影的方法称为斜投影法。这种方法常用来绘制工程图中的辅助图样。

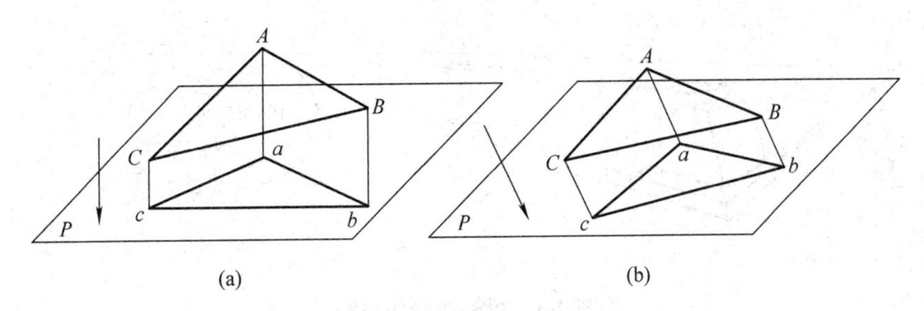

图 2-3　平行投影

(a)正投影；(b)斜投影

2.1.3　投影图的分类

在图纸上表示工程结构时，由于所表达的目的及被表达对象的特性不同，往往需要采用不同的图示方法，得到不同的投影图。常用的投影图有多面正投影、轴测投影、透视投影和标高投影。

1. 多面正投影

设置两个或两个以上的投影面，将形体置于观察者和投影面之间，用正投影法将形体分别向所设置的投影面上进行投影，然后将这些带有投影图的投影面展开在一个平面上，从而得到形体的多面正投影，如图 2-4(a)所示。这样绘制的工程图样虽然直观性差，但作图方便，且便于度量，因此，多面正投影成为工程中应用最广泛的一种图示方法，也是本课程讲述的主要内容。

2. 轴测投影

轴测投影是将形体连同参考直角坐标系，沿不平行于任一坐标平面的方向，用平行投影法投影在单一投影面上所得的具有立体感的投影图，如图 2-4(b)所示。轴测投影图虽然直观性较好，但作图烦琐，在一定条件下也可以度量长、宽、高三个方向的尺寸。因此，在工程实际中常用作绘制辅助图样。

3. 透视投影

透视投影是采用中心投影法将形体投影在单一投影面上所得的具有立体感的图形，如图 2-4(c)所示。透视图比较符合人们的视觉习惯，具有直观、立体感强的特点，但作图较烦琐，度量性差。因此，透视图常用于表现建筑物外观或室内装饰效果，以及道路设计中。

4. 标高投影

标高投影是在形体的水平投影上加注某些特征面、线以及控制点的高程数值的单面正投影，如图 2-4(d)所示。标高投影主要用于表示地形。用标高投影所绘制的地形图主要是用等高线来表示，是土木工程中常见的一种工程图样。

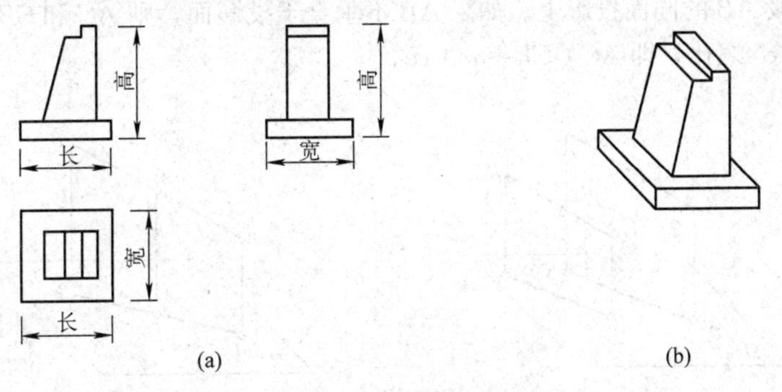

图 2-4　投影的分类

(a)多面正投影；(b)轴测投影

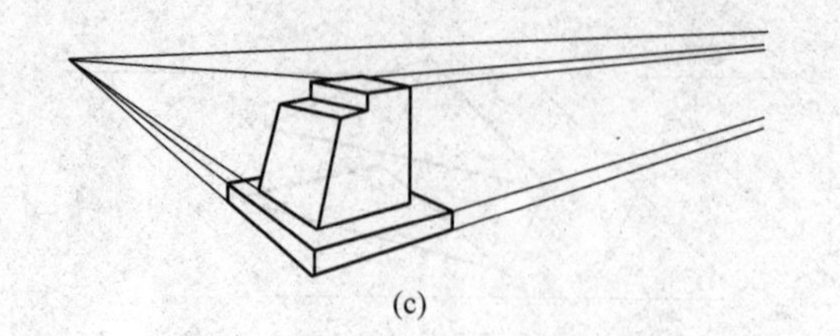
(c)

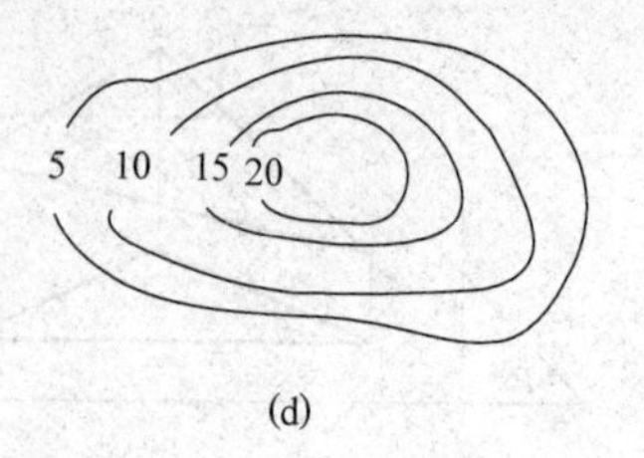

(d)

图 2-4 投影的分类(续)

(c)透视投影；(d)标高投影

2.2 正投影的投影特性与三面正投影图

正投影法是工程制图中绘制图样的主要方法。因此，了解正投影的几何性质，对绘制物体的正投影图非常重要。

2.2.1 正投影的投影特性与三面正投影图

1. 积聚性

若空间线段 MN 和平面图形△ABC 与投影面 H 垂直，如图 2-5 所示，则线段 MN 在该投影面上的投影 mn 积聚为一点，平面图形△ABC 在该投影面上的投影 abc 积聚为一直线。

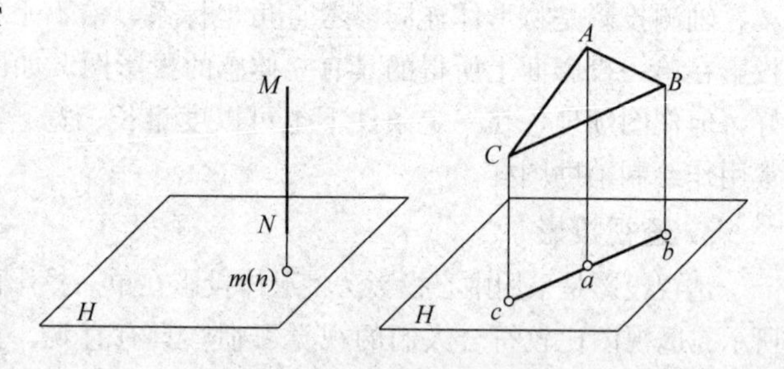

图 2-5 正投影的积聚性

2. 平行性

若空间两直线 AB、CD 相互平行，如图 2-6 所示，则它们的投影 ab、cd 也彼此平行，即 $AB//CD$、$ab//cd$。

3. 定比性

如图 2-7 所示，若空间线段 AB 上有一点 C 把线段分为 AC 和 CB 两段，则点 C 在 H 面上的投影一定落在线段 AB 的同面投影上。如果 AB 不垂直于投影面，则 AC 和 CB 两段的实长之比等于其投影 ac 和 cb 之比，即 $AC:CB=ac:cb$。

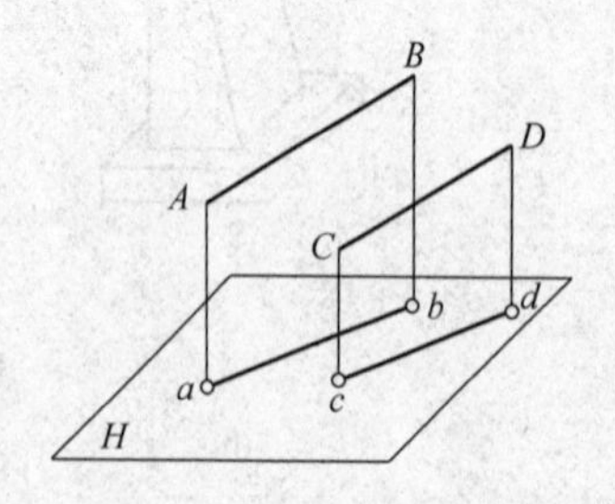

图 2-6 正投影的平行性

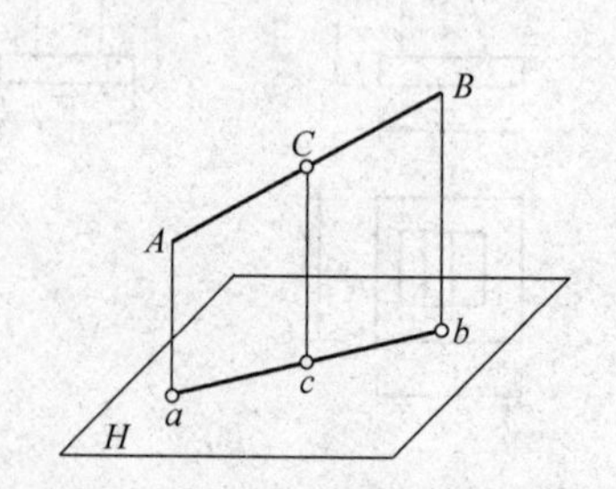

图 2-7 正投影的定比性

4. 全等性

如果空间线段 MN 和平面图形 $ABCD$ 与投影面平行，如图 2-8 所示，则它们在该投影面上的投影反映线段 MN 的实长和平面图形 $ABCD$ 的实形，即 $mn=MN$，四边形 $abcd\cong$四边形 $ABCD$。

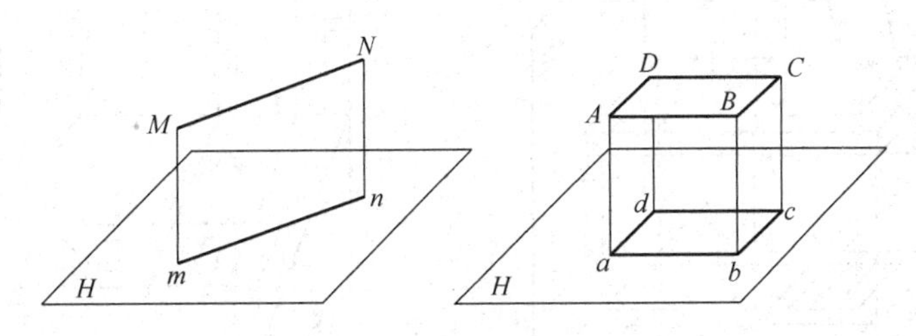

图 2-8 正投影的全等性

2.2.2 三面正投影图

空间形体都具有长度、宽度和高度(或厚度)三个方向的尺寸，可以通过正面、侧面和顶面来描述它的形状。形体的单一正投影仅能反映两个方向的尺寸和一个方向的形状。一般情况下，需要建立一个由互相垂直的三个投影面组成的投影体系，并作出形体在该投影体系三个投影面内的投影，这样，就可以充分表达出形体的原有空间形状。

1. 三面投影体系的建立

视频：三面正投影图

如图 2-9 所示，在形体下方放置一投影面，称为水平投影面，用“H”表示，简称 H 面；在形体后方放置一投影面，称为正立投影面，用“V”表示，简称 V 面；在形体右方放置一投影面，称为侧立投影面，用“W”表示，简称 W 面。

H、V、W 三个投影面两两相交，其交线称为投影轴，分别用 OX、OY、OZ 表示，三投影轴相交于一点 O，称为原点。

2. 三面正投影图的形成

将形体置于三面投影体系中，尽量让形体的各表面平行或垂直于投影面，如图 2-9 所示，然后用三组平行且分别垂直于 H、V、W 面的投射线对该形体向三个投影面作正投影。其中，由上向下在 H 投影面得到的正投影图称为水平投影图，简称 H 投影；由前向后在 V 投影面得到的正投影图称为正面投影图，简称 V 投影；由左向右在 W 投影面得到的正投影图称为侧面投影图，简称 W 投影。

如图 2-10 所示，将投影后的形体从三面投影体系中取出，根据三面投影亦可读出形体各个方面的尺寸大小和形状。如水平投影图反映形体的顶面形状和长度、宽度的尺寸大小，正面投影图反映形体的正立面形状和长度、高度的尺寸大小，侧面投影图反映形体的左侧立面形状和宽度、高度的尺寸大小。

为了作图方便，通常将互相垂直的三个投影面展开在一个平面上。具体作法：如图 2-10 所示，将带有形体投影的三个投影面展开，V 面保持不动，H 面绕 OX 轴向下旋转 90°，W 面绕 OZ 轴向右旋转 90°，此时，OY 轴分成两条，随 H 面旋转的称为 OY_H 轴，随 W 面旋转的称为 OY_W 轴，如图 2-11(a)所示。因为平面是无限延伸的，故可将投影面的边框去除。

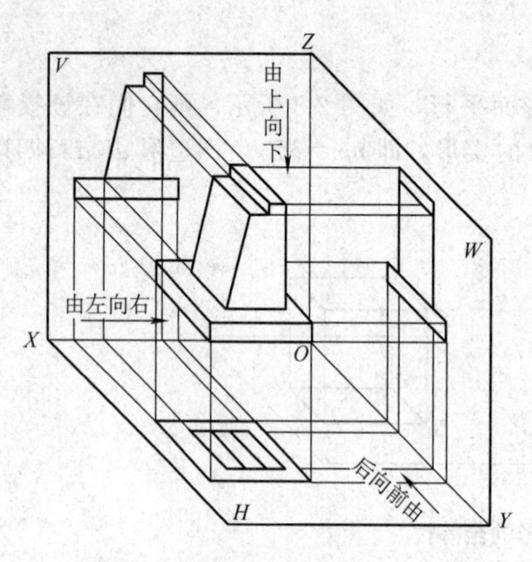

图 2-9　三面投影体系的建立和形成

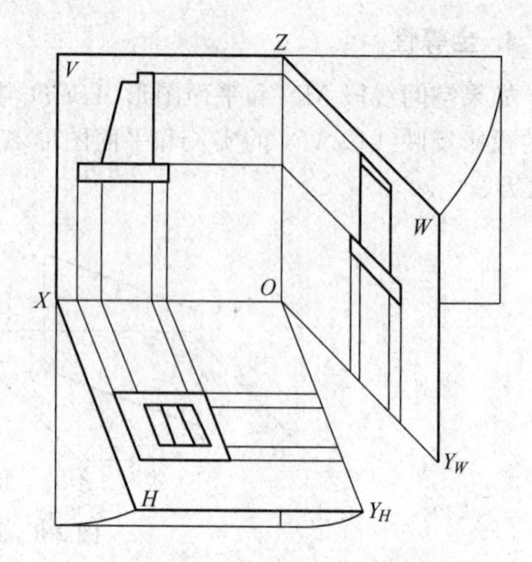

图 2-10　三面投影图的形成

3. 三面正投影图的投影规律

对于同一空间形体而言，它的长、宽、高三个方向的尺寸都是一定的，在三面投影体系中，将形体 *OX* 轴方向的尺寸称为长度、*OY* 轴方向的尺寸称为宽度、*OZ* 轴方向的尺寸称为高度。三面投影图中各个投影图之间是相互关联的。如图 2-11(b)所示，正面投影图和水平投影图左右对齐、长度相等，即投影图的“长对正”；正面投影图和侧面投影图上下对齐、高度相等，即投影图的“高平齐”；水平投影图和侧面投影图前后对齐、宽度相等，即投影图的“宽相等”。

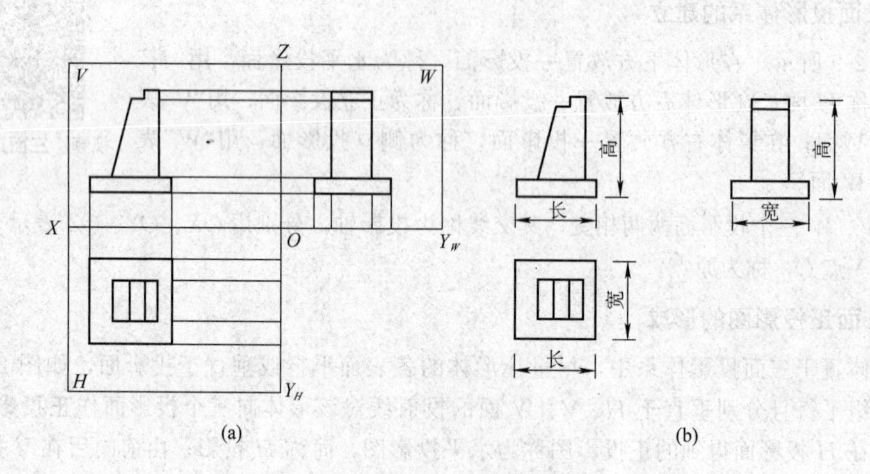

图 2-11　三面投影图

(a)展开后的三面投影图；(b)三面投影图的对应关系

思考题

1. 投影是如何形成的？需要哪些要素？
2. 工程中常用的投影图有哪些？
3. 正投影的投影特性是什么？它们是否适用于斜投影？
4. 三面投影体系是如何形成的？如何展开得到三面投影图呢？
5. 三面投影图的投影规律是什么？

第3章　点、直线和平面的投影

3.1　点的投影

3.1.1　点的投影含义

如图 3-1 所示，过空间一点 A 作 H 面的投射线，该投射线与投影面 H 的交点 a 即为空间点 A 在 H 面的投影。

投射线 Aa 上所有的点在 H 面的投影均与点 a 重合，所以仅凭点 A 的单面投影 a，不能确定点 A 的空间位置。

为了确定点的空间位置，便设置了三个相互垂直的投影面 H、V 和 W。

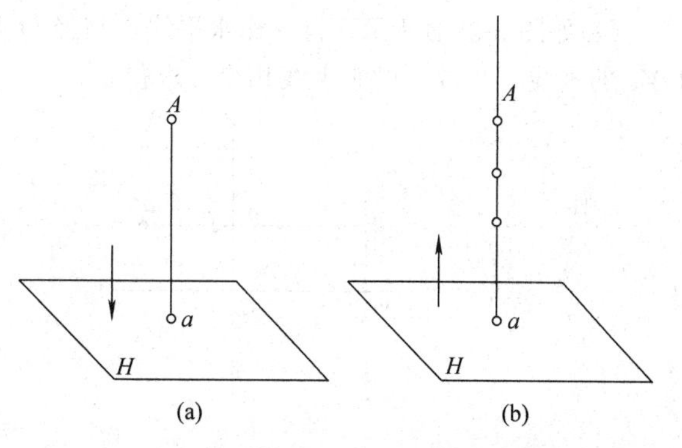

图 3-1　单面投影无法确定点的空间位置

(a)由空间点求正投影；(b)由正投影求空间点

3.1.2　点的三面投影及投影规律

1. 点在三面投影中的投影规律

如图 3-2 所示，作出点 A 在三面投影体系中的投影 a、a'、a''，a 称为水平投影，a'称为正面投影，a''称为侧面投影。将三面投影展开在一个平面上，投影图的边框可以省略，45°斜线可以作为作图的辅助线，从而实现 H 投影和 W 投影的对应关系。

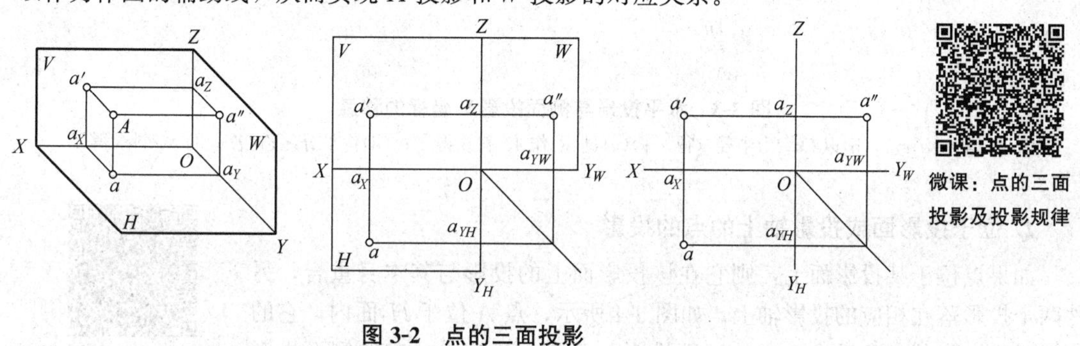

微课：点的三面投影及投影规律

图 3-2　点的三面投影

点在三面投影体系中的投影规律：

(1)点的水平投影与正面投影的连线垂直于 OX 轴；正面投影与侧面投影的连线垂直于 OZ 轴。

(2)点的水平投影至 OY_H 轴的距离等于点的正面投影至 OZ 轴的距离，且均反映点到 W 面的距离，称为该点的 X 坐标，即 $x=Aa''=aa_{YH}=a'a_Z$。

点的水平投影至 OX 轴的距离等于点的侧面投影至 OZ 轴的距离，且均反映点到 V 面的距离，称为该点的 Y 坐标，即 $y=Aa'=aa_X=a''a_Z$。

点的正面投影至 OX 轴的距离等于点的侧面投影至 OY_W 轴的距离，且均反映点到 H 面的距离，称为该点的 Z 坐标，即 $z=Aa=a'a_X=a''a_{YW}$。

因为水平投影 a 到 OX 轴的距离等于侧面投影 a'' 到 OZ 轴的距离，所以这段距离可用下列四种几何作图方法相互度量。

(1)如图 3-3(a)所示，用分规量取 $aa_X=a''a_Z$。

(2)如图 3-3(b)所示，自 a 作水平线与 OY_H 相交于 a_Y；然后，以 O 为圆心，以 Oa_Y 为半径作弧，将 OY_H 上的 a_Y 移到 OY_W 上，再从该点作 OY_W 的垂线，与过 a' 的水平线相交，即得 a''。

(3)如图 3-3(c)所示，自 a 作水平线与 OY_H 相交于 a_Y；然后，用直尺和三角板过 a_Y 作 45°线，将 OY_H 上的 a_Y 移到 OY_W 上，再从该点作 OY_W 的垂线，与过 a' 的水平线相交，亦可得 a''。

(4)如图 3-3(d)所示，自 a 作水平线，与经 O 点平分 $\angle Y_HOY_W$ 的 45°斜线相交；再从该点作 OY_W 的垂线，与过 a' 的水平线相交，求得 a''。

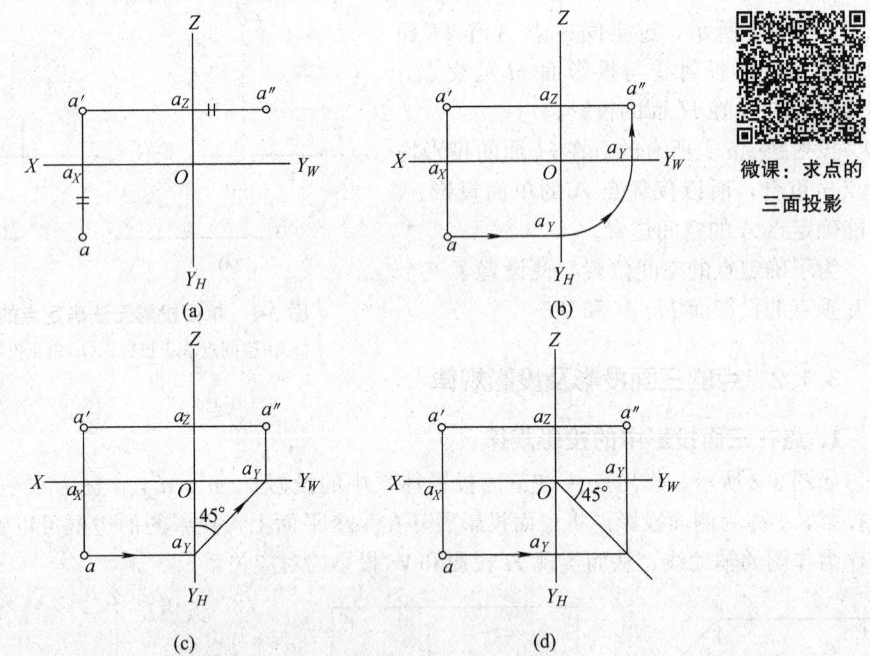

图 3-3　水平投影与侧面投影 Y 坐标的移量

(a)取 $aa_X=a''a_Z$；(b)以 Oa_Y 为半径求得 a''；(c)过 a_Y 作 45°斜线得 a''；(d)作平分 $\angle Y_HOY_W$ 的 45°斜线得 a''

2. 位于投影面或投影轴上的点的投影

微课：位于投影面或投影轴上的点的投影

如果点位于某投影面上，则它在该投影面上的投影与其本身重合，另外两个投影落在相应的投影轴上。如图 3-4 所示，点 A 位于 H 面内，它的水平投影 a 与其本身重合，它的正面投影 a' 落在 OX 轴上，它的侧面投影 a'' 落在 OY 轴上。

如果点位于某投影轴上，则点在该投影轴相应的两投影面内的投影与其本身重合，另一投影落在坐标原点上。如图 3-4 所示，点 D 位于 OX 轴上，它的水平投影 d 和正面投影 d' 与其本身重合，它的侧面投影 d'' 落在坐标原点上。

3. 根据点的两面投影，求它的第三面投影

因为点的任何两个投影都可以确定点的空间位置，所以只要给出点的两面投影，就可以求出它的第三面投影。

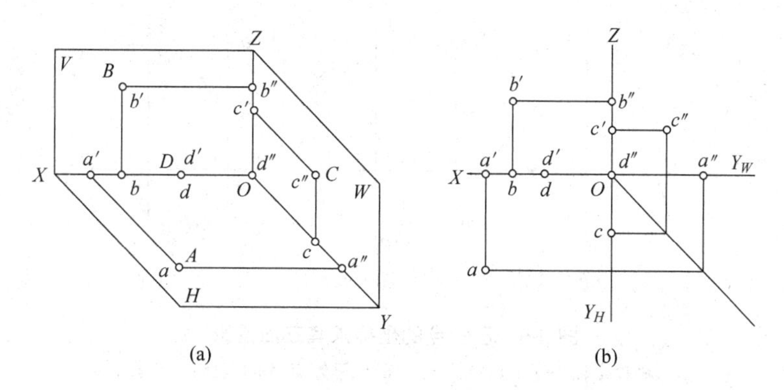

图 3-4　位于投影面和投影轴上的点的投影

(a)立体图；(b)投影图

【例 3-1】 已知点 A 的水平投影 a 和侧面投影 a''，如图 3-5(a)所示，求其正面投影 a'。

【分析】 由点的投影特性可知，点的正面投影与水平投影的连线垂直于 OX 轴，点的正面投影和侧面投影的连线垂直于 OZ 轴，故过 a 作 OX 轴的垂直线与过 a'' 作 OZ 轴的垂直线的交点，即点 A 的正面投影 a'。

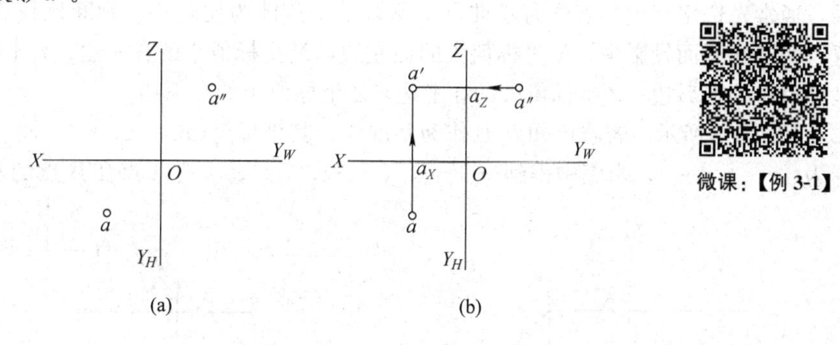

图 3-5　求点的正面投影

(a)已知点 A 的水平投影 a 和侧面投影 a''；(b)求点 A 的正面投影 a'

【作图】 如图 3-5(b)所示：

(1)过点 A 的水平投影 a 作 OX 轴的垂直线，交 OX 轴于 a_X，a' 必在 aa_X 的延长线上。

(2)过点 A 的侧面投影 a'' 作 OZ 轴的垂直线，交 OZ 轴于 a_Z，a' 必在 $a''a_Z$ 的延长线上，$a''a_Z$ 的延长线与 aa_X 的延长线相交，交点即所求点 A 的正面投影 a'。

【例 3-2】 已知点 A 的坐标是(10，5，15)，求点 A 的三面投影，如图 3-6 所示。

【分析】 由点 A 的坐标可知，点 A 到 W 面的距离为 10，到 V 面的距离为 5，到 H 面的距离为 15。由点的投影规律和点的三面投影与三个坐标的关系，即可得点 A 的三面投影。

【作图】 (1)如图 3-6(a)所示，画出投影轴，并标出相应的符号。

(2)如图 3-6(b)所示，自原点 O 沿 OX 轴向左量取 $x=10$，得 a_X；然后，过 a_X 作 OX 轴的垂线，沿垂线向下量取 5，即得水平投影 a；向上量取 15，即得正面投影 a'。

微课：【例 3-2】

(3)如图 3-6(c)所示，过 a' 作 OZ 轴的垂线交 OZ 轴于 a_Z，沿该垂直线向右量取 $y=5$，即得点的侧面投影 a''。a'' 也可以用图 3-3 所示的其他方法求得。

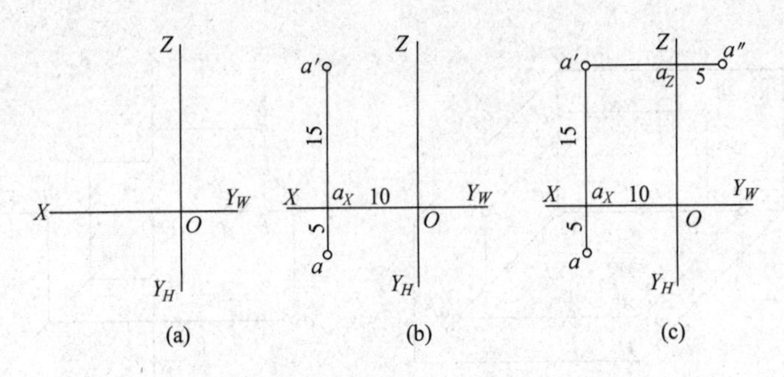

图 3-6　已知点的坐标求其三面投影

(a)画投影轴并标出相应符号；(b)取已知点 A 的坐标；(c)求 a''

3.1.3　两点的相对位置和重影点

1. 两点的相对位置

判断两点的相对位置，即比较两点的左右、前后、上下的位置关系。根据点的坐标，X 坐标反映左右关系，Y 坐标反映前后关系，Z 坐标反映上下关系。为了说明两个点的相对位置关系，通常先选定其中一点作为基准点，那么另一点即为比较点，判断比较点相对于基准点的位置。两点的同面投影中，X 坐标值大的在左边，X 坐标值小的在右边；Y 坐标值大的在前边，Y 坐标值小的在后边；Z 坐标值大的在上边，Z 坐标值小的在下边。

如图 3-7 所示，若将已知点 B 作为基准点，其坐标为(x_b，y_b，z_b)，将 A 作为比较点，其坐标为(x_a，y_a，z_a)，由图中得到 $x_a > x_b$，$y_a < y_b$，$z_a < z_b$，则 A 点在 B 点的左、后、下方。

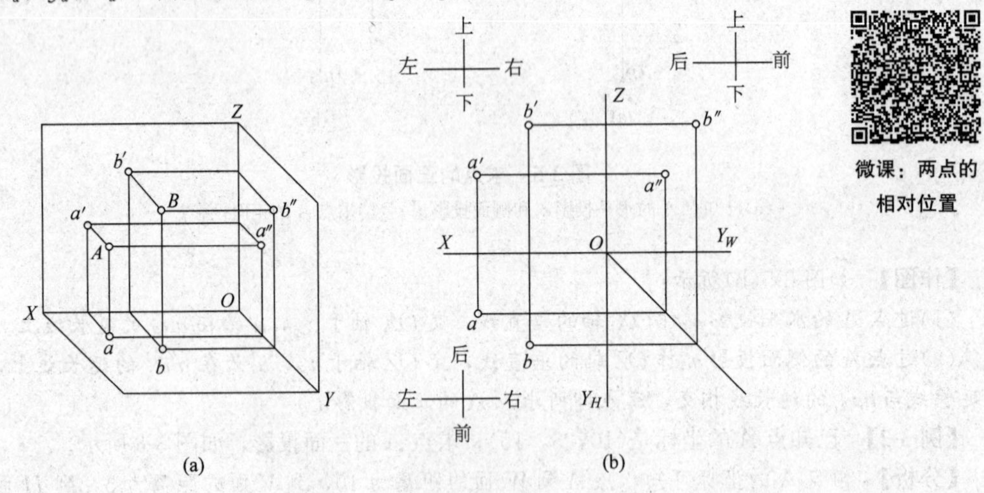

图 3-7　两点的相对位置

(a)立体图；(b)投影图

2. 重影点

如果空间两点的某两个坐标相同，那么这两个点位于某投影面的同一条投射线上，这两点在该投影面上的投影重合，这两点称为该投影面的重影点。重合在一起的投影称为重影。重影中不可见的点应加括号表示。

如图 3-8(a)所示，A、B 两点的水平投影重合，这两点的 X、Y 坐标相同，位于 H 面的同一条投射线上，故 A、B 两点为 H 面的重影点。从正面或者侧面投影中可以看出，A 点的 Z 坐

标大于 B 点的 Z 坐标，说明点 A 在点 B 的上方。当向 H 面投影时，点 A 挡住点 B，故点 A 的水平投影可见，而点 B 的水平投影不可见。

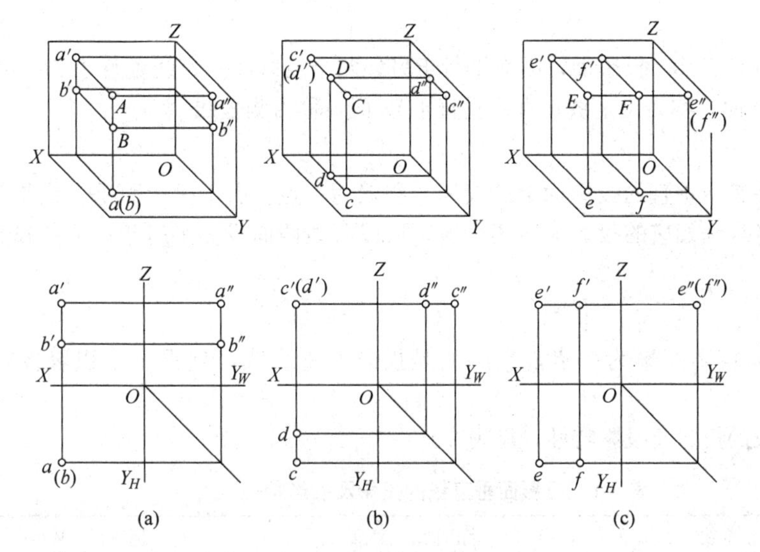

微课：重影点

图 3-8 投影面的重影点

(a)H 面的重影点；(b)V 面的重影点；(c)W 面的重影点

同理可得，C、D 两点为 V 面的重影点，如图 3-8(b)所示；E、F 两点为 W 面的重影点，如图 3-8(c)所示。

3.2 直线的投影

由初等几何知识可知，两点确定一条直线，因此只要绘出直线上任意两点的投影，将同一投影面的投影相连接，即可得直线的投影。在下列叙述中，如果没有特殊说明，人们所说的直线都是指具有一定长度的线段。

直线与其在各投影面上投影的夹角，称为直线与投影面的夹角。直线与 H 面、V 面、W 面的夹角分别用 α、β、γ 表示，如图 3-9 所示。

根据直线与投影面的相对位置不同，直线可分投影面垂直线、投影面平行线和一般位置直线。其中，投影面垂直线、投影面平行线统称为投影面特殊位置直线。

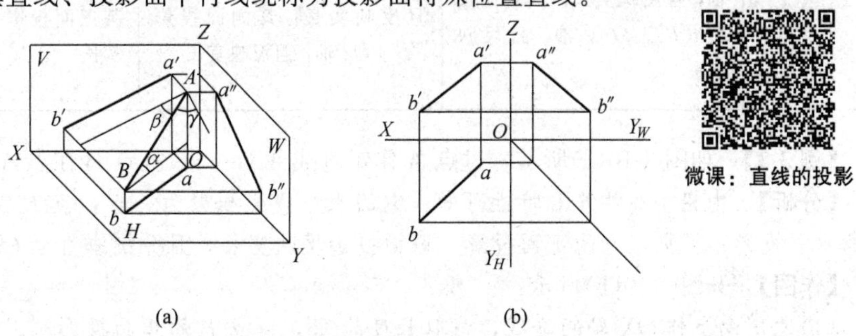

微课：直线的投影

图 3-9 直线的投影及直线与投影面的夹角

(a)立体图；(b)直线的投影

3.2.1 投影面垂直线

1. 空间位置

投影面垂直线垂直于某一投影面，因而平行于另外两个投影面。直线垂直于 H 面，称为铅垂线；直线垂直于 V 面，称为正垂线；直线垂直于 W 面，称为侧垂线。

2. 投影特性

投影面垂直线在其所垂直的投影面上的投影，积聚为一点。由于投影面垂直线与其他两个投影面平行，其上各点到相应的投影面距离相等，所以其他两面投影平行于相应的投影轴，并反映直线的实长。

3. 读图

直线只要有一面投影积聚为一点，它必然是投影面垂直线，且垂直于积聚投影所在投影面。

各投影面垂直线的投影及投影特性，见表 3-1。

表 3-1　投影面垂直线的投影及投影特性

名称	铅垂线⊥H 面	正垂线⊥V 面	侧垂线⊥W 面
立体图			
投影图			
投影特性	AB 的水平投影积聚为一点，其正面投影 $a'b' \perp OX$ 轴，且反映实长；其侧面投影 $a''b'' \perp OY_W$ 轴，且反映实长	CD 的正面投影积聚为一点，其水平投影 $cd \perp OX$ 轴，且反映实长；其侧面投影 $c''d'' \perp OZ$ 轴，且反映实长	EF 的侧面投影积聚为一点，其水平投影 $ef \perp OY_H$ 轴，且反映实长；其正面投影 $e'f' \perp OZ$ 轴，且反映实长

【例 3-3】 如图 3-10(a)所示，过点 A 作铅垂线 $AB=15$，且点 B 在点 A 的上方。

【分析】 由铅垂线的投影特性可知，它的水平投影积聚为一点，点 B 在点 A 的上方，故点 A 的水平投影不可见，它的正面投影、侧面投影反映实长，且分别垂直于 OX 轴、OY_W 轴。

【作图】 如图 3-10(b)所示：

(1)过 a' 向上作 OX 轴的垂线，截取长度为 15，得点 B 的正面投影 b'。

(2)过 a'' 向上作 OY_W 轴的垂线，截取长度为 15，得点 B 的侧面投影 b''。

(3)点 B 的水平投影与点 A 的水平投影重影，且 a 不可见。

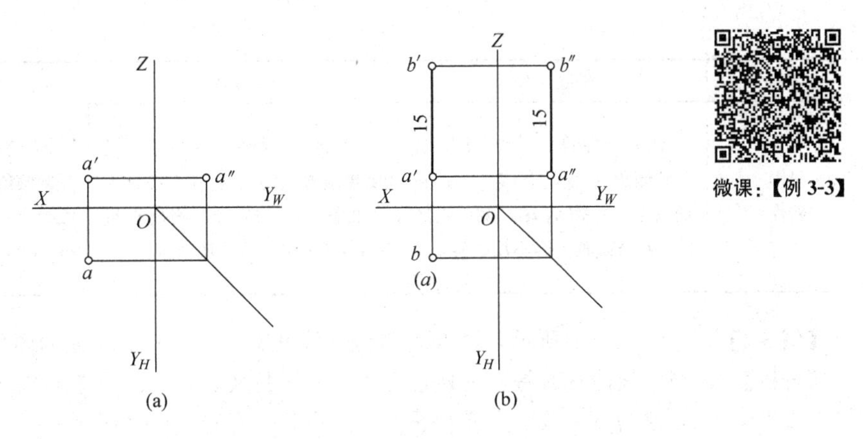

图 3-10　求作铅垂线

3.2.2　投影面平行线

1. 空间位置

投影面平行线平行于某一投影面，但倾斜于其他两个投影面。直线平行于 H 面，称为水平线；直线平行于 V 面，称为正平线；直线平行于 W 面，称为侧平线。

2. 投影特性

投影面平行线在其平行的投影面内的投影是倾斜的，反映实长。该斜投影与投影轴的夹角，反映投影面平行线对相应投影面的倾角的实形；其余两个投影平行于相应的投影轴。

3. 读图

一直线如果有一个投影平行于投影轴而另一投影倾斜时，它就是一条投影面平行线，平行于倾斜投影所在的投影面。

各投影面平行线的投影及投影特性见表 3-2。

表 3-2　投影面平行线的投影及投影特性

名称	水平线//H 面	正平线//V 面	侧平线//W 面
立体图			
投影图			

续表

名称	水平线//H 面	正平线//V 面	侧平线//W 面
投影特性	AB 的水平投影反映实长，且反映倾角 β、γ 的真实大小；正面投影 $a'b'$//OX 轴，侧面投影 $a''b''$//OY_W 轴，但不反映实长	CD 的正面投影反映实长，且反映倾角 α、γ 的真实大小；水平投影 cd//OX 轴，侧面投影 $c''d''$//OZ 轴，但不反映实长	EF 的侧面投影反映实长，且反映倾角 α、β 的真实大小；正面投影 $e'f'$//OZ 轴，水平投影 ef//OY_H 轴，但不反映实长

【例 3-4】 如图 3-11(a)所示，过点 A 作侧平线 $AB=15$，且与 H 面的倾角 $\alpha=60°$。

【分析】 由侧平线的投影特性可知，它的侧面投影反映实长，且与 OY_W 轴的夹角反映直线对 H 面的倾角 α，它的水平投影与正面投影分别平行于 OY_H 轴和 OZ 轴。

【作图】 如图 3-11(b)所示：

(1)过 a'' 作与 OY_W 成 60°的直线，并截取 $a''b''=15$。

(2)过 b'' 作 OZ 轴的垂线，过 a' 作 OZ 轴的平行线，两线交点即为点 B 的正面投影 b'。

(3)过 b'' 作 OY_W 轴的垂线，并垂直于 OY_H 轴，过 a 作 OY_H 轴的平行线，两线交点即为点 B 的水平投影 b。

微课：【例 3-4】

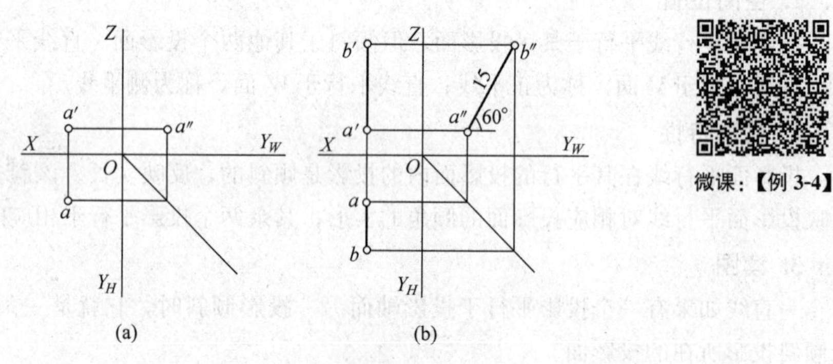

图 3-11 求作侧平线

(a)点 A 的投影；(b)过点 A 求作侧平线

本题的解中，点 B 在点 A 的前上方，请读者思考点 B 在点 A 其他方位的求解过程。

3.2.3 投影面一般位置直线

1. 一般位置直线的投影

如图 3-12 所示，一般位置直线的投影有如下特点：

(1)一般位置直线对各投影面都倾斜。直线对投影面的倾角，就是该直线和它在该投影面内投影的夹角。直线 AB 的 H 面投影 ab，其长度 $ab=AB\cdot\cos\alpha$，同理可得 AB 在其他投影面内投影的长度，即 $a'b'=AB\cdot\cos\beta$，$a''b''=AB\cdot\cos\gamma$。由于其余弦必小于 1，故一般位置直线三面投影的长度都小于线段的实长。

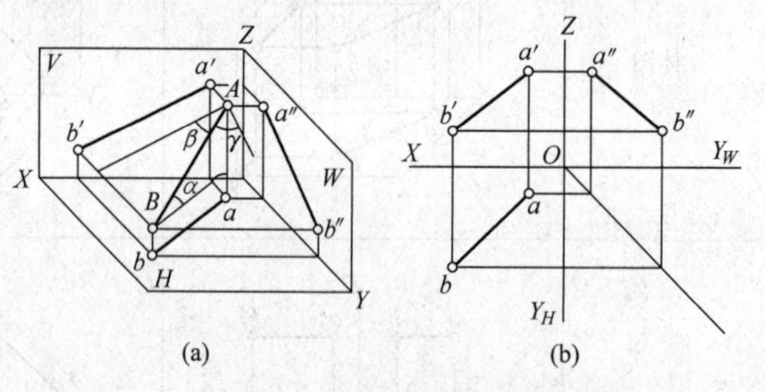

图 3-12 一般位置直线的投影

(a)立体图；(b)投影图

(2)一般位置直线上各点到投影面的距离都不相等，所以一般位置直线在各投影面内的投影都倾斜于投影轴。读图时，只要有两面投影是倾斜的，则它必为一般位置直线。

(3)一般位置直线对 H、V、W 面的倾角 α、β、γ，在投影面中都不反映实形。

2. 一般位置直线的实长和倾角

如前所述，投影面垂直线、投影面平行线在某一投影面内的投影，总能反映实长及其对投影面的倾角，但一般位置直线在各投影面上的投影既不能反映它的实长，又不能反映直线对投影面的倾角。在实际中，经常要根据直线的投影，求出它的实长和对投影面的倾角。

(1)直线对 H 面的倾角 α 及其实长。

【分析】 如图 3-13(a)所示，直线 AB 与其水平投影 ab 确定了平面 $ABba$ 垂直于 H 面，在该平面内过点 B 作 ab 的平行线，交 Aa 于点 A_0，则构成了一个 Rt△ABA_0。由该 Rt△ABA_0 可知，直角边 $A_0B=ab$，另一直角边 AA_0 等于 A、B 两点到 H 面的距离之差，它的对角∠ABA_0 即为空间直线 AB 对 H 面的倾角 α；斜边 AB 即为实长。由此，我们只要求出 Rt△ABA_0 的实形，就可求得一般位置直线 AB 对 H 面的倾角及其实长。

根据投影图，AB 的水平投影已知，即已知直角三角形的一直角边，另一直角边为 A、B 两点到 H 面的距离差，由正面投影可以求得，这样就可以作出 Rt△ABA_0 的实形了。

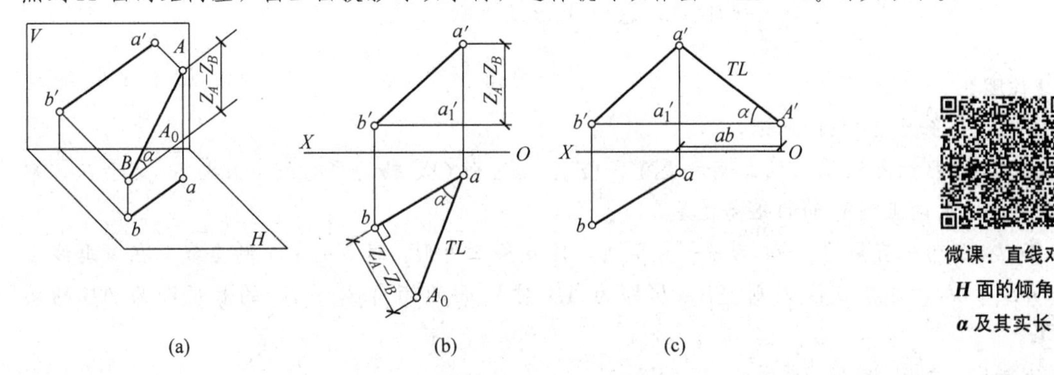

图 3-13 一般位置直线对 H 面的倾角及其实长

(a)立体图；(b)方法一；(c)方法二

【作图】

方法一：如图 3-13(b)所示：

1)求 A、B 两点到 H 面的距离之差 Z_A-Z_B：过 b' 作 OX 轴的平行线，且与 aa' 交于 a_1'，则 $a'a_1'$ 等于 A、B 两点到 H 面的距离之差。

2)以 ab 为一直角边，$a'a_1'$ 为另一直角边，作直角三角形：过 b 作 ab 的垂线，在该垂线上截取 $bA_0=a'a_1'$，连接 aA_0，则∠A_0ab 即为 AB 对 H 面的倾角 α，aA_0 的长度即为 AB 的实长 TL。

方法二：如图 3-13(c)所示：

1)过 b' 作 OX 轴的平行线，且与 aa' 交于 a_1'，则 $a'a_1'$ 等于 A、B 两点到 H 面的距离之差。

2)在 $b'a_1'$ 的延长线上截取 $a_1'A'=ab$，并连接 $a'A'$，则∠$a'A'a_1'$ 即为 AB 对 H 面的倾角 α，$a'A'$ 的长度即为 AB 的实长 TL。

显然，图 3-13(b)中的△A_0ab 和图 3-13(c)中的△$a'A'a_1'$ 是两个全等三角形，且都等于图 3-13(a)中的△ABA_0。

(2)直线对 V 面的倾角 β 及其实长。

【分析】 如图 3-14(a)所示，直线 AB 与其正面投影 $a'b'$ 确定了平面 $ABb'a'$ 垂直于 V 面，在

该平面内过点 A 作 $a'b'$ 的平行线，交 Bb' 于 B_0，则构成了一个 Rt$\triangle ABB_0$。由该 Rt$\triangle ABB_0$ 可知，直角边 $AB_0=a'b'$，另一直角边 BB_0 等于 A、B 两点到 V 面的距离之差，它的对角$\angle ABB_0$ 即为空间直线 AB 对 V 面的倾角 β；斜边 AB 即为实长。由此，我们只要求出直角$\triangle ABB_0$ 的实形，就可求得一般位置直线 AB 对 V 面的倾角及其实长。

根据投影图，AB 的正面投影已知，即已知直角三角形的一直角边，另一直角边为 A、B 两点到 V 面的距离差，由水平投影可以求得，这样就可以作出直角$\triangle ABB_0$ 的实形了。

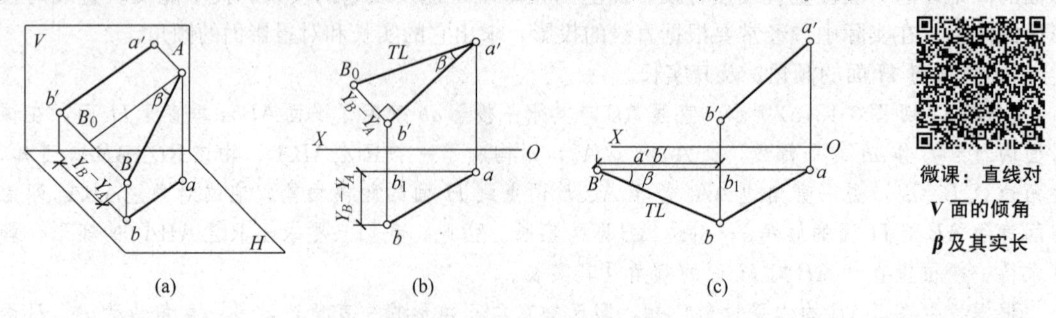

图 3-14　一般位置直线对 V 面的倾角及其实长

(a)立体图；(b)方法一；(c)方法二

【作图】

方法一：如图 3-14(b)所示：

1)求A、B 两点到 V 面的距离之差 Y_B-Y_A：过 a 作 OX 轴的平行线，且与 bb' 交于 b_1，则 bb_1 等于A、B 两点到 V 面的距离之差。

2)以 $a'b'$ 为一直角边，bb_1 为另一直角边，作直角三角形：过 b' 作 $a'b'$ 的垂线，在该垂线上截取 $b'B_0=bb_1$，连接 $a'B_0$，则$\angle B_0a'b'$ 即为 AB 对 V 面的倾角 β，$a'B_0$ 的长度即为 AB 的实长 TL。

方法二：如图 3-14(c)所示：

1)过 a 作 OX 轴的平行线，且与 bb' 交于 b_1，则 bb_1 等于A、B 两点到 V 面的距离之差。

2)在 ab_1 的延长线上截取 $b_1B'=a'b'$，并连接 bB'，则$\angle bB'b_1$ 即为 AB 对 V 面的倾角 β，bB' 的长度即为 AB 的实长 TL。

显然，图 3-14(b)中的$\triangle a'B_0b'$ 和图 3-14(c)中的$\triangle B'bb_1$ 是两个全等三角形，且都等于图 3-14(a)中的$\triangle ABB_0$。

一般位置直线对 W 面的倾角 γ 的求法，可依据求 α、β 的原理进行。不同的是，求 γ 角的时候是以直线的侧面投影为一直角边，以线上两端点到 W 面的距离差为另一直角边构建直角三角形的。

上述利用构建直角三角形求解一般位置直线对投影面的倾角及其实长的方法，称为直角三角形法。可见，对于一般位置直线来说，要求直线对某投影面的倾角，就以直线在该投影面的投影为一直角边，以直线两端点到该投影面的距离差为另一直角边，构建直角三角形；直角三角形的斜边即为所求一般位置直线的实长，斜边与该投影面投影的夹角即为所求一般位置直线对投影面的倾角。

【例 3-5】 如图 3-15(a)所示，已知一直线 AB 的正面投影 $a'b'$，以及 A 的水平投影 a，AB 的长度为 20，求 AB 的水平投影和 AB 对 V 面的倾角 β。

【分析】 由点的投影规律可知，点 B 的水平投影 b 与其正面投影 b' 的连线垂直于 OX 轴，因此只需求出 A、B 两点到 V 面的距离差，即它们的 Y 坐标差 Y_A-Y_B，就可得 b。根据直角三角形法的原理，以 $a'b'$ 为一直角边、斜边长为 20 作直角三角形，它的另一直角边就是 A、B 两

点到 V 面的距离差，Y_A-Y_B 所对的角即为直线 AB 对 V 面的倾角 β。本题有两解。

【作图】 如图 3-15(b)所示：

(1)以 $a'b'$ 为一直角边、斜边长为 20 作直角三角形，即 $\mathrm{Rt}\triangle A_0a'b'$，则 $A_0a'=Y_A-Y_B$，它所对的 $\angle A_0b'a'=\beta$。

(2)过 b' 作 OX 轴的垂线，过 a 作 OX 轴的平行线，两线交点记作 b_1，然后沿 b_1b' 向后截取 $b_1b=A_0a'$，即得 B 的水平投影 b(若向前截取可得另一解)。

(3)连接 ab，即得直线 AB 的水平投影。

此题亦可采用图 3-15(c)所示的方法求解。

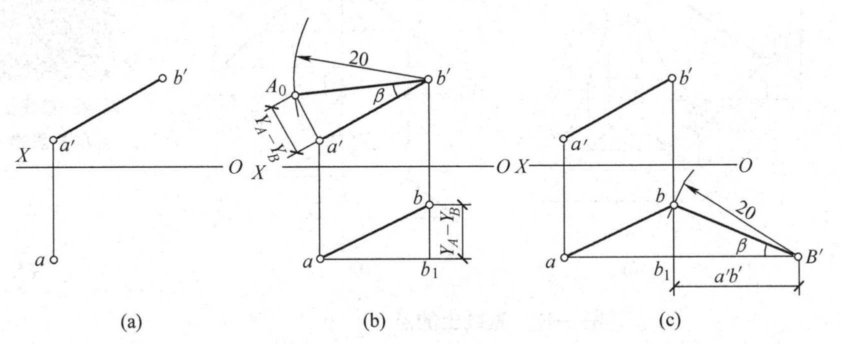

微课：【例 3-5】

图 3-15　求直线的水平投影及 β 角

(a)已知条件；(b)方法一；(c)方法二

【例 3-6】 如图 3-16(a)所示，已知直线 AB 的水平投影 ab 和点 B 的正面投影 b'，且直线 AB 对 H 面的倾角为 30°，求 AB 的正面投影 $a'b'$。

【分析】 已知点 B 的正面投影 b'，所以只要求出 A、B 两点到 H 面的距离差 Z_A-Z_B 即可确定点 A 的正面投影 a'。根据直角三角形法的原理，以 ab 为一直角边，作一锐角为 30°的直角三角形，30°角所对的直角边即为 A、B 两点到 H 面的距离差 Z_A-Z_B。

【作图】 如图 3-16(b)所示：

(1)以 ab 为一直角边，作一锐角为 30°的 $\mathrm{Rt}\triangle A_0ab$，则直角边 A_0b 等于 A、B 两点到 H 面的距离差 Z_A-Z_B。

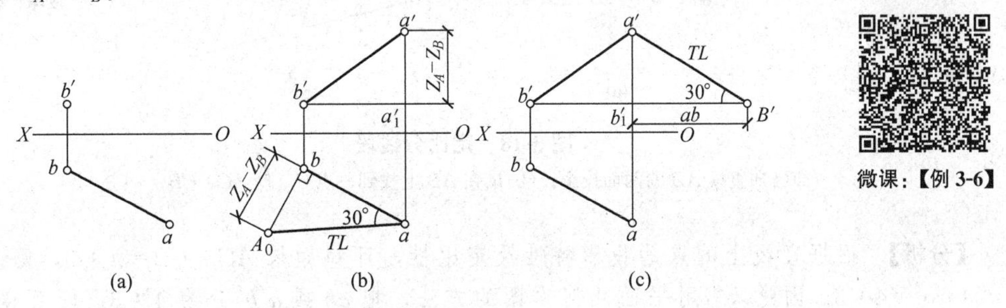

微课：【例 3-6】

图 3-16　求直线的正面投影

(a)已知条件；(b)方法一；(c)方法二

(2)过 a 作 OX 轴的垂线，过 b' 作 OX 轴的平行线，两线相交于一点 a_1'；从 a_1' 向上截取 $a_1'a'=A_0b$(向下截取可得另一解)，得 a'。

(3)连接 $a'b'$，即得 AB 的正面投影。

此题亦可采用图 3-16(c)所示的方法求解。

3.2.4 直线上的点

1. 直线上的点的投影特性

(1)如果点在直线上，则点的投影必在直线的投影上，并符合点的投影规律。如图 3-17所示，直线 AB 上的点 C，其投影 c、c'、c''分别落在 ab、$a'b'$、$a''b''$上，且 cc'、$c'c''$分别垂直于相应的投影轴。

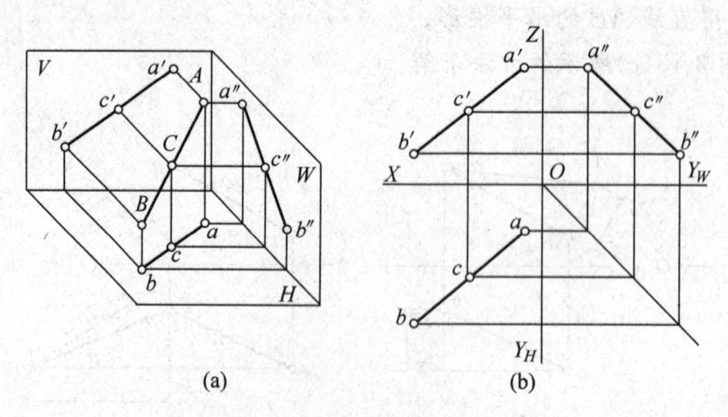

图 3-17　直线上的点

(a)立体图；(b)投影图

微课：直线上的点的投影特性

(2)点 C 分 AB 为 AC、CB 两段，点 C 的投影 c 也分 ab 为 ac、cb 两段。由于 Cc 平行于 Aa，也平行于 Bb，所以 $AC：CB＝ac：cb$，同理可得 $AC：CB＝a'c'：c'b'＝a''c''：c''b''$，即直线上的点分线段的比例投影后不变。这称为直线上的点的定比性。

【例 3-7】 已知直线 AB 的两面投影，如图 3-18(a)所示，试在直线上找到一点 C，使得 $AC：CB＝4：3$，并完成投影图。

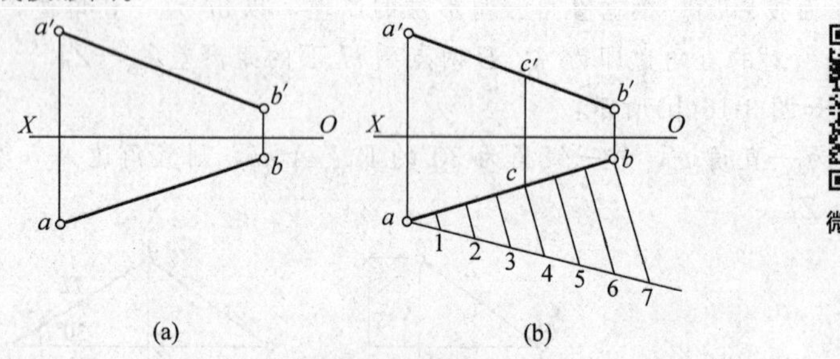

微课：【例 3-7】

图 3-18　定比分线段

(a)已知直线 AB 的两面投影；(b)试在 AB 上找到一点 C，使 $AC：CB＝4：3$

【分析】 根据直线上的点的投影特性及定比性，可知如果 $AC：CB＝4：3$，则 $ac：cb＝a'c'：c'b'＝4：3$。因此只需用平面几何作图的方法，把 ab 或 $a'b'$ 分为 4：3，即可得点 C 的投影。

【作图】 如图 3-18(b)所示：

(1)过 a 作一条直线，并从 a 点起，任取七等份，得 1、2、3、4、5、6、7 七个分点。

(2)连接 $b7$，再过第 4 分点作 $b7$ 的平行线，得点 C 的水平投影 c。

(3)过 c 作 OX 轴的垂直线，交 $a'b'$ 于 c'，即为点 C 的正面投影。

【例 3-8】 如图 3-19(a)所示，已知侧平线 AB 和点 M 的两面投影，判断点 M 是否在侧平线 AB 上。

【分析】 根据直线上的点的投影特性可知，如果点 M 在直线 AB 上，那么点 M 的三面投影一定落在直线的同面投影上，且点分线段的比例不变，即 $am:mb=a'm':m'b'$。因此，可以用定比性来判断点 M 是否在直线上，也可根据第三面投影来判断。

微课：【例 3-8】

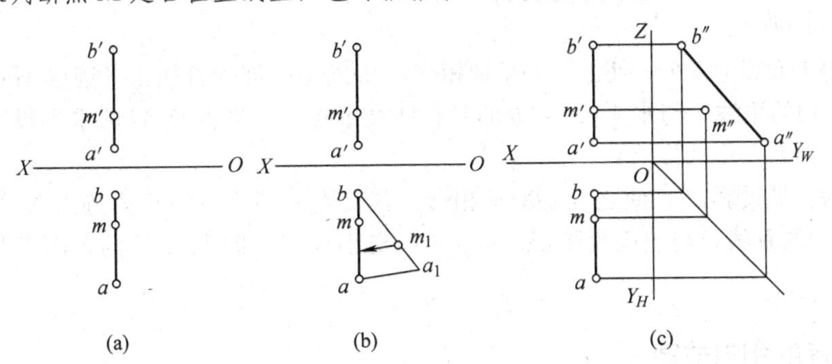

图 3-19 判断点是否在直线上

(a)已知侧平线 AB 和点 M 的两面投影；(b)方法一；(c)方法二

【作图】

方法一：如图 3-19(b)所示：

(1)在直线的水平投影上过 b 任取一直线，令 $ba_1=b'a'$，$bm_1=b'm'$。

(2)连接 aa_1，过 m_1 作 aa_1 的平行线，它与 ab 的交点不是 m，这说明 $am:mb\neq a'm':m'b'$。由此可判定点 M 不在直线 AB 上，只不过是与直线 AB 在同一侧平面内的点。

方法二：如图 3-19(c)所示：

分别求出直线 AB 和点 M 的侧面投影 $a''b''$ 和 m''，可以看出 m'' 不在 $a''b''$ 上，由此也可判定点 M 不在直线 AB 上。

2. 直线的迹点

直线与投影面的交点，称为直线的迹点。与 H 面的交点，称为直线的水平迹点；与 V 面的交点，称为直线的正面迹点；与 W 面的交点，称为直线的侧面迹点。投影面垂直线只有一个迹点，即与垂直的投影面的交点；投影面平行线有两个迹点，即直线与其不平行的两投影面的交点；一般位置线有三个迹点，即水平迹点、正面迹点和侧面迹点。如图 3-20(a)所示，点 M、N 分别为直线 AB 的水平迹点和正面迹点。

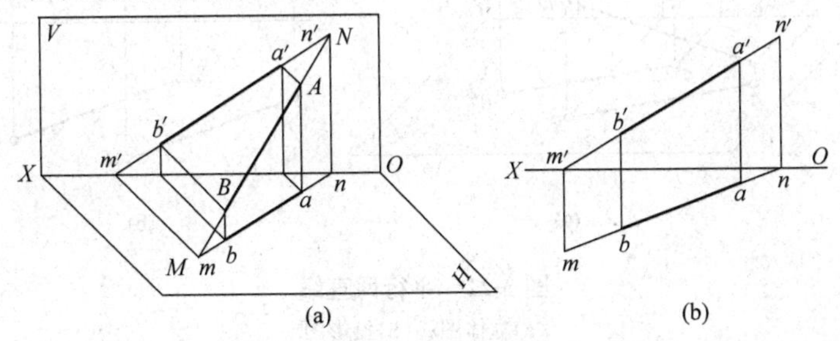

图 3-20 直线的迹点

(a)立体图；(b)投影图

因为迹点是直线与投影面的交点，它既是直线上的点，又是投影面内的点，所以迹点的投影必定符合直线的投影规律，也符合投影面内点的投影特性。由图 3-20(a)可知，水平迹点 M 在直线 AB 上，则水平迹点 M 的水平投影 m 一定落在直线 AB 的水平投影 ab 上，正面投影 m' 一定落在 $a'b'$ 上；水平迹点 M 是在 H 面内，所以点 M 的 H 面投影 m 与 M 重合，正面投影 m'

在 OX 轴上。正面迹点 N 在直线 AB 上，点 N 的正面投影 n' 一定在 AB 的正面投影 $a'b'$ 上，水平投影 n 一定在 ab 上；正面迹点 N 在 V 面内，所以点 N 的正面投影 n' 与 N 重合，水平投影 n 在 OX 轴上。因此，直线 AB 的正面迹点和水平迹点可以按下列方法求得。

作图如图 3-20(b)所示：

(1)延长 AB 的正面投影 $a'b'$，使之与 OX 轴相交，其交点 m' 即为直线水平迹点 M 的正面投影。过点 m' 作 OX 轴的垂线，与水平投影 ab 的延长线交于点 m，即为点 M 的水平投影，点 m 与点 M 重合。

(2)延长 AB 的水平投影 ab，使之与 OX 轴相交，其交点 n 即为直线正面迹点 N 的水平投影。过点 n 作 OX 轴的垂线，与正面投影 $a'b'$ 的延长线交于点 n'，即为点 N 的正面投影，点 n' 与点 N 重合。

3.2.5 两直线的相对位置

空间两直线可能有三种不同的相对位置，即相交、平行和交叉。例如在图 3-21 所示厂房形体上，直线 AB 与 BC 相交，既不平行也不交叉；直线 CD 与 EJ 平行；直线 BC 与 DE 交叉，既不平行也不相交。相交两直线或平行两直线都在同一平面上，所以它们都称为共面直线；交叉两直线不在同一平面上，所以称为异面直线。在相交两直线中，有斜交的，如直线 AD 和直线 DE；也有正交的，如直线 AH 和直线 HG(相互垂直)。交叉两直线也有垂直的，如直线 AH 和直线 BC。

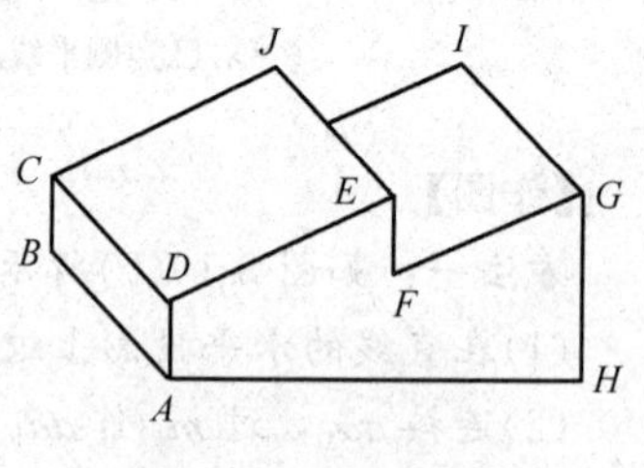

图 3-21　厂房形体

1. 平行两直线

根据正投影基本性质中的平行性可知，若空间两直线相互平行，则它们的同面投影也一定平行；反之，如果两直线的各面投影都相互平行，则空间两直线平行。如图 3-22 所示，已知 $AB /\!/ CD$，则 $ab /\!/ cd$，$a'b' /\!/ c'd'$。

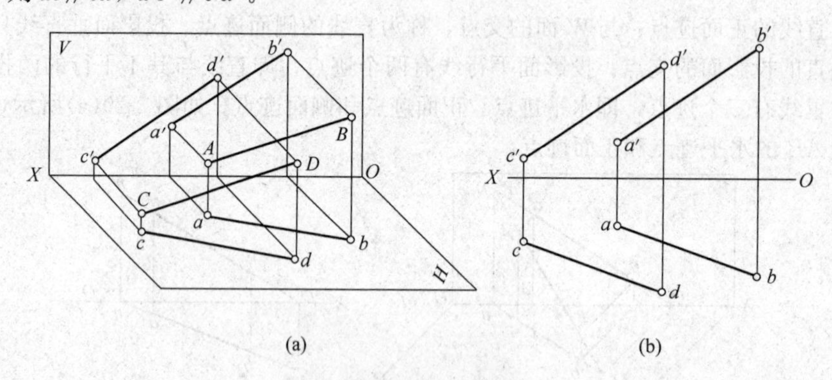

图 3-22　平行两直线

(a)立体图；(b)投影图

两直线平行的判定：

(1)若两直线的三组同面投影都平行，则空间两直线平行。

(2)若两直线为一般位置直线，则只需要有两组同面投影平行，就可判定空间两直线平行，如图 3-22 所示。

(3)若两直线同为某一投影面平行线，且在其平行的投影面上的投影彼此平行(或重合)，则可判定空间两直线平行。

如图 3-23(a)所示，两条侧平线 AB、CD，虽然投影 $ab /\!/ cd$、$a'b' /\!/ c'd'$，但是不能判断 $AB /\!/ CD$，还需求出它们的侧面投影来进行判断。从侧面投影可以看出，AB、CD 两直线不平行。同理，如图 3-23(b)、(c)所示，两条水平线、正平线是否平行，应分别从它们的水平投影和正面投影进行判定。

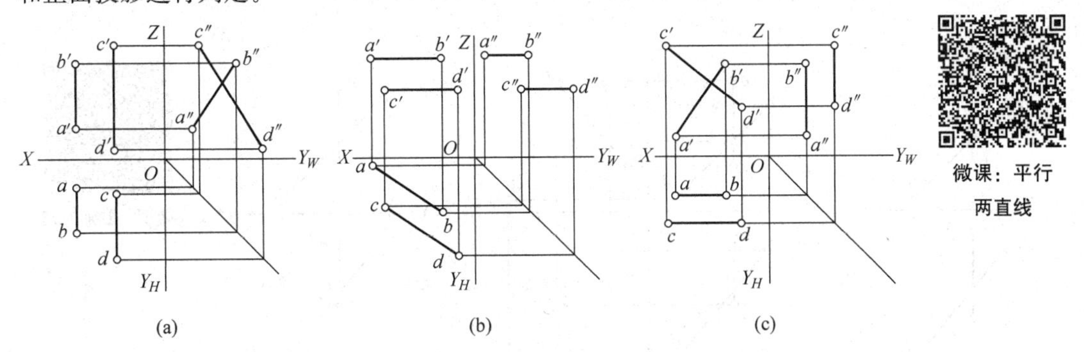

图 3-23　判定两投影面平行线是否平行

(a)直线 AB 不平行于直线 CD；(b)直线 $AB /\!/$ 直线 CD；(c)直线 AB 不平行于直线 CD

2. 相交两直线

空间两直线相交，则它们的同面投影除了积聚和重影之外，必相交，且交点同属于两条直线，即满足直线上的点的投影规律。如图 3-24(a)所示，空间两直线 AB、CD 相交于点 K。因为交点 K 是这两条直线的公共点，所以点 K 的水平投影 k 一定是 ab 与 cd 的交点，正面投影 k' 一定是 $a'b'$ 与 $c'd'$ 的交点。又因为 k、k' 是同一点 K 的两面投影，所以如图 3-24(b)所示，连线 kk' 必垂直于投影轴 OX 轴。

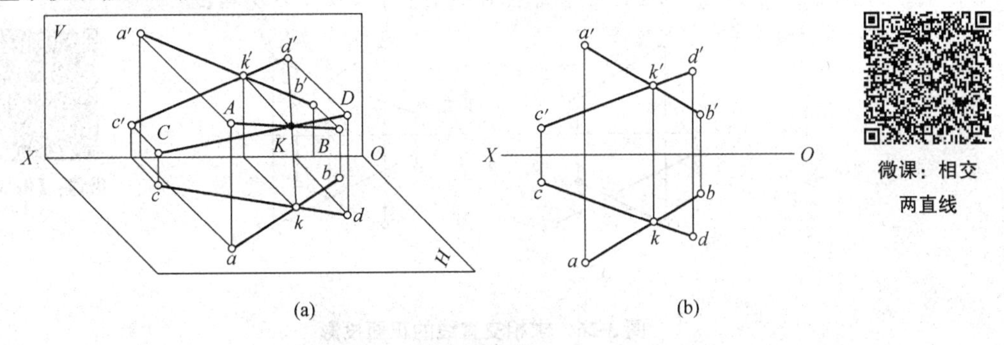

图 3-24　相交两直线

(a)直线 AB 和 CD 相交于点 K；(b)连线 kk' 垂直于投影轴 OX 轴

两直线相交的判定：

(1)若两直线的三面投影都相交，且交点满足直线上的点的投影规律，则两直线相交。

(2)若直线为一般位置直线，只要有两组同面投影相交，且交点满足直线上的点的投影规律，则两直线相交。

(3)若两直线中有投影面平行线，必须通过直线所平行的投影面上的投影判定直线是否满足相交的条件，或者应用定比性判断投影的交点是否为直线交点的投影。

【例 3-9】 已知直线 AB、CD 的两面投影，如图 3-25(a)所示，试判断这两条直线是否相交。

【作图】 方法一：如图 3-25(b)所示，利用第三面投影进行判断。求出两直线的侧面投影

$a''b''$、$c''d''$，从投影图中可以看出，$a'b'$、$c'd'$的交点与$a''b''$、$c''d''$的交点连线不垂直于OZ轴，故AB、CD两直线不相交。

方法二：如图 3-25(c)所示，利用直线上的点分线段为定比进行判断，如果AB、CD相交于点K，则$ak : kb = a'k' : k'b'$，但是从投影图中可看出，$ak : kb \neq a'k' : k'b'$，故两直线AB、CD并不相交。

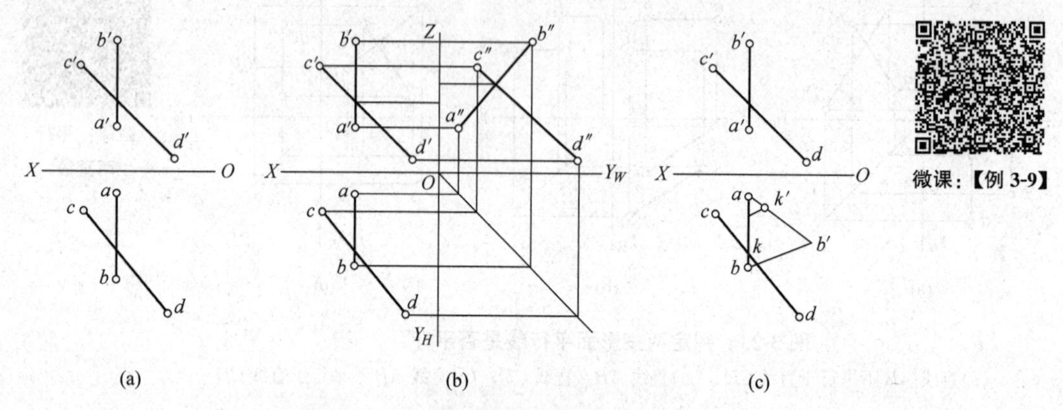

图 3-25 判断两直线是否相交

(a)已知两直线AB、CD的两面投影；(b)方法一；(c)方法二

【例 3-10】 已知两相交直线AB、CD的水平投影和部分正面投影，如图 3-26(a)所示，补全正面投影。

【分析】 因为空间直线AB、CD相交，所以水平投影ab与cd的交点k即为直线交点K的投影。利用两直线相交的投影特性，可求得点K的正面投影k'，b'必在$a'k'$的延长线上。

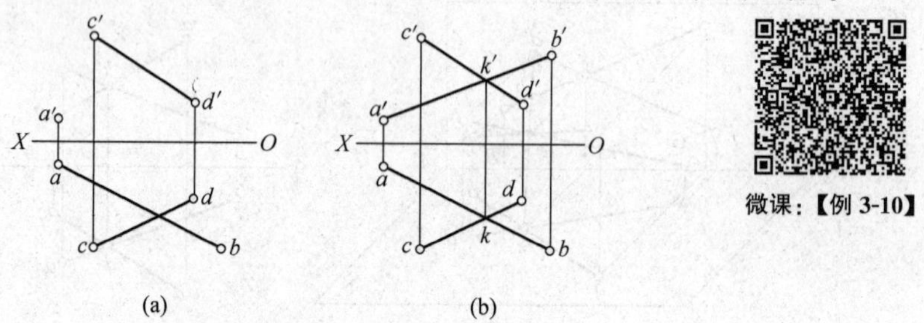

图 3-26 求相交直线的正面投影

(a)已知部分投影；(b)补全正面投影

【作图】 如图 3-26(b)所示：

(1)过水平投影ab与cd的交点k作OX轴的垂线，交$c'd'$于k'。

(2)连接$a'k'$，并延长。

(3)过b作OX轴的垂线，与$a'k'$的延长线相交于b'，$a'b'$即为直线AB的正面投影。

3. 交叉两直线

空间两直线既不平行也不相交，称为两直线交叉。虽然交叉两直线的同面投影有时候可能平行，但不可能所有的同面投影都平行，如图 3-23(a)、(c)所示；交叉两直线的同面投影有时候也可能相交，但这个交点只不过是两直线上在同一投影面的两重影点的重合投影。如图 3-27 所示，交叉直线AB、CD正面投影的交点$e'(f')$是直线AB上的点E和直线CD上的点F在V面的重影；水平投影的交点$h(g)$是直线AB上的点G和直线CD上的点H在H面的重影。从投影图中可以看出，H 面投影的交点与 V 面投影的交点不在同一条铅垂线上，故空间两直线不是相交而是交叉。

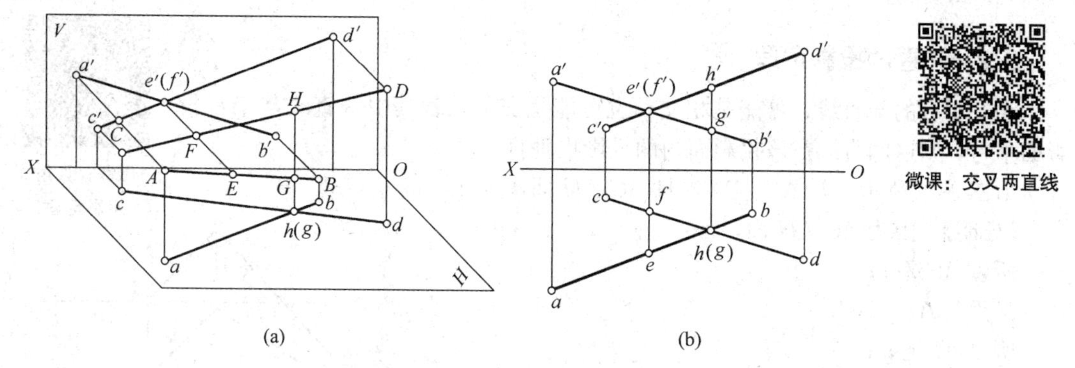

(a) (b)

图 3-27　交叉两直线

(a)立体图；(b)投影图

交叉两直线有一个可见性的问题。从图 3-27(a)中可以看出，点 G、H 在 H 面的投影重影，点 H 在上，点 G 在下。也就是说，直线向 H 面投影时，直线 CD 上的点 H 挡住了直线 AB 上的点 G，因此点 H 的水平投影 h 可见，而点 G 的水平投影 g 不可见。在图 3-27(b)中，可根据两直线的水平投影的交点 $h(g)$ 引一条 OX 轴的垂线到 V 面，先遇到 $a'b'$ 于 g'，后遇到 $c'd'$ 于 h'，说明直线 AB 上的点 G 在下，直线 CD 上的点 H 在上，因此 h' 可见 g' 不可见。同理，向 V 面投影时，直线 AB 上的点 E 挡住了直线 CD 上的点 F，因此在 V 面投影中，e' 可见，f' 不可见。

【例 3-11】 给出一个三棱锥各棱边的 V、H 面投影，如图 3-28 所示，试判断轮廓线内的两条交叉棱边的可见性。

【分析】 如图 3-28 所示，三棱锥锥底的每一边与其所对的侧棱都可组成一组交叉直线，即 BC 与 AD、BD 与 AC、CD 与 AB 都是交叉直线。如图 3-28(a)所示，作三棱锥投影时，总有一组交叉直线落在投影轮廓线内，即交叉直线 BD 与 AC，需要对其可见性进行判断。

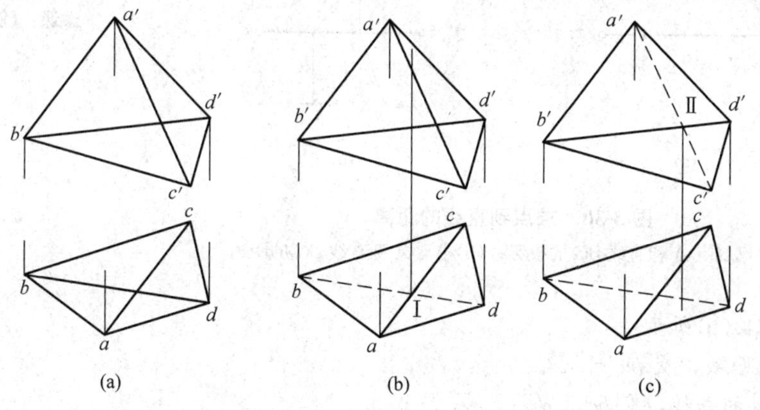

(a) (b) (c)

图 3-28　三棱锥棱边可见性的判定

(a)交叉直线 BD 与 AC 的可见性判断；(b)bd 不可见；(c)$a'c'$ 不可见

【作图】 (1)如图 3-28(b)所示，过两交叉直线 AC、BD 水平投影 ac、bd 的交点Ⅰ向上引一条铅垂线，先遇到 $b'd'$，后遇到 $a'c'$，说明该点处 AC 在上、BD 在下，所以向 H 面投影时，ac 可见而 bd 不可见，画虚线。

(2)如图 3-28(c)所示，过两交叉直线 AC、BD 正面投影 $a'c'$、$b'd'$ 的交点Ⅱ向下引一条铅垂线，先遇到 ac，后遇到 bd，说明该点处 BD 在前、AC 在后，所以向 V 面投影时，$b'd'$ 可见而 $a'c'$ 不可见，画虚线。

3.2.6 直角投影定理

相互垂直的两直线，可能是相交，也可能是交叉，若其中一直线与某一投影面平行，则这两直线在该投影面内的投影也垂直。

微课：直角投影定理

如图 3-29 所示，若 $AB \perp AC$，且 $AC /\!/ H$ 面，则 $ab \perp ac$。

【证明】 因为 $AC /\!/ H$ 面，

所以 $AC /\!/ ac$；

又因为 $AB \perp AC$，

所以 $AB \perp ac$；

又因为 $Aa \perp H$ 面，

所以 $Aa \perp ac$，

所以 $ac \perp$ 平面 $ABba$，

所以 $ab \perp ac$。

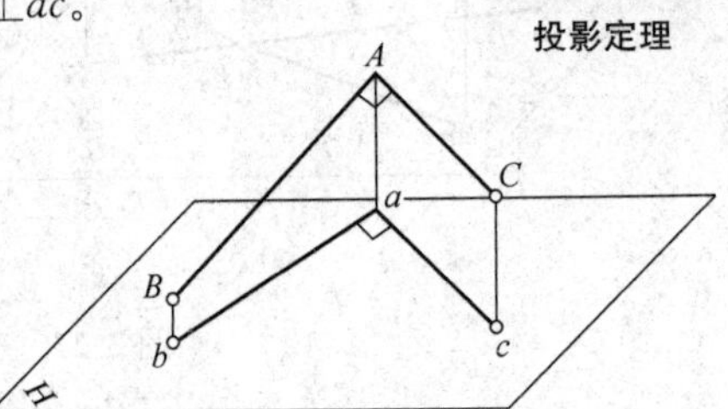

图 3-29 直角的投影

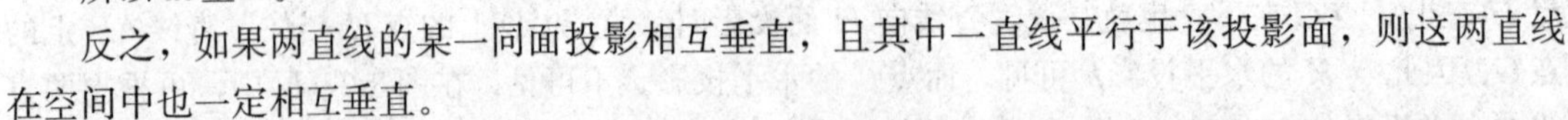

反之，如果两直线的某一同面投影相互垂直，且其中一直线平行于该投影面，则这两直线在空间中也一定相互垂直。

【例 3-12】 如图 3-30(a)所示，已知点 A 和直线 BC 的投影，求点 A 到直线的距离。

【分析】 求点 A 到直线的距离，需要过点 A 作直线 BC 的垂线，点 A 到垂足 D 的距离即为点到直线的距离。从投影图中可得，直线 BC 是一条正平线，根据直角投影定理，直线 AD、BC 的正面投影相互垂直，最后应用直角三角形法求出直线 AD 的实长。

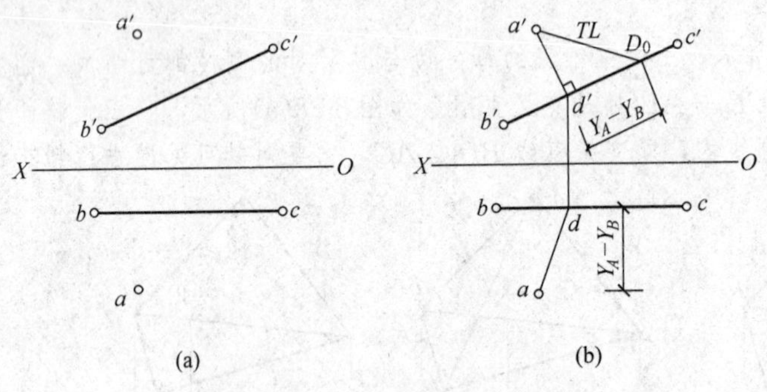

微课：【例 3-12】

图 3-30 求点到直线的距离

(a)已知点 A 和直线 BC 的投影；(b)求点 A 到直线 BC 的距离

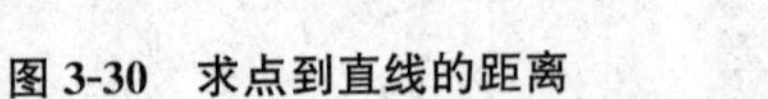

【作图】 如图 3-30(b)所示：

(1)过 a' 作 $b'c'$ 的垂线，交 $b'c'$ 于 d'。

(2)过 d' 作 OX 轴的垂线，交 bc 于 d。

(3)用直角三角形法求 AD 的实长，即为点 A 到直线 BC 的距离。

【例 3-13】 如图 3-31(a)所示，已知矩形 $ABCD$ 的顶点 A 在直线 EF 上，试补全该矩形的投影。

【分析】 因为矩形的四个角都是直角，所以有 $AB \perp BC$，由投影图可以看出直线 BC 是水平线，即 $BC /\!/ H$ 面。根据直角投影定理，AB 的水平投影 ab 一定与水平线 BC 的水平投影相互垂直，即 $ab \perp bc$。因为点 A 在直线 EF 上，所以点 A 的投影一定在直线 EF 的投影上，根据直线上点的投影特性得点 A 的投影。由于矩形的投影一定是平行四边形，根据平行性作平行四边形即得矩形的另一个顶点 D。

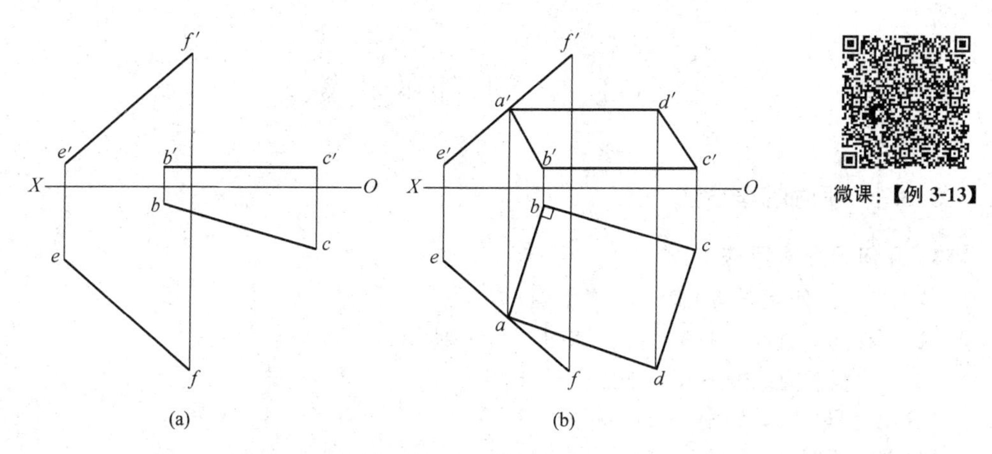

图 3-31　完成矩形 *ABCD* 的投影

(a)已知矩形 $ABCD$ 的顶点 A 在直线 EF 上；(b)补全该矩形的投影

【作图】 如图 3-31(b)所示：

(1)过 b 作 $ba \perp bc$，交 ef 于 a。

(2)过 a 作 OX 轴的垂线，交 $e'f'$ 于 a'。

(3)分别以 a、b、c 和 a'、b'、c' 为顶点作平行四边形 $abcd$ 和 $a'b'c'd'$，即为所求矩形的水平投影和正面投影。

【例 3-14】 如图 3-32 所示，求两交叉直线 AB 与 CD 的距离。

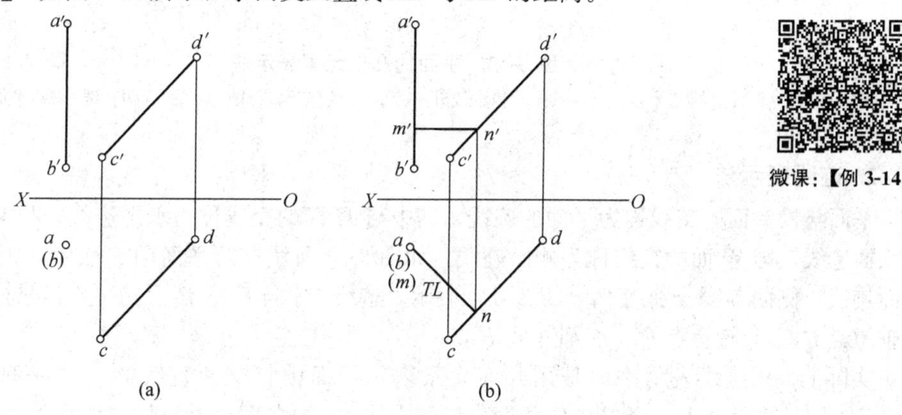

图 3-32　求两交叉直线的距离

(a)已知两交叉直线的投影；(b)求两交叉直线的距离

【分析】 由初等几何知识可知，两交叉直线 AB 和 CD 的距离是两直线的公垂线 MN 的实长。由投影图可知直线 AB 是铅垂线，$MN \perp AB$，那么直线 MN 必平行于 H 面；又因为直线 $MN \perp CD$，由直角投影定理可得 $mn \perp cd$。

【作图】 如图 3-32(b)所示：

(1)过直线 AB 的积聚投影 $a(b)$(亦为点 M 的水平投影 m)作 $mn \perp cd$。

(2)过点 n 作 OX 轴的垂线，交 $c'd'$ 于 n'。

(3)过点 n' 作 $m'n' /\!/ OX$ 轴，因为直线 MN 为水平线，其水平投影 mn 即为所求距离的实长。

3.3　平面的投影

3.3.1　平面的表示法

1. 几何元素表示法

下列各组几何元素均可表示一个平面：

(1)不在同一直线上的三个点，如图 3-33(a)所示。

(2)一直线和直线外一点，如图 3-33(b)所示。

(3)相交两直线，如图 3-33(c)所示。

(4)平行两直线，如图 3-33(d)所示。

(5)平面几何图形，如三角形等，如图 3-33(e)所示。

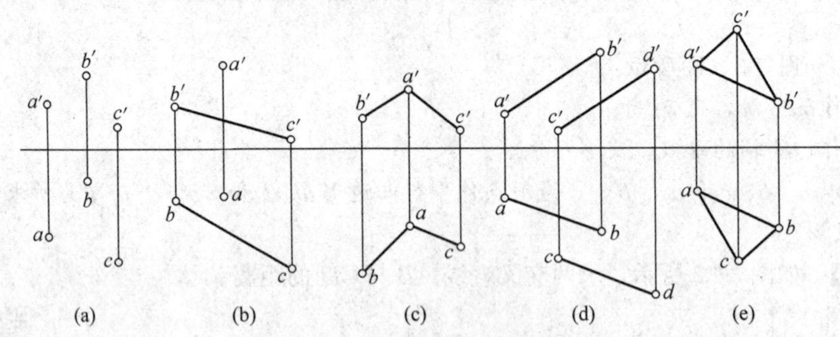

图 3-33　平面的几何元素表示法

(a)不在同一直线上的三个点；(b)一直线和直线外一点；(c)相交两直线；(d)平行两直线；(e)平面几何图形

2. 迹线表示法

平面与投影面的交线称为平面的迹线，其中与 H 面的交线称为水平迹线，与 V 面的交线称为正面迹线，与 W 面的交线称为侧面迹线。如图 3-34 所示，若平面用 P 表示，则其水平迹线、正面迹线、侧面迹线分别用 P_H、P_V、P_W 表示。迹线 P_H 与 P_V、P_H 与 P_W、P_V 与 P_W 分别交于 X 轴上点 P_X、Y 轴上点 P_Y、Z 轴上点 P_Z。

实际上，用迹线表示平面是用几何元素表示平面中相交两直线的一种特例，也就是说，P_H、P_V、P_W 实际上是三条特殊的相交直线。直线 P_H 的水平投影和其本身重合，其正面投影落在 OX 轴上；直线 P_V 的正面投影和其本身重合，其水平投影落在 OX 轴上。

用几何元素表示的平面可以转化为用迹线表示的平面。由图 3-35 可知，因为平面内的直线(M_1N_1 和 M_2N_2)，其迹点必落在该平面的同面迹线上，所以作平面的迹线可归结为作该平面内两相交直线迹点的问题。

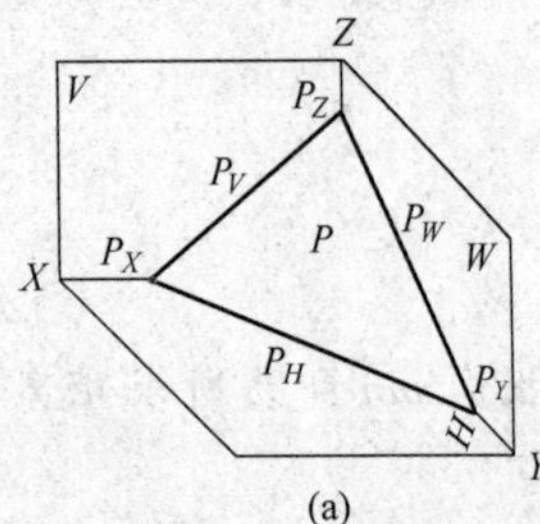

(b)

图 3-34　平面的迹线表示法

(a)立体图；(b)投影图

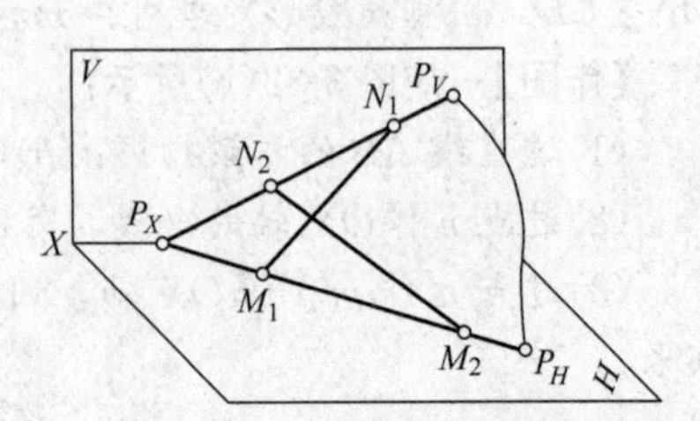

图 3-35　用几何元素表示平面转化为用迹线表示平面

【例 3-15】 已知两相交直线的两面投影，如图 3-36 所示，求作它们所确定平面的迹线。

【分析】 平面迹线的求法，根据确定该平面的几何元素而定。图 3-36(a)所示的平面由两相交直线 AB 和 CD 确定，这时只需要分别求出两相交直线的迹点，将两组同面迹点连接起来，即为平面的迹线。

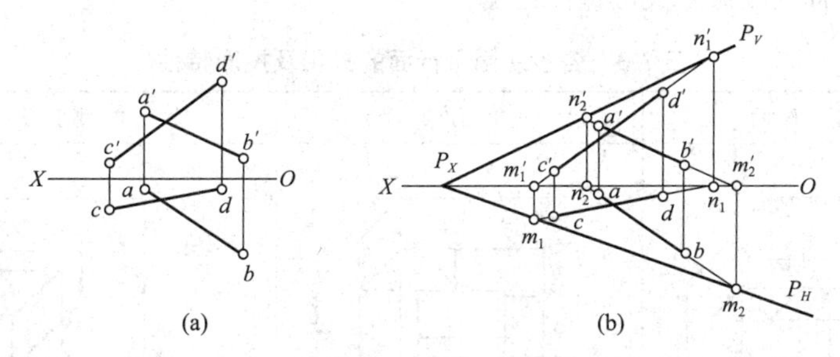

图 3-36 求作平面迹线

(a)已知两相交直线的两面投影；(b)求作它们所确定平面的迹线

【作图】 如图 3-36(b)所示：

(1)求出 AB、CD 的水平迹点 M_1、M_2 和正面迹点 N_1、N_2 的两面投影。

(2)连接同面迹点即得水平迹线 P_H 和正面迹线 P_V。

经常用迹线表示特殊位置平面，如图 3-37 所示。

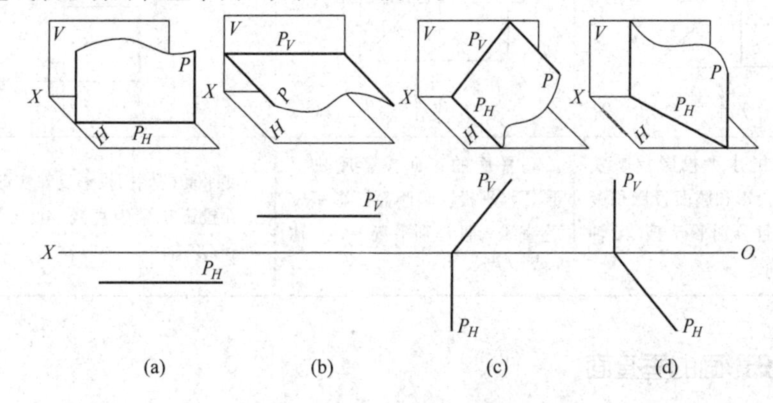

图 3-37 用迹线表示特殊位置直线

(a)迹线表示正平面；(b)迹线表示水平面；(c)迹线表示正垂面；(d)迹线表示铅垂面

空间平面对投影面有三种不同位置，即平行、垂直和一般位置。在建筑形体上的平面，以投影面平行面和投影面垂直面为主。

3.3.2 投影面的平行面

1. 空间位置

投影面平行面平行于一个投影面，因此垂直于其他两个投影面。平行于 H 面的投影面称为投影面水平面，平行于 V 面的投影面称为投影面正平面，平行于 W 面的投影面称为投影面侧平面。

2. 投影特性

微课：投影面的平行面

投影面平行面在其平行的投影面内的投影，反映该平面图形的实形；由于投影面平行面又垂直于其他两个投影面，所以在其他两投影面内的投影积聚为一直线，且平行于相应的投影轴。

3. 读图

一平面只要有一投影积聚为一条平行于投影轴的直线，该平面就平行于非积聚投影所在的投影面，且此非积聚投影反映该平面图形的实形。

各投影面平行面的投影及投影特性见表 3-3。

表 3-3　各投影面平行面的投影及投影特性

名称	水平面//H 面	正平面//V 面	侧平面//W 面
立体图			
投影图			
投影特性	水平面的水平投影反映实形，正面投影和侧面投影积聚为直线，且分别平行于 OX 轴和 OY_W 轴	正平面的正面投影反映实形，水平投影和侧面投影积聚为直线，且分别平行于 OX 轴和 OZ 轴	侧平面的侧面投影反映实形，水平投影和正面投影积聚为直线，且分别平行于 OY_H 轴和 OZ 轴

3.3.3　投影面的垂直面

1. 空间位置

投影面垂直面垂直于一个投影面，倾斜于其余投影面。垂直于 H 面的投影面称为铅垂面，垂直于 V 面的投影面称为正垂面，垂直于 W 面的投影面称为侧垂面。

2. 投影特性

投影面垂直面在其垂直的投影面内的投影积聚为一条斜直线，斜直线与相应投影轴的夹角反映了该平面对投影面的倾角。平面对投影面的倾角是指平面与投影面所夹的二面角。投影面垂直面在另两个投影面内的投影反映平面的类似形，且均比原平面实形小。

所谓类似形，是当平面与投影面倾斜时，它在该投影面上的投影与原平面图形的形状类似，即边数不变、平行不变、曲直不变、凹凸不变，但不是原平面图形的相似形。为与初等几何中的相似形作区分，故在画法几何中称为类似形。

微课：投影面的垂直面

3. 读图

一平面只要有一面投影积聚为一斜直线，则该平面必垂直于积聚投影所在的投影面。

各投影面垂直面的投影及投影特性见表 3-4。

表 3-4　各投影面垂直面的投影及投影特性

名称	铅垂面⊥H 面	正垂面⊥V 面	侧垂面⊥W 面
立体图			
投影图			
投影特性	铅垂面的水平投影积聚为一条斜直线，且反映 β、γ 角；正面投影、侧面投影为平面图形的类似形	正垂面的正面投影积聚为一条斜直线，且反映 α、γ 角；水平投影、侧面投影为平面图形的类似形	侧垂面的侧面投影积聚为一条斜直线，且反映 α、β 角；水平投影、正面投影为平面图形的类似形

3.3.4　投影面的一般位置平面

1. 空间位置

一般位置平面对三个投影面都是倾斜的。

2. 投影特性

因为一般位置平面倾斜于投影面，所以三面投影都不反映实形，也没有积聚投影，而是反映原平面图形的类似形，如图 3-38 所示。

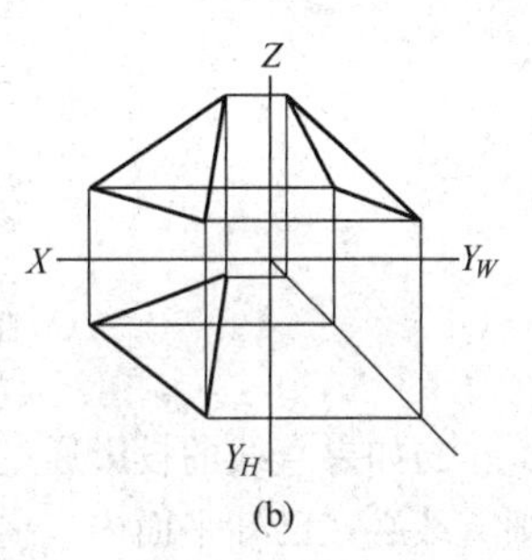

(a)　(b)

图 3-38　投影面一般位置平面

(a)立体图；(b)投影图

3. 读图

一平面的三面投影如果都是平面图形，则它必是一般位置平面。

3.3.5　平面内的点和线

1. 平面内的点

(1)点在平面内的几何条件。如果点在平面内的一条直线上，则点必在平面内。

(2)投影特性。如果点的投影在平面内的某一直线的同面投影上，且符合直线上的点的投影规律，则点必在平面内。例如，如图 3-39 所示，点 M 的投影在平面 P 内的一条直线 AB 上，点

M 必在平面 P 内。

(3)在平面内取点的方法。先在平面内取线，再在线上定点。

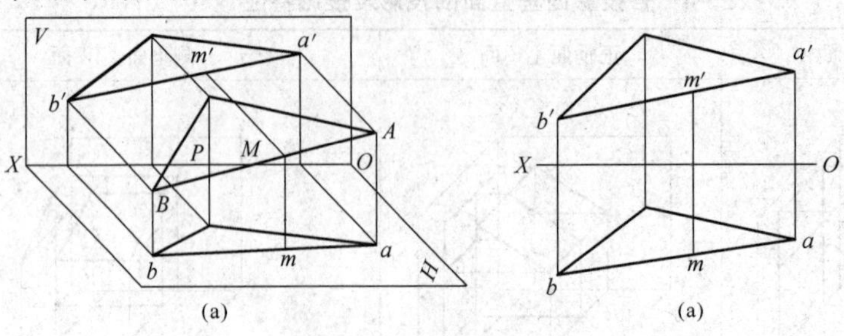

微课：平面内的点

图 3-39　平面内的点

(a)点 M 的投影在平面 P 内的一条直线 AB 上；(b)点 M 必在平面 P 内

2. 平面内的线

微课：平面内的线

(1)直线在平面内的几何条件。

1)如果直线通过已知平面内的两个点，则直线一定在已知平面内。

2)如果直线通过已知平面内的一点，且和平面内的某一直线平行，则该直线一定在已知平面内。

(2)投影特性。

1)如果直线的投影通过已知平面内两点的同面投影，如图 3-40 所示，则该直线一定在平面内。

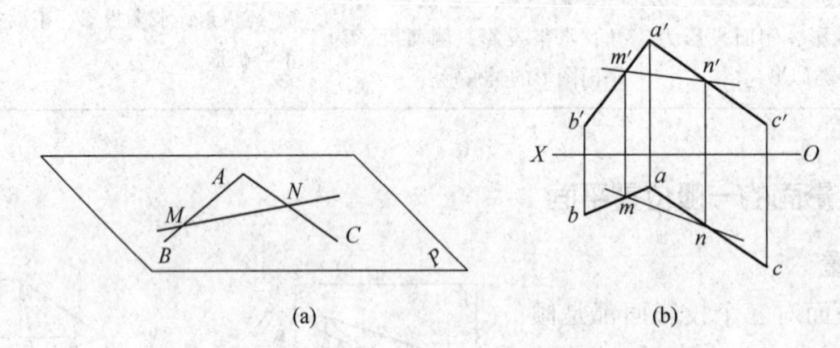

图 3-40　平面内的直线——过平面内的两点

(a)直线投影过已知平面内两点的同面投影；(b)直线在平面内

2)如果直线的投影通过平面内一点，且平行于平面内一直线的同面投影，如图 3-41 所示，则直线必在已知平面内。

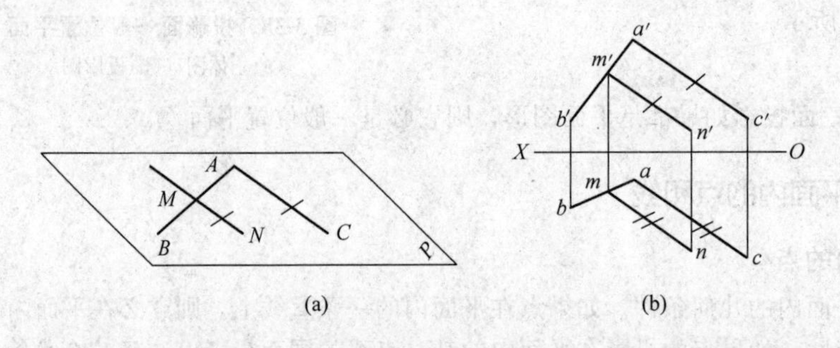

图 3-41　平面内的直线——过平面内一点作平面内任意直线的平行线

(a)直线投影过平面内一点，且平行于平面一直线的同面投影；(b)直线在已知平面内

(3)平面内取线的方法。

1)过平面内两点，如图 3-40 所示，过平面 P 内两点 M、N 作直线 MN，则直线 MN 必在已知平面 P 内。

2)过平面内一点作平面内任意一条直线的平行线。如图 3-41 所示，过平面 P 内任意一点 M，作平面内任意直线 AC 的平行线 MN，则 MN 一定在平面 P 内。

【例 3-16】 已知平面图形△ABC 的投影，如图 3-42 所示，试过其顶点 A，在该平面内任取一条直线。

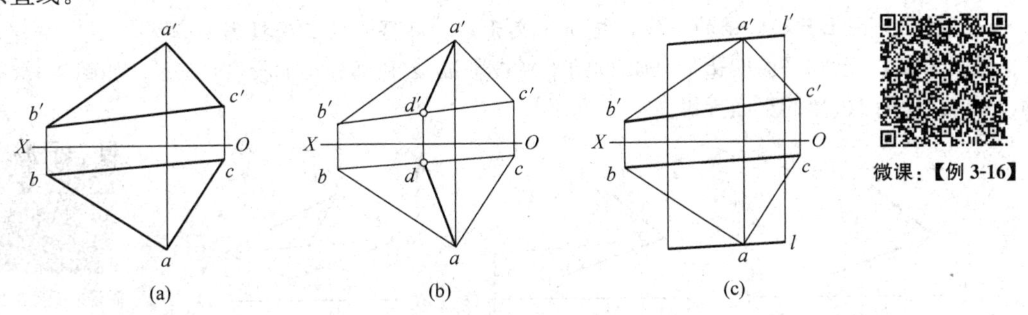

图 3-42 平面内取线

(a)△ABC 的投影；(b)作直线 $AD(ad，a'd')$；(c)作直线 $L(l，l')$

【分析】 已知点 A 是△ABC 内一点，根据直线在平面内的几何条件，只要在△ABC 内再确定一点(如在 BC 边上任取一点 D)，则点 A、D 的连线必在△ABC 平面内；或者过点 A 作直线 L，与△ABC 内的任一已知直线(如 BC)相平行，则直线 L 也必在平面内。

【作图】 方法一[图 3-42(b)]：

根据直线上的点的投影特性，作出 BC 上任一点的投影 d、d'，分别连接 ad 和 $a'd'$，则直线 $AD(ad，a'd')$ 必在△ABC 内。

方法二[图 3-42(c)]：

分别过点 A 的水平投影 a 和正面投影 a' 作直线 $l // bc$，$l' // b'c'$，则直线 $L(l，l')$ 也必在△ABC 平面内。

【例 3-17】 已知△ABC 内一点 K 的水平投影 k，如图 3-43 所示，求其正面投影 k'。

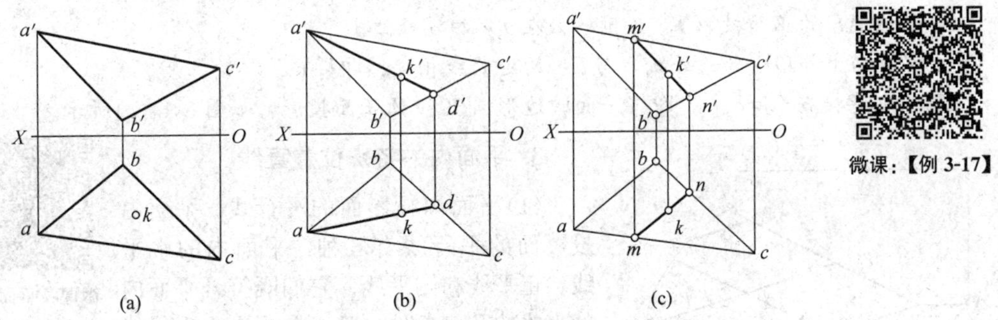

图 3-43 平面内取点

(a)△ABC 的投影；(b)方法一；(c)方法二

【分析】 点 K 在△ABC 平面内，它必在该平面内的一条直线上，且 k、k' 也一定分别位于该直线的同面投影上。因此，要求点 K 的投影，需要先在平面内确定点 K 所在的直线的投影。

【作图】 方法一：用平面内的已知两点确定 K 点所在直线，如图 3-43(b)所示：

(1)在水平投影中过点 k 任意作一条直线 ad。

(2)求作直线 AD 的正面投影 $a'd'$。

(3)过点 k 向上作 OX 轴的垂线，与 $a'd'$ 相交，交点即为所求点 K 的正面投影 k'。

方法二：用过平面内的一点，作平面内已知直线的平行线，如图 3-43(c)所示：

(1)在水平投影上过点 k 作 ab 的平行线，分别与直线 ac、bc 相交于 m、n。

(2)求作直线 MN 的正面投影 $m'n'$，且 $m'n' /\!/ a'b'$。

(3)过点 k 向上作 OX 轴的垂线，与 $m'n'$ 交于 k'，即得点的正面投影 k'。

【例 3-18】 已知平面四边形 $ABCD$ 的水平投影 $abcd$ 和部分正面投影 $a'b'd'$，如图 3-44(a)所示，试完成该四边形的正面投影。

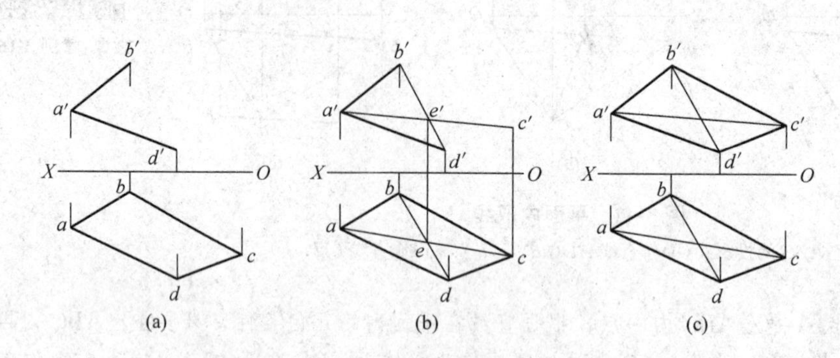

微课：【例 3-18】

图 3-44 完成平面四边形的正面投影

(a)四边形投影已知条件；(b)作图；(c)完成正面投影

【分析】 已知四边形 $ABCD$ 为一平面图形，所以点 C 必在 AB、AD 两相交直线所确定的平面内，则点 C 的正面投影 c' 可应用平面内取点的方法求得。

【作图】 如图 3-44(b)所示：

(1)连接直线 BD 的同面投影 bd 和 $b'd'$。

(2)连接点 A、C 的水平投影 a、c，与 bd 相交于 e(ae 即为平面内过点 C 的直线 AE 的水平投影)。

(3)求出 AE 的正面投影 $a'e'$，则 c' 必在 $a'e'$ 的延长线上。

(4)过 c 向上作 OX 轴的垂线，与 $a'e'$ 的延长线相交，即得 c'。

(5)分别连接 $b'c'$ 和 $c'd'$，即得平面四边形 $ABCD$ 的正面投影，如图 3-44(c)所示。

3. 平面内的特殊位置直线

微课：平面内的特殊位置直线

(1)平面内投影面的平行线。平面内投影面的平行线有三种：平面内的水平线、正平线和侧平线。它们既符合平面内的直线的几何条件，又符合投影面平行线的投影特性。

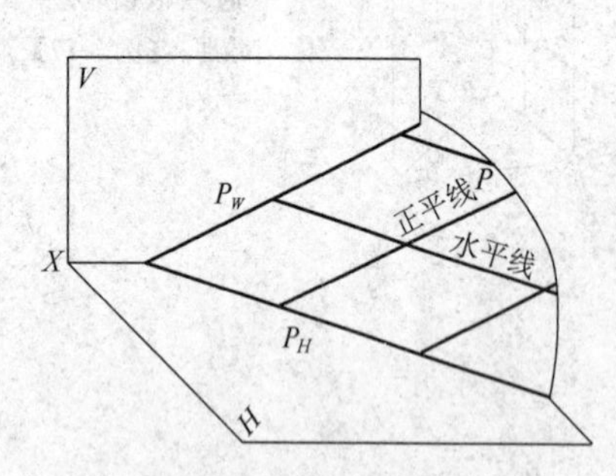

图 3-45 平面内投影面的平行线

如图 3-45 所示，平面内的所有水平线都彼此平行，且平行于平面的水平迹线；平面内的所有正平线都彼此平行，且平行于平面的正面迹线；同理，平面内的所有侧平线都彼此平行，且平行于平面的侧面迹线。

【例 3-19】 已知△ABC的两面投影，如图 3-46(a)所示，试在△ABC内作一条距H面为 15 的水平线。

【分析】 水平线的正面投影平行于OX轴，它到OX轴的距离等于水平线到H面的距离，作出距离为 15 的一条水平线。

【作图】 如图 3-46(b)所示：

1)在△ABC的正面投影上作一距离OX轴为 15 的平行线，分别与$a'b'$、$a'c'$相交于m'、n'，$m'n'$即为所求直线MN的正面投影。

2)求直线的水平投影：过点m'、n'向下作OX轴的垂线，分别与ab、ac相交于m、n，连接mn即为直线MN的水平投影。

直线MN通过△ABC平面内的两点M、N，其正面投影$m'n' /\!/ OX$轴，且距离为 15，故直线MN为△ABC内距离H面为 15 的一条水平线。

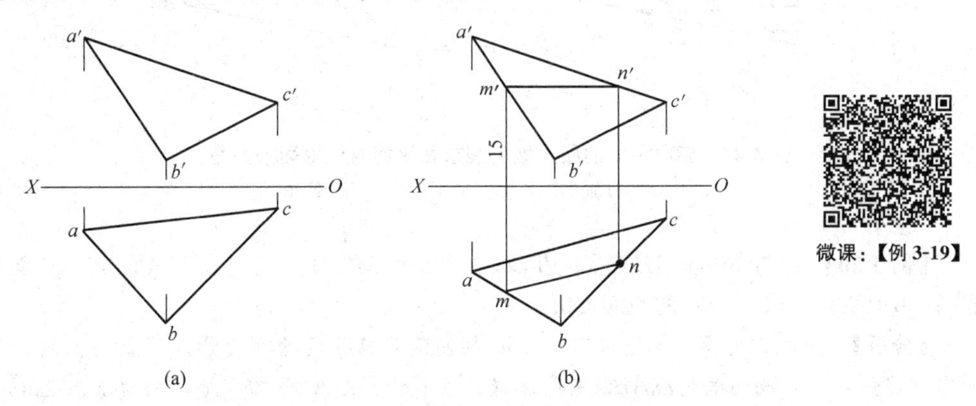

图 3-46 作平面内的水平线

(a)△ABC的两面投影；(b)在△ABC内作一条距H面为 15 的水平线

(2)平面上的最大坡度线。平面上对某投影面的最大坡度线就是在该平面内对该投影面倾角最大的一根直线。它必然垂直于平面内平行于该投影面的所有直线，包括该平面与该投影面的交线，即平面的迹线。

如图 3-47 所示，平面P内的直线AB，是平面P上对H面倾角最大的直线。它垂直于水平线DE及H面的水平迹线P_H。AB对H面的倾角α，就是平面P对H面的倾角。设平面P内过点A作一条任意直线AC，它对H面的倾角为δ。从图中可以看出，在直角△ABa和直角△ACa中，$Aa=Aa$，$AC>AB$，所以$\delta<\alpha$，故AB对H面的倾角比平面上任何直线的倾角都大。

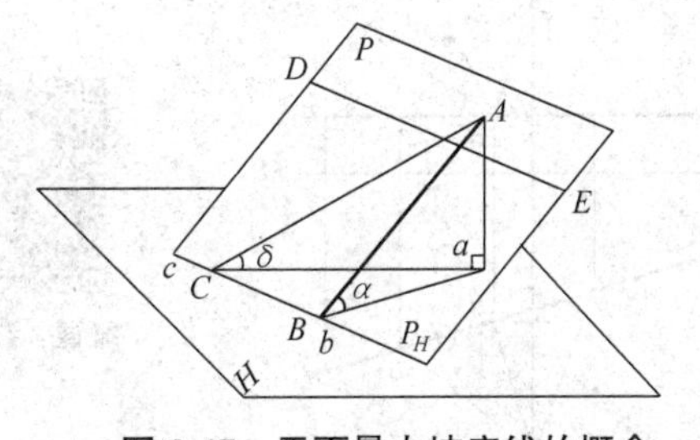

图 3-47 平面最大坡度线的概念

微课：平面上的最大坡度线

微课：作△*ABC*对*H*面的最大坡度线及*α*

要作△ABC对H面的最大坡度线，如图 3-48(a)所示，可先作△ABC内的水平线CD，再作垂直于CD的垂线AE，则AE就是所求的对H面的最大坡度线，最后应用直角三角形法求解AE对H面的倾角α。而平面内对V面的最大坡度线必然垂直于该平面内的任一正平线，如图 3-48(b)所示；同理，平面内对 W 面的最大坡度线，必然垂直于该平面内的任一侧平线。

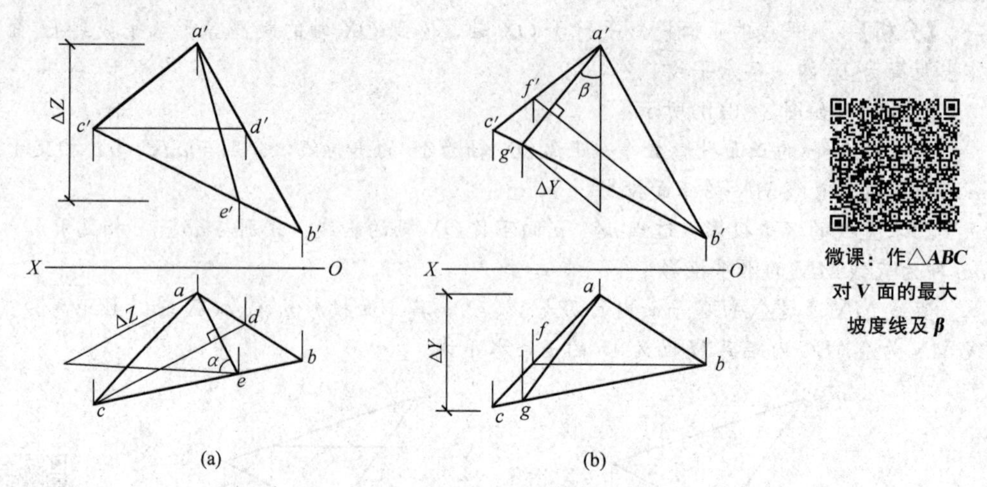

图 3-48　应用平面的最大坡度线求解平面对投影面的倾角

(a)平面对 H 面的倾角 α；(b)平面对 V 面的倾角 β

【例 3-20】 已知等边△ABC 的底边 BC 在水平线 MN 上，且已知点 A 的 H、V 面投影，如图 3-49(a)所示，求△ABC 的两面投影。

【分析】 应用直角投影定理求出△ABC 的高度线 AD 的两面投影，用直角三角形法求出高度线 AD 的实长，利用等边△ABC 的高度线的实长作出△ABC 的实形，从而求出△ABC 边长的实长，最后在直线 MN 上截取 BC。

【作图】 如图 3-49(b)所示：

(1)过 a 作 $ad \perp mn$，交 mn 于 d，求得 $a'd'$，AD 为△ABC 的高度线。

(2)以 $a'd'$、ΔY 为直角边作直角△$a'd'A_0$，其中斜边 $d'A_0$ 即为 AD 的实长。

(3)在 V 面投影中利用高度线 AD 的实长 $d'A_0$ 作出等边△ABC 的实形，图中△$d'A_0D_0$ 即为等边△ABC 的一半，另一半可省略。

(4)在 mn 上截取 $cd=bd=A_0D_0$，再由 b、c 求出 b'、c'。

(5)连接 ab、ac、$a'b'$、$a'c'$，△abc 和△$a'b'c'$ 即为所求。

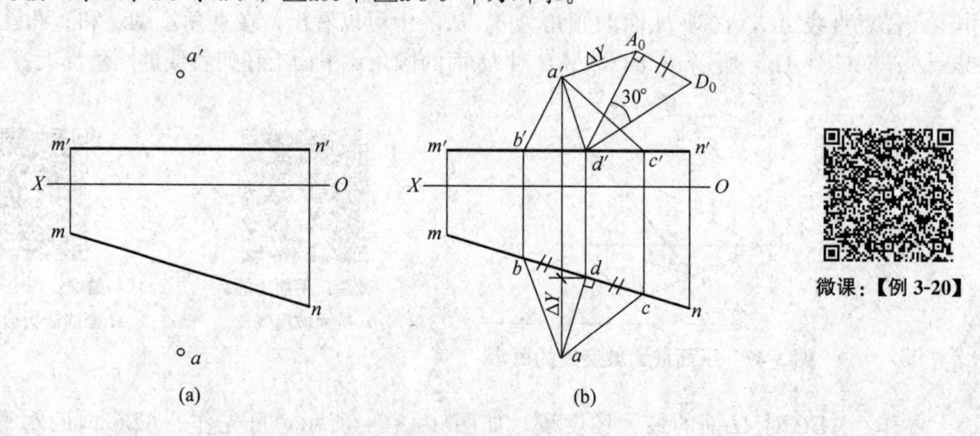

图 3-49　求等边三角形的投影

(a)已知条件；(b)求△ABC 的两面投影

思考题

1. 试述点的投影特性。
2. 投影面内的点和投影轴上的点的投影各有哪些特点？
3. 两直线的相对位置关系有几种？在投影图中如何判断？
4. 如何求解一般位置直线的实长和它对投影面的倾角？
5. 如何在平面中取点和直线？在平面的投影图中又如何进行呢？
6. 一般位置平面内的特殊位置直线有哪些？
7. 什么是平面的最大坡度线？它是用来反映一般位置平面什么特性的？

第 4 章　投影变换

4.1　概述

在前面的学习中已知道，当空间的形体和投影面处于特殊位置(平行、垂直)时，它们的投影具有积聚性，或者反映线段的实长、平面的实形及其与投影面的倾角。这为解决空间几何问题提供了极为便利的条件，如图 4-1 所示。当空间形体和投影面处于倾斜位置时，则它们的投影不具备上述特性。从这里可得到启示，如能把它们由一般位置改变成特殊位置，问题就可以得到解决。

如果给出的直线和平面倾斜于投影面，那么它们的投影就不具有积聚性和显实性，求解问题将变得困难。投影变换的目的就是将一般位置直线或平面变换成特殊位置直线或平面，以便于解决它们的度量和定位问题。可见，投影变换的实质就是改变几何元素与投影面的相对位置。

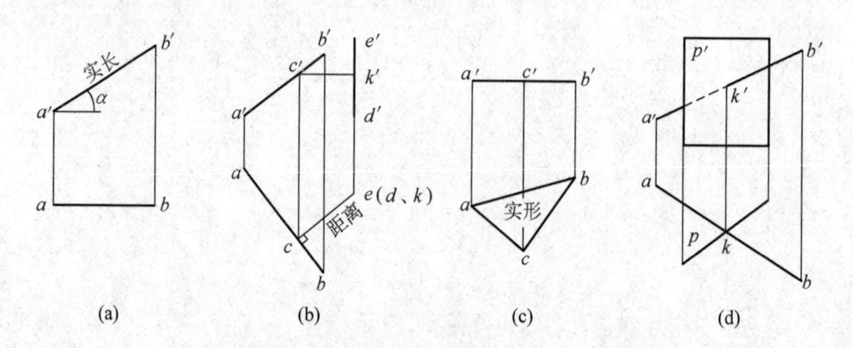

图 4-1　利用形体和投影面的特殊位置关系解题

(a)求实长和倾角；(b)求距离；(c)求实形；(d)求交点

为了达到投影变换的目的，方法较多，常用的有换面法和旋转法两种，如图 4-2 所示。

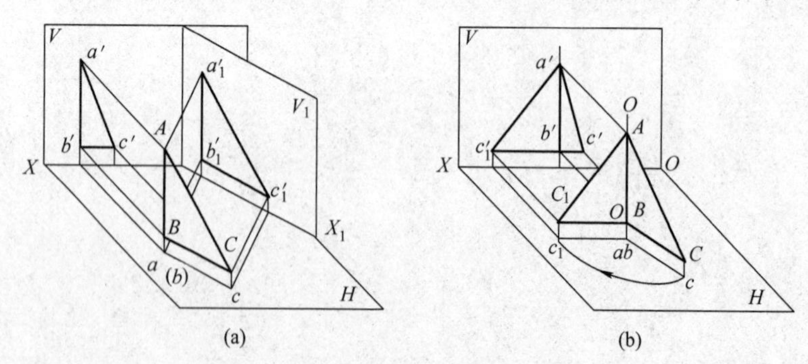

图 4-2　投影变换的方法

(a)换面法；(b)旋转法

(1)换面法：保持空间几何元素不动，用一个新的投影面替换其中一个原来的投影面，使新投影面对于空间几何元素处于有利于解题的位置，然后找出其在新投影面上的投影。

(2)旋转法：投影面保持不动，使空间几何元素绕某一轴旋转到有利于解题的位置，然后找出其旋转后的新投影。

本书只讨论换面法的作图原理和基本作图，并运用基本作图来解决空间几何问题。

4.2 换面法的基本原理

换面法是在给出的两面投影体系中，用一个新的投影面替换其中一个原来的投影面，而且新的投影面必须与保留的投影面垂直，因为只有这样才能构成新的两面投影体系。

由于点是一切几何元素的基本元素，因此在研究换面法基本原理时，首先从点的投影变换来研究换面法的投影规律。

4.2.1 一次换面

1. 换 V 面

图 4-3(a)表示点 A 在原投影体系 V/H 中，其投影为 a 和 a'，现令 H 面不动，用新投影面 V_1 来代替 V 面，并使 V_1 面垂直于 H 面。于是，投影面 H 和 V_1 就形成了新的投影体系 V_1/H，它们的交线 O_1X_1 就成为新的投影轴。

过点 A 向 V_1 面作垂线，得到 V_1 面上的新投影 a_1'，点 a_1'是新投影，点 a'是被替换的投影，点 a 是新、旧投影体系中共有的不变投影，称为被保留的投影。a 和 a_1'是新的投影体系中的两个投影，将 V_1 面绕 O_1X_1 轴旋转到与 H 面重合的位置时，就得到图 4-3(b)所示的投影图。

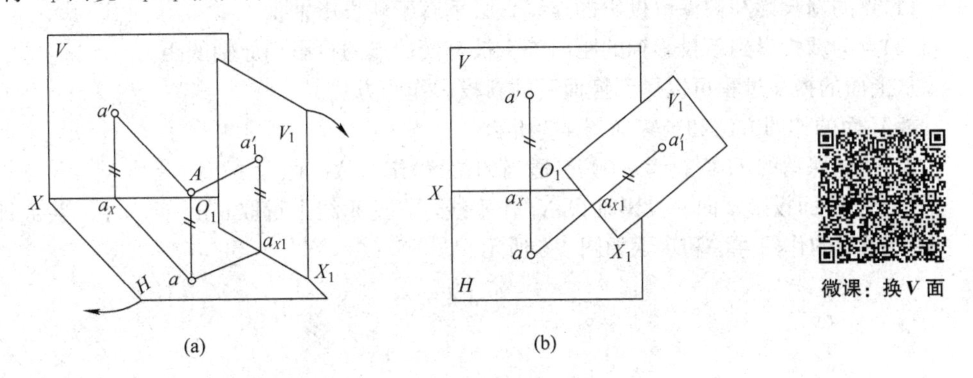

图 4-3 点的一次换面(换 V 面)

(a)直观图；(b)投影图

当投影面 V、H 和 V_1 展开之后，仍采用正投影方法，在 V/H 投影体系和 V_1/H 投影体系中，具有公共的 H 面，所以点 A 到 H 面的距离(Z 坐标)在两个投影体系中是相等的。所以有如下关系：

(1)$a_1'a \perp O_1X_1$ 轴。

(2)$a_1'a_{X1}=a'a_X=Aa$。

2. 换 *H* 面

如图 4-4(a)所示，点 A 在原投影体系 V/H 中，其投影为 a 和 a'，现令 V 面不动，用新投影

面 H_1 来代替 H 面，并使 H_1 面垂直于 V 面。于是，投影面 H_1 和 V 面就形成了新的投影体系 V/H_1，它们的交线 O_1X_1 就成为新的投影轴。

过点 A 向 H_1 面作垂线，得到 H_1 面上的新投影 a_1，点 a_1 是新投影，点 a 是被替换的投影，点 a' 是新、旧投影体系中的共有的不变投影，称为被保留的投影。a' 和 a_1 是新的投影体系中的两个投影，将 H_1 面绕 O_1X_1 轴旋转到与 V 面重合的位置时，就得到图 4-4(b)所示的投影图。

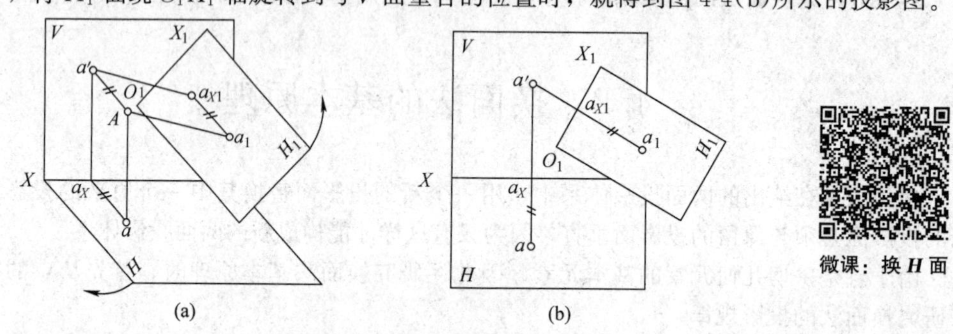

图 4-4　点的一次换面(换 H 面)

(a)直观图；(b)投影图

当投影面 V、H 和 H_1 展开之后，仍采用正投影方法，在 V/H 投影体系和 V/H_1 投影体系中，具有公共的 V 面，所以点 A 到 V 面的距离(Y 坐标)在两个投影体系中是相等的。所以有如下关系：

(1)$a'a_1 \perp O_1X_1$ 轴。

(2)$a_1a_{X1}=aa_X=Aa'$。

综上所述，无论是替换 V 面还是替换 H 面，均可得到以下结论：

(1)点的新投影和被保留投影的连线，必垂直于新投影轴。

(2)点的新投影到新投影轴的距离等于被替换的点的投影到原轴的距离。

从上面的换面过程可以得到换面后的新投影作图方法。

换 V 面的作图方法和步骤如图 4-5 所示。

(1)在被保留的 H 面投影 a 附近(适当的位置)作 O_1X_1 轴。

(2)由 H 面投影 a 向新投影轴 O_1X_1 作垂线，在此垂线上量取 $a_1'a_{X_1}=a'a_X$，点 a_1' 即为所求。

换 H 面的作图方法和步骤如图 4-6 所示。

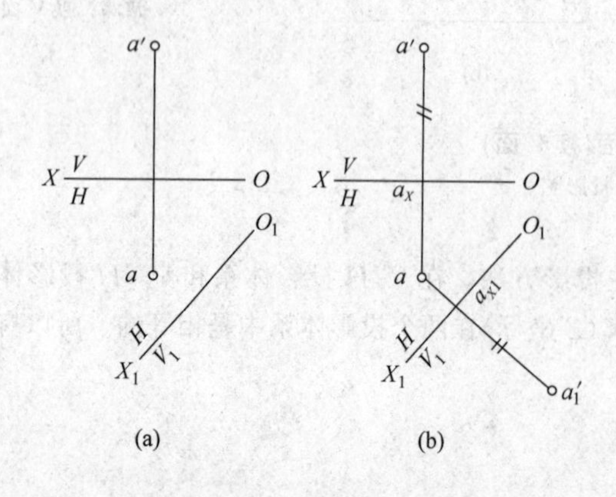

图 4-5　求 V_1 面上的新投影

(a)取 V_1 面；(b)求 V_1 面上的新投影

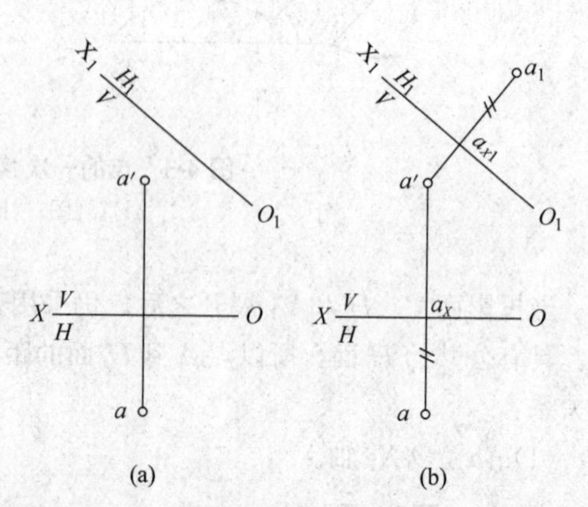

图 4-6　求 H_1 面上的新投影

(a)取 H_1 面；(b)求 H_1 面上的新投影

(1)在被保留的 V 面投影 a' 附近(适当的位置)作 O_1X_1 轴。

(2)由 V 面投影 a' 向新投影轴 O_1X_1 作垂线，在此垂线上量取 $a_1a_{X1}=aa_X$，点 a_1 即为所求。

4.2.2 两次换面

由于应用换面法解决实际问题时，有时一次换面还不便于解题，因此还需要两次或多次变换投影面。这就是两次换面。其求点的新投影的作图原理与一次换面相同。但需要注意：在更换投影面时，不能一次更换两个投影面，因为在换面过程中二投影面要保持垂直，必须在更换一个之后，在新的投影体系中交替地再更换另一个。

两次换面的途径可以是：先换 V 面再换 H 面或者先换 H 面再换 V 面。

如图 4-7(a)所示，可以在投影体系 V/H 中，第一次用 V_1 面替换 V 面，保留 H 面，形成 V_1/H 体系($V_1\perp H$，投影轴为 O_1X_1 轴)；第二次再用 H_1 面替换 H 面，保留 V_1 面，形成 V_1/H_1 体系($H_1\perp V_1$，投影轴为 O_2X_2 轴)。

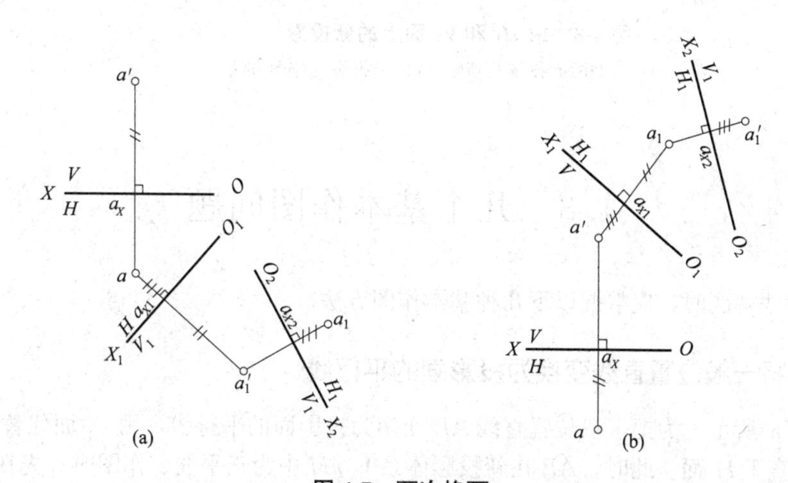

图 4-7 两次换面

(a)先换 V 面后换 H 面；(b)先换 H 面后换 V 面

又如图 4-7(b)所示，第一次用 H_1 面替换 H 面，保留 V 面，形成 V/H_1 体系($H_1\perp V$，投影轴为 O_1X_1 轴)；第二次再用 V_1 面替换 V 面，保留 H_1 面，形成 V_1/H_1 体系($V_1\perp H_1$，投影轴为 O_2X_2 轴)。

在图 4-7 中，投影体系 V/H 称为原体系，第一次换面形成的 V_1/H 和 V/H_1 体系称为中间体系，第二次换面形成的 V_1/H_1 体系称为全新体系。

与一次换面一样，点在中间体系中的新投影与原体系中两个投影的关系以及点在全新体系中的新投影与中间体系中两个投影的关系，都必须符合前面得出的两条结论。

图 4-8(a)给出了点 B 的两面投影 b 和 b' 以及新轴 O_1X_1 和 O_2X_2，求点 B 在 H_1 和 V_1 面上的新投影 b_1 和 b_1'。

图 4-8(b)给出了新投影的作图方法：

(1)自 b 向 O_1X_1 引垂线，并截取 $b_1'b_{X1}=b'b_X$，得 V_1 面上的新投影 b_1'。

(2)自 b_1' 向 O_2X_2 引垂线，并截取 $b_1b_{X2}=bb_{X1}$，得 H_1 面上的新投影 b_1。

以上主要介绍了换面法的作图原理，我们除要遵循换面法的基本结论外，还应该注意以下几点：

(1)新投影面必须和空间中的几何元素处于有利于解题的位置，而这也是换面法要解决的主要问题。

(2)新投影面必须垂直于一个原有的投影面。

(3)在新建立的投影体系中仍然采用正投影法。

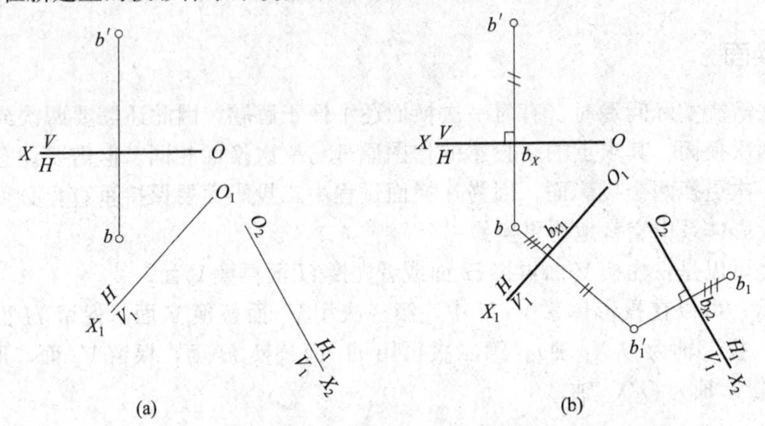

微课：两次换面

图 4-8　求 H_1 和 V_1 面上的新投影

(a)B 点的两面投影及新轴；(b)新投影的作图方法

4.3　几个基本作图问题

在用换面法解题时，应掌握以下几种基本作图方法。

4.3.1　将一般位置直线变换为投影面的平行线

如图 4-9(a)所示，为把一般位置直线 AB 变换为投影面的平行线，用 V_1 面代替 V 面，使 V_1 面 $/\!/ AB$ 并垂直于 H 面。此时，AB 在新投影体系 V_1/H 中为正平线。作图时，先在适当位置画出与不变投影 ab 平行的新投影轴 O_1X_1（$O_1X_1 /\!/ ab$），然后根据点的投影变换规律和作图方法，求出 A、B 两点在新投影面 V_1 上的新投影 a_1'、b_1'，连接直线 $a_1'b_1'$，则 $a_1'b_1'$ 反映线段 AB 的实长，即 $a_1'b_1' = AB$，并且新投影 $a_1'b_1'$ 和新投影轴（O_1X_1 轴）的夹角即为直线 AB 对 H 面的倾角 α，如图 4-9(b)所示。

微课：将一般位置直线变换为投影面的平行线

若求线段 AB 的实长和与 V 面的倾角 β，应将直线 AB 变换为 H_1 面的平行线，也即应该换 H 面，建立 V/H_1 新投影体系，基本原理和作图方法同上，如图 4-9(c)所示。

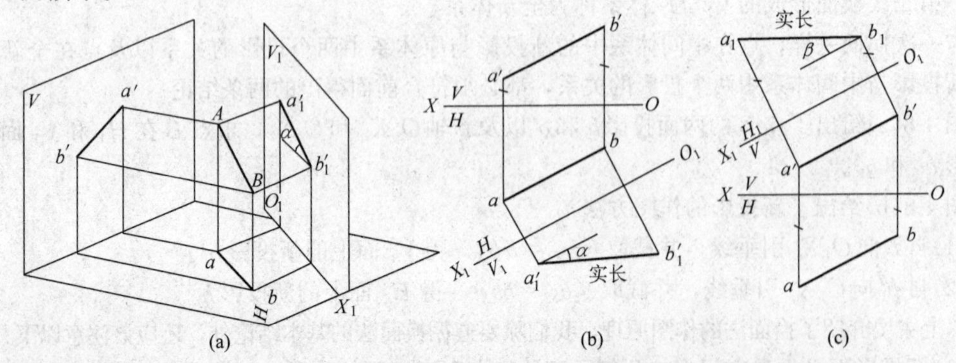

图 4-9　将一般位置直线变换为投影面的平行线

(a)把一般位置直线变换为投影面平行线；(b)把一般位置直线变换为 V_1 面平行线；(c)把一般位置直线变换为 H_1 面平行线

4.3.2 将投影面的平行线变换为投影面的垂直线

将投影面平行线变换为投影面的垂直线，是为了使直线积聚成一个点，从而解决与直线有关部分的度量问题(如求两直线间的距离)。应该选择哪一个投影面进行变换，要根据给出的直线的位置而定，即选择一个与已知平行线垂直的新投影面进行变换，使该直线在新投影体系中成为垂直线。

图 4-10(a)表示将水平线 AB 变换为新投影面的垂直线的情况。因所选的新投影面垂直于 AB，而 AB 为水平线，所以新投影面一定垂直于 H 面，故应换 V 面，用新投影体系 V_1/H 更换原投影体系 V/H，其中 $O_1X_1 \perp ab$。

图 4-10(b)给出了将正平线变换为 H_1 面垂直线的作图方法。

微课：将投影面的平行线变换为投影面的垂直线

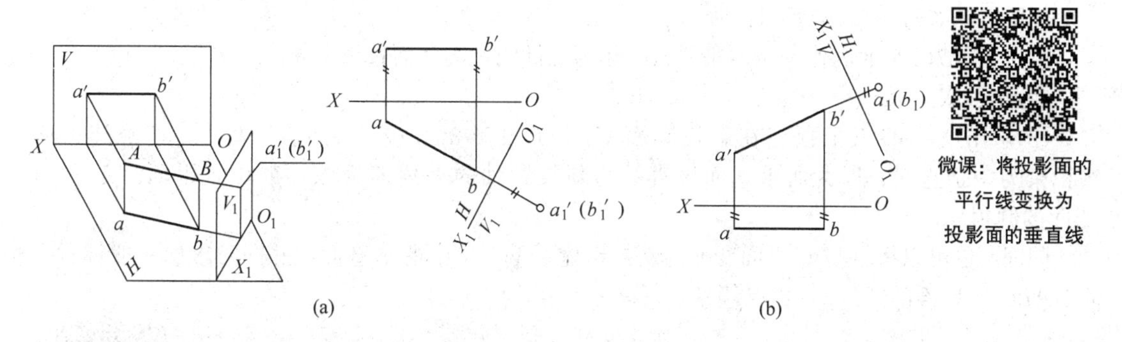

图 4-10　将投影面的平行线变换为投影面的垂直线

(a)把水平线变换为 V_1 面垂直线；(b)把正平线变换为 H_1 面垂直线

(1)设新轴 O_1X_1 轴，使 $a'b' \perp O_1X_1$。

(2)作出 A、B 两点在 H_1 面上的新投影 a_1 和 b_1(两点应重合)，即为直线 AB 在 H_1 面上的积聚投影。

4.3.3 将一般位置直线变换为投影面的垂直线

如果要将一般位置直线变换为投影面的垂直线，必须变换两次投影面，先将一般位置直线变换为投影面的平行线，再将该投影面平行线变换为投影面的垂直线。如图 4-11 所示，先换 V 面，使直线 AB 在新投影体系 V_1/H 中成为正平线，然后再换 H 面，使直线 AB 在新投影体系 V_1/H_1 中成为铅垂线。其作图方法是 4.3.1 和 4.3.2 的综合(可参看图 4-9 和图 4-10)。其中 $O_1X_1 /\!/ ab$，$O_2X_2 \perp a_1'b_1'$。先换 H 面后换 V 面的作图方法，建议读者自行完成。

微课：将一般位置直线变换为投影面的垂直线

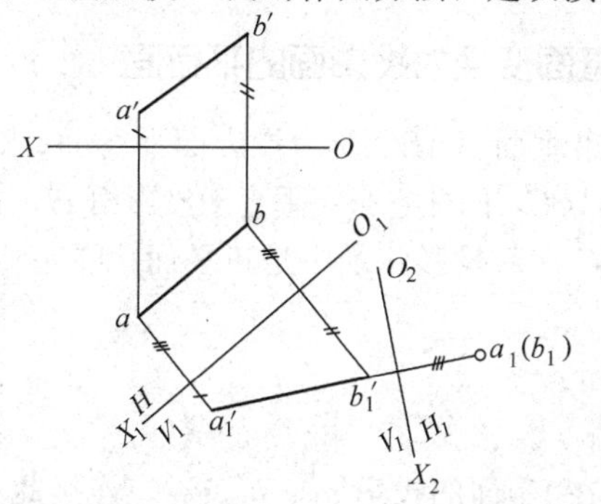

图 4-11　将一般位置直线变换为投影面的垂直线

4.3.4 将一般位置平面变换为投影面的垂直面

将一般位置平面变换为投影面的垂直面，只需使平面内的任一条直线垂直于新的投影面。我们知道要将一般位置直线变换为投影面的垂直线，必须经过两次变换，而将投影面的平行线变换为投影面的垂直线则只需要一次变换。因此，在平面内不取一般位置直线，而是取一条投影面的平行线为辅助线，再取与辅助线垂直的平面为新投影面，则平面也就和新投影面垂直了。

如图 4-12(a)所示，将一般位置平面△ABC 变换为投影面的垂直面，可用 V_1 面替换 V 面。由于新投影面 V_1 既要垂直于△ABC 平面，又要垂直于原有投影面 H 面，因此，它必须垂直于△ABC 平面内的一条水平线。

作图步骤如图 4-12(b)所示：

(1)在△ABC 平面内作一条水平线 AD 作为辅助线，其两面投影为 ad、$a'd'$。

(2)作 $O_1X_1 \perp ad$。

(3)求出△ABC 三个顶点在新投影面 V_1 上的投影 a_1'、b_1'、c_1'，a_1'、b_1'、c_1' 三点连线必然积聚为一条直线，即为所求。而该直线与新投影轴的夹角即为该一般位置平面△ABC 与 H 面的倾角 α。

同理，也可以将△ABC 平面变换为新投影体系 V/H_1 中的垂直面，并同时求出一般位置平面△ABC 与 V 面的倾角 β，建议读者自行练习。

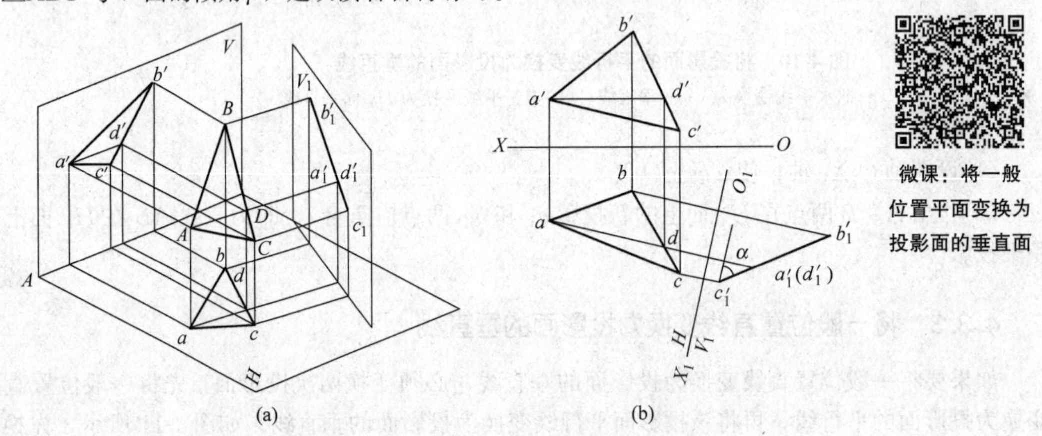

(a) (b)

图 4-12 将一般位置平面变换成投影面的垂直面

(a)分析；(b)作图

4.3.5 将投影面的垂直面变换为投影面的平行面

如图 4-13(a)所示，是将铅垂面△ABC 变为投影面平行面(求实形)的情况。由于新投影面平行于△ABC，因此它必定垂直于投影面 H，并与H 面组成V_1/H 新投影体系。△ABC 在新投影体系中是正平面。图 4-13(b)所示为它的投影图。

微课：将投影面的垂直面变换为投影面的平行面

作图步骤如图 4-13(b)所示：

(1)在适当位置作 $O_1X_1 /\!/ abc$。

(2)求出△ABC 三个顶点在 V_1 面的投影 a_1'、b_1'、c_1'，连接此三点，得△$a_1'b_1'c_1'$即为△ABC 的实形。

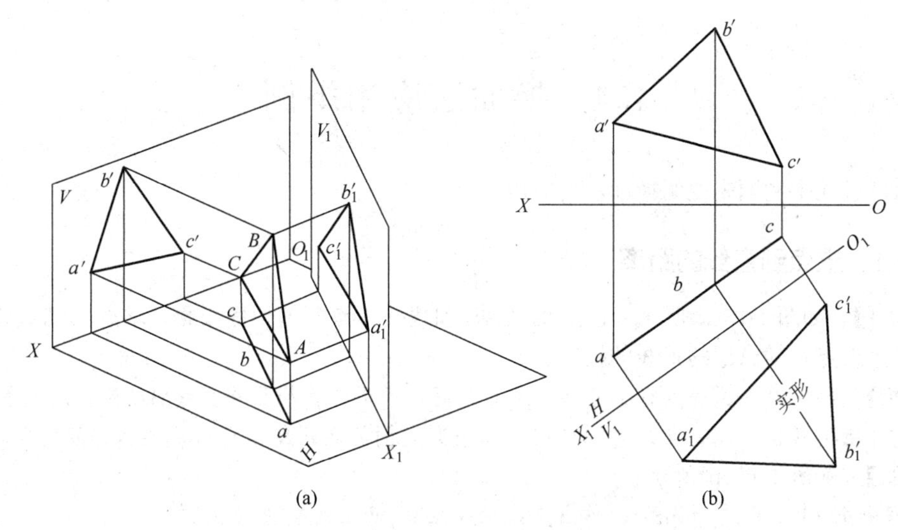

图 4-13　将投影面垂直面变换为投影面的平行面

(a)分析；(b)作图

4.3.6　将一般位置平面变换为投影面的平行面

要将一般位置平面变换为投影面的平行面，必须经过两次换面。因为如果取新投影面平行于一般位置平面，则这个投影面也一定是一般位置平面，它和原体系 V/H 中的哪个投影面都不垂直而无法构成新投影体系。因此，一般位置平面变换为投影面的平行面，必须经过两次换面，第一次换面可将一般位置平面变换成投影面的垂直面，第二次换面再把投影面的垂直面变换成投影面平行面。作图过程实际上是 4.3.4 和 4.3.5 的综合(参看图 4-12 和图 4-13)。

在图 4-14 中，采用先换 H 面再换 V 面的方法，其变换顺序为 $X\,\dfrac{V}{H}\rightarrow X_1\,\dfrac{V}{H_1}\rightarrow X_2\,\dfrac{V_1}{H_1}$，在 V_1 面上得到$\triangle a_1'b_1'c_1'\cong\triangle ABC$，即$\triangle a_1'b_1'c_1'$是$\triangle ABC$的实形。先换 V 面再换 H 面的方法与此类似，读者可自行练习。

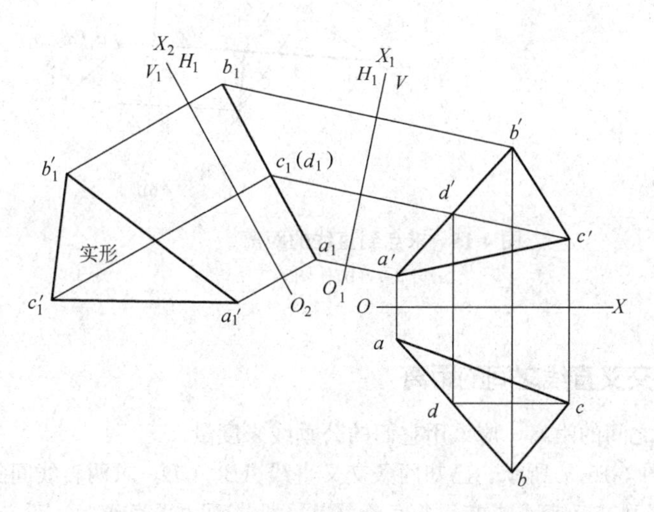

图 4-14　将一般位置平面变换为投影面的平行面

4.4 换面法应用举例

下面通过几个例题来说明换面法的应用。

4.4.1 求点到直线的距离

【例 4-1】 如图 4-15(a)所示，已知线段 AB 和线外一点 C 的两面投影，求点 C 到直线 AB 的距离，并作出点 C 对 AB 的垂线的投影。

【分析】 要使投影反映点 C 到直线 AB 的距离，可用两次换面将直线 AB 变换成投影面的垂直线，此时新投影积聚成一点，它与点 C 的新投影之间的距离就是点 C 到直线 AB 的距离。

【作图】 如图 4-15(b)所示：

(1)设新轴 O_1X_1($O_1X_1 /\!/ ab$)，作出直线 AB 在 V_1 面上的新投影 $a_1'b_1'$。

(2)设新轴 O_2X_2($O_2X_2 \perp a_1'b_1'$)，作出直线 AB 在 H_1 面上的新投影 $a_1(b_1)$。

(3)依次作出点 C 在新投影体系中的投影 c_1'、c_1。

(4)自 c_1' 向直线 $a_1'b_1'$ 作垂线，得交点 d_1'，直线 $c_1'd_1'$ 即为点 C 到直线 AB 的距离在 $X_1\dfrac{V_1}{H}$ 投影体系中的投影，将交点 d_1' 依次返回原投影体系得到交点 d、d'。

(5)在 $X_2\dfrac{V_1}{H_1}$ 投影体系中 $a_1(b_1$、$d_1)c_1$ 即为点 C 到直线 AB 的距离实长，$c_1'd_1'$、cd、$c'd'$ 为点 C 到直线 AB 的距离在不同投影体系中的投影。

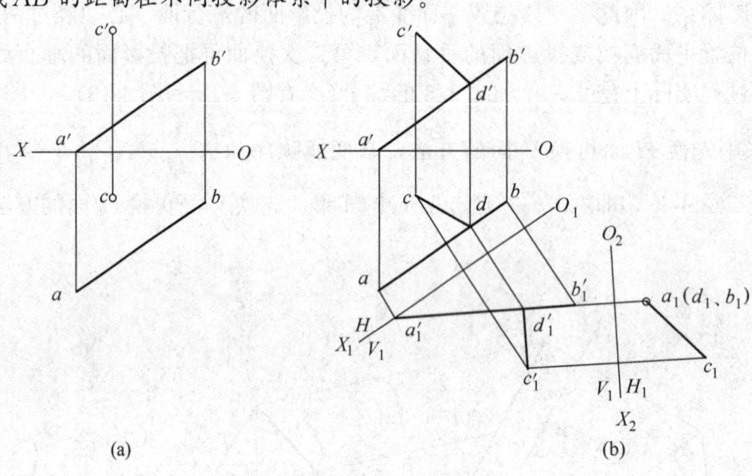

微课：【例 4-1】

图 4-15 求点到直线的距离

(a)分析；(b)作图

4.4.2 求两交叉直线之间的距离

求两交叉直线之间的距离，应该用它们的公垂线来度量。

【例 4-2】 如图 4-16(a)所示，已知两条交叉直线 AB、CD，求两直线间的距离。

【分析】 (1)当两交叉直线中有一条直线是某一投影面的垂直线时，不必换面即可直接求出两交叉直线之间的距离(参看图 3-32)。

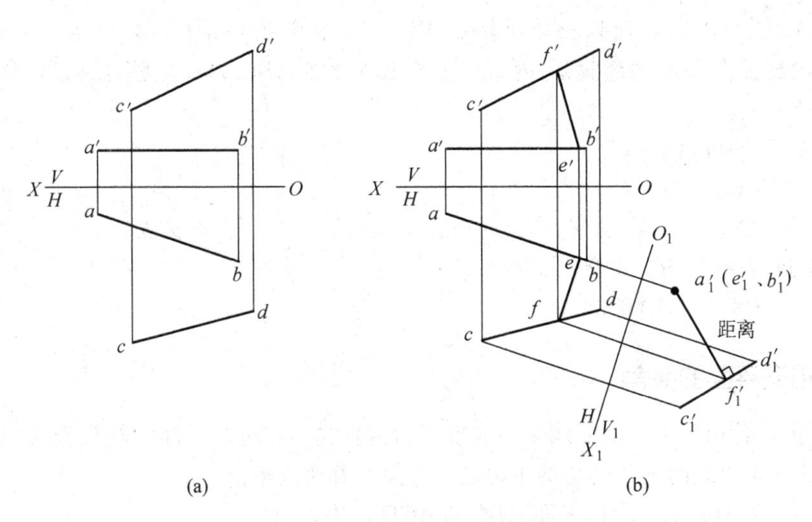

微课：【例 4-2】

图 4-16　求两交叉直线的距离

(a)分析；(b)作图

(2)当两交叉直线中有一条直线是某一投影面的平行线段时，只需要一次换面即可求出两交叉直线之间的距离(图 4-16)。

(3)当两交叉直线都是一般位置直线时，则需要进行二次换面才能求出两交叉直线之间的距离。

从图 4-16(a)所示的两面投影可以看出，给出的直线 AB 是一条水平线，用一次换面(换 V 面)可把它变换成投影面的垂直线，此时 AB、CD 两直线的新投影即可反映两直线的距离。

【作图】 如图 4-16(b)所示：

(1)设新轴 O_1X_1($O_1X_1 \perp ab$)。

(2)分别作出直线 AB、CD 在 V_1 面上的新投影 $a_1'(b_1')$、$c_1'd_1'$。

(3)根据直角投影特性作公垂线 EF(注意：$e_1'f_1' \perp c_1'd_1'$，$ef /\!/ O_1X_1$)，新投影 $e_1'f_1'$ 即为两交叉直线的距离。

4.4.3　求直线与平面的交点

求直线与平面的交点，只需将所给平面变换成投影面垂直面就可解决。

【例 4-3】 如图 4-17(a)所示，求作直线 MN 与平面△ABC 的交点 K。

微课：【例 4-3】

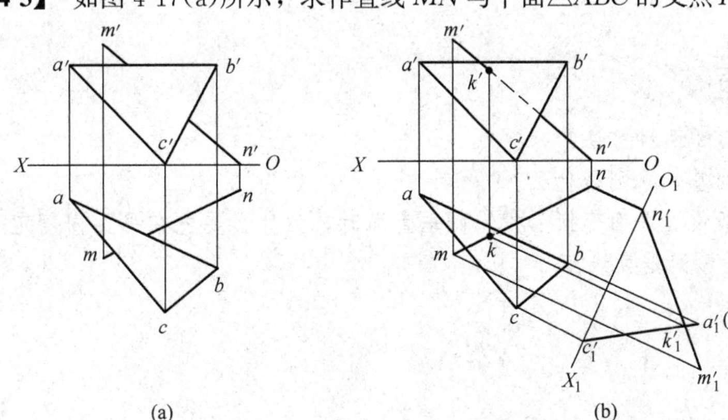

图 4-17　求直线与平面的交点

(a)分析；(b)作图

【分析】 因为 AB 是水平线，所以应作新轴 $O_1X_1 \perp ab$，得新投影 $a_1'b_1'c_1'$，它是一条直线，有积聚性，由此再作出直线 MN 的新投影 $m_1'n_1'$。这样 MN 和△ABC 的新投影的交点，就是所求交点 K 的新投影 k_1'。

【作图】 如图 4-17(b)所示：

(1)设新轴 O_1X_1($O_1X_1 \perp ab$)。

(2)分别作出直线 MN、△ABC 在 V_1 面上的新投影 $m_1'n_1'$、$a_1'b_1'c_1'$，得交点 k_1'。

(3)将 k_1'返回原 H 面和 V 面，得交点 k 和 k'。

(4)判定可见性，如图 4-17(b)所示。

4.4.4 求两相交平面的夹角

如图 4-18(a)所示，若把两平面的交线变换成投影面垂直线，此时两平面的新投影就积聚成两条相交的直线，这两条直线的夹角就是两平面之间夹角的真实大小。

【例 4-4】 如图 4-18(b)所示，求作平面 ABC 与 ACD 的夹角 α。

【作图】 用两次换面把交线 AC 变换成投影面垂直线，同时作出两平面的新投影 $a_1'b_1'c_1'$ 和 $a_1'c_1'd_1'$ 以及 $a_1b_1c_1$ 和 $a_1c_1d_1$，积聚投影 $a_1b_1c_1$ 与 $a_1c_1d_1$ 的夹角 α 即为所求的两面角。

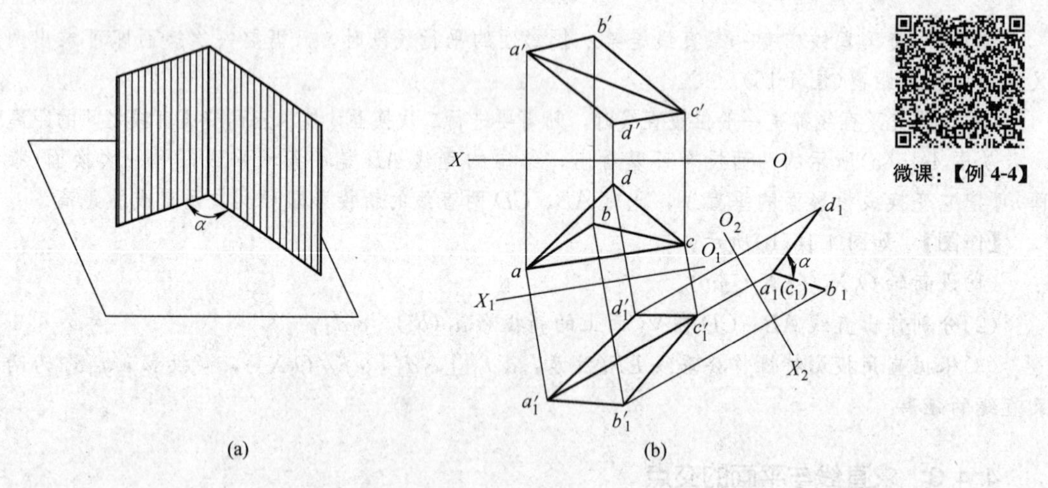

图 4-18 求两平面的夹角

(a)分析；(b)作图

思考题

1. 常用的投影变换有哪两种方法?

2. 投影变换中换面的基本原则是什么?

3. 应用换面法将一般位置平面变换为投影面垂直面时，为什么要先在平面内确定一条投影面平行线，将其变换为投影面垂直线?

第5章　平面立体

在建筑工程中，人们会接触到各种形状的建筑物(如房屋、水塔)及其构配件(如基础、梁、柱等)。它们的形状虽然复杂多样，但经过仔细分析，不难看出它们一般都是由一些简单的几何体经过叠加、切割或相交等形式组合而成。

从图5-1中可以看到，一个房屋模型被分解为两个四棱柱、两个三棱柱和一个三棱锥。我们把这些简单的几何体称为基本几何体，有时也称为基本形体，把建筑物及其构配件的形体称为建筑形体。

立体是由一系列表面围成的。根据表面的性质不同，立体可分为平面立体和曲面立体。本章主要介绍平面立体的投影、表面上的点以及截交线和贯穿点等内容。

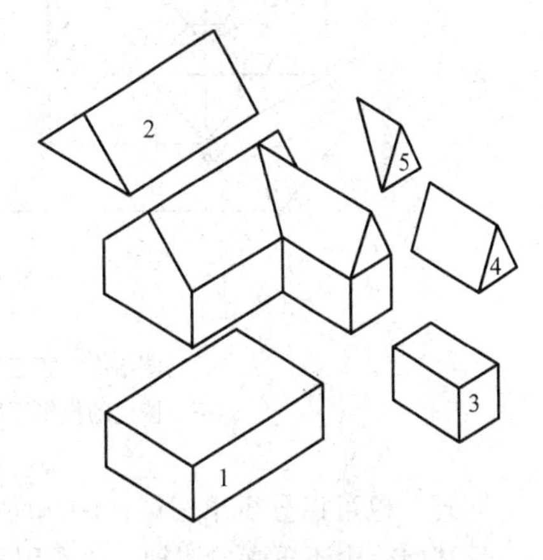

图5-1　建筑形体分解

5.1　平面立体的投影

5.1.1　概述

由若干个平面所围成的几何体称为平面立体。平面立体的每个表面都是平面多边形，称为棱面；表面与表面的交线称为棱线。平面立体的投影，实质上可归结为围成立体的面、线、点的投影。这是研究平面立体投影特征的基本出发点。常见的平面立体有棱柱、棱锥和棱台等。

5.1.2　棱柱体

现在以三棱柱为例来分析平面立体的投影，如图5-2所示。

如图5-2(a)所示，有一正三棱柱，其形体特征为棱柱的各棱线互相平行，底面、顶面为多边形。此棱柱为直棱柱。上下底面为水平面，后棱面为正平面，左右两个棱面为铅垂面。

在此正三棱柱的水平投影中，等腰$\triangle abc$分别为上下底面的实形投影(重合投影)，ab、bc、ac分别为左铅垂侧面、右铅垂侧面以及后正平面的积聚投影。另外，ab、bc、ac为上下底面的各三个水平棱线的实形投影，a、b、c分别为三个侧面的三个铅垂棱线的积聚投影，也是上下两个顶面和底面三个顶点分别互相重合的投影。

在此正三棱柱的正面投影中，大矩形为三棱柱后正平面的实形投影，左小矩形为三棱柱左侧面的投影，右小矩形为三棱柱右侧面的投影。在正面投影中三条铅垂线分别为三条铅垂棱线的实形投影，两条水平线为上顶面和下底面的积聚投影。在上水平线中，$a'b'$为AB的投影，$b'c'$为BC的投影，a'、b'、c'为A、B、C三点的投影。下水平线同理，请同学们自己分析。

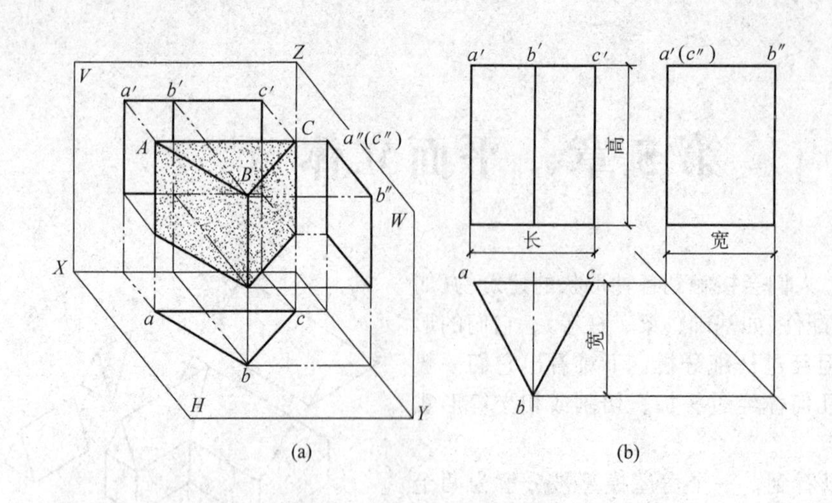

图 5-2　正三棱柱的三面投影

(a)正三棱柱的投影模型；(b)三面投影及对应关系

同理，也可以分析出三棱柱的侧面(W)投影。

后述内容中不再画投影轴，这是因为在立体投影中，投影轴的位置只反映空间的立体与投影面之间的距离，与立体的投影形状和大小无关，而两相邻投影之间的距离，不影响立体的投影形状和大小。省略投影轴后，在立体的三投影之间应保持对应的关系。这个对应关系在图 5-2(b)中很清楚可以看到：形体在 V 面和 H 面反映的长度相同，应该左右对齐，称为"长对正"；形体在 V 面和 W 面反映的高度相同，应该上下对齐，称为"高平齐"；形体在 H 面和 W 面反映的宽度相同，应该前后对齐，称为"宽相等"。我们省略投影轴后，就利用这个对应关系来画立体的投影图。

值得注意的是，在生活中总是习惯把形体中最长的外形尺寸称为长度，而在三面投影体系中，形体的长度指最左和最右两点间平行于 X 轴方向的距离，宽度是指形体最前和最后两点平行于 Y 轴方向的距离，高度是指形体最高和最低两点平行于 Z 轴方向的距离。在图 5-2 中让长度尺寸短于高度尺寸就是基于这一考虑。

【例 5-1】 如图 5-3 所示，已知长方体顶面内的 A 点和底面内的 B 点的 H 面投影 a、b，求 A、B 两点在 V 面和 W 面的投影。

微课：【例 5-1】

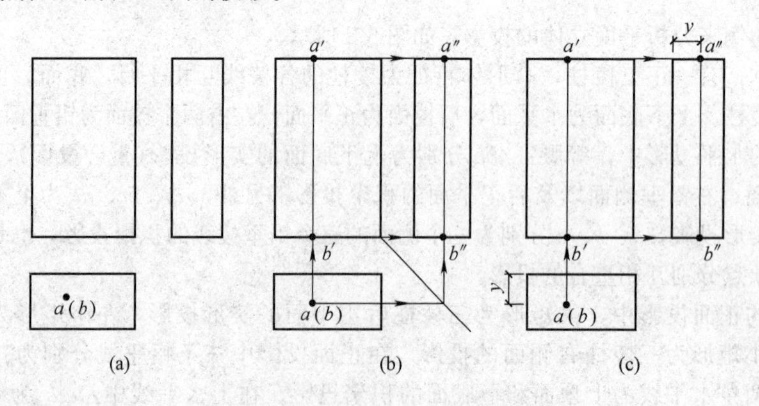

图 5-3　在长方体表面求点的投影

(a)已知条件；(b)作法一；(c)作法二

【作图】 作法一：由 a、b 分别向 V 面作投影连线，与长方体顶面和底面的 V 面投影相交得到 a' 和 b'；然后利用 45°辅助线求出 a'' 和 b''。

作法二：根据“长对正”投影原理，在长方体顶面和底面的有积聚性的 V 面投影上作出 a'、b'；然后利用“宽相等”投影原理，直接利用 H 面投影中显示的 a、b 距后棱面之间的宽度距离 y，分别在长方体 W 投影的顶面和底面作出 a''、b''。

思考：如果例 5-1 的已知条件中没有给出长方体的 W 面投影，还能不能求出 a'、b' 和 a''、b''？

【例 5-2】 如图 5-4 所示，已知三棱柱的三面投影和三棱柱侧棱面的直线 AB 和 BC 在 V 面的投影 $a'b'$、$b'c'$，求 AB、BC 在其他两个面的投影，要求清楚地表达所求直线投影的可见性。

【分析】 观察 AB、BC 直线两个端点在其他两个投影面的投影位置。点 A 在左前棱面上，点 B 在前棱上，点 C 在右前棱面上，它们在 V 面投影中均可见。在 H 面投影中前左棱面积聚成一直线，过 a' 直接向 H 面投影引投影连线与前左棱面的积聚投影相交就得到点 a。同理，也可得到点 c。前棱线在 H 面上积聚成一点，点 b 也就在这个点上。在得到 H 投影面上的点 a、b、c 后，就可以通过以下两种方法求得 a''、b'' 和 c''。

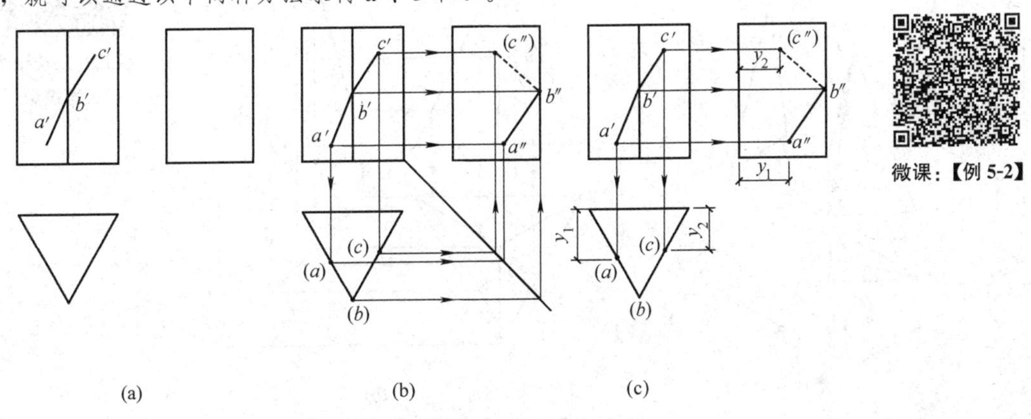

图 5-4 求三棱柱表面上的点和直线

(a)已知条件；(b)作法一；(c)作法二

【作图】 作法一：通过 45°辅助线，由 A、C 在 H、V 两个投影面上的有关投影分别向 W 投影面引投影线，相交得到点 a''、c''，点 b'' 则由 b' 向 W 面直接引投影连线与前棱 W 面投影相交得到。

作法二：量取 a、c 距棱锥后棱面的宽度距离 y_1 和 y_2，直接在由 V 面投影引出的投影连线上按“宽相等”投影原理和前后对应量取得到点 a''、c''。点 B 在 W 面上的投影仍由上述方法得到。

得到 A、B、C 的三面投影后，就可得到相应直线的三面投影。如何来判断这些直线的可见性呢？只要一条直线有一个端点在投影面上处于不可见位置，那么这条直线在相应投影面上的投影就不可见。在作图时将其画为虚线。点 C 在 W 投影面上的投影不可见，所以 BC 在 W 面上的投影不可见，就把线段 $b''c''$ 画为虚线。

5.1.3 棱锥体

把每个边线均为直线的平面多边形作为形体底面，把不属于该多边形平面的空间任意一点与多边形各顶点用直线连接起来，由此形成的平面立体称为棱锥体。由此可见，棱锥体表面上所有相邻的两个平面的交线都交于一点。求棱锥体的投影就是作出棱锥体面上各棱线的投影。

图 5-5 所示是一个正三棱锥的三面投影图。这个三棱锥的底面是一个水平的等边三角形，在 H 面上的投影反映它的实形。棱面是三个全等的等腰三角形，与 H 面成相等的倾角。相邻棱面的交线是棱线，三条棱线等长，也与 H 面成相等的倾角。棱线交于一点，该点称为棱锥顶点。棱锥顶点与底面中心的连线，叫棱锥轴线，所有正棱锥的轴线都与底面垂直。投影时将正三棱锥置于底面水平、左右对称的位置：底面为水平面，后棱面是侧垂面，左前棱面和右前棱面为一般位置平面；前棱线是侧平线，其余两条为一般位置线；后底边是侧垂线，其余两边是水平线。由于正三棱锥的 H 面投影反映其底面的实形，顶点 O 的 H 面投影 o 应在底面投影(等边$\triangle abc$)的中心，o 与各顶点 a、b、c 的连线，是各棱线的 H 面投影 oa、ob 和 oc，它们均等长。正三棱锥的底面与某投影面平行时，它在该投影面上的投影都具有这样的特性。所以，求三棱锥的三面投影时，均应该尽量使其轴线与某一投影面(常为 H 投影面)垂直，且作出它在该投影面上的投影。读者还可根据以上投影分析自行判断各棱面和棱线在三面投影中哪些可见，哪些不可见。

视频：三棱锥的三面投影

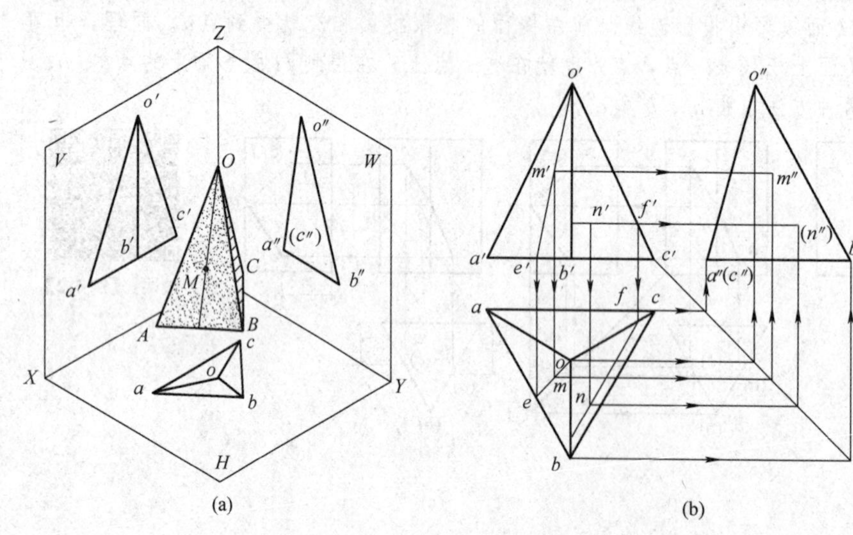

图 5-5　三棱锥及其面上点的投影

(a)正三棱锥的投影模型；(b)求三棱锥面上点的投影

下面，看看三棱锥表面上的点有什么投影特性。

微课：【例 5-3】

【例 5-3】 如图 5-5(b)所示，已知点的 V 面投影 m'、n'，求作 m、n 和 m''、n''。

【分析】 先看点 M，点 M 位于$\triangle OAB$ 上，此棱面为一般面，无积聚投影可利用，需采用一些辅助方法。

在 V 面上，连接 $o'm'$ 与底边交于 e'，由 e' 向 H 面引投影连线，得到 e，然后得到 OE 在 H 面上的投影 oe。点 M 在 OE 上，所以由 m' 向 H 面引投影连线，与 oe 相交得到 m。已知 m 和 m'，就可以根据点的投影规律，得到 m''。这种求解方法称为辅助线法。

再来看点 N，点 N 也位于一般平面上，也通过同样的辅助线方法来求出它的 H 面投影。但这一次不利用顶点作辅助线，而是过 n' 在棱面上作一条与底边 $b'c'$ 平行的直线 $n'f'$，f' 是该直线与棱边 $o'c'$ 的交点。过 f' 向 H 面引投影连线与 oc 相交得到 f，过 f 作 bc 的平行线，再由 n' 向 H 面引投影连线，与这条平行线 H 面投影相交得到 n。最后根据点的投影规律，由 n' 和 n 得到 n''。

求出点的投影位置后，要判别其可见性。如何判别点的投影的可见性呢？这得由点所在平面的可见性决定。平面的投影可见，则点可见，否则就不可见。点 N 位于$\triangle OBC$ 上，该棱面在 H 面的投影可见，所以 n 可见；但该棱面在 W 面上的投影不可见，因为 W 面投影的投射方向是由左向右，$\triangle OBC$ 被 $\triangle OAB$ 遮挡，所以点 n'' 不可见，给 n'' 加上括号。凡是不可见的点的投影，都如此标注。

总结点、线投影的可见性判别方法就是：平面可见，则面上的点可见；点可见，则其连线可见；否则就不可见。

5.2　平面截切平面体

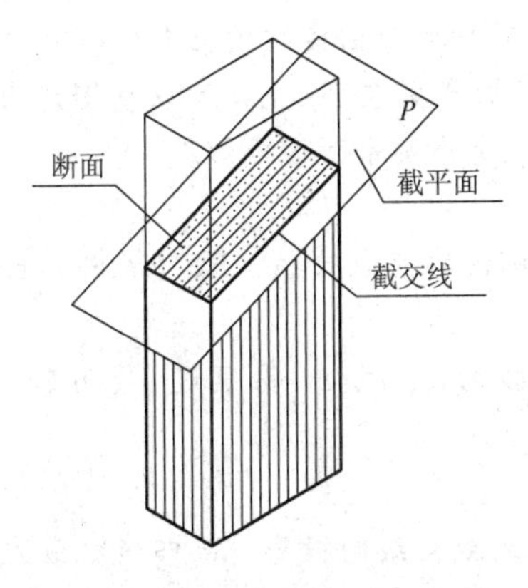

图 5-6　平面截切立体

视频：平面截割立体

有些构件的形状是由平面与其组成形体相交，截去基本形体的一部分而形成的。把与立体相交、截切形体的平面称为截平面。截平面与形体的交线为截交线。截交线围成的平面称为断面，或称为截断面或截面，如图 5-6 所示。仔细观察图 5-6，可以想到截平面每截到立体一个面，就会形成一条截交线，那么，截平面截到立体 n 个平面，就会形成 n 条截交线。

平面体的表面由平面组成，被平面截割所产生的断面必定是一个闭合的多边形。无论是求截交线的投影还是求断面的投影，基本的解题思路就是先求出平面体各棱线与截平面的交点，然后将各交点对应连接，最后判断其可见性，得到截交线或断面的投影。

下面，分两种情况来认识一下平面与平面体相交后截交线和断面投影的特点。

5.2.1　截平面为投影面的平行面

当截平面为投影面的平行面时，所截得的截交线必定与投影面平行，截交线所围成的断面必然也是投影面的平行面，把握这个特点能比较顺利地求得平面与立体相交后截交线的投影。

在图 5-7 中，三棱锥被平行于 H 面的水平面 ABC 所截，在已知 V 面投影的情况下，为了求得被截后的截交线，分别从 V 面投影 $a'b'c'$ 向 H 面引投影连线，分别与相应的棱在 H 面上的投影相交，得到 a、b、c 三点；然后再由 a'、b'、c' 向 W 面引投影连线，得到 a''、b'' 和 c''。接下来，判断截交线各端点的可见性。AB 是侧垂线，在向 W 面投影时，先经点 A，再经点 B，所以点 b'' 不可见，给点 b'' 加括号。最后，将截交线各点的投影连接起来，就得到截交线的投影。此时，可根据前述方法来判断截交线的可见性。

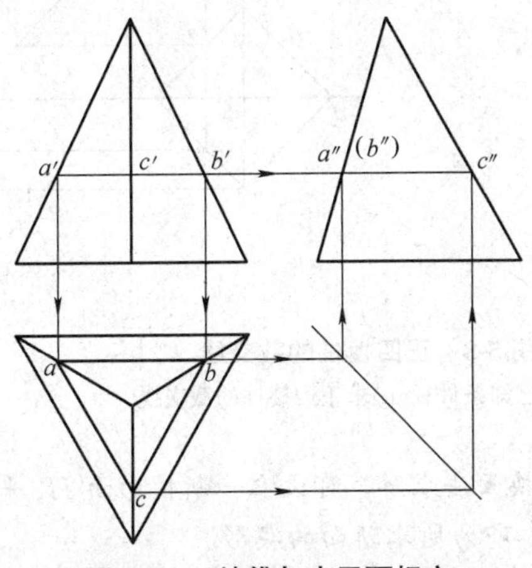

微课：截平面为投影面的平行面

图 5-7　三棱锥与水平面相交

5.2.2 截平面为投影面的垂直面

当截平面为投影面的垂直面时，所截得的断面必然也是投影面的垂直面，掌握这个特点，也可顺利地求得截交线、断面和被截体的投影。下面通过例题对有关的方法进行讨论。

【例 5-4】 正四棱柱被一正垂面 P_V 所截断，如图 5-8(a)所示，求其截交线的投影和断面的实形。

【分析】 由图 5-8(a)中的正面投影可以看出，截平面 P_V 与棱柱的四个棱面及顶面相交，所以截交线是由五段折线围成的五边形。五边形的五个顶点就是截平面与四棱柱的三条侧棱及顶面的两条边线的交点。由于 P_V 为正垂面，所以截交线的正面投影积聚在 P_V 上，可以直接定出正四棱柱的侧棱均为铅垂线、顶面为水平面，然后利用投影特性定出其余两面投影。

【作图】 作图步骤如图 5-8(b)所示：

(1)定出五边形的正面投影 $a'b'c'(d')(e')$。截平面与三条侧棱的交点为 A、B、E，与顶面两条边线的交点为 C、D，CD 为正垂线。

(2)因侧棱均为铅垂线，利用积聚性定出 A、B、E 的水平投影 a、b、e，分别过 a'、$b'(e')$ 作水平线求出 a''、b''、e''。

(3)分别过 c'、(d') 作竖直线求出 c、d，进而求出 c''、d''。

(4)将 A、B、C、D、E 的各面投影依次连接起来，即可得到截交线的投影。画四棱柱最左边，得侧棱被截去一部分，但最右边的侧棱未被截到，故 a'' 以上画虚线，表示最右边侧棱的投影。

微课：【例 5-4】

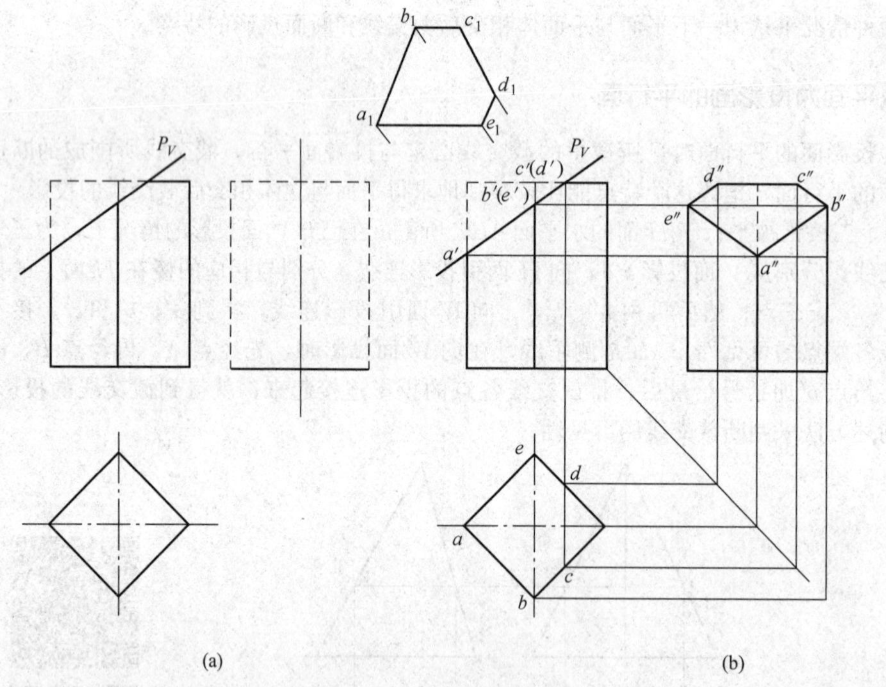

图 5-8 正四棱柱的截交线

(a)已知条件；(b)求正四棱柱的截交线

(5)断面的实形可以利用换面法求解，可设立一新投影面 H_1 平行于截平面 P_V，作出截交线在 H_1 面上的投影 $a_1b_1c_1d_1e_1$，即为所求断面的实形。

【例 5-5】 如图 5-9(a)所示，已知带缺口的三棱柱被 P、Q、R 平面截切的模型，图 5-9(b)为已知 V 面投影和 H 面投影轮廓，要求补全这个三棱柱的 H 面投影和求出 W 面投影。

微课：【例 5-5】

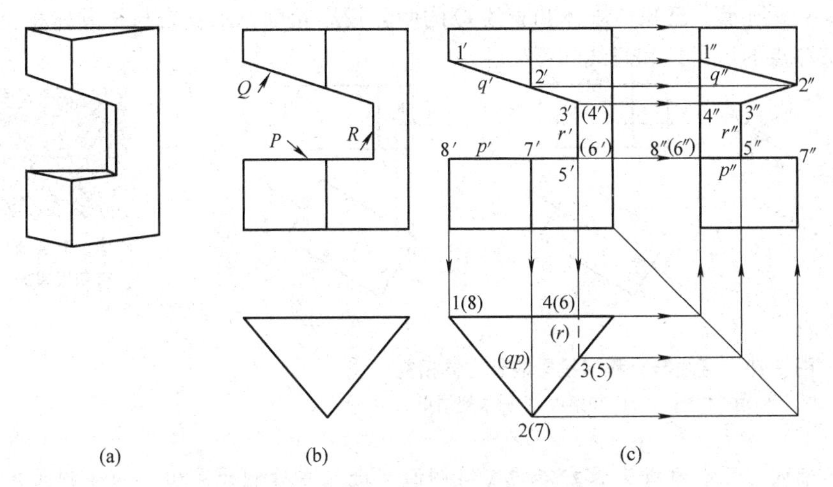

图 5-9 求带缺口的三棱柱的三面投影

(a)模型；(b)已知条件；(c)作图过程及结果

【分析】 从已知条件可以看出，三棱柱的这个缺口是三个截平面 P、Q、R 截割的结果，其中 Q 为正垂面，P 为水平面，R 为侧平面。在 V 面投影中可以看到它们的积聚投影，这就可以补全 H 面投影。只要得到 H、V 面投影，其 W 面投影就迎刃而解。

【作图】 作图过程分步介绍如下：

(1)仔细观察 V 面投影，将各截平面截割棱柱时在棱线和棱柱面上形成的交点编上号。

(2)由各交点向 H 面引投影连线，确定各交点的 H 面投影。

(3)连接有关交点，判断其可见性，补全 H 面投影。因为三棱柱的棱面垂直于 H 面，属于三棱柱棱面的截交线必然与三棱柱棱面的 H 面投影积聚在一起。R 面为侧平面，在 H 面投影为一条积聚线，即 r，因为它被上部形体遮挡，所以在 H 面投影中画为虚线。

(4)根据三面投影的对应关系，不考虑缺口，绘制出 W 面的轮廓线。

(5)根据各交点得 H、V 面投影，求出各交点的 W 面投影。

(6)连接有关交点，判断截交线的可见性，补全 W 面投影。

在 W 投影面上，$1''2''3''4''1''$ 是截面 Q 的投影，$3''4''6''5''3''$ 是截面 R 的投影，$5''6''8''7''5''$ 是截面 P 的投影。

最后来观察三个断面的投影结果：H 投影面反映 P 面的实形，W 投影面反映 R 面的实形，Q 面的实形则未直接在投影中体现出来。

微课：直线与平面体相交

5.3 直线与平面体相交

直线与平面体相交，可以看成直线从平面体的某一处表面穿进，从另一表面穿出，这样就在立体表面形成一个穿入点和穿出点，这两个点称为贯穿点。由此可见，贯穿点必定成对出现。求贯穿点的投影，实际上是求线面交点的投影问题。

5.3.1 立体表面有积聚投影

如果平面体表面是某一投影面的垂直面，它在该投影面上的投影定为积聚投影。此时，无论直线处于特殊位置还是一般位置，都可以直接利用它的积聚投影求出它与直线的交点，求解过程十分简单。这种方法叫作直接作图法。

【例 5-6】 如图 5-10 所示，已知长方体和直线 Q 的两面投影轮廓，求直线与长方体相交时的贯穿点，并判别贯穿点的可见性和直线的可见性。

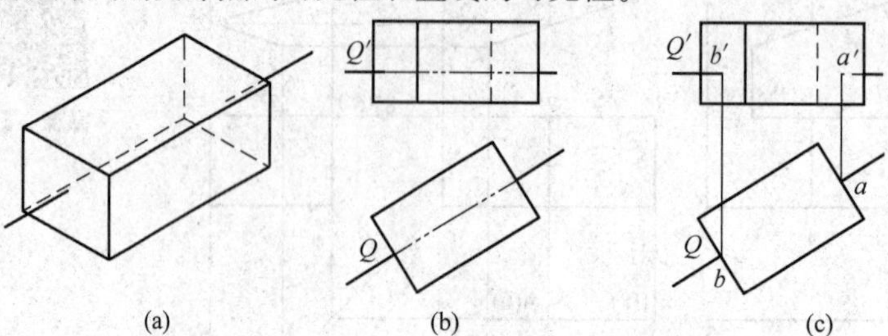

图 5-10 直线与有积聚投影的长方体相交

(a)立体图；(b)已知条件；(c)求解结果

微课：立体表面有积聚投影

【分析】 Q 是水平线，可以看成从长方体的左前侧面穿进、右后侧面穿出。两个侧面在 H 面上均有积聚投影，它们与 Q 在 H 面上的投影的交点就是两个贯穿点。得到 b、a 后，向上引投影连线，与直线 Q 的 V 面投影相交得到 b'、a'。

对贯穿点和直线的可见性的判别，说明如下：贯穿点是否可见，取决于该点所在的平面是否可见，如点 b' 可见。投影在立体投影轮廓线范围之内是否可见，取决于贯穿点是否可见；如果贯穿点的投影可见，在立体投影轮廓线范围之内包含这个贯穿点的一段直线的同面投影可见，否则为不可见。点 b' 可见，则在长方体投影轮廓线内，Q 在点 b' 前的那段是实线，即可见；点 a' 不可见，则在长方体投影轮廓线内，Q 已经穿出立体的那一小段仍为虚线，即不可见。

直线穿入点和穿出点间的连线，因为在立体内部，一般不必画出。在本书中，为表达投影对应关系，将其画为双点画线，表示它是虚拟的。

5.3.2 立体表面无积聚投影

微课：立体表面无积聚投影

从上面例题分析中认识到：当平面的投影有积聚性时，可直接用求作直线与平面的交点的作图法求解贯穿点；若立体表面的投影无积聚性或直线积聚在无积聚投影的面上，如何求贯穿点呢？用辅助线法或辅助平面法求贯穿点。具体步骤参看下面的例题。

【例 5-7】 已知直线 L_1、L_2 和三棱锥的两面投影轮廓，求它们相交后贯穿点的投影，并判断贯穿点和直线的可见性，如图 5-11(a)所示。

【分析】 (1)求直线 L_1 的贯穿点。先作一个包含该直线的正垂面 P_V，这个正垂面与三棱锥相交，得到一个三角形的断面。三角形断面的三个顶点在 V 面投影直接可以得到，然后由这些点向 H 投影面引投影连线，它们与三棱锥棱边在 H 面投影相交得到三个顶点各自的投影。把顶点的 H 面投影连接起来，得到三角形断面的 H 面投影，其边长与直线 H 面投影的交点 a、b 就是两个贯穿点的 H 面投影。然后由 a、b 两点向 V 面引投影连线，与直线相交得到 a'、b' 两点，此两点为贯穿点在 V 面的投影。

为什么说 a、b 两点就是所求贯穿点的 H 面投影呢？因为贯穿点一定是三棱锥被贯穿面、三角形断面和直线的公共点，只有此两点符合要求。

(2)求直线 L_2 的贯穿点。因为 L_2 为铅垂线，直线与锥面的贯穿点积聚在三棱锥的 H 面投影上，为 L_2，不能直接求出 e'，此贯穿点需要用辅助线法求解。在 H 面上过点 e 作一条与底边平行的直线，该直线与棱边相交于 d 点，然后向上引投影连线得到点 d'，过点 d' 作一条与底边平行的直线，与 L_2 直线相交于点 e'，即为贯穿点的 V 面投影。具体看图 5-11 作图过程。

同理，根据前面所述的贯穿点和直线的可见性判别方法判别点和直线的可见性，如图 5-11 所示。

思考：求直线与三棱锥相交的贯穿点的方法除了作正垂面 P_V 外，能不能作铅垂面呢？请读者自行考虑。

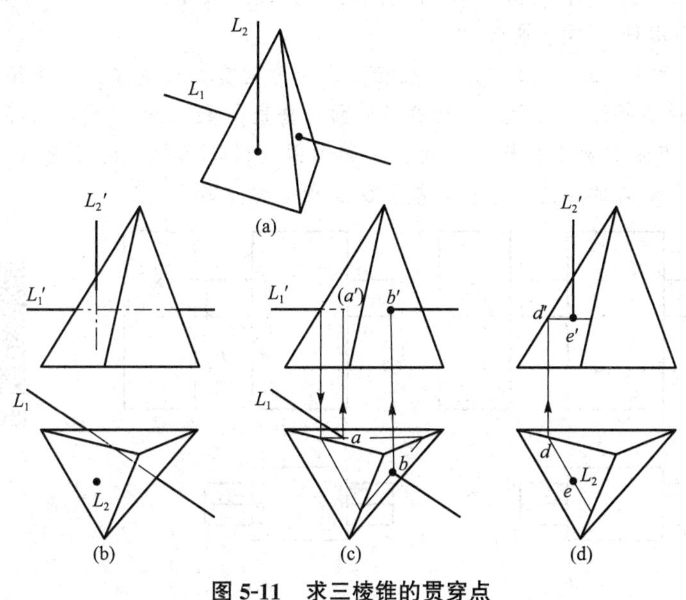

微课：【例 5-7】

图 5-11　求三棱锥的贯穿点

(a)模型；(b)已知条件；(c)求 L_1 的贯穿点；(d)求 L_2 的贯穿点

5.4　两平面立体相贯

5.4.1　相贯线的特点

工程形体往往是由若干个几何体相贯而成。立体相贯，表面就会出现交线，此交线称为相贯线。为了清晰地表示出工程形体各部分的形状和相对位置，在图样中经常需要画出相贯线。

由于几何体的形状、大小和相对位置不同，相贯线的形状也不同，但任何相贯线都具有下列性质。

(1)相贯线是两立体表面的共有线，是由一系列共有点组成。因此，如果其中一个立体表面的某一投影有积聚性，则可利用在立体表面上取点的方法，求出相贯线的其他投影。

(2)由于立体有一定的范围，所以相贯线一般是封闭的空间折线。这些折线可在同一平面上，也可在不同的平面上。

微课：相贯线的特点

平面体相贯时，每段折线是两个平面立体上有关表面的交线，折点是一个立体上的棱线与另一立体表面的贯穿点。

总之，平面体相贯实质是求直线与平面体的贯穿点问题。

5.4.2　求两个平面立体相贯线的方法

根据平面体相贯实质是求直线与平面体的贯穿点问题，求解方法通常有下列三种：

(1)直接作图法：适用于两立体相贯时，有一立体在投影面上有积聚投影的情况。

(2)辅助直线法：适用于已知相贯点的某面投影，求其他面的投影情况。

(3)辅助平面法：适用于两立体相贯时，均无积聚投影和其他情况。

下面通过例题来介绍这三种求解方法。

1. 直接作图法

【例 5-8】 如图 5-12 所示，求三棱柱和四棱柱的相贯线。其中图 5-12(a)所示为模型图，图 5-12(b)所示为 H、V 和 W 三面投影轮廓。

【分析】 如图 5-12 所示，该三棱柱与四棱柱相贯，且为全贯。三棱柱的三条棱都穿过四棱柱，相贯线为前后两条封闭折线。由于四棱柱的各棱面均垂直于 H 面和 V 面，三棱柱的各棱面均垂直于 W 面，所以相贯线的水平投影、正面投影和侧面投影均已知，而且前后左右均对称。因此可利用在平面立体上定点的方法，求出各投影面的相贯线投影。

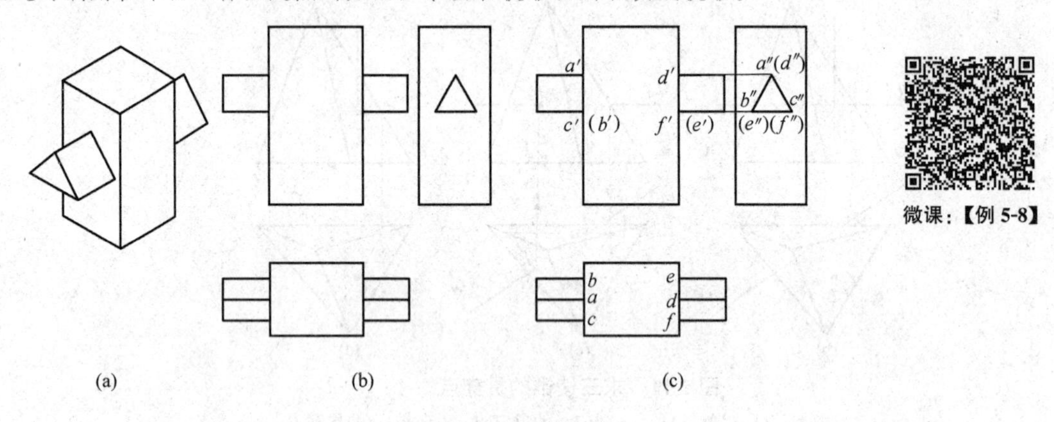

图 5-12　三棱柱与四棱柱相贯

(a)模型；(b)已知条件；(c)求解结果

注意：因为两立体相交是一个整体，所以 a 与 d、b 与 e 和 c 与 f 之间均勿画线。

2. 辅助直线法

有时，虽然立体表面或棱线有积聚投影，但由于位置特殊，不能完全利用积聚性来求出相贯点的各面投影，此时就得在立体表面作辅助线来求得贯穿点。

【例 5-9】 如图 5-13 所示，已知烟囱和屋面的 H 面投影和 V 面投影轮廓，求它们的 V 面投影。

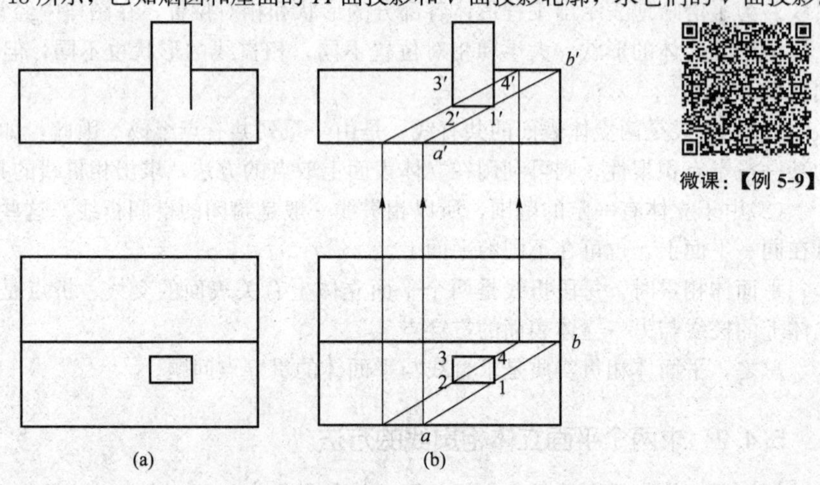

图 5-13　通过辅助直线求解相贯线

(a)已知条件；(b)求解结果

【分析】 在 H 面投影中过侧棱和屋顶坡面的贯穿点 1 在屋顶坡面作一辅助线，它与檐口线和屋脊线的 H 面投影相交于 a、b 两点，然后由 a、b 两点向 V 投影面引投影连线，分别与檐口线和屋脊线的 V 面投影交于 a'、b' 两点，连接 $a'b'$ 与烟囱相应的侧棱相交得到点 $1'$，过点 $1'$ 作檐口的平行线与烟囱另一侧棱相交于点 $2'$。同理也可得到点 $3'$、$4'$，连接 $1'2'$ 和 $3'4'$，就得到相贯线的 V 面投影。

3. 辅助平面法

【例 5-10】 如图 5-14 所示，求三棱柱和三棱锥的相贯线。图 5-14(a)为已知条件。

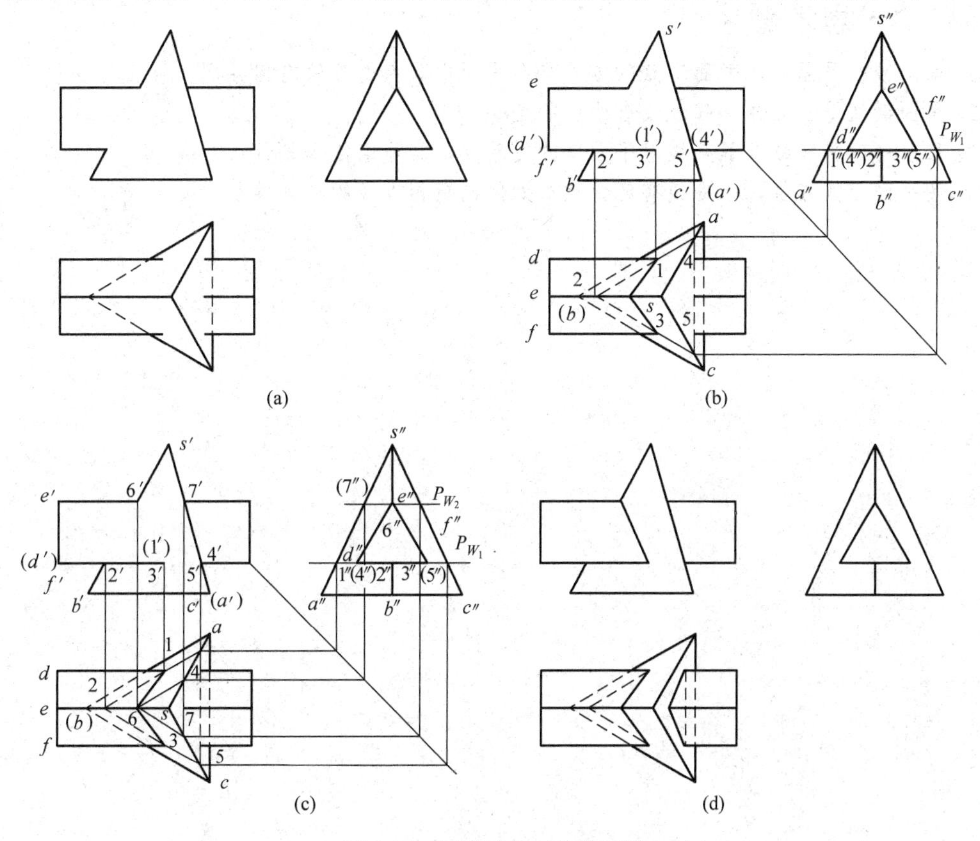

图 5-14 三棱柱与三棱锥相贯

(a)已知条件；(b)求解三棱柱下水平面与三棱锥的贯穿点；(c)求解三棱柱上棱线与三棱锥的贯穿点；(d)求解结果

【分析】 三棱柱的三条棱都穿过三棱锥，它们的相贯线是两条封闭的折线。三棱柱的左面部分，水平棱面分别与三棱锥的前后棱面相交，产生两段水平交线；两个侧垂棱面各自与三棱锥的一个棱面相交。因此，左面的折线是由四段折线形成的。三棱柱的右面部分，三个棱面都是只与三棱锥的右面相交，所以右面一条折线是三角形。由于相贯线的正面投影有积聚性，所以可用求截交线或用表面上定点的方法，求得相贯线的其他投影。其求解步骤如下：

(1)如图 5-14(b)所示，求三棱柱水平棱面与三棱锥的交线：扩大水平棱面 DF 为 P_{W_1}，P_{W_1} 面与三棱锥的交线的水平投影是一个与棱锥底面相似的三角形，在棱面 DF 范围水平投影上的线段 1—2、2—3 和 4—5 即为交线的水平投影，据此可以求出正面投影 $1'$—$2'$、$2'$—$3'$和 $4'$—$5'$。

(2)如图 5-14(c)所示，求棱线 E 与三棱锥的交点：过该棱线作水平棱面 P_{W_2}，P_{W_2} 平面与三棱锥的交线的水平投影也是一个与棱锥面相似的三角形。棱线的水平投影和该三角形的交点 6、

7，即为交点的水平投影，据此可求出正面投影 6′、7′。

(3)如图 5-14(d)所示，依次连接所求各点的同面投影。因为两立体相交后成为一个整体，所以 6′—2′之间不能画线。

(4)判定可见性：由于棱面 DF 的水平投影不可见，所以在该棱面上交线的水平投影1—2、2—3 和 4—5 都不可见。而三棱锥的三个棱面及三棱柱的 DE、EF 棱面，其水平投影均可见，所以 1—6、4—7、5—7、3—6 均可见。

思考题

1. 试比较在平面立体表面定点的方法与在平面内取点的方法有何异同。
2. 平面截切平面立体，截交线有哪些特点？
3. 采用辅助平面法求解直线对平面体的贯穿点，其理论依据是什么？
4. 两平面立体相贯，相贯线有何特点？如何判断相贯线的可见性？

第6章　曲面立体

6.1　曲线与曲面

建筑形体的内外表面，常会遇到各种曲线与曲面，如建筑工程中常见的圆柱、壳体屋盖、隧道的拱坝以及常见的设备管道等。了解曲线的形成和图示方法，对进一步研究曲面和曲面立体的投影特点及实际应用有很大的帮助。

6.1.1　曲线的形成与分类

曲线可以是一个动点连续运动的轨迹，如图6-1(a)所示圆的渐开线；也可以是平面与曲面或曲面与曲面的交线，如图6-1(b)所示。

根据曲线上各点的相对位置，曲线可分为平面曲线和空间曲线两大类。

平面曲线——曲线上所有点都在同一平面内的曲线，称为平面曲线，如圆、椭圆、抛物线、双曲线等。

空间曲线——曲线上的点不在一个平面内运动所形成的曲线，称为空间曲线，如圆柱螺旋线等。

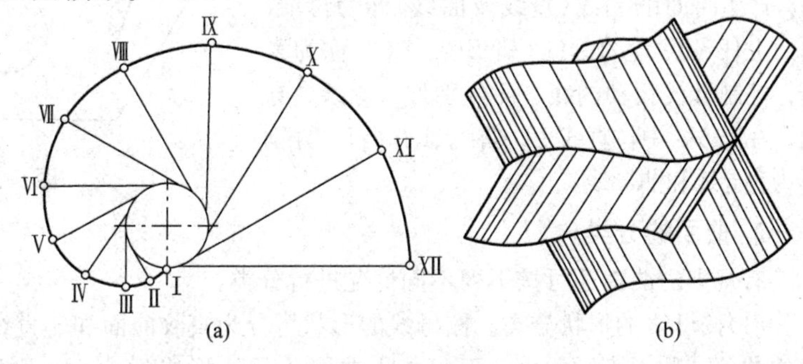

图6-1　曲线的形成

(a)圆的渐开线；(b)曲面与曲面的交线

6.1.2　曲线的投影与投影特性

曲线的投影一般仍为曲线。因为通过曲线上各点的投影线形成一个垂直于投影面的曲面，该曲面与投影面的交线为曲线，如图6-2(a)所示。

平面曲线的投影一般仍为曲线，如椭圆的投影仍为椭圆、抛物线的投影仍为抛物线等。但是当平面曲线所在的平面垂直于某一投影面时，曲线在该投影面上的投影积聚成一条直线，如图6-2(b)所示；当平面曲线所在的平面平行于某一投影面时，曲线在该投影面上的投影反映实形，如图6-2(c)所示。

曲线上点的投影在曲线的同面投影上。过曲线上任一点的切线投影，必与曲线的投影相切于该点的同面投影，如图6-2(a)中的直线 EF 与曲线相切于点 K，则直线的水平投影 ef 与曲线的水平投影相切于点 k。

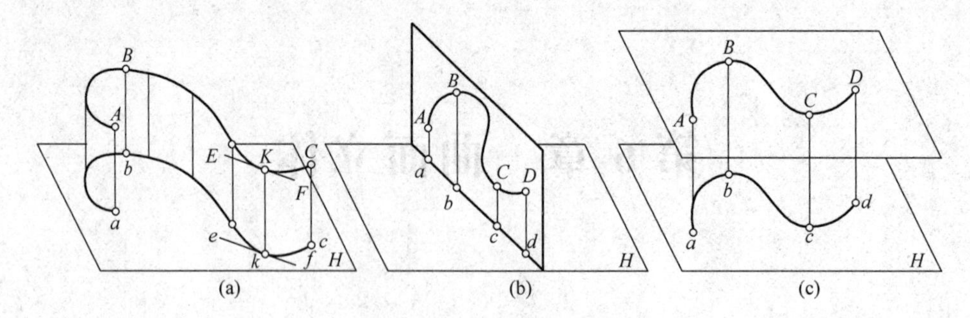

图 6-2　曲线的投影特性

(a)曲线的投影一般仍为曲线；(b)曲线的投影积聚成一条直线；(c)曲线的投影反映实形

6.1.3　曲面的形成与分类

1. 曲面的形成

曲面是一条动线在一定的约束条件下连续运动的轨迹。如图 6-3 所示的曲面，是直线 AA_1 沿曲线 $A_1B_1C_1D_1$ 且平行于直线 L 运动而形成的。产生曲面的动线(直线或曲线)称为母线；曲面上任一位置的母线(如 BB_1、CC_1)称为素线；控制母线运动的线、面分别称为导线、导面。在图 6-3 中，直线 L、曲线 $A_1B_1C_1D_1$ 分别称为直导线和曲导线。

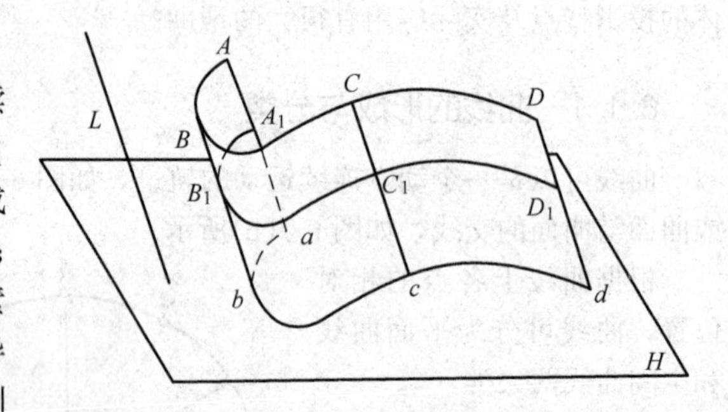

图 6-3　曲面的形成

2. 曲面的分类

有规则的曲面还可按下列不同情况进行分类：

(1)按母线的形状分类。按母线的形状可分为直纹曲面和非直纹曲面。凡可由直线为母线形成的曲面，称为直纹曲面；而只能由曲线为母线形成的曲面，则称为非直纹曲面。直纹曲面、非直纹曲面也可分别称为直线面、曲线面。

(2)按曲面能否展开分类。按曲面能否展开成平面可分为可展曲面和不可展曲面。凡可以展开成平面的曲面，称为可展曲面；而不能展开成平面的曲面，则称为不可展曲面。可展曲面只有直纹曲面中的柱面、锥面和具有空间曲线回折棱的切线曲面；其他的各种直纹曲面和非直纹曲面都是不可展曲面。可展曲面展开成平面的图形，称为展开图。

(3)按曲面能否由母线旋转分类。按曲面能否由母线旋转而形成可分为回转面和非回转面。凡可由母线绕轴线旋转而形成的曲面，称为回转面，这条定直线称为回转面的轴线；不能由母线旋转而形成的曲面，则称为非回转面。

图 6-4(a)所示为由平面曲线 AB(母线)绕轴线 OO 旋转形成的回转曲面。按旋转运动的特性，母线上任一点的运动轨迹都是一个垂直于轴线的圆，称为纬圆。纬圆的半径等于该点到轴线的距离；母线的任一停留位置称为素线。在曲面形成的纬圆中，最大的纬圆又称为赤道圆，最小的纬圆又称为颈圆。

图 6-4(b)所示为上述回转曲面的 H 面投影图。曲面轴线垂直于 H 面，该回转面上各纬圆在 H 面上的投影是反映实形的同心圆，圆心为轴线的水平投影 $o(o)$，其中最大的圆是赤道圆的 H 面投影，它确定回转面的 H 面投影的外形轮廓线。最小的虚线圆是颈圆的 H 面投影，它反映回转面 H 面投影的内轮廓线。中间的粗线圆是曲面顶圆的投影，大的虚线圆是底圆的投影。回转

面 V 面投影的轮廓线是回转面内平行于 V 面的两条素线的投影，反映曲母线的实形。其余素线在两投影面上都不画出。回转面上纬圆的 V 面投影是与轴线 OO 垂直的水平线段，长度等于各纬圆直径的实长，如图 6-4(c)所示。

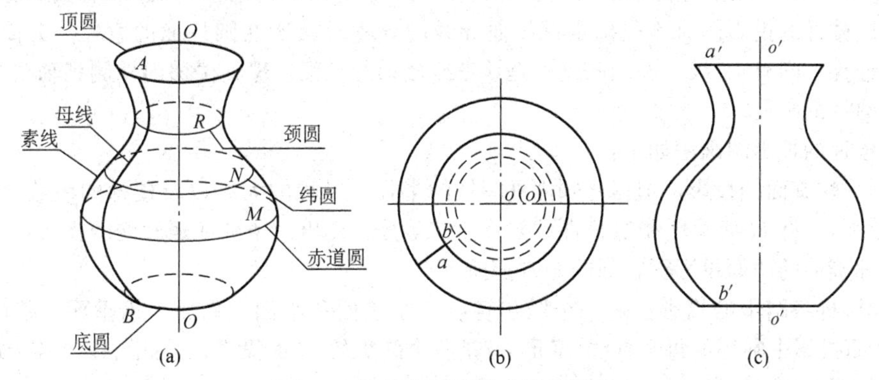

图 6-4　回转曲面的形成及其投影

(a)回转曲面的形成；(b)回转曲面的 H 面投影；(c)回转曲面的 V 面投影

画回转曲面的投影时，在轴线所平行的投影面上用细单点长画线画出轴线的投影；在轴线所垂直的投影面上，轴线积聚为点，过该点作两条相互垂直的细单点长画线，以确定回转面上纬圆投影的圆心，称为圆的中心线。

*6.1.4　圆柱螺旋面

1. 圆柱螺旋面的形成

一条直母线一端以圆柱螺旋线为曲导线，另一端以回转轴线为直导线，并始终平行于与轴线垂直的导平面运动所形成的曲面，称为平螺旋面，如图 6-5 所示。

画平螺旋面的投影图时，先画出曲导线圆柱螺旋线及其轴线(直导线)的两面投影。当轴线垂直于 H 面时，可从螺旋线的 H 面投影(圆周)上各等分点引直线与轴线的 H 面积聚投影相连，即为螺旋面相应素线的 H 面投影；各素线的 V 面投影是过螺旋线的 V 面投影上各等分点，分别作与轴线的 V 面投影垂直相交的一组水平线，所得平螺旋面的投影图如图 6-6(a)所示。如果螺旋面被一个同轴的小圆柱面所截，它的投影图如图 6-6(b)所示。小圆柱面与平螺旋面的交线，是一根与螺旋曲导线有相等导程的圆柱螺旋线。

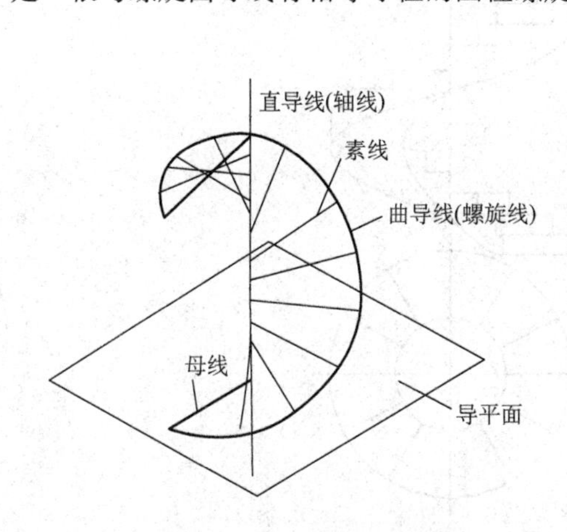

图 6-5　平螺旋面的形成

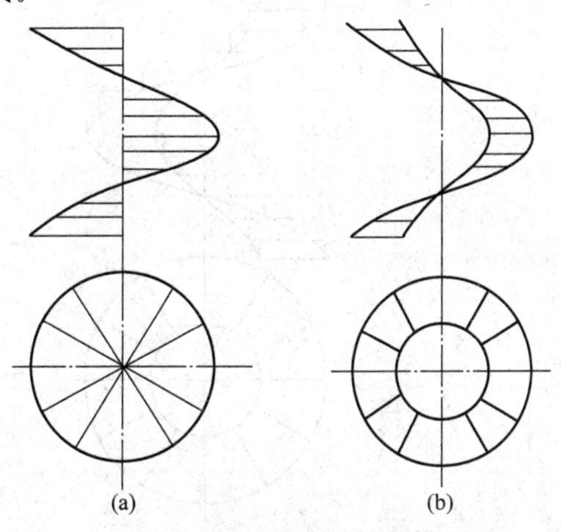

图 6-6　平螺旋面的投影图

(a)平螺旋面投影；(b)平螺旋面被同轴小圆柱面所截的投影

2. 圆柱螺旋面的应用

平螺旋面在工程中应用广泛，其中螺旋楼梯就是平螺旋面在工程中的应用实例。由图 6-7(a)可知，螺旋楼梯的每个踏步都是由扇形的踏面、矩形的踢面、平螺旋面的底面及里外两个圆柱面围成的。

画螺旋楼梯的投影图时，先确定螺旋曲导线的导程及其所在圆柱面的直径。为简化作图，假设螺旋楼梯一圈有 12 级，一圈高度就是该螺旋楼梯的导程，螺旋楼梯内外侧到轴线的距离分别是内外圆柱的半径。

螺旋楼梯的投影图画法如下：

(1)画平螺旋面的投影：根据已知内外圆柱的半径、导程的大小以及楼梯的级数(图中假定每圈为 12 级)，将 H 面圆环和 V 面曲线均作十二等分，作出两条圆柱螺旋线的投影，进一步画出空心平螺旋面的两面投影图，如图 6-7(b)所示。

(2)画楼梯各踏步的投影：每一个踏步各有一个踢面和踏面，踢面为铅垂面，踏面为水平面。在 H 面投影中圆环的每个框线(扇形)就是各个踏步的 H 面投影，由此可作出各个踏步的 V 面投影，如图 6-7(c)所示。

(3)画楼梯底板面的投影：楼梯底板面是与顶面(底板面与顶面相距一个梯板厚度)相同的平螺旋面，因此可从顶面各点(如 AA_1、BB_1)向下量取垂直厚度，即可作出底板面的两条螺旋线。

最后将可见的图线画为粗实线，不可见的图线擦掉，即完成全图，如图 6-7(d)所示。

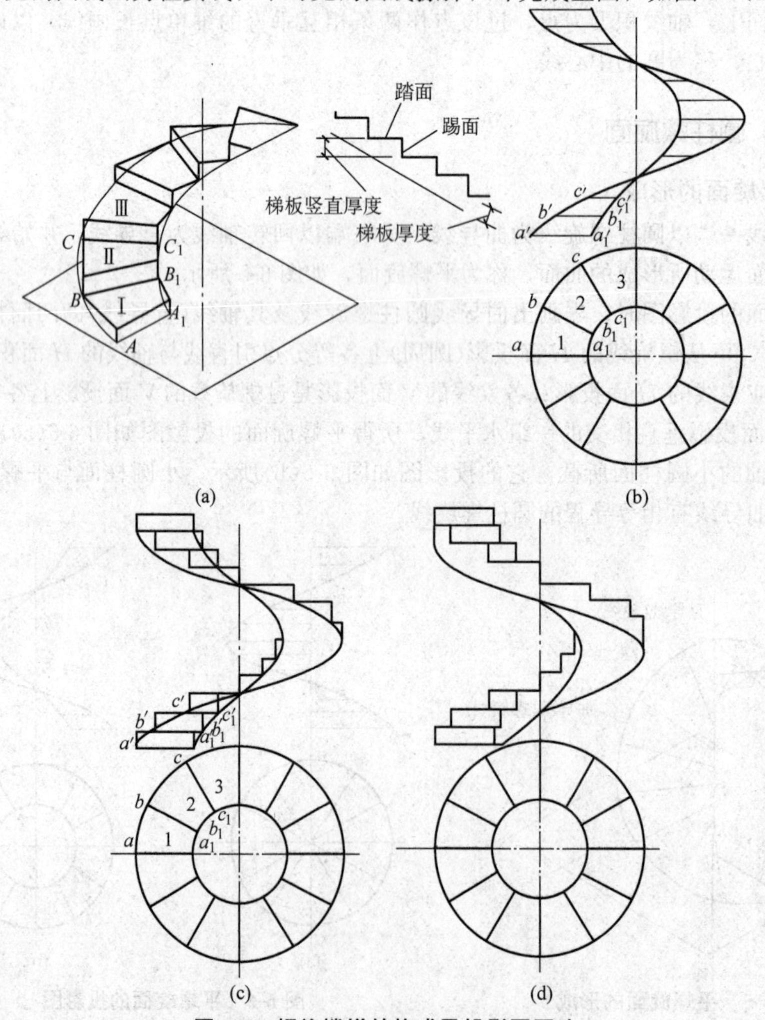

图 6-7　螺旋楼梯的构成及投影图画法

(a)螺旋梯的构成；(b)画螺旋梯(基面空心平螺旋面)；(c)画步级；(d)画楼梯底板

*6.1.5 非回转直纹曲面

在工程中应用较广的非回转曲面是由直母线运动而形成的直纹曲面。直纹曲面又分为可展直纹曲面和不可展直纹曲面两大类。

1. 可展直纹曲面

可展直纹曲面上相邻两素线是相交或平行的共面直线。这种曲面可以展开，即可以摊平在一个平面上。常用的可展直纹曲面有锥面和柱面。它们分别由直母线沿着一根曲导线移动，并始终通过一定点或平行于一直导线而形成。

(1)锥面。直母线 SA 沿着曲导线 AB 移动，并始终通过定点 S 所形成的曲面称为锥面。锥面上相邻两素线是相交直线，如图 6-8(a)所示。

曲导线可以是平面曲线，也可以是空间曲线；可以是不闭合的，也可以是闭合的。锥面的投影除画出锥顶 S、曲导线 AB 的投影外，还应画出一定数量素线的投影，其中包括不闭合锥面的起始、终止素线和各投影转向素线等，如图 6-8(b)所示。

各种锥面是以垂直于轴线的截面(正截面)与锥面的交线(正截交线)形状来命名。如图 6-9(a)所示为正椭圆锥面。图 6-9(b)所示曲面的底面虽是一个圆，但它的正截交线是一个椭圆，因此该锥面还是椭圆锥面。由于它的轴线倾斜于底面，通常称为斜椭圆锥面。以平行于锥底的平面截该曲面，截交线是一个圆。

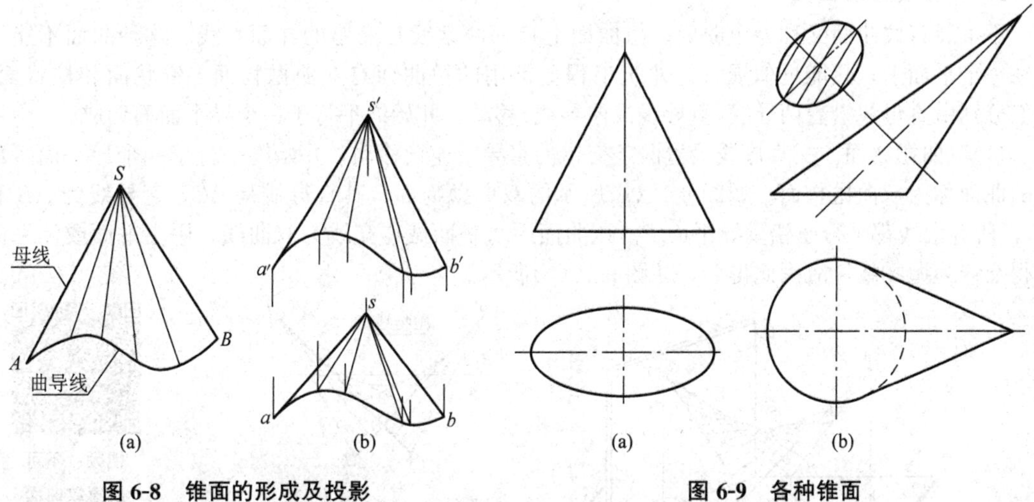

图 6-8 锥面的形成及投影

(a)锥面的形成；(b)锥面的投影

图 6-9 各种锥面

(a)正椭圆锥面；(b)斜椭圆锥面

(2)柱面。直母线 AC 沿着曲导线 AB 移动，并始终平行于一直导线 MN 时，所形成的曲面称为柱面，如图 6-10(a)所示。柱面上相邻两素线是平行直线。

柱面应画出直导线 MN、曲导线 AB 和一定数量素线的投影，其中包括不闭合柱面的起始、终止素线和各投影转向素线等，如图 6-10(b)所示。如果已

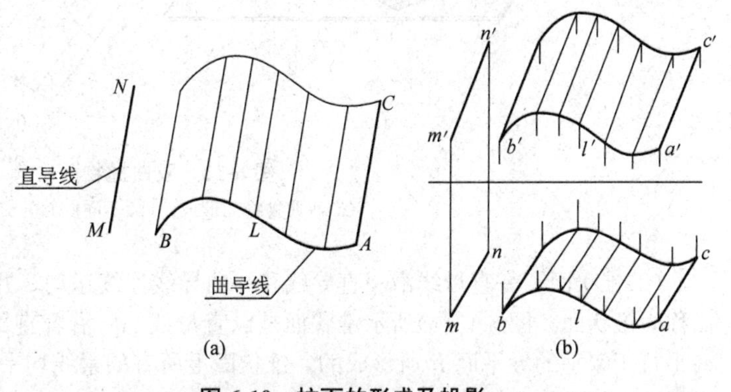

图 6-10 柱面的形成及投影

(a)柱面的形成；(b)柱面的投影

知直导线和曲导线的投影，这个柱面的投影即可画出。

柱面也是以它的正截交线的形状命名的。如图 6-11 中，图 6-11(a)为椭圆柱面，图 6-11(b)也是一个椭圆柱面(它的正截交线是椭圆)，但它以底圆为曲导线，母线与底圆倾斜，通常称该曲面为斜椭圆柱面。以平行于柱底的平面截该曲面时，截交线是一个圆。

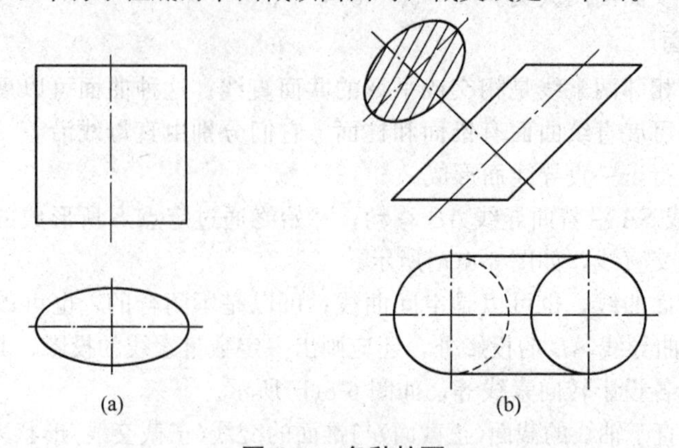

图 6-11　各种柱面

(a)椭圆柱面；(b)斜椭圆柱面

2. 不可展直纹曲面

不可展直纹曲面又称为扭曲面。扭曲面上相邻两素线是交错的异面直线。这种曲面不能摊平在一个平面上，只能近似展开。建筑工程上常用的扭曲面有双曲抛物面、锥状面和柱状面。它们分别由直母线沿着两导线(直导线或曲导线)移动，并始终平行于一个导平面而形成。

(1)双曲抛物面。一直母线沿着两条交错的直导线连续移动，并始终平行于一个导平面所形成的曲面称为双曲抛物面。如图 6-12(a)所示的双曲抛物面，其直母线是 AC，直导线为 AB 和 CD，所有素线都平行于铅垂导平面 P。该曲面用水平面截得交线为双曲线，用正平面或侧平面截得交线为抛物线，故因此得名，如图 6-12(b)所示。

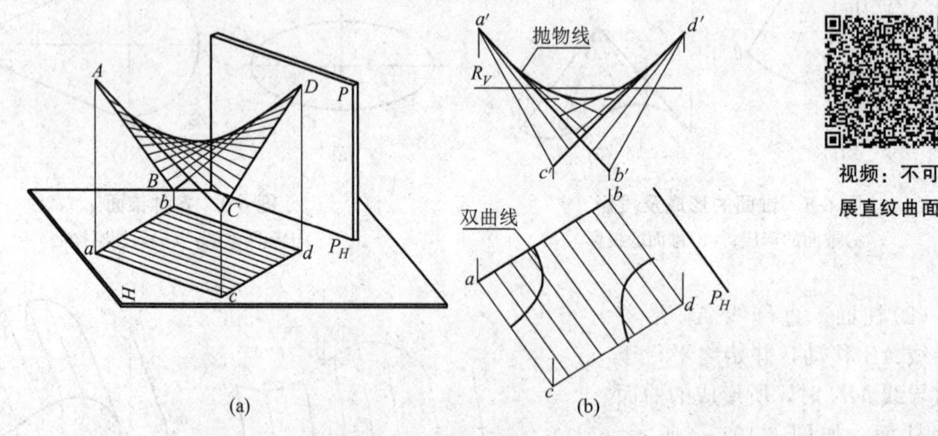

视频：不可展直纹曲面

图 6-12　双曲抛物面

(a)双曲抛物面形成；(b)不同截面的交线

(2)锥状面。一直母线沿一直导线和一曲导线连续运动，并始终平行于一导平面所形成的曲面称为锥状面。图 6-13(a)所示锥状面是以直母线 AC 沿着直导线 AB 和曲导线 CD 移动，并始终平行于铅垂的导平面 P 所形成的。锥状面上所有的素线均平行于导平面 P。图 6-13(b)画出了导平面为侧平面的锥状面的三面投影。

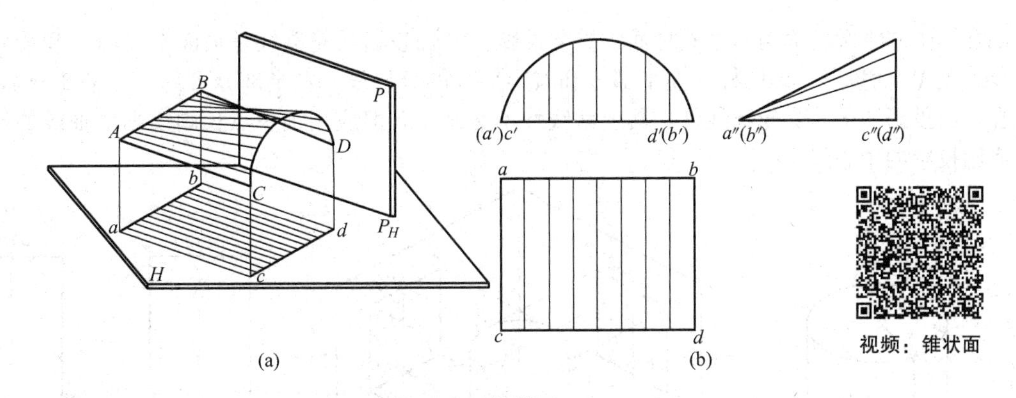

图 6-13　锥状面

(a)锥状面的形成；(b)锥状面的投影

(3)柱状面。一直母线沿两条曲导线连续运动，同时始终平行于一导平面所形成的曲面称为柱状面。图 6-14(a)所示的柱状面是直母线 AC 沿着两曲导线 AB 和 CD 移动，始终平行于导平面 P 所形成的。柱状面上所有的素线均平行于导平面 P。图 6-14(b)画出了导平面为侧平面的柱状面的三面投影。

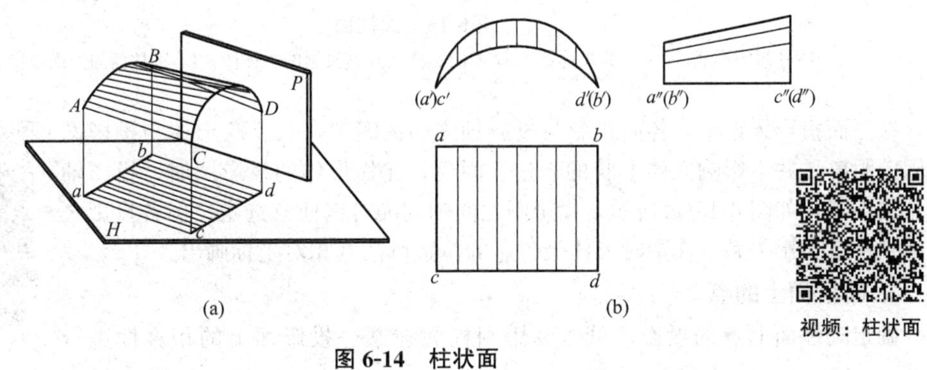

图 6-14　柱状面

(a)柱状面的形成；(b)柱状面的三面投影

6.2　曲面立体的投影

6.2.1　圆柱

1. 圆柱面的形成及其投影

直母线绕与其平行的轴线回转而形成的曲面，称为圆柱面，如图 6-15(a)所示。图 6-15(b)所示为一轴线垂直于 H 面的圆柱面及其在三个投影面上的投影，图 6-15(c)所示为该圆柱面的三面投影图。由于圆柱面上的所有素线都垂直于 H 面，所以圆柱面在 H 面的投影为一圆形。它既是两底面的重合投影(实形)，又是圆柱面上所有素线的积聚投影。圆柱面的 V 面投影为一矩形，该矩形的上下两边线为上下两底面的积聚投影，而左右两边轮廓线是最左素线 AA_1 和最右素线 BB_1 的 V 面投影。它们是圆柱面前半部分和后半部分的分界线，前半部分可见，而后半部分不可见。W 面投影亦为一矩形，该矩形与 V 面投影全等，但含义不同。V 面投影中的矩形线框表示的是圆柱体中前半圆柱面与后半圆柱面的重合投影，而 W 面投影中的矩形线框表示的是圆柱体中左半圆柱面与右半圆柱面的重合投影。W 面投影的轮廓线是最前素线 CC_1 和最后素线 DD_1 的 W 面投影，即圆柱面左半部分和右半部分的分界线，左半部分可见，右半部分不可见。在各面投影图中，除轮廓线外，其余素线均不必画出，但应用细单点长画线画出轴线的投影和底圆投影的中心线。

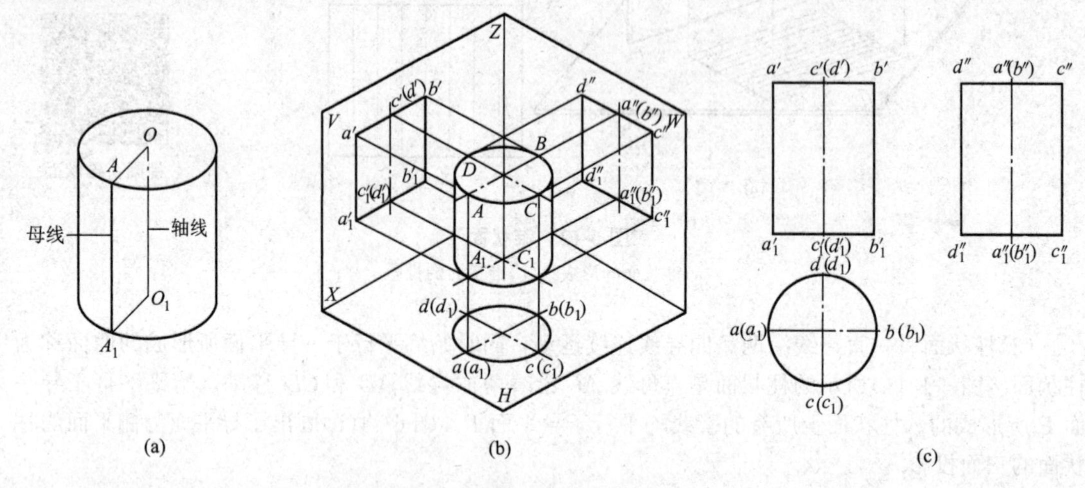

图 6-15　圆柱面

(a)圆柱面的形成；(b)一轴线垂直于 H 面的圆柱面及其投影的立体图；(c)圆柱面的三面投影图

在三面投影体系中，各面投影与投影轴之间的距离，只反映形体与投影面之间的距离，并不影响立体形状的表达。因此，在作形体的投影图时，投影轴可省去不画，如图 6-15(c)所示，投影图之间的间隔可以任意选定，但各投影之间必须保持投影关系，作图时形体上各点的位置可按其相对坐标画出。

视频：圆柱面的形成及其投影

2. 圆柱面上的点

确定圆柱面上点的投影，可以利用圆柱面在某一投影面上的积聚性进行作图。

【例 6-1】 已知点 A、B、C 为圆柱面上的点，根据图 6-16(a)所给的投影，求它们的其余两投影。

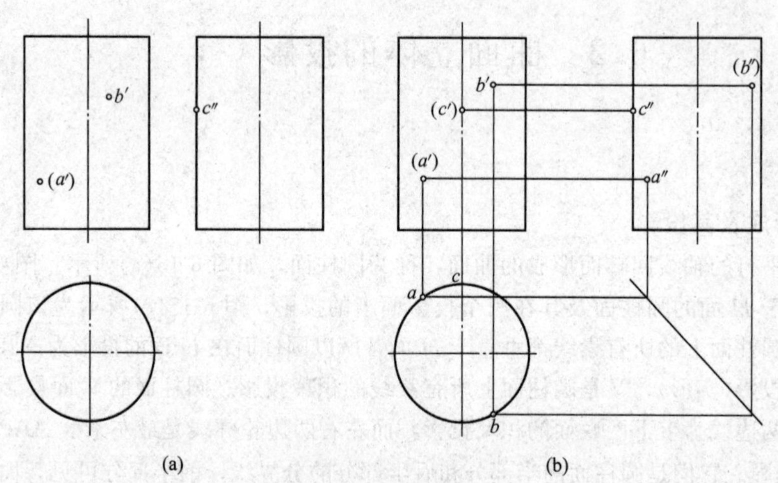

图 6-16　圆柱面上的点

(a)已知条件；(b)求其余两投影

微课：【例 6-1】

【分析】 因为圆柱面上的水平投影为有积聚性的圆，所以A、B、C三点的水平投影必落在该圆周上。根据所给的投影位置和可见性，可以判定点B在圆柱面的右前面，点A在圆柱面的左后面，点C在确定圆柱面轮廓的最后素线上。因此，点B的水平投影b应位于圆柱面水平投影的前半圆周上，点A、C的水平投影a、c则位于后半圆周上。

【作图】 作图步骤如图 6-16(b)所示：

(1)由a'、b'先作出a、b，再利用点的三面投影规律，分别作出a''、b''。

(2)因为点C在侧面投影的轮廓线上，可以由c''分别直接作出c'和c。

判定可见性：因为点A在圆柱面的左半部分，故点a''为可见；点B在右半部分，故点b''不可见；点A、C在后半部分，故点a'、c'为不可见；而A、B、C三点的水平投影落在圆柱面的积聚投影上，故点a、b、c均不可见，但习惯上，投影点代号不加括号，除非它们之间又有重影点出现，再加括号。

6.2.2 圆锥

1. 圆锥面的形成及其投影

直母线绕与其相交的轴线回转而形成的曲面，称为圆锥面，如图 6-17(a)所示。锥面所有的素线与轴线交于一点S，称为锥顶。

当圆锥面的轴线垂直于H面时，它的三面投影如图 6-17(b)、(c)所示。圆锥面的V面投影轮廓线是其最左素线SA和最右素线SC的V面投影；素线SA、SC是圆锥面前半部分和后半部分的分界线，在圆锥面的V面投影中前半部分可见，后半部分不可见。圆锥面的W面投影的轮廓线是最前、最后两条素线SB、SD的W面投影；素线SB、SD是圆锥面左半部分和右半部分的分界线。在W面投影中，圆锥面左半部分可见，右半部分不可见。圆锥的H面投影反映锥面底圆的实形，但没有积聚性，素线投影重合在圆内，一般不必画出。

2. 圆锥面上的点

确定圆锥面上点的投影，需要用辅助线作图。根据圆锥面的形成特点，用素线和纬圆

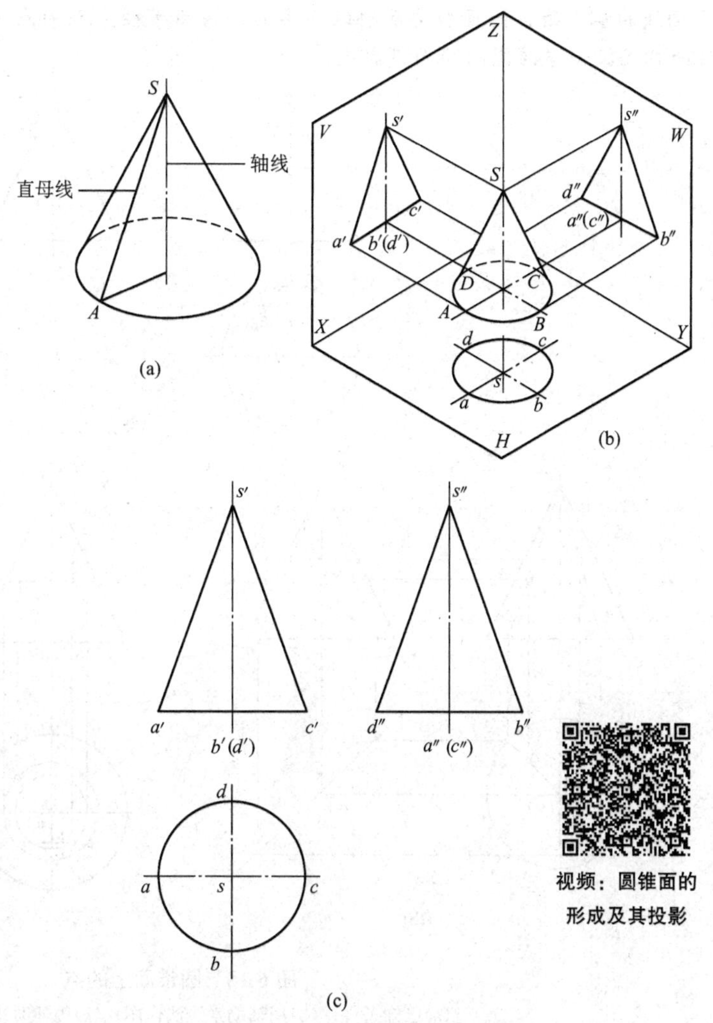

图 6-17 圆锥面的形成及其投影

(a)圆锥面的形成；(b)圆锥面三面投影立体图；(c)圆锥面的三面投影

作为辅助线进行作图最为简便。利用素线和纬圆作为辅助线来确定回转面上点的投影的作图方法，分别称为辅助素线法和辅助纬圆法。

【例 6-2】 已知圆锥面上点 A、B 的投影 a'、b，如图 6-18(a)所示，求作点 A、B 的其余两投影。

【分析】 由点 A、B 的已知投影 a'、b 可以判定，点 A 位于前半锥面的左半部分，点 B 位于后半锥面的右半部分。

【作图】 (1)辅助素线法作图。如图 6-18(b)所示，过点 A、B 分别作素线 SM、SN 为辅助线，利用直线上点的投影特性作出所求投影。

可先分别在 V 面、H 面投影上过点 A、B 的已知投影 a'、b 作素线 SM、SN 的投影 $s'm'$、sn，再由此作出两素线的其余两面投影 sm、$s''m''$、$s'n'$、$s''n''$，然后利用直线上点的投影规律在 sm、$s''m''$上作出 a、a''，在 $s'n'$、$s''n''$上作出 b'、b''，即分别为所求点 A、B 的其余两投影，如图 6-18(b)所示。

(2)辅助纬圆法作图。如图 6-18(c)所示，圆锥面上点 A、B 的回转纬圆的 V 面投影为垂直于轴线的水平线，H 面投影反映纬圆实形，纬圆半径分别为点 A、B 到轴线 OS 的距离。点 A、B 的各面投影在纬圆的同面投影上。

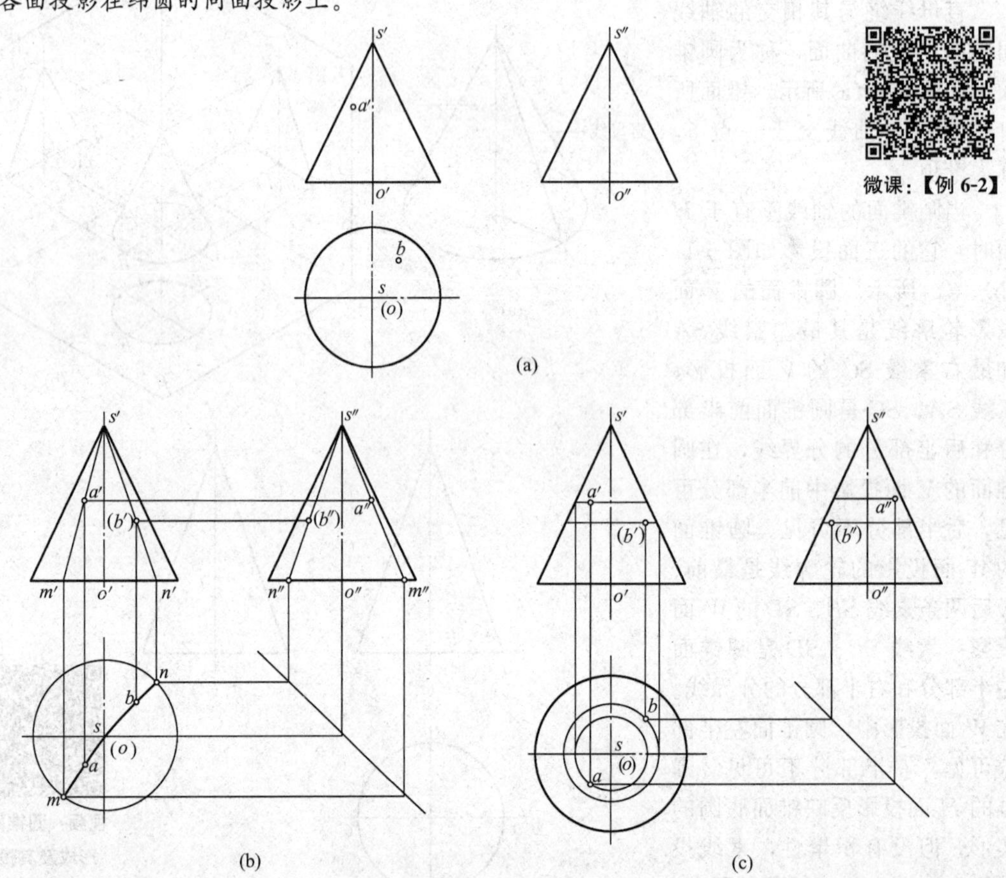

图 6-18 圆锥面上的点

(a)已知条件；(b)用辅助素线法作图；(c)用辅助纬圆法作图

作图步骤如图 6-18(c)所示，先过点 A 的已知投影 a' 作 OS 轴的垂直线与圆锥面的 V 面投影的轮廓线相交，即为过点 A 的回转纬圆的 V 面投影，由此确定纬圆的直径，以该直径在 H 面上作底圆的同心圆，即为纬圆的 H 面投影。点 A 的 H 面投影 a 应在前半纬圆上，再由 a 确定 a''。由点 B 的投影 b 作其余两投影时，先在圆锥面的 H 面投影上，以轴线的 H 面投影 o 为圆心、ob 为半径画圆，即为点 B 的回转纬圆的 H 面投影，再由此作出纬圆的 V 面、W 面投影，以及点 B 的其余两投影 b'、b''。

(3)判断可见性。点 A 的 V 面投影 a' 在圆锥面左前部分，a、a'' 可见。点 B 的 H 面投影 b 在圆锥面右后部分，b'、b'' 均不可见。

6.2.3 球

1. 圆球面的形成及其投影

由圆母线绕圆内一直径回转而形成的曲面，称为圆球面，如图 6-19(a)所示。图 6-19(b)所示为圆球面及其在三投影面上的投影；图 6-19(c)所示为该圆球面的三面投影图。圆球面的三面投影均为直径等于圆球面直径的圆。各投影的轮廓线是圆球面上平行于相应投影面的最大圆的投影：水平投影是平行于 H 面的赤道圆的投影，赤道圆把球面分成上下两半，水平投影的上一半可见，下一半不可见；正面投影是平行于 V 面的赤道圆的投影，此圆把球面分成前、后两半，V 面投影的前半球可见、后半球不可见；侧面投影是平行于 W 面的赤道圆的投影，此圆把球面分成左、右两半，W 面投影左半球可见、右半球不可见。这三个圆的其他两投影均积聚成直线，重合在相应的中心线上。

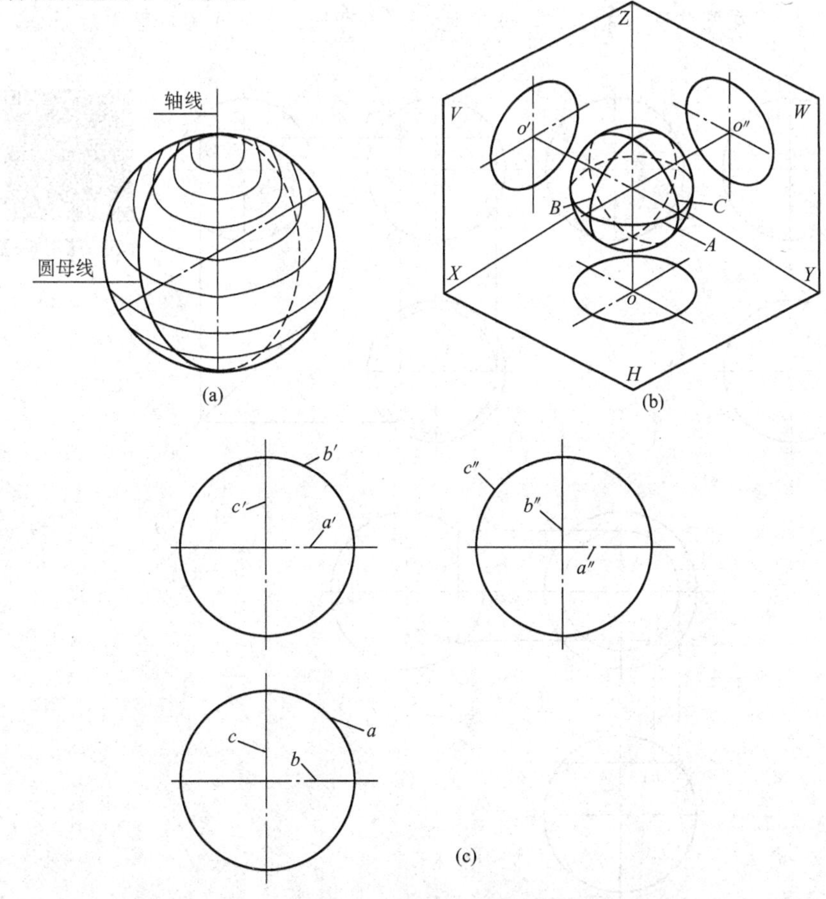

视频：圆球面的形成及其投影

图 6-19 圆球面的形成及其投影

(a)圆球面的形成；(b)圆球面及其在三投影面上的投影；(c)圆球面的三面投影

2. 圆球面上的点

在圆球面上确定点的投影，根据圆球面的形成特点，要用辅助纬圆法。为作图简便，可以设圆球面的固转轴线垂直任一投影面，纬圆在该投影面上的投影即反映实形。所以在圆球面上确定点的投影所应用的辅助纬圆法，可以认为是平行于任一投影面的辅助圆法。

【例 6-3】 根据图 6-20(a)所给出的圆球面上点 M、N 的投影 m'、(n)，完成点 M、N 的其余两投影。

【分析】

(1)由 m' 求作点 M 的其余两投影时，可设圆球面的回转轴线垂直于 H 面。作图步骤如图 6-20(b)所示：先过点 M 的已知投影 m'，在圆球面的 V 面、W 面投影内作 OX 轴的平行线分别与轮廓素线相交，即为过点 M 的纬圆的 V 面投影及 W 面投影，其长度即纬圆的直径，以此直径作出纬圆的 H 面投影，反映实形；然后由 m' 在纬圆的前半部分作出点 M 的 H 面投影 m，再由 m 作出点 M 的 W 面投影 m''。

(2)当由 n 求作点 N 的其余两面投影时，也可设圆球面的回转轴垂直于 V 面，过点 N 的纬圆在 V 面上的投影反映实形。作图步骤如图 6-20(c)所示：过点 V 的已知投影 n 作 OX 轴的平行线与圆球面的水平投影轮廓线相交，即为点 N 的回转纬圆的 H 面投影，以其长度为直径作纬圆的 V 面实形投影，并作出该纬圆的 W 面投影为有积聚性的直线；由 n 向上作垂线，交纬圆的下半部分得 n'，由 n' 及纬圆的 W 面投影作出 n''。

(3)判断可见性：点 m' 在圆球面右前上方，m 可见，m'' 不可见；点 n 在圆球面左后下方，n' 不可见，n'' 可见。

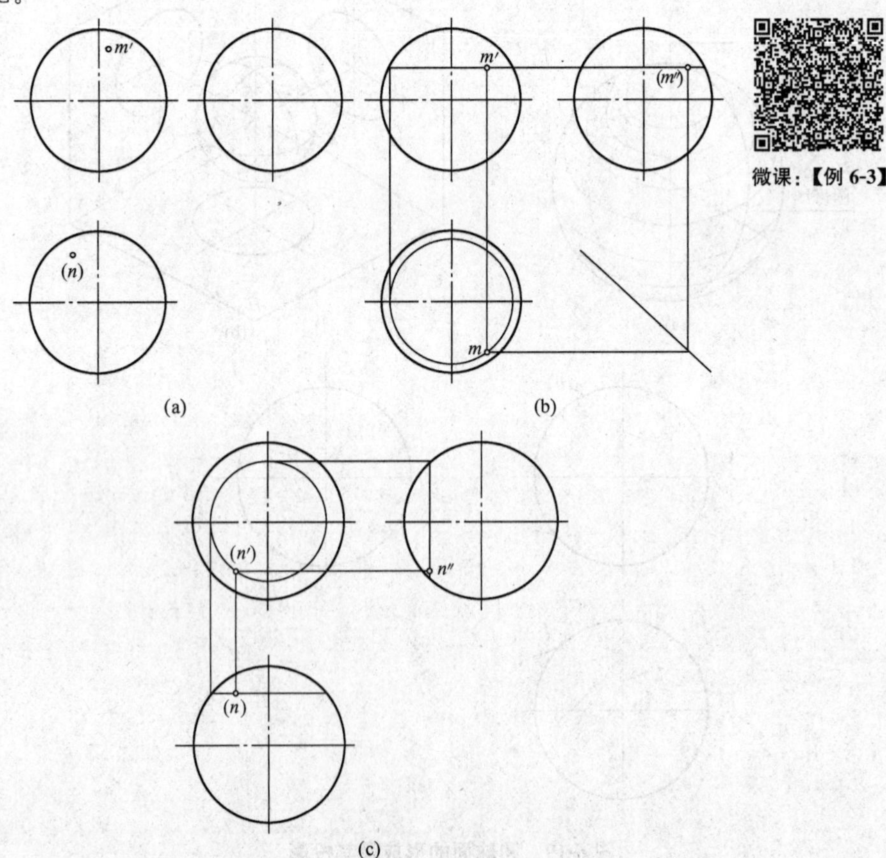

图 6-20 圆球面上的点

(a)已知条件；(b)求点 M 的其余两投影；(c)求点 N 的其余两投影

综上所述，在回转面上取点时，纬圆法是通用的，而素线法只适用于直母线回转面。用辅助线法取点时，辅助线一般不区分可见性，均按细实线绘制。

*6.2.4 圆环面

一圆母线绕与它共面的圆外直线旋转而形成的曲面称为圆环面，如图 6-21 所示。该直线称为圆环面的轴线。

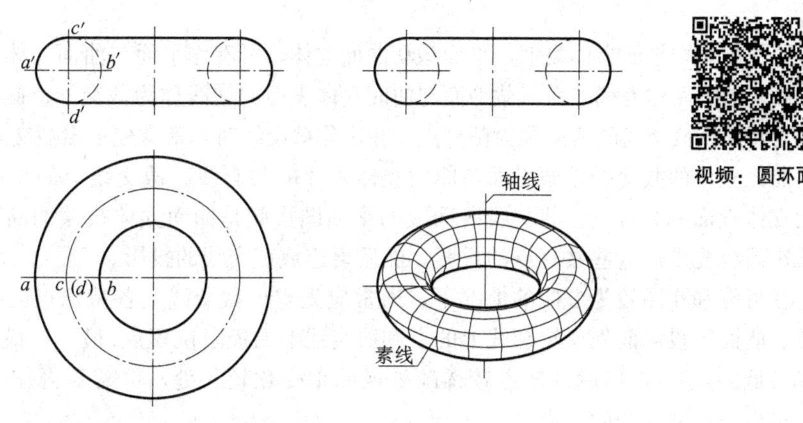

图 6-21　圆环面

1. 圆环面的三面投影

当圆环面的轴线垂直于 H 面时，圆环面的水平投影是三个同心圆，它们分别是圆环面的赤道圆(点 a 的运动轨迹)、喉圆(点 b 的运动轨迹)和母线圆心运动轨迹(用点画线表示)的实形投影。

圆环面的正面投影是由两个圆和与它们上下相切的两条直线段组成的。两个圆分别是圆环面最左、最右素线圆(正面转向线)的实形投影，其中有半个圆因被环面遮挡而不可见，画成虚线。上、下两条直线段是母线圆上最高点 c 和最低点 d 运动轨迹的积聚投影。

圆环面的侧面投影是由两个圆和与它们上下相切的两条直线段组成。两个圆分别是最前、最后素线圆(侧面转向线)的实形投影，也有半个圆因被环面遮挡而不可见，画成虚线。上、下两条直线段仍然是母线圆上最高点 c 和最低点 d 运动轨迹的积聚投影。

赤道圆、喉圆、母线圆心运动轨迹的正面投影和侧面投影均为直线段，重合于水平中心线。母线圆上最高点 c 和最低点 d 运动轨迹的水平投影为圆，重合于点画线圆。

2. 在圆环面上取点

当圆环面轴线垂直于投影面时，在圆环面上定点只能采用纬圆法。

【例 6-4】 已知圆环面上各点的一个投影，如图 6-22(a)所示，求它们的另一个投影。

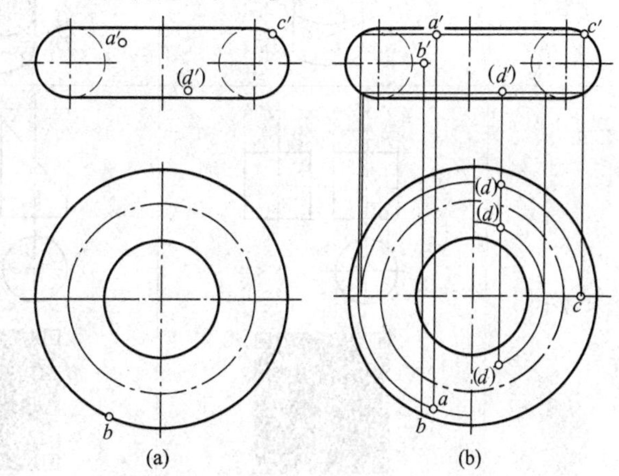

图 6-22　圆环面上投影

(a)已知条件；(b)作图过程

【作图】 步骤如图 6-22(b)所示：

(1)点 a' 位于左前外环面上，作纬圆可得到水平投影 a。

(2)点 b 位于赤道圆，正面投影 b' 位于水平中心线，可直接作图得到。

(3)点c'位于最右素线圆上，水平投影c位于水平中心线，可直接作图得到。

(4)由点(d')的正面投影可知，d的位置有三处，外环后面、内环前面和后面，可用纬圆法作图。点d在下半环面上，水平投影均不可见。

6.3 平面截切曲面体

同平面截切平面立体类似，平面截切曲面立体，可看作平面与曲面立体相交或曲面立体被平面所截，该平面称为截平面；截平面与曲面立体表面的交线称为截交线；截交线所围成的平面图形称为断面；截交线的顶点称为截交点。在求作截交线时，常常先求出截交点，然后连成截交线。

曲面立体的截交线是截平面与曲面立体表面的共有线。截交线上的点(截交点)是截平面与曲面立体表面的共有点，截交线所围成的平面图形就是曲面立体被截的断面。因此，求截交线的投影需要先求出这些共有点的投影，然后再连成截交线的投影。

在可能和作图较为方便的情况下，通常应先求出截交线上各特殊点的投影，如对称轴上的顶点、曲面的投影面外形轮廓线上的点和截交线上的极限位置点(最左、最右、最前、最后、最高和最低的点)等，然后在连点较稀疏处或曲率变化较大处，按需要再作一些截交线上的一般点，最后连成截交线的投影。

6.3.1 平面截切圆柱

当平面截切圆柱时，由于截平面与圆柱轴线的相对位置不同，得到的截交线的形状也不同。如表 6-1 所列，当截平面垂直于圆柱的轴线时，圆柱面上的截交线和圆柱的断面都是圆；截平面与圆柱的轴线倾斜时，圆柱面上的截交线和圆柱的断面都是椭圆；截平面与圆柱的轴线平行时，圆柱面上的截交线为两条直线，即圆柱上的两条直线素线，而圆柱的断面则为矩形。

表 6-1 圆柱面上的截交线与圆柱的断面

截平面位置	垂直于圆柱的轴线	倾斜于圆柱的轴线	平行于圆柱的轴线
示意图	 P	 P	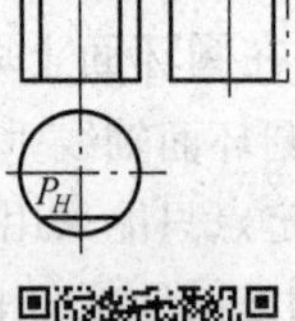 P
投影图	 P_V P_W 视频：截平面垂直于圆柱轴线	 P_V 视频：截平面倾斜于圆柱轴线	 P_W P_H 视频：截平面平行于圆柱轴线
截交线	圆	椭圆	两条直线
断面	圆	椭圆	矩形

1. 作图分析

如图 6-23 所示，因为截平面 P 是正垂面，所以椭圆的正面投影积聚在 p' 上，水平投影与圆柱面的水平投影重合为圆，侧面投影为椭圆。

2. 作图过程

(1)求特殊点。由图 6-23(a)可知，最低点 A、最高点 C 是椭圆长轴两端点，也是位于圆柱最左、最右素线上的点。最前点 B、最后点 D 是椭圆短轴两端点，也是位于圆柱最前、最后素线上的点。如图 6-23(b)所示，A、B、C、D 的正面投影和水平投影可利用积聚性直接求得。然后根据正面投影 a'、b'、c'、d' 和水平投影 a、b、c、d 求得侧面投影 a''、b''、c''、d''。

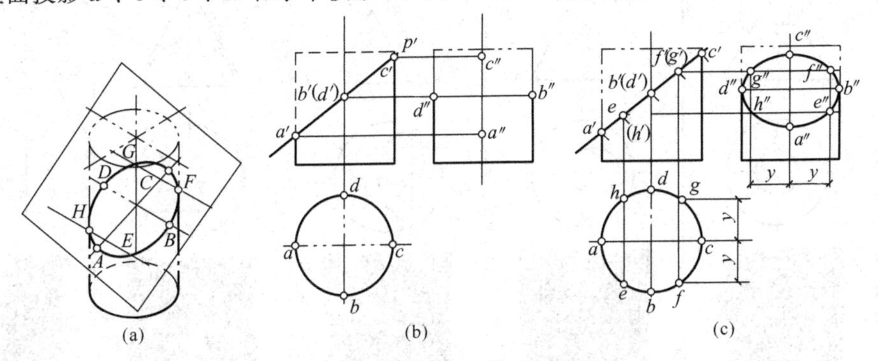

图 6-23　作平面切割圆柱的截交线和截面的实形

(a)立体图；(b)投影图；(c)求截交线椭圆的侧面投影

(2)求中间点。为了作图的准确性，还必须在特殊点之间作出适当数量的中间点，如图 6-23(a)所示的 E、F、G、H 各点，可先作出它们的水平投影，再作出正面投影，然后根据水平投影 e、f、g、h 和正面投影 e'、f'、g'、h' 作出侧面投影 e''、f''、g''、h''。

(3)依次光滑连接 $a''e''b''f''c''g''d''h''$。依次光滑连接 $a''e''b''f''c''g''d''h''$，即为所求截交线椭圆的侧面投影，如图 6-23(c)所示。

必须注意：随着截平面 P 与圆柱轴线的变化，所得截交线椭圆的长、短轴的投影也相应变化。当 P 面与轴线成 45°角时，椭圆长、短轴的侧面投影相等，即为圆。

6.3.2　平面截切圆锥

当平面截切圆锥时，由于截平面与圆锥的相对位置不同，截交线的形状也不同，见表 6-2。

图 6-24 所示为圆锥被正平面切割后形成截交线的作图过程。

1. 作图分析

因为截平面为正平面，所以截交线的水平投影积聚为直线，并可由截交线的水平投影用辅助纬圆法或辅助素线法求作正面投影。

2. 作图过程

(1)求特殊点。截交线的最低点 a、b 是截平面与圆锥底圆的交点，可直接作出 a、b 和 a'、b'。由于截交线的最高点 c 是截平面与圆锥面上最前素线的交点，由此可知，最高点 c 的水平投影在 ab 的中点处，以 s 为圆心，sc 为半径作圆弧，分别交 $s1$、$s2$ 于 3、4，由水平投影 3、4 作出 $3'$、$4'$，连接 $3'4'$，与最前素线的交点即为 c'。

(2)求中间点。在截交线的适当位置作水平纬圆，该圆的水平投影与截交线的水平投影交于 d、e，即为截交线上两点的水平投影，由 d、e 作出 d'、e'。依次光滑连接 $a'b'e'c'd'a'$ 即为截交线的正面投影，如图 6-24 所示。

表 6-2 平面截切圆锥的截交线与圆锥的断面

截平面位置	垂直于圆锥的轴线	倾斜于圆锥的轴线，与素线都相交	平行于一条素线	平行于两条素线	通过锥顶
示意图	P	P	P	P	P
投影图	P_V 视频：截平面垂直于圆锥轴线	P_V 视频：截平面倾斜于圆锥轴线	P_V 视频：截平面平行于一条素线	P_H 视频：截平面平行于两条素线	P_V 视频：截平面通过锥顶
截交线	圆	椭圆	抛物线	双曲线	两条直线
断面	圆	椭圆	抛物线和直线组成的封闭的平面图形	双曲线和直线组成的封闭的平面图形	三角形

微课：平面截切圆锥，求截交线

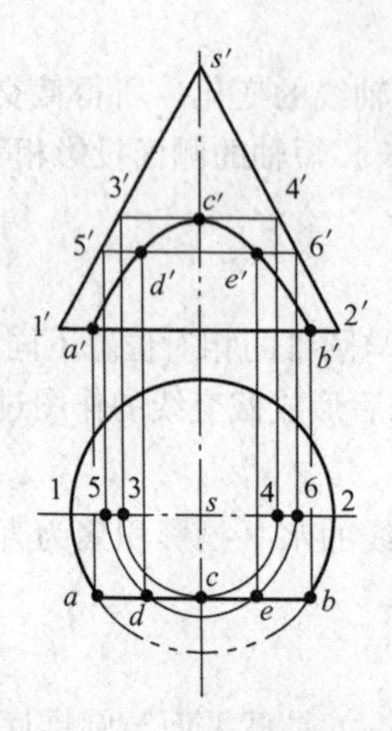

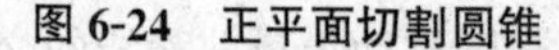
图 6-24 正平面切割圆锥

6.3.3 平面截切球

视频：平面截切球

当平面与球相交时，截交线总是圆。当截平面平行于投影面时，截交线(圆)在该投影面上的投影反映实形；当截平面垂直于投影面时，截交线(圆)在该投影面上的投影积聚成一条长度等于截交线(圆)的直径的直线；当截平面倾斜于投影面时，截交线(圆)在该投影面上的投影为椭圆，这时，在作截交线(圆)的特殊点中，应首先作出投影椭圆的长短轴顶点。

【例 6-5】 已知网球馆球壳屋面的跨度 l 和半径 R，如图 6-25(a)所示，作球壳屋面的投影。

【分析】 球壳屋面是半径为 R 的半球，被两对对称的、相距为 l 的正平面 P_1、P_2 和侧平面 Q_1、Q_2 切割，如图 6-25(b)所示。球面被正平面 P_1、P_2 切割后截交线的正面投影反映圆弧的实形，其余两面投影积聚成直线；球面被侧平面 Q_1、Q_2 切割后截交线的侧面投影反映圆弧的实形，其余两面投影积聚成直线。

【作图】 步骤如下：

(1)作出半球体在水平投影面和正投影面上的对称轴和轮廓线。

(2)在水平投影面上距对称轴 $1/2l$，分别作出正平面 P_1、P_2 的水平投影 P_{1H}、P_{2H} 和侧平面 Q_1、Q_2 的水平投影 Q_{1H}、Q_{2H}，P_{1H} 交圆周于 a、b，Q_{1H} 交圆周于 c、d，如图 6-25(c)所示。

微课：【例 6-5】

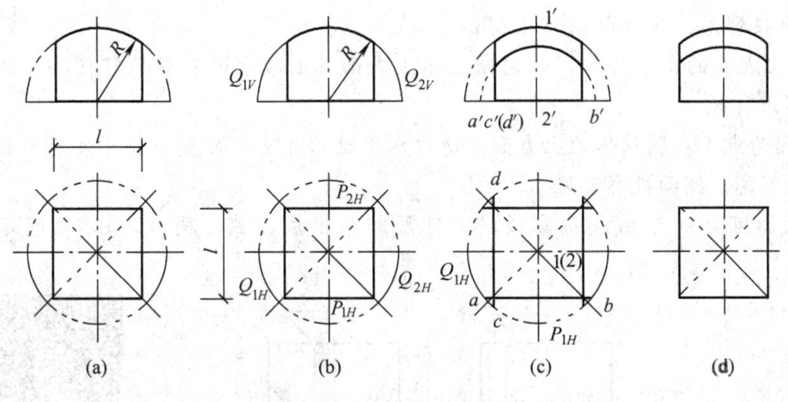

图 6-25 球壳屋面上的截交线

(a)球壳屋面；(b)屋面被正平面和侧平面切割；(c)作投影图；(d)完成作图

(3)在 V 面上，以 2′为圆心，ab 长为直径作出截交圆弧的正面投影(圆弧实形)；然后作出侧平面 Q_1、Q_2 的正面投影(两条积聚线)，如图 6-25(c)所示。

(4)擦去多余作图线，描深球壳屋面的轮廓线，完成作图，如图 6-25(d)所示。

6.4 直线与曲面体相交

直线与曲面立体表面相交，在立体表面上产生的交点称为贯穿点。贯穿点是立体表面与直线的共有点。贯穿点既在立体表面上，又在直线上。通常，贯穿点是成对出现的，一个点为贯入点，另一个点为贯出点，如图 6-26 所示。

微课：贯穿点的特点

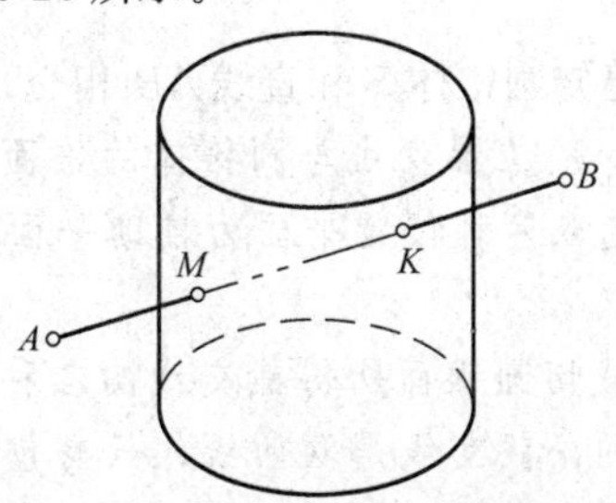

图 6-26 直线贯穿曲面体

贯穿点投影的作图与之前讨论过的直线与平面求交点的方法类似。

6.4.1 直线与圆柱相交

当直线或立体表面的投影具有积聚性时，可以利用积聚性投影直接得到贯穿点的一个投影，然后求出其他的投影。

【例 6-6】 已知圆柱体和直线相交，求贯穿点。

【分析】 从图 6-27(a)可知，贯穿点位于圆柱体的左后表面和上表面上。圆柱面的水平投影有积聚性(积聚为圆)，上底面的正面投影有积聚性。利用这两个积聚性投影可以求出贯穿点的一个投影。

【作图】 步骤如图 6-27(b)所示：

(1)求贯穿点的投影。直线 AB 与圆柱体左后表面的交点为 M，利用圆柱面水平投影的积聚性，可得到点 M 的水平投影 m，然后由 m 可求得 m'、m''。

直线 AB 与圆柱体上表面的交点为 K，利用圆柱体上表面正面投影的积聚性可得到 k 的正面投影 k'，然后由 k' 可求得 k''。

(2)判别可见性。因为点 k 在圆柱体的上表面，所以水平投影可见；而点 m 位于左后圆柱面上，故它的正面投影不可见，侧面投影可见。

把直线 AB 的各投影可见部分画成粗实线，不可见部分画成虚线。同样，km 之间不需画线。

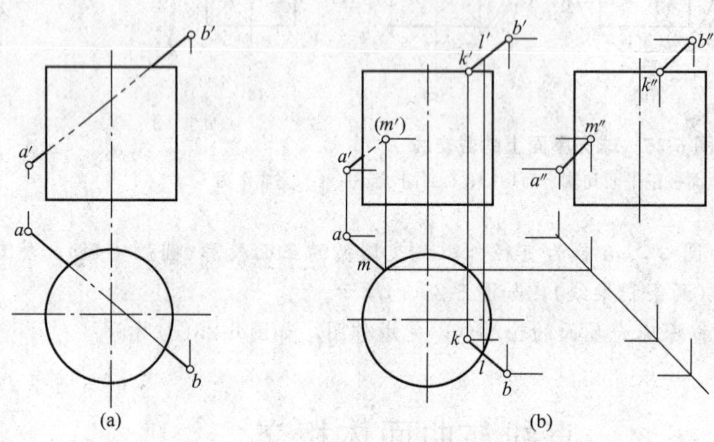

微课：【例 6-6】

图 6-27 一般位置直线与圆柱体相交

(a)已知条件；(b)作图过程及结果

6.4.2 直线与圆锥相交

【例 6-7】 如图 6-28 所示，已知圆锥体 S 和直线 AB 相交，求贯穿点。

【分析】 从已知条件可知，一般位置直线与圆锥体的锥面相交，因此求贯穿点只能用辅助平面法。首先研究包含直线 AB 选取何种位置平面为辅助平面方可使截切圆锥体所得的截交线的一个投影为直线或圆。

从本章上一节所讨论的平面截切圆锥面所得截交线的各种情况可知，若包含直线 AB 作正垂面，截交线是椭圆；若作铅垂面，截交线是双曲线；只有包含直线 AB 并过锥顶作倾斜的辅助平面来截切圆锥体方可得两条直线，如图 6-28(c)所示。

【作图】 步骤如图 6-28(b)所示：

(1)作辅助平面。包含直线 AB 及锥顶 S 作辅助平面 P，即相交两直线 SⅠ和 SⅡ所表示的平面，如图 6-28(c)所示。

(2)求辅助平面与圆锥体的截交线。为了求辅助平面与圆锥体的截交线，首先作辅助平面 SⅠⅡ与圆锥底圆所在平面的交线ⅢⅣ，ⅢⅣ与圆锥底圆的交点 C、D 必然是辅助平面与圆锥面截交线素线上的点，故 SC、SD 是包含 AB 线所作的辅助平面 SⅠⅡ与圆锥面的截交线。

(3)求贯穿点。因为素线 SC、SD 和直线 AB 同属辅助平面 SⅠⅡ上的直线，所以它们必定相交，交点 $M(m', m)$、$K(k', k)$ 即为所求贯穿点。

(4)判别可见性。贯穿点 M 和 K 在圆锥体的前半锥面上，故 m、k 和 m'、k' 都为可见。

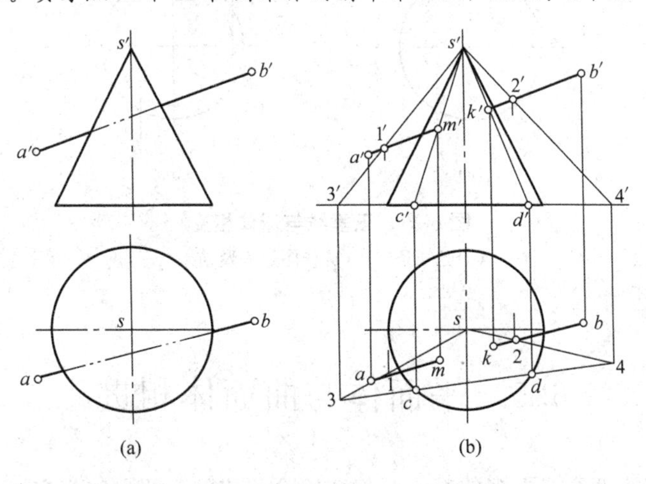

微课：【例 6-7】

微课：一般位置直线与圆锥体相交

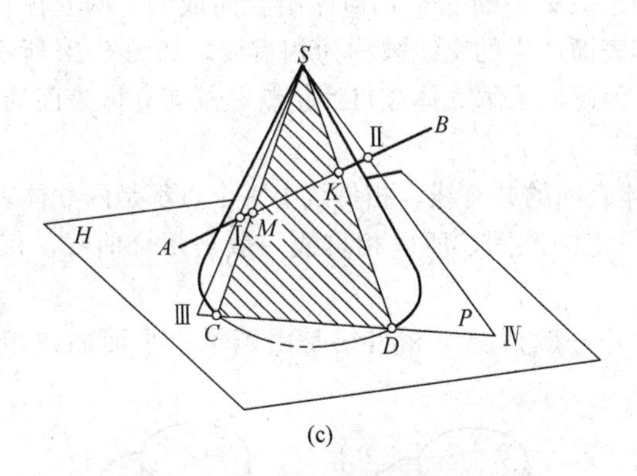

图 6-28　一般位置直线与圆锥体相交

(a)已知条件；(b)作图过程及结果；(c)立体图

6.4.3 直线与球相交

【例 6-8】 求直线 AB 与圆球体的贯穿点，如图 6-29 所示。

【分析】 已知直线 AB 为正垂线，它的正面投影积聚为一点。贯穿点 K 和 M 的正面投影 m' 和 k' 重合于该点。利用圆球面上取点的方法(纬圆法)可求出贯穿点的其他投影。

【作图】 步骤如下：

(1)求贯穿点。贯穿点 M、K 的正面投影 m'、k' 与 $(a')b'$ 重合。过点 K 作水平纬圆，该纬圆的正面投影积聚为平行于 OX 轴的直线，作出该纬圆的水平投影，它与 ab 的交点就是贯穿点 k、m 的 H 面投影，如图 6-29(b)所示。

(2)判别可见性。因为直线位于圆球体的上半部分，故 m、k 可见。用粗实线连接 bm 和 ak，而 km 不需画出。

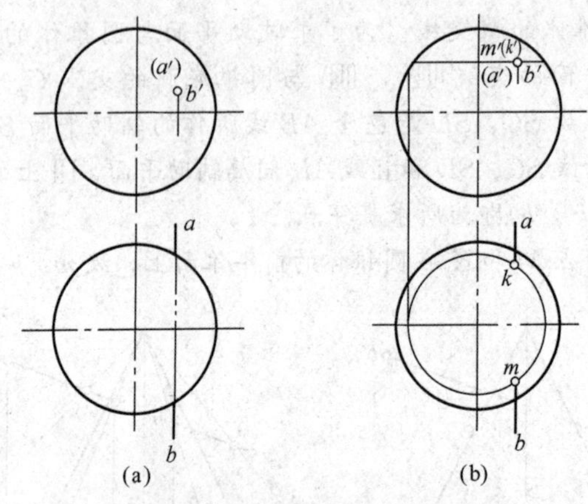

微课：【例 6-8】

图 6-29　正垂线与球体相交

(a)已知条件；(b)作图过程及结果

6.5　平面体与曲面体相贯

工程形体常常是由两个或更多的基本几何体组合而成的。两立体相交，称为立体相贯，这样的立体称为相贯体。其表面产生的交线被称为相贯线，如图 6-30 所示。因为相贯线即相交的两立体表面所共有的线，因此，求解立体相贯线也就是求解立体表面的共有点。

相贯线的基本性质如下：

(1)相贯线是两相贯体表面的共有线，相贯线上每个点都是两立体表面的共有点。

(2)由于立体表面有一定的范围，所以相贯线一般是闭合曲线。仅当两立体具有重叠表面时，相贯线才不闭合。

平面体与曲面体相贯，一般情况下相贯线是由若干个平面曲线组合而成的封闭曲线，如图 6-30(a)所示。

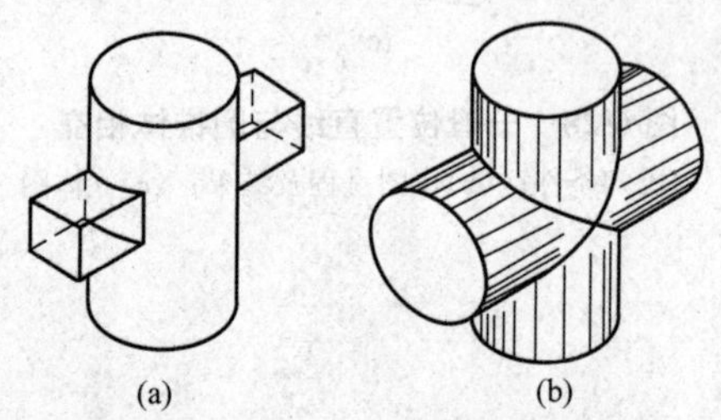

微课：平面体与曲面体相贯线的性质

图 6-30　两立体相贯示意图

(a)圆柱体与平面体相贯；(b)圆柱体与圆柱体相贯

6.5.1　平面体与圆柱相贯

有时当平面立体的某个侧面与圆柱或圆锥面的素线相贯时，相贯线可能有直线，此时相贯线是由平面曲线和直线组合而成。相贯线中的每一段平面曲线或直线均是平面立体的某个侧面与曲面立体的截交线，其相邻两平面曲线之间的转折点就是平面立体的棱线与曲面立体的贯穿点。因此，求平面体与曲面体的相贯线的问题，也就是求截交线和贯穿点的问题。所以作图时应先求出平面体中参加相交的棱线的贯穿点（即棱线与曲面体表面的交点），即转折点，然后求出参加相交的侧面与曲面体的截交线，再判别可见性。

【例 6-9】 求四棱柱与圆柱的相贯线，如图 6-31 所示。

【分析】 由图 6-31(a)可以看出，它可看成是铅垂的圆立柱被水平放置的方梁贯穿，有两条相贯线。其 H 面投影积聚在圆柱面上，W 面投影积聚在四棱柱的棱面上。

视频：平面体与圆柱相贯

【作图】 步骤如图 6-31(b)所示，先作出 H 面投影，并标出特殊点 1～6；后对应在 V 面上得 $1'$～$4'$，再顺连 $1'$～$4'$（$5'$、$6'$因重影而略去）得一条相贯线，并对称作出另一条相贯线，即完成作图。

图 6-31(c)显示出圆柱上穿方孔的相贯线。此外应指出，由于四棱柱（或四方孔）的两侧棱面与圆柱轴线平行，其交线段成为直线，属于特殊情况。

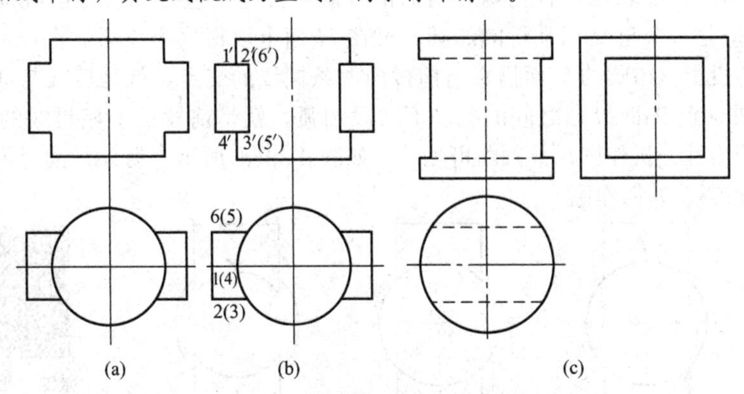

微课：【例 6-9】

图 6-31 四棱柱与圆柱体相贯

(a)已知条件；(b)作图；(c)穿孔

6.5.2 平面体与圆锥相贯

【例 6-10】 求圆锥与四棱柱的相贯线的 V 面、W 面投影，如图 6-32 所示。

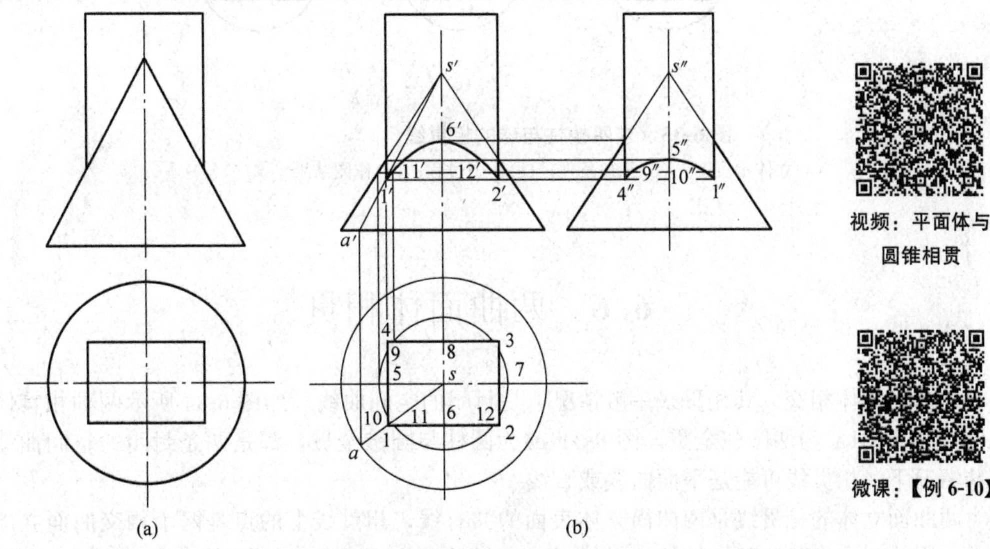

视频：平面体与圆锥相贯

微课：【例 6-10】

图 6-32 四棱柱与圆锥相贯

(a)已知条件；(b)作图

【分析】 由图 6-32(a)可以看出，它可以看成铅垂的方形立柱与圆锥形底座全贯，但只在上方产生一条相贯线，H 面投影积聚在方柱棱面上，四段曲线为双曲线，分别在 V、W 面上积聚或反映实形。

【作图】 步骤如图 6-32(b)所示，先作出基本形体的 W 面投影，后在 H 面投影上利用方柱的积聚性标出 1～8 的特殊点，过点 1 取圆锥面上辅助素线 sa，对应到 V 面上的 $s'a'$ 得 $1'$，并根据对称性和“高平齐”得 $1'$～$4'$及 $1''$～$4''$，而 5～8 是双曲线的最高点，由 V 面、W 面投影对应得 $6'$和 $6''$。再在 V 面投影的最低点之上和最高点之下取圆锥的水平线纬圆，对应到 H 面投影上得 9～12 等点，将 9～12 对应到 V 面、W 面投影上得 $11'$、$12'$和 $9''$、$10''$。最后，顺连 $1'11'6'12'2'$ 和 $4''9''5''10''1''$成双曲线，将方柱棱线延长至 $1'$、$2'$和 $4''$、$1''$，即完成作图。

6.5.3 平面体与球相贯

如四棱柱与球相贯，球心位于四棱柱的对称轴上，相贯线是球被四棱柱表面切割后纬圆的一部分，如图 6-33(a)所示。要求四棱柱与球相贯后的投影，首先用包含四棱柱前棱面的平面 P_H 切割球，其截交线应是一个与 V 面平行的纬圆，可在 H 面上取得这个纬圆的直径，然后在 V 面上画出这个纬圆的投影。纬圆的 V 面投影与前棱面两条棱线的交点，就是棱线与球表面贯穿点的 V 面投影。两贯穿点 V 面投影之间的上、下两段圆弧，就是前棱面上相贯线的 V 面投影。再根据对称性和积聚性分析作图，并判断可见性，如图 6-33(d)所示。另外，读者可自行思考，此题若要求 W 面投影，如何作图？

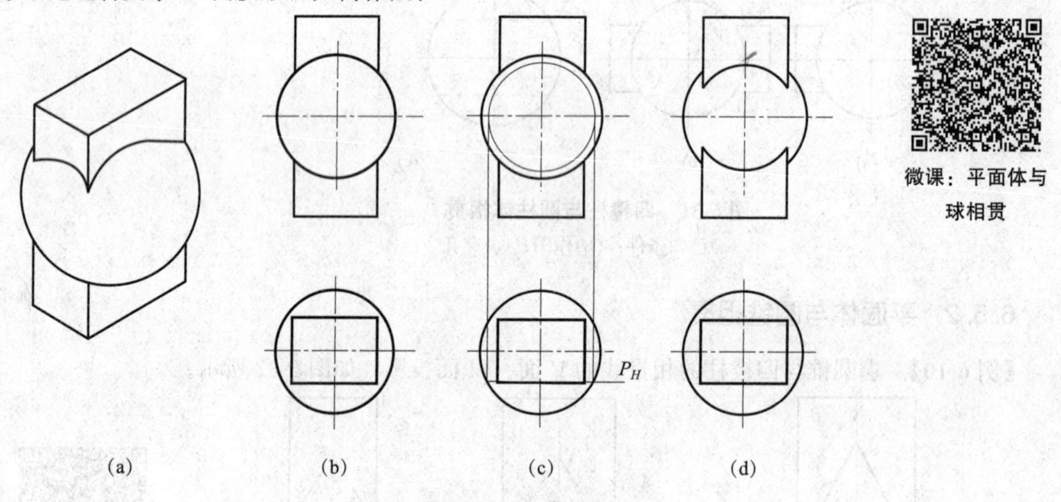

图 6-33 求四棱柱与球的相贯线

(a)立体示意图；(b)已知条件；(c)作图过程；(d)作图结果

6.6 两曲面体相贯

两曲面立体相交，其相贯线一般情况下是封闭的空间曲线，如图 6-34 所示两种相贯体的直观图。图 6-34(a)为两圆柱全贯，图 6-34(c)为圆柱与圆锥全贯，都是两条封闭的空间曲线；在特殊情况下，相贯线可能是平面曲线或直线。

两曲面立体的相贯线是两曲面立体表面的共有线，相贯线上的点是两个相交曲面立体的共有点。因此，求作两曲面立体的相贯线时，一般是先作出两曲面立体表面上一系列共有点的投影，然后再连成相贯线的投影。

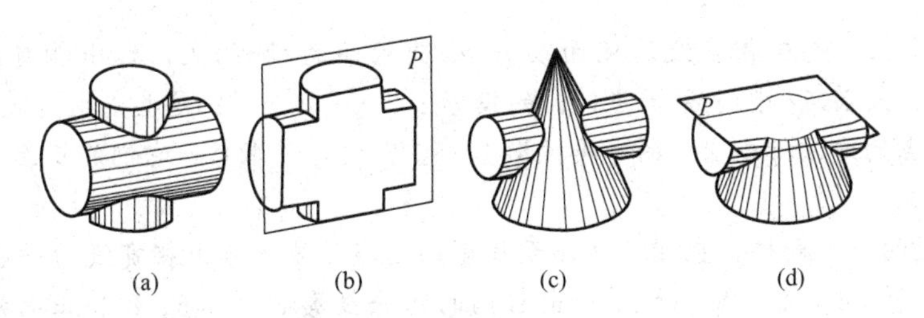

微课：两曲面体相贯线的性质

图 6-34　两曲面立体相贯

(a)圆柱全贯；(b)圆柱相贯的截面；(c)圆柱和圆锥全贯；(d)圆柱和圆锥相贯的截面

在求作相贯线上的点时，与作曲面立体的截交线一样，应作出一些能控制相贯线范围的特殊点，如曲面立体投影轮廓线上的点、相贯线上的极限位置点(包括最高、最低、最前、最后、最左、最右点)等。为了作图准确，还需要再求作相贯线上的一般位置点。在连线时，应表明可见性。可见性的判断原则是：只有同时位于两个立体可见表面上的相贯线才是可见的，否则不可见。

求两曲面立体相贯线上点的常用方法有直接作图法和辅助平面法。

6.6.1　用直接作图法求作相贯线

如果相交的两个曲面立体中，有一个立体表面的投影具有积聚性(如垂直于投影面的圆柱体)时，就可以利用在曲面立体表面上取点的方法作出两曲面立体表面上的一系列共有点的投影。具体作图时，先在圆柱面的积聚投影上标出相贯线上的一些点(包括特殊位置点和一般位置点)，然后把这些点看作另一曲面上的点，用表面取点的方法，求出它们的其他投影。最后，把这些点的同面投影光滑地连接起来(可见的连成实线，不可见的连成虚线)，即得出相贯线的投影。

【例 6-11】 已知大小不同的两圆柱体垂直相交，如图 6-35 所示，求作相贯线的投影。

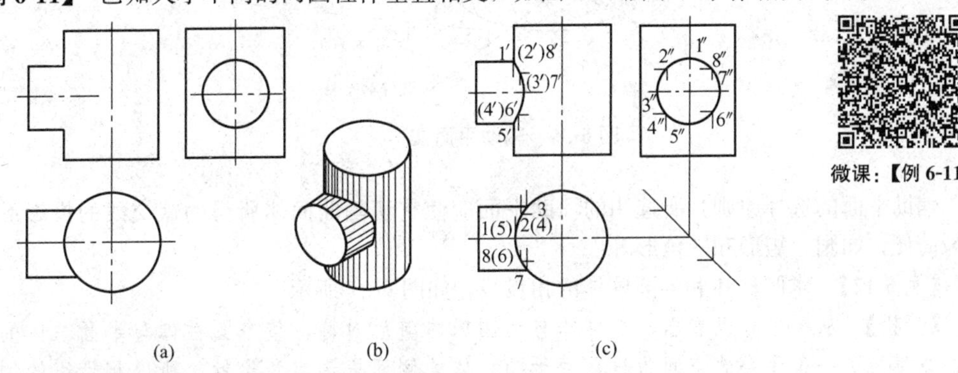

微课：【例 6-11】

图 6-35　两个圆柱体垂直相交

(a)已知条件；(b)立体图；(c)投影图

【分析】 由已知条件可知，两圆柱体的轴线垂直相交，有共同的前、后对称面。小圆柱体横向穿入大圆柱体，因此相贯线是前、后对称的一条封闭空间曲线，如图 6-35(b)所示。

由于大圆柱体的轴线为铅垂线，圆柱面的水平投影积聚为圆，相贯线的水平投影就重合在此圆上；同样的，小圆柱体的侧面投影积聚为圆，相贯线的侧面投影就重合在这个圆上。因此，只有相贯线的正面投影需要作图求得。

【作图】 步骤如图 6-35(c)所示：

(1)求特殊位置点。先在相贯线的侧面投影(小圆柱面的投影)上，标出相贯线的最高点(Ⅰ)、最低点(Ⅴ)、最前点(Ⅶ)、最后点(Ⅲ)的投影1″、5″、7″、3″；这些点也是大圆柱面上的点，利用表面上取点的方法标出它们的水平投影1、5、7、3，并求作出它们的正面投影1′、5′、7′、3′。

(2)求一般位置的点。同样，在相贯线侧面投影的适当位置，标出相贯线的一般位置点Ⅱ、Ⅳ、Ⅵ、Ⅷ的投影2″、4″、6″、8″，然后作出它们的水平投影2、4、6、8和正面投影2′、4′、6′、8′。

(3)连接各点。按1′、2′、3′、4′、5′的顺序用光滑的曲线将这些点连接即得所求的相贯线(与另一部分相贯线5′6′7′8′1′重影)。

6.6.2 用辅助面法作相贯线

如图6-36所示，为求两个曲面立体的相贯线，可以用辅助截平面切割这两个立体，得到的两组截交线必然相交，根据“三面共点”(两个曲面和辅助截平面的公共点)原理可知，该交点就是相贯线上的点。用辅助截平面求相贯线上点的方法称为辅助平面法。在作图时，首先要选取合适的辅助截平面，然后分别作出辅助截平面与两个曲面立体的截交线，得到截交线的交点，依次连接这些点并判别可见性，即得这两个曲面立体的相贯线。

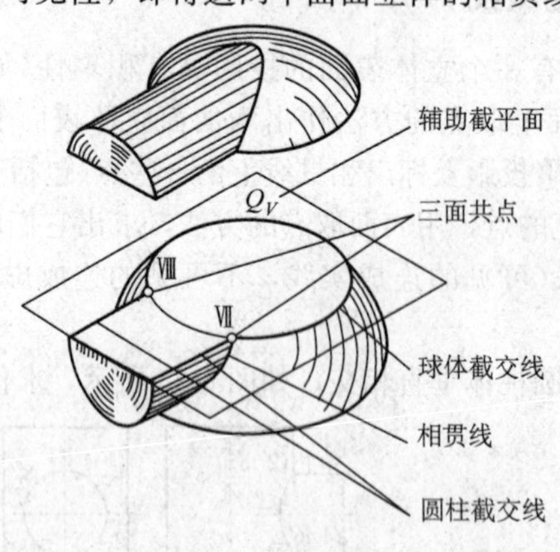

微课：用辅助平面法求作相贯线

图6-36 辅助平面法

辅助平面的选择原则：所选用的辅助平面应使它切割曲面体所得的截交线的投影形状作图最为简便，如圆、矩形和三角形等。

【例6-12】 求圆柱体和半圆球体的相贯线，如图6-37所示。

【分析】 从图中可以看出，圆柱体与半圆球体前后对称，整个圆柱体与半圆球体的左侧相交，相贯线是一条闭合的空间曲线。由于圆柱体的侧面投影有积聚性，所以相贯线的侧面投影积聚在圆柱体的侧面投影圆上；又由于相贯线前后对称，所以相贯线的正面投影前后重影，即为一段曲线弧；相贯线的水平投影为一闭合的曲线。

选取水平的一组辅助截平面切割两个曲面立体，与圆柱面相交的截交线是直线，与半圆球面的截交线是圆，直线与圆的交点即相贯线上的点，如图6-37所示。

【作图】 步骤如下：

(1)求特殊位置点。如图6-37(b)所示，在正面投影上，标出相贯线的最低(左)点和最高(右)点的投影1′、2′，利用表面上取点法可以求出其水平投影1、2和侧面投影1″、2″；根据相贯线的共有性可以判断，最前点和最后点的正面投影一定在圆柱体的轴线的投影上。过正面投影轴线作辅助水平面P的正面投影P_V，在水平投影上分别作出P平面与圆柱体和半圆球体的截交线，两个交点 3、4 就是所求的最前点和最后点的水平投影，由此可以得出其正面投影 3′、4′ 和侧面投影 3″、4″。

(2)求一般位置点。如图 6-37(c)所示，在正面投影上，在点 1′、3′和点 2′、3′之间合适位置分别作辅助平面(水平面)Q和R的正面投影，作出它们的截交线的水平投影，交点 7、8 和 5、6 是相贯线上的点；由水平投影可以求出它们的正面投影 5′、6′、8′、7′和侧面投影 5″、6″、8″、7″。

微课：【例 6-12】

(3)依次连接各点的同面投影。正面投影中，曲线段 1′—5′—3′—7′—2′和 1′—6′—4′—8′—2′重合(连实线)；水平投影中，处于圆柱体上半部分的曲线段 4—8—2—7—3 可见，处于圆柱体下半部分的曲线段 3—5—1—6—4 不可见。作图结果如图 6-37(d)所示。

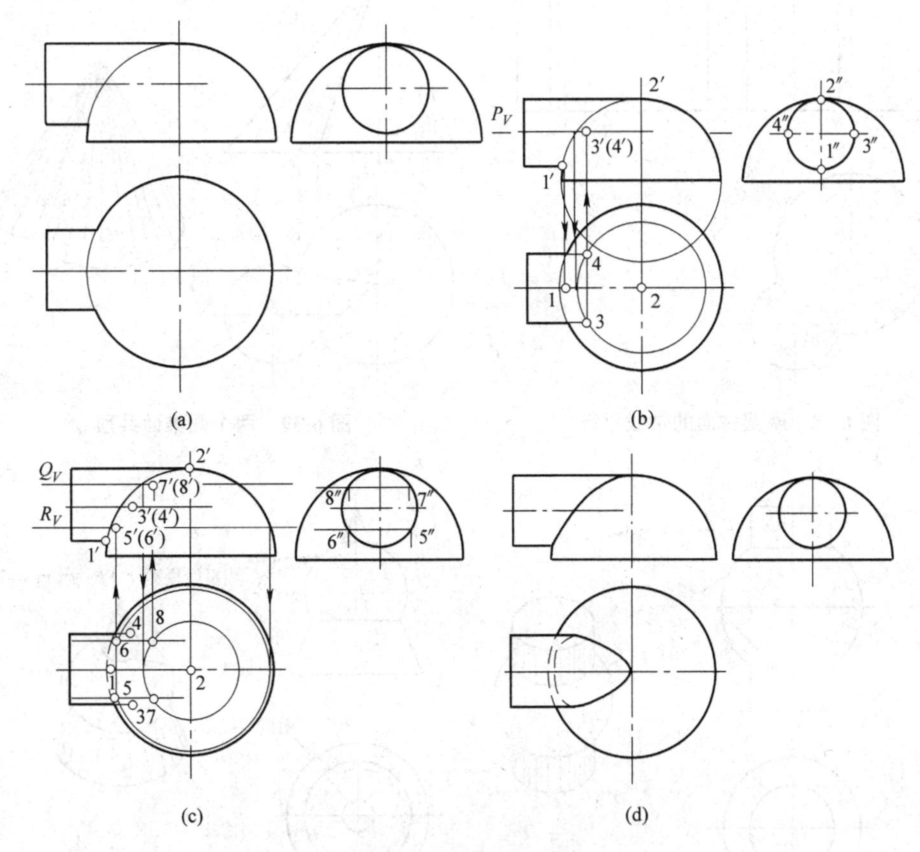

图 6-37　圆柱体与半球相交

(a)已知条件；(b)作特殊位置点；(c)作一般点；(d)作图结果

6.6.3　两曲面体相贯的几种特殊情况

如前所述，在一般情况下，两个曲面立体相交所产生的相贯线为空间曲线。但是，在特殊情况下，两曲面立体的相贯线也可能是平面曲线或直线。下面介绍两曲面立体的相贯线为平面曲线或直线的几种特殊情况。

1. 两圆柱面的轴线平行

当两圆柱面的轴线平行时，两圆柱面的交线为直线。在图 6-38 所示的情况下，其相贯线为两条平行直线 AB、CD 和一段圆弧 AC。

2. 两圆锥面共顶

当两圆锥面共顶时，相贯线为直线。如图 6-39 所示，两个相交的锥面共顶，其表面交线是两条相交直线 SA 和 SB。

3. 两回转体共轴

当两回转体共轴时，它们的相贯线为圆，并且圆所在的平面垂直于公共轴线，如图 6-40 所示。

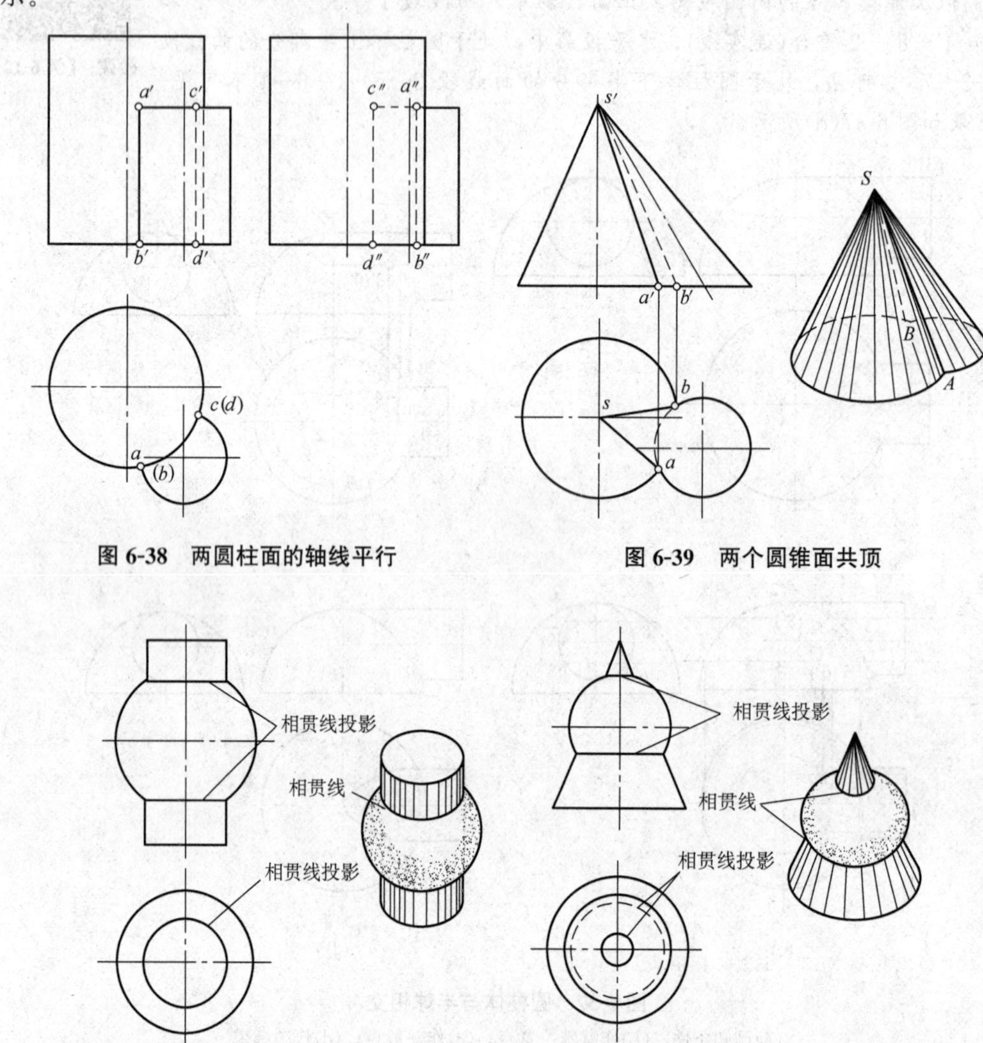

图 6-38　两圆柱面的轴线平行

图 6-39　两个圆锥面共顶

图 6-40　两个回转体共轴

4. 两回转体共切于圆球面

当两个二次曲面(如圆柱面、圆锥面)共切于另一个二次曲面(如圆球面)时，则这两个二次曲面的相贯线是平面曲线。当曲线所在的平面垂直于某个投影面时，则在该投影面上的投影为直线。

最常见的是两个直径相等、轴线相交的圆柱面相贯，它们外切于一个圆球面，相贯线为两个椭圆。当轴线正交时，相贯线为两个相同的椭圆，如图 6-41(a)所示。椭圆的正面投影为直线

$a'b'$、$c'd'$，水平投影与直立圆柱面的水平投影(圆)重合。当轴线斜交时，相贯线为两个短轴相等、长轴不相等的椭圆，如图 6-41(b)所示。

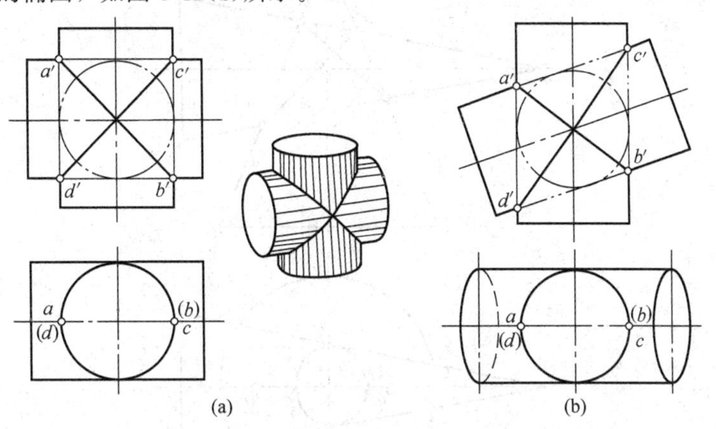

图 6-41　两圆柱面共切于球

(a)两个圆柱体正交；(b)两个圆柱体斜交

同样，当圆柱面和圆锥面同时内切于一个圆球面时，它们的相贯线也是椭圆。如图 6-42(a)表示同时外切于一个圆球面的轴线正交的圆柱面和圆锥面，它们的交线是两个大小相同的椭圆。椭圆的正面投影为直线 $a'b'$、$c'd'$，水平投影为两个大小相等的椭圆。图 6-42(b)表示同时外切于一个圆球面的轴线斜交的圆柱面和圆锥面，它们的交线是两个大小不相同的椭圆，椭圆的正面投影为直线 $a'b'$、$c'd'$，水平投影为两个大小不同的椭圆。

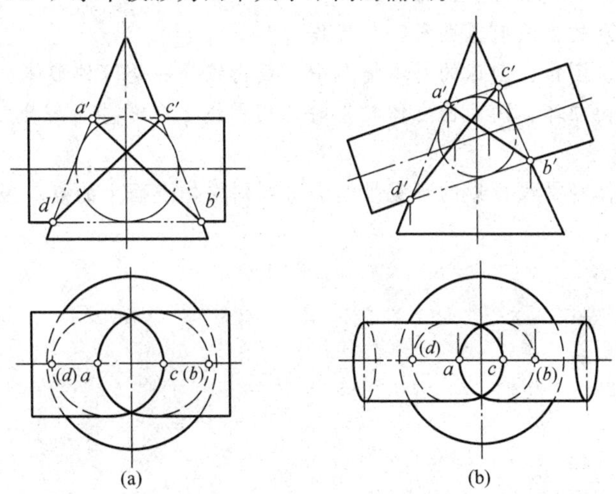

图 6-42　圆柱面和圆锥面共切于球

(a)圆柱体与圆锥体正交；(b)圆柱体与圆锥体斜交

图 6-43 所示的是两圆锥体相贯的特殊情形。两圆锥体的轴线相交，以交点为球心，作一圆球面，两锥面外切于此圆球面。它们的相贯线是两个大小不同的椭圆，椭圆的正面投影是直线 $a'b'$、$c'd'$，水平投影为两个大小不同的椭圆。

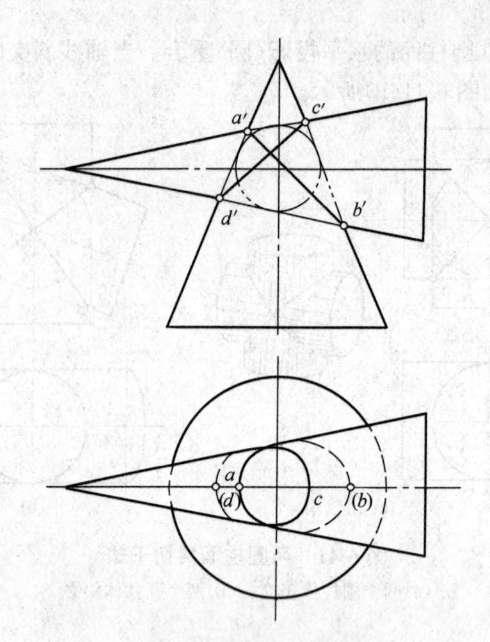

图 6-43　两个圆锥面共切于球

1. 在投影图中如何表达圆柱、圆锥、圆球？

2. 在圆锥表面定点的方法有哪两种？如何作图？

3. 平面截切圆柱、圆锥、圆球的基本情况中，截交线分别是何种形体？

4. 平面立体与曲面立体、两曲面立体相贯时，相贯线上有哪些特殊点？为何要作出这些特殊点？

5. 如何判别两立体相贯线投影的可见性？它与判别立体表面上的点、线的可见性有何不同？

第 7 章　轴测图

7.1　轴测图的基本知识

前面讲述的正投影图，能够准确而完整地表达出形体的真实形状和大小，而且作图简便，度量性好，所以在工程中得到广泛应用。但是它缺乏立体感，抽象难懂。轴测图是一种单面平行投影图，能在一个投影面上同时反映出物体三个方面的形状，因而富有立体感，直观性强，并且也可以进行度量。在工程上轴测图常用于辅助正投影图表现工程物体的形状，以弥补正投影图不易被看懂之不足。但这种图不能表示物体的真实形状，度量性也较差，因此，常用轴测图作为正投影图的辅助图样，通常多用于表达较复杂的空间结构、建筑总体布置以及管网系统的空间走向等方面，如图 7-1 所示。

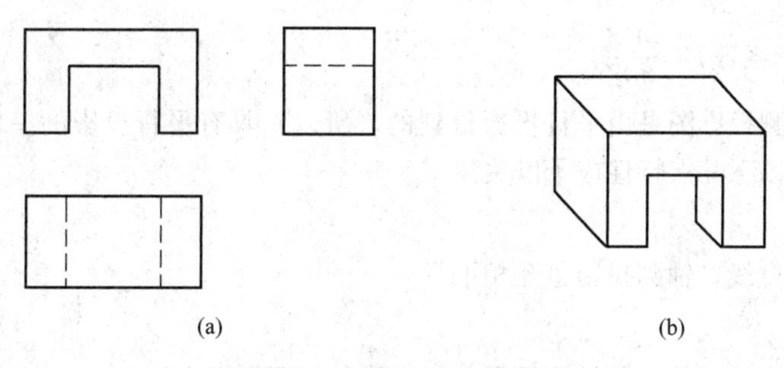

(a)　　(b)

图 7-1　轴测投影应用实例

(a)正投影图；(b)轴测图

7.1.1　轴测图的形成

如图 7-2 所示，将物体和确定该物体空间位置的直角坐标系，按选定的投射方向 S，使用平行投影法一起投射到投影面 P 上得到的具有一定立体感的图形，称为轴测投影图，简称轴测图。为使轴测投影图具有较好的直观性，投射方向不应平行于坐标轴和坐标面。否则坐标轴和坐标面的投影便会产生积聚性，就表达不出物体上平行于该坐标轴与坐标面的线段和表面的形状与大小，因而削弱了物体轴测图的立体感。

7.1.2　轴测图的要素及轴测投影特性

在图 7-2 中，形成轴测图的投影面 P 称为轴测投影面。立体的空间直角坐标轴 OX、OY、OZ 在轴测投影面上所得到的轴测投影 O_1X_1、O_1Y_1、O_1Z_1 称为轴测轴。两轴测轴间的夹角 $\angle X_1O_1Y_1$、$\angle Y_1O_1Z_1$、$\angle Z_1O_1X_1$ 称为轴间角。

将轴测轴上的单位长度与相应空间坐标轴的单位长度之比，称为轴向变形系数(也称为轴向伸缩系数)。

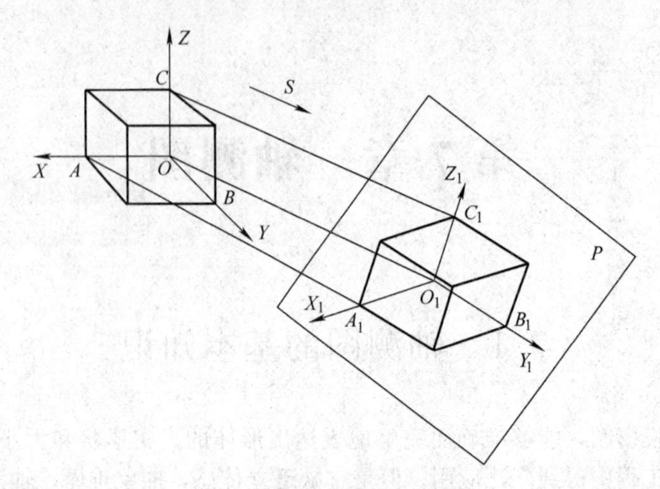

图 7-2　轴测投影图的形成

OX 轴轴向变形系数 $p=\dfrac{O_1X_1}{OX}$；

OY 轴轴向变形系数 $q=\dfrac{O_1Y_1}{OY}$；

OZ 轴轴向变形系数 $r=\dfrac{O_1Z_1}{OZ}$。

我们知道，轴测投影图是由平行投影得到的，所以它具有平行投影的一切特性。为了有利于以后的绘图，对以下几点特性应予以关注。

1. 平行性

空间平行的两直线，轴测投影也互相平行。

2. 等比性

点分空间线段之比，等于其轴测投影分对应线段轴测投影之比。

3. 可量性

物体上互相平行的线段，在轴测图中有相同的轴向变形系数。物体上与坐标轴平行的线段，变形系数与轴相同。后面将要学到，在轴测图中只有坐标轴的变形系数是已知的，所以画轴测图时，只有与坐标轴平行的线段才能按相应坐标轴的轴向变形系数量取尺寸，这就是可量性，也即“轴测”的含义。

7.1.3　轴测投影的种类

根据投射方向 S 与轴测投影面 P 的相对关系，轴测图可分为两大类。

(1)正轴测投影图：当投影方向与轴测投影面垂直且形体的三个方向的坐标轴与轴测投影面倾斜时所形成的轴测投影。

(2)斜轴测投影图：当投影方向与轴测投影面倾斜且有一个坐标面与轴测投影面平行时所形成的轴测投影。其中，当空间形体的 XOZ 坐标面与轴测投影面 P 平行(或重合)时形成的轴测投影称为正面斜轴测投影；当空间形体的 XOY 坐标面与轴测投影面 P 平行(或重合)时形成的轴测投影称为水平斜轴测投影。

根据三个轴向变形系数是否相等，正轴测投影图又可分为：

(1)正等轴测图(简称正等测)：$p=q=r$。

(2)正二等轴测图(简称正二测)：$p=r\neq q$。

同样，斜轴测投影图也可分为：

(1)斜等轴测图(简称斜等测)：$p=q=r$。

(2)斜二等轴测图(简称斜二测)：$p=r\neq q$。

考虑作图方便和效果，工程中常用正等测和斜二测。

7.2 正等轴测图

7.2.1 轴间角和轴向变形系数

1. 轴间角

在正等测投影中，各轴测轴之间的夹角是固定不变的。可以证明，在正等测投影中，各轴测轴之间的夹角均相等且都等于120°，如图7-3所示，即

$$\angle X_1O_1Y_1=\angle Y_1O_1Z_1=\angle Z_1O_1X_1=120^\circ$$

在绘图过程中，通常将O_1Z_1轴取为竖直方向，O_1X_1轴和O_1Y_1轴与水平线成30°角。

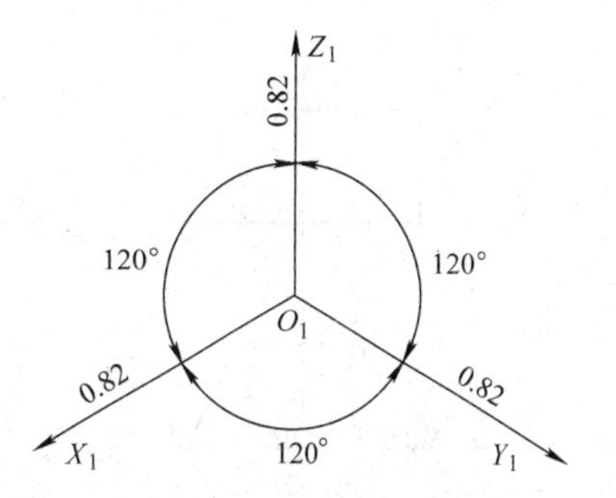

图 7-3 轴间角和轴向变形系数

2. 轴向变形系数

由于空间直角坐标系各轴均与投影面P成等倾斜，因而投射以后各轴的变形系数相同，即$p=q=r$。可以证明各轴的变形系数均为0.82，即投影后各轴测轴的单位长度均为空间坐标系各轴单位长的0.82倍。为了画图简便，常把轴向变形系数简化为1，这样画出的轴测图，比按理论变形系数画出的轴测图放大1/0.82=1.22倍。用简化变形系数作图时，轴测投影图中沿轴测轴方向线段的长短，可直接按正投影量取(也就是说，凡是平行于坐标轴的尺寸，均按原尺寸画出)，这样做的结果只是比按照轴向变形系数绘出的图形稍大些，立体形象并没有发生改变，却减少了作图工作量。今后在画正等轴测图时，如不特别指明，均按简化的变形系数作图。

7.2.2 正等轴测图的画法

轴测图的绘制是比较麻烦的，尤其是一些比较复杂的形体，绘制工作更显烦琐。因此，在实际作图中，应根据物体的形状特点而灵活采用不同的作图方法，这就需要在绘图实践中不断总结和探索。

另外，由于在物体的轴测投影中一般不画不可见的轮廓线，所以对轴测投影中有些不可见的轮廓线，画底稿时就可省略不画；此外还应特别注意，只有平行于轴向的线段才能直接量取尺寸，不平行于轴向的线段可由该线段的两端点的位置来确定。

1. 平面立体的正等轴测图

(1)坐标法(平面立体)。画轴测图的基本方法是坐标法，即根据物体在正投影图上各端点的坐标，作出各端点的轴测投影，并依次连接，这种得到物体轴测图的方法称为坐标法。

【例7-1】 根据两面正投影图，如图7-4(a)所示，画出六棱柱的正等轴测图。

【分析】 六棱柱的顶面和底面均为水平的正六边形，在轴测图中，顶面可见，底面不可见。可从顶面画起，各顶点可用坐标法确定。

【作图】 采用坐标法，作图步骤如图 7-4 所示：

(1)画出轴测轴 O_1X_1 和 O_1Y_1，在其上量取 $O_1A=oa$，$O_1B=ob$，$O_1C=oc$，$O_1D=od$，得 A、B、C、D 四点，如图 7-4(b)所示。

(2)过点 C、D 作 O_1X_1 轴的平行线，在其上量取 E、F、G、H 四点，连接各点得顶面投影，如图 7-4(c)所示。

(3)由点 E、A、G、H 作铅垂线，并在其上量取六棱柱的高度尺寸，得到底面上可见的点，如图 7-4(c)所示。

(4)依次连接底面上的点，擦去轴测轴及多余线条，加深图线，完成作图，如图 7-4(d)所示。

微课：【例 7-1】

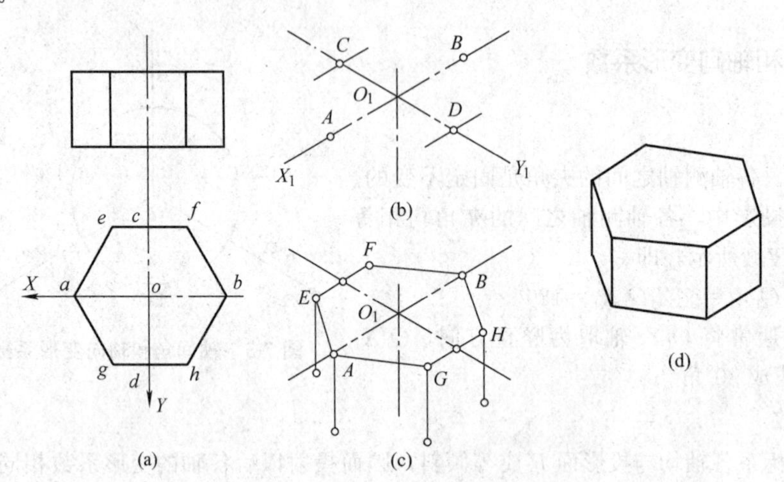

图 7-4 用坐标法作六棱柱的正等轴测图

(a)两面正投影；(b)求 A、B、C、D 四点；(c)求底面可见点；(d)完成作图

(2)叠加法。当形体是由若干个基本几何体按叠加方式组合而成时，可按其组成顺序逐个绘出每一基本形体的轴测图，然后整理立体投影，加深可见线，去掉不可见线和多余图线，完成轴测图。

【例 7-2】 画出图 7-5(a)所给形体的正等轴测图。

【分析】 从图 7-5(a)给出的正投影图可以看出，该形体是由上、中、下三部分形体叠加而成，因此可由下而上(或由上而下)逐个绘出每一组成形体的轴测图。为画图简便起见，坐标系原点应尽量选在两立体叠加的结合面上。

【作图】 采用叠加法，具体作图步骤如下：

(1)选取底部与中部两形体结合面中心 O_1 为坐标系原点，画出轴测轴。

(2)分别量取正投影图上底部形体和中部形体的长度和宽度，依次连接各点，得底部形体和中部形体结合面的轴测图。过底部轴测图各顶点向下引 O_1Z_1 轴的平行线，并截取底部形体高，画出底部长方体的轴测投影，如图 7-5(b)所示。

(3)将中部形体轴测图的各顶点向上引 O_1Z_1 轴的平行线，截取中部形体高，画出中部长方体的轴测投影，并将坐标原点由 O_1 升高到 O_2，令 O_1O_2 等于中间形体高，如图 7-5(c)所示。

(4)以 O_2 为原点画出中部形体和顶部形体结合面上轴测轴，在其上量取长度和宽度，并将各顶点向上引 O_1Z_1 轴的平行线，截取上部形体高，形成图形。

(5)因形体的左前上各表面为可见表面，其上轮廓线均为可见线，加深该图线，将不可见线及轴测轴擦除，结果如图 7-5(d)所示。

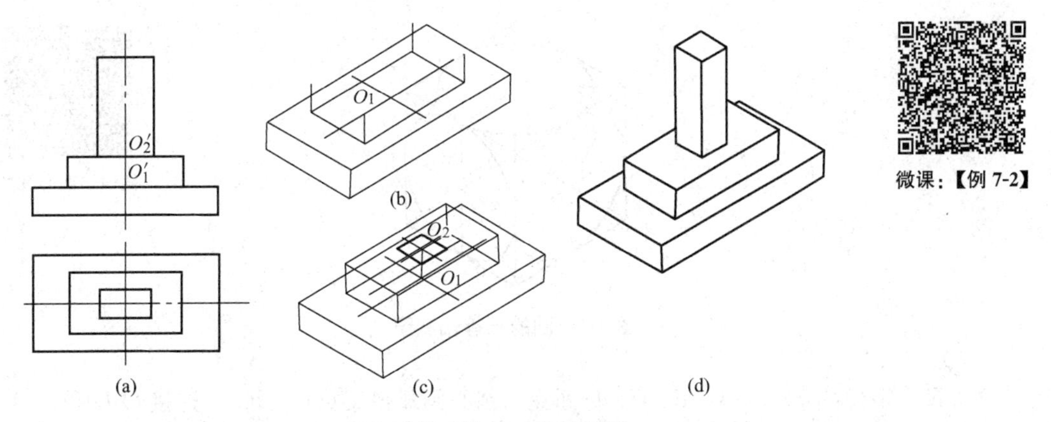

图 7-5　用叠加法作形体的正等轴测图

(a)已知形体投影；(b)画底部轴测投影；(c)画中部轴测投影；(d)完成作图

(3)切割法。工程中有些形体是由基本几何体经一系列切割而成，因此其轴测投影的绘制也可按其形成过程，先画出整体再依次去掉被切割部分，从而完成形体的轴测图，这就是切割法。

【例 7-3】 画出图 7-6(a)所给形体的正等轴测图。

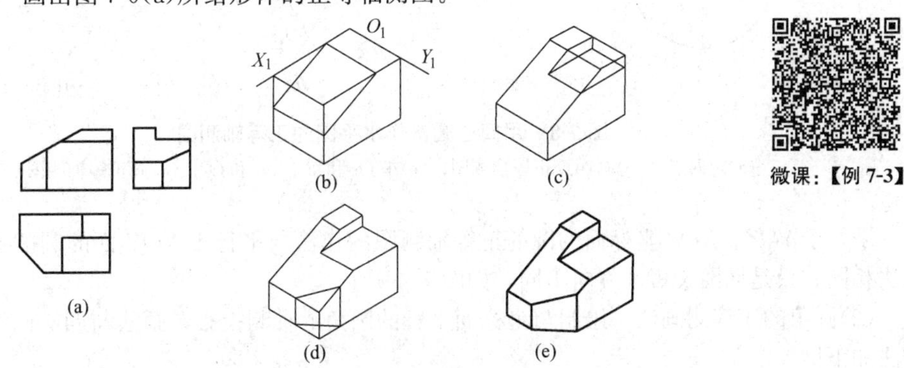

图 7-6　用切割法作形体的正等轴测图

(a)正投影图；(b)画出长方体、切去左上角；

(c)切去前上角；(d)切去左前角；(e)整理、加深

【分析】 从图 7-6(a)给出的正投影图可以看出，该形体是一长方体被切去三部分而形成的，其中被正垂面切去左上角，被铅垂面切去左前角，被水平面和正平面切去前上角，故可采用切割法作出轴测图。

【作图】 采用切割法，具体作图步骤如图 7-6 所示，在绘图熟练之后轴测轴可不必画出。

2. 平行于坐标面的圆的正等轴测图

在正轴测投影中，位于或平行于坐标面的圆与轴测投影面都不平行，因而轴测图都是椭圆。从图 7-7 所绘的一立方体各表面上的内切圆的正等轴测图可以看出，内切圆的轴测投影皆为椭圆。由于空间各圆大小相等，因而其轴测投影为长、短轴大小相等的椭圆。

(1)四心圆法(菱形画法)。在轴测图中，圆的正等测图(椭圆)可采用近似画法——四心圆法。现以平行于 XOY 面的水平圆为例，其正等轴测图近似作法如下：

1)在正投影图中，定出圆周上 a、b、c、d 四点，如图 7-8(a)所示。

2)画出轴测轴及圆周上对应四点的正等轴测图，如图 7-8(b)所示。

图 7-7 圆的正等轴测图

3)以 R 为半径，分别以 A、B、C、D 四点为圆心画弧得交点 O_3、O_4，连接 O_4D 和 O_3A 得交点 O_1，连接 O_4C 和 O_3B 得交点 O_2，如图 7-8(c)所示。

4)分别以 O_3、O_4 为圆心，O_3A、O_4D 为半径画弧 AB、CD，再以 O_1、O_2 为圆心，O_1D、O_2C 为半径画弧 AD、BC，四段弧光滑连接即为水平圆的正等轴测图，如图 7-8(d)所示。

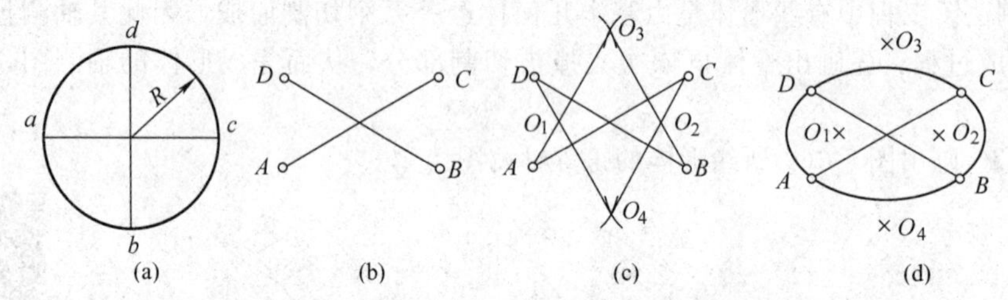

图 7-8 用四心圆法作水平圆的正等轴测图

(a)定四点；(b)画四点正等轴测图；(c)求 O_1 和 O_2，O_3 和 O_4；(d)画正等轴测图

平行于 YOZ、XOZ 坐标面的圆的正等轴测图的作法与平行于 XOY 面的圆的正等轴测图的作法相同，只是椭圆长短轴方向不同，如图 7-7 所示。

(2)圆角的正等测画法。绘制与坐标面平行的圆角的轴测投影，画法与四心圆法类似，作图方法如下例。

【例 7-4】 画出图 7-9(a)所示带圆角矩形板的正等轴测图。

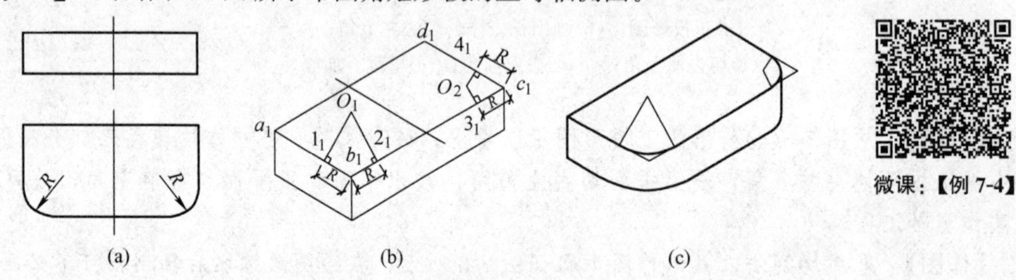

图 7-9 圆角的正等轴测图画法

(a)投影图；(b)作图；(c)完成正等轴测图

【作图】 步骤如下：

1)画出矩形板的正等轴测图，如图 7-9(b)所示。从板角顶 b_1 处沿 a_1b_1 边用圆角半径 R 截取得点 1_1，沿 b_1c_1 边截取得点 2_1，然后过点 1_1、2_1 分别作 a_1b_1 和 b_1c_1 边的垂线，两垂线相交于 O_1，同样方法从板角顶 c_1 处截取得点 3_1 和 4_1，然后过点 3_1、4_1 分别作 b_1c_1 和 c_1d_1 边的垂线，又可交得点 O_2。

2)以 O_1 为圆心、$O_1 1_1$ 为半径画弧，再以 O_2 为圆心、$O_2 3_1$ 为半径画弧，两段圆弧即为圆角的近似投影。

3)画出圆角的矩形板顶面投影后，将顶面投影整个向下平移板厚并整理加深图线，便可完成带圆角矩形板的正等测投影图，如图 7-9(c)所示。

7.3 斜轴测投影

如前所述，斜轴测投影分为正面斜轴测投影和水平斜轴测投影，下面对这两种斜轴测投影的画法做一些介绍。

7.3.1 正面斜轴测投影的画法

1. 正面斜轴测投影的形成

当确定形体空间位置的直角坐标轴 OX 和 OZ 与轴测投影面平行、投射线与轴测投影面倾斜成一定角度时，所得到的轴测投影称为正面斜轴测投影。显然，正面斜轴测投影是以平行于 $X_1O_1Z_1$ 坐标面的平面作为轴测投影面的。因而，凡是平行于 $X_1O_1Z_1$ 坐标面的平面图形，在轴测图上均反映实形，故常被用来表达某一个方向形状较为复杂的形体。

2. 正面斜轴测投影的轴向变形系数和轴间角

由于空间坐标系的 XOZ 坐标面与投影面平行，因而轴间角 $\angle X_1O_1Z_1=90°$，O_1X_1 轴和 O_1Z_1 轴的轴向变形系数也保持不变，即 $p=r=1$。然而由于空间坐标轴 OY 与投影面垂直，其投影轴 O_1Y_1 的方向随投射方向的变化而变化。由于投射方向是任意设定的，所以 O_1Y_1 轴的方向与长短可以任意设定，因而 O_1Y_1 轴与 O_1X_1 轴和 O_1Z_1 轴之间的夹角可以任意给定；同样 O_1Y_1 轴和 OY 轴的单位长度的比值也是可以任意设定的。为画图方便，通常取 O_1Y_1 轴与 O_1X_1 轴成 45°，如图 7-10 所示。对于 O_1Y_1 轴的轴向变形系数 q 值一般取 1/2。当 q 取 1/2 时，称这样的正面斜轴测投影为正面斜二测；当 $q=1$ 时则称为正面斜等测。

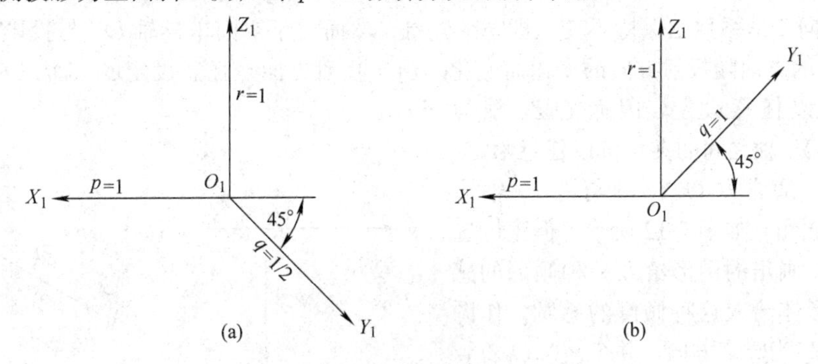

图 7-10　正面斜轴测投影

(a)正面斜二测；(b)正面斜等测

3. 画图举例

【例 7-5】 画出图 7-11(a)所示台阶的正面斜二测。

【作图】 步骤如下：

(1)取正投影图的左下角点 O 为坐标系原点。

(2)画轴测轴，令 O_1Z_1 轴为竖直方向，设 O_1X_1 轴方向与其垂直，O_1Y_1 轴方向与其成 45°，

O_1Y_1 轴的轴向变形系数 q 取为 1/2。

(3)将正面投影平移，令坐标轴与 $O_1X_1Z_1$ 轴测轴重合，然后过各顶点向后画 45°平行线并截取台阶前后尺寸的 1/2，如图 7-11(b)、(c)所示。

(4)依次将截得的各顶点相连，整理并加深可见投影线，完成台阶的正面斜二测投影图，如图 7-11(d)、(e)所示。

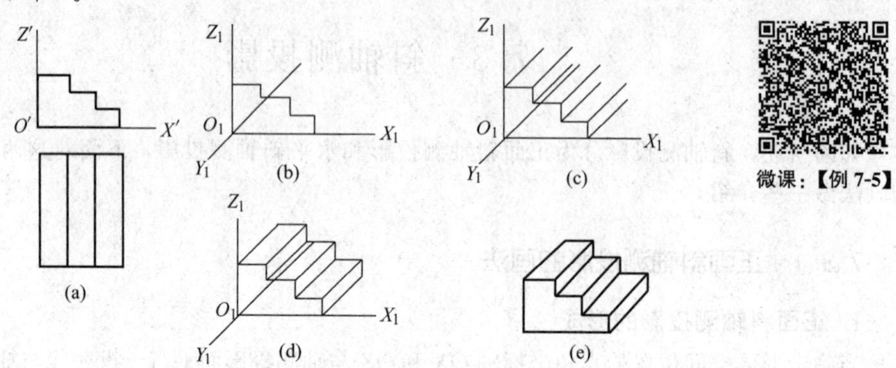

图 7-11 台阶的正面斜二测投影图

(a)台阶投影图；(b)取轴测轴；(c)、(d)作轴测图；(e)完成正面斜二测图

7.3.2 水平斜轴测投影的画法

1. 水平斜轴测投影的形成

当空间坐标系的水平坐标面 OXY 与轴测投影面平行，投射线与轴测投影面倾斜成一定角度时，所得到的轴测投影称为水平斜轴测投影，因而水平斜轴测投影是以平行于 XOY 坐标面的平面作为轴测投影面的。

2. 水平斜轴测投影的轴向变形系数和轴间角

由于空间坐标系的 XOY 坐标面与投影面平行，因而轴间角 $\angle X_1O_1Y_1=90°$，O_1X_1 轴和 O_1Y_1 轴的轴向变形系数也保持不变，即 $p=q=1$。然而由于空间坐标轴 OZ 与投影面垂直，其投影轴 O_1Z_1 的方向随投射方向的变化而变化。由于投射方向是任意设定的，所以 O_1Z_1 轴的方向与长短可以任意设定，因而 O_1Z_1 轴与 O_1X_1 轴和 O_1Y_1 轴之间的夹角可以任意给定。为画图方便，通常取 O_1X_1 轴与 O_1Z_1 轴成 45°、60°或 30°角，如图 7-12 所示。但这样选取的轴测轴，画出的图形给人一种倾倒的感觉。为不使形体给人这种倾倒的感觉，作图时常常取 O_1Z_1 为竖直方向，并令 $\angle X_1O_1Z_1=120°$，$\angle Y_1O_1Z_1=150°$，如图 7-12 所示。对于 O_1Z_1 轴的轴向变形系数 r 值常取 1/2 和 1。当 r 取 1/2 时，称这样的水平斜轴测投影为水平斜二测；当 $r=1$ 时则称水平斜等测。

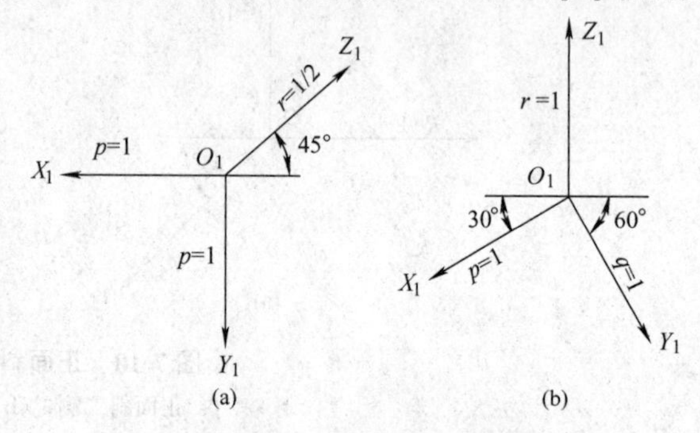

图 7-12 水平斜轴测投影

(a)水平斜二测；(b)水平斜等测

3. 画图举例

【例 7-6】 画出图 7-13(a)所示建筑形体的水平斜等测。

【作图】 步骤如下：

(1)在建筑形体中选定直角坐标系，如图 7-13(a)所示。

(2)画出轴测轴，根据正投影图，画出水平投影的水平斜等测，如图 7-13(b)所示。

(3)过平面图形各角点，向上依次量取各形体高度，画出各立体的轴测图，如图 7-13(c)所示。

(4)擦去多余作图线和不可见线并加深图线，即为该建筑形体的水平斜等测投影，如图 7-13(d)所示。

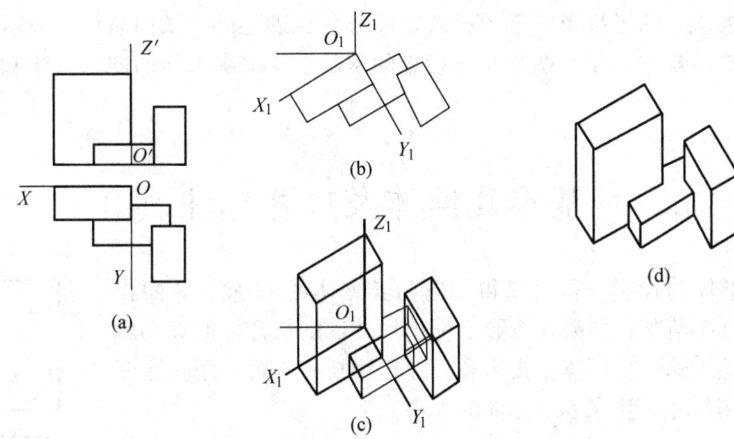

微课：【例 7-6】

图 7-13 建筑形体的水平斜等测

(a)选直角坐标系；(b)画出轴测轴；(c)画出立体轴测图；(d)完成水平斜等测图

思考题

1. 轴测投影是如何形成的？投影特性有哪些？

2. 绘制轴测图时需要哪些要素？

3. 正等轴测图和正面斜二测图的绘制要素分别是什么？

第 8 章　组合体的投影图

图纸要达到质量要求，除了投影图必须符合正投影的原理之外，图面质量和表示方法也应符合国家有关制图标准的规定。投影图是在正投影的基础上，解决形体的图示方法和作图质量问题的。

8.1　基本几何体及尺寸标注

图 8-1 所示为某形体的投影，很容易得知它为长方体的 H 面、V 面投影，但长方体的大小并不清楚。如果在投影上标出尺寸，则长方体的大小就有了。可见，要清楚地表达一个形体，投影和尺寸标注缺一不可，用投影图来表达形体的形状，用尺寸标注来表示形体的大小。

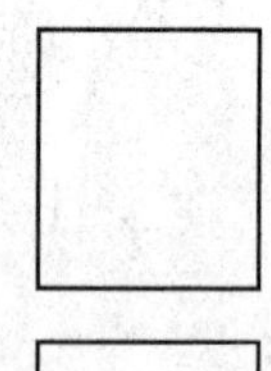

图 8-1　长方体的投影

任何基本几何体都有长、宽、高三个方向上的大小，在视图上通常要把反映这三个方向大小的尺寸都标注出来，这样基本几何体的特征就表示清楚了，如图 8-2 所示。

(1)棱柱、棱锥体标注出形体的长度、宽度和高度尺寸。

(2)正多边形的大小，可标注其外接圆的直径尺寸，如图 8-2(d)所示。

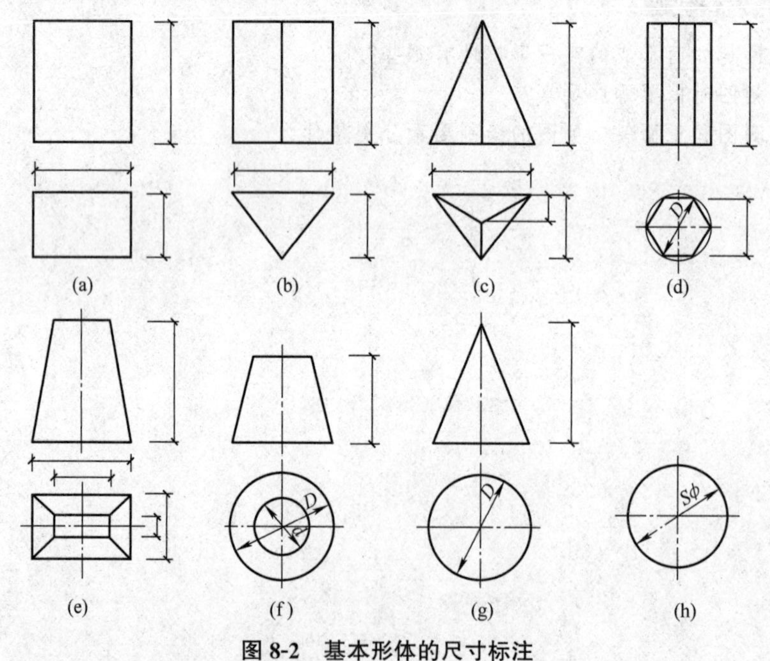

图 8-2　基本形体的尺寸标注

(a)四棱柱；(b)三棱柱；(c)三棱锥；(d)六棱柱；(e)四棱台；(f)圆台；(g)圆锥；(h)球

(3)棱台标注上底、下底的长、宽和高的尺寸。

(4)圆台标注上底、下底的直径大小和高度尺寸。

(5)圆锥、圆柱标出直径大小和高度尺寸。

(6)球的尺寸标注要在直径数字前加注“$S\phi$”。

对于被切割的基本几何体，除了要注出基本形体的尺寸外，还应标注出截平面的位置尺寸，但不必注出截交线的尺寸，如图 8-3 所示。

对基本几何体一般作两面投影加上尺寸标注就能清楚表达，但该两面投影中必须有一个能反映出该基本体的形体特征，例如柱、棱台必须有一个与其轴线垂直的投影面的投影。球可以用一面投影表示，但需注意其尺寸标注符号的含义，如 $S\phi250$ 表示直径为 250 mm 的球体，而 $SR250$ 则表示半径为 250 mm 的球体。

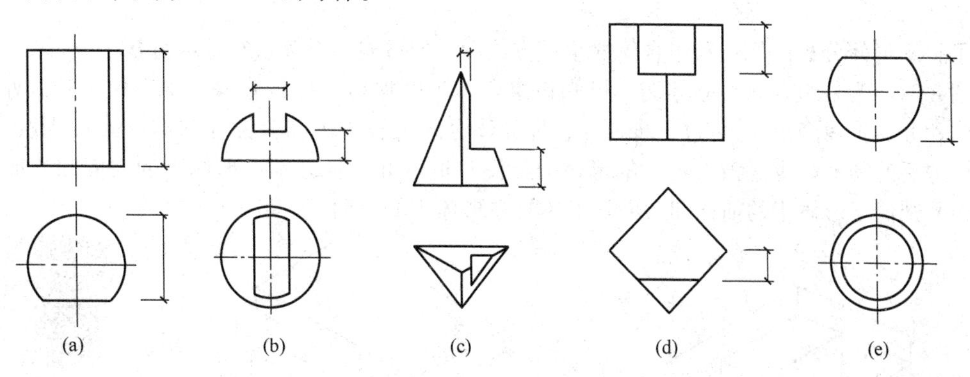

图 8-3　截平面尺寸标注

(a)圆柱；(b)半球；(c)三棱锥；(d)四棱柱；(e)球

8.2　组合体投影图的画法及尺寸标注

组合体投影图实质就是组合体的正投影图。要正确绘制正投影图，需用到前面所学的如直线、平面的投影规律，基本形体的投影特征，截交线、相贯线求法等基本知识。

一般而言，组合体投影图的作图步骤分为形体分析、选择投影方向、选取画图比例、确定图幅、画投影图和标注尺寸五步。

8.2.1　形体分析

把一个复杂形体分解成若干基本形体(棱柱、棱锥、圆柱、圆锥、圆球等)或简单组成部分，然后逐一弄清它们的形状、相对位置及其衔接方式的方法，称为形体分析法。形体分析的目的是确定组合体由哪些基本形体组成，清楚它们之间的相对位置。它是画图、读图和标注尺寸的基本方法。

任何简单或复杂的组合体，都可以看成由若干个基本几何体叠加或切割而成，根据组成方式不同，组合体大致可以分为三类。

(1)叠加型组合体：由若干个基本几何体叠加而成的组合体，称为叠加型组合体。图 8-4 所示的组合体可以看成由两个四棱柱、一个圆柱体与一个圆锥组成。

(2)切割型组合体：由一个基本几何体被一些不同位置的截面切割后形成的组合体，称为切割型组合体。图 8-5 所示组合体可以看作一个长方体被两个切面切割后而成。

(3)综合型组合体：综合了叠加型组合体和切割型组合体的特点，由基本形体叠加和切割而成的组合体称为综合型组合体，如图 8-6 所示。该组合体可以看作两个长方体、一个半圆柱叠加后，再挖去一个长方体和一个圆柱而成。

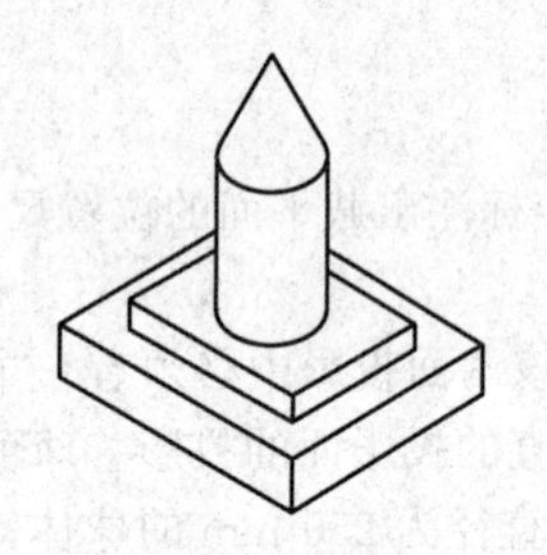

图 8-4 叠加型组合体

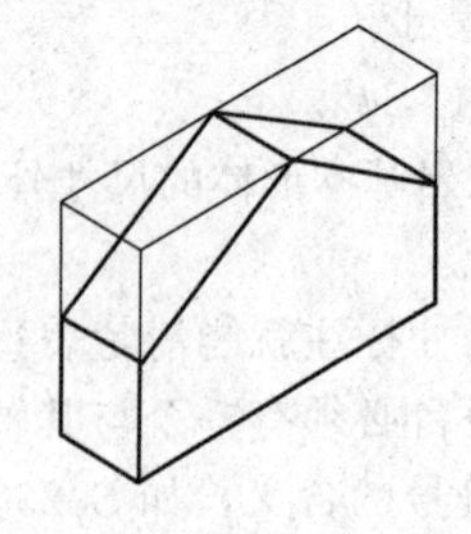

图 8-5 切割型组合体

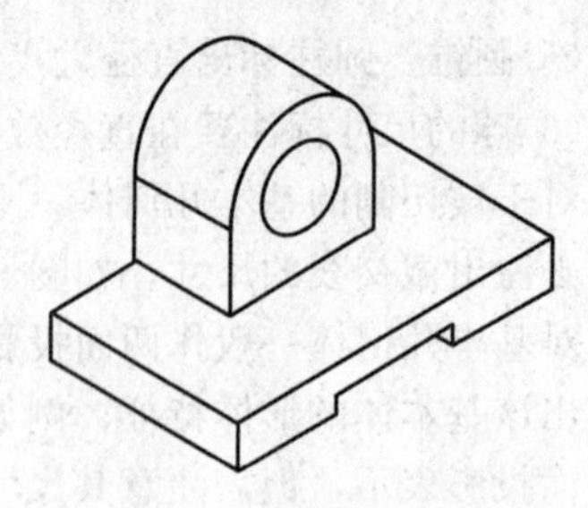

图 8-6 综合型组合体

了解了形体分析的原理和组合体的组成方式后，便可对组合体进行形体分析了。

图 8-7(a)为一组合体的立体图，可知该组合体为叠加型，将其分解为Ⅰ、Ⅳ、Ⅴ、Ⅵ四个长方体和Ⅱ、Ⅲ两个形体(可进一步将Ⅱ、Ⅲ形体分解为长方体和三棱柱基本形体)。图 8-7(b)为其分解后的图形，也是该组合体的形体分析图，形体Ⅱ、Ⅲ分别在形体Ⅰ的右面和左面，形体Ⅳ、Ⅴ则位于形体Ⅰ的前面和后面，形体Ⅵ在形体Ⅰ的上面。

视频：组合体形体分析

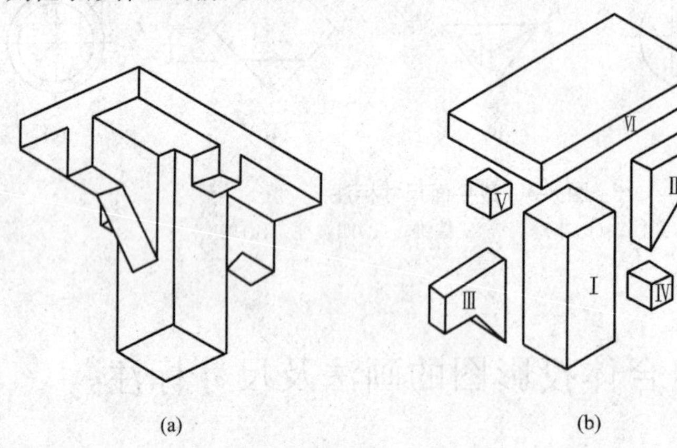

图 8-7 组合体的形体分析

(a)立体图；(b)形体分析图

8.2.2 选择投影方向

1. 组合体的三面投影图

(1)三面投影图的概念。基本几何体在 *H*、*V* 及 *W* 投影面上的投影统称为三面投影。其中 *H* 面投影又称水平投影，*V* 面投影又称正面投影，*W* 面投影又称侧面投影。

在建筑工程制图中，通常把建筑形体或组合体在投影面上的投影称为视图，即把建筑形体或组合体的三面投影图称为三面视图(简称三视图)。形体的水平投影称为水平面图，简称平面图；正面投影称为正立面图；侧面投影称为侧立面图(未特别说明的情况下，一般指左侧立面图)。

图 8-8 为某形体的三面投影图，从图 8-8(a)可以看到该形体的形状，经图示投影方向分别向 *H* 面、*V* 面、*W* 面投影，相应地得到平面图、正立面图、左侧立面图；将图 8-8(a)展开即可得到展开后的三面投影图，如图 8-8(b)所示。

(2)形体的方位及长、宽、高。形体方位指的是形体表面相对于投影面的上下、左右、前后。如图 8-9 所示，由图可以清楚地看到形体的方位，三面投影图上也显示出了形体的方位关系。图 8-9 也标出了形体上部分的长、宽、高及相应长、宽、高在三面投影图上的显示，由此可以很直观地看出形体的长、宽、高由三面投影图的方位关系确定：左右距离为形体的长，前后距离为形体的宽，上下距离为形体的高。

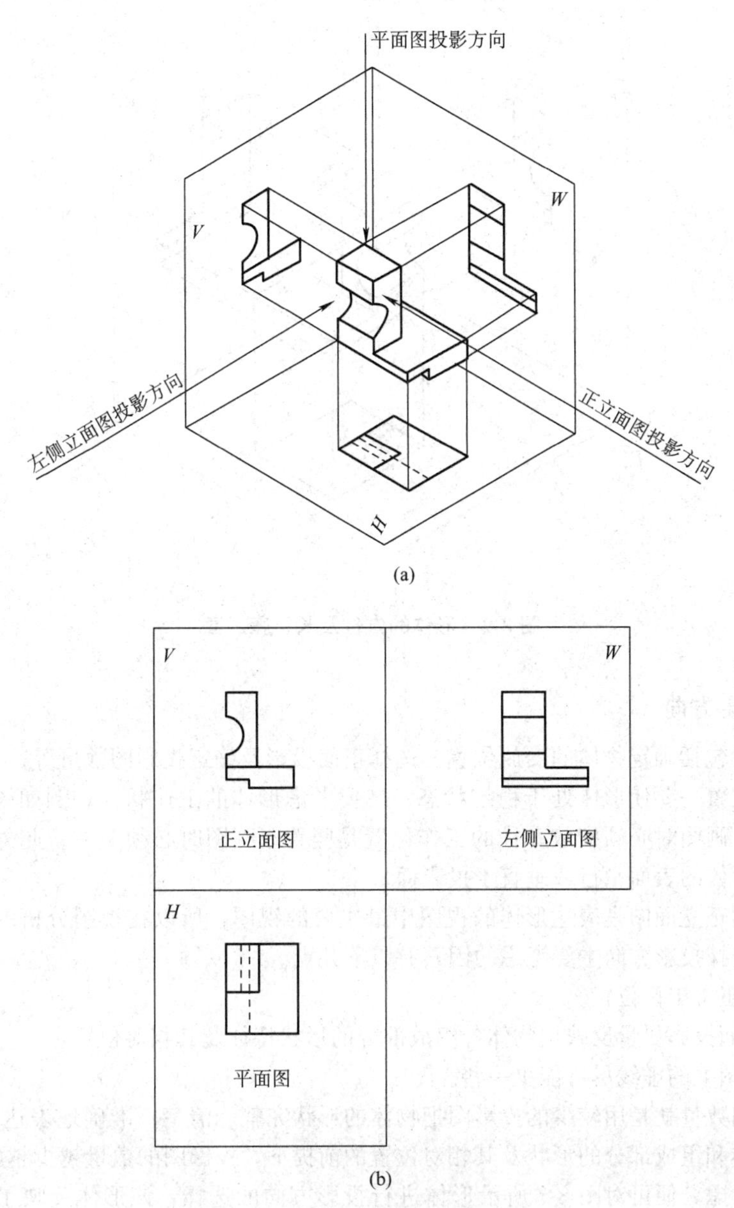

图 8-8　三面投影图

(a)立体图；(b)展开的三面投影图

(3)组合体投影图的投影规律。由于组合体三面投影图的实质是反映该组合体在三个方向的投影，所以三面正投影图的规律同样适用于组合体的投影图。图 8-9 可以明显地反映出该规律：长对正、高平齐、宽相等。组合体是三维空间的立体，三面投影是二维平面图形，所以平面图反映了组合体的前后左右关系和顶面形状，无法反映组合体的上下关系；正立面图反映了组合体的上下左右关系和正面形状，无法反映其前后关系；左侧立面图则反映了组合体的上下前后关系和左面形状，不能反映组合体的左右关系，如图 8-9 所示。

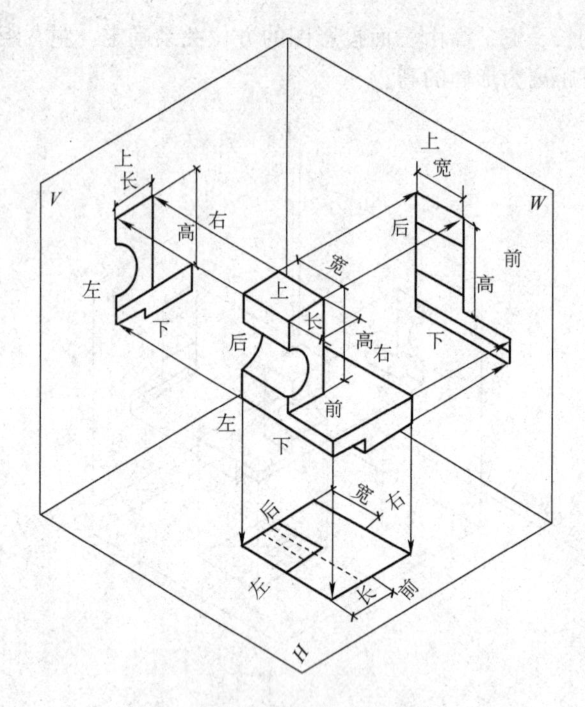

图 8-9　形体的方位及长、宽、高

2. 选择投影方向

投影图选择包括确定物体的安放位置、选择正面投影及确定投影图数量等。

确定安放位置一要使形体处于稳定状态；二要考虑形体的工作状况，例如梁和柱，梁的工作位置是横置，画图时必须横放；柱的工作位置是竖置，画图时必须竖放。此外，为了作图方便，应尽量使形体的表面平行或垂直于投影面。

正面投影即正立面图是表达形体的视图中最主要的视图，所以在视图分析的过程中应重点考虑。因此，选择投影方向主要考虑的因素有以下几点。

(1)形体的正常工作位置。

(2)应使正面投影尽量反映出物体各组成部分的形状特征及其相对位置。

(3)应使视图上的虚线尽可能少一些。

确定投影图数量就是用较少的投影图把物体的形状完整、清楚、准确地表达出来，在清楚、完整地表示整体和组成部分的形状及其相对位置的前提下，投影图的数量越少越好。

根据以上考虑，便可对图 8-7 所示形体进行投影方向的选择，该形体反映了某梁柱节点位置关系，图 8-10 箭头方向标出了选好的正立面图的投影方向，其中平面图和左侧立面图以正立面图投影方向为依据而确定。

8.2.3　选取画图比例和确定图幅

这一步常采用两种方法。

方法一：选比例，根据比例确定图形的大小，根据所需投影图的图幅尺寸确定图幅；

方法二：定图幅，根据图纸图幅来调整绘图比例。

在实际工作中，常常将两种方法兼顾考虑，在进行这一步工作时还应注意以下问题。

(1)图形大小适当，不能将一个形态的图形在图面中画得过大或过小。

(2)各投影图与图框间的距离基本相等。

(3)各投影图之间的间隔大致相等。

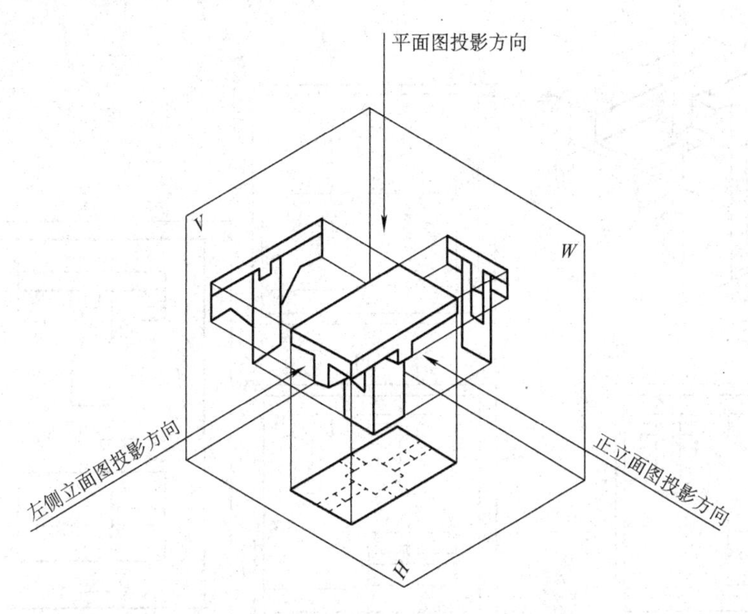

图 8-10　选择投影方向

8.2.4　标注尺寸

学习组合体的尺寸标注是为建筑工程施工图的尺寸标注打基础。尺寸标注应符合《建筑制图标准》(GB/T 50104—2010)中“尺寸标注”的规定，并应完整、清晰、正确和相对集中。

1. 尺寸的分类

组合体(含建筑形体)的尺寸分为总尺寸、定位尺寸和细部尺寸三种。

(1)总尺寸：确定组合体(建筑物)的总长、总宽和总高。

(2)定位尺寸：确定各基本形体(各细部)的相对位置关系。

(3)细部尺寸：确定各基本形体(各细部)的大小。

2. 尺寸标注的方法

尺寸标注除要满足上述要求外，还应注意以下两点：

(1)除特殊情况外，尺寸一般标注在投影图的外面，与其投影图相距 10～20 mm，以便保持投影图的清晰。[可参考《房屋建筑制图统一标准》(GB/T 50001—2017)中“尺寸标注”部分的相关内容]。

(2)书写的文字、数字或符号等，应做到笔画清晰、字体端正、排列整齐、标点符号正确。[可参考《房屋建筑制图统一标准》(GB/T 50001—2017)中“字体”部分的相关内容]。

下面以图 8-11(a)～(e)为例说明尺寸的标注。

当画好组合体的投影图[图 8-11(e)]后，根据尺寸的分类和尺寸标注的方法，完成尺寸标注工作，如图 8-12 所示。

在建筑施工图中，平面图是最重要的图纸之一，为了使标注尺寸相对集中，一般都将长度和宽度的尺寸标注在平面图上。

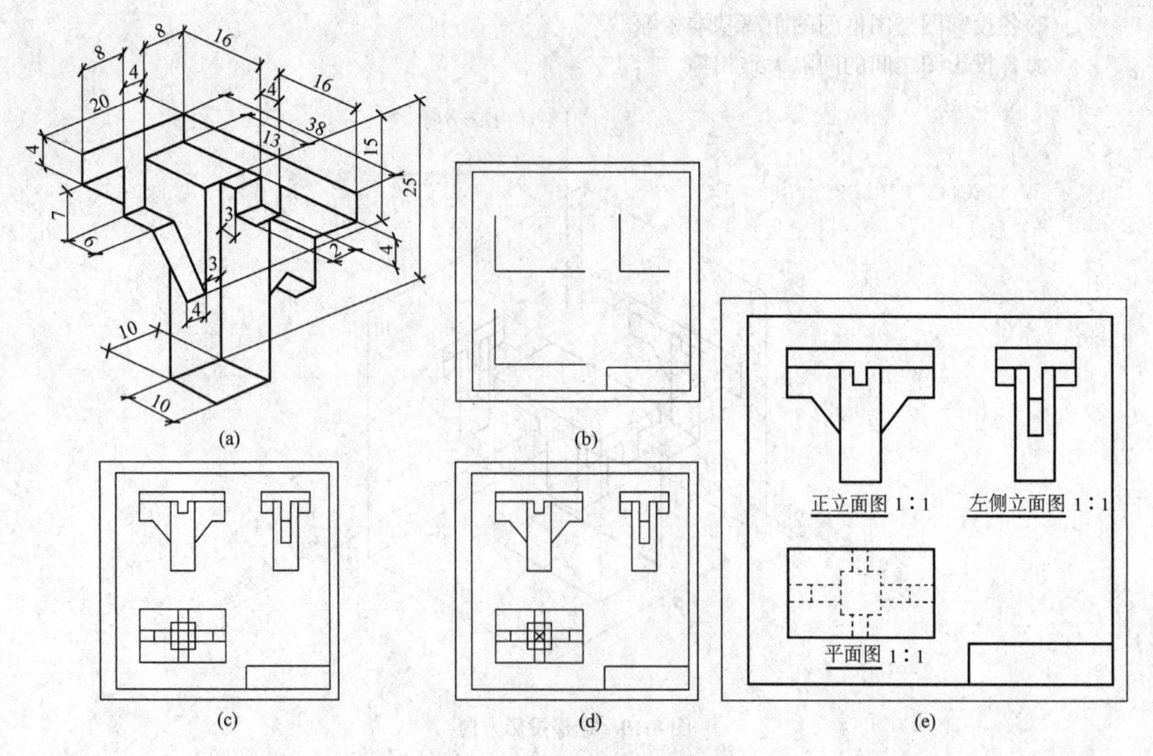

图 8-11　组合体投影图的画法

(a)某梁柱节点位置关系立体图；(b)画投影图基准线；

(c)画投影图；(d)检查差错(打“×”处)；(e)完成投影图

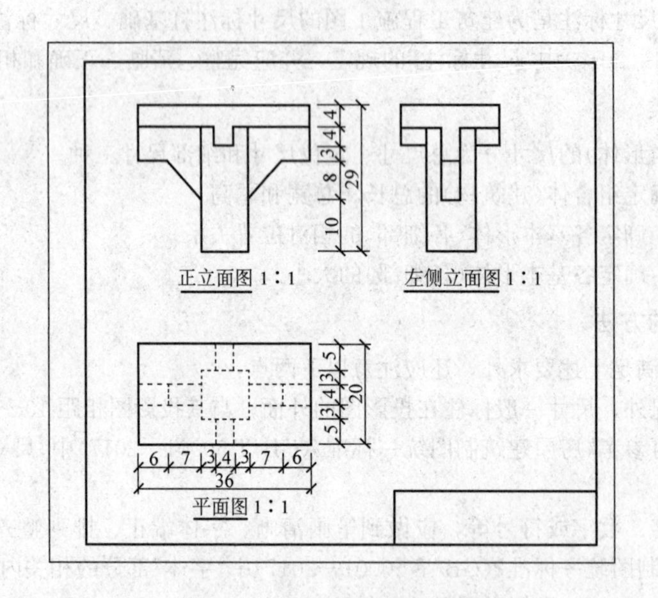

图 8-12　组合体的尺寸标注

在组合体投影图中，除标注尺寸外，还要在图的正下方写上图名，图名下画一道与图名同长的粗实线，一般可理解为图名线。在图名的右侧，以比图名字高小 1 号或 2 号的字体标注比例，比例的底线与图名的底线取平，如图 8-12 中写成“平面图 1∶1”。

8.2.5 作图举例

【例 8-1】 已知某梁柱节点位置关系，如图 8-11(a)所示，求作组合体的投影图。

【解】 该组合体属于叠加型组合体，作图步骤如下：

(1)形体分析。将该组合体分解为Ⅰ、Ⅳ、Ⅴ、Ⅵ四个长方体和Ⅱ、Ⅲ两个形体(可进一步将Ⅱ、Ⅲ形体分解为长方体和三棱柱基本形体)，如图 8-7(b)所示，可以看作形体Ⅱ～Ⅵ叠加在形体Ⅰ上。

(2)选择投影方向。根据选择投影方向需考虑的因素，选择正立面投影方向，其他投影图的方向以此为准，确定左侧立面图和平面图的投影方向，如图 8-10 所示。

(3)选比例和定图幅。作业中一般采用 A2 或 A3 图幅。工程中建筑物体积比较庞大，一般采用缩小比例绘制。为了方便，本例采用 1∶1 的比例和 A3 的图幅。

(4)画投影图。

1)图面布置：一般情况下把正立面图画在图纸的左后方，平面图放在正立面图的正下方，左右对正；左侧立面图放在正立面图的右边，上下齐平。各图之间留有一定的空档，用以标注尺寸和注写图名。以上问题确定后，画出基准线，如图 8-11(b)所示。

2)图底稿线：用 2H 铅笔轻画底稿线，先画形体Ⅰ，再画形体Ⅱ～Ⅵ，画图时要注意它们之间的相互位置关系，如图 8-11(c)所示。

具体画法如下：

第一步，画出形体Ⅰ的三面投影；

第二步，按给定尺寸及位置关系画Ⅱ、Ⅲ的三面投影；

第三步，按给定尺寸及位置关系画Ⅳ、Ⅴ的三面投影；

第四步，画形体Ⅵ的三面投影。

(5)检查。工程中的图纸要求准确，不能出差错，要保证所画图样正确无误。所以每一个画图者必须养成自我检查的习惯，在确认图线正确无误后，方可加深图线。本例图 8-11(d)中打“×”处为检查时发现的错误。

(6)加深图线，完成形体的三面投影图。一般情况下，细线用中性的 HB 铅笔画；粗线用偏软的 B 铅笔画，方法是来回各一次，这样画出的线条质量较好，如图 8-11(e)所示。

8.3 六面视图及辅助视图

按照我国的制图标准，房屋建筑的视图应按正投影法并用第一角画法绘制。用正投影法将形体向投影面投影所得的图形称为视图，上节介绍了组合体的三面投影图的画法。对于形状复杂的工程构造物，仅用三视图不足以完整和清晰地表达该形体，此时需增加新的投影面，画多面视图。

8.3.1 六面视图

在投影面 V、H、W 的相对方向，增设三个新投影面 V_1、H_1、W_1，分别与 V、H、W 面平行，组成六面投影体系，作为基本投影面。物体向基本投影面进行投影，所得到的视图称为基本视图。按《房屋建筑制图统一标准》(GB/T 50001—2017)的规定，六个基本视图除平面图、正立面图和左侧立面图外，还有从右向左观看所得到的右侧立面图，从下向上观看所得到的底面图，从后向前观看所得到的背立面图。六面基本视图如图 8-13 所示。把六个基本投影面展开，各视图的排列位置和名称如图 8-14 所示。视图名称写在各视图的下方，图名下画一道水平粗实线。如注写比例，应写在图名的右侧。

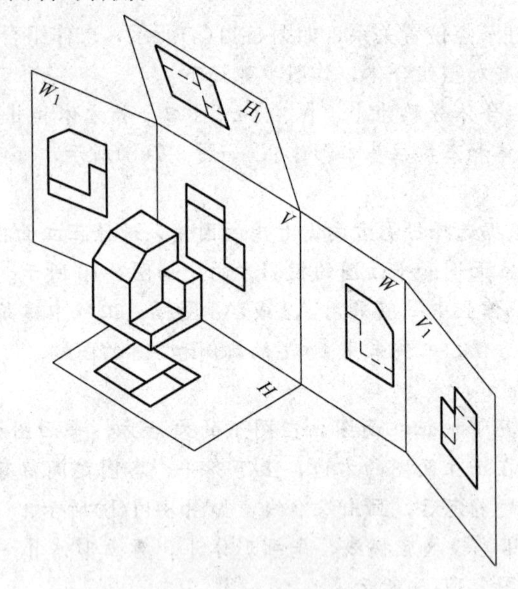

图 8-13　六面基本视图

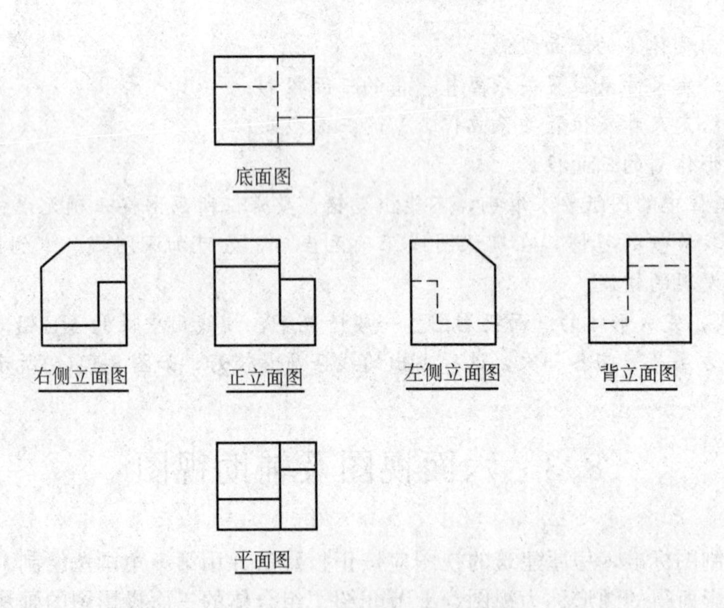

图 8-14　六面基本视图的展开

通常情况下，如果六个视图画在同一张图纸上并按图 8-14 所示的位置排列，可省略标注视图名称。如不按图 8-14 所示进行排列，或不完全按六面基本视图的位置排列，或分别画在几张图纸上，此时均应在视图下标注名称，以免混淆，如图 8-15 所示。习惯上把左侧立面图和右侧立面图称为左立面图和右立面图。

六面视图按展开位置排列时的投影规律应符合“长对正”“高平齐”和“宽相等”的度量关系。靠近正立面图的一侧反映物体的后面，远离正立面图的一侧反映物体的前面，背立面图和正立面图的左右关系正好相反。六面视图展开后可平移到视图的任何位置，在度量上仍符合长、宽、高相等的规律，但应注意平移后的视图与物体位置的对应关系。

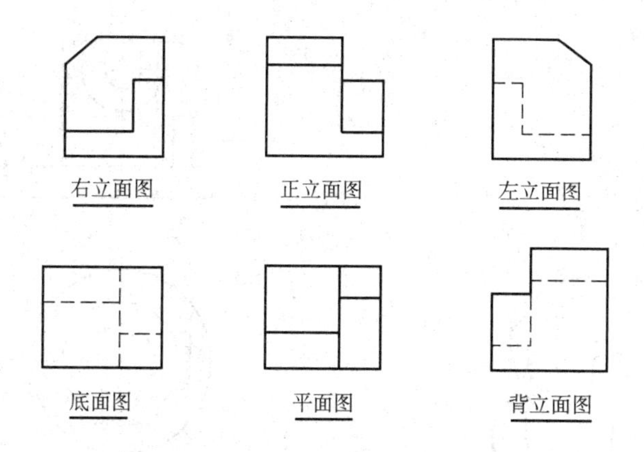

图 8-15　六面基本视图的布置

画房屋的多面视图常把左右两个侧立面图的位置对换，以便于就近对照，即将左侧立面图画在正立面图的左边，将右侧立面图画在正立面图的右边。画图时，应根据物体的复杂程度，选择必要的基本视图，其选择的原则是：既要能完整、清晰地表达物体，又要使所选用视图的数量最少。如图 8-16 所示台阶，选画右侧立面图最能明显地表达该台阶。

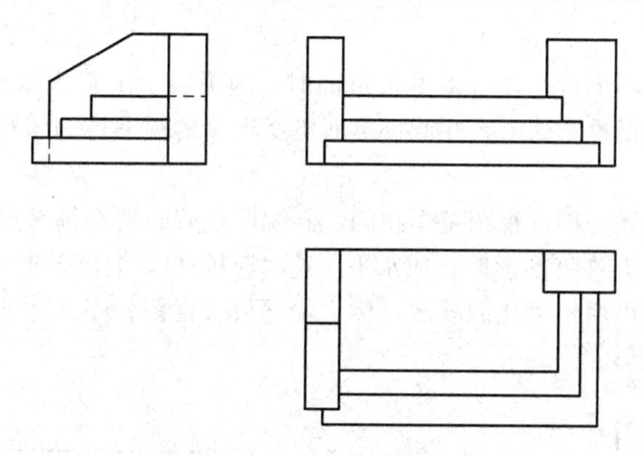

图 8-16　台阶视图的选择

8.3.2　辅助视图

有些形状复杂的物体，用基本视图不易表达清楚，或不便表达的部分结构，可以用辅助视图补充表达。辅助视图主要有局部视图、斜视图和旋转视图三种。

1. 局部视图

将形体的某一部分向基本投影面投射所得到的视图称为局部视图，其目的是用于表达形体局部结构的外形。

画图时，局部视图的名称用大写字母表示，注在视图的下方，在相应视图附近用箭头指明投影部位和投影方向，并注上同样的大写字母(如 A，B，…)。

局部视图一般按投影关系配置，如图 8-17 中的 B 向视图。必要时也可配置在其他适当位置，如图 8-17 中的 A 向视图。

局部视图的范围应以视图轮廓线和波浪线的组合表示，如图 8-17 中的 B 向视图；当所表示的局部结构形状完整，且轮廓线封闭时，波浪线可省略，如图 8-17 中的 A 向视图。

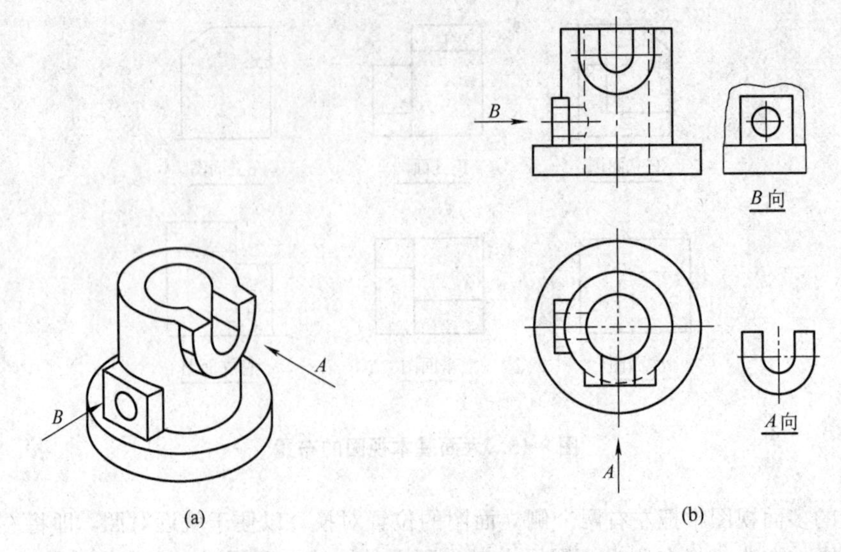

图 8-17　局部视图的画法

(a)立体图；(b)局部视图

2. 斜视图

当物体的某一部分不平行于任一基本投影面时，为了表示出它的实形，可以将它投影到一个与倾斜表面平行的辅助投影面上，在此投影面上所得到的视图称为斜视图，如图 8-18 中的斜面 C 用斜视图表达。

斜视图的画法和标注与局部视图基本相同。斜视图最好布置在箭头所指方向，如图 8-18 中的 C 向斜视图。必要时允许将图形旋转成水平，这时应标注“C 向旋转”。

局部视图或斜视图可用较大比例画出，称为局部放大视图。图 8-19 是局部放大斜视图，用以表达斜面上插孔的实形。

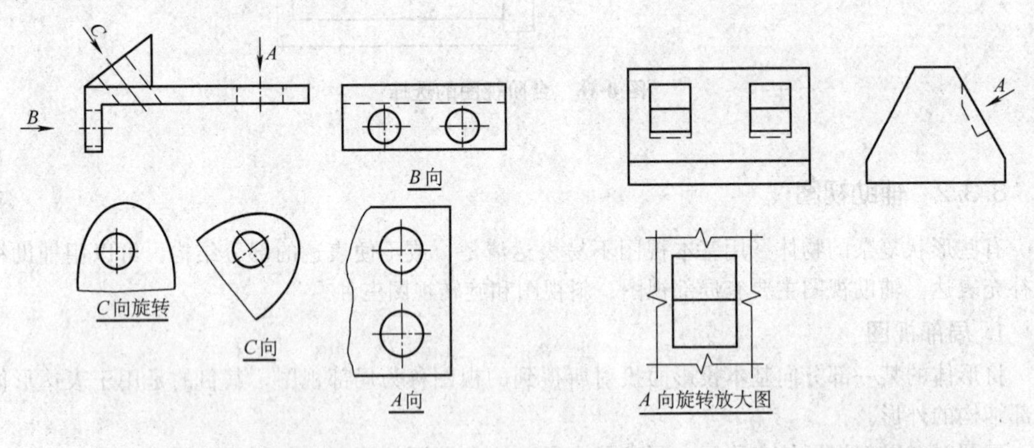

图 8-18　斜视图的画法　　**图 8-19　局部放大斜视图**

3. 旋转视图

把物体的倾斜部分旋转到与某一基本投影面平行的位置，再向投影面进行投影，所得到的视图称为旋转视图。

画图时旋转轴必须垂直于某一基本投影面。旋转是假想的，平面图画成旋转视图后不影响其他视图的画法，如图 8-20 所示的旋转视图。旋转视图不必标注旋转方向和字母。

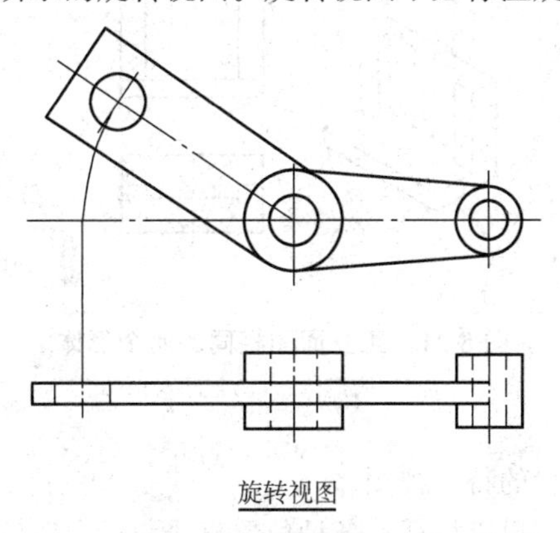

图 8-20　旋转视图的画法

8.4　组合体投影图的读法

画图是将三维空间的形体画成二维平面的投影图形过程，而读图是将二维平面的投影图形想象成三维空间的立体形状。简而言之，根据已知视图，想象出物体空间形状的过程，称为读图。读图的目的是培养读者的空间想象能力和读懂投影图的能力。读图与画图是非常重要的两个环节，读者需要掌握读图的基本方法，多读图、多画图，达到真正掌握阅读组合体投影图的能力，为阅读工程施工图打下良好的基础。

8.4.1　读图应具备的基本知识

(1)熟练运用“三等关系”。形体的三个投影图无论整体还是局部都具有长对正、高平齐、宽相等的三等关系。因此，正确应用三等关系是读图的基础。

(2)掌握基本形体的投影特征。熟练掌握基本几何体、简单组合体的形状特征和投影特征能有效地帮助我们阅读组合体的投影图，例如三棱柱、四棱柱、四棱台、圆柱和圆台等基本形体的投影特征。这些也是学习形体分析法的必备知识。

(3)灵活应用方位关系。三面投影图能反映出组合体的方位特征：平面图只能反映组合体的前后左右关系和顶面形状，无法反映组合体的上下关系；正立面图只能反映组合体的上下左右关系和正面形状，无法反映其前后关系；左侧立面图只能反映组合体的上下、前后关系和左面形状，无法反映组合体的左右关系。正确掌握投影图的这种特征，可以帮助我们理解基本形体在组合体中的位置关系。

(4)将几个投影图联系起来看。通常一个投影图不能反映形体的确切形状，有时两个投影图也不能确定形体的形状。形体三面投影图总是互相联系的，只有将它们联系起来看才能读懂形体的确切形状。

如图 8-21 所示的两个形体，其正立面图虽相同，但不能说明这两个形体是同一形体，观察其平面图后，就可得出它们是形状不同的两个形体。图 8-22(a)、(b)所示形体的正立面图和平面图即使都相同，仍然不能说明这两形体是同一形体，联系其左侧立面图后才能确切定出形体的形状。因此，看图时必须将有关视图联系起来看。对于柱体，主要从反映底面实形的视图来判断其形状特征，再利用其他视图确切定型。

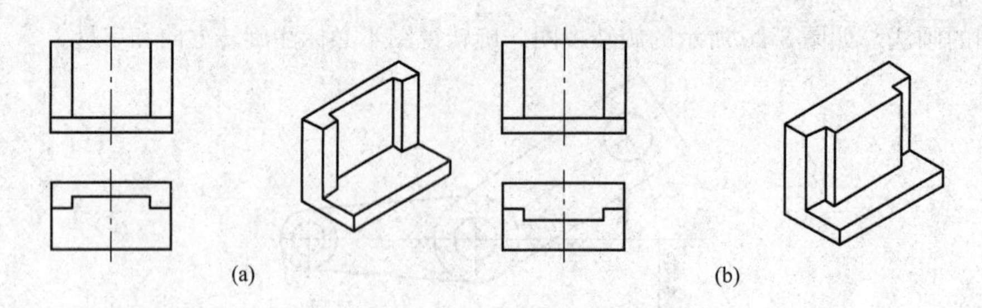

图 8-21　正立面图相同的两个形体

(a)带凹槽形体；(b)带凸台形体

(5)寻找最能反映形体形状的特征视图。

(6)各种位置直线和平面的投影特征。各种位置直线包括一般位置直线和特殊位置直线，特殊位置直线包括投影面的平行线和投影面的垂直线。各种位置平面包括一般位置平面和特殊位置平面，特殊位置平面又包括投影面的平行面和投影面的垂直面。掌握了各种位置直线和各种位置平面的投影规律，便于利用线面分析法来阅读组合体的投影图。

(7)线条和线框的含义。在投影图中，线条的含义不仅仅是形体棱线的投影，线框也不仅仅表示一个平面的投影，如图 8-23 所示。

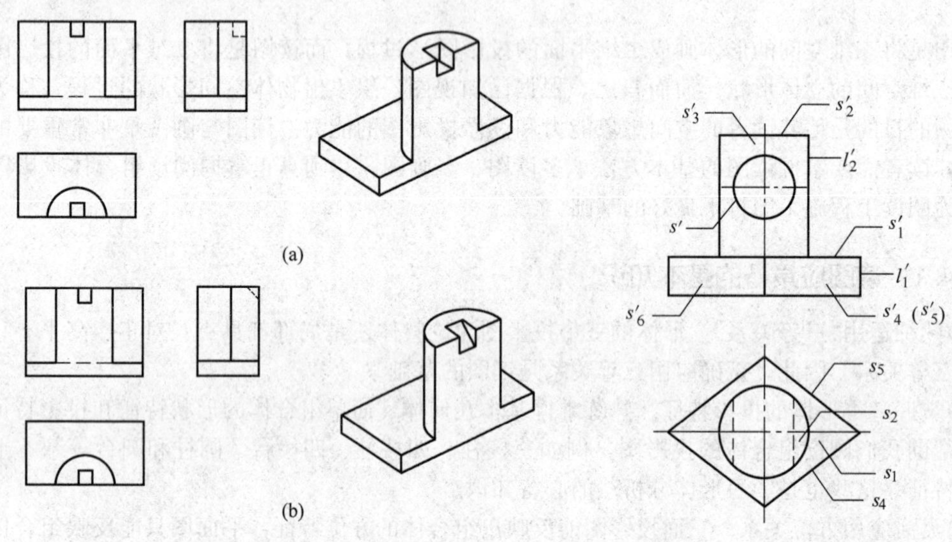

图 8-22　正立面图和平面图相同的两个形体

(a)带方槽形体；(b)带斜槽形体

图 8-23　线条与线框的含义

线条的含义可能是下面三种情况之一：

1)表示形体上两个面的交线(棱线)的投影，如 V 面投影中的线段 l_1'。

2)表示形体上平面的积聚投影，如 V 面投影中的平面 s_1'。

3)表示曲面体的转向轮廓线的投影，如 V 面投影中的线段 l_2'。

由此可见，理解了线条的含义对弄清楚投影图中线条是形体上的棱线、平面的积聚投影还是轮廓线的投影都具有十分重要的意义。

线框的含义可能是下面三种情况之一：

1)一个封闭的线框表示一个面，包括平面和曲面。如 H 面投影中 s_2 为圆柱顶面(平面)的投影、V 面投影中 s_3'为圆柱面(曲面)的投影。

2)一个封闭的线框表示两个或两个以上面的重影，如 V 面投影中的 $s_4'(s_5')$。

3)一个封闭的线框还可以表示一个通孔的投影，如 V 面投影中的 s'。

除此之外，相邻两个线框则是两个面相交，如 V 面投影中的平面 s_4'、s_6'；或是两个面相互错开，如 H 面投影中的平面 s_1、s_2。

分析线框含义的目的在于弄清楚投影图中的线框是代表一个面的投影还是两个或两个以上面的重影及通孔的投影；以及线框所代表的面在组合体上的相对位置。

(8)尺寸标注。根据三等关系，可以快速理解图意，弄清各基本形体在组合体中的相对位置。

8.4.2 读图方法

组合体投影图的阅读方法主要有形体分析法和线面分析法两种，一般将这两种方法结合起来使用，以形体分析法为主，线面分析法为辅。

1. 形体分析法

所谓形体分析法，就是通过对形体几个投影图的对比，先找到特征视图，然后按照投影图中封闭线框的含义，将特征视图分解成若干个封闭线框，按“三等关系”找出每一线框所对应的其他投影，并想出形状。然后再把他们拼装起来，去掉重复的部分，最后构思出该物体的整体形状。

换个角度讲，形体分析法就是根据投影图的对应部分，先将组合体假设分解为若干个基本形体，并想象出各基本形体的形状，再按各基本形体的相对位置，想象出组合体的基本形状，补画出组合体投影图中缺失的线条或根据组合体的两个投影补画第三个投影，达到读懂组合体投影图的目的。形体分析法多用于叠加型组合体。

2. 线面分析法

形体带有斜面，或某些细部结构比较复杂，可采用线面分析法来读图。分析物体表面的线、面形状和相对位置的方法，叫作线面分析法。具体来讲，此法就是根据各种位置直线和平面的投影特征，分析出形体的细部空间形状，即某一条线、某一个面所处的空间位置，从而想象出组合体的总体形状。

形体分析法和线面分析法是相互联系的，不能截然分开。对于比较复杂的图形，先用形体分析获得形体的大致整体形状后，对于其中不清楚的地方，有针对性地对每一条“线段”和每一个封闭“线框”进行分析，从而得到该部分的确切形状，来弥补形体分析法的不足。

总之，以上两种方法是相互联系、互为补充的，读图时应结合起来，灵活应用。

由以上分析，可以归纳出阅读组合体投影图的步骤：先粗看后细看，先用形体分析法后用线面分析法，先外部(实线)后内部(虚线)，先整体后局部，即“四先四后”。

【例 8-2】 根据组合体的 V 面、W 面投影，如图 8-24(a)所示，补画 H 面投影。

【解】 通过对组合体的 V 面投影、W 面投影，三等关系，方位关系的分析，可将该组合体看作由一个长方体和一个有缺口的四棱台组成。该缺口形状为一四棱台。进行线面分析：缺口的两侧面是正垂面，底面是水平面，它们的交线是四段正垂线。棱台的前后棱面是侧垂面，它与缺口下底面的交线是两段侧垂线，与缺口两侧面的交线是四段一般位置线。画图时，先画底板和四棱台，再画缺口的各条交线。

不难想象出该组合体的形状，如图 8-24(b)所示。解题步骤如下：

(1)利用长对正、宽相等的关系补画出长方体的 H 面投影，为一矩形线框。

(2)利用长对正、宽相等的关系补画出四棱台的 H 面投影，它由四棱台的上下面和侧面投影组成。

(3)同样利用长对正、宽相等的关系补画出缺口四棱台的 H 面投影，经检查修改后画出该组合体的 H 面投影，如图 8-24(c)所示。

(4)去掉多余的辅助线，加深线条，如图 8-24(d)所示。

在利用 W 面投影关系补画 H 面投影或利用 H 面投影关系补画 W 面投影时，宽相等的处理方法有两种。

(1)直接度量法：以投影图中的某一对应点为准，量取对应尺寸 y，来达到宽相等，如图 8-24(c)所示(读者做作业时，只需按此法量取尺寸，不必标注 y)。

(2)45°斜线法：以两个投影图中的某一对应点的投影图为准，过该点作右下斜 45°线，利用该线达到宽相等的目的，如图 8-24(c)所示。

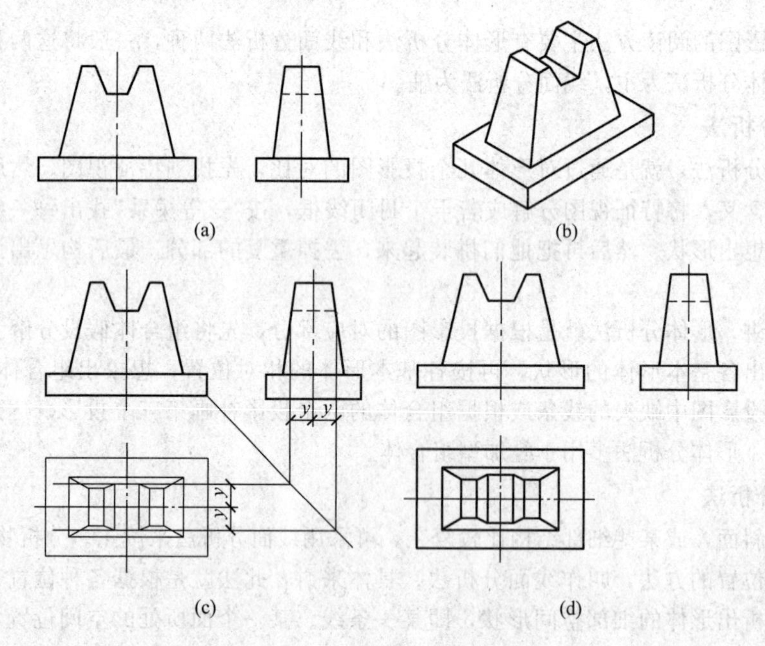

图 8-24　补画形体的 *H* 面投影

(a)V 面和 W 面投影；(b)组合体形状；(c)H 面投影；(d)H 面投影图

【例 8-3】 根据组合体的 V 面、W 面投影，如图 8-25(a)所示，补画 H 面投影。

【解】 该组合体可以看作切割型组合体，为一长方体经过几次切割后形成的形体。具体分析如下：

视频：【例 8-3】组合体

(1)将该形体看作长方体，利用侧垂面 R 切掉一个三棱柱，如图 8-25(b)所示。

(2)利用正垂面 P 左右各切掉一个三棱锥，如图 8-25(c)所示。

(3)从平面 S 在 V 面的投影为矩形 s' 及在 W 面的投影为虚线 s''，可以了解 S 为正平面。故该部分可以看作一个正平面和两个侧平面共同挖去一个带斜面的四棱柱而形成的槽，如图 8-25(d)所示。

经过以上分析，绘制该组合体的步骤如下：

1)根据三等关系在 H 面投影的位置补画出矩形线框。

2)由于 R 为侧垂面，其在 V 面投影 r' 的形状与其在 H 面的投影相似，据此可以画出与 r' 类似的线框 r。

3)由于 P 为正垂面，其在 W 面投影 p'' 的形状与其在 H 面的投影相似，据此可以画出与 p'' 类似的线框 p。

4)由于 S 为正平面，其在 H 面的投影为一条线段，根据对应关系可以画出该线段 s，画出槽的两个侧平面的 H 面投影。

5)整理加深图线，最终该组合体的 H 面投影，如图 8-25(e)所示。

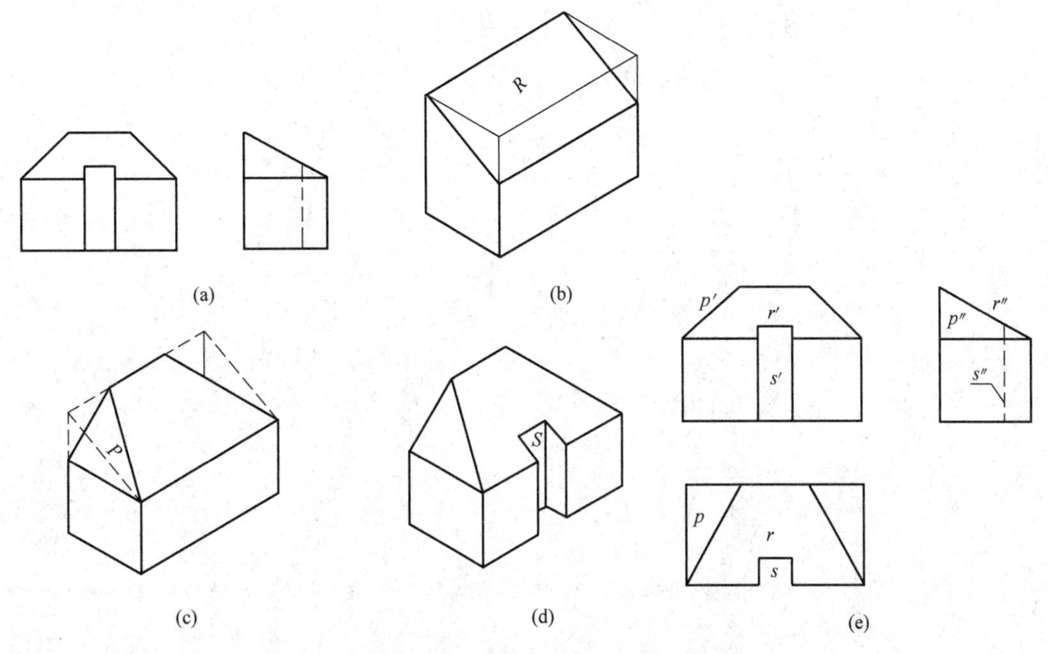

图 8-25　补画形体的 *H* 面投影

(a)V 面、W 面投影；(b)截去三棱柱；(c)左右截去三棱柱；(d)截出槽；(e)补全 H 面投影

【例 8-4】 根据组合体的三面投影，如图 8-26(a)所示，想象出该组合体的形状。

微课:【例 8-4】

【解】 通过对该组合体三面投影、三等关系、方位关系的分析，可将该组合体投影图划分为三部分，如图 8-26(b)所示。1 部分为水平面，H 面投影为长条形；2 部分为侧垂面，在 W 面上积聚为线段 $2''$；3 部分为正垂面，在 V 面上积聚为线段 $3'$。

经过线面分析后，结合该组合体各部分的相对位置，就可以想象出整个形状，如图 8-26(c)所示。

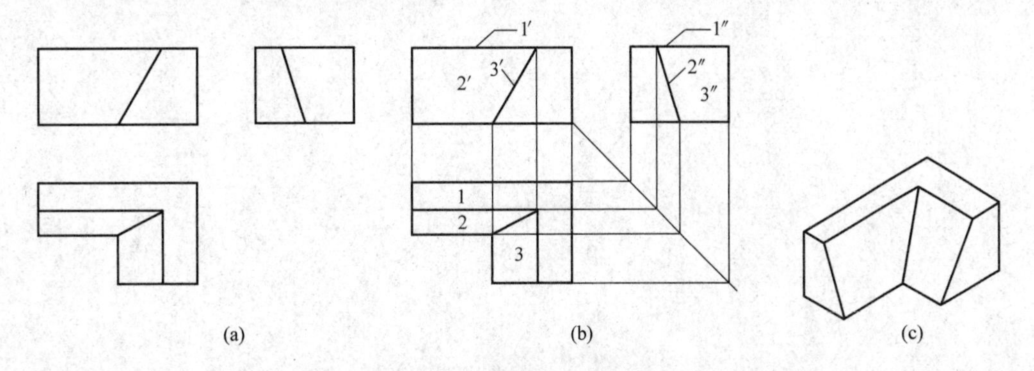

图 8-26　线面分析法看图

(a)组合体三面投影；(b)将组合体投影划分为三部分；(c)整个立体图形

1. 组合体的组合方式有哪些？各有什么特点？
2. 何谓形体分析法、线面分析法？

第 9 章　建筑形体表达

在建筑制图中，对于实际的建筑物（建筑形体），仅靠前面章节所述的三面投影的方法还不能准确、恰当地在图纸上表达形体的内外形状。国家标准规定了其他表示方法，本章将对其中常用的表示方法加以介绍。

建筑形体的基本投影图是用正投影的方法直接向互相垂直的投影面投射得到多面正投影图。如图 9-1 所示，图中正六面体的六个面为投影面，将得到的投影图展开摊平在与 V 面共面的平面上，得到六个基本投影图。

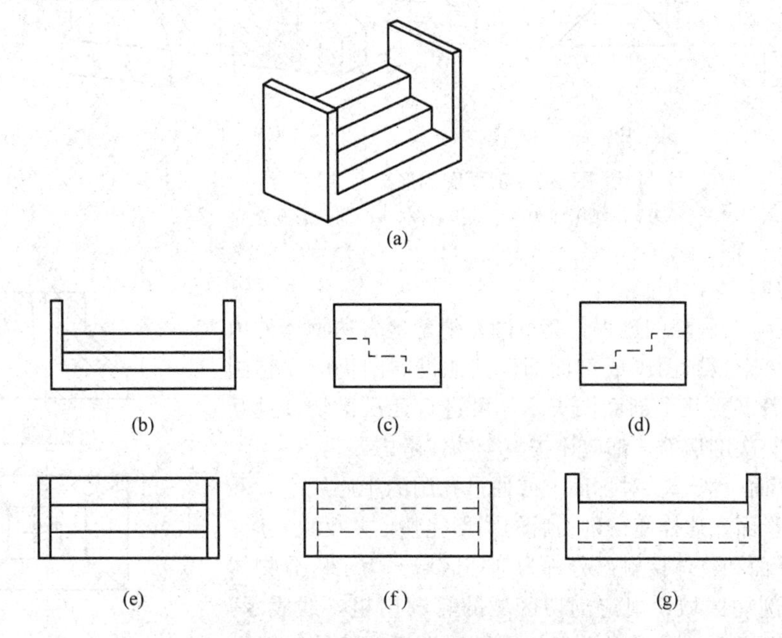

图 9-1　投影图的形成及布置

(a)模型；(b)正立面图；(c)左侧立面图；(d)右侧立面图；(e)平面图；(f)底面图；(g)背立面图

9.1　剖面图

9.1.1　剖面图的形成

如图 9-1 所示，在画基本投影图时，规定可见轮廓线用实线表示，不可见轮廓线用虚线表示。这样当形体更复杂时，投影图中会出现更多的虚线，实虚线密集、交叉，内外层次不分明，混淆不清，使图样不够清晰，给绘图、读图带来很大困难，因此，在绘图时常采用“剖切”的方法来解决形体内部结构形状的表达问题。

使用剖切面（平面或曲面）剖开物体，将处在观察者和剖切面之间的部分移去，而将其余部分向投影面投射所得的图形称为剖面图。图 9-2(b)所示为基础形体的正面和水平面投影图，基础内槽投影出现了虚线，使图面不清楚。如图 9-2(c)所示，假想用一个通过基础形体前后对称的平面 P 剖开基础形体，将处在观察者和剖切面之间的部分移去，而将其余部分向投影面 V 投射所得的图形称为剖面图。剖开基础形体的平面 P 称为剖切平面。基础形体剖开后，其内槽可见，如图 9-3 所示，并用粗实线表示，避免了画虚线，这样能使基础形体内部形状表达更清晰。

微课：剖面图的形成

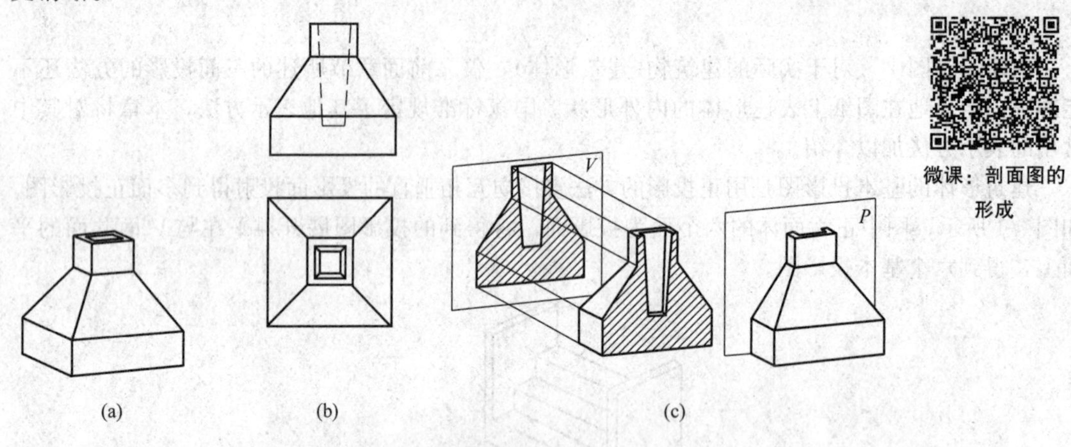

图 9-2　剖面图的形成

(a)基础模型图；(b)基础投影图；(c)剖切的概念

作剖面图应注意以下几点：

(1)剖切是一个假想的过程，其目的是清楚地表达物体的内部形状。因此一个投影图画成剖面图，其他投影图仍应完整画出。同一物体若需要几个剖面图表示，可进行几次剖切，且互不影响。在每一次剖切前，都应该按整个物体考虑。

(2)剖切平面一般选在对称面上或通过孔洞的中心线上，并平行于某一投影面，这样使得剖切后的图形完整，并反映实形。

(3)剖切平面和物体接触部分称为剖切区域。为了区分物体的主要轮廓与剖切区域，规定剖切区域的轮廓用粗实线表示，并在剖切区域内画上表示材料类型的图例。常用的建筑材料图例见表 9-1。剖切平面后面的物体的主要轮廓线用中实线表示。剖面图中一般不画虚线。

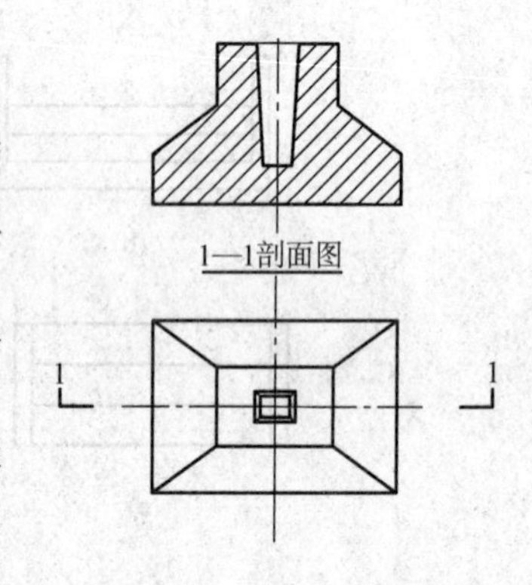

图 9-3　剖面图的画法

表 9-1　常用的建筑材料图例

序号	名称	图例	备注
1	自然土壤		包括各种自然土壤
2	夯实土壤		—
3	砂、灰土		—
4	砂砾石、碎砖三合土		—
5	石材		—

续表

序号	名称	图例	备注
6	毛石	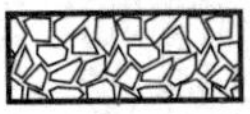	—
7	实心砖、多孔砖	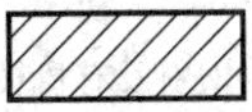	包括普通砖、多孔砖、混凝土砖等砌体
8	耐火砖	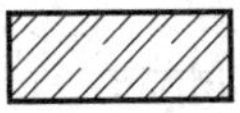	包括耐酸砖等砌体
9	空心砖、空心砌块		包括空心砖、普通或轻骨料混凝土小型空心砌块等砌体
10	加气混凝土	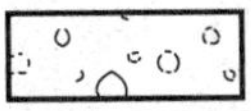	包括加气混凝土砌块砌体、加气混凝土墙板及加气混凝土材料制品等
11	饰面砖		包括铺地砖、玻璃马赛克、陶瓷马赛克、人造大理石等
12	焦渣、矿渣	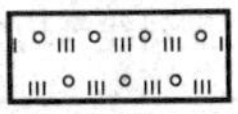	包括与水泥、石灰等混合而成的材料
13	混凝土	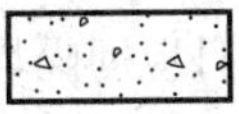	1. 包括各种强度等级、骨料、外加剂的混凝土 2. 在剖面图上绘制表达钢筋时，则不需绘制图例线 3. 断面图形较小，不易绘制表达图例线时，可填黑或深灰(灰度宜70%)
14	钢筋混凝土		
15	多孔材料		包括水泥珍珠岩、沥青珍珠岩、泡沫混凝土、软木、蛭石制品等
16	纤维材料	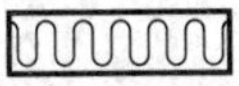	包括矿棉、岩棉、玻璃棉、麻丝、木丝板、纤维板等
17	泡沫塑料材料	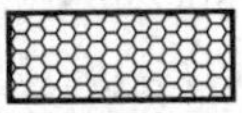	包括聚苯乙烯、聚乙烯、聚氨酯等多聚合物类材料
18	木材		1. 上图为横断面，左上图为垫木、木砖或木龙骨 2. 下图为纵断面
19	胶合板	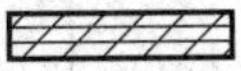	应注明为×层胶合板
20	石膏板	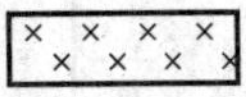	包括圆孔或方孔石膏板、防水石膏板、硅钙板、防水石膏板等
21	金属		1. 包括各种金属 2. 图形较小时，可填黑或深灰(灰度宜70%)
22	网状材料		1. 包括金属、塑料网状材料 2. 应注明具体材料名称
23	液体	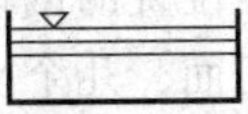	应注明具体液体名称
24	玻璃		包括平板玻璃、磨砂玻璃、夹丝玻璃、钢化玻璃、中空玻璃、夹层玻璃、镀膜玻璃等

续表

序号	名称	图例	备注
25	橡胶		—
26	塑料		包括各种软、硬塑料及有机玻璃等
27	防水材料		构造层次多或比例大时，可采用本图例
28	粉刷		本图例采用较稀的点

注：1. 本表中所列图例通常在 1∶50 及以上比例的详图中绘制表达。
2. 如需表达砖、砌块等砌体墙的承重情况时，可通过在原有建筑材料图例上增加填灰等方式进行区分，灰度宜为 25%左右。
3. 序号 1、2、5、7、8、14、15、21 图例中的斜线、短斜线、交叉斜线等均为 45°

(4)图例中的斜线一律画成与水平线呈 45°的细实线，且应间隔均匀，疏密适度。

9.1.2 剖面图的标注

1. 剖切符号

剖面图的剖切符号是由剖切位置和投射方向线组成，均用粗实线表示。剖切位置线长度为 6～10 mm，投射方向线和剖切位置垂直，长度为 4～6 mm。剖切符号不能与图形轮廓线相交。

2. 剖切符号编号

剖切符号编号采用阿拉伯数字从小到大连续编写，在图上按照从左到右、从上到下的顺序编写，注写在投射方向线的端部，如图 9-4 所示。

3. 剖面图的标注

(1)在剖切平面的迹线的起、止、转折处标注剖切位置线，在图形外的剖切位置线两端画出投射方向线。在投射方向线端部注写剖切符号编号，如图 9-4 中的“1—1”。如果剖切位置线需要转折时，应在转角处注上相同的数字，如图 9-4 中的“3—3”。

(2)在剖面图下方标注剖面图名称，如“×－×剖面图”，在图名下画一条水平粗实线，其长度应以图名长度为准，如图 9-3 中的“1—1 剖面图”。

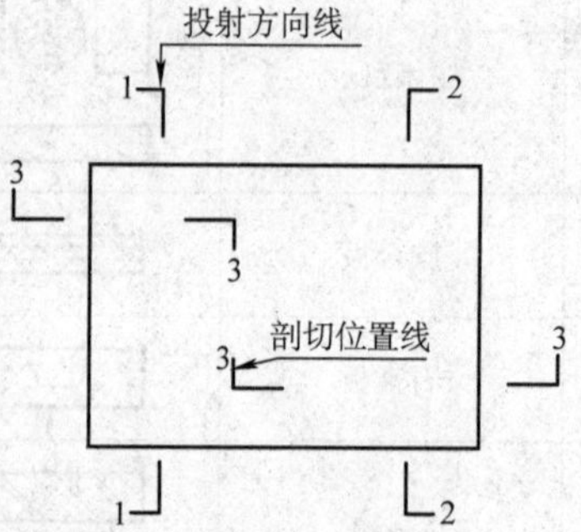

图 9-4 剖面图标注

9.1.3 剖面图的种类及画法

1. 剖切面的种类

由于物体内部形状结构比较复杂，常选用不同数量、位置的剖切平面来剖切物体，才能把它们内部的结构形状表达清楚。常用的剖切面有单一剖切面、几个平行的剖切平面和几个交叉的剖切平面。

(1)单一剖切面。这是一种最简单、最常用的剖切方法，适用于用一个剖切面就能把内部形状表示清楚的形体，如图 9-3 所示。

(2)几个平行的剖切平面。有些物体内部形状复杂或层次较多，用一个平面剖切不能全部显示出来，可用两个或两个以上的互相平行的剖切平面剖切，如图 9-5 所示。从图中可以看出，几个互相平行的平面可以看成将一个剖切面转折成几个互相平行的平面。因此这种剖切也叫作阶梯剖切。

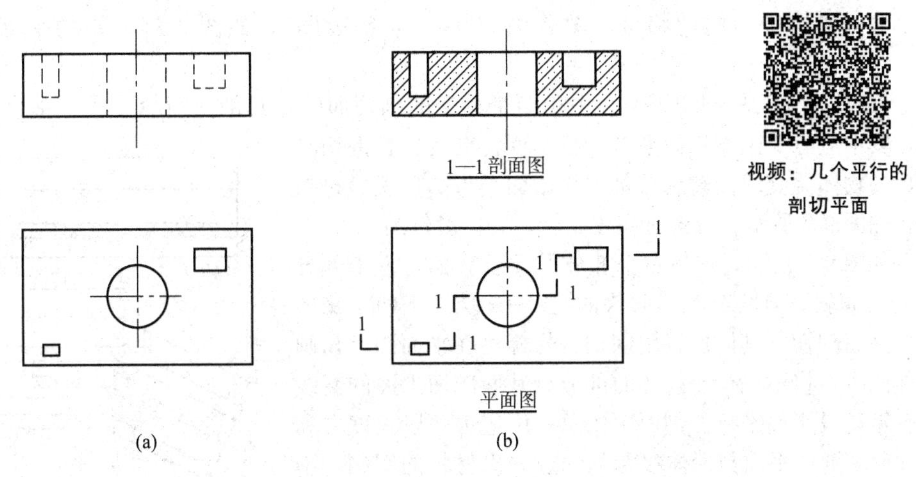

图 9-5　三个平行的剖切平面

(a)剖切前的平面图和立面图；(b)剖切后的平面图与 1—1 剖面图

如图 9-5(a)所示物体，具有三个不同形状和不同深度的孔，平面图虽然能将孔的形状和位置反映出来，但各孔的深度不清楚。如图 9-5(b)所示，如果用三个平行于 *V* 面的剖切平面进行剖切，所得到的剖视图即可表达各孔的深度。

如图 9-6 所示，建筑物上的门和窗的长度和宽度在平面图和正立面图上根本表现不出来，我们采取阶梯剖切，在想要看到的部位剖切后得到 1—1 剖面图，从此图中就可以看到窗和门的高度。

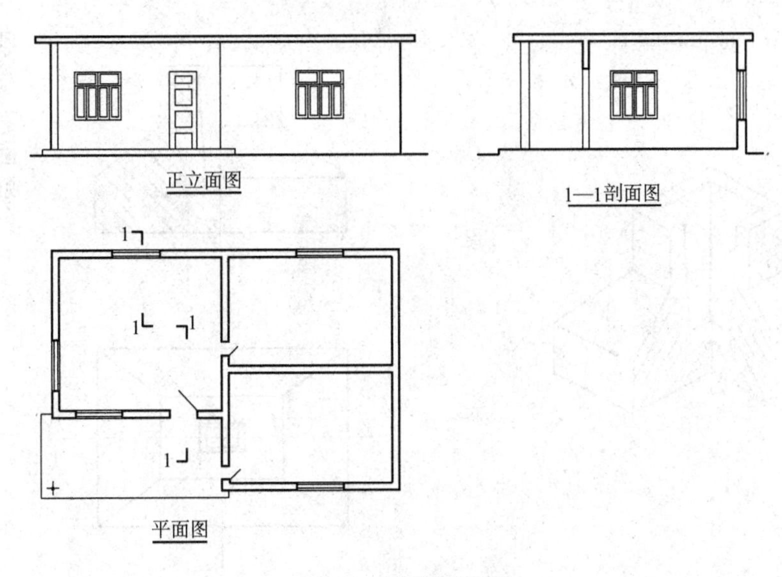

图 9-6　阶梯剖面图

采用阶梯剖切画剖面图应注意以下几点：

1)画剖面图时，应把几个平行的剖切面视为一个剖切平面，在剖面图中，不可画出两平行的剖切面所剖到的两个断面在转折处的分界线；同时，剖切平面转折处不应与图形轮廓线重合。

2)标注剖切符号时，在剖切平面起、止、转折处都要画上剖切位置线，投射方向线与图形外起、止剖切位置线垂直。为使转折的剖切位置线不与其他图线发生混淆，应在转折处的外侧加注与该符号相同的编号，图名仍为"×—×剖面图"，如图 9-5(b)中的平面图和图 9-6 所示。

(3)几个交叉的剖切平面。采用两个相交的剖切面时，其剖切面的交线应垂直于某一投影面，其中应有一个剖切面平行于投影面。剖切后将剖切平面后的物体绕交线旋转到与基本投影面平行的位置后再投影，如图 9-7 所示，画图时应先旋转，后投影作图。

如图 9-7 所示，形体右半部分平行于 V 面，左半部分与 V 面倾斜，有两个不同形状的孔。采用 1－1 两相交的剖切平面剖切，具体位置用剖切符号标注在平面图上，画剖面图时，将不平行于投影面部分绕其两剖切平面的交线旋转至与投影面平行。剖面图的总长度应为两段长度之和 $(a+b)$。剖切平面与形体接触的部分画出材料的图例，不画剖切平面的转折交线，图名标注上加"旋转"二字。这样即可表示出不在同一平面内两孔的深度。

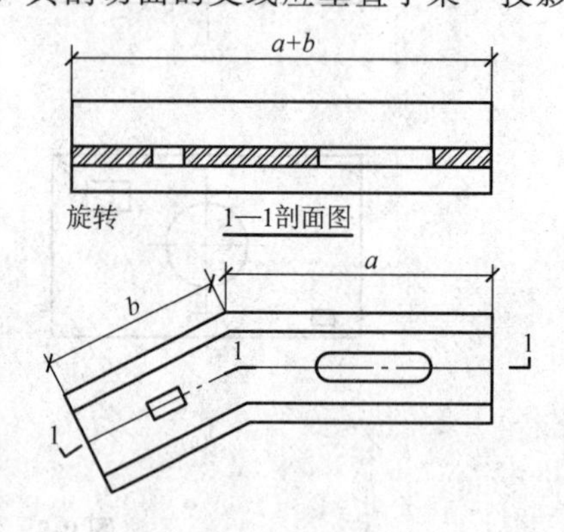

图 9-7　两个相交的剖切面

2. 剖面图的分类

根据被剖切的范围，剖面图可分为全剖面图、半剖面图和局部剖面图。

(1)全剖面图。用剖切面完全地剖切物体所得的剖面图称为全剖面图，如图 9-3、图 9-5、图 9-6 和图 9-7 所示。

(2)半剖面图。当物体具有对称平面时，在垂直于对称平面的投影面上所得的投影，可以以对称中心线为界，一半画成剖面图，另一半画成投影图。这样的剖面图就称为半剖面图，如图 9-8 所示。

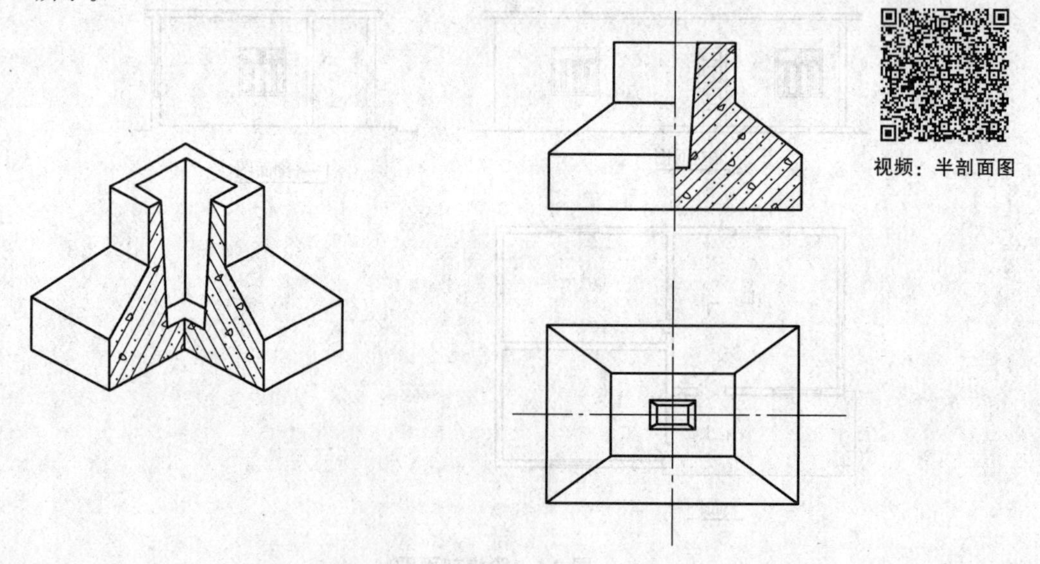

图 9-8　半剖面图的画法

注意：画半剖面图时，应注意投影图与剖面图的分界线应为中心线，不应画为粗实线。

(3)局部剖面图。只有局部内部结构需要用剖视图表示时，也可采用局部(多层构造可采用局部分层)剖切。用剖切平面局部地剖开物体所得到的剖面图称为局部剖面图，如图 9-9 所示。作局部剖面图时，剖切平面的范围与位置应根据物体需要而定，剖面图与原投影图用波浪线分开，波浪线表示物体断裂处的边界线的投影，因而，波浪线应画在物体的实体部分，不得与轮廓线重合。

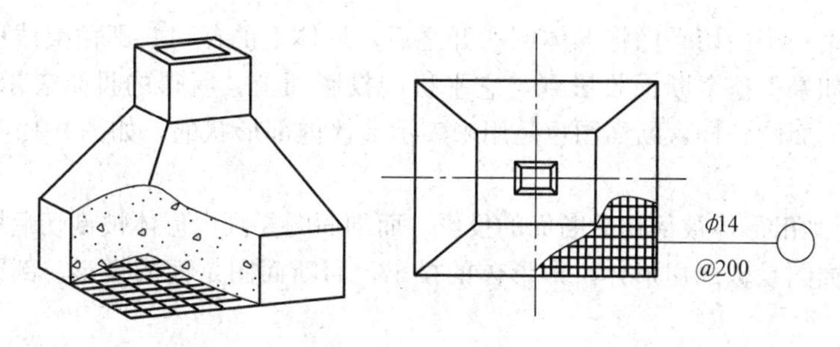

图 9-9　局部剖面图

如图 9-10 所示，两个相互连接的管，其中两管的外形及左边管的壁厚均已表示清楚。两管连接处的内部情况及右边管的壁厚，则可采用局部剖切的形式表示，如图 9-10(b)所示。

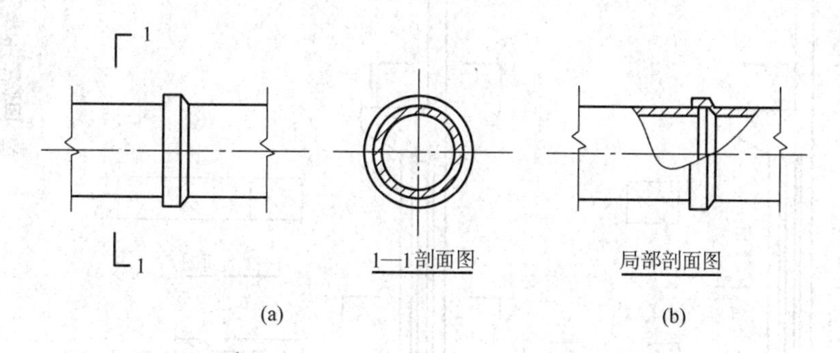

图 9-10　局部剖切

(a)剖面图；(b)局部剖面图

用几个互相平行的剖切平面分别将物体局部剖开，把几个局部剖面图重叠画在一个投影图上，用波浪线将各层的投影分开，这样的剖切称为分层剖切，如图 9-11 所示。分层剖切主要用来表达物体各层不同的构造做法，分层剖切一般不标注。

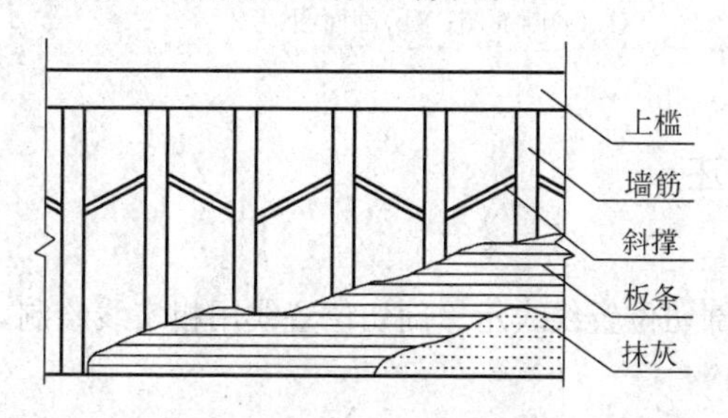

图 9-11　分层剖面图

9.2 断面图

9.2.1 断面图的形成

如前所述，用一个剖切平面将形体剖切开之后，形体上的截口，即截交线所围成的平面图形，称为断面。如果把这个断面投影到与它平行的投影面上，所得的投影表示出断面的实形，称为断面图。与剖面图一样，断面图也是用来表示形体内部形状的，如图 9-12 所示。剖面图与断面图的区别在于：

(1)断面图只画出形体被剖切后断面的投影，而剖面图要画出形体被剖切后整个余下部分的投影。可以说剖面图是被剖切形体，即形体的投影，而断面图是面的投影，剖面图必然包含断面图在内。

(2)剖切符号的标注不同。断面图的剖切符号只画出剖切位置线，不画出剖视方向线，而只用编号的注写位置来表示剖视方向，编号注写在哪一侧，就向哪一侧投影。

(3)剖面图中的剖切平面可以转折，断面图中的剖切面则不转折。

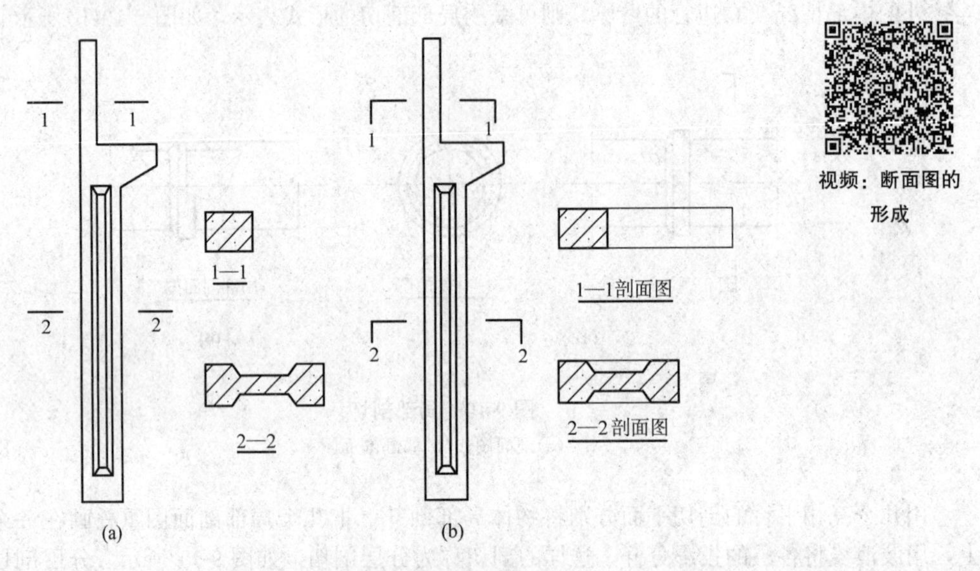

图 9-12　剖面图与断面图的区别

(a)断面图；(b)剖面图

9.2.2 断面图的标注

1. 剖切符号

断面图中剖切符号由剖切位置线表示。剖切位置线用粗实线绘制，长度为 6～8 mm。

2. 剖切符号编号

剖切符号编号与剖面图相同。

3. 断面图的标注步骤

断面图的标注步骤如图 9-12(a)所示：

(1)在剖切平面的迹线上标记剖切位置线。

(2)在剖切位置线一侧注写剖切符号编号，编号所在一侧表示该断面剖切后的投射方向。

(3)在断面图下方标注断面图名称，如“×－×”。并在图名下方画一等长的水平粗实线。

9.2.3 断面图的种类及画法

1. 移出断面图

断面图画在投影图以外，称为移出断面图。例如图 9-12(a)所示的牛腿柱的断面图。移出断面图用粗实线画出，并在断面图上画出材料图例。

如果移出断面图的图形是对称的，则应将其断面图的图形紧靠投影图放置，并延长剖切平面的剖切位置线作为断面图的对称中心线，如图 9-13 所示，即可省略剖切符号和编号。

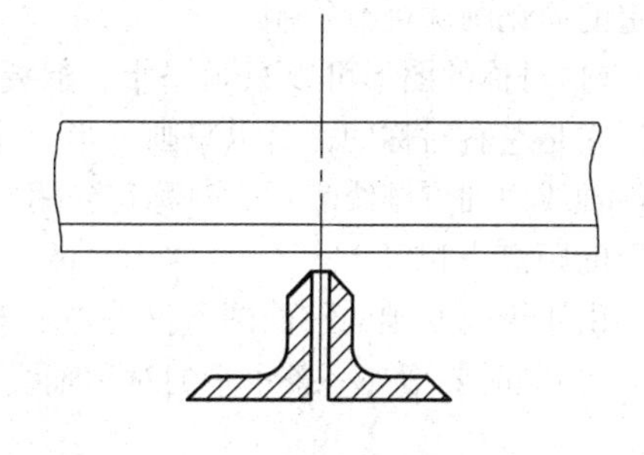

图 9-13 断面图的对称中心线

2. 重合断面图

断面图直接画在投影图轮廓线以内，称为重合断面图。如图 9-14 所示的角钢的重合断面图，是假想把剖切得到的断面图形，沿直线由左向右旋转后，重合在视图内而成。重合断面图的轮廓线用粗实线画出，画在原来视图上的轮廓线与断面重叠的部分，应完整地画出，不间断。重合断面图可省略剖切符号和编号的标注。这种画法常用来表示墙立面装饰，如图 9-15 所示。

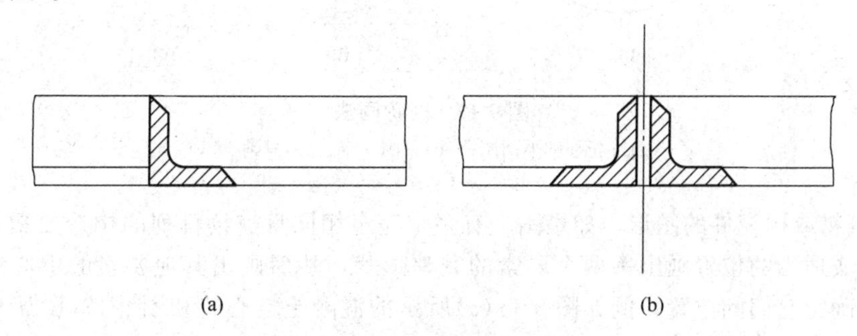

图 9-14 角钢的重合断面图

(a)单个角钢的重合断面图；(b)对称角钢的重合断面图

3. 中断断面图

对于细长杆件，断面图也可画在杆件的中断处，如图 9-16 所示，这种断面图称为中断断面图。中断断面图也不必标注剖切符号和编号。

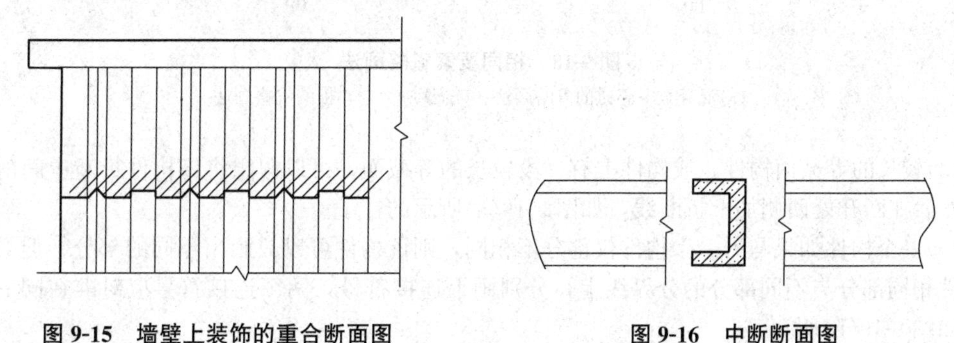

图 9-15 墙壁上装饰的重合断面图　　**图 9-16 中断断面图**

9.3 简化画法

为了节省时间，高效绘图，绘图时可按照《房屋建筑制图统一标准》(GB/T 50001—2017)中规定的简化画法进行绘制。

(1)对称的图形可以只画一半，但要加上对称符号。如图 9-17(a)所示的锥壳基础平面图，因为它是左右对称的，可以只画一半，并在对称轴线的两端加上对称符号，如图 9-17(b)所示。对称轴线用细点画线表示。对称符号用一对细实线表示，长度为 6～10 mm。两端的对称符号到图形的距离应相等。

由于锥壳基础的平面图不仅是左右对称，而且上下对称，因此还可以进一步简化，只画其 1/4，但同时要增加一条水平的对称轴线和对称符号，如图 9-17(c)所示。

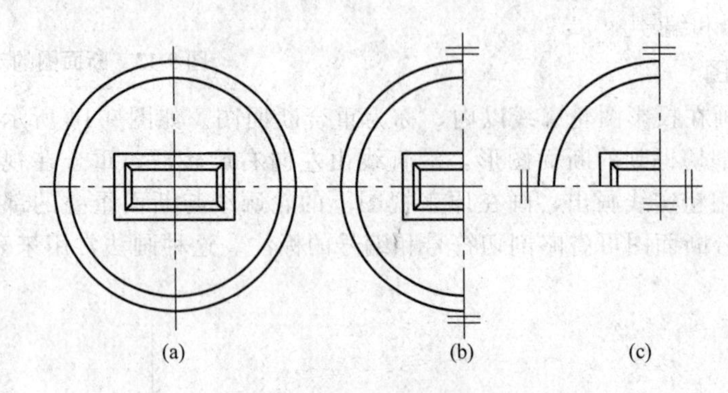

图 9-17 对称画法

(a)锥壳基础平面图；(b)只画一半；(c)只画 1/4

(2)建筑物或构配件的图形，如果图上有多个完全相同且连续排列的构造要素，可以只在排列的两端或适当的位置画出一两个要素的完整形状，然后画出其他要素的中心线或中心线的交点，以确定它们的位置，例如图 9-18(a)所示的混凝土空心砖和图 9-18(b)所示的预应力空心板。

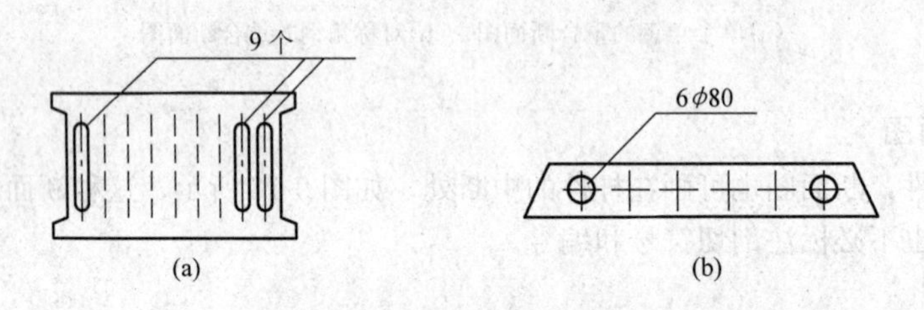

图 9-18 相同要素省略画法

(a)混凝土空心砖的省略画法；(b)预应力空心板的省略画法

(3)较长的等截面构件，或构件上有一段较长的等截面，可以假想将该构件折断中间的一部分，然后在断开处两侧加上折断线，如图 9-19(a)所示的柱子。

(4)一个构件如果与另一个构件仅部分不相同，则该构件可以只画出不同的部分，但要在两个构件相同部分与不同部分的分界线上，分别画上连接符号，两个连接符号应对准在同一条线上，如图 9-19(b)所示。

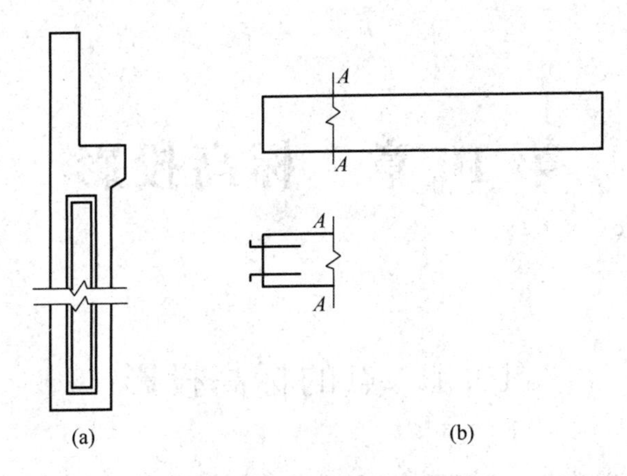

图 9-19　折断省略画法

(a)柱子的省略画法；(b)两构件相同部分的省略画法

思考题

1. 建筑形体的基本投影图有哪些？
2. 剖面图和断面图是如何形成的？它们的设置目的有何不同？
3. 剖面图和断面图如何进行标注？
4. 剖面图和断面图的常用画法有哪些？
5. 常用的简化画法有哪些？

第 10 章　标高投影

10.1　点的标高投影

在水平投影面上，以数字标注高程的方法称为标高投影法。这些标注了高程的曲线称为等高线。

点可以看成没有大小与形状的几何质点，故只需给出其水平投影及其到投影面的距离，便可确定其空间位置。如图 10-1(a)所示，点 A 位于水平投影面 H 上方 2 个单位，点 B 位于 H 面下方 2 个单位，点 C 位于 H 面上方 4 个单位，点 D 位于 H 面内。作出它们在 H 面上的正投影，并在其投影旁标注出距水平投影面 H 的高度值，如图 10-1(b)中的 a_2、b_{-2}、c_4、d_0 各点，即是点 A、B、C、D 的标高投影。显然，根据点的标高投影就能确定点在空间中的位置。在标高投影中，将水平投影面 H 作为度量各点高度的基准面，规定其高度为零，点到水平投影面 H 的距离称为标高，高于 H 面时为正，低于 H 面时则为负。

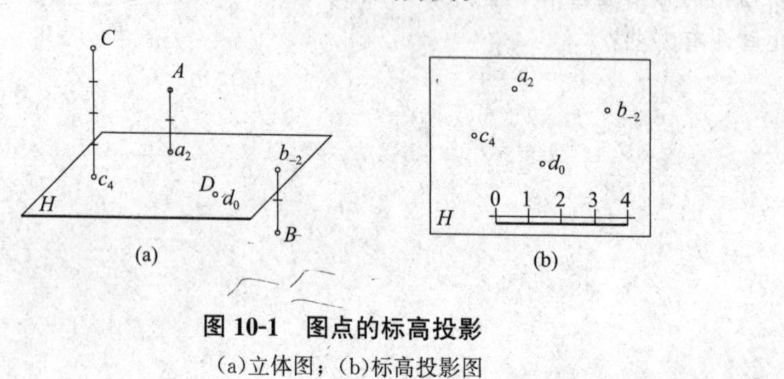

微课：点的标高投影

图 10-1　图点的标高投影

(a)立体图；(b)标高投影图

在我国的大地测绘中，水平基准面 H 是以青岛附近黄海海平面的平均值为零标高基准面，并将以此海平面为基准的标高称为绝对标高，也称海拔或高程。为了充分确定形体的空间位置，在标高投影中必须给出绘图的比例与方位，一般用带有刻度的线比例尺和指北针进行表示。比例尺的刻度单位一般为 m，可不注明，否则应予注明。

10.2　直线的标高投影

10.2.1　直线的标高投影表示方法

在直线的 H 面投影 ab 上，标出它的两个端点 a 和 b 的标高，例如 a_2b_3(图 10-2)就是直线 AB 的标高投影。

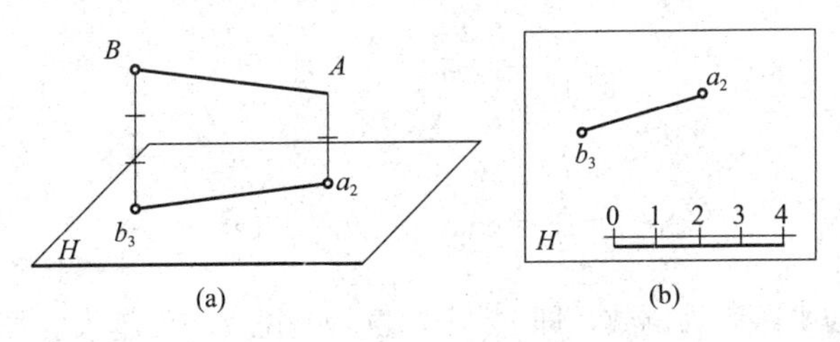

微课：直线的标高投影

图 10-2　直线的标高投影

(a)立体图；(b)标高投影图

10.2.2　直线的实长和倾角

如图 10-3 所示，求直线 AB 的实长及它与基准面的倾角，可用换面法，即过 AB 作一基准面 H 的垂直面 V_1，将 V_1 面绕其与 H 面的交线 a_2b_3 旋转，使其与 H 面重合。作图时，只要分别过 a_2 和 b_3 引线垂直于 a_2b_3，并在所引垂线上按比例尺分别截取相应的标高数 2 和 3，得点 A 和 B。AB 的长度即为所求实长。AB 与 a_2b_3 间的夹角 α 就是所求的倾角。

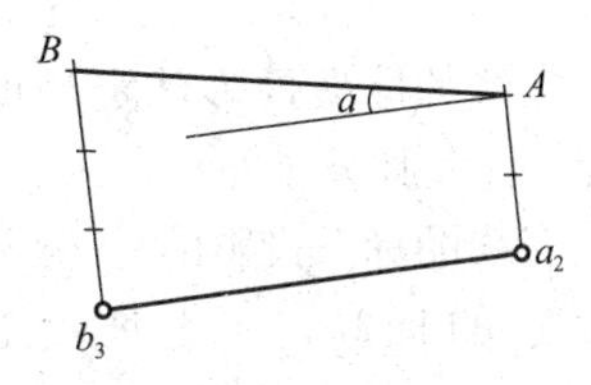

图 10-3　直线的实长和倾角

10.2.3　直线的刻度

直线上的整数标高点即直线的刻度。定刻度时，仍采用换面法，按图 10-4 所示的方法作图。已知直线 AB 的标高投影 $a_{2.5}b_{5.7}$，则在任意位置处，作一组与 $a_{2.5}b_{5.7}$ 平行的等距直线，并把最靠近 $a_{2.5}$ 的一根平行线作为标高等于 2 的整数标高线，其余顺次为标高等于 3、4、5 的整数标高线。自点 $a_{2.5}$ 和 $b_{5.7}$ 引线垂直于 $a_{2.5}b_{5.7}$，在所引垂线上，结合各整数标高线，按比例插值定出点 A 和 B。连接 AB，它与整数标高线的交点Ⅲ、Ⅳ、Ⅴ就是 AB 上的整数标高点。过这些点向 $a_{2.5}b_{5.7}$ 引垂线，垂足 3、4、5 即为 $a_{2.5}b_{5.7}$ 上整数标高的点。不难看出，这些点之间的距离是相等的。如果所作的一组等高线间的距离均按给定比例尺取一单位，则可同时得到 AB 的实长和对 H 面的倾角。

10.2.4　直线的坡度与平距

直线的坡度 i，就是当其水平距离为 1 个单位时的高差(图 10-5)。直线的平距 l，就是当高差为 1 个单位时的水平距离。例如，已知直线 AB 的标高投影 a_2b_4，它的长度，即 AB 的水平距离为 L，AB 两点间的高差为 I，则直线的坡度为

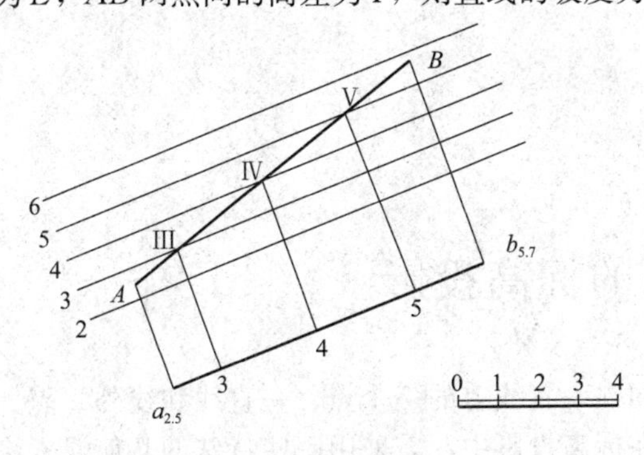

图 10-4　直线的刻度

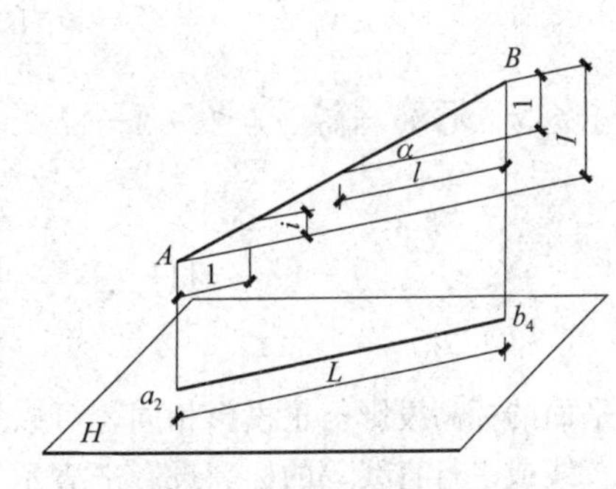

图 10-5　直线的坡度和平距

$$i=\frac{I}{L}=\tan\alpha$$

直线的平距为

$$l=\frac{L}{I}=\cot\alpha$$

由此可见，直线的坡度与平距互为倒数，即 $i=\frac{1}{l}$，也就是说，坡度越大，平距越小；坡度越小，则平距越大。

在图 10-5 中，量得 a_2b_4 的长度 $L=6$，a_2 和 b_4 间的高差 $I=4-2=2$。于是

$$i=\frac{2}{6}=\frac{1}{3}；\ l=3$$

直线的标高投影确定刻度后，单位标高刻度之间的距离，就是一个平距。

直线的标高投影的另一形式是在直线的 H 面投影上只标出一个点的标高，注上坡度和画上表示直线坡度方向的箭头(图 10-6)。

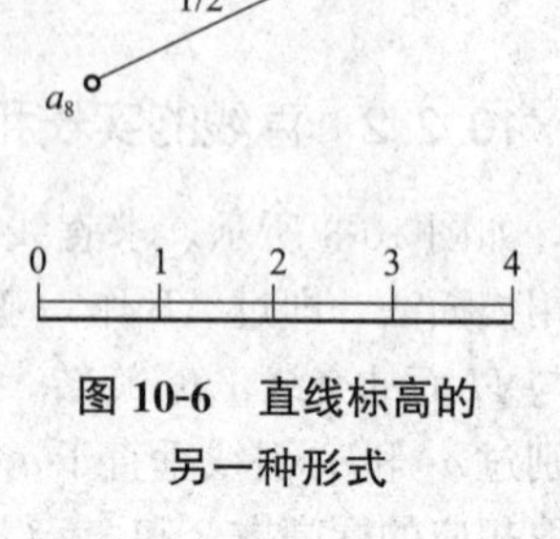

图 10-6 直线标高的另一种形式

【例 10-1】 试求图 10-7 所示直线上一点 C 的标高。

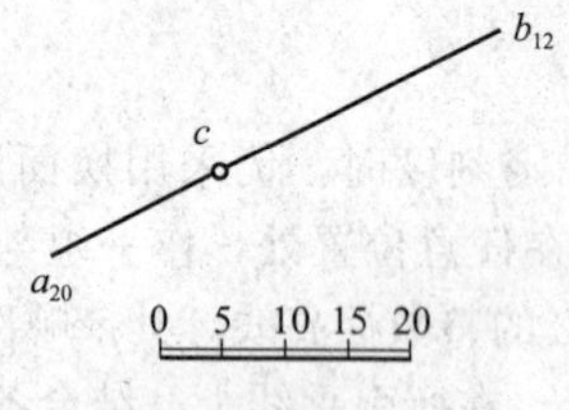

图 10-7 例 10-1 图

微课：【例 10-1】

【解】 本题可用图 10-4 所示的图解法求解，下面只介绍数解法。

先求 i 或 l。按比例尺量得 $L=40$，经计算得

$$I=20-12=8$$

$$i=\frac{I}{L}=\frac{8}{40}=\frac{1}{5}$$

或

$$l=\frac{1}{i}=5$$

再按比例量得 ac 间的距离为 15，则根据 $i=\frac{I}{L}$ 得

$$\frac{1}{5}=\frac{I}{15}，即\ I=3$$

于是，点 C 的标高应为 $20-3=17$。

10.3 平面的标高投影

平面的标高投影与正投影相同，可以用不同在一直线上的三个点、一直线和线外一点、两相交直线或平行直线等的标高投影来表示。但在标高投影中，需采用一些特殊的几何元素将平面表示出来。

10.3.1 平面上的等高线

图 10-8 所示画出一个平行四边形 $ABCD$ 表示平面 P。图中 AB 是平面 P 的水平迹线 P_H。如果以一系列平行于基准面 H 且距离为 1 个单位的水平面截割平面 P，则得到平面 P 上一组水平线Ⅰ—Ⅰ、Ⅱ—Ⅱ等，它们的 H 面投影为 1—1、2—2 等，称为等高线。为了简化，在实际应用中常将平面上有整数标高的水平线作为等高线，并将 P_H 作为高程为零的等高线。平面 P 的等高线都是直线，且相互平行，平距相等。

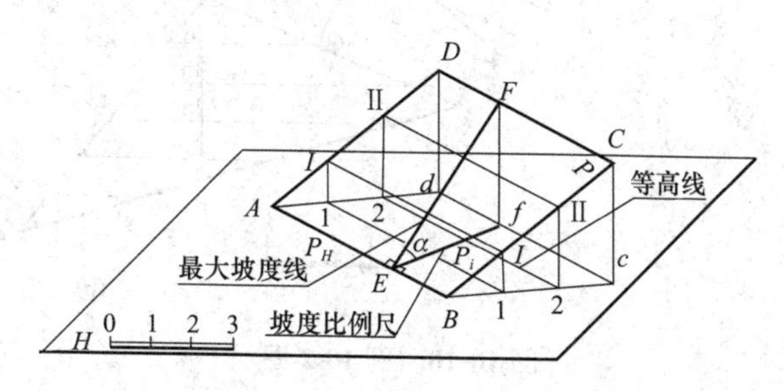

图 10-8 平面的标高投影

10.3.2 平面的最大坡度线、坡度比例尺

在 P_H 上取任一点 E，引平面 P 上的最大坡度线 EF。它的 H 面投影 Ef 垂直于 P_H。直线 Ef 的平距与平面 P 的平距相等。在标高投影中，把画有刻度的最大斜度线 Ef 标注为 P_i，称为平面 P 的坡度比例尺。一般将其画成一粗一细的双线，使其与一般直线有所区别，并附以整数标高。坡度比例尺垂直于平面的等高线，它的平距等于平面的平距，因而坡度比例尺 P_i 可以唯一确定平面 P[图 10-9(a)]。根据坡度比例尺，可作出平面的等高线[图 10-9(b)]。平面上最大坡度线与它的 H 面投影之间的夹角 α，就是平面对 H 面的倾角。如果给出 P_i 和比例尺，就可以用图 10-9(c)所示的方法求出倾角 α。先按比例尺作出一组平行于 P_i 的整数标高线，然后在相应标高线上定出点Ⅱ和Ⅶ，连接Ⅴ、Ⅶ，它与 P_i 的夹角就是平面 P 的倾角。此作法实质上是作出过 P_i 且垂直于平面 P 的辅助面(⊥H 面)的辅助投影。

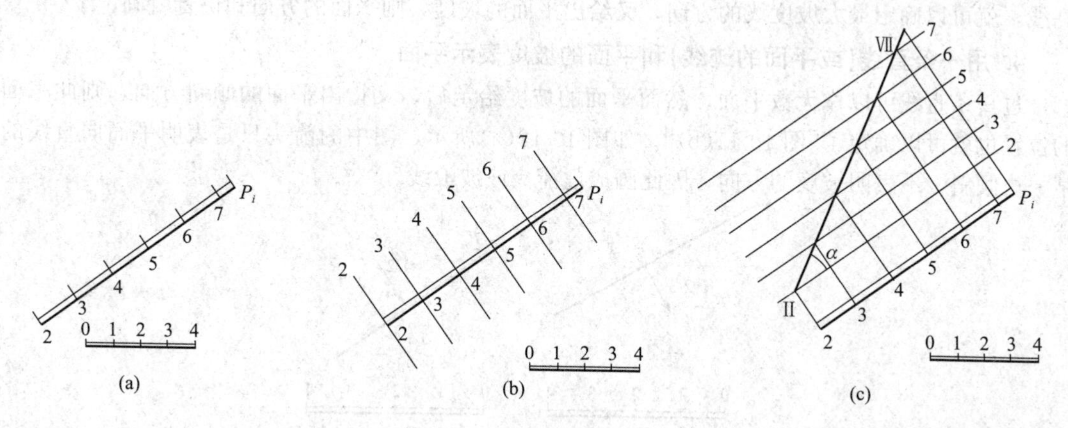

图 10-9 坡度比例尺

(a)用坡度比例尺表示平面；(b)根据坡度比例尺作平面的等高线；(c)根据坡度比例尺求倾角

【例 10-2】 已知一平面 Q，由 $a_{7.2}$、$b_{4.5}$、c_1 三点所给定[图 10-10(a)]，试求平面 Q 的坡度比例尺 Q_i。

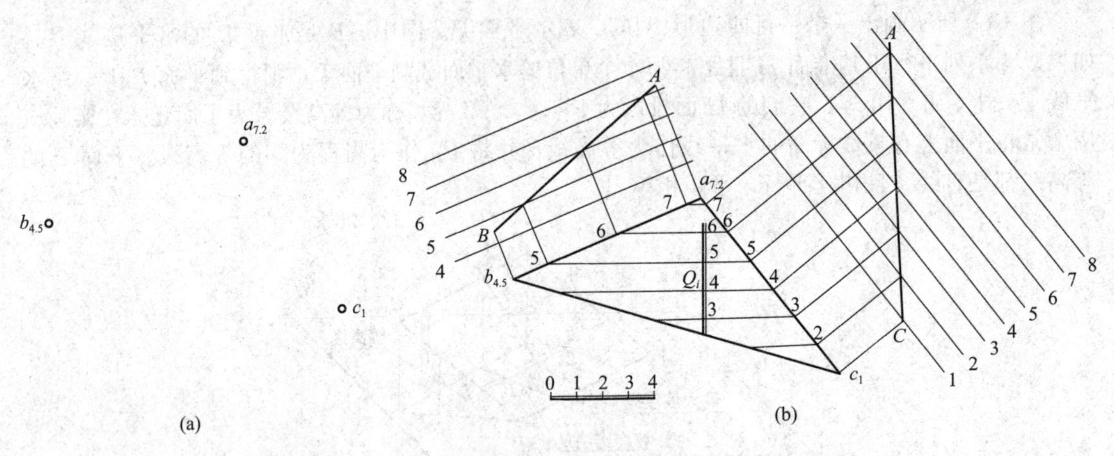

图 10-10 例 10-2 图

(a)已知条件；(b)作出 Q_i

【解】 只要先作出平面的等高线，就可以画出 Q_i。为此，先连接各边，并在各边上定出刻度。然后连接邻边同一标高的刻度点，得等高线，再在适当位置引线垂直于等高线，即可作出 Q_i[图 10-10(b)]。

微课：【例 10-2】

10.3.3 平面的表示方法

1. 用几何元素表示平面

用 3.3.1 中所述的五种几何元素表示法表示平面。

2. 用坡度比例尺表示平面

如图 10-9(a)所示，坡度比例尺的位置和方向一经确定，平面的位置和方向也就随之确定。

3. 用一条等高线和平面的坡度表示平面

如图 10-11(a)所示是用平面上的一条等高线和平面的坡度表示平面。已知平面上的一条等高线，就可以确定最大坡度线的方向，又给出平面的坡度，则平面的方向和位置就确定了。

4. 用一条直线(或平面的迹线)和平面的坡度表示平面

过一条直线可以作无数平面，然而平面的坡度给定后，又指出平面的倾斜方向，则此平面的位置也就可以确定了[图 10-11(b)]。如图 10-12(a)所示，图中的箭头只是表明平面向直线的某一边倾斜，不表明坡度的方向，因此画成虚箭头或波浪线。

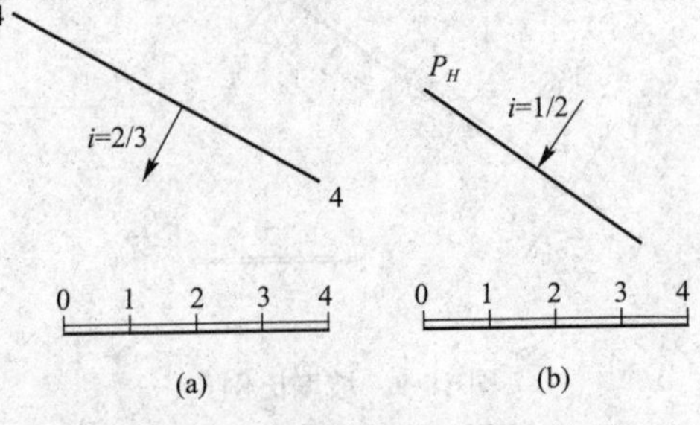

图 10-11 用平面的坡度表示平面

(a)用一条等高线和平面的坡度表示平面；(b)用一条直线(或平面的迹线)和平面的坡度表示平面

【例 10-3】 如图 10-12(b)所示，平面由直线 a_4b_7 和平面的坡度 $i=1/2$ 给出，求平面的等高线。

【分析】 过 a_4 有一条标高为 4 的等高线，过 b_7 有一条标高为 7 的等高线。两条等高线之间的水平距离 $L=I\times l=2\times(7-4)=6$。

【作图】 过定点 a_4 作直线使其与另一定点 b_7 的距离等于定长 6。以 b_7 为圆心、$R=6$ 为半径(按图中所给比例量取)在平面的倾斜方向画圆弧，再过 a_4 作圆弧的切线，就得到标高为 4 的等高线。三等分 a_4b_7，就得到直线上标高为 5、6、7 的点，过各分点作直线与等高线 4 平行，就得到 5、6、7 三条等高线。

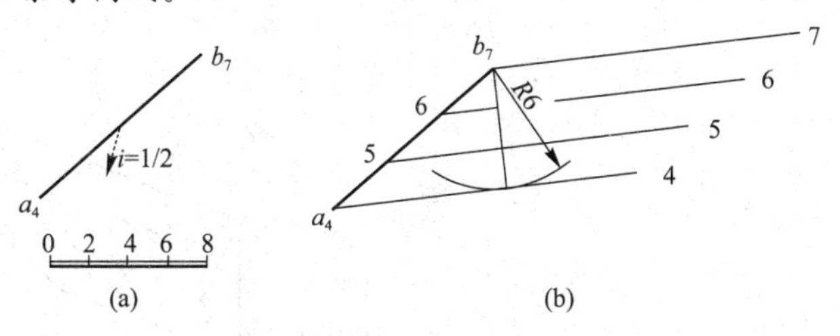

微课：【例 10-3】

图 10-12 例 10-3 图

(a)箭头不表明坡度方向；(b)求平面等高线

10.3.4 两平面的相对位置

空间两平面可能平行或相交。

1. 两平面平行

若两平面 P 和 Q 平行，则它们的坡度比例尺 P_i 和 Q_i 平行，平距相等，而且标高数字增大或减小的方向一致(图 10-13)。

2. 两平面相交

若两平面相交，仍用引辅助平面的方法求它们的交线。在标高投影图中引辅助平面，最方便的是引整数标高的水平面，如图 10-14(a)所示。这时，所引辅助平面与已知平面的交线，就分别是两已知平面上相同整数标高的等高线，它们必然相交于一点。引两个辅助平面，可得两个交点，连接起来，即为交线。

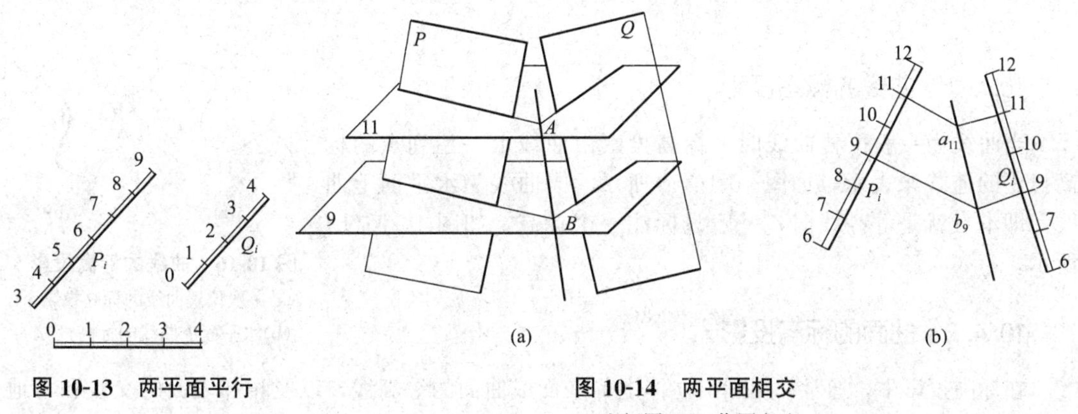

图 10-13 两平面平行

图 10-14 两平面相交

(a)空间图；(b)作图方法

这个概念可以引申为两面(平面或曲面)上相同标高等高线的交点连线，就是两面的交线。

具体作图如图 10-14(b)所示。即在坡度比例尺 P_i 和 Q_i 上各引出两对相同标高(如 9 和 11)

的等高线，它们的交点 b_9 和 a_{11} 的连线，即为交线的标高投影。

【例 10-4】 需要在标高为 3 的水平地面上，堆筑一个标高为 6 的梯形平台。堆筑时，各边坡的坡度如图 10-15(a)所示，试求相邻边坡的交线和边坡与地面的交线(即施工时开始堆砌的边界线)。

【解】 先求各边坡的平距 $l_{1/3}$、$l_{2/3}$、$l_{3/2}$，可用图解法或数解法求出。图解法可在给出的比例尺上进行，如图 10-15(b)所示。然后按求得的平距作出各边坡的等高线，它们分别平行于平台各边。相邻边坡的交线就是一条直线，就是它们的相同标高等高线的交点连线。标高为 3 的四根等高线，就是各边坡与地面的交线，如图 10-15(c)所示。

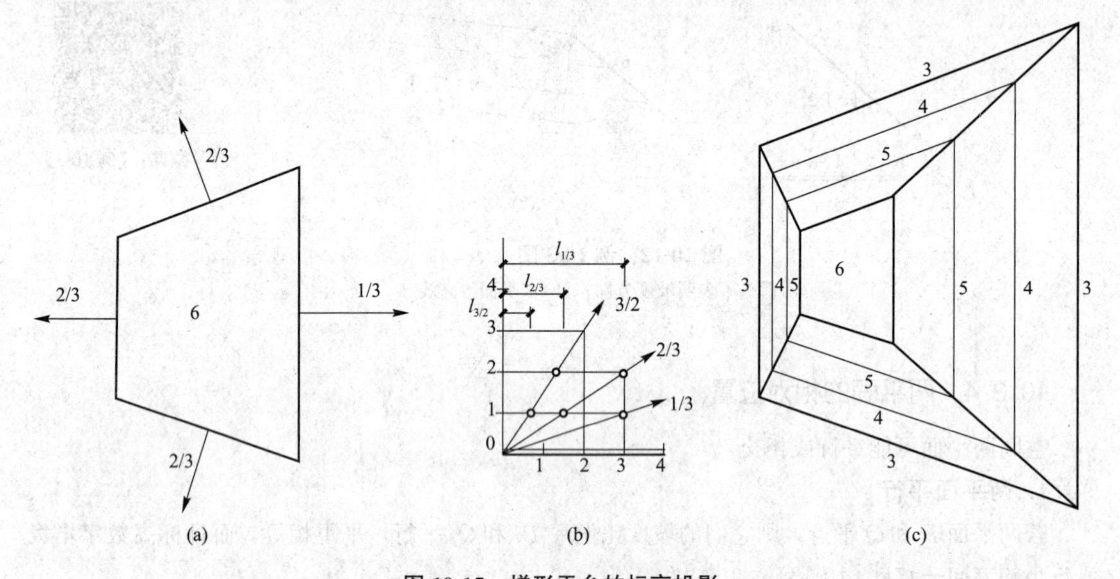

图 10-15 梯形平台的标高投影

(a)已知平台形状；(b)平台各边坡的坡度；(c)作各边坡的等高线及交线

10.4 曲线和曲面的标高投影

10.4.1 曲线的标高投影

当曲线为一般位置曲线时，标高投影由曲线上一系列点的标高投影的连线来表示，如图 10-16(a)所示。当曲线为水平面上曲线，即本身就是等高线时，一般只标注一个标高，如图 10-16(b)所示。

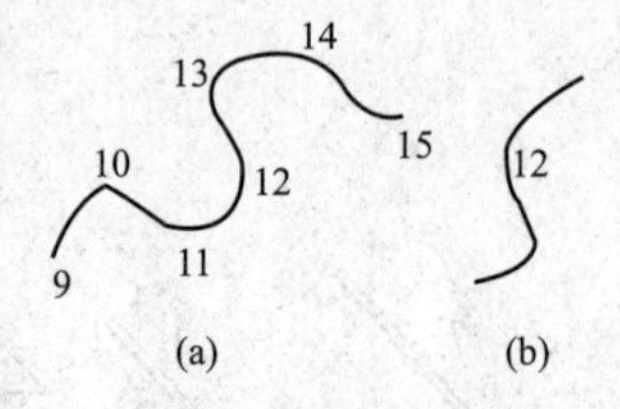

图 10-16 曲线的标高投影

(a)一般位置曲线的标高投影；

(b)水平面上曲线的标高投影

10.4.2 曲面的标高投影

在标高投影中，通常都用画出立体上的平面或曲面的等高线，以及相邻表面的交线和与地面的交线的方法来表示该立体。平面体的表示方法如图 10-15(c)所示。下面讨论曲面体的标高投影。

图 10-17 表示正圆锥和斜圆锥的标高投影。它们的锥顶标高都是 5，都假设用一系列整数标

高的水平面切割圆锥，画出所有截交线的 H 面投影，并标注相应的标高(即等高线)。图 10-17(a)、(b)是正圆锥的标高投影，各等高线是同心圆，通过锥顶 S_5 或 S_0 所引的各锥面素线，平距相等。不仅要在等高线上注明标高，还要在锥顶上注明标高，以便区别圆锥和圆台。图 10-17(c)是斜圆锥的标高投影，等高线是异心圆，过锥顶 t_5 所引各锥面素线，它们的平距，除通过轴线的铅垂面对称的素线外，均不相等。平距最小的锥面素线，就是锥面的最大斜度线。

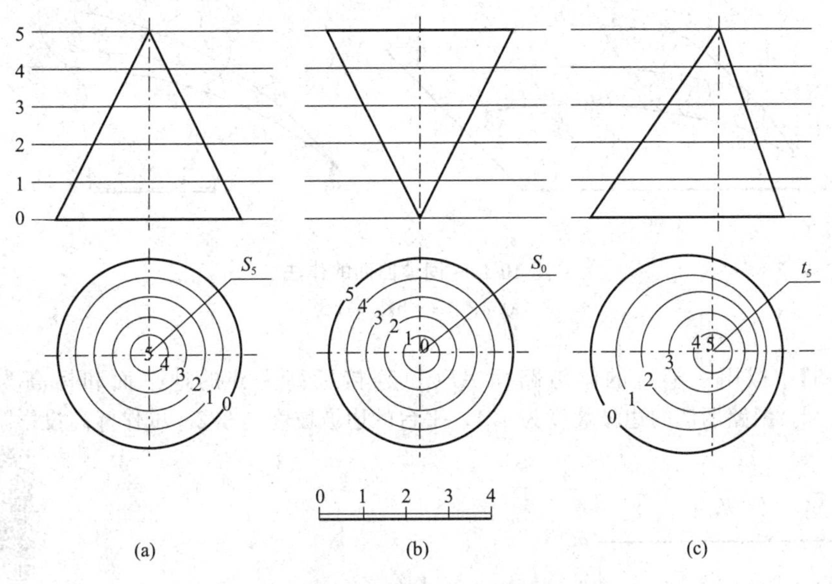

图 10-17 圆锥的标高投影

(a)直立正圆锥标高投影；(b)倒置正圆锥标高投影；(c)直立斜圆锥标高投影

在土石方工程中，常将建筑物边坡造成正圆锥面。如图 10-18 所示，图中一长一短的细实线是示坡线，由坡顶指向下坡。圆锥面上的示坡线是素线方向，通过锥顶；平面上的示坡线垂直于等高线。

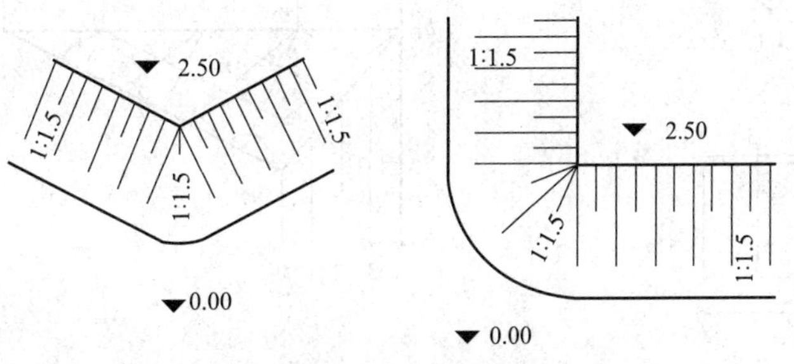

图 10-18 圆锥坡面

10.4.3 同坡曲面的标高投影

如果曲面上各处的最大坡度线的坡度都相等，这种曲面称为同坡曲面。正圆锥面、弯曲的路堤或路堑的边坡面，都是同坡曲面。

图 10-19 表示同坡曲面的作图法。设有一弯曲斜路面，其两侧边界都是空间曲线，通过其中一根曲线 $A_0—B_1—C_2—D_3$ 并与各正圆锥同时相切的曲面，就是一个同坡曲面。这时，同坡曲面上的等高线与各正圆锥面上相同标高的等高线相切。同坡曲面与各正圆锥面的切线 B_1b_0、

C_2c_0、D_3d_0 都是同坡曲面上的最大坡度线，它们的坡度是 2/3。在标高投影图上的作图方法如图 10-19(b)所示。

当斜路面两侧的边界线是直线时，作边坡面的方法与上述相同，所作边坡面是一平面。

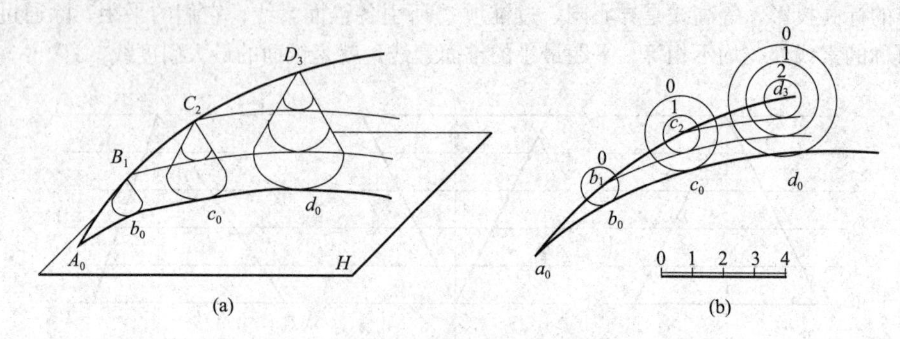

图 10-19　同坡曲面的作法

(a)立体图；(b)标高投影

【例 10-5】 拟用一笔直的倾斜路面 $ABCD$ 连接标高为 0 的地平面和标高为 4 的平台[图 10-20(a)]，斜路两侧的边坡坡度为 1/1，平台的边坡坡度是 3/2。试作标高投影图。

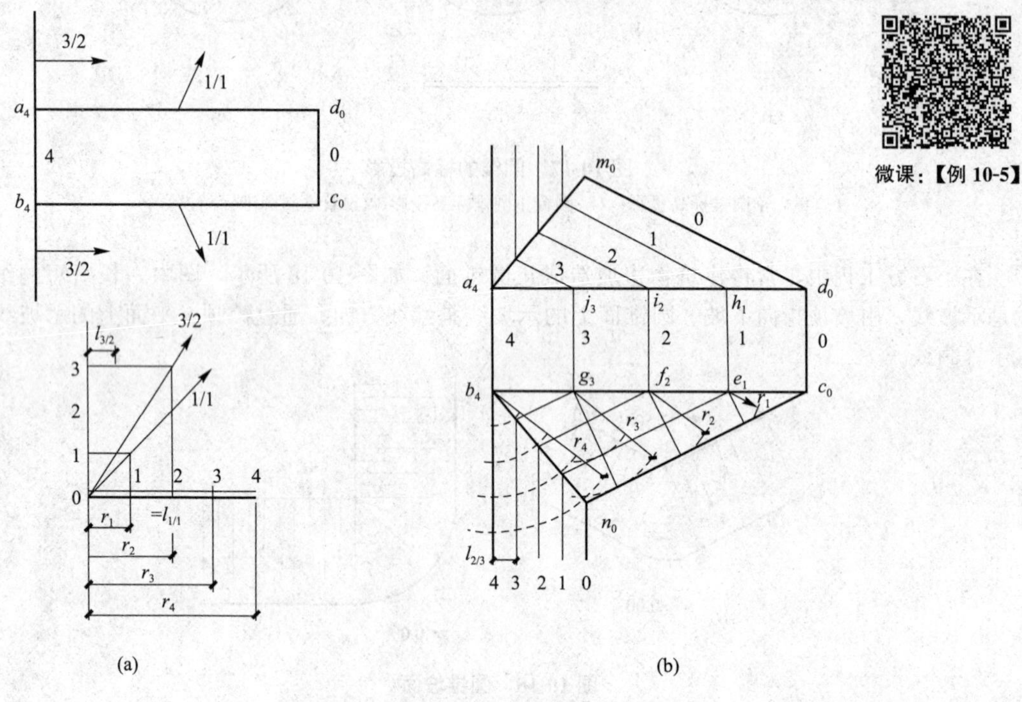

图 10-20　斜路面的标高投影

(a)已知斜路面及平台边界线；(b)作各边坡

【解】 先在比例尺上用图解法求各边坡的间距。然后再对边坡边界线定出刻度，并在斜路面上作出等高线。平台的边坡等高线作法与图 10-19 相同。斜路面两侧的边坡平面是同坡曲面的一种特殊情况，作法与同坡曲面基本相同。先分别以刻度点 e_1、f_2、g_3、b_4 为圆心，作素线坡度为 1/1 的正圆锥的标高投影，然后再引直线与各圆锥面的相同标高等高线相切，得边坡的等高线。

由于斜路面的边坡是平面边坡，等高线都是平行的直线，作法可以简化。如斜路面另一侧边坡的作法，只要以 a_4 为圆心作正圆锥面上标高为 0 的等高线，然后过 d_0 引直线与它相切，即得边坡上标高为 0 的等高线。分别过点 h_1、i_2、j_3 引线与它平行，即得边坡上标高为 1、2、3 的等高线。

最后求相邻边坡的交线 b_4n_0 和 a_4m_0。所得标高投影图如图 10-20(b)所示。

图 10-21 是将图 10-20 的直斜路面改为弯斜路面后的标高投影图。路面的中心线是一根正圆柱螺旋线，弯曲半径是 l_0f，弯曲角为 $\angle l_0fl_3=90°$，路面宽度为 6 个单位，各边坡坡度同前。作出弯斜路面的等高线后，对照图 10-18 和图 10-19，作图方法可看图自明。

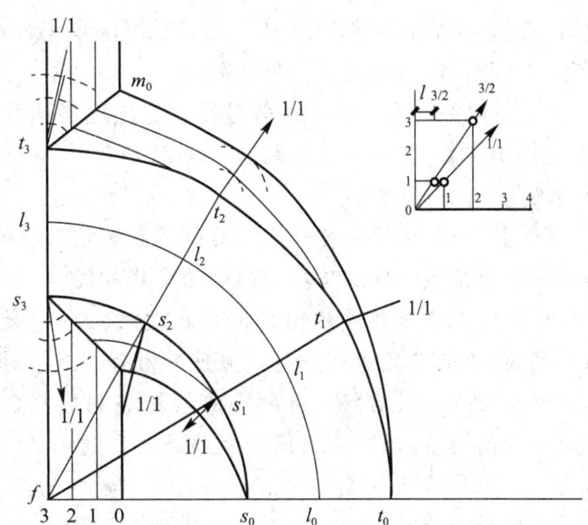

图 10-21　弯斜路面的标高投影图

山地一般是不规则曲面，其表示法同上。以一系列整数标高的水平面与山地相截，将所截得的等高截交线正投影到水平面上，便得一系列不规则形状的等高线，标注上相应的标高值，如图 10-22 下方所示，就是一个山地的标高投影图，称为地形图。看地形图时，要注意根据等高线间的平距去想象地势的陡峭或平顺程度；根据标高的顺序来想象地势的升高或下降。如果以一个铅垂面截切山地，如图 10-22 的断面 1—1(通常断面设置为正平面)，可作出山地的断面图。为此可先作一系列等距的水平整数等高线，然后从断面位置线 1—1 与地面等高线的交点引铅直联系线，在相应的水平标高线上确定出各点，再连接起来。断面处山地的起伏情况，可从该断面图上形象地反映出来，如图 10-22 上方所示。

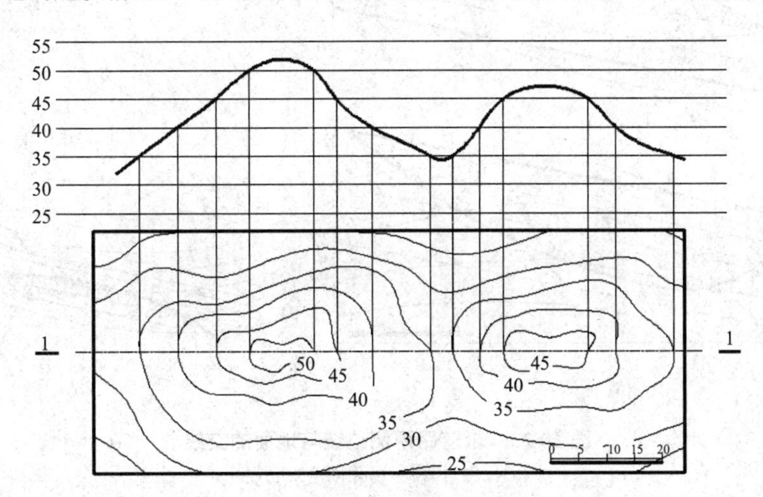

图 10-22　山地的标高投影

等高线具有以下特点：

(1)同一等高线上各点标高相同，每一条等高线总是闭合曲线。

(2)等高线间距相同时，表示地面坡度相等。

(3)等高线与山谷线、山脊线垂直相交。山谷线的等高线是凸向山谷线标高升高的方向，山脊线的等高线是凸向山脊线标高降低的方向。

(4)等高线一般不交叉、重叠、合并，一旦出现前述情形，则为悬岩、峭壁、陡坎、阶梯处。

(5)等高线不能随便横穿河流、峡谷、堤岸，等高线在近河岸时，渐折向上游，沿岸前进，直到重叠，然后在上游横过河，至对岸逐渐离岸而向下游前进，此时河流相当于汇水线。等高线过大堤时，渐折向地势低下的方向。

(6)等高线越密，表示地势越陡；反之地势越缓。

【例 10-6】 已知一平直路段，标高是 30，通过一山谷，路段南北两侧边坡坡度是 3/2，试求边坡与地面的交线。

【解】 南北边坡都是平面，路段边界就是边坡的一根等高线(标高是 30)。本题实质是求平面与地面的交线。作法与求两曲面的交线相同。

作图时，先求边坡的间距，作出边坡上的整数标高等高线，并标注相应的标高，它们都与标高为 30 的路段边线平行，且间距相等。其次求边坡与地面相同标高等高线的交点，一般都有两个交点。最后将求得的交点按标高的顺序(递增或递减)连接起来。连接交线时，要注意北坡标高为 34 的两点之间的交线连法。这一段曲线上转向点 a 至地面等高线 34 和 35 的距离之比，应等于此点至边坡上标高为 34 和 35 的两等高线的距离之比。也可以用作图方法，分别在边坡和地面的 34 和 35 两等高线之间加插带小数标高等高线，如图 10-23(b)所示。使它们的交点逐步靠近而求得 a。同法求出南坡上的点 b。最后在边坡线上画上边坡符号，如图 10-23(a)所示。

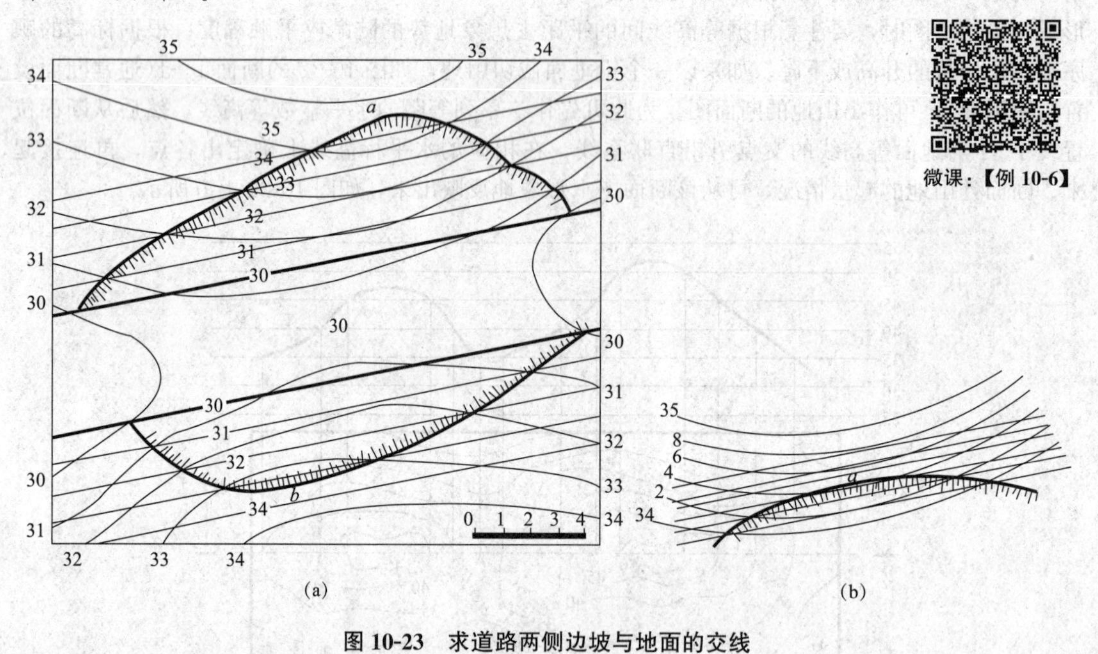

图 10-23　求道路两侧边坡与地面的交线

(a)作图过程；(b)作图法求 a 点

【例 10-7】 拟在山坡上修筑一水平场地。场地标高为 25，场地形状和范围为已知，设填土边坡坡度为 1/1，挖土边坡坡度为 3/2，试确定填土和挖土的范围线及相邻边坡的交线(图 10-24)。

【解】 因为场地的标高为 25，所以山坡的等高线 25 以北有部分山坡应该挖去，以南则有部分山坡应填起来。场地修理好之后，整个场地的标高为 25，所以挖方边坡和填方边坡是从场地周界开始的。场地北面有三个挖方边坡，坡度为 3/2，南面有三个填方边坡，坡度为 1/1。所有这些边坡与地面的交线，就是挖土和填土的施工范围线。

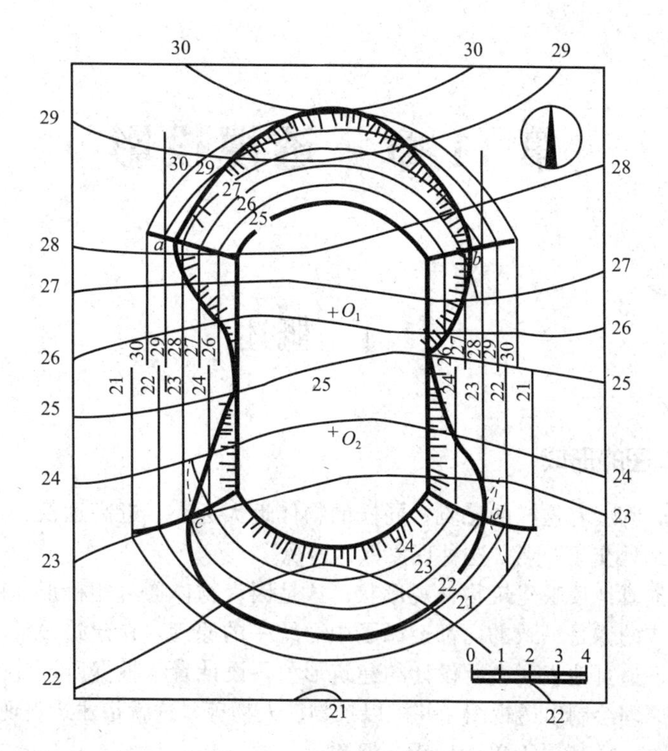

图 10-24　求场地的边坡

(1)求各边坡的间距，并作出各边坡的等高线。场地东西两侧的边坡都是平面，作法与上例相同。场地南北两侧的边坡是正圆锥面，等高线是同心圆，圆心分别是 O_1、O_2。

(2)求各边坡与地面的交线和相邻边坡的交线，即求相同标高的等高线的交点连线。作图时应注意，相邻边坡的施工范围线的交点，应是相邻边坡的一个公共点，即应位于相邻边坡的交线上，参看图中的 a、b、c、d 四点。它们分别是两个边坡面和地面的三面交点。

(3)画边坡符号，规定画在坡顶边界处。

思考题

1. 什么是标高投影？
2. 什么是平面的坡度比例尺？
3. 同坡曲面是怎样形成的？如何作出同坡曲面上的等高线？

第 11 章　透视投影

11.1　概述

11.1.1　透视图的形成

在日常生活中，都会有这样的感觉，同样的物体近大远小、近高远低、近长远短，相互平行的直线会在无限远处交于一点，这种现象称为透视。

一张照片可以逼真地反映建筑物外观形状，这是因为物体通过相机形成的像，与人们观看物体在视网膜上形成的像是一致的，都遵循了中心统一的原理。在建筑设计中，由于房屋还没有修建，为了准确、逼真地表现出所设计的建筑形象，设计者常根据所设计的建筑平面图、立面图，按中心投影原理绘制出透视图，并配以景物、人物等，这就是建筑表现图。

透视图和轴测图一样都属于单面投影。但透视图是中心投影形成的，而轴测图是用平行投影绘制的。如图 11-1 所示，透视图就是以人眼为投射中心的中心投影。它实际上是观看物体时，由人眼引向物体的视线与画面的交点几何而成。所以，透视的实质就是求直线与平面的交点。

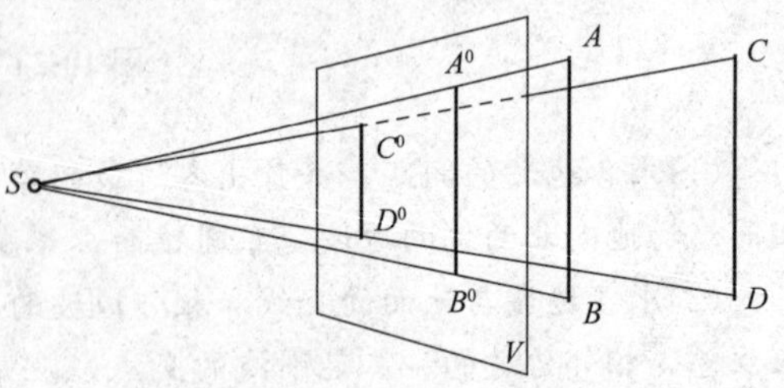

图 11-1　透视图

11.1.2　透视图常用术语

如图 11-1 所示，假设在人和物体之间设立一个铅垂面 V 作为投影面，在透视投影中，这个投影面称为画面。投影中心就是人的眼睛 S，在透视投影中称为视点。投影线就是通过视点 S 与物体上各点的连线，如 SA、SB、SC、SD，在透视投影中称为视线。很明显，在作透视图时逐一求出各视线 SA、SB、SC、SD，与画面 V 的交点 A^0、B^0、C^0、D^0，就是物体上点 A、B、C、D 的透视。然后将各点的透视连接起来，就成为物体的透视图。

与正投影图比较，透视图有一个很明显的特点，就是形体距离观察者越近，所得的透视投影越大；反之，距离越远则投影越小，即所谓近大远小。如图 11-2 所示，房屋本来同高的铅垂线，

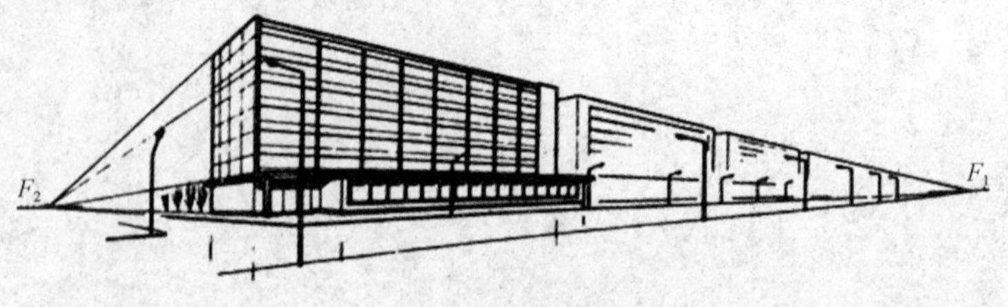

图 11-2　透视图的特点

在透视图中，近的显得长些，越远则显得越短。另外，平行于房屋长度方向的水平线，在透视图中不再平行，而是越远越靠拢，直至相交于一点 F_1，这个点称为灭点。同样，平行于房屋宽度方向的水平线，它们的透视延长后，也相交于另一个灭点 F_2。图 11-2 所示的透视图，由于它有两个灭点，所以称为两点透视。图 11-3 所示的透视图，只有一个灭点，所有平行于宽度方向的水平线

相交于点 F_2，所以称为一点透视。

在绘制透视图时，常用的一些术语及其符号如下(图 11-4)：

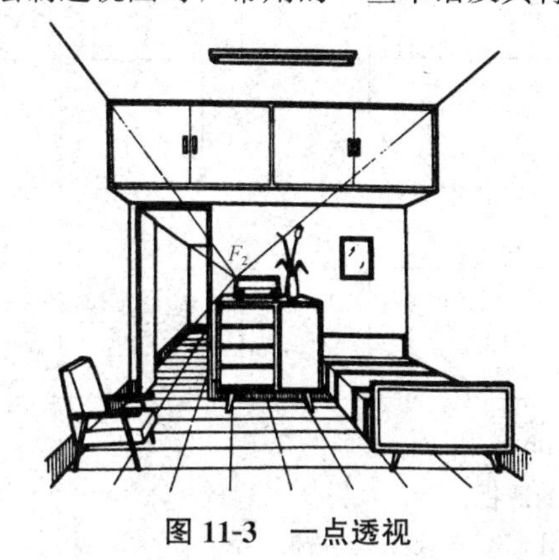

图 11-3　一点透视

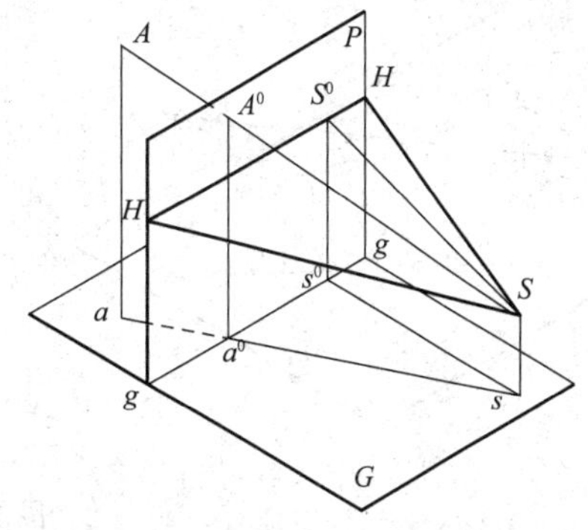

图 11-4　透视图常用术语及符号

基面——建筑形体所在的地平面，以字母 G 表示，相当于 H 投影面。

画面——透视图所在的平面，以字母 P 表示，相当于 V 面，一般以垂直于基面的铅垂面为画面。

基线——画面与基面的交线。在画面上以 p—p 表示基面在画面中的位置，在基面上以 g—g 表示画面在基面中的位置，也可表示为 O_HX_H。

视点——即投射中心，相当于人的眼睛，以字母 S 表示。

站点——视点 S 在基面上的正投影即站点，相当于人站立的位置，以字母 s 表示。

心点——视点 S 在画面 P 上的正投影，以字母 S^0 表示。

中心视线——引自视点并垂直于画面的视线，即视点 S 和心点 S^0 的连线 SS^0。

视平线——视平面与画面的交线，以 H—H 表示，当画面为铅垂面时，视平线与基线的距离即反映视高。

视距——视点对画面的距离，即中心视线的长度。

图 11-4 中，点 A 是空间任意一点，自视点 S 引向点 A 的直线 SA，就是通过点 A 的视线；SA 与画面 P 的交点 A^0，就是空间点 A 的透视，点 a 是空间点 A 在基面上的正投影，称为点 A 的基点，基点的透视 a^0，称为点 A 的基透视。

点的透视用相同于空间点的字母并于右上角加“^{0}”来表示，基透视则用相同的小写字母并于右上角加“^{0}”来表示。

11.1.3　点的透视

从图 11-5 可以看出，空间一点的透视，就是通过该点的视线与画面的交点。求点的透视的实质就是求直线(视线)与平面(画面)的交点，只不过一般情况下，视点 S 位于画面 V 之前(第一分角)，而被透视的点 A、B 等位于画面之后，处于第二分角中。

如图 11-5(a)所示，在透视投影中，画面与地面的交线 OX 为基线，视点 S 在画面 V 上的正投影 s' 为心点，在地面 H 上的正投影 s 为站点。空间点 A 的两个正投影是 a' 和 a。视线 SA 与画面的交点 A^0 就是点 A 的透视。可以看出，视线 SA 和它的水平投影 sa 确定一铅垂面 $SsaA$，它与画面 V 相交于铅垂线 a_HA^0，a_HA^0 与视线的 V 面投影 $s'a'$ 的交点就是所求点 A^0。

点 A 的基点 a 的透视 a^0，为点 A 的基透视，也必落在铅垂线 a_HA^0 上，它是视线 Sa 的 V 面投影 $s'a_X'$ 与 a_HA^0 的交点。

在已知画面、地面和视点的情况下，空间一点 A 的位置，需由它的透视 A^0 和基透视 a^0 共同确定。

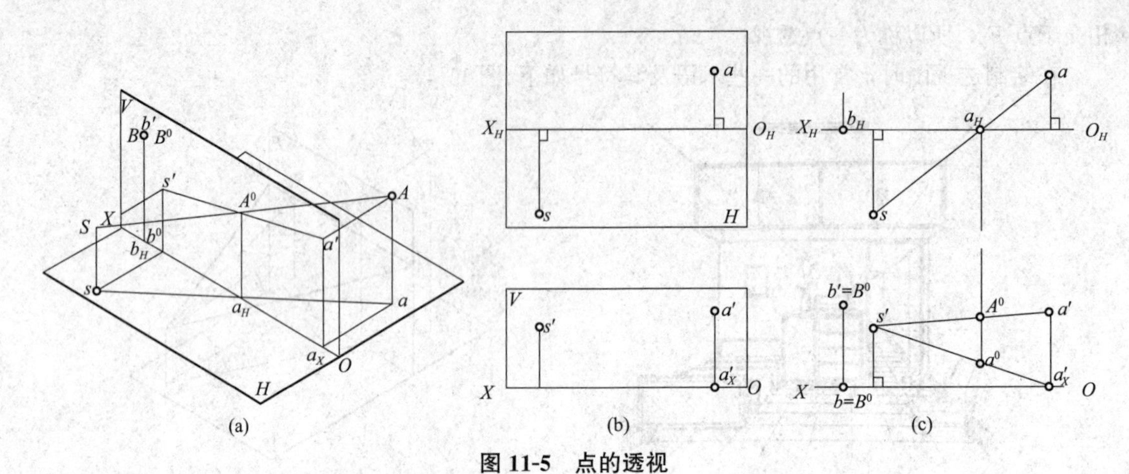

图 11-5　点的透视

(a)立体图；(b)把 V、H 面分开；(c)作点及基点透视

作图时把画面 V 和地面 H 分开，如图 11-5(b)所示地面 H 上站点 s、基点 a 和基线 O_HX_H(为区分起见，在 H 面上把基线标注为 O_HX_H)。在 V 面上有心点 s'、点 A 和它的基点 a 的 V 面投影 a' 和 a'_X。

H 面和 V 面的边框都省去不画，只保留 O_HX_H、OX 以及 s、a、s'、a'、a'_X 等各点，如图 11-5(c)所示。先在 H 面上连接 sa，它与 O_HX_H 相交于 a_H，然后过 a_H 引线($\perp O_HX_H$)，与 V 面上所连直线 $s'a'$ 相交于 A^0，即为所求点 A 的透视。引线与连线 $s'a'_X$ 的交点 a^0，即为所求点 A 的基透视。这种作透视图的方法称为视线交点法。

如果空间点位于画面上，如图 11-5 中的点 B，它的透视 B^0 必与点 B(也就是 V 面上的 b')重合，它的基透视 b^0 与点 B 的基投影 b 重合，且落在基线 OX 上。

在作形体和建筑物的透视图时，除采用这一原理画出建筑物上一系列点的透视外，还根据透视图的特点，充分利用图 11-2 和图 11-3 所指出的各组平行线的灭点等，以简化作图。

11.2　透视图的画法

一幢建筑物上有大量的铅垂线(高度方向)和水平线(长度方向和宽度方向)，如果能够掌握它们的透视画法，就不难作出整座建筑物的透视图。

11.2.1　两点透视

当铅垂的画面与建筑物的正立面成一夹角时，所得的透视就是两点透视，作图的方法和步骤如下。

微课：两点透视

1. 确定画面和视点的位置

着手画一个建筑物(设其形体为一个长方体)的透视图时，先要进行合理的布局，如图 11-6 所示。铅垂的画面 V 习惯上与长方体的一根侧棱(建筑物的墙角线)接触，并且与长方体的正立面成 30°左右的夹角。

2. 确定视平线和视角

通过视点的一个水平面称为视平面。所有水平的视线都在视平面上。视平面与画面的交线 $H—H$，称为视平线[图 11-7(a)]。很明显，视平线平行于基线，它们之间的距离等于视点的高度，即视点到地面的垂直距离 Ss。在画面上[图 11-7(b)]，采用与建筑物平面图同样的比例，取距离等于视点的高度，画一直线平行于基线 OX，就是视平线 $H—H$。从视点 S 引两水平视线分别与长方体的最左和最右两侧棱相接触，这两视线之间的夹角，称为视角[图 11-7(a)]。一般要求视角等于 28°～30°，这样所画出的透视图效果较好。通过视点 S 而垂直于画面的视线 Ss' 称为主视线。主视线必须大致是视角的分角线。这些都是布局时应该注意的。由于视角的 H 面投影反映实形，因此可直接在 H 面上进行布局[图 11-7(b)]。

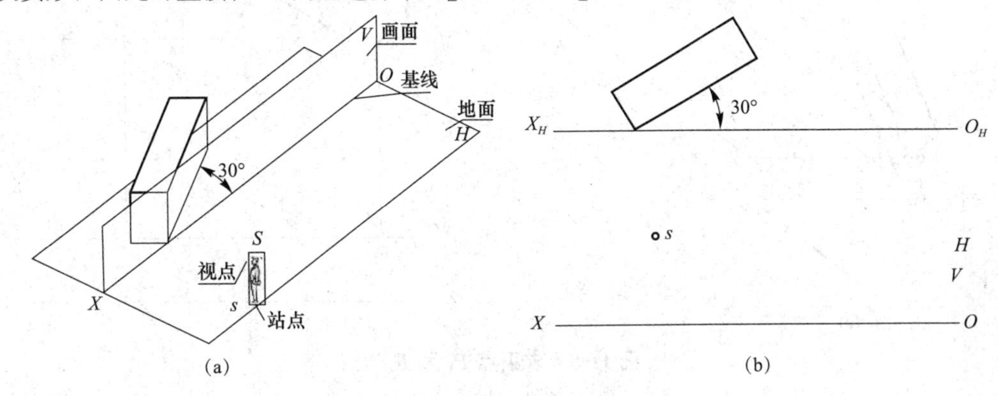

图 11-6　作透视图的布局

(a)立体图；(b)透视图布局

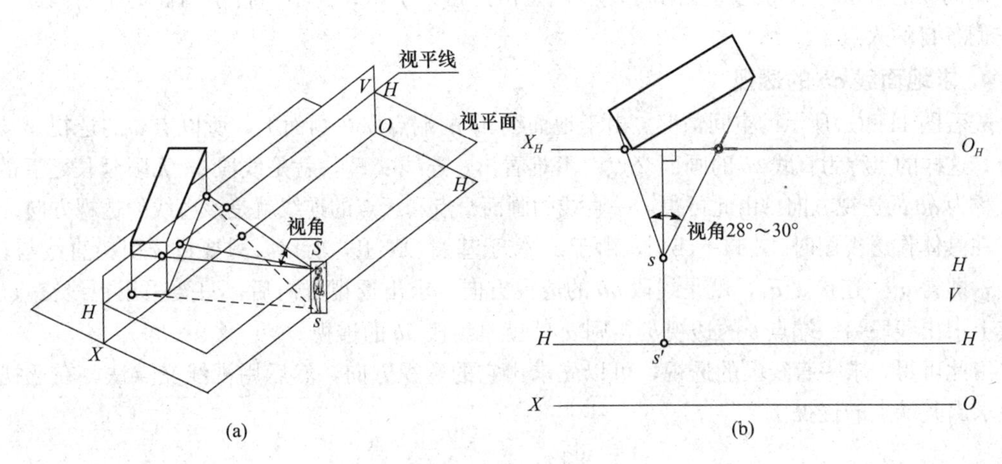

图 11-7　视平线和视角

(a)立体图；(b)透视图

3. 求水平线的灭点

长方体共有四根平行于长度方向的水平线 AB、ab、CD、cd(图 11-8)。如前所述，它们的透视的延长线，必相交于一个灭点 F_1。如果先把灭点 F_1 求出，对以后的作图就非常方便。所谓一直线的灭点，就是该直线上无限远点的透视，即通过该直线上无限远点的视线与画面的交点。从几何学可知，两平行直线相交于无限远点，因而，通过一直线上无限远点的视线，必与该直线平行。据此可得灭点 F_1 的作法，如图 11-8 所示。

先看图 11-8(a)所示的空间情况。通过视点 S 所引的视线，只有一根 SF_1 平行于长方体上长度方向的所有直线，它与画面的交点 F_1 就是所求的灭点。由此可得，互相平行的直线必有共同的一个灭点。由于长度方向是水平的，所以视线 SF_1 是水平线，它与画面的交点 F_1 必位于视平线 $H—H$ 上。也就是说，水平线的灭点必位于视平线上。图中 sf_1 是 SF_1 在 H 面上的投影。

在透视图上求灭点的方法，如图 11-8(b)所示。作图时，先过站点 s 引直线平行于建筑物的长度方向，即 $sf_1 /\!/ ab$，与 O_HX_H 相交于 f_1，得灭点的水平投影。过 f_1 引铅直线与 V 面上的视平线 $H—H$ 相交，即得灭点 F_1。

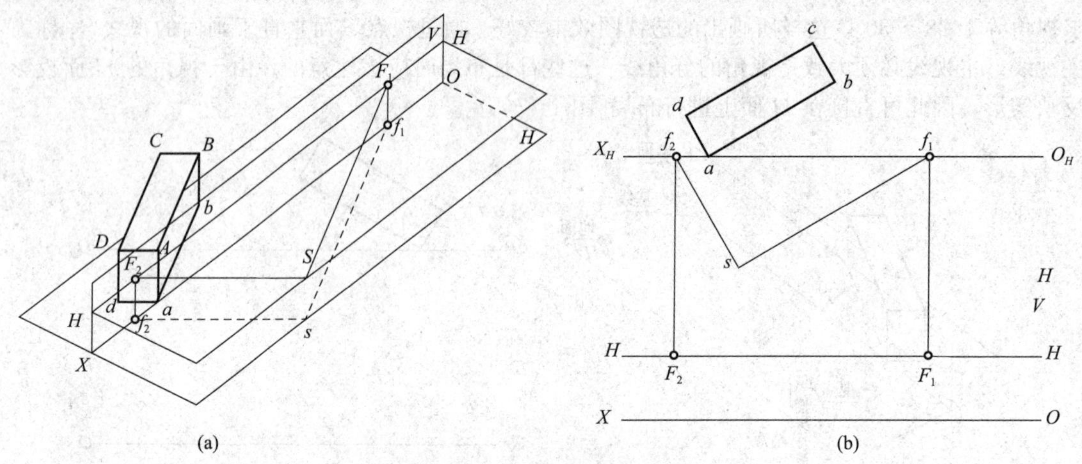

图 11-8　求灭点 F_1 和 F_2

(a)立体图；(b)透视图

用同样的方法可求得宽度方向的灭点 F_2。由此可以引申，凡不平行于画面的平行线组，都有它们各自的灭点。

4. 求地面线 *ab* 的透视

先看图 11-9(a)所示的空间情况。由于地面线 ab 的端点 a 在画面上，所以点 a 的透视 a^0 与 a 重合。这样的点称为直线 ab 的画面交点。不难看出，连线 a^0F_1，就是线段 ab 无限延长之后的透视，称为 ab 的透视方向。由此可得，一直线的画面交点和灭点的连线就是该直线的透视方向。

在具体作透视图时[图 11-9(b)]，由于 a^0 位于基线 OX 上，所以，只要过 a 引铅直线与 OX 相交，即得 a^0。连接 a^0F_1，就是线段 ab 的透视方向。求出透视方向后，只要采用视线交点法，在其上求出线段另一端点 b 的透视 b^0，则 a^0b^0 就是线段 ab 的透视。

由此可得，求一直线段的透视，可以先求出它的透视方向，然后用视线交点法，在透视方向上求出其端点的透视。

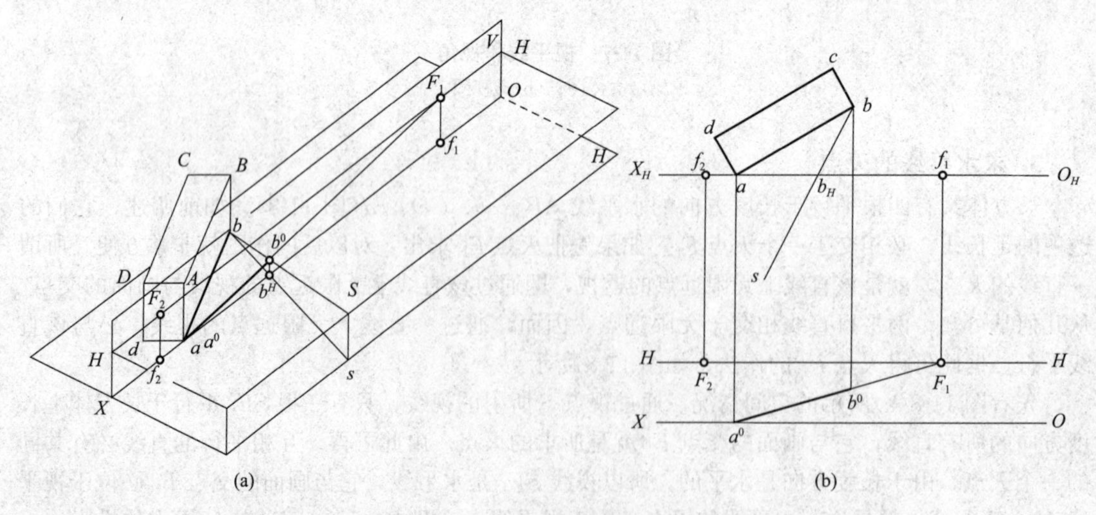

图 11-9　求 *ab* 的透视 a^0b^0

(a)立体图；(b)透视图

5. 求长方体底面的透视

用同样的方法求出 ac 的透视 a^0c^0(图 11-10)。由于 ad 平行于宽度方向，它的透视方向必指向 F_2。最后，分别连接 b^0F_2 和 d^0F_1，交于 c^0，则 $a^0b^0c^0d^0$ 就是长方体底面的透视。

6. 竖高度

长方体的四根侧棱都是铅垂线，平行于画面，因而过视点与侧棱平行的视线平行于画面，与画面没有交点。由此可得，平行于画面的平行线组没有灭点，它们的透视与线段本身平行。所有平行于高度方向的直线，它们的透视仍是铅直线。但应特别注意，只有当平行于高度方向的线段与画面重合时，它的透视高度才等于实高。若该线段离开画面，它的透视高度则变短或变长，符合近大远小的规律。

具体作透视图时，可直接从已作出的底面透视的各个顶点引铅直线，然后截取相应的透视高度。如图 11-11 所示，长方体四条侧棱高度相等，但只有侧棱 Aa 与画面重合，因而它的透视 A^0a^0 等于实高。而其他侧棱 Cc、Dd 等都在画面之后，它们的透视高度都比实高短。作图时先量取 A^0a^0 等于实际高度 Z_1，然后过 A^0 分别引线到 F_1 和 F_2，与过 b^0 和 d^0 所作的高度线相交，即得 B^0 和 D^0。这是由于在长方体上 AB 平行于 ab，它们的透视 A^0B^0 和 a^0b^0 必相交于灭点 F_1。同理 A^0D^0 和 a^0d^0 必相交于点 F_2。由此可得，截取一线段的透视高度时，可利用平行线的透视交于同一灭点的特性，把已知高度从画面引渡过去。

在作高度线的同时，作出了 AB 和 AD 的透视 A^0B^0 和 A^0D^0。长方体背后其他线条都看不见，不必画出。至此完成了长方体的透视图，如图 11-11 所示。

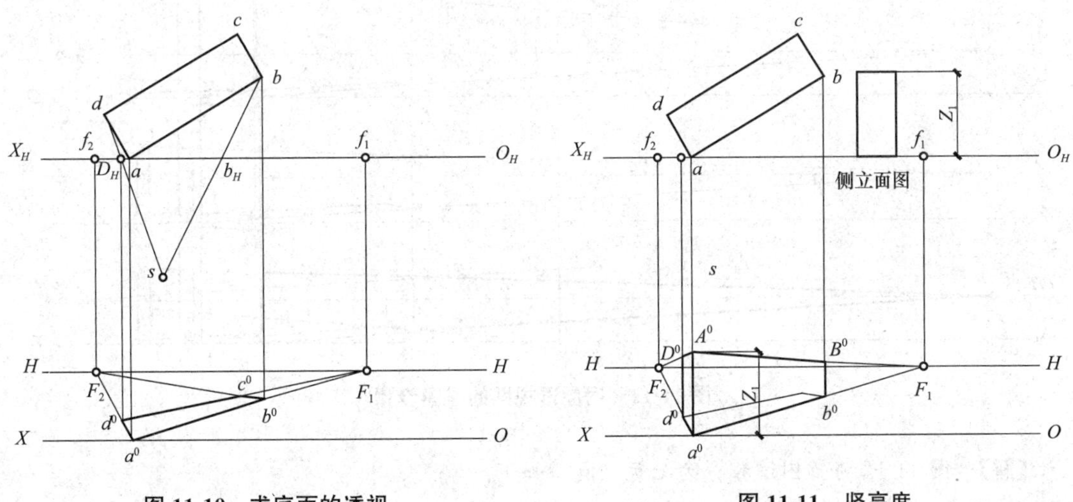

图 11-10　求底面的透视　　　　**图 11-11　竖高度**

从上面所述的一些透视特性，还可以推出下面一些透视特性：

(1)位于画面上的直线，它的透视与直线本身重合，既反映直线实长，又反映直线与地面倾角的实际大小。同样，位于画面上的平面图形，其透视反映实形。

(2)平行于画面的直线，它的透视与直线本身平行，即反映直线与地面倾角的真实大小，但不反映直线实长。同样，平行于画面的平面图形，其透视是实形的相似形。

(3)与画面倾斜的直线，它的透视既不反映直线实长，又不反映直线与地面或画面倾角的真实大小。同样，不平行于画面的平面图形的透视，产生变形。

(4)通过视点的直线，其透视是一点，有积聚性。同样，通过视点的平面，其透视是一直线，有积聚性。

【例 11-1】 已知房屋的两面投影(图 11-12)，求作房屋的两点透视。

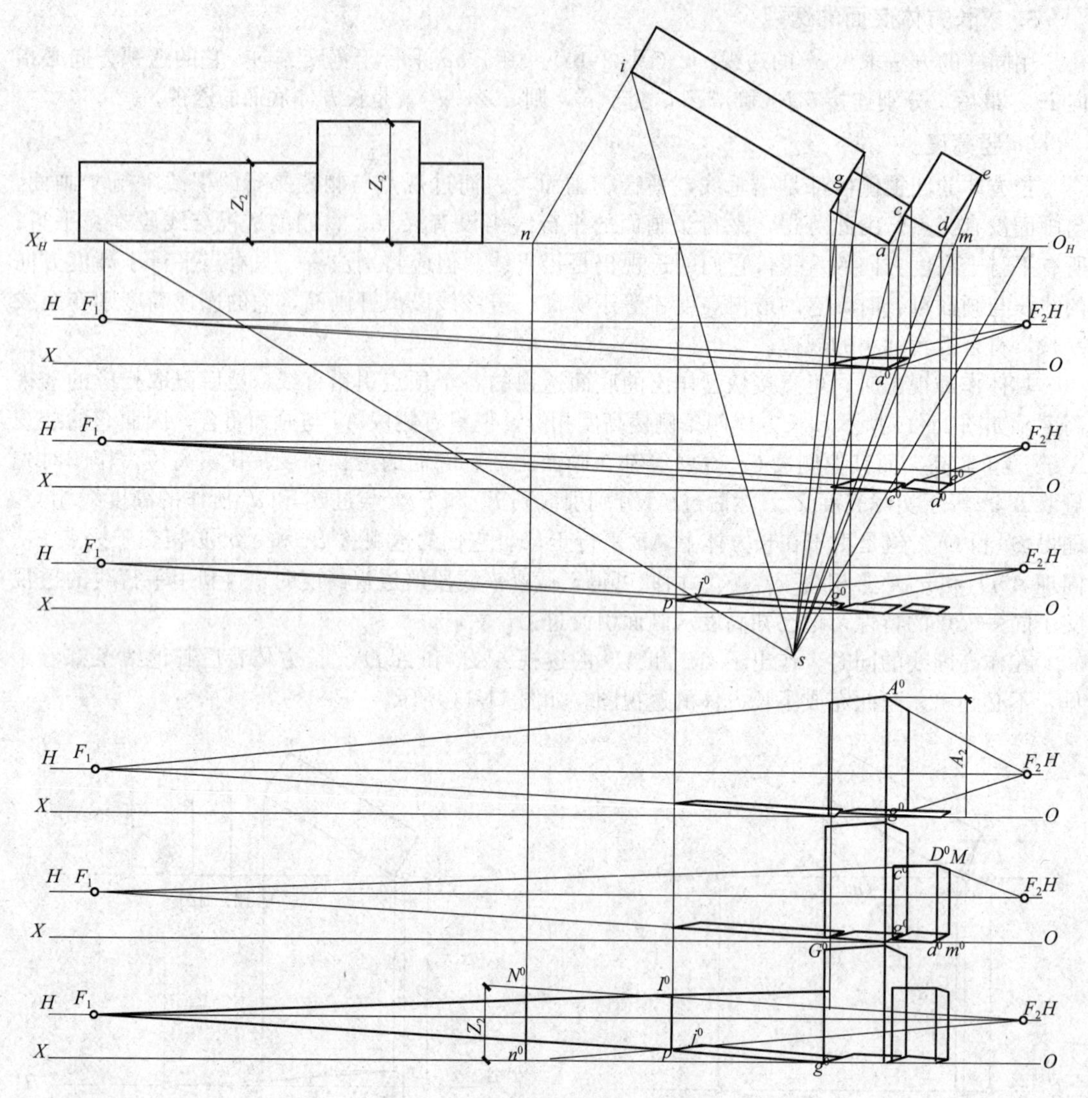

图 11-12　房屋透视图的作图步骤

【解】　图 11-12 将作图过程分为七步，具体如下：

(1)布局。使画面与中间部分的墙角接触。限于图板的大小，画图时，往往使画面和地面适当重叠，画出基线 OX 和视平线 $H—H$ 之后，就可着手作图。先求灭点 F_1 和 F_2，然后作出中间部分平面图的透视。

(2)作右边部分平面图的透视。先在 a^0F_2 上用视线交点法，求出点 c 的透视 c^0。连接 c^0F_1，再在其上求出 d^0。同样，求出其他各点的透视。

(3)用同样的方法作出左边部分平面图的透视。

(4)作中间部分的高度线。墙角线的透视 A^0a^0 等于实高。

(5)作右边部分的高度线。由于它的墙角线与画面不重合，因而要先延长 c^0d^0，交 OX 于 m^0，量 M^0m^0 等于高度实长，即求出 CD 线的画面交点 M^0。

(6)同法作左边部分的高度线。图中先求出 JI 的画面交点 N^0。

(7)擦去作图线，描粗，即得所求透视图。

画透视图前的布局是非常灵活的，除前面的规定外，可根据下面几点进行考虑：

(1)考虑从房屋的左前方或右前方去看(图 11-13)，特别是当房屋不对称时，要考虑把房屋的主要部分，如大门或层高较高的主体，布置成靠近观看部分。

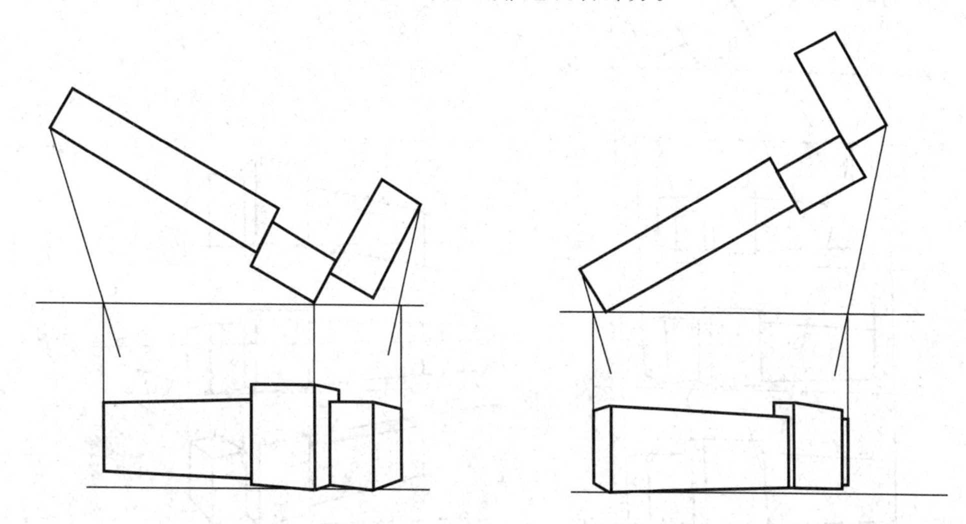

图 11-13　要考虑全面显示和突出主体

(2)考虑画面与房屋主立面的夹角。一般情况可按前面介绍，取 30°左右，但有时为了更突出主立面，夹角可取小些，如 20°～25°。假如主立面和侧立面都要兼顾，则夹角可取大些，如 35°～45°(图 11-14)。

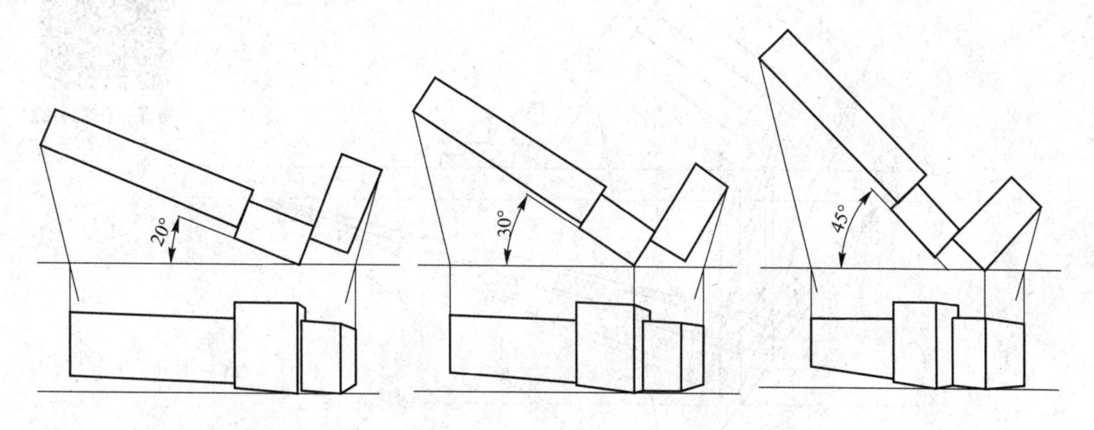

图 11-14　画面与主立面夹角大小的不同效果

(3)考虑透视图的大小。画面与主立面的夹角确定之后，站点 s 就可按前述规定确定下来。这时，若使画面前后平移，将会影响到画出来的透视图的大小，但透视图的形象不变(图 11-15)。选择透视图的大小，取决于图纸幅面的大小，并考虑配景所占的位置。

(4)考虑视点的高度。一般情况下，可取人眼睛的高度，即 1.6 m 左右(注意：要按房屋图的比例量度)。但还可根据不同的需要，将视点升高或降低，如视点升高，可得俯视图；视点降低，可得仰视图(图 11-16)。

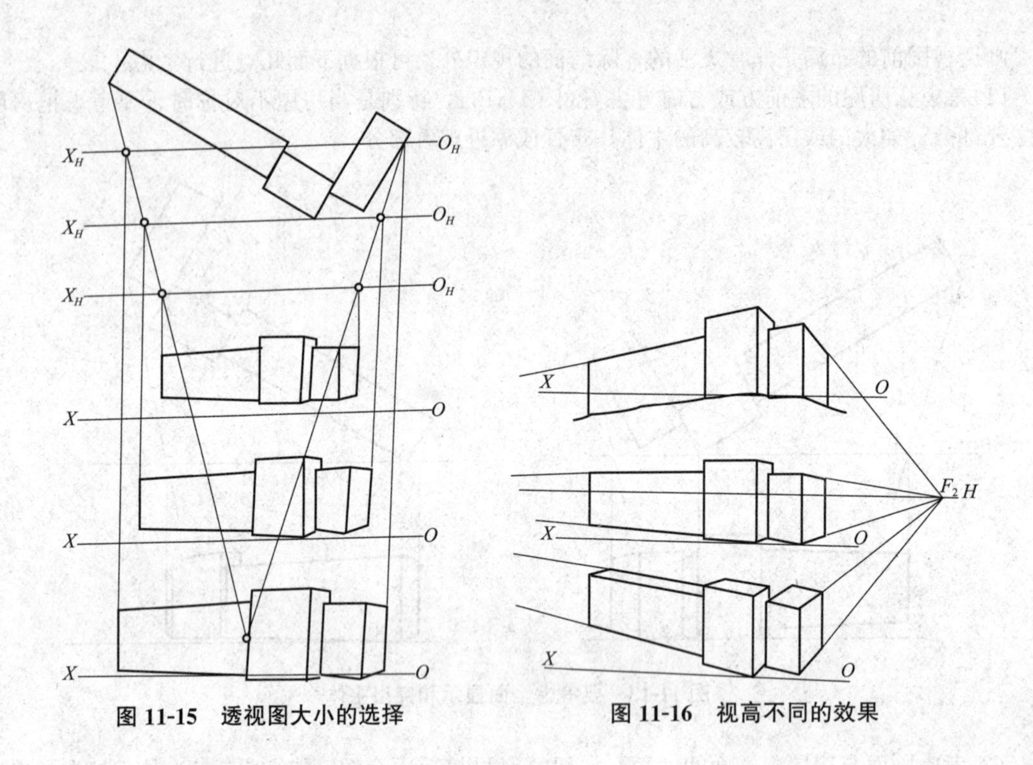

图 11-15　透视图大小的选择　　　　图 11-16　视高不同的效果

【例 11-2】　作台阶的透视图(图 11-17)。

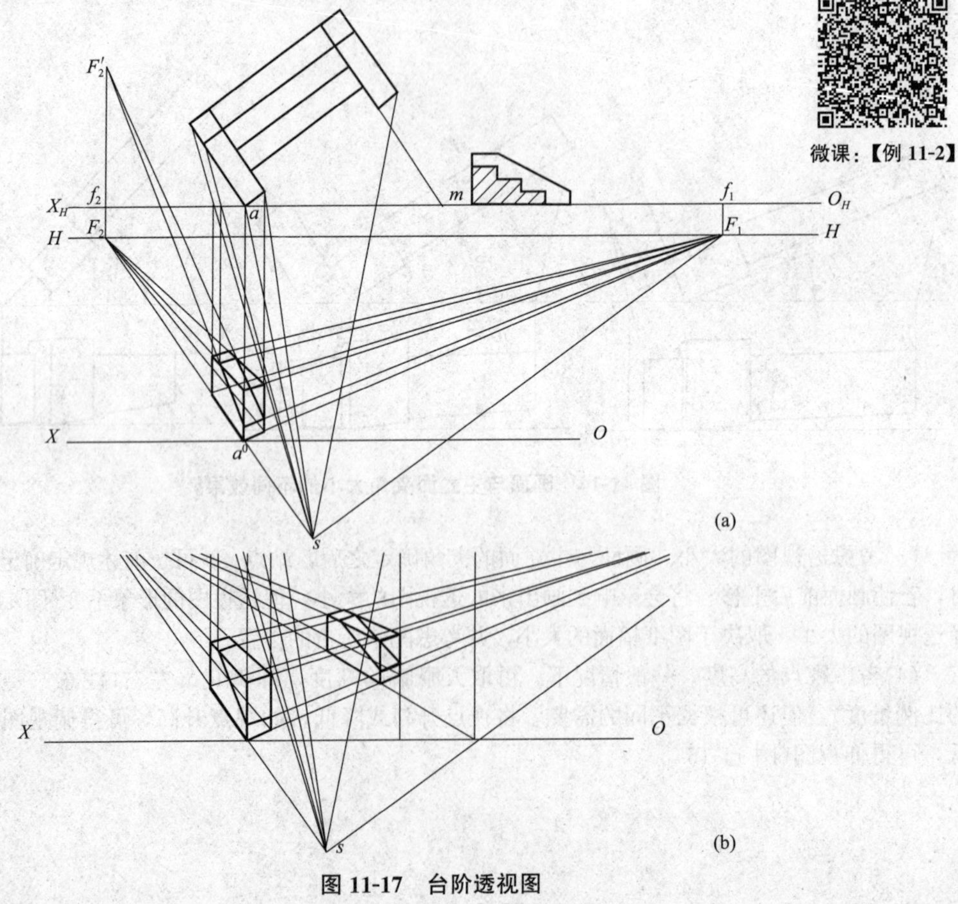

图 11-17　台阶透视图

(a)布局，作左栏板；(b)作右栏板

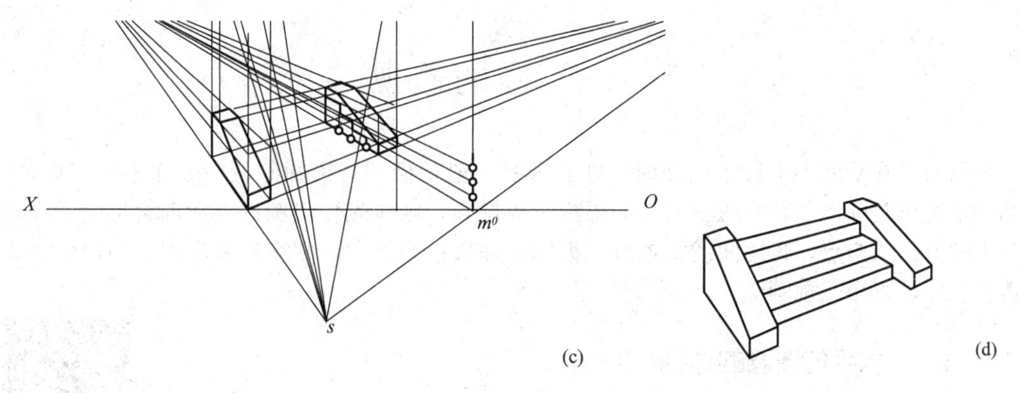

图 11-17　台阶透视图(续)

(c)作踏步端面；(d)完成透视图

【解】 (1)布局。使画面与左栏板接触，确定站点 s，并根据台阶高度(参看剖面图)定出基线 OX 和视平线 $H—H$[图 11-17(a)]。

(2)作左栏板透视。先画出栏板长方体，再利用量取实高及视线交点法，确定斜面两端平行于长度方向的两边的位置，并画出两斜边的透视[图 11-17(a)]，它们必相交于灭点 F_2'(在过灭点 F_2 的铅垂线上)。

(3)同法画出右栏板的透视[图 11-17(b)]。右栏板的两斜边也必指向灭点 F_2'。

(4)作踏步端面的透视。为此把右栏板左侧面延伸与画面相交，交线为图 11-17(c)中过点 m^0 的铅垂线。在此线上量取踏步各踏面的高度，并利用视线交点法定出步级各踢面的位置，如图 11-17(c)所示。

(5)从踏步端面透视各角点引线至 F_1，画出踏步透视，擦去不可见线，完成台阶透视图[图 11-17(d)]。

11.2.2　一点透视

当画面与基面垂直，建筑形体的一个主立面平行于画面，即建筑物有两个主方向与画面平行时，所得的透视图在 X、Z 方向没有灭点，只在 Y 方向有一个灭点 s'，此时称为一点透视(或平行透视)，如图 11-18 所示。

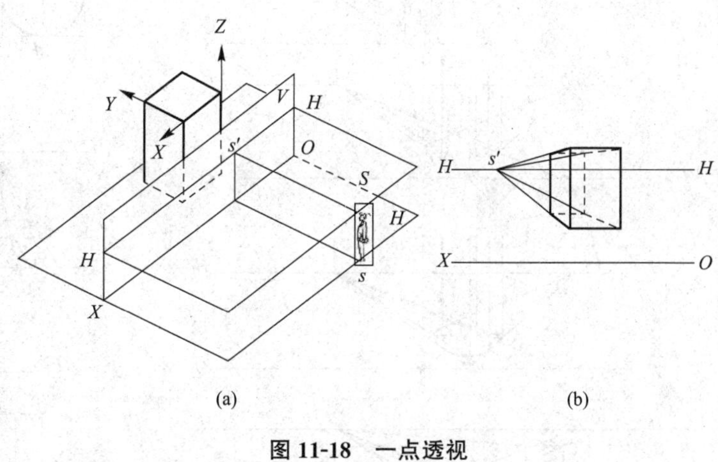

图 11-18　一点透视

(a)立体图；(b)透视图

一点透视的特点是使建筑形体与画面平行的主立面不变形，作图相对简便，图形显得严肃、沉稳，景深感强，常用于表现纪念性建筑物和标志性建筑物的正面、门廊、入口等，也适合表现只有一个主立面、形状较复杂的建筑形体。这种图在室内设计中应用较多。另外，当表达广场、街道、群体建筑时，也常用这种透视图。

11.3　圆的透视

当圆的所在平面不平行于画面时，圆的透视一般是椭圆。当圆的所在平面平行于画面时，则圆的透视仍是圆。画圆的透视时，如果投影成椭圆，则应先作出圆的外切四边形的透视，然后找出圆上的八个点，再用曲线板连接成椭圆；如果投影成圆，则应先求出圆心的位置和半径的透视长度，再用圆规画圆。

11.3.1　水平位置圆的透视

微课：水平位置圆的透视

水平位置圆的透视，作图步骤如图 11-19 所示。

(1)在平面图上，画出外切四边形。

(2)作外切四边形的透视，然后画对角线和中线，得圆上四个切点的透视 A^0、B^0、C^0、D^0。

(3)求对角线上四个点的透视。当作两点透视时[图 11-19(a)]，要延长 F_2D^0，交基线于点 3。然后，以 13 为斜边作等腰直角三角形。以直角边 35 为半径，以点 3 为圆心，作圆弧交基线于点 2 和 4，连 $2F_2$ 和 $4F_2$，交对角线于点 J^0、I^0、G^0 和 E^0。当作点透视时[图 11-19(b)]，由于四边形的一个边与基线重合，则可直接在基线或平行于画面的边上作图。

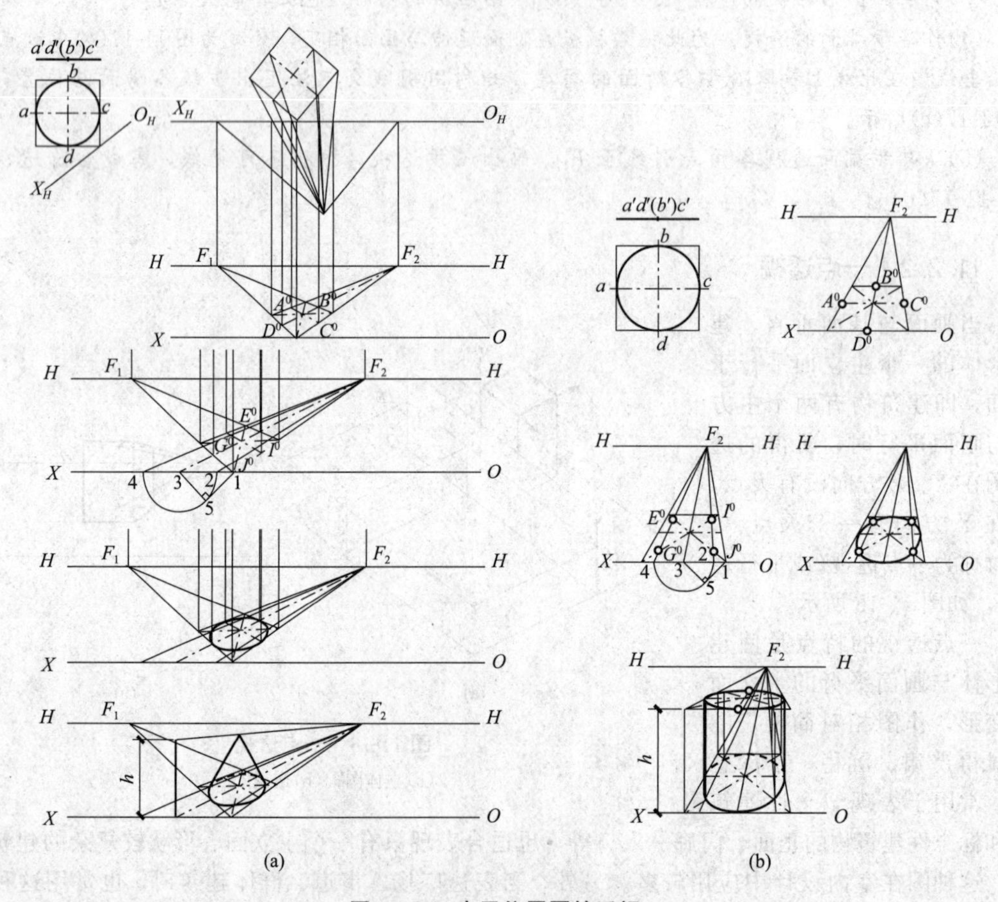

图 11-19　水平位置圆的透视

(a)两点透视画圆锥；(b)一点透视画圆柱

(4)用曲线板连八个点，得椭圆，即为所求。

实例：作圆锥和圆柱的透视。注意高度透视的作法。

11.3.2 垂直于地面的圆的透视

微课：垂直于地面的圆的透视

当圆的所在平面垂直于地面，但不平行于画面时，作图方法与上述类似，如图 11-20(a)所示。

当圆的所在平面平行于画面时，先求出圆心 O 的透视 O^0，然后以 oa 的透视长度 O_Ha_H 为半径，以 O^0 为圆心，用圆规画圆，如图 11-20(b)所示。

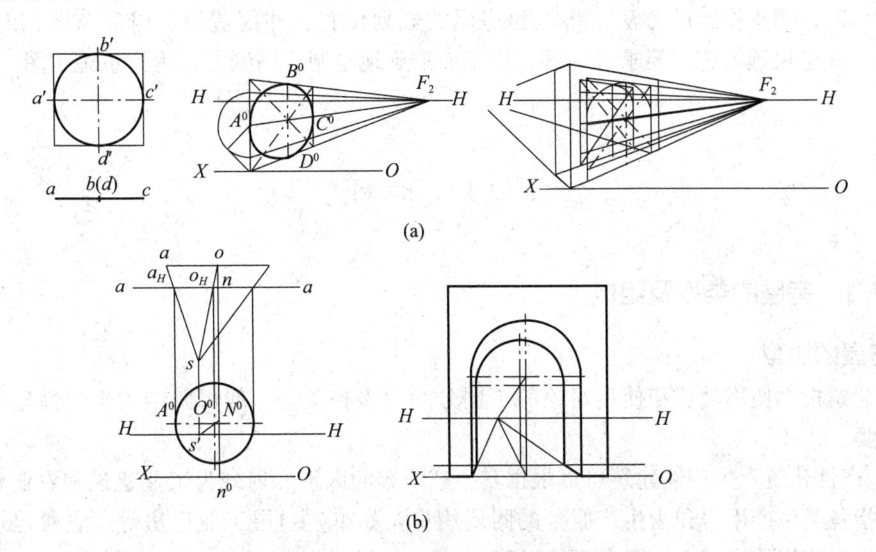

图 11-20 垂直于地面的圆的透视

(a)圆不平行于画面；(b)圆平行于画面

思考题

1. 什么是透视投影？它与多面正投影和轴测投影有哪些异同？
2. 确定视点、画面和物体相对位置的原则是什么？

第 12 章　建筑施工图

房屋是供人们生活、生产、工作、学习和娱乐的重要场所。房屋的建造一般需要经过设计和施工两个过程。设计人员根据用户提出的要求，按照《房屋建筑制图统一标准》(GB/T 50001—2017)，用正投影的方法，将拟建房屋的规划位置、外部造型、内部布置、内外装修、细部构造、固定设施及施工要求等内容，详细而准确地绘制成图纸，称为建筑施工图。

12.1　概述

12.1.1　房屋的类型及组成

1. 房屋的类型

房屋建筑根据使用功能和使用对象的不同分为很多种类，一般可归纳为生产性建筑和民用建筑两大类。

(1)生产性建筑。生产性建筑可以根据其生产内容的区别，划分为工业建筑和农业建筑。工业建筑是指各类生产用房和为生产服务的附属用房，如单(多)层工业厂房等；农业建筑是指各类供农业生产使用的房屋，如畜禽饲养场等。

(2)民用建筑。民用建筑又分为居住建筑和公共建筑。住宅、宿舍等称为居住建筑；办公楼、学校、医院、车站、旅馆、影剧院等称为公共建筑。

除此之外，房屋建筑按其所属结构来分，主要有钢筋混凝土框架结构、剪力墙结构、框架-剪力墙结构、框架-筒体结构和空间结构等；按使用材料来分，可分为砖木结构、砖混结构、钢筋混凝土结构和钢结构等。

2. 房屋的组成

房屋一般由基础、墙、柱、梁、楼(地)面、屋面、楼梯和门窗等部分组成，如图 12-1 所示。

(1)楼地层：其主要作用是提供使用者在建筑物中活动所需要的各种平面，同时将由此而产生的各种荷载，如家具、设备、人体自重等荷载传递到支承它们的垂直构件上。其除具有提供活动平面并传递水平荷载的作用外，还起着沿建筑物的高度分隔空间的作用。

(2)墙或柱：在不同结构体系的建筑中，屋盖、楼层等部分所承受的活荷载及它们的自重，分别通过支承它们的墙或柱传递到基础上，再传递给地基。无论承重与否，墙体往往还具有分隔空间的功能，或对建筑物起到围合、保护的作用。

(3)基础：基础是建筑物的垂直承重构件与支承建筑物的地基直接接触的部分。

(4)楼梯、电梯：楼梯、电梯是建筑物上下楼层之间连系的交通枢纽。

(5)屋盖：屋盖除承受由于雨雪或屋面上人所引起的荷载外，还主要起到围护的作用。防水性能及隔热或保温的热工性能是其主要功能。

(6)门窗：门窗主要供交通及通风采光使用。设在建筑物外墙上的门窗还兼有分隔和围护空间的作用。

另外，一般建筑还设有起保护墙身作用的结构，如勒脚、防潮层等；起排水作用的结构，如天沟、雨水管、散水、明沟等。

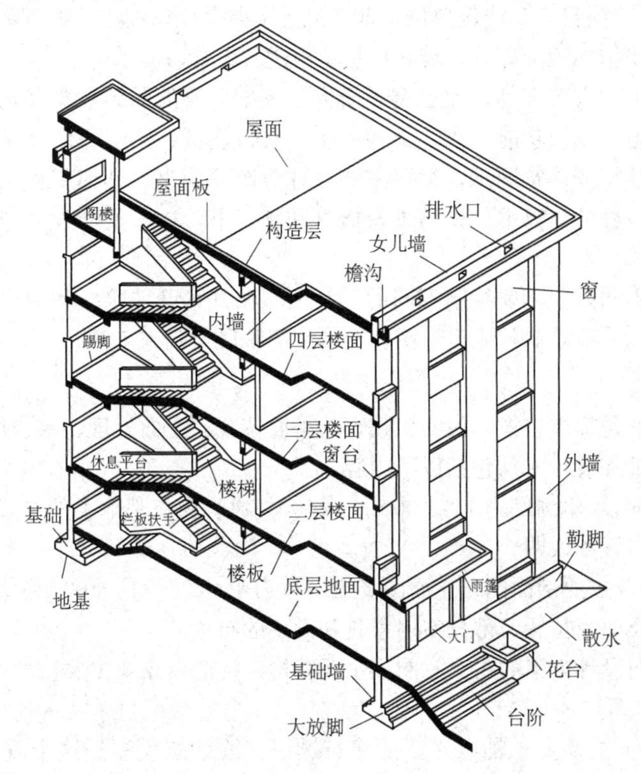

图 12-1　房屋的组成图

3. 房屋的构成系统

建筑物由结构体系、围护体系和设备体系组成。

(1)结构体系。结构体系承受竖向荷载和侧向荷载，并将这些荷载安全地传至地基，一般将其分为上部结构和地下结构。上部结构是指基础以上部分的建筑结构，包括墙、柱、梁、屋顶等；地下结构是指建筑物的基础结构。

(2)围护体系。建筑物的围护体系由屋面、外墙、门、窗等组成。屋面、外墙围护成内部空间，能够遮蔽外界恶劣气候的侵袭；同时，也起到隔声的作用，从而保证使用人群的安全性和私密性。

(3)设备体系。依据建筑物的重要性和使用性质的不同，设备体系的配置情况也不尽相同，通常包括给水排水系统、供电系统和供热通风系统。根据需要，还有防盗报警、灾害探测、自动灭火等智能系统。

12.1.2　施工图的产生、分类及编排次序

建筑物的设计一般包括建筑设计、结构设计和设备设计等几部分。建筑设计的依据如下：

(1)主管部门有关建筑物的使用要求、建筑面积、单方造价和总投资的批文，以及国家有关部委或各省、市、地区规定的有关设计定额和指标。

(2)工程设计任务书：由建设单位根据建筑使用要求，提出的各个空间的用途、面积大小及其他的一些要求。

(3)城建部门同意设计的批文：内容包括用地范围(常用红线划定)及有关规划、环境等城建部门对拟建房屋的要求。

(4)委托设计工程项目表：建设单位根据有关批文向设计单位正式办理委托设计的手续。规模较大的工程常采用招标投标方式，委托中标单位进行设计。

设计人员根据上述有关文件，通过调查研究，收集必要的原始数据和勘测设计资料，综合考虑总体规划、基地环境、功能要求、结构施工、材料设备、建筑经济及建筑艺术等多方面的问题，进行设计并绘制成建筑图纸，编写主要设计意图说明书，其他工种也相应地设计并绘制各类图纸，编制各工种的计算书、说明书及概算和预算书。这一整套设计图纸和文件便成为房屋施工的依据。

在建筑设计的不同阶段，要绘制不同的设计图。在方案设计阶段和初步设计阶段绘制初步设计图，在技术设计阶段绘制技术设计图，在施工图阶段绘制施工图。

1. 初步设计图

初步设计的目的是提出方案，说明该建筑的平面位置、立面处理、结构选型等。

初步设计的图纸和设计文件包括以下内容：

(1)建筑总平面图。比例尺为1∶2 000～1∶500，建筑物在基地上的位置、标高，道路，绿化及基地上设施的布置和说明。

(2)各层平面图及主要剖面图、立面图。比例尺为1∶200～1∶100，标出房屋的主要尺寸，房间的面积、高度及门窗位置，部分室内家具和设备的布置。

(3)说明书(说明设计方案的主要意图、主要结构、构造特点及主要技术经济指标等)。

(4)建筑概算书。

(5)根据设计任务的需要，辅以必要的建筑透视图或建筑模型。这个阶段的设计图应能清晰、明确地表现出整个设计方案的意图。

2. 技术设计图

技术设计是初步设计具体化的阶段，其主要任务是在初步设计的基础上，进一步确定各设计工种之间的技术问题。对于不太复杂的工程，一般来说可省去该设计阶段。这一阶段的设计图纸要绘出度量单位和技术做法，为协调各工种的矛盾和施工图纸的制作做准备。

3. 施工图

一套完整的建筑物施工图包括图纸目录、设计总说明、建筑施工图、结构施工图，以及给水排水、供暖、通风、电气、动力等施工图。各专业施工图的编排顺序是全局性的在前，局部性的在后；先施工的在前，后施工的在后；重要的在前，次要的在后。其中，建筑施工图包括：

(1)总平面图。表示出构想中建筑物的平面位置和绝对标高、室外各项工程的标高、地面坡度、排水方向等，用以计算土方工程量，作为施工时定位、放线、土方施工和施工总平面布置的依据。

(2)建筑平面图。用轴线和尺寸线表示出各部分的尺寸和准确位置，门窗洞口的做法、标高尺寸，各层地面的标高，其他图纸、配件的位置和编号及其他工种的做法要求。

(3)建筑立面图。表示出建筑外形各部分的做法和材料情况，建筑物各部位的可见高度和门窗洞口的位置。

(4)建筑剖面图。主要用标高表示建筑物的高度及其与结构的关系。

(5)建筑构造详图。包括建筑外墙剖面、楼梯、门窗等所有建筑装修和构造，以及特殊做法的详图。

除此之外，还要增加各工种相应配套的施工图。如结构施工图，给水排水、电气照明及供暖或空气调节等设备施工图。

本章以某公寓楼为例，介绍建筑施工图的基本知识及阅读、绘制方法。

12.1.3 施工图的图示特点

1. 用途和内容

房屋建筑施工图是表示建筑物的总体布局、外部造型、内部布置、细部构造做法、内外装饰、固定设施和施工要求的图样，是房屋施工和概预算工作的依据。房屋建筑施工图内容包括建筑设计总说明、门窗表、总平面图、建筑平面图、建筑立面图、剖面图和各种详图。

2. 图示特点

施工图图示特点如下：

(1)遵循的标准。建筑施工图应遵守的制图标准有《房屋建筑制图统一标准》(GB/T 50001—2017)、《总图制图标准》(GB/T 50103—2010)和《建筑制图标准》(GB/T 50104—2010)。

(2)图线。以上标准中对图线都有明确的规定。在使用中，总的原则是剖切面的截交线和房屋立面图中的外轮廓用粗实线，次要的轮廓线用中粗线，其他线一般用细线。房屋或构配件可见部分用实线表示，不可见部分一般不画，必要时可用虚线表示。

(3)比例。房屋形体较大，施工图一般都用较小比例如 1∶200、1∶100 等绘制。而房屋内各部分构造较复杂，在小比例的平、立、剖面图中无法表达清楚，还需要配以大量较大比例如 1∶20、1∶10 等的详图。

(4)图例符号。由于建筑的总平面图和平面图、立面图、剖面图的比例较小，有些内容(如构配件和材料)不可能按实际投影画出，为作图简便计见，常采用国家标准规定的图形符号来表示，这种图形符号称为图例。总平面图常用图例见表 12-1，摘自《总图制图标准》(GB/T 50103—2010)。

(5)详图和标准图集。为了反映建筑物的构配件、细部构造及具体做法，在施工图中常配置详图和采用标准图集。

表 12-1 总平面图常用图例

序号	名称	图例	备注
1	新建建筑物	$X=$ $Y=$ ① 12F/2D H=59.00 m	新建建筑物以粗实线表示与室外地坪相接处±0.00 外墙定位轮廓线 建筑物一般以±0.00 高度处的外墙定位轴线交叉点坐标定位。轴线用细实线表示，并标明轴线号 根据不同设计阶段标注建筑编号，地上、地下层数，建筑高度，建筑出入口位置(两种表示方法均可，但同一图纸采用一种表示方法) 地下建筑物以粗虚线表示其轮廓 建筑上部(±0.00 以上)外挑建筑用细实线表示 建筑物上部连廊用细虚线表示并标注位置

续表

序号	名称	图例	备注
2	原有建筑物	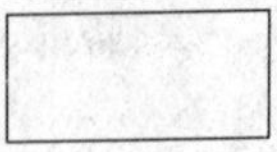	用细实线表示
3	计划扩建的预留地或建筑物		用中粗虚线表示
4	拆除的建筑物		用细实线表示
5	建筑物下面的通道	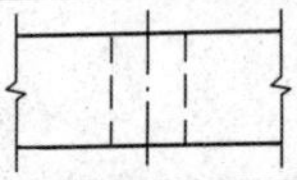	—
6	散状材料露天堆场	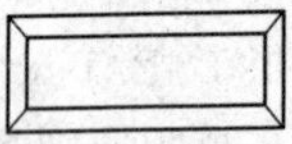	需要时可注明材料名称
7	其他材料露天堆场或露天作业场	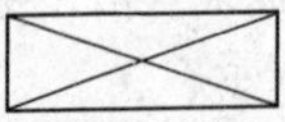	需要时可注明材料名称
8	铺砌场地	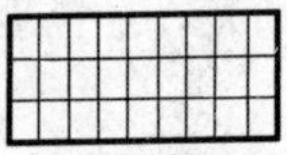	—
9	敞棚或敞廊	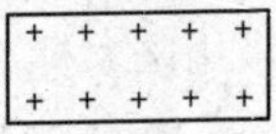	—
10	高架式料仓	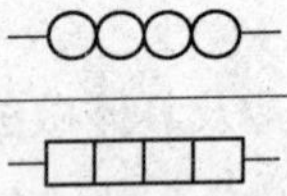	—
11	漏斗式贮仓		左、右图为底卸式 中图为侧卸式
12	冷却塔(池)	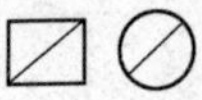	应注明冷却塔或冷却池
13	水塔、贮罐	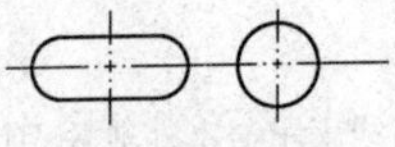	左图为卧式贮罐 右图为水塔或立式贮罐
14	水池、坑槽		也可以不涂黑
15	明溜矿槽(井)	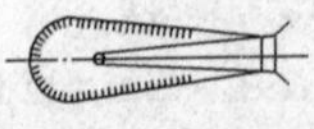	—
16	斜井或平硐	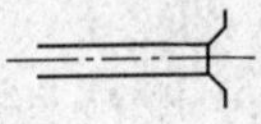	—
17	烟囱		实线为烟囱下部直径，虚线为基础，必要时可注写烟囱高度和上、下口直径

续表

序号	名称	图例	备注
18	围墙及大门	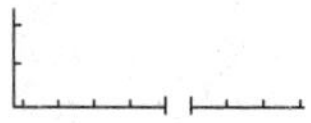	—
19	挡土墙	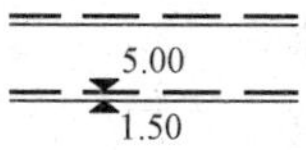 5.00 1.50	挡土墙根据不同设计阶段的需要标注 $\frac{\text{墙顶标高}}{\text{墙底标高}}$
20	挡土墙上设围墙		—
21	台阶及无障碍坡道	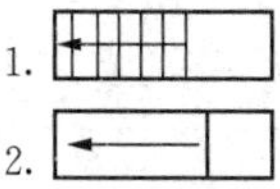 1. 2.	1. 表示台阶(级数仅为示意) 2. 表示无障碍坡道
22	露天桥式起重机	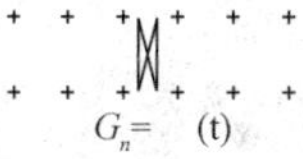 G_n= (t)	起重机起重量 G_n，以吨计算 "+"为柱子位置
23	露天电动葫芦	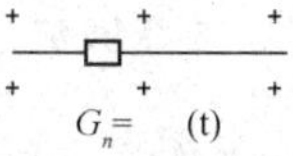 G_n= (t)	起重机起重量 G_n，以吨计算 "+"为支架位置
24	门式起重机	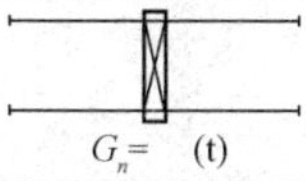 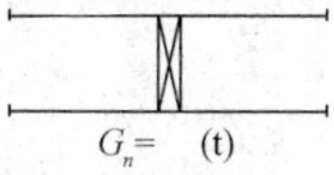 G_n= (t) G_n= (t)	起重机起重量 G_n，以吨计算 上图表示有外伸臂 下图表示无外伸臂
25	架空索道		"I"为支架位置
26	斜坡卷扬机道	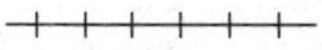	—
27	斜坡栈桥(皮带廊等)	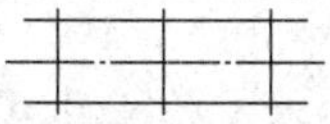	细实线表示支架中心线位置
28	坐标	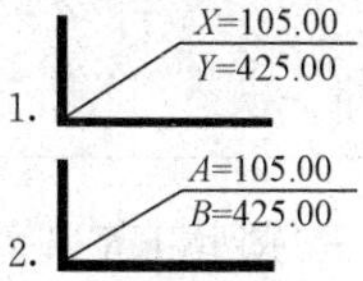 1. X=105.00 Y=425.00 2. A=105.00 B=425.00	1. 表示地形测量坐标系 2. 表示自设坐标系 坐标数字平行于建筑标注
29	方格网交叉点标高	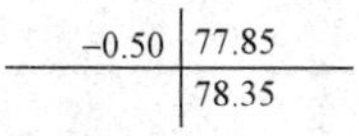 −0.50 | 77.85 78.35	"78.35"为原地面标高 "77.85"为设计标高 "−0.50"为施工高度 "−"表示挖方("+"表示填方)
30	填方区、挖方区、未整平区及零点线	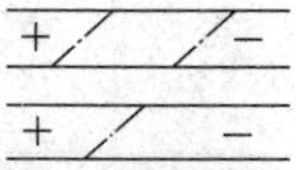 + − + −	"+"表示填方区 "−"表示挖方区 中间为未整平区 点画线为零点线
31	填挖边坡	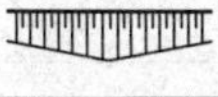	—

续表

序号	名称	图例	备注
32	分水脊线与谷线	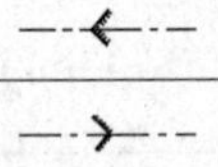	上图表示脊线 下图表示谷线
33	洪水淹没线		洪水最高水位以文字标注
34	地表排水方向		—
35	截水沟	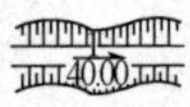 40.00	“1”表示1%的沟底纵向坡度，“40.00”表示变坡点间距离，箭头表示水流方向
36	排水明沟	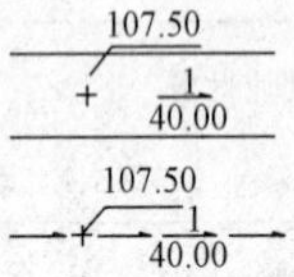 107.50 1 40.00 107.50 1 40.00	上图用于比例较大的图面 下图用于比例较小的图面 “1”表示1%的沟底纵向坡度，“40.00”表示变坡点间距离，箭头表示水流方向 “107.50”表示沟底变坡点标高(变坡点以“+”表示)
37	有盖板的排水沟	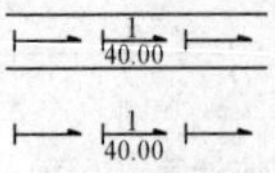 1 40.00 1 40.00	—
38	雨水口	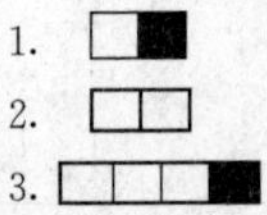 1. 2. 3.	1. 雨水口 2. 原有雨水口 3. 双落式雨水口
39	消火栓井		—
40	急流槽	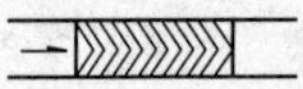	箭头表示水流方向
41	跌水		
42	拦水(闸)坝	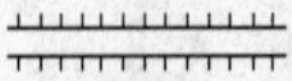	—
43	透水路堤		边坡较长时，可在一端或两端局部表示
44	过水路面		—
45	室内地坪标高	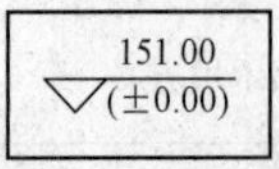 151.00 (±0.00)	数字平行于建筑物书写
46	室外地坪标高	 143.00	室外标高也可采用等高线
47	盲道		—

续表

序号	名称	图例	备注
48	地下车库入口	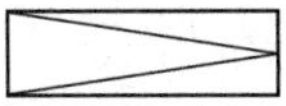	机动车停车场
49	地面露天停车场		—
50	露天机械停车场	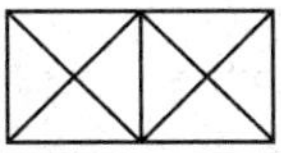	露天机械停车场

12.1.4 施工图中常用的符号

建筑施工图作为专业的建筑图纸，具有严格的符号使用规则，正确掌握这些符号是读懂图纸的必要手段。建筑施工图的常用符号见表12-2。

表 12-2 建筑施工图的常用符号

名称	线型符号	说明
定位轴线及编号	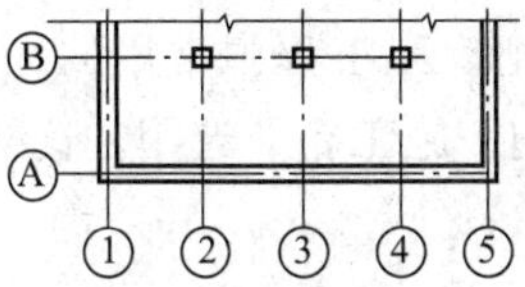 B A ① ② ③ ④ ⑤	定位轴线编号应注写在轴线端部的圆内，圆应用细实线绘制，直径为8～10 mm。宜标注在图样的下方与左侧，横向编号应用阿拉伯数字，从左至右顺序编写，竖向编号应用大写拉丁字母，从下至上顺序编写。拉丁字母的I、O、Z不得用作轴线编号
标高	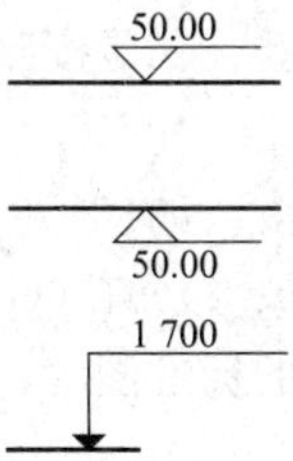 50.00 50.00 1 700	1. 表示建筑构造的高度位置，以三角尖所指的位置为准 2. 一般图上用空心三角形表示；只有在总平面图上用全黑三角形表示
详图索引符号及详图符号	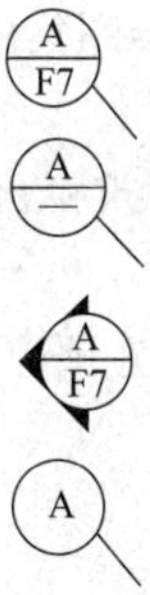 A F7 A — A F7 A	详图索引符号： 1. 上部数字表示详图编号，下部数字表示详图所在图纸编号 2. 如果详图在本页内，则符号下部可用水平细实线表示 3. 带有方向的索引符号 详图符号： 4. 第四个符号为详图符号，粗实线单圆圈直径为14 mm，表示被索引的图形在本张图纸上
坡度	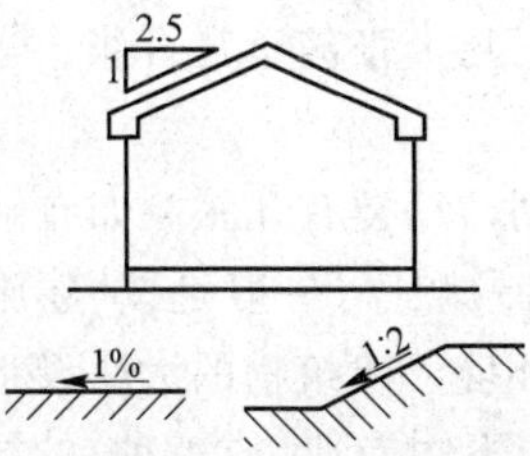 2.5 1 1%　1:2	1. 百分数、比值数表示坡度比例，箭头表示下坡方向 2. 对于坡度较大的坡屋面、屋架等，可用直角三角形的形式标注它的坡度

续表

名称	线型符号	说明
引出线		1. 文字说明写在横线上 2. 第二个符号是共用同一文字说明的引出线，文字说明写在横线上 3. 第三个符号是多层构造说明的引出线，文字说明从下至上(或从左至右)依次写在横线上
对称符号		用两组平行线表示，平行线距离 2～3 mm，平行线两侧长短相等，总长度为 6～10 mm

12.1.5 标准图与标准图集

1. 标准图

为了加快设计和施工的速度，提高设计与施工质量，把房屋工程中常用的、大量的构件、配件按统一模数、不同规格设计出系列施工图，供设计部门、施工企业选用，这样的图称为标准图。装订成册后即标准图集(或通用图集)。

2. 标准图集的分类

在我国，标准图(集)有两种分类方法：一是按照使用范围分类；二是按照工种分类。

(1)按照使用范围大体分为以下三类：

1)经住房和城乡建设部批准，可在全国范围内使用的标准图集，如《混凝土结构施工图平面整体表示方法制图规则和构造详图(现浇混凝土框架、剪力墙、梁、板)》(16G101-1)。

2)经各省、市、自治区、直辖市批准，在本地区范围内使用的标准图集，如《西南地区建筑标准设计通用图集》。

3)各设计单位编制的标准图集，在本设计院内部使用。此类标准图集用得较少。

(2)按照工种大体分为以下两类：

1)建筑设计标准图集，一般用"J"或"建"表示，如《西南地区建筑标准设计通用图集》中的"西南 18J515"为室内装修标准图集。

2)结构设计标准图集，一般用"G"或"结"表示，如"西南 G211"为预应力混凝土空心板标准图集。

12.1.6 阅读施工图的步骤

一套房屋施工图纸，简单的有几张，复杂的有十几张、几十张甚至几百张。当我们拿到这些图纸时，究竟应从哪里看起呢？

首先，根据图纸目录，检查和了解这套图纸有多少类别，每类有几张。如有缺损或需用标准图和重复利用旧图时，应及时配齐。检查无缺损后，按目录顺序(一般是按"建施""结施""设施"的顺序排列)通读一遍，对工程对象的建设地点、周围环境，建筑物的大小及形状、结构形式和建筑关键部位等情况先有一个概括的了解。然后，负责不同专业(或工种)的技术人员，根据不同要求，重点深入地看不同类别的图纸。阅读时，应按先整体后局部、先文字说明后图样、先图形后尺寸等依次仔细阅读，还应特别注意各类图纸之间的联系，以避免发生矛盾而造成质量事故和经济损失。

本章将列出某公寓楼施工图中主要图纸，用来讲述施工图的阅读，该公寓楼整套施工图纸见附图。

12.2 建筑设计总说明

12.2.1 概述

在施工图的编排中，将图纸目录、建筑设计总说明、总平面图等编排在整套施工图的前面，来对施工图内容进行介绍或补充。通过对建筑设计总说明的阅读，读者可以了解到建筑物概况、设计依据、装修做法等。

12.2.2 建筑设计总说明的内容

建筑设计总说明中包含内容很多，如设计依据、建筑概况、设计标高、墙身砌体、节能设计、建筑防水、门窗、安全防范等。无论内容多少，建筑设计总说明必须说明设计依据、建筑规模、标高、装修做法和施工要求等。

(1)设计依据。设计依据包括政府的有关批文，这些批文主要有两个方面的内容：一是立项；二是规划许可证等。

(2)建筑规模。建筑规模主要包括占地面积和建筑面积，这是设计出来的图纸是否满足规划部门要求的依据。

(3)标高。标高分为相对标高和绝对标高两种。

以建筑物底层室内主要地面为零点的标高称为相对标高；把青岛黄海平均海平面的高度定为零点的标高称为绝对标高。建筑设计总说明中要说明相对标高与绝对标高的关系。例如，“相对标高±0.000 之绝对标高值 405.85”。

微课：建筑设计总说明

(4)装修做法。表 12-3 列出了设计总说明中墙身防潮层、散水、室外踏步及平台、室外斜坡道、外墙面的做法，从外墙面的做法中可以看出其墙面使用的材料，从立面图中可以看清材料颜色。

表 12-3 工程做法(局部)

项目	适用范围	类别	编号	附注
墙身防潮层		防水水泥砂浆防潮层	潮 1	
散水		细石混凝土散水	散 4	1 500 宽
室外踏步及平台		广场砖踏步及平台	台 3	
室外斜坡道		水泥锯齿坡道	坡 5	
外墙面	见立面	平光外墙涂料	外 13，外 14	颜色见立面
	见立面	贴面砖墙面	外 21，外 22	颜色见立面 145×45×6
	见立面	花岗石墙面	外 24，外 25	颜色见立面

(5)施工要求。施工要求一般包含：对执行国家有关规范的要求；对图纸中不详之处的处理；其他需要设计单位(人员)认可的内容。图纸中不详之处，均严格按国家有关现行规范、规定执行。

12.3 总平面图

12.3.1 图示方法及作用

将拟建工程四周一定范围内的新建、拟建、原有和拆除的建筑物、构筑物连同其周围的地形地物状况，用水平投影方法和相应的图例所画出的图样，即为总平面图(或称总平面布置图)。它用来表明一个工程所在位置的总体布置，包括建筑红线、新建建筑物的位置、朝向；新建建筑物与原有建筑物的关系及新建建筑区域的道路、绿化、地形、地貌、标高等方面的内容。

总平面图是新建房屋与其他相关设施定位的依据，是土石方施工及给水排水、电气照明等管线总平面布置图和施工总平面图的依据。

由于总平面图包括的区域较大，根据国家标准《总图制图标准》(GB/T 50103—2010)的规定，总平面图一般用1∶500、1∶1 000、1∶2 000的比例绘制。图12-2所示为某公寓楼总平面图(局部)，比例为1∶1 000。

总平面图常见图例见表12-1。

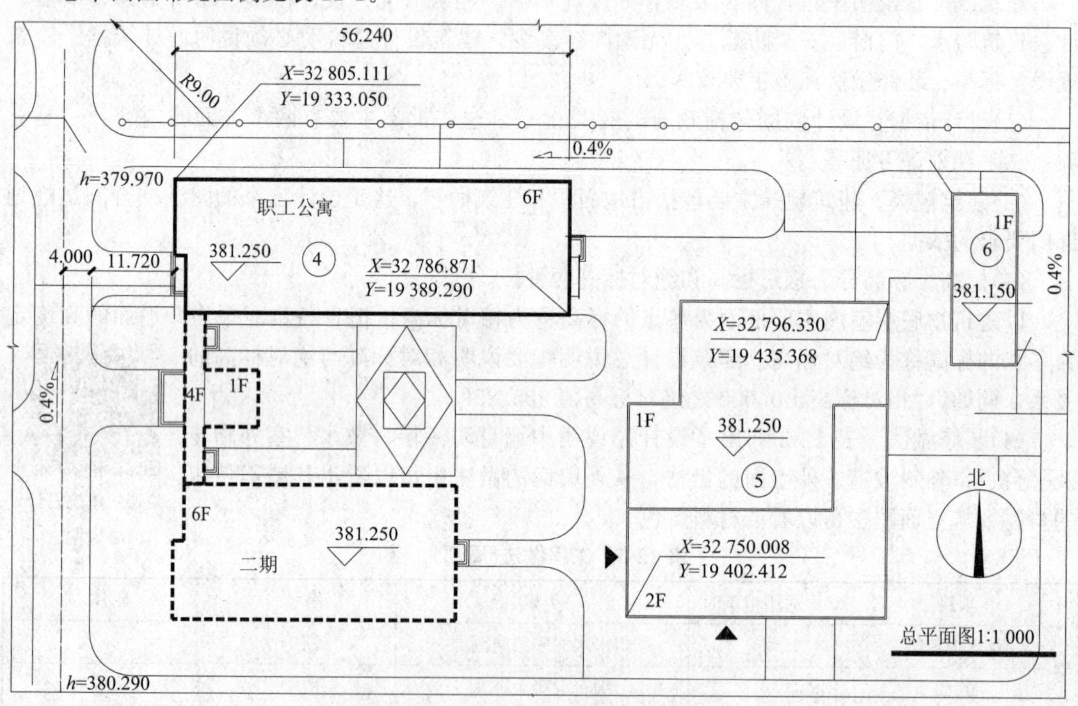

图12-2 某公寓楼总平面图(局部)

12.3.2 图示内容

总平面图主要包括以下几个方面的内容。

1. 建筑红线

各地方国土管理局提供给建设单位的地形图为蓝图，在蓝图上用红色笔划定的土地使用范围的线称为建筑红线。任何建筑物在设计和施工中均不能超过此线(图 12-2 中没有画出建筑红线)。

2. 新旧建筑物

从表 12-1 可知，在总平面图上将建筑物分成四种情况，即新建建筑物、原有建筑物、计划扩建的建筑物、拆除的建筑物。在设计中，为了清楚表示建筑物的总体情况，可在图形中右上角用点数或数字表示楼房层数；需要时，可用▲表示建筑物的出入口。新建建筑物外形(一般以±0.000 高度处的外墙定位轴线或外墙面线为准)用粗实线表示；需要时，地面以上建筑用中粗实线表示，地面以下建筑用细虚线表示。

3. 新建建筑物的定位

新建建筑物的定位一般采用两种方法：一是用定位尺寸定位；二是用坐标定位。总平面图中的尺寸以米(m)为单位，并保留两位小数。

(1)用定位尺寸定位。定位尺寸应注出与原有建筑物外墙或道路中心线的联系尺寸，如图 12-2 中的 11.720、4.000。

(2)用坐标定位。在新建区域内，为了保证在复杂地形中放线准确，总平面图中常用坐标表示建筑物、道路等的位置。坐标有测量和建筑两种坐标系统。

1)测量坐标：在地形图上用细实线画成交叉十字线的坐标网，*X* 为南北方向的轴线，*Y* 为东西方向的轴线，这样的坐标网称为测量坐标网。测量坐标网常画成 100 m×100 m 或 50 m×50 m 的方格网。

2)建筑坐标：建筑坐标是将建筑物区域内某一点定为“0”，采用 100 m×100 m 或 50 m×50 m 的方格网，沿建筑物主墙方向用细实线画成方格网通线，横墙方向(竖向)的轴线标为 *A*，纵墙方向的轴线标为 *B*。

建筑坐标与测量坐标的区别如图 12-3 所示。用坐标确定建筑物的位置时，宜标注三个角的坐标，如建筑物与坐标轴线平行，可标注其对角坐标，如图 12-3 所示。

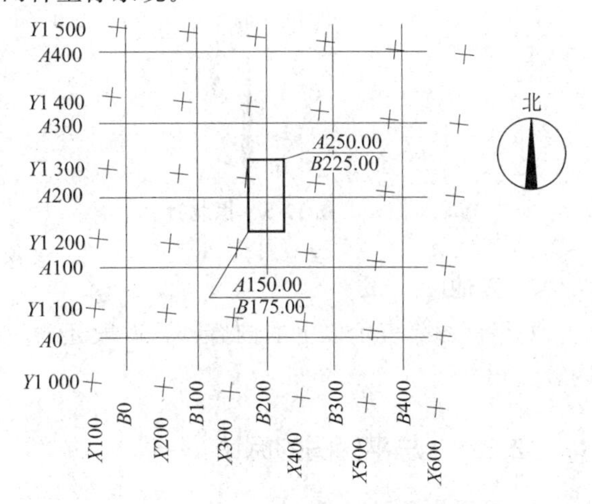

图 12-3　建筑坐标与测量坐标

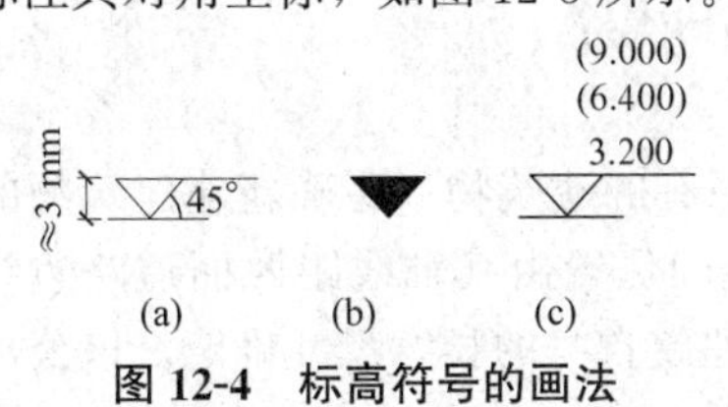

图 12-4　标高符号的画法

4. 标高与等高线

总平面图中标注的标高为绝对标高，其他图中标注的标高为相对标高。

标注标高，要用标高符号，标高符号见表 12-2，详细画法如图 12-4 所示。

标高数字以米为单位，一般图中标注到小数点后第三位。在总平面图中，可注写到小数点后第二位。

零点标高的标注方式是▽±0.000。

正数标高不注写“+”号，如+3 m，标注成▽3.000。

负数标高在数值前加“-”号，例如-0.5 m，标注成▽-0.500。

标高符号的尖端应指至被标注高度的位置，尖端一般应向下，也可向上，如△-0.500。

总平面图中，室内外标高也可采用等高线来表示。

5. 道路与绿化

道路与绿化是主体的配套工程。从道路可以了解建成后的人流方向和交通情况；从绿化可以看出建成后的环境绿化情况。

6. 指北针或风玫瑰图

总平面图一般应按上北下南方向绘制，并绘制出指北针或风玫瑰图。

指北针用于表明方向，应按国家标准规定绘制，形状如图 12-5 所示，圆用细实线绘制，直径为 24 mm，指北针尾部宽为 3 mm，指针头部指向北方，应标记为“北”或“N”。若需用较大直径画指北针时，指针尾部宽宜为直径的 1/8。

表明各方向风向频率时，可用风向频率玫瑰图(简称风玫瑰图)，如图 12-6 所示。风由外面吹过建设区域中心的方向为风向。风向频率是在一定的时间内某一方向出现吹风次数占总观察次数的百分比。风玫瑰图中实折线范围表示全年的风向频率，虚折线范围表示夏季的风向频率。

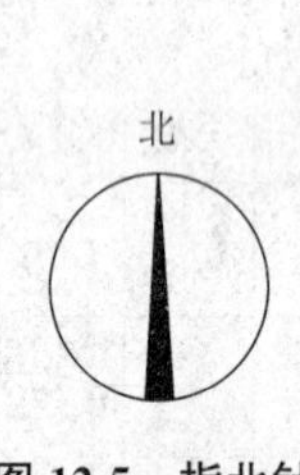

图 12-5 指北针

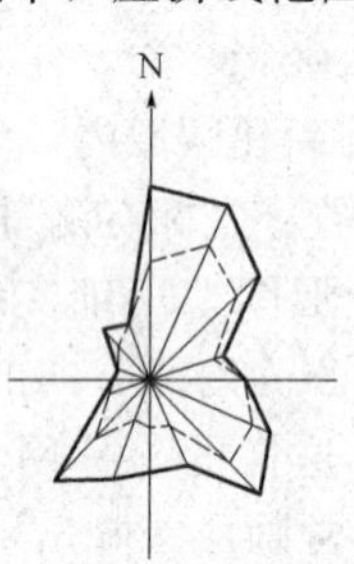

图 12-6 风玫瑰图

7. 其他

总平面图除表示以上的内容外，一般还表示挡土墙、围墙、水沟、池塘等与工程有关的内容。

12.3.3 总平面图的阅读

1. 熟悉图例、比例

如图 12-2 所示的某公寓楼总平面图，其比例为 1∶1 000，图中图例可结合表 12-1 阅读，主要有围墙、新建建筑物及其入口、原有建筑物、道路、草坪、树木等。

2. 明确新建房屋的位置及朝向

阅读总平面图时，要区分哪些是新建的建筑物，哪些是原有的建筑物；明确新建建筑物的位置、朝向及与原有建筑物的联系。图 12-2 中的新建公寓楼的位置由其轴线距西面道路边线 11.720 m(距中心线 15.720 m)、东北及西南角点坐标尺寸、建筑自身的长宽尺寸确定。该公寓楼长度方向为东西方向，宽度方向为南北方向，出入口东西两侧各有一个。

3. 了解工程性质及周围环境

工程性质是指新建建筑物的用途，是商店、教学楼、办公楼、住宅楼还是厂房等。了解周围环境，可以弄清楚周围环境与该建筑物的关系。

图 12-2 中的新建建筑物为一栋公寓楼，其西边及北边为规划道路，西边道路较宽，东南方向为已建最高为二层的建筑，南边为待建二期公寓及连廊。

微课：总平面图的阅读

4. 查看标高、地形

从标高和地形图可知新建房屋周围的地貌。如图 12-2 所示，新建公寓楼西边路面中心线标高是 380.290～379.970 m，以 0.4%的坡度由南往北逐渐降低，新建公寓楼一层地面绝对标高是 381.250 m，周围原有及待建建筑物绝对标高基本相同，场地比较平整。

5. 了解道路与绿化情况

从图 12-2 所示总平面图中可看出新建公寓楼所在小区内道路与绿化情况，此处不再说明。

12.4 平面图

12.4.1 图示方法及用途

1. 平面图的形成

假想用一个水平剖切面，沿门窗洞口将房屋剖切开，移去剖切平面及其以上部分，将余下的部分按正投影原理，投射在水平投影面上所得到的水平剖面图，即为建筑平面图，简称平面图。所谓建筑平面图，一般是用一个假想的水平剖切面在一定的高度位置(通常是窗台高度以上、门洞高度以下)将房屋剖切后，作切面以下部分的水平投影图，其中剖切到的房屋轮廓实体及房屋内部的墙、柱等实体截面用粗实线表示，其余可见的实体，如窗台、窗玻璃、门扇，半高的墙体、栏杆，以及地面上的台阶踏步、水池与花池的边缘，甚至室内家具等实体的轮廓线则用细实线表示。平面图反映房屋的平面形状、大小和房间的布置，墙或柱的位置、大小、厚度和材料，门窗的类型和位置等情况，是施工图中最基本的图样之一。

建筑平面图表示的是建筑物在水平方向上的房屋各部分的组合关系，并集中反映建筑物的使用功能关系，是建筑设计中的重要一环。

2. 平面图的名称

沿底层门窗洞口剖开得到的平面图称为底层平面图，又称为首层平面图或一层平面图。沿二层门窗洞口剖开得到的平面图称为二层平面图。一般来说，房屋有几层，就应画出几层平面图，并在图的下方注明相应的图名。但在多层和高层建筑物中，往往中间几层剖开后的图形是一样的，就只需要画一个平面图作为代表层，将这个作为代表层的平面图称为标准层平面图。沿最上一层的门窗洞口剖切得到的平面图称为顶层平面图。将房屋直接从上向下进行投射得到的平面图，称为屋顶平面图。

综上所述，在多层和高层建筑的施工图中一般有底层平面图、标准层平面图、顶层平面图和屋顶平面图。另外，根据工程性质及复杂程度，有的建筑施工图还有地下层(±0.000 以下)平面图、夹层平面图等。

3. 平面图的线型和材料图例

平面图的线型粗细应分明。凡是被剖切到的墙、柱断面轮廓线用粗实线，其余可见的轮廓线用中实线或细实线，尺寸线和尺寸界线用细实线。如需表示洞口、通气孔、槽、地沟等不可见部分，则应以中虚线或细虚线绘制。

平面图中的断面，当比例大于 1∶50 时，应画出材料图例和抹灰层的面层线；当比例为 1∶100～1∶200 时，抹灰层面层线可不画，而断面材料图例可用简化画法，如砖墙断面涂红色、钢筋混凝土柱断面涂黑色等。

4. 平面图的用途

建筑平面图主要表达房屋的平面布置情况，在施工过程中是放线、砌墙、安装门窗及编制概预算的依据。另外，施工备料、施工组织设计时也要用到平面图。

12.4.2 图示内容

1. 底层平面图

下面以图 12-7 所示的底层平面图为例，介绍底层平面图的主要内容：

(1)图名、比例、朝向。在平面图下边应注出图名、比例，以表明是哪一层的平面图，用多大的比例绘制。本例是底层平面图，比例是 1∶100。

建筑物的朝向在底层平面图中用指北针表示。建筑物主要入口在哪面墙上，就称建筑物朝哪个方向，如图 12-7 所示底层平面图，指北针朝上，建筑物的大门在②轴线上，说明该建筑物朝南。指北针的画法如图 12-5 所示。

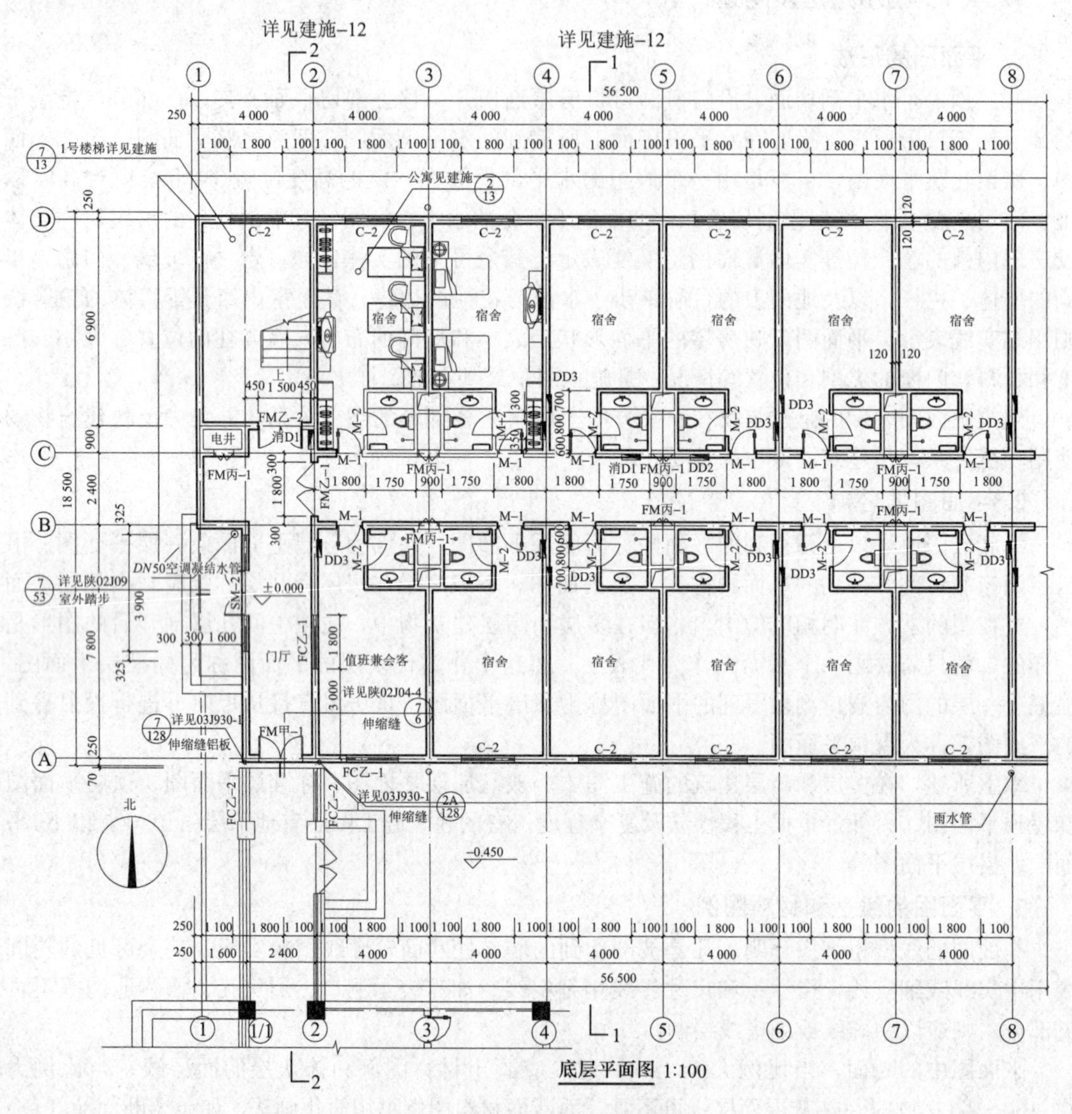

图 12-7　某公寓楼底层平面图

(2)定位轴线及编号。在建筑平面图中，定位轴线用来确定房屋的墙、柱、梁等的位置和作为标注定位尺寸的基线。根据《房屋建筑制图统一标准》(GB/T 50001—2017)的规定，定位轴线用细点画线绘制，并予编号。编号应写在轴线端部的圆内，圆圈用细实线绘制，圆圈直径为 8～10 mm，如图 12-8(a)所示。定位轴线圆的圆心应在轴线的延长线上或延长线的折线上。平面图上定位轴线的编号，通常标注在图样的下方与左侧，当图形复杂且不对称时，上方和右侧也应标注。纵向编号应用阿拉伯数字，从左至右顺序编写。横向编号应用大写拉丁字母，从下至上顺序编写。拉丁字母中的 I、O、Z 不能用于轴线编号，以避免与 1、0、2 混淆。

除标注主要轴线外，有时还标注附加轴线，附加轴线编号用分数形式表示。两根轴线之间的附加轴线，以分母表示前一根轴线的编号、分子表示附加轴线的编号，如图 12-8(b)所示。如果①号轴线或Ⓐ号轴线之前还需要设附加轴线，以分母 01、0A 分别表示位于①号轴线或Ⓐ号轴线前的附加轴线，如图 12-8(c)所示。

一个详图适用于几根轴线时，应同时注明各有关轴线的编号，如图 12-8(d)所示。通用详图的定位轴线，只画圆圈，不注写轴线编号。

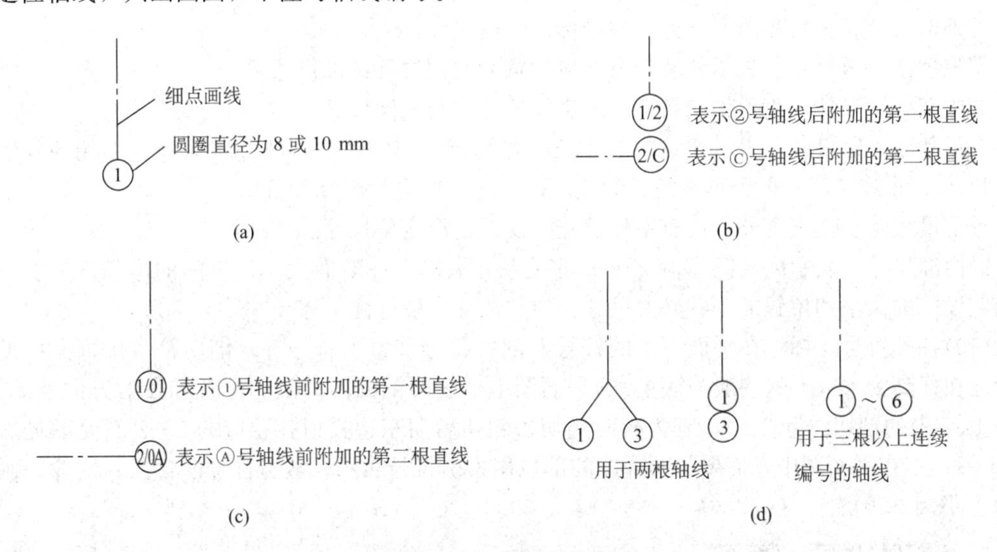

图 12-8　轴线的编号

(a)轴线的画法；(b)附加轴线一；(c)附加轴线二；(d)详图的轴线编号

(3)房屋内部的平面布置。平面图反映房屋内部的布置情况，如各种用途的房间、走道、楼梯、卫生间的位置及其相互间的联系，对每个房间都应注明名称。从图 12-7 所示底层平面图可以看到，从西边自Ⓐ～Ⓑ轴线间进大门后是门厅，对面是值班兼会客室，北侧是楼梯间，Ⓑ～Ⓒ轴线间是公寓楼走廊，两侧为宿舍，宿舍布局基本相同，并带有卫生间。

(4)墙和柱。建筑物中墙、柱是承受建筑物垂直荷载的重要结构，墙体又起着分隔房间的作用。为此它的平面位置、尺寸大小都非常重要。从图 12-7 所示的底层平面图中可以看到，外纵墙、外横墙、内墙厚多为 240 mm，厨房、卫生间和排气烟道部分墙厚为 120 mm。如果图中有柱，必须标出柱的断面尺寸及其与轴线的关系。

(5)门和窗。在平面图中，只能反映出门、窗的平面位置、洞口宽度及其与轴线的关系。门窗的画法按常用门和窗图例进行绘制。在施工图中，门用代号“M”表示，窗用代号“C”表示；如“M1”表示编号为 1 的门，而“C2”则表示编号为 2 的窗。门窗的高度尺寸在立面图、剖面图或门窗表中查找。门窗的制作安装需查找相应的详图(木门窗详图见 12.7.4)。

若平面图中窗洞位置处画成虚线，表示高窗(高窗是指窗洞下口高度高于 1 500 mm，一般为 1 700 mm 以上的窗)。按剖切位置和平面图的形成原理，高窗在剖切平面上方，并不能够投射到本层平面图上，但为了施工时阅读方便，国标规定把高窗画在所在楼层并用虚线表示。

(6)楼梯。建筑平面图比例较小，楼梯在平面图中只能示意楼梯的投影情况。楼梯的制作、安装详图详见12.7.3楼梯详图。在平面图中，反映的是楼梯设在建筑物中的位置、开间和进深大小，楼梯的上下方向及上下1层楼的步级数。

(7)附属设施。除以上内容外，根据不同的使用要求，在建筑物的内部还设有家具、电器和卫生间盥洗设施等。在建筑物外部还设有花池、散水、台阶、雨水管等附属设施。附属设施只能在平面图中表示出位置，具体做法应查阅相应的详图或标准图集。

(8)标高。由于用途与要求不同，同一层楼的各种房间的地面不一定都在同一个水平面上，在建筑平面图中，各部位的高度采用相对标高表示。如图12-7所示的底层平面图中，室内地面(宿舍、走廊等)的标高均为±0.000，室外地面的标高为－0.450，卫生间标高一般较室内地面低20 mm以上，楼梯间平台的标高分别见各自的详图。

(9)平面尺寸。平面图中的尺寸分外部尺寸和内部尺寸两种，如图12-7所示。

1)外部尺寸。一般在图形下方和左侧标注三道尺寸：

①最里面一道尺寸，表示外墙门窗洞口的宽度及位置等细部尺寸。

②中间一道尺寸，表示轴线尺寸，即房间的开间与进深尺寸。

③最外面一道尺寸，表示建筑物的总长、总宽尺寸，即从一端的外墙面到另一端的外墙面的总尺寸。图12-7所示的公寓楼总长为56 500 mm，总宽为18 500 mm。

外部尺寸除上述三道外，还有室外设施必要的定形定位尺寸。

2)内部尺寸。表示内墙门窗洞与轴线的关系，墙厚，柱断面大小，房间的净长、净宽，以及固定设施的大小和位置的一些必要尺寸。内部尺寸一般标注一道。

(10)各种符号。标注在平面图上的符号有剖切符号和索引符号等。剖切符号按国家标准规定标注在标高为±0.000(一般为底层)的平面图上，表明剖面图的剖切位置和投射方向及编号。如图12-7中的剖切位置2—2，其为横向剖切，剖切后向东边投射，相应的2—2剖面图见后述(图12-17)。在平面图中凡需要另画详图的部位用索引符号表示。索引符号的含义、用途与画法见后述(图12-20)。

2. 标准层(楼层)平面图

标准层(楼层)平面图的图示内容和方法与底层平面图基本相同，区别主要体现在以下几个方面：

(1)房间布置。标准层(楼层)平面图(图12-9)的房间布置与底层平面图不同的必须表示清楚。本例中标准层平面图与底层户型布置基本相同，仅值班兼会客室由于只需在一层设置，标准层相同位置房间的使用功能改为活动室。

(2)门与窗。标准层平面图中门与窗的设置与底层平面图往往不完全相同，如在底层建筑物的入口为大门，而在标准层平面图中的相应位置一般情况下都改成窗。图12-10和图12-11为常见的门和窗的图例。

(3)墙体厚度与柱的断面。由于建筑材料强度或建筑物的使用功能不同，建筑物墙体厚度及柱的断面大小往往不一样，见附图详图部分。墙厚及柱断面变化的高度位置一般在楼板的下皮。

(4)楼梯间。标准层平面图中，楼梯间上行的梯段被水平剖切面剖断，绘制时用倾斜折断线分界，画出上行梯段的部分踏步；下行梯段完整存在，且有部分踏步与上行踏步投影重合。

(5)其他。标准层平面图中，不必再画出底层平面图上已表示的指北针、剖切符号及室外台阶、花池、散水和明沟等。但应按投影关系画出在下一层平面图中未表达出的室外构配件和设施，如出入口上方的雨篷、本层的阳台等，如图12-9所示。

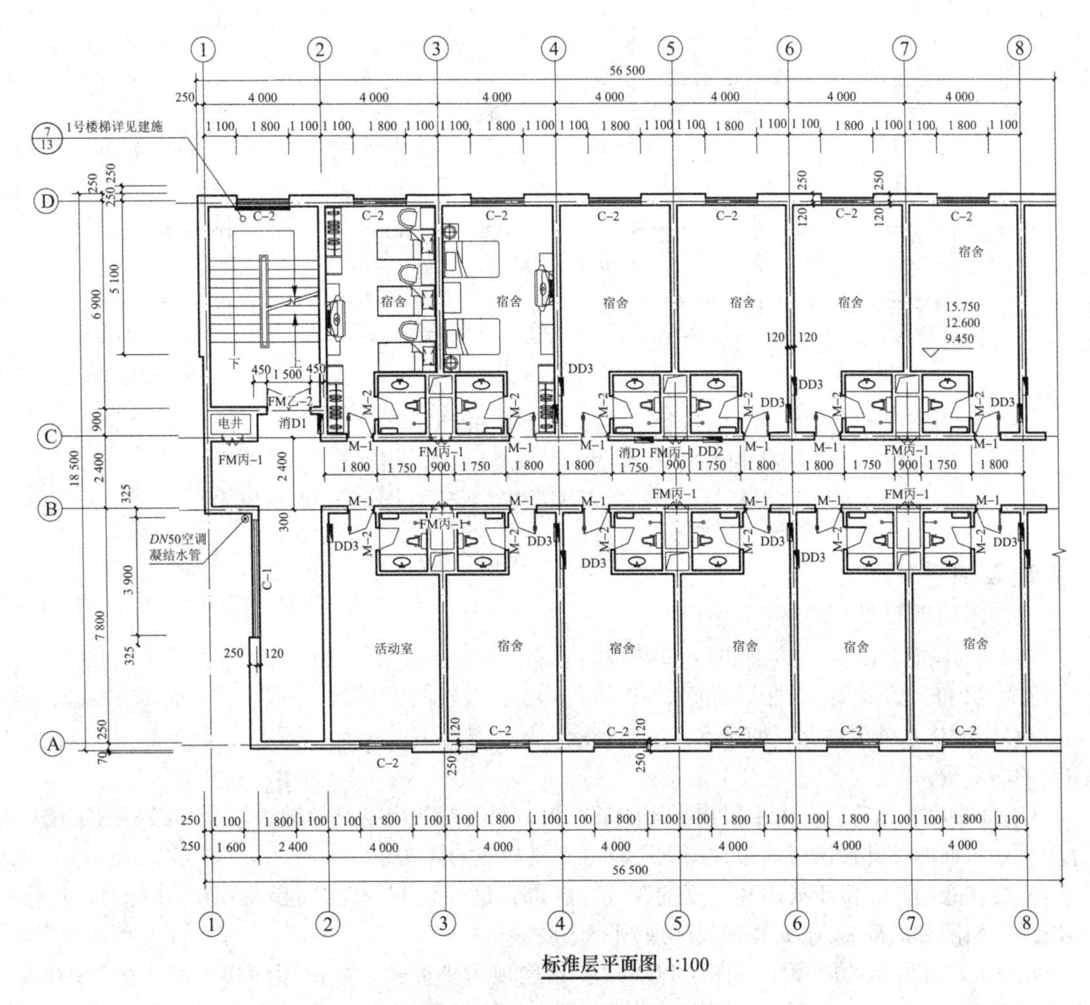

标准层平面图 1:100

图 12-9　某公寓楼标准层平面图

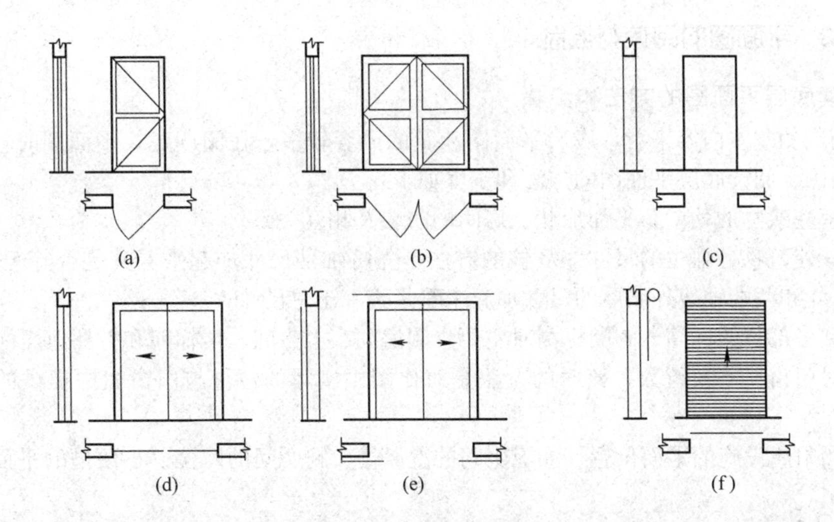

图 12-10　常用门的图例

(a)单扇门(平开或单面弹簧)；(b)双扇门(平开或单面弹簧)；(c)空门洞；

(d)墙内双扇推拉门；(e)墙外双扇推拉门；(f)竖向卷帘门

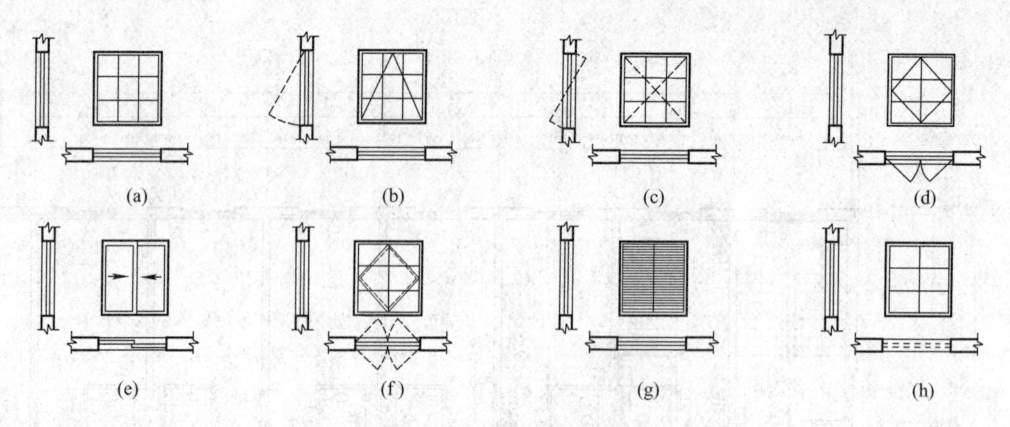

图 12-11 常用窗的图例

(a)单层固定窗；(b)单层外开上悬窗；(c)单层外开中悬窗；
(d)单层外开平开窗；(e)推拉窗；(f)双层内外开平开窗；(g)百叶窗；(h)高窗

3. 屋顶平面图

一般屋顶平面图主要表达以下内容：

(1)凸出屋面的物体。如电梯机房、楼梯间、水箱、烟囱、通气孔、女儿墙等的位置。女儿墙为上人屋面周边的安全防护墙，由于屋面面层厚度较大，考虑找坡排水等因素，一般高出屋面≥500 mm。

(2)屋面排水分区情况。如排水方向与坡度、屋面变形缝、天沟、雨水口等位置，以及顶层阳台的雨篷等。

(3)轴线尺寸和符号。由于屋顶平面图较简单，只需标注出主要的轴线尺寸和必要的定位尺寸即可，屋面的细部做法可通过详图索引符号参见相应的详图。

需要注意的是，由于使用和造型的需要，各部位的屋顶不一定在同一层面上，此时就有主体屋顶平面图和局部屋顶(如楼梯间屋顶)平面图之分。

从图 12-12 所示的屋顶平面图可以看出，其屋顶为平屋顶，有出屋面楼梯间、排气烟道、落水管平面定位、小屋面雨篷等结构，详见附图中详图部分。

12.4.3 平面图的阅读与绘制

1. 阅读底层平面图的方法和步骤

从平面图的基本内容来看，底层平面图涉及的内容较多，在阅读建筑平面图时，首先要读懂底层平面图。阅读底层平面图的方法和步骤如下：

(1)了解建筑物的朝向、平面形状、房间的布置及相互关系。

(2)复核建筑物各部位的尺寸。复核的方法是先将细部尺寸加起来看其是否等于轴线尺寸，再将轴线尺寸和两端轴线外墙厚的尺寸加起来看是否等于总尺寸。

(3)查阅各部位的标高。查阅标高时主要查阅房间、卫生间、楼梯间和室外地面标高。

(4)核对门窗尺寸及樘数。核对的方法是对比图中实际的数量与门窗表中提供的数量是否一致。

(5)查阅附属设施的平面位置。如卫生间的洗涤槽、厕所间的蹲位、小便槽的平面位置、厨房的布局等。

(6)阅读文字说明，查阅各部位(构配件)所采用的材料及对施工的要求。查阅建筑材料要结合图中文字说明和设计说明。其中，墙体、柱、板、梁等承重构件所采用的材料及对施工要求的内容，一般编排在结构设计总说明中。

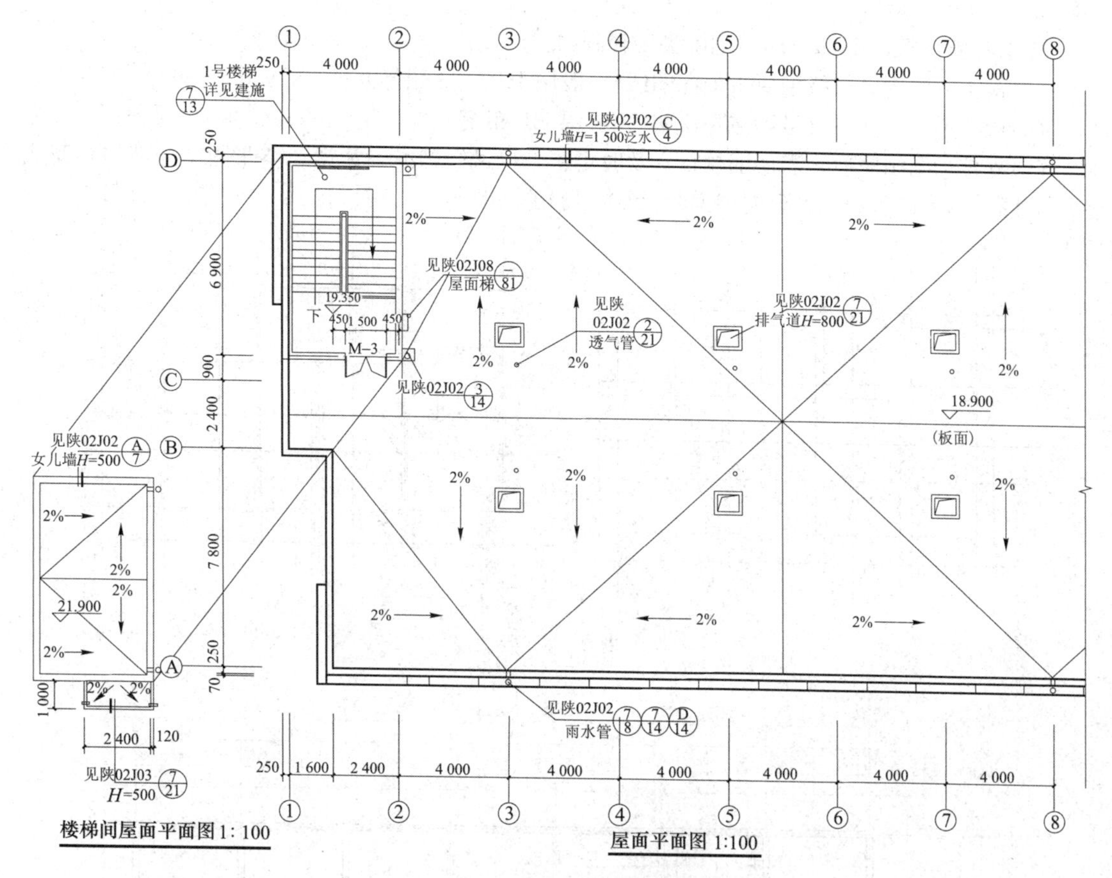

图 12-12　某公寓楼屋顶平面图

2. 阅读其他各层平面图的注意事项

在读懂底层平面图的基础上，阅读其他各层平面图注意以下几点：

(1)查阅定位轴线及其编号是否与底层平面图一致。

(2)查明各房间的布置是否与底层平面图相同。

(3)查明墙厚与柱断面是否与底层平面图相同。

(4)门窗是否与底层平面图相同。

(5)采用的建筑材料是否与底层平面图相同。

3. 阅读屋顶平面图的要点

(1)屋面的排水方向、排水坡度及排水方式。

(2)结合有关详图，弄清楚变形缝或分格缝，女儿墙压顶与泛水，高出屋面部分的防水、泛水做法，有时需大量翻阅相应的标准图集。

4. 平面图的绘制步骤

微课：平面图的阅读

(1)选比例、定图幅进行图面布置。根据房屋的复杂程度及大小，选定适当的比例，确定幅面的大小，画图框、标题栏，布置图面，同时留出注写尺寸、符号和有关文字说明的位置。

(2)画出定位轴线，如图 12-13(a)所示。

(3)画出全部墙、柱断面，如图 12-13(b)所示。

(4)画出门窗及细部。

以上步骤一般用 H 或 2H 铅笔削尖轻轻画出。

(5)检查、整理，按线型要求加深图线(一般用 HB 或 B 铅笔)。

(6)标注尺寸、注写符号和文字说明(一般用 HB 铅笔)。

(7)复核。图画完后，需仔细校核、及时更正，尽量做到准确无误。整张图纸全部内容完成后，如图 12-13(c)所示，另附文字说明[图 12-13(d)]。

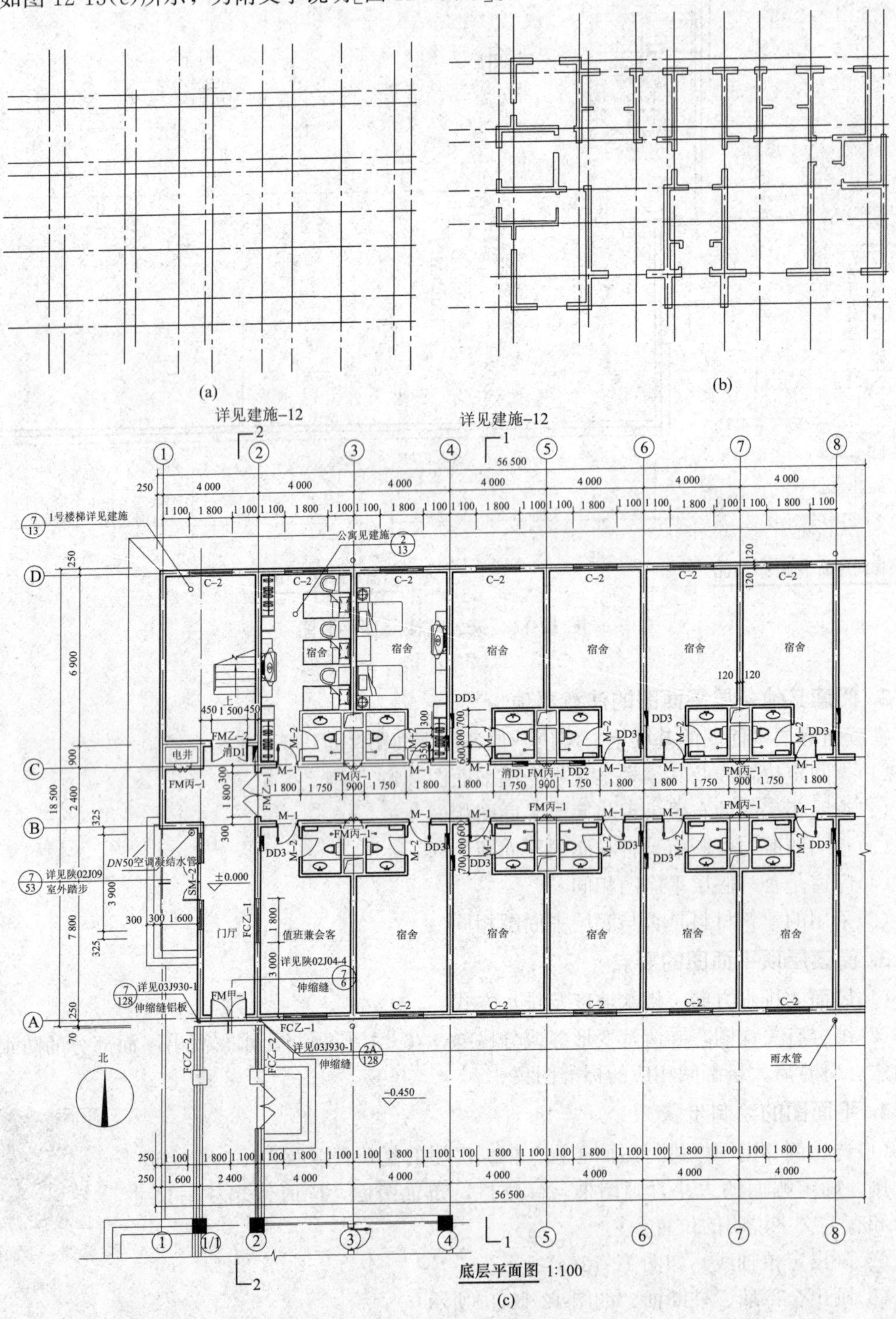

图 12-13　建筑平面图的绘制

(a)绘出定位轴线；(b)绘出墙、柱断面及门窗洞口；(c)绘出构配件和细部，绘出符号和标注尺寸、编号说明：

1. 除注明者外，外墙为 240 厚承重空心砖墙，内墙为 240 厚承重空心砖墙，卫生间为 120 厚承重砖墙。

2. 除注明者外，轴线均距墙中，所有门大头脚为 130。

3. 卫生间地面比同层低 20，并以 0.5%的坡度设计坡向地漏。

4. 构造柱尺寸、定位详见结施。

5. 门窗玻璃采用透明玻璃 5+9+5 厚。

(d)

图 12-13 建筑平面图的绘制(续)

(d)绘出文字说明

12.5 立面图

12.5.1 图示方法及作用

1. 立面图的形成

一座建筑物是否美观，在很大程度上取决于它主要立面的艺术处理，包括造型与装修是否优美。在设计阶段，立面图主要是用来研究这种艺术处理手法的。

建筑的形体用透视图或轴测图等立体图来表达，而建筑的立面图是对建筑物的外观所作的正投影图，它是一种平行视图。

立面图主要反映建筑物的整体轮廓、外观特征、屋顶形式、楼层层数，以及门窗、雨篷、阳台、台阶等局部构件的位置和形状等内容。

2. 立面图的名称

一般建筑物都有前后左右四个立面。其中，反映主要出入口或能比较显著地反映出房屋外貌特征的那一面的立面图，称为正立面图，其余的立面图相应地称为背立面图和侧立面图。通常也可按房屋的朝向来命名，如南立面图、北立面图、东立面图、西立面图。还可按两端定位轴线编号来命名，如图 12-14 所示的①～⑧立面图、图 12-15 所示的Ⓓ～Ⓐ立面图，其中①～⑧立面图为正立面图，Ⓓ～Ⓐ立面图为左侧立面图。无定位轴线的建筑物可按朝向确定名称，如南立面图、北立面图、东立面图等。

3. 立面图的线型

为了加强图面效果，使外形清晰、重点突出和层次分明，通常用粗实线表示外墙的最外轮廓线；雨篷、阳台、窗台、台阶、花池及门窗洞的轮廓线用中实线；地坪线用加粗实线；其余如门窗扇及其分格、栏杆、墙面分格线等均用细实线。

4. 立面图的用途

立面图主要反映建筑物外貌、高度、门窗和立面装饰等，是建筑工程师表达立面设计效果的重要图样。在施工中，立面图是外墙面装修、工程概预算、施工备料等的依据。下面以图 12-14 所示的①～⑧立面图为例，介绍立面图的主要内容、阅读方法与绘制。

12.5.2 图示内容

(1)图名、比例、两端轴线及编号。在立面图下边应注出图名、比例。立面图的比例、两端轴线及编号应与平面图相同。

(2)建筑物外貌形状、门窗和其他构配件的形状与位置。立面图表达建筑物各个方向的外貌形状，包括墙面、柱、门窗洞、台阶、花池、阳台、雨篷、屋顶，以及凸出屋顶的物体的立面形状和位置。

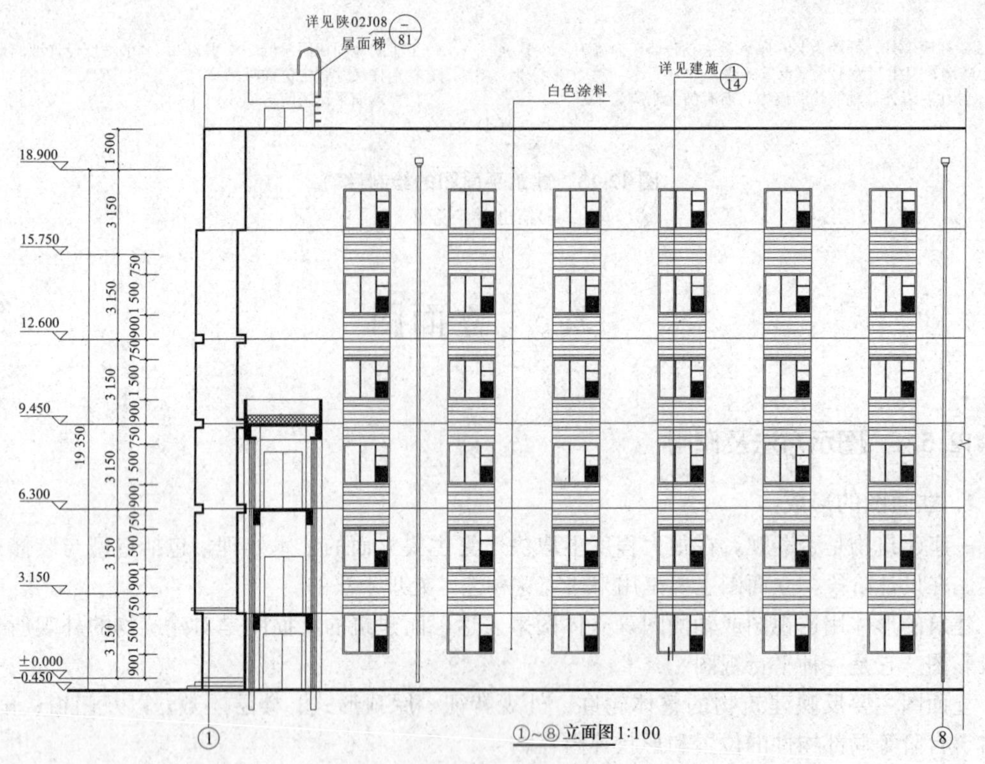

图 12-14 ①～⑧立面图

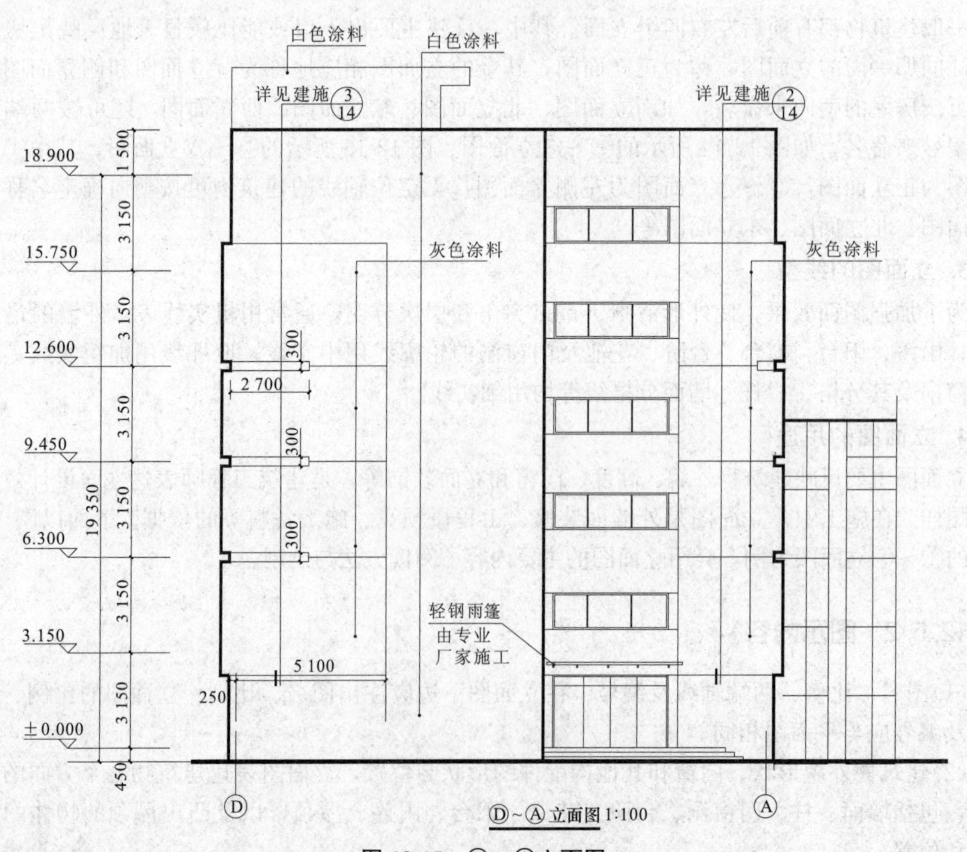

图 12-15 Ⓓ～Ⓐ立面图

(3)立面图中的尺寸。立面图中的尺寸是表示建筑物高度方向的尺寸，一般用三道尺寸线表示。最外面一道为建筑物的总高，建筑物的总高是从室外地面到屋脊线(或到檐口女儿墙顶部)的高度；中间一道尺寸为层高，即下一层楼(地)面到上一层楼(地)面的高度；最里面一道尺寸为门窗洞口的高度及与楼(地)面的相对位置，如图 12-14 所示。

(4)各主要部位的标高。立面图中，用标高表示出各主要部位的相对高度，如室内外地面标高、各层楼面标高及檐口标高。相邻两楼面的标高之差即层高。

(5)外墙面的装修。外墙面装修材料及颜色一般用指引线作出文字说明。图 12-14 中标注出了外墙面装修使用的材料，有白色、灰色涂料等饰面材料，装修具体做法需要查阅设计说明或相应的标准图集。

12.5.3 立面图的阅读与绘制

1. 立面图的阅读

阅读立面图时，要和平面图结合起来，找出立面图与平面图的对应关系，这样才能建立起立体感，加深对平面图、立面图的理解。一般来说，立面图阅读注意以下几点：

(1)弄清楚建筑物的外部形状、墙面、门窗洞的位置及大小。结合平面图，查阅该立面图所表达的是哪个朝向的立面，显示的是哪些墙面和柱，弄清楚哪些墙面凸出、哪些墙面凹进，哪些墙面高、哪些墙面低。弄清楚该立面图中哪些是墙面，哪些是门，哪些是窗，哪些是洞(空门洞、空窗洞、空调洞等)，它们的位置、大小及与平面图的对应关系。将图 12-14 所示的①～⑧立面图与相应的平面图对照可以看出，该立面图表达的是朝南的立面，也就是将该公寓楼由南向北投射所得的正投影图。它显示了Ⓐ轴线的墙面形状，从图中可以看出Ⓐ轴线所在墙面上的窗尺寸、位置，还能看到落水管、建筑左侧连廊、出屋面楼梯间等结构。这些在平面图中都能找到相应的位置。

(2)查阅其他构配件的位置和大小。对阳台、窗台、窗檐、雨篷、台阶、花池、勒脚等构配件，可结合建筑详图进行阅读。

微课：立面图的阅读

(3)查阅外墙面的装修做法。通过查阅文字说明和标准图集，了解墙面及各细部的装修材料、色彩、做法等。此处不再详述。

(4)查阅建筑物各部位的标高及相应的尺寸。了解建筑物的总高、层高、门窗高、窗台高等。例如，图 12-14 所示的立面图表明该公寓楼总高 19.350 m，共六层，层高均为 3.15 m，屋面标高为 18.900 m，窗高均为 1.5 m。

2. 立面图的绘制

一般在绘制好的平面图的基础上来绘制立面图。立面图的绘制方法与平面图大体相同。步骤如下：

(1)选比例和图幅，进行图面布置，画图框、标题栏。比例、图幅一般同平面图一致。

(2)画室外地坪线、层高线、外墙(柱)轮廓线和屋顶或檐口线，并画出首尾轴线，如图 12-16(a)所示。

(3)画出细部轮廓线，包括门窗洞、窗台、窗檐、阳台、雨篷、屋檐、台阶、花池等，如图 12-16(b)所示。

以上步骤常用 H 或 2H 铅笔削尖轻轻画出。

(4)检查、整理，按线型要求加深图线(一般用 HB 或 B 铅笔)。

(5)标注标高、尺寸，注明各部位的装修做法。

(6)校核、修正。整张图纸全部内容完成后，如图 12-14 所示。

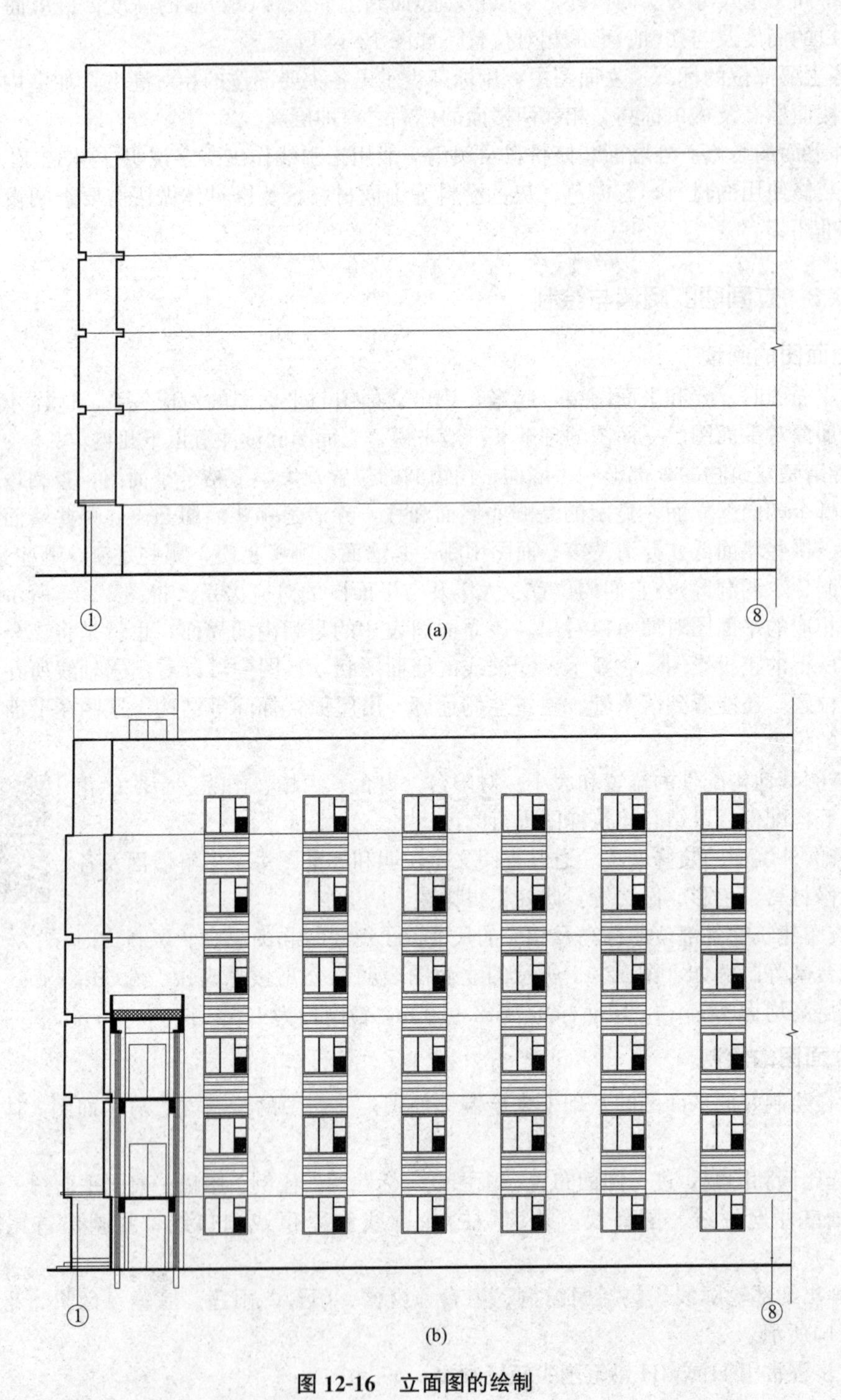

图 12-16 立面图的绘制

12.6 建筑剖面图

12.6.1 图示方法及作用

1. 剖面图的形成

建筑剖面图是指房屋的垂直剖面图。假想用一个或多个垂直于外墙轴线的铅垂剖切面将房屋剖切开，移去剖切平面与观察者之间的部分，将剩余部分按正投影的原理投射到与剖切平面平行的投影面上，得到的图称为建筑剖面图，简称剖面图。

剖切位置要选择在能反映建筑物内部全貌、构造特征以及有代表性的部位，剖切平面一般应通过门窗和楼梯间。如果一个剖切平面不能满足要求，则可将剖切平面转折。剖切符号应标注在±0.000(底层)平面图相应的位置上。

2. 剖面图的名称

剖面图的数量是根据房屋的具体情况和施工实际需要而决定的。剖切面一般横向，即平行于侧面，必要时也可纵向，即平行于正面。用平行于横墙面的剖切平面进行剖切得到的剖面图称为横剖面图；用平行于纵墙面的剖切平面进行剖切得到的剖面图称为纵剖面图。其位置应选择在能反映出房屋内部构造比较复杂与典型的部位，并通过门窗洞的位置。若为多层房屋，应选择在楼梯间或层高不同、层数不同的部位。剖面图的图名应与平面图上所标注剖切符号的编号一致，如1—1剖面图、2—2剖面图等。

3. 剖面图的线型及材料图例

在剖面图中，被剖切到的轮廓线用粗实线绘制；地坪线用加粗实线绘制；其余可见轮廓线用中实线绘制；尺寸线和图例线等均用细实线绘制。

剖面图中的断面，比例大于1∶50时，应画出材料图例；比例为1∶100～1∶200时，可简化材料图例，如砖墙断面涂红、钢筋混凝土板与梁断面涂黑等。习惯上，剖面图中可不画出基础的大放脚。

4. 剖面图的用途

剖面图用以表示房屋内部的结构或构造形式、分层情况和各部位的联系、材料及其高度等，是与平面、立面图相互配合的不可缺少的重要图样之一。它与平面图、立面图互相配合，用于计算工程量，指导各层楼板和屋面施工、门窗安装和内部装修等。

下面以图12-17所示的2—2剖面图为例，介绍剖面图的主要内容、阅读与绘制方法。

12.6.2 图示内容

1. 图名、比例、定位轴线

剖面图的比例、定位轴线及编号应与平面图一致。通过图名的编号，在底层平面图中可找到对应的剖切位置和投射方向。本例2—2剖面图是将①～②轴线范围内的楼梯间位置剖切后向东边投射所得到的横剖面图。

2. 反映房屋内部的分层、分隔情况

例如，该建筑高度方向共分六层，其中二层以上布局相同，楼梯出大屋面；底层沿宽度方向分为门厅和楼梯间。

3. 反映被剖切到的部位和构配件的断面情况及未剖切到的可见部分

被剖切到的部位和构配件的断面情况包括被剖切到的房间、墙体、门窗、地面、楼面、屋顶、楼梯段、楼梯平台、板、梁等断面情况。在剖面图中，除应画出被剖切到的部位和构配件的断面外，还应画出未被剖切到但投影可见的部分，包括可见的墙体、柱、门窗、楼梯段、楼梯扶手、阳台、雨篷及剖切方向外轮廓线等其他可见的细部，如图 12-17 所示。

4. 尺寸及标高

尺寸及标高表示房屋高度方向的尺寸及标高。剖面图中，高度方向的尺寸及其标注方法同立面图，也有三道尺寸线。必要时，还应标注出内部门窗洞口的尺寸。有时，水平方向还会标注出轴线尺寸。

5. 索引符号

剖面图中不能表示清楚的部位，应画出详图索引符号，另用详图表示或标明详图所在图集。如图 12-17 所示的 2—2 剖面图中的见陕02J02 (A/7) 女儿墙。

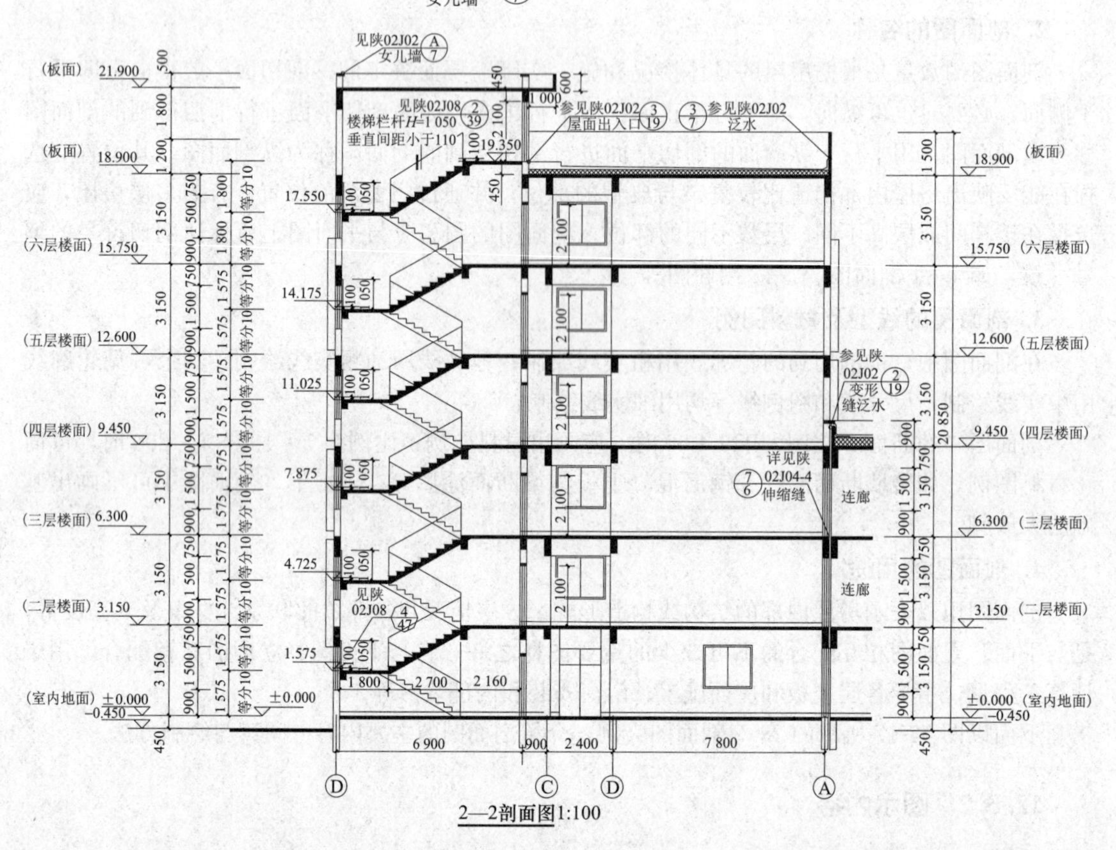

图 12-17　2—2 剖面图

12.6.3　剖面图的阅读与绘制

1. 剖面图的阅读

阅读剖面图时，要结合平面图和立面图，弄清楚剖面图与底层平面图中剖切符号的对应关系，建立房屋内部的空间概念。阅读剖面图时，注意以下几点：

(1)了解建筑物的内部结构，墙面、楼板、梁、柱、门窗的位置及相互关系。

(2)结合建筑设计说明或材料做法表阅读，查阅地面、楼面、墙面、顶棚的装修做法。

(3)结合屋顶平面图和详图阅读，了解屋面坡度，屋面防水，女儿墙泛水，屋面保温、隔热等的做法。屋面坡度在5%以内的屋顶称为平屋顶；屋面坡度大于15%的屋顶称为坡屋顶。从本例中2—2剖面图结合立面图可以看出，该建筑物为平屋顶。

微课：剖面图的阅读

(4)查阅各部位的高度。了解建筑物的室内外地坪、楼层、屋顶、窗台、窗檐标高和建筑物的总高等。

2. 剖面图的绘制

一般做法是在绘制好平面图、立面图的基础上采用相同的比例绘制剖面图。绘制步骤如下：

(1)按比例画出定位线。内容包括室内外地坪线、楼层分格线、墙体轴线，如图12-18(a)所示。

(2)确定墙体、楼层、地面厚度及位置，如图12-18(a)所示。

(3)画出门窗、楼梯、梁等可见的构配件的轮廓线及相应的图例，如图12-18(b)所示。

(4)检查、整理，按要求加深图线。

(5)按规定标注尺寸、屋面坡度、散水坡度、定位轴线编号、索引符号及必要的文字说明。

(6)复核、修正。整张图纸全部内容完成后，如图12-18(c)所示。

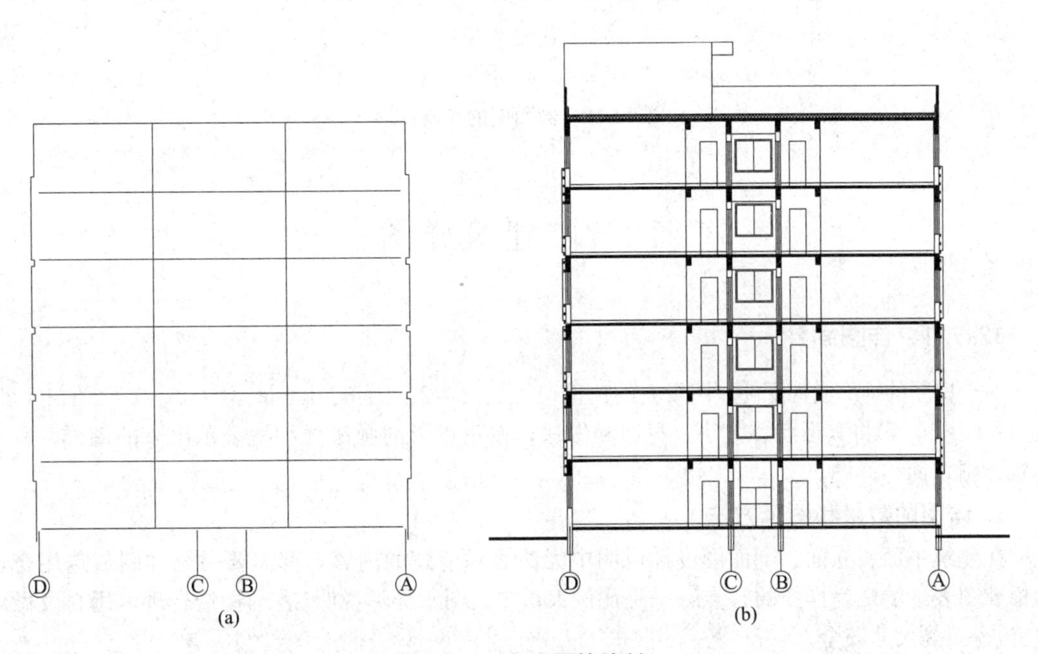

图12-18　剖面图的绘制

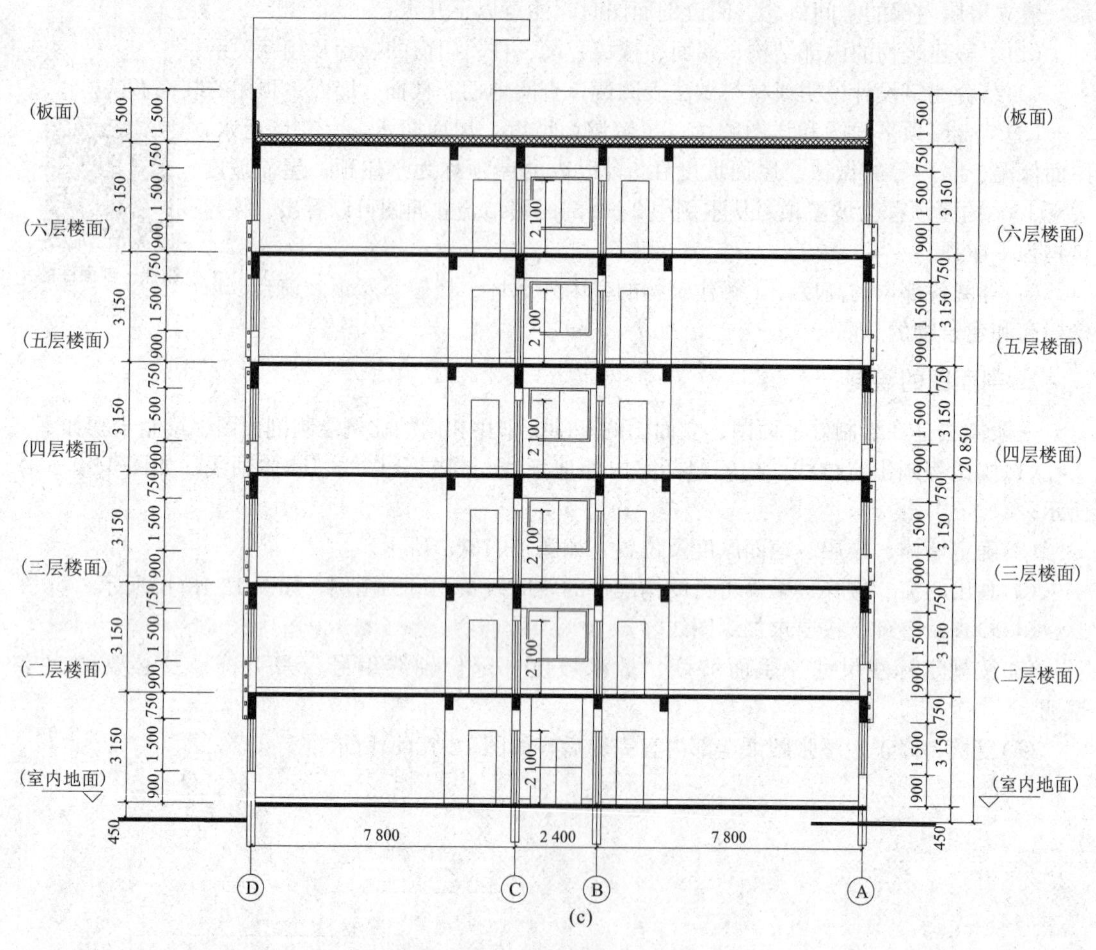

图 12-18　剖面图的绘制(续)

12.7　建筑详图

12.7.1　详图简介

对于房屋的细部或构配件，用较大的比例(1∶1、1∶2、1∶5、1∶10、1∶15、1∶20、1∶25、1∶30、1∶50 等)将其形状、大小、材料和做法，按正投影的画法详细地表示出来的图样，称为建筑详图，简称详图。

1. 详图的数量和图示方法

在建筑平面、立面、剖面图设计说明中无法表示清楚的内容，都需要另绘详图或选用合适的标准图表达清楚。详图的特点：一是比例大；二是图示详尽说明(表示构造合理，用料及做法适宜)；三是尺寸齐全。

详图的数量视房屋的大小和细部构造的复杂程度而定。有时，只需一个剖面详图就能表达清楚(如墙身剖面图)；有时，还需另加平面详图(如楼梯间、卫生间等)或立面详图(如门窗)；有时，还要另加一轴测图作为补充说明。

图示方法可用平面详图、立面详图、剖面详图或断面详图，在详图中还可索引出比例更大的详图；直接选用标准图集时，不需要另画详图。

2. 详图符号与索引符号

详图与平面图、立面图、剖面图的关系是用详图符号与索引符号联系的。

(1)详图符号。索引出的详图画好之后，应在详图下方编上号，称为详图符号。详图符号的圆应以粗实线绘制，直径为 14 mm。详图符号分为以下两种情况：

1)当详图与被索引的图在同一张图纸上时，详图符号如图 12-19(a)所示。

2)当详图与被索引的图不在同一张图纸上时，详图符号如图 12-19(b)所示。

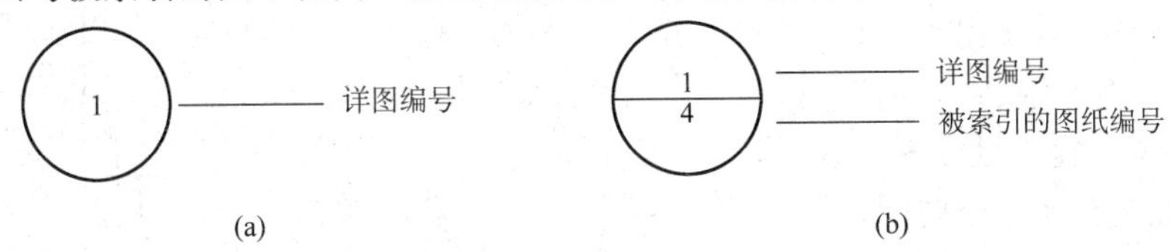

图 12-19 详图符号及其含义

(a)与被索引的图样在同一张图纸内的详图编号；(b)与被索引的图样不在同一张图纸内的详图编号

(2)详图索引符号。索引符号的圆及水平直径均应以细实线绘制。圆的直径应为 10 mm。索引符号的引出线沿水平直径方向延长或对准索引符号的圆心，并指向被索引的部位。

详图索引符号的表示方法及其含义如图 12-20(a)所示，分以下三种情况：

1)详图与被索引的图在同一张图纸上。

2)详图与被索引的图不在同一张图纸上。

3)详图采用标准图册。

(3)剖面详图的索引符号。剖面详图的索引符号如图 12-20(b)所示，用于索引剖面详图，它与索引符号的区别在于增加了剖切位置线，图中用粗短线表示。在剖切的部位绘制剖切位置线，并且以引出线引出索引符号，引出线所在的一侧为投射方向。

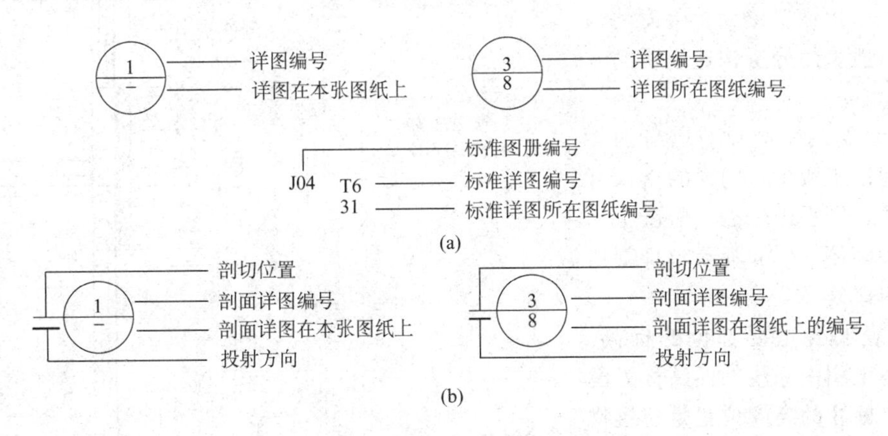

图 12-20 索引符号及其含义

(a)详图索引符号；(b)剖面详图的索引符号

12.7.2 外墙身详图

外墙身详图实际上是建筑剖面图的局部放大图样，它表达房屋的屋面、楼面、地面和檐口构造，楼板与墙的连接，门窗顶、窗台、勒脚、散水等处构造的情况，如图 12-21 所示。

1. 外墙身详图的用途及表示方法

外墙身详图与平、立、剖面图配合使用，是施工中砌墙、室内外装修、门窗立口及概预算的依据。

外墙身详图的剖切位置一般设在外墙身门窗洞口部位，一般按1∶20、1∶50的比例绘制。多层或高层房屋中，若中间各层相同时，可只画出底层、顶层和一个中间层的节点，各节点在窗口处断开，在各节点详图旁边注明详图符号和比例。

2. 外墙身详图的基本内容

(1)表明墙厚及墙与轴线的关系。从图12-21中可以看到，墙厚为240 mm，墙的中心线与轴线重合。

(2)表明各层楼中的梁、板的位置及与墙身的关系。从图12-21中可以看出，该建筑物的楼板为现浇板，与各层梁屋面、女儿墙等整体浇筑。

(3)表明地面、楼面、屋面的构造做法。地面、楼面、屋面的构造做法一般采用分层构造说明的方法表示。

(4)表明门窗立口与墙身的关系。在建筑工程中，门窗的立口有三种方式，即平内墙面、居墙中和平外墙面，图12-21所示墙身剖切位置即窗口处。

(5)表明各主要部位的标高。在建筑施工图中标注的标高称为建筑标高，标注的高度位置是建筑物某部位装修完成后的上表面或下表面的高度。结构施工图中的标高称为结构标高，它标注结构构件未装修前的上表面或下表面的高度。从图12-22中可以看出建筑标高和结构标高的区别。图12-21标注的标高是楼层的建筑标高、结构标高，

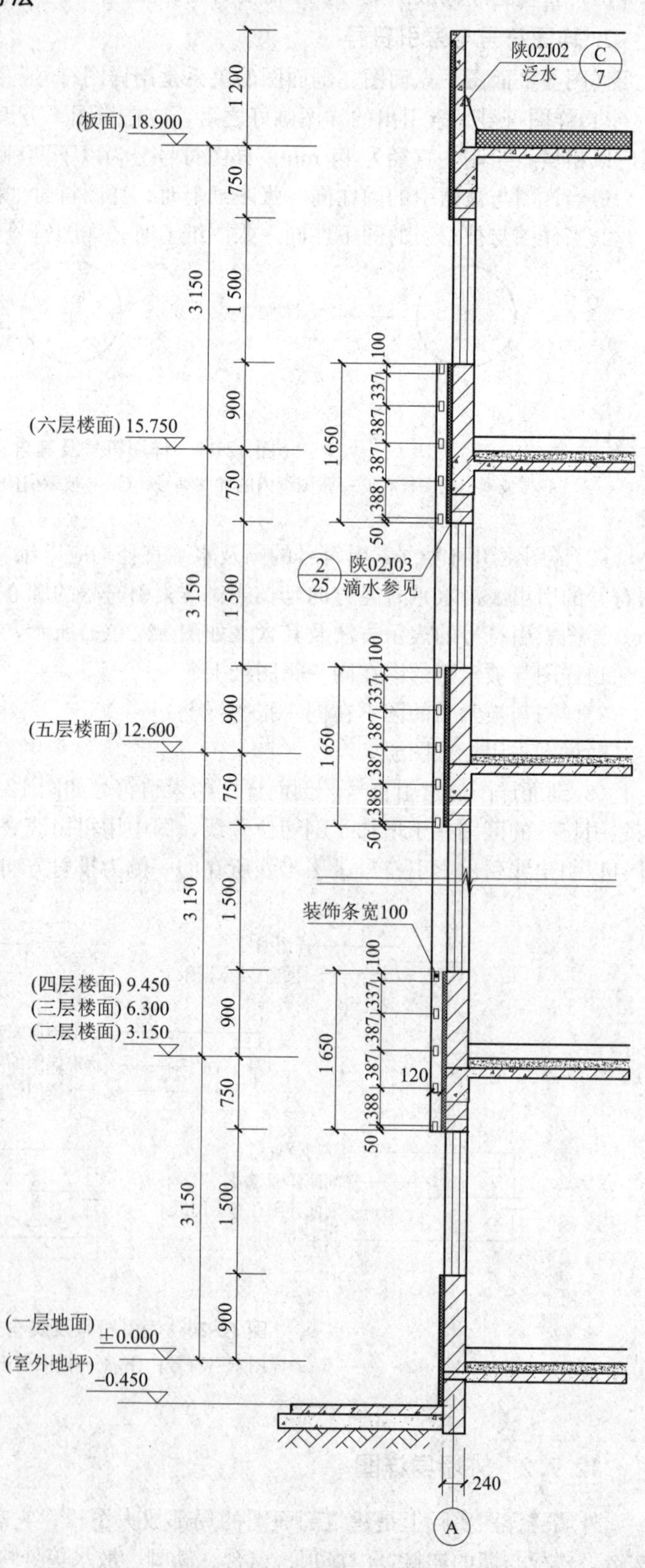

图 12-21　外墙身详图

在结构施工图中经常见到。一般来说，建筑大屋面标高、结构标高与建筑标高相同。

(6)表明排水、防水防潮、外墙保温等做法。如图 12-21 所示屋面泛水的设置及索引出的标准图集。

(7)表明各部位的细部装修做法。图 12-21 所示各层窗台处装饰条的具体做法、间距等。

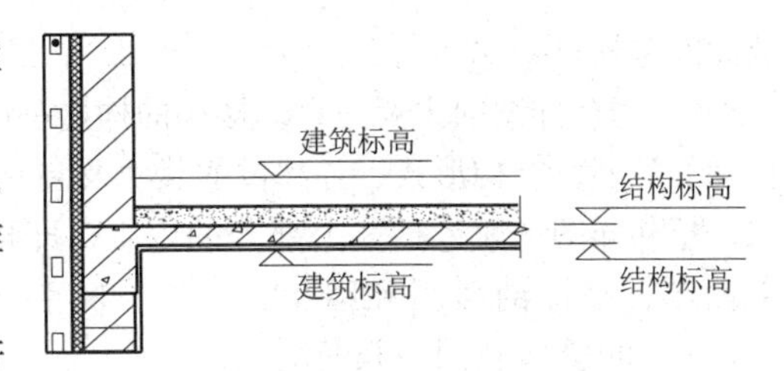

图 12-22　建筑标高和结构标高

3. 读图方法及注意事项

(1)注意墙身详图所表示的范围。读图时根据详图的编号，结合前面的建筑平面图 12-7 中的索引符号，可知该详图的剖切位置和投射方向，图 12-21 表达的是轴线②上的墙垂直剖面情况。

(2)掌握图中的分层构造说明的表示方法，一般要结合建筑设计总说明、工程做法和标准图集阅读。

(3)结合建筑设计总说明、材料做法表和标准图集阅读，了解各细部的构造做法。

(4)了解构件与墙体的关系。楼板与墙体的关系一般有靠墙和压墙两种，图 12-21 所示为压墙。

(5)在±0.000 或防潮层以下的墙称为基础墙，施工做法应以基础图为准。在±0.000 或防潮层以上的墙施工做法以建筑施工图为准，要注意连接关系及防潮层的做法。

12.7.3　楼梯详图

1. 概述

(1)楼梯的组成。楼梯是建筑物垂直交通的重要设施，一般由楼梯段、平台和栏杆(栏板)扶手三部分组成，如图 12-23 所示。

1)楼梯段。楼梯段是指两平台之间的倾斜构件。它由斜梁或板和若干踏步组成。踏步分为踏面和踢面。

2)平台。平台是指两楼梯段之间的水平构件。根据位置不同又有楼层平台和中间平台之分，中间平台又称为休息平台。

3)栏杆(栏板)扶手。栏杆扶手设在楼梯段及平台悬空的一侧，起安全防护作用。栏杆一般用金属材料做成，扶手一般由金属材料、硬杂木或塑料等做成。

楼梯是多层房屋上下交通的主要设施，除要满足行走方便和人流疏散畅通外，还应有足够的坚固耐久性。目前多用现浇钢筋混凝土楼梯。

(2)楼梯的类型。楼梯按结构材料的不同，有木楼梯、钢筋混凝土楼梯和钢楼梯等。

楼梯按上、下楼层之间的梯段数量和上下楼的方式不同，可分为单跑梯、双跑梯、多跑梯、交叉梯、弧形梯及螺旋梯等多种方式。其中，双跑梯应用最多。例如，图 12-23 所示的楼梯从下层到上层需上两个梯段，

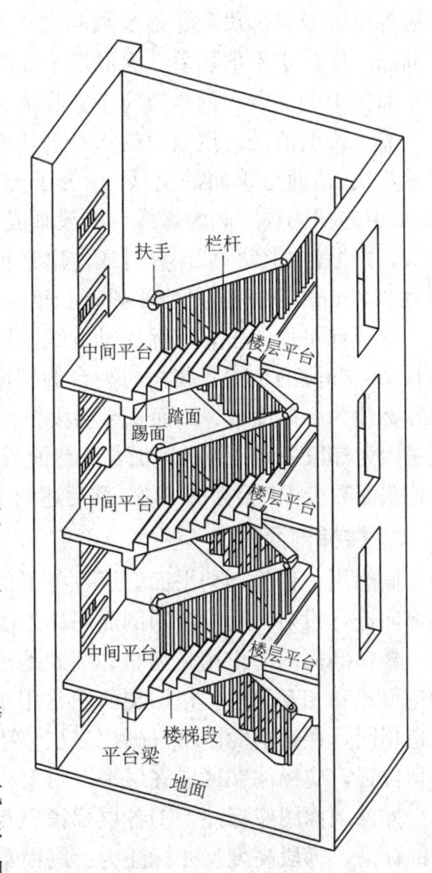

图 12-23　楼梯的组成

故为双跑梯。

(3)楼梯详图的主要内容。楼梯的构造一般较复杂，需要另画详图表示。楼梯详图主要表示楼梯的类型、结构形式、各部位的尺寸及装修做法，是楼梯施工放样的主要依据。

楼梯详图一般包括3个部分的内容，即楼梯平面图、楼梯剖面图和踏步、栏杆、扶手详图等，并尽可能画在同一张图纸上。

2. 楼梯平面图

楼梯平面图的形成与建筑平面图相同，如图12-24所示，假设用一水平剖切平面在该层门窗洞或往上行的第一个楼梯段中剖切开，移去剖切平面及以上部分，将余下的部分按正投影的原理投射在水平投影面上所得到的图形，称为楼梯平面图。

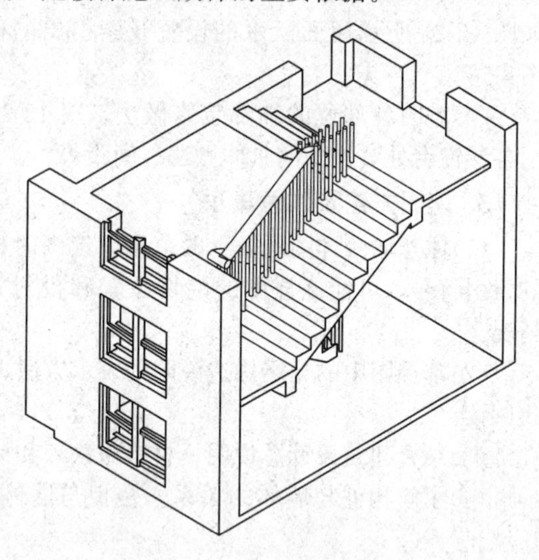

图12-24　楼梯平面图的水平剖切

楼梯平面图是房屋平面图中楼梯间部分的局部放大图，表明楼梯的水平长度和宽度、各级踏级的宽度、平台的宽度和栏杆扶手的位置以及其他一些平面的形状。常采用1∶5绘制。

楼梯平面图一般分层绘制，即每一层楼都要画一楼梯平面图。三层以上的房屋，若中间各层楼梯位置及其梯段数、踏步数和大小都相同时，可只画出底层、中间层(标准层)和顶层3个平面图。楼梯水平剖切后，除底层平面图的梯段和踏步数表达不完整外，中间层(标准层)和顶层平面图中的梯段和踏步数应按实际情况绘制。被剖切到的梯段应画出折断线。

需要说明的是，按假设的水平剖切面将楼梯间剖切开，被剖切到的梯段折断线本应该平行于踏步线(踏面与踢面的交线)，为了与踏步的投影区别开，《建筑制图标准》(GB/T 50104—2010)中的图例规定画为斜线，一般画成与踏步线成30°。以折断线为界，在每一梯段处画出长箭头，并标注“上”“下”，有时还注出踏步级数。如图12-25所示，每一梯段有9个踏步，每个踏面宽300 mm，则梯段的水平投影长度为300×9＝2 700(mm)。

在楼梯平面图中，应标注轴线编号以表明楼梯间在建筑平面图中的位置，并应标注楼梯间的长宽、梯段的长宽、踏面与平台的宽度尺寸，楼地面、平台的标高等。梯段水平投影的长度尺寸标注为：踏面数×踏面宽＝梯段长，梯段踏面数＝该梯段踢面数－1。踏面数比踢面数少1，这是因为梯段最高一级的踏面与平台面或楼层面重合，因此，平面图中每一梯段的踏面个数，总是比踢面数少1。根据图12-25和后述图12-27可知，该楼梯每一梯段踢面数为10，踏面数为9。

3. 楼梯剖面图

假想用一铅垂剖切平面，通过各层的一个楼梯段将楼梯剖切开，向另一未剖切到的楼梯段的方向进行投射，所绘制的剖面图称为楼梯剖面图，如图12-26所示。

楼梯剖面图的作用是完整、清楚地表明各层梯段、平台、梁、踏步、栏杆(板)、扶手等的构造形式和相互关系。楼梯剖面图常用1∶50的比例绘制。在多层房屋中，若中间各层的楼梯构造相同，楼梯剖面图可只画出底层、中间层和顶层剖面，中间用折断线分开。楼梯剖面图的剖切位置，应标注在楼梯底层平面图上。

楼梯剖面图应标注：①各层梯段、踢面、扶手的高度尺寸及楼梯间平台、楼地面、门窗洞口的标高。梯段高度尺寸标注为：踢面数×踢面高＝梯段高。②水平方向应标注剖切到的墙轴线编号、轴线尺寸、底层梯段和平台的定位尺寸等。③详图索引符号及有关文字说明。如图12-27所示。

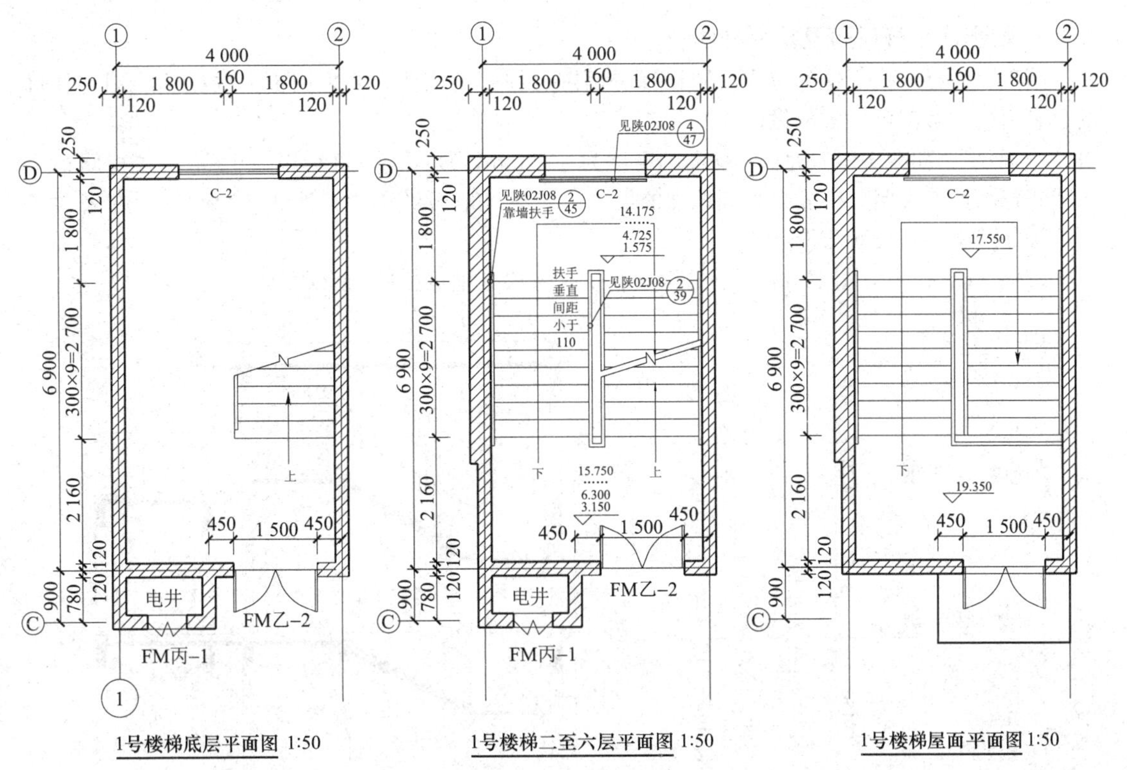

图 12-25 楼梯平面图

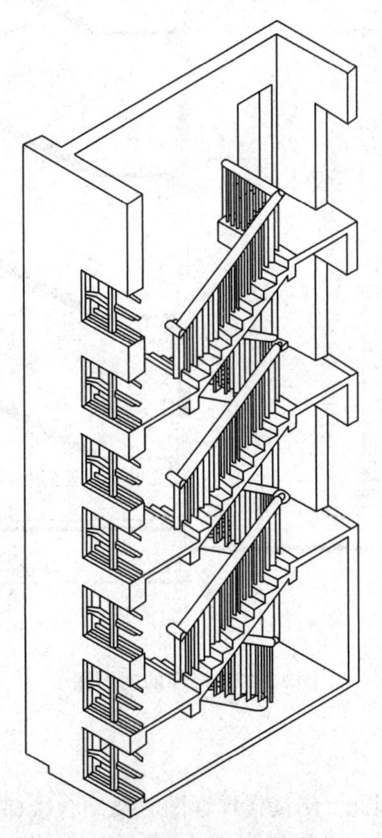

图 12-26 楼梯的铅垂剖切

4. 踏步、栏杆(板)及扶手详图

踏步、栏杆、扶手这部分内容同楼梯平面图、剖面图相比，要采用更大的比例绘制，其目的是表明楼梯各部位的细部做法。

(1)踏步。如图12-27所示，踏面的宽度为300 mm，踢面的高度为157.5 mm。楼梯间踏步的装修若无特殊说明，一般都是同地面的做法，该建筑地面做法为铺地砖楼(地)面。在公共场所，楼梯踏面还要设置防滑条。

(2)栏杆、扶手。图12-27所示的栏杆、扶手做法分别见相应的标准图集。

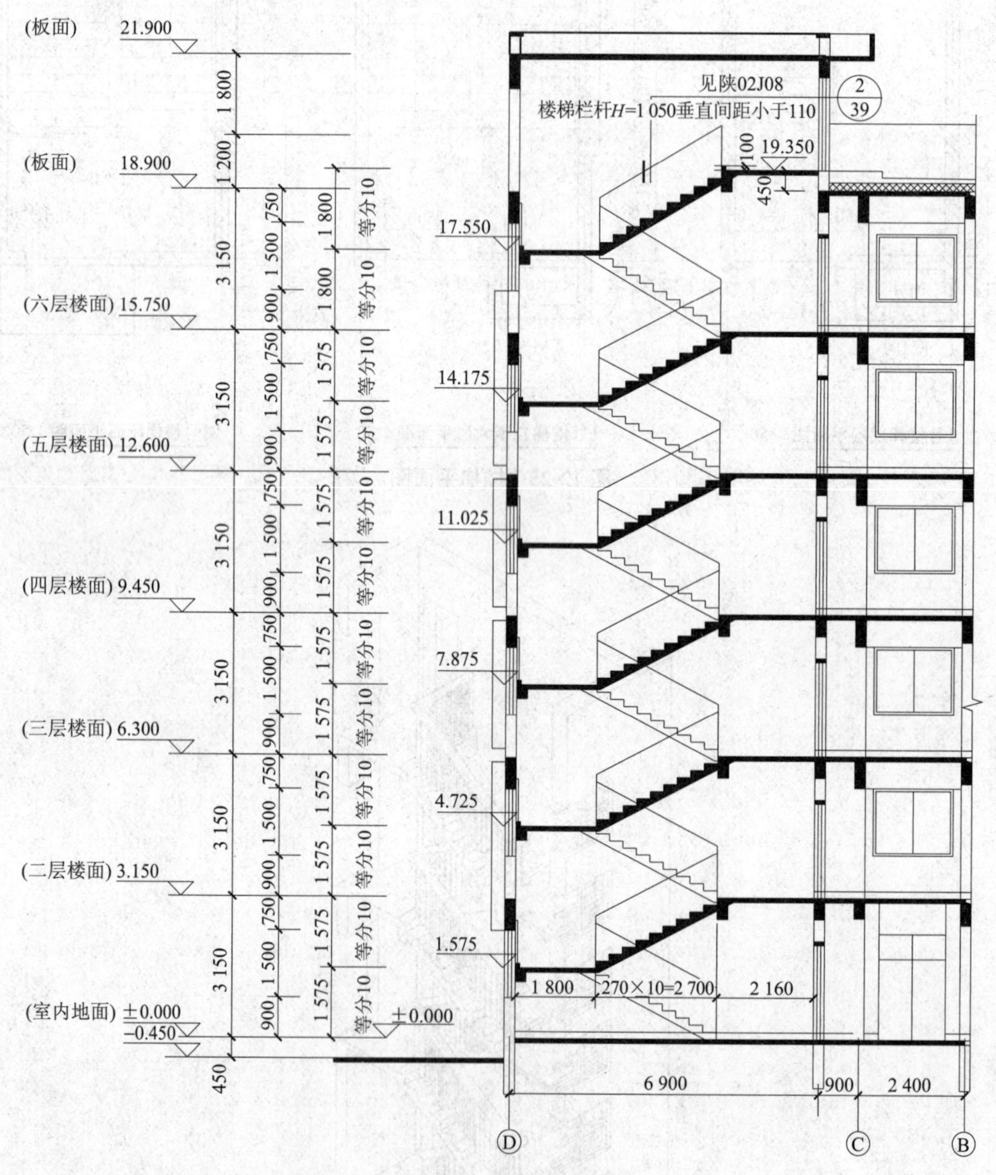

图12-27　楼梯的剖面图

5. 楼梯详图的阅读方法

由于楼梯详图较为复杂，因此，阅读楼梯详图时要结合楼梯平面图、剖面图、节点详图和建筑平面图、立面图、剖面图、设计说明，来综合了解楼梯间与楼梯的结构构造、施工做法，

弄清楚楼梯的类型、各组成部分的位置、形状、大小、高度(标高)、数量、材料、颜色及各部分之间的相互关系等。本例楼梯，通过平面图和剖面图可以看出，每层有两个梯段，为双跑式楼梯，每段10级踏步。从图12-27剖面图的材料图例中可知，该楼梯为现浇钢筋混凝土板式楼梯，其他细部构造与做法可参考建筑说明和图中索引的标准图集。

微课：楼梯详图的阅读

6. 楼梯详图的绘制

(1)楼梯平面图的绘图步骤，以本例楼梯标准层平面图为例。

1)画出楼梯间定位轴线及墙、柱，确定平台宽度、梯段长度与宽度，如图12-28(a)所示。

2)根据该梯段的踏步数或踏面宽度，用辅助线将梯段长度等分为"踏步数—1"格，由此画出踏面分格线，并画出扶手和上行梯段的折断线，如图12-28(b)所示。

3)画出门窗和上、下箭头及填充材料图例等。再对图形进行检查、整理和加深，要与建筑平面图中楼梯间一致。

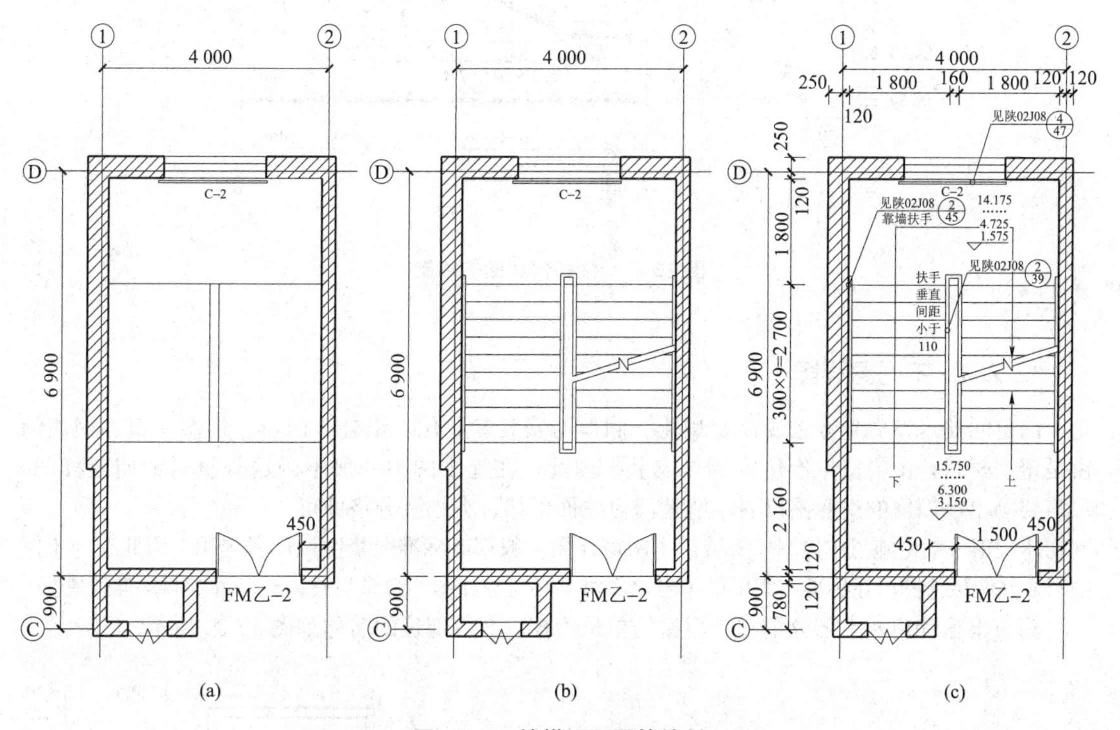

图 12-28　楼梯平面图的绘制

4)标注尺寸、标高、图名、比例、轴线编号及文字说明等，如图12-28(c)所示。

(2)楼梯剖面图的绘制步骤如下：

1)根据楼梯底层平面图中标注的剖切位置和投射方向，画出墙体轴线、墙体厚度，确定楼地面、平台、梯段和楼梯梁的位置，如图12-29(a)所示。

2)等分梯段画踏步。垂直方向按踢面数等分梯段高度，水平方向按踢面数－1等分梯段水平长度，画出踏面和踢面轮廓线，如图12-29(b)所示。

3)画栏杆(板)扶手，扶手坡度应与梯段一致。

4)画楼梯间其他可见部分和细部，如门窗、柱、梁、板与材料图例等。

5)检查，整理，加深图线，要求与建筑剖面图一致。

6)标注尺寸、标高、符号、轴线编号及文字说明等，如图12-29(c)所示。

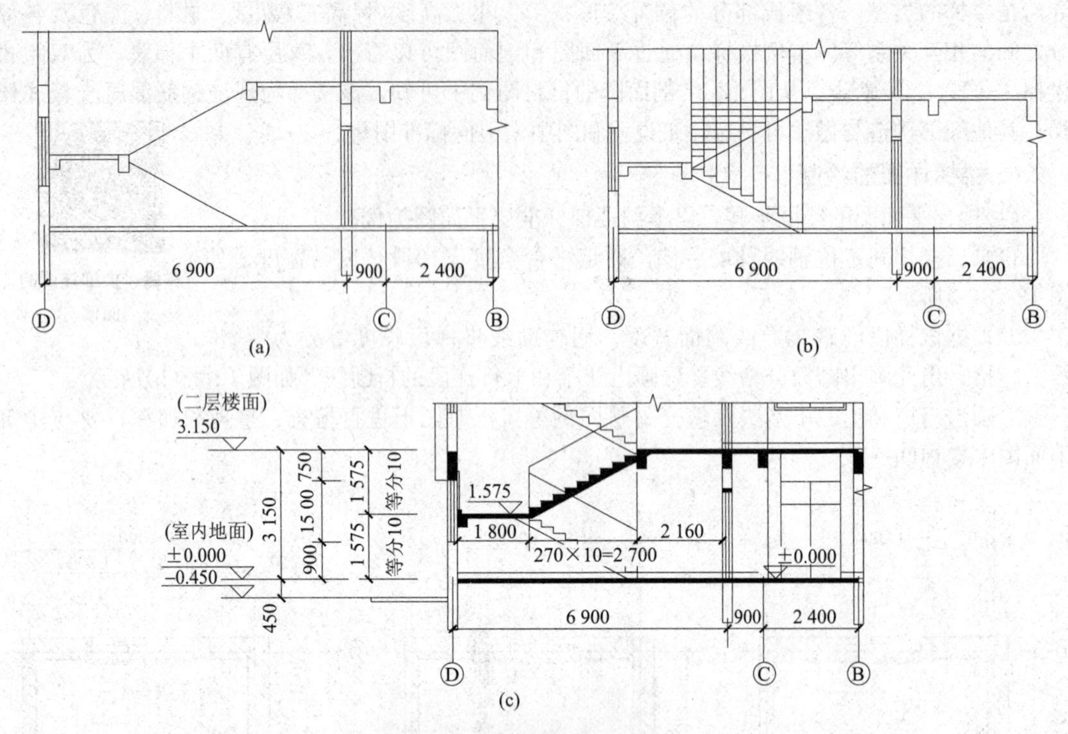

图 12-29　楼梯剖面图的绘制

12.7.4　木门窗详图

门窗的技术发展趋势是设计定型化、制作与安装专业化。铝合金门窗、铝塑门窗、钢塑门窗是定型材料，由门窗生产厂家制作安装。因此，在施工图中一般不画这类材料的门窗详图，只需要画出该门窗的立面图以表示清楚门窗立面形状、大小及分格即可。

木门窗一般由施工单位制作安装。木门窗详图一般都有标准图集供设计者选用，因此在施工图中只需注明该详图所在标准图集中的编号，就可不必另画详图。制作与安装时，可查阅标准图集。

门窗由框和扇两大部分组成。门窗的单位为樘。其各部位的名称如图 12-30 所示。

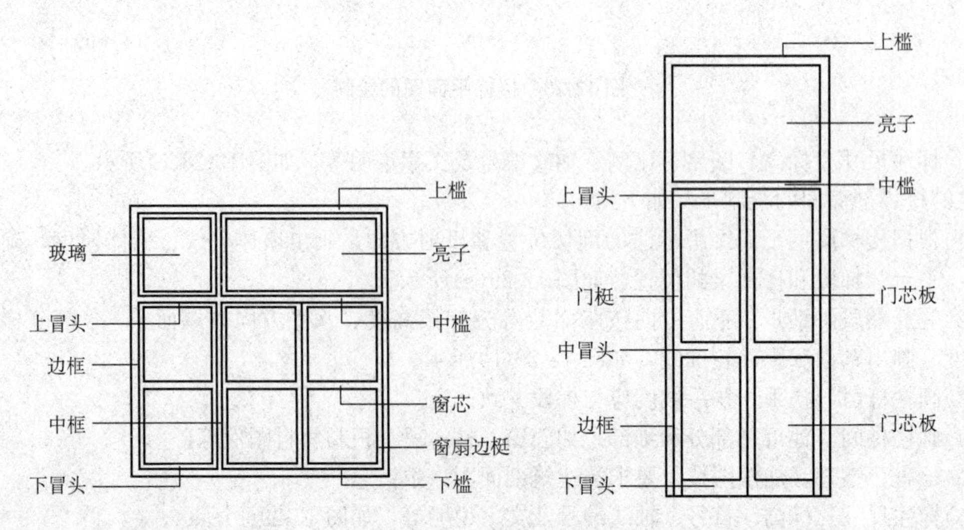

图 12-30　门窗的组成

思考题

1. 一套完整的建筑施工图包括哪些内容？在编排顺序上有何原则？
2. 建筑首页图通常包括哪些内容？
3. 建筑总平面图的主要作用是什么？用什么方法对建筑定位？
4. 试绘出常用的总平面图例。
5. 建筑平面图是怎样形成的？都有哪些类型？
6. 试述建筑平面图中通常包括的主要内容。
7. 试述建筑立面图中通常包括的主要内容。
8. 试述建筑剖面图中通常包括的主要内容。
9. 根据详图符号和索引符号理解其含义。
10. 楼梯的组成部分有哪些？楼梯详图的组成部分分别包括哪些内容？

第 13 章　结构施工图

13.1　概述

在房屋设计中，除进行建筑设计，画出建筑施工图外，还要进行结构设计，画出结构施工图。结构施工图是关于承重构件的布置，使用的材料、形状、大小及内部构造的工程图样，是承重构件以及其他受力构件施工的依据。

13.1.1　房屋结构的任务和作用、分类及组成

在建筑物中，建筑结构的任务主要体现在以下三个方面：

(1)服务空间应用和美观要求。建筑物是人类社会生活必要的物质条件，同时，建筑物也是历史、文化、艺术的产物，建筑物不仅要反映人类的物质需要，还要表现人类的精神需求，而各类建筑物都要用结构来实现。可见，建筑结构服务人类对空间的应用和美观要求是其存在的根本目的。

(2)抵御自然界或人为荷载作用。建筑物要承受自然界或人为施加的各种荷载或作用，建筑结构就是这些荷载或作用的支承者，它要确保建筑物在这些作用力的施加下不破坏、不倒塌，并且要使建筑物持久地保持良好的使用状态。

(3)充分发挥建筑材料的作用。建筑结构的物质基础是建筑材料，结构是由各种材料组成的。如用钢材做成的结构称为钢结构；用钢筋和混凝土做成的结构称为钢筋混凝土结构；用砖(或砌块)和砂浆做成的结构称为砌体结构。

在房屋建筑中，结构的主要作用是承受重力和传递荷载。一般情况下，外力作用在楼板上，由楼板将荷载传递给墙或梁，由梁传递给柱，再由柱或墙传递给基础，最后由基础传递给地基，如图 13-1 所示。

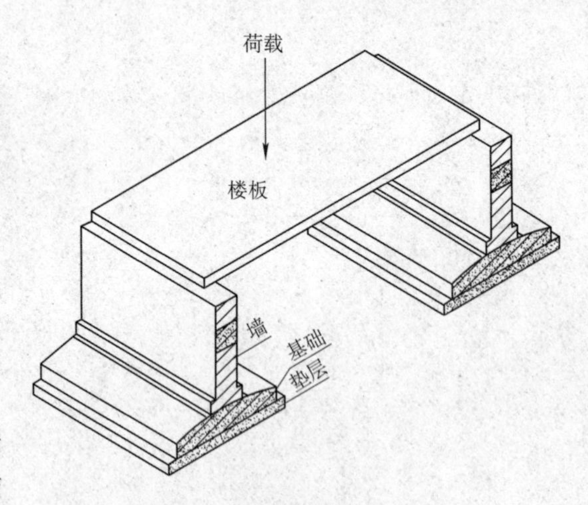

图 13-1　荷载的传递示意图

建筑结构按照主要承重构件所采用的材料不同，一般分为砖混结构、钢筋混凝土结构、钢结构和木结构四大类，我国现在最常用的是前两种。

砖混结构房屋的结构形式一般由条形基础、墙体、构造柱、楼板、屋面板、过梁、雨篷、楼梯等组成。

钢筋混凝土结构的房屋结构形式一般是基础、柱、梁、楼板、屋面板、过梁、雨篷、楼梯等，由钢筋混凝土制成，墙体选用轻质材料，一般为填充墙。图 13-2 所示为钢筋混凝土结构示意图。

建筑结构按照结构承重体系分类，一般可分为墙承重结构、排架结构、框架结构、剪力墙结构、框架-剪力墙结构、筒体结构、大跨度空间结构七大类。

根据建筑各方面的要求，进行结构选型和构件布置，再通过力学计算，决定房屋各承重构件（如基础、承重墙、柱、梁、板等）的材料、形状、大小，以及内部构造等，并将设计结果绘成图样，以指导施工，这种图样称为结构施工图，简称“结施”。

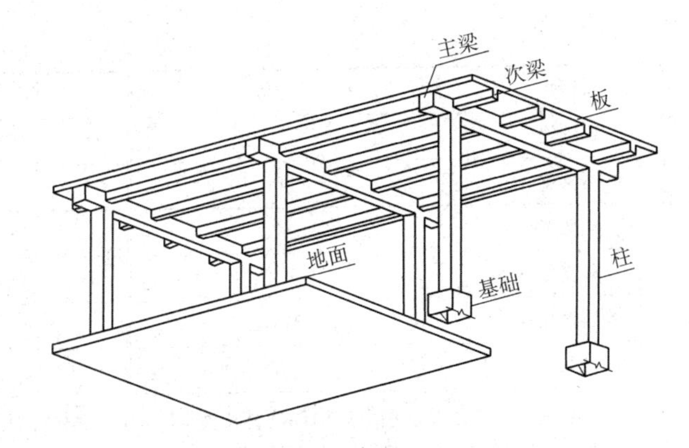

图 13-2　钢筋混凝土结构示意图

13.1.2　房屋结构图的一般规定及基本要求

房屋结构的基本构件，如基础、板、梁、柱等，为了将其区分清楚，便于施工、制图、查阅，有必要把每类构件给予代号。常用构件代号见表 13-1。

表 13-1　常用构件代号

名称	代号	名称	代号
板	B	屋架	WJ
屋面板	WB	托架	TJ
空心板	KB	天窗架	CJ
槽形板	CB	框架	KJ
折板	ZB	钢架	GJ
密肋板	MB	支架	ZJ
楼梯板	TB	柱	Z
盖板或沟盖板	GB	框架柱	KZ
挡雨板或檐口板	YB	构造柱	GZ
起重机安全走道板	DB	承台	CT
墙板	QB	设备基础	SJ
天沟板	TGB	桩	ZH
梁	L	挡土墙	DQ
屋面梁	WL	地沟	DG
起重机梁	DL	柱间支撑	ZC
单轨起重机梁	DDL	垂直支撑	CC
轨道连接	DGL	水平支撑	SC
车挡	CD	梯	T
圈梁	QL	雨篷	YP
过梁	GL	阳台	YT
连系梁	LL	梁垫	LD

续表

名称	代号	名称	代号
基础梁	JL	预埋件	M
楼梯梁	TL	天窗端壁	TD
框架梁	KL	钢筋网	W
框支梁	KZL	钢筋骨架	G
屋面框架梁	WKL	基础	J
檩条	LT	暗柱	AZ
注：1. 在绘图中，当需要区别上述构件的材料种类时，可在构件代号前加注材料代号并在图纸中加以说明。 2. 预应力混凝土构件代号，应在构件代号前加注“Y-”，例如 Y-KB 表示预应力钢筋混凝土空心板。			

13.1.3 结构施工图的主要内容

1. 图纸目录

图纸目录起到组织编排图纸的作用。以本书参考结构图纸为例，介绍图纸目录的组成，如图 13-3 所示。

序号	档案号	名称	文字资料页数	折合 1 号图数
1	结－1125/1	砌体结构总说明(一)	1	0.750
2	结－1125/2	砌体结构总说明(二)	1	0.750
3	结－1125/3	地基处理平面图		0.750
4	结－1125/4	基础平面图、条形基础平面示意图		0.750
5	结－1125/5	二层结构平面图		0.750
6	结－1125/6	三～六层结构平面图		0.750
7	结－1125/7	屋面结构平面图		0.750
		楼梯间屋面结构平面图		
8	结－1125/8	二～六层板配筋图		0.750
9	结－1125/9	屋面板配筋图、楼梯间屋面板配筋图		0.750
10	结－1125/10	T-1 详图梁配筋示意图		0.750
11	结－1125/目	资料图纸目录	1	
		小计	3	7.500
		利用标准图		
1	DBJ/T02－34－2002	《02》系列结构标准设计图集	全册	
2	22G101－1	混凝土结构施工图平面整体表示方法制图规则和构造详图(现浇混凝土框架、剪力墙、梁、板)	全册	

图 13-3 图纸目录

一般情况下，结构施工图图纸的编号，简称“图号”，可用“结施－×××”或“JG－×××”表示。图纸名称的内容编排的顺序一般从结构设计总说明开始，依次为基础开挖图、地基处理平面图、基础平面布置图及基础配筋图，柱、墙的平面布置图及配筋图，结构平面布置图及楼板配筋图，梁配筋图，楼梯详图，墙身配筋详图，设备专业留洞图等内容。

2. 结构设计说明

根据工程的复杂程度，结构设计说明的内容有多有少，但一般包括以下四个方面的内容：

(1)主要设计依据：国家有关的标准、规范及建设方(业主)对该建筑的使用要求等；

(2)自然条件：地质勘察资料，地震设防烈度，风、雪荷载等；

(3)施工要求；

(4)对建筑材料的质量要求。

3. 结构布置平面图

结构布置图属于全局性的图纸，除基础平面图及基础详图外，一般用平法表示，主要内容包括以下几项：

(1)基础平面图，工业建筑还有设备基础布置图；

(2)楼层结构平面图布置图，工业建筑还包括柱网、吊车梁、柱间支撑、连系梁布置图等；

(3)屋面结构平面图，包括屋面板、天沟板、屋架、天窗架及支撑系统布置图等。

4. 构件详图

构件详图属于局部性的图纸，表示各节点的构造要求及构件的制作安装等，主要内容包括以下几项：

(1)梁、板、柱及基础结构详图；

(2)楼梯结构详图；

(3)屋架构件详图。

5. 其他详图

其他详图如支撑详图等。

绘制结构施工图，除应遵守《房屋建筑制图统一标准》(GB/T 50001—2017)、《建筑制图标准》(GB/T 50104—2010)外，还应遵守《建筑结构制图标准》(GB/T 50105—2010)。

13.1.4 结构设计说明

微课：结构设计说明

结构设计说明的主要内容包括：结构施工图的设计依据，合理使用年限，地质条件、地震设防依据、施工要求等。很多设计单位已把上述内容一一详列在一张“结构说明”图纸上，供设计者选用，因此，阅读结构施工图前必须认真阅读结构设计说明。结构设计说明见附图“结施 1～2”。

13.2 基础图

13.2.1 概述

人们通常把房屋地面(±0.000)以下、承受房屋全部荷载的结构称为基础。基础底下天然的或经过加固的土壤称为地基。基础的埋置深度是指从基础底面至室外设计地坪的垂直距离。基础的组成如图 13-4 所示。

基础的形式很多，有条形基础、独立基础、桩基础、箱形基础等形式。常用的形式有条形基础、独立基础和桩基础。条形基础多用于砖混结构中；独立基础又称柱基础，多用于钢筋混凝土结构中；桩基础既可做成条形基础，用于砖混结构中作为墙的基础，又可做成独立基础用于柱基础，如图 13-5 所示。

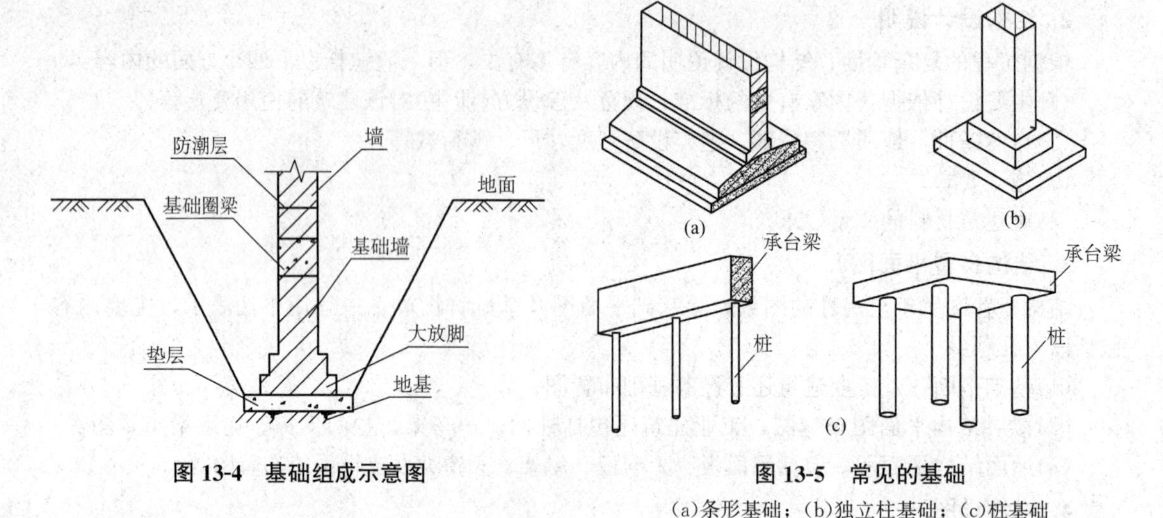

图 13-4　基础组成示意图

图 13-5　常见的基础

(a)条形基础；(b)独立柱基础；(c)桩基础

以条形基础为例，介绍一些与基础相关的术语：

地基：为支撑基础的土体或岩体。

垫层：用来把基础传来的荷载均匀地传递给地基的结合层。

大放脚：基础扩大部分，即基础墙与垫层之间做成阶梯形的砌体，作用是把上部结构传来的荷载分散传递给垫层及地基。目的是使地基上单位面积的压力减小。

基础墙：建筑中把±0.000 以下的墙称为基础墙。

防潮层：为了防止地下水对墙体的侵蚀，在地面稍低(约−0.060 m)处设置一层能防止水汽向上部墙体渗透的建筑材料来隔潮，这一层称为防潮层。

基础图包括基础平面图、基础详图和文字说明三部分。

下面以条形基础为例，介绍基础图的主要内容。

13.2.2　基础平面图

1. 基础平面图的产生

假想用一个水平面沿房屋的地面与基础之间把整幢房屋剖开后，移开上层的房屋和泥土(基坑没有填土之前)所做出的基础水平投影称为基础平面图。

基础平面图主要表示基础的平面布置及墙、柱与轴线的关系。

2. 基础平面图的画法

在基础图中，绘图的比例、轴线编号及轴线间的尺寸必须同建筑平面图一样。线型的选用惯例是基础墙用粗实线，基础底宽度用细实线，地沟为暗沟时用细虚线。

3. 主要内容

(1)轴线。在结构施工图中，轴线一般标注两道尺寸线，里面一道尺寸线为轴线尺寸，外面一道尺寸线为总尺寸(有时只标出轴线尺寸，只要标注清楚即可)。

值得注意的是，结构施工图中的总尺寸同建筑施工图中的总尺寸不同，结构施工图中的总尺寸为总的轴线尺寸，而建筑施工图中的总尺寸为建筑物的外包尺寸。

(2)基础底边线。每一个基础最外边的细实线线框表示基础底的长度和宽度，如图 13-5 所示。在图纸上要标注出基础底边线与定位轴线之间的距离。

(3)基础墙线。条形基础最里边两条粗实线表示基础与上部墙体交接处的宽度，一般与墙体宽度一致，称为基础墙，图 13-6 基础平面图中基础墙用细实线来表示是为了此处图面清晰，正常情况下应用粗实线来表示；独立柱基础最里边的粗实线框表示基础与上部柱子交接处平面尺寸，用于基础施工时预留柱子插筋。

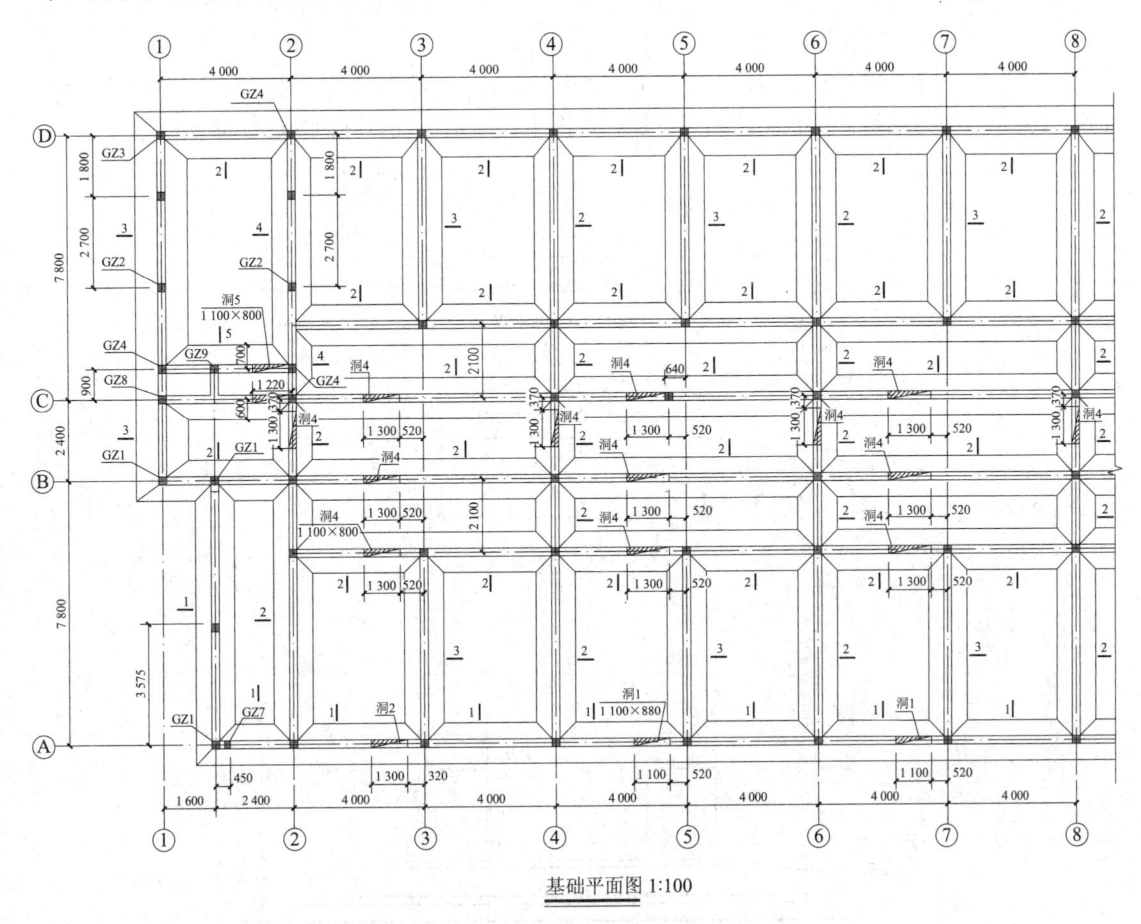

图 13-6　基础平面图

(4)构造柱。根据历次大地震的经验和大量试验研究，设置钢筋混凝土构造柱对砖混结构有重要的作用。即加强结构整体性，加强墙体的约束和抗倒塌能力，提高房屋抗震性能，使其有较高的变形能力。构造柱一般设置在外墙转角、内外墙交接处、较大的洞口两侧及楼梯、电梯间四角等，对较长的纵、横墙的墙体中部也应设置构造柱。图 13-6 中有许多构造柱，它们的截面尺寸，高度和配筋情况互不相同，可见图 13-7 基础详图(四)或附图“结施 4”中基础的文字说明。

(5)地沟与孔洞。设置地沟或在地面以下的基础墙上预留孔洞时，在基础平面图中一般要表示出地沟或孔洞的位置，并注明大小及洞底的标高，从图 13-6 可以看出在基础墙体上留置了洞 1～洞 5，洞的细部尺寸详见附图“结施 4”，洞底的标高一般在基础文字说明中注明，从图 13-8 基础说明第 6 条可以得知洞底标高分别为－1.400、－1.550、－1.200。

(6)剖切符号。在不同的位置，基础的形状、尺寸、埋置深度及与轴线的相对位置不同，需要分别画出它们的断面图。在基础平面图中要相应地画出剖切符号，并注明断面图的编号，如图 13-6 中的 1—1、2—2 等。

13.2.3 基础详图

基础详图一般用平面图和剖面图表示，采用 1∶20 的比例绘制，主要表示基础与轴线的关系、基础底标高、材料及构造做法。基础详图要结合基础平面图和基础说明来阅读。图 13-7 给出了部分基础详图，用图 13-7 来介绍基础详图的内容：

(1)轴线。表明轴线与基础各部位的相对位置，标注出基础大放脚、基础墙体、基础梁等与轴线的关系。因为基础详图是共用图，所以在详图中只画轴线，不对轴线进行编号。

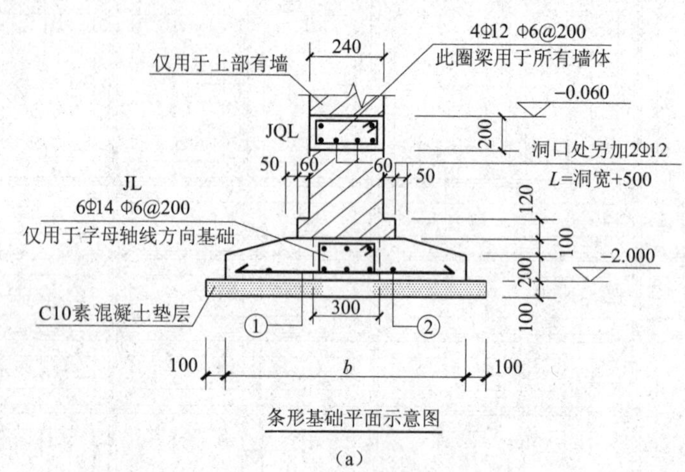

条形基础平面示意图

(a)

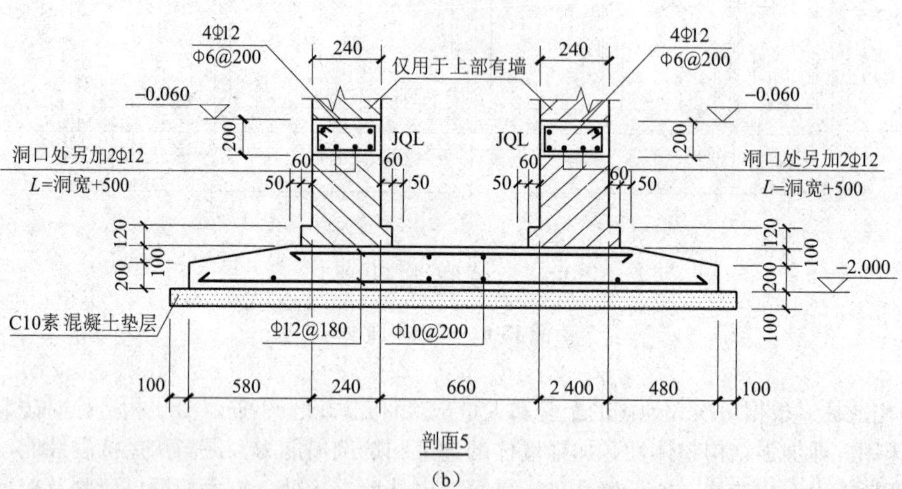

剖面5

(b)

基础剖面号	b	①	②	墙厚
1	1 200	Φ12@200	Φ10@200	240
2	1 400	Φ12@200	Φ10@200	240
3	1 600	Φ14@200	Φ10@200	240
4	1 800	Φ14@150	Φ10@200	240

(c)

图 13-7 基础详图

(a)基础详图(一)；(b)基础详图(二)；(c)基础详图(三)

截　面	4Φ14 Φ6@100/200 240 240	4Φ14 Φ6@100 240 240	4Φ14 Φ6@100/200 240 240	4Φ14 Φ6@100 240 240
编　号	GZ	GZ1	GZ2	GZ3
柱　高	基础顶~18.900	基础顶~18.900	基础顶~22.400	基础顶~22.400
加密区	各层: 上端700 mm,下端500 mm	全高	各层: 上端700 mm,下端500 mm	全高
截　面	4Φ14 Φ6@100/200 (Φ6@100) 240 240	4Φ14 Φ6@100 240 240	4Φ14 Φ6@100 (Φ6@100/200) 240 240	4Φ14 Φ6@100/200 240 180
编　号	GZ4	GZ5	GZ6	GZ7
柱　高	基础顶~18.900 (18.900~22.400)	基础顶~3.110	基础顶~3.110 (3.110~18.900)	基础顶~18.900
加密区	各层: 上端700 mm,下端500 mm (全高)	全高	全高 各层: 上端700 mm,下端500 mm	各层: 上端700 mm,下端500 mm
截　面	4Φ14 Φ6@100/200 240 240	4Φ14 Φ6@100/200 240 240		
编　号	GZ8	GZ9		
标　高	基础顶~3.110	基础顶~21.900		
加密区	各层: 上端700 mm,下端500 mm	各层: 上端700 mm,下端500 mm		

(d)

图 13-7　基础详图(续)

(d)基础详图(四)

(2)基础材料。基础材料从下至上分别为垫层、基础、基础圈梁和基础墙体。从附图砌体结构说明中可以得知，基础垫层混凝土强度等级为 C10，C10 中的“C”代表混凝土，“10”代表混凝土强度等级。

由于基础材料为钢筋混凝土，在图中主要表示钢筋的配置，不表示混凝土的材料图例。基础两个方向均配有钢筋，分别为①号、②号。

(3)基础梁。基础梁的代号为 JL，一般用双线表示平面位置，用断面图表示配筋情况。基础梁平面图表明基础梁的平面位置，哪些轴线有基础梁，哪些轴线无基础梁。基础梁断面图表示基础梁中的钢筋配置情况。从附图“结施 1”砌体结构说明中可以得知，基础梁混凝土强度等级为 C30，从图 13-7 中可以看出基础梁的配筋为“6Φ14 φ6@200”：6Φ14 表示有 6 根直径为 14mm 的纵向钢筋，Φ 表示 HRB335 级钢筋；φ6@200 表示配直径为 6mm，间距为 200mm 的箍筋，φ 表示 HPB300 级钢筋，@为等距离符号。

(4)基础圈梁。基础圈梁代号为 JQL，常用基础圈梁平面布置图和基础圈梁断面图表示，从

图 13-7 可以得到基础圈梁的宽、高及配筋情况，还能得到其顶面标高为－0.060，即位于地下 0.06 m 处。

(5)各部位的标高及尺寸。基础图中标注基础底标高和基础梁(基础圈梁)顶标高。基础底标高表示基础最浅时的标高，图 13-7 中的－2.000 为基础底标高，也是基础最浅时需满足的标高，－0.060 为基础圈梁顶标高。

基础详图中的尺寸用来表示基础底的宽度及与轴线的关系，同时反映基础的深度及大放脚的尺寸。图 13-7 中的基础详图(一)、(二)表示不同基础类型，基础详图(二)用于个别部位，由于上部墙间距较近，各自布置基础时会造成基础局部重合，因此将两墙的基础合二为一；图 13-7 还给出了不同断面处相应的基础宽度值和配筋情况，在读图时要与图 13-6 基础平面图相互对照，明确剖面详图在平面中的具体位置。

(6)图名。为了节约绘图时间和图幅，设计中常常将两个或两个以上类似的图形用一个图来表示，读图要找出它们的相同与不同处。如图 13-7 构造柱详图表中，GZ4 箍筋为 Φ6@100/200 (Φ6@100)，说明箍筋配置有两种情况，Φ6@100/200 在标高：基础顶～18.900 范围内配置，Φ6@100 用于标高：18.900～22.400，余同。读图时遇到这种情况要加以区别，区别方法是带括号的图名对应带括号的数字，不带括号的图名对应不带括号的数字。

13.2.4 基础图的阅读

阅读基础施工图时，要注意以下几点：

(1)查明基础墙(柱)的平面布置与建筑施工图中的首层平面图是否一致。

(2)结合基础平面图和基础详图的阅读，弄清楚轴线的位置，是对称轴线还是偏轴线；若是偏轴线，则需注意哪边宽、哪边窄，尺寸是多大。

微课：基础图的阅读

(3)在基础详图中查明各部位的尺寸及主要部位的标高。

(4)在平面布置图中查明管沟的平面位置、大小及具体做法。图 13-8 是基础的文字说明，从中可以看到基础施工前、施工时要注意的事项，基础墙身留洞、构造柱等说明，构造柱部分详见附图“结施 4”。

说明：

1. 未注明的构造柱位置均居于轴线中或与墙边齐。施工时应与上部结构构造柱位置核对无误后，方可施工，未注明的构造柱均为GZ；未注明墙厚均为240，居于轴线中。
2. 未定位的基础均居墙中；轻质隔墙位置详见建施图，其基础应按结构总说明第3.6条施工。
3. 墙体留洞应配合设备施工图预留孔洞。
4. 构造柱钢筋的锚固搭接按《砌体结构构造详图（P型烧结多孔砖、烧结普通砖）》（陕02G01–1）第12~17页施工。
5. 字母轴线方向的墙下条形基础分布钢筋，除剖面5外，均为Φ10@150。
6. 洞1、洞2底标高均为–1.400，洞3底标高–1.550。洞4、洞5底标高为–1.200。

图 13-8 基础文字说明

13.3 结构布置平面图

钢筋混凝土结构的楼层和屋面一般采用预制装配式和现浇整体式两种施工方法。由于楼层和屋面的结构布置及表示方法基本相同，因此本节仅以楼层为例介绍结构平面布置图的内容及阅读方法。

13.3.1 预制装配式楼层结构布置图

预制装配式楼层又叫作楼盖，由许多预制构件组成，这些构件预先在预制厂成批生产，然后运往施工现场安装就位，组成楼盖。预制装配式楼盖具有施工速度快、节省劳动力和建筑材料、造价低、便于工业化生产和机械化施工等优点；但缺点是这种结构的整体性不如现浇楼盖好，在抗震要求较高或高层建筑中一般不采用。

结构布置图一般包括结构布置平面图、节点详图、构件统计表及文字说明四部分。

1. 结构布置平面图的画法

结构布置平面图采用正投影法绘制。在绘制楼层结构布置平面图时，假设用一剖切面沿楼板面将房屋水平方向剖开，移去剖切面上部结构，作出剖切面下部楼盖的水平投影，以该水平投影来表示楼盖中梁、板和下层楼盖以上的门窗过梁、圈梁、雨篷等构配件的布置情况。在结构平面图中，构件一般采用轮廓线表示，如能用单线表示清楚时，也可用单线表示。定位轴线要与建筑平面图一致，标高采用结构标高。这种投影法的特点是楼板压住墙，被压部分墙身轮廓线用中虚线绘制，未压部分墙身轮廓线用中粗实线绘制。

图 13-9 是某建筑结构二层平面图的部分，该图用粗虚线表示梁，细虚线表示被压住的墙线，未压部分墙线用细实线表示。

2. 结构平面布置图的主要内容

下面以图 13-9 为例，介绍结构布置平面图的主要内容：

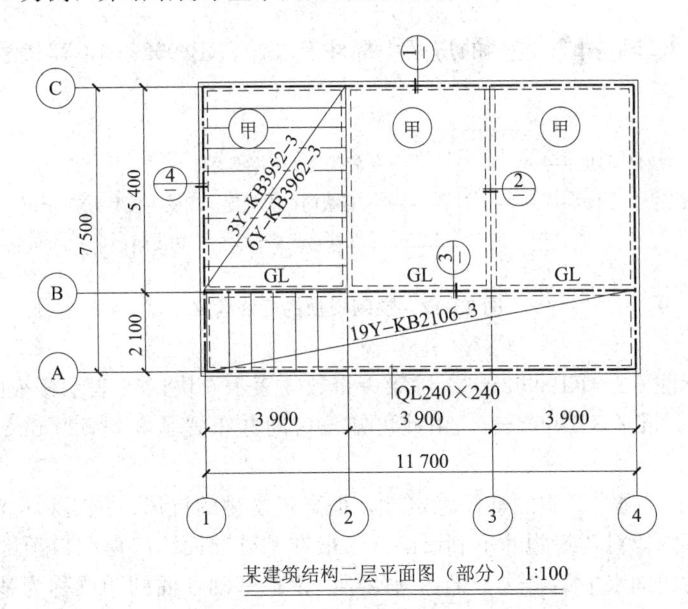

图 13-9 结构布置图的画法

(1)轴线。标注轴线尺寸、轴线总尺寸。

(2)墙、柱。在结构平面布置图中需要画出它的平面轮廓线。

(3)梁及梁垫。梁在结构平面布置图上用梁的轮廓线表示，也可用单粗线表示，并注写上梁的代号及编号。梁在标准图中的标注方法是：L××—×，其中“L”表示梁，横线前的“××”表示梁的轴线跨度，横线后的“×”表示梁能承受的荷载等级，例如，L54－3 说明该梁的轴线跨度为 5 400 mm，承受 3 级荷载。

当梁搁置在砖墙或砖柱上时，为了避免砖墙或砖柱被压坏，需要设置一个钢筋混凝土梁垫，如图 13-10 所示。在结构平面图中，梁垫的代号为“LD”。

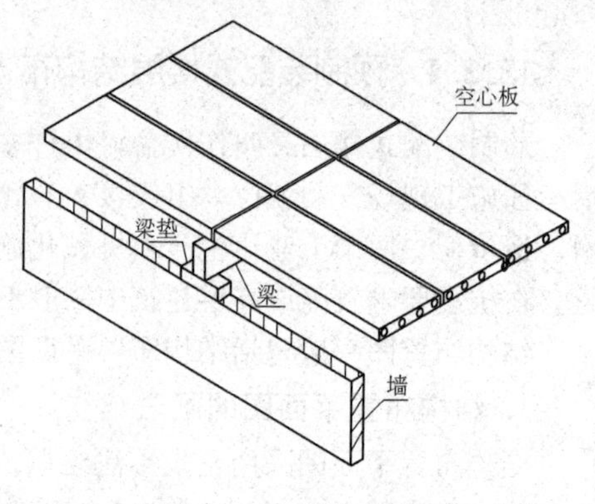

图 13-10　梁垫示意

(4)预制楼板。工程中常用的预制楼板有平板、槽形板和空心板三种，如图 13-11 所示。空心板上、下板面平整，构件刚度大，隔声、隔热效果较好，目前使用较为广泛，但缺点是不能任意开洞。

上述三种楼板可以做成预应力或非预应力板。由于预制楼板大多数是选用标准图集，因此楼板在施工图中应标明数量、代号、跨度、宽度及所能承受的荷载等级。

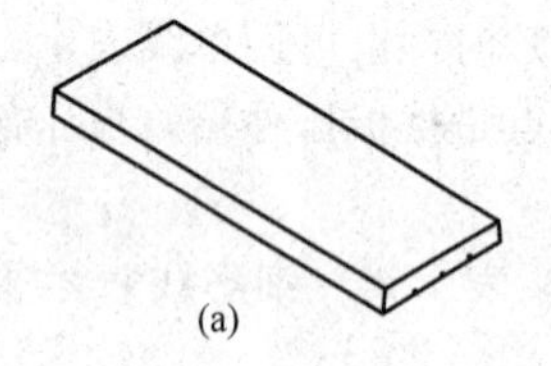
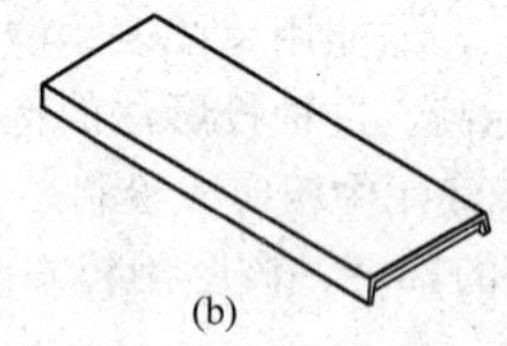
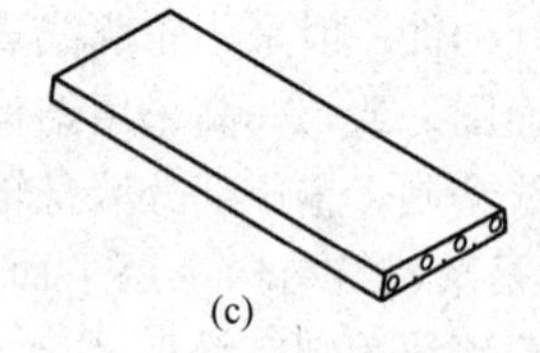
(a)　(b)　(c)

图 13-11　常见的预制楼板

(a)平板；(b)槽形板；(c)空心板

图 13-9 中①～②轴与Ⓑ～Ⓒ轴的房间中标注有 3Y－KB3952－3，其代号、数字的含义如图 13-12 所示。

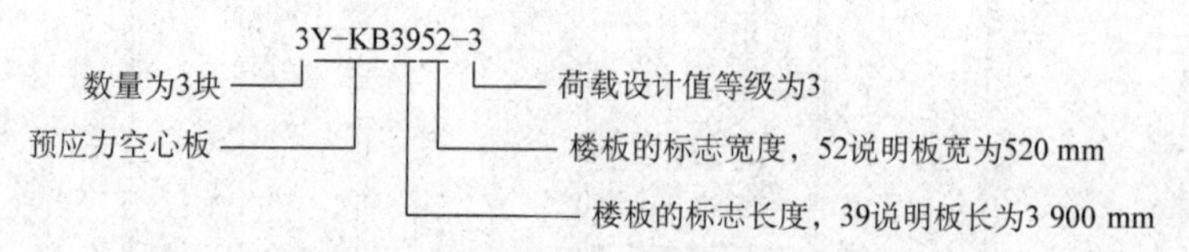

图 13-12　预制楼板的标注含义

该房间还有标注 6Y－KB3962－3，除第一个数 6 表示 6 块，62 表示楼板的宽度为 620 mm 外，其他含义均同 3Y－KB3952－3。由此可知该房间共布置了 3 块 520 mm 宽的楼板和 6 块 620 mm 宽的楼板。

(5)圈梁。为了增强建筑物的整体稳定性，提高建筑物的抗风、抗震和抗温度变化的能力，防止地基不均匀沉降等对建筑物的不利影响，一般在基础顶面、门窗洞口顶部或檐口等部位的墙内设置连续而封闭的水平梁，这个梁称为圈梁。设在基础顶面的圈梁称为基础圈梁，设在门窗洞口顶部的圈梁常代替过梁。为清楚计，圈梁平面布置图用粗虚线绘制，也可用粗实线单独绘制。图 13-9 中用粗点画线表示圈梁和过梁，QL240×240 表示圈梁及其断面尺寸，“QL”代表圈梁，“240×240”依次表示圈梁宽为 240 mm，高为 240 mm；图 13-13 中则用粗实线单独绘制出圈梁的平面图，从其断面图上可以看到其配筋情况。

圈梁断面比较简单，一般有矩形和 L 形两种，圈梁位于内墙上一般为矩形，位于外墙窗洞口上部可做成 L 形。

圈梁位于门窗洞口之上时，起着过梁的作用，一般称为圈梁代过梁，这时圈梁是按过梁配筋。

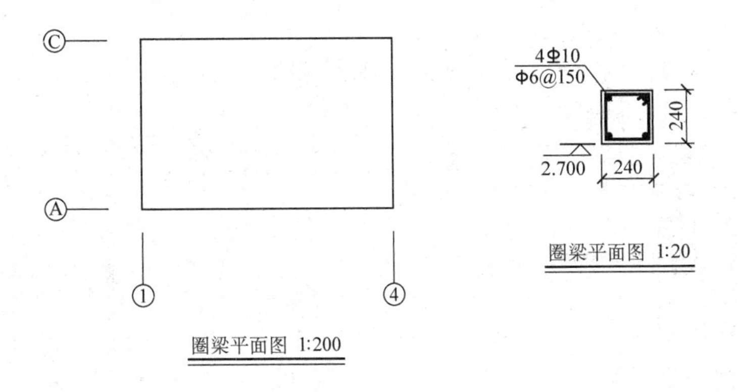

图 13-13　圈梁

3. 读图方法及步骤

(1)弄清楚各种文字、字母和符号的含义。要弄清楚各种符号的含义，首先要了解常用构件代号(表 13-1)，结合图和文字说明阅读。

(2)弄清楚各种构件的空间位置。例如，楼面在第几层，哪个房间布置几个品种的构件，各个品种构件的数量是多少等。

(3)结构平面图结合构件统计表阅读，弄清楚该建筑中各种构件需要的数量，采用的图集及详图所在的位置。

(4)弄清楚各种构件的相互连接关系和构造做法。为了加强预制装配式楼盖的整体性，提高抗震能力，需要在预制板缝内放置钢筋，用 C20 细石混凝土灌板缝，如图 13-14 所示，结合图 13-9 来阅读便能弄清楚预制楼板与内墙、外墙的连接关系，配筋情况。

(5)阅读文字说明，弄清楚设计意图和施工要求。

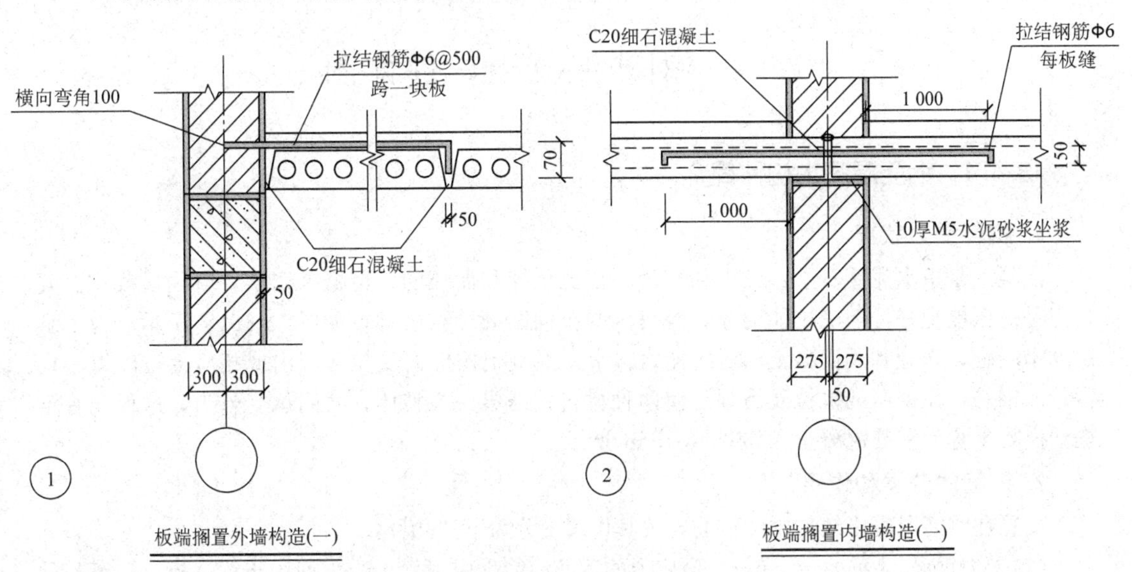

图 13-14　节点构造详图

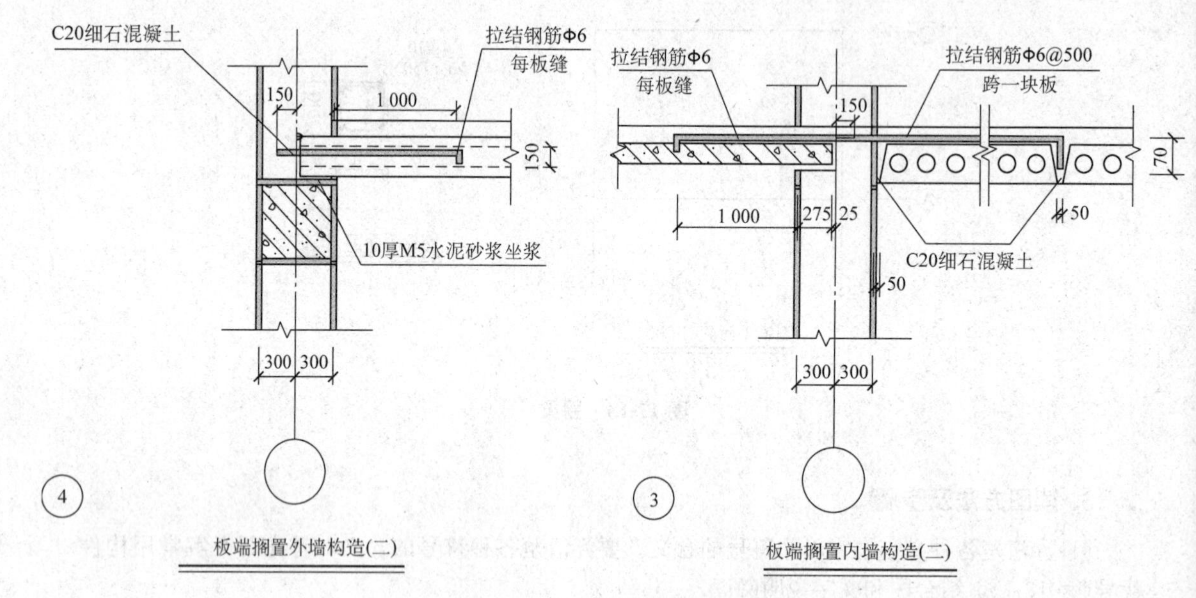

图 13-14　节点构造详图(续)

13.3.2　现浇整体式楼层结构布置图

现浇整体式钢筋混凝土楼盖由板、次梁和主梁构成，三者同钢筋混凝土柱现浇在一起，如图 13-2 所示。整体式楼盖的优点是刚度好，适应性强；缺点是模板用量较多，现场浇灌工作量大，施工工期较长，造价比装配式高。现浇整体式钢筋混凝土楼盖施工图详见 13.4 节。

13.4　钢筋混凝土构件详图

13.4.1　钢筋混凝土构件简介

1. 构件受力状况

混凝土是由水泥、石子、砂子和水按一定比例拌和而成的，经振捣密实，凝固后成型。其特点是受压能力好，但受拉能力差，容易因受拉而断裂导致破坏，如图 13-15(a)所示。为了解决这个问题，充分利用混凝土的受压能力，常在混凝土构件的受拉区域内或相应部位配置一定数量的钢筋，而钢筋的抗拉能力强，使两种材料粘结成一个整体，共同承受外力，这种配有钢筋的混凝土称为钢筋混凝土，如图 13-15(b)所示。

2. 钢筋的分类和作用

配置在钢筋混凝土结构中的钢筋，按其作用可分为下列几种：

(1)受力钢筋(主筋)：承受拉、压应力的钢筋，简称受力筋。受力筋用于梁、板、柱等各种钢筋混凝土构件中。在梁、板中的受力钢筋按形状分，一般可分为直筋和弯起筋；按承受的弯矩是正弯矩还是负弯矩，分为正弯矩钢筋和负弯矩钢筋两种。

(2)箍筋：承受一部分斜拉应力(剪应力)，并为固定受力筋、架立筋的位置而设置的钢筋称为箍筋，箍筋多用于梁和柱内。

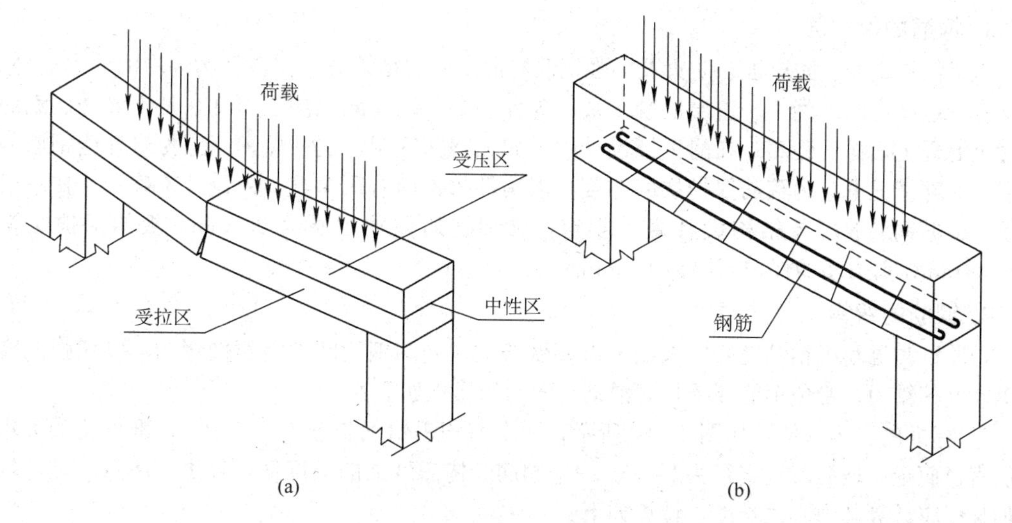

图 13-15　钢筋混凝土梁受力示意图

(3)架立钢筋：又称架立筋，用以固定梁内钢筋的位置，构成梁内的钢筋骨架。

(4)分布钢筋：简称分布筋，用于屋面板、楼板内，与板的受力钢筋垂直设置，其作用是将承受的荷载均匀地传递给受力筋，并固定受力筋的位置以及抵抗热胀冷缩所引起的温度变形。

(5)其他钢筋：除以上四种类型的钢筋外，还会因构造要求或者施工安装需要而配置的钢筋，一般称为构造钢筋，如腰筋、拉钩、拉结筋等。腰筋用于梁的腹板高度大于 450 mm 的梁中；拉钩用于梁、剪力墙中加强结构的整体性；拉结筋用于钢筋混凝土柱上与墙体的构造连接，起拉结作用。

各种钢筋的形式及在梁、柱、板中的位置及形状如图 13-16 所示。

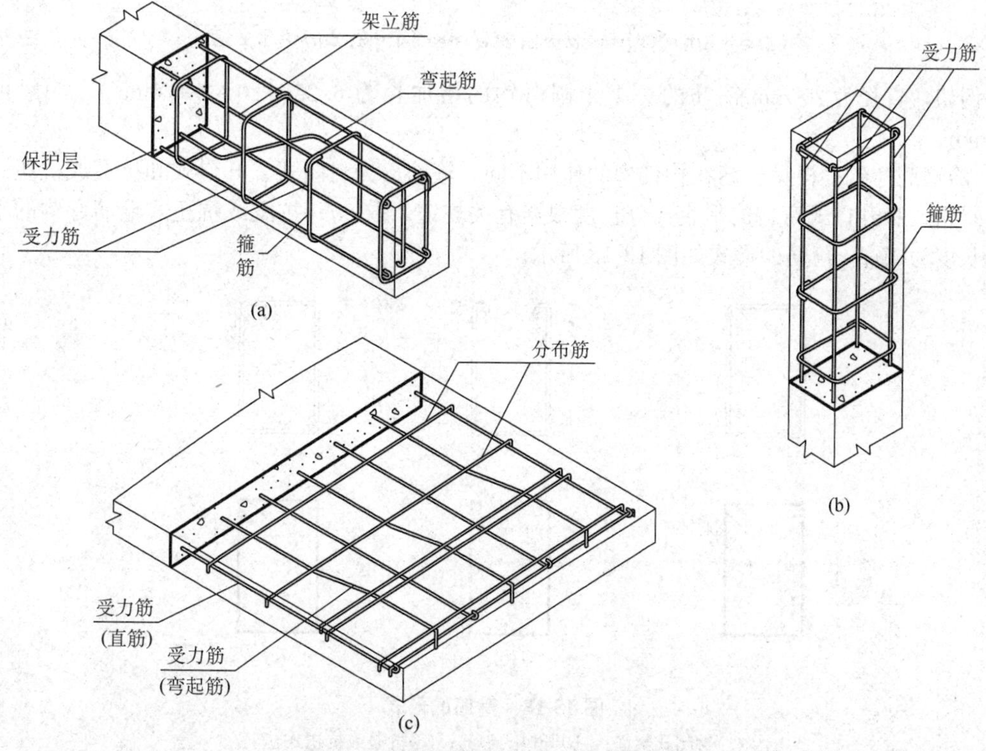

图 13-16　钢筋在梁、板、柱中的形状

3. 钢筋的保护层

为了保护钢筋、防腐蚀、防火及加强钢筋与混凝土的粘结力，在各种构件中的受力筋外面，必须有一定厚度的混凝土，这层混凝土被称为保护层。钢筋的保护层厚度，是指最外层钢筋外边缘至混凝土表面的距离。在耐久性设计中，如无特殊标明，这一保护层应为最外侧钢筋的保护层，通常情况下应为箍筋保护层的厚度。因构件的不同有所差异，由设计来确定。在一般情况下，根据钢筋混凝土结构设计规范规定，梁和柱的保护层厚为 25 mm；板的保护层厚为 10～15 mm；剪力墙的保护层厚为 15 mm。

4. 钢筋的弯钩

带肋钢与混凝土粘结良好，末端不需要做弯钩。光圆钢筋两端需要做弯钩，以加强混凝土与钢筋的粘结力，避免钢筋在受拉区滑动。弯钩的形式如下：

(1)标准的半圆弯钩：如图 13-17 所示，一个弯钩需增加长度为 $6.25d$。标准弯钩的大小由钢筋直径而定，钢筋弯钩直径为 $2.5d$。一个钢筋弯钩需增加的长度便可算出，注意的是弯钩的增加长度应计算其中心线长度，计算如下：

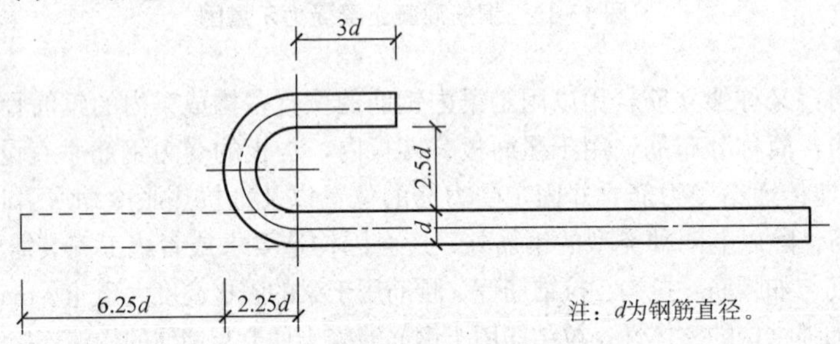

图 13-17 钢筋的半圆弯钩

$$(2.5+1)d\times\frac{\pi}{2}+3d-2.25d\approx8.5d-2.25d=6.25d$$

例如，直径为 20 mm 钢筋的一个半圆弯钩的增加长为 $6.25\times20=125$(mm)，一般可取 130 mm。

(2)箍筋弯钩：根据箍筋在构件中的作用不同，箍筋分为封闭式、开口式和抗震或抗扭式三种。封闭式和开口式弯钩的平直部分长度根据有关规定，取 $5d$；抗震或抗扭式箍筋弯钩的平直部分长度为 $10d$。箍筋的形式如图 13-18 所示。

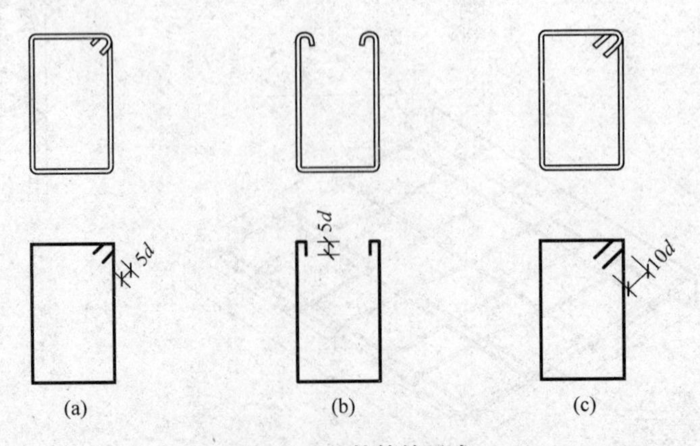

图 13-18 箍筋的形式

(a)封闭式箍筋；(b)开口式箍筋；(c)抗震或抗扭式箍筋

5. 钢筋的表示方法

根据中华人民共和国国家标准《建筑结构制图标准》(GB/T 50105—2010)的规定，一般钢筋在图中的表示方法应符合表 13-2 的规定画法。

表 13-2 钢筋的表示方法

序号	名　称	图　例	备　注
1	钢筋横断面		—
2	无弯钩的钢筋端部		下图表示长、短钢筋投影重叠时，短钢筋的端部用 45°斜画线表示
3	带半圆形弯钩的钢筋端部		—
4	带直钩的钢筋端部		—
5	带丝扣的钢筋端部		—
6	无弯钩的钢筋搭接		—
7	带半圆弯钩的钢筋搭接		—
8	带直钩的钢筋搭接		—
9	套管接头(花篮螺栓)		—
10	机械连接的钢丝接头		用文字说明机械连接的方式(如冷挤压或直螺纹等)

6. 常用钢筋代号

我国目前钢筋混凝土和预应力钢筋混凝土中常用的钢筋和钢丝主要有热轧钢筋、冷拉钢筋和热处理钢筋、钢丝四大类。其中，热轧钢筋和冷拉钢筋又按其强度由低到高分为 HPB300、HRB335、HRB400、HRB500 级等。不同种类和级别的钢筋、钢丝在结构施工图中用不同的代号表示，详见表 13-3。

表 13-3 钢筋的种类和代号

钢筋种类	钢筋代号	钢筋种类	钢筋代号
HPB300 级钢筋	Φ	冷拉 HPB300 级钢筋	$Φ^{l}$
HRB335 级钢筋	Φ	冷拉 HRB335 级钢筋	$Φ^{l}$
HRB400 级钢筋	Φ	冷拉 HRB400 级钢筋	$Φ^{l}$
HRB500 级钢筋 (光圆或带肋钢筋)	Φ	冷拉 HRB500 级钢筋	$Φ^{l}$
冷拔低碳钢丝	$Φ^{b}$		

13.4.2 钢筋混凝土梁详图

钢筋混凝土梁属于钢筋混凝土构件之一。

钢筋混凝土构件详图是加工制作钢筋、浇筑混凝土的依据，其内容包括模板图、配筋图、钢筋表和文字说明四部分。

1. 模板图

梁的模板图是为浇筑梁的混凝土绘制的，主要表示梁的长、宽、高和预埋件的位置、数量。然而对外形简单的构件，一般不必单独绘制模板图，只需在配筋图中把梁的尺寸标注清楚即可，如图 13-19 所示。

模板图的外轮廓线一般用细实线绘制。梁的正立面图和侧立面图可用两种比例绘制。如图 13-19 所示，梁的长度用 1∶40 绘制，梁的高度和宽度用 1∶20 绘制，这样的图看上去比较协调。

2. 配筋图

在配筋图中，梁的轮廓线用细实线绘制，钢筋用粗实线绘制，钢筋断面用黑圆点表示，并对不同形状、不同规格的钢筋进行编号。如图 13-19 中①～④号钢筋，编号用阿拉伯数字顺次编写，并将数字写在圆圈内。圆圈直径用 6 mm 的细实线绘制，并用引出线指到被编号的钢筋。

配筋图主要用来表示梁内部钢筋的配置情况，内容包括钢筋的形状、规格、级别和数量、长度等。在图 13-19 所示的 L—1 梁中，有以下四种类型的钢筋。

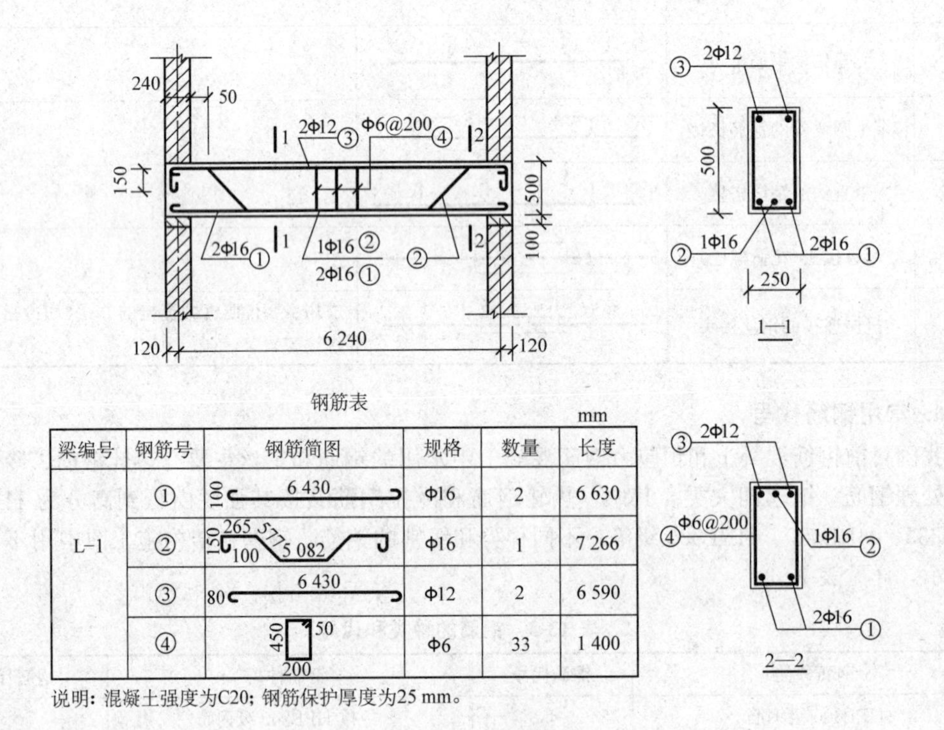

钢筋表

mm

梁编号	钢筋号	钢筋简图	规格	数量	长度
L-1	①	100 6 430	Φ16	2	6 630
	②	150 265 577 100 5 082	Φ16	1	7 266
	③	80 6 430	Φ12	2	6 590
	④	450 50 200	Φ6	33	1 400

说明：混凝土强度为C20；钢筋保护厚度为25 mm。

图 13-19　L—1 梁的详图

第一种为①号钢筋，在梁的底部，这种位置的钢筋称为主筋，其含义是“2 根直径为 16 mm 的 HPB300 级钢筋”，标注各部分的含义如图 13-20 所示。

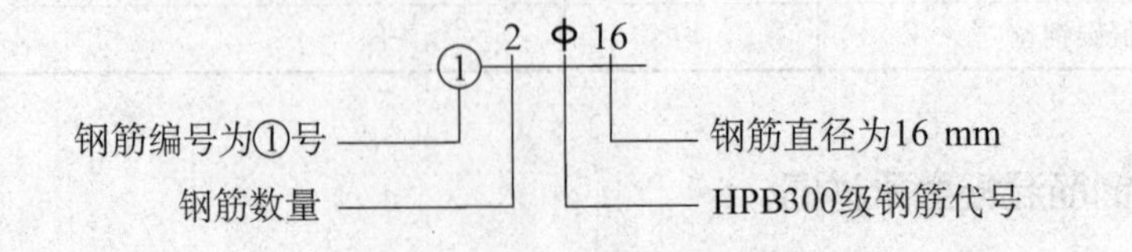

图 13-20　HPB300 级钢筋标注

第二种为②号钢筋，两端弯曲，这种形状的钢筋称为弯起筋，其含义是“1 根直径为 16 mm 的 HPB300 级钢筋”。第三种为③号钢筋，在梁的上部，这种位置的钢筋称为架立筋，其含义是“2 根直径为 12 mm 的 HPB300 级钢筋”。第四种钢筋为④号钢筋，称为箍筋，从图中标注可看出其表示“直径为 6 mm 的 HPB300 级钢筋，每隔 200 mm 放置一根”，箍筋标注部分的含义如图 13-21 所示。

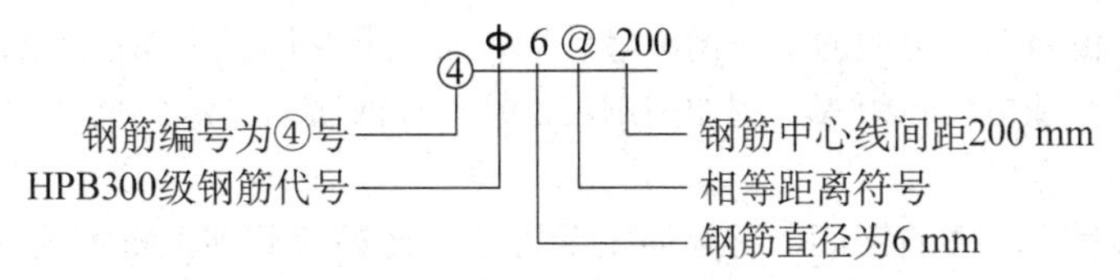

图 13-21　箍筋标注

3. 钢筋表

钢筋表内容包括构件编号、钢筋编号、钢筋简图及规格、数量和长度等，如图 13-19 所示。在编制钢筋表时，要注意以下问题：

(1)确定形状和尺寸。从说明中可以知道，钢筋保护层厚度为 25 mm，L－1 的总长度为 6 480 mm，总高为 500 mm，各编号钢筋的计算方法是：

①、③号钢筋计算基本一致，均是计算钢筋的外包尺寸(注：钢筋的尺寸有外包尺寸、中心线尺寸和内包尺寸三种)，为梁总长度减去两端保护层厚度，再加两端弯钩的长度；②号弯起钢筋也是计算外包尺寸，逐段相加，同样要加上两端弯钩尺寸；④号箍筋按内包尺寸计算，同样要加上箍筋的弯钩长度，箍筋的数量一般可按下式计算：

箍筋的个数＝(梁总长度－梁两端保护层厚度)/箍筋的间距＋1

(2)钢筋的成型。在混凝土构件中，带肋钢筋端部如果符合锚固要求，可以不做弯钩，若锚固需要做弯钩时，只做直钩；光圆钢筋端部需做弯钩，常为半圆弯钩。图 13-18 中四种型号的钢筋均为光圆钢筋(HPB300 级钢筋为圆钢)，①～③号钢筋的弯钩为半圆弯钩，一个半圆弯钩的长度为 $6.25d$，①、②号钢筋弯钩计算长度为 100 mm，③号钢筋弯钩计算长度为 75 mm，施工中取 80 mm。④号箍筋的弯钩斜度为 135°，因为无抗扭要求，所以 Φ6 的箍筋按施工经验一般取 50 mm，各种钢筋弯钩的长度在图 13-19 钢筋表钢筋简图中都有标注。

4. 文字说明

在图中用图示无法表示清楚地内容，如质量、施工要求等，需要用文字说明来叙述。例如图 13-19 钢筋表下面的说明。

13.4.3　现浇整体式楼盖结构详图

1. 用途

现浇整体式楼盖结构详图主要用于现场支模板，绑扎钢筋，浇灌混凝土梁、板等。

2. 基本内容

现浇楼板配筋详图的内容包括平面图、断面图、钢筋表和文字说明四部分，如图 13-22 所示，读图时应与相应的建筑平面图、墙身剖面图配合阅读。

(1)平面图的主要内容。

1)模板图的主要内容：

①轴线网，与整栋建筑物编排顺序一致；

②梁的布置及编号；

③预留孔洞的位置；

④板厚、标高及支承在墙上的长度。

这些是施工制作的依据。为了看图清楚，常用折倒断面(图中涂黑部分)表明板的厚度、梁的高度及支承在墙上的长度。

2)配筋图的主要内容：

①钢筋布置：板内不同类型的钢筋用编号区别，并注明钢筋在平面图中的定位尺寸。同时，要注明钢筋的编号、规格、间距等。例如图 13-22 中③号钢筋标注定位尺寸 450，Φ6@200 说明了其规格和间距。

②分布钢筋就是不受力的钢筋，它起固定受力筋、传递荷载和抵抗温度应力的作用。分布钢筋在图中可以不画，可在说明中阐述，图 13-22 未画分布钢筋。

(2)断面图的主要内容。如图 13-22 中 1—1 断面图(通常称剖面图)，主要表示楼板与圈梁、大梁、砖墙等的相互关系，同时也表示各种编号钢筋在楼板中的空间位置。

(3)文字说明。说明材料的强度等级、分布筋的布置方法和施工要求等(本图略)。

(4)钢筋表。钢筋表同梁的钢筋表画法一样。钢筋的长度结合平面图和断面图经过计算而定。如图 13-22 中②号钢筋的长度为 1 000＋(70－10)×2＝1 120，其中 70 为板厚，10 为板的保护层厚度，(70－10)等于直钩的长度。②号钢筋的数量为 3 600/200＋1＝19(根)，因为有两道相同的梁，所以②号钢筋共 38 根。

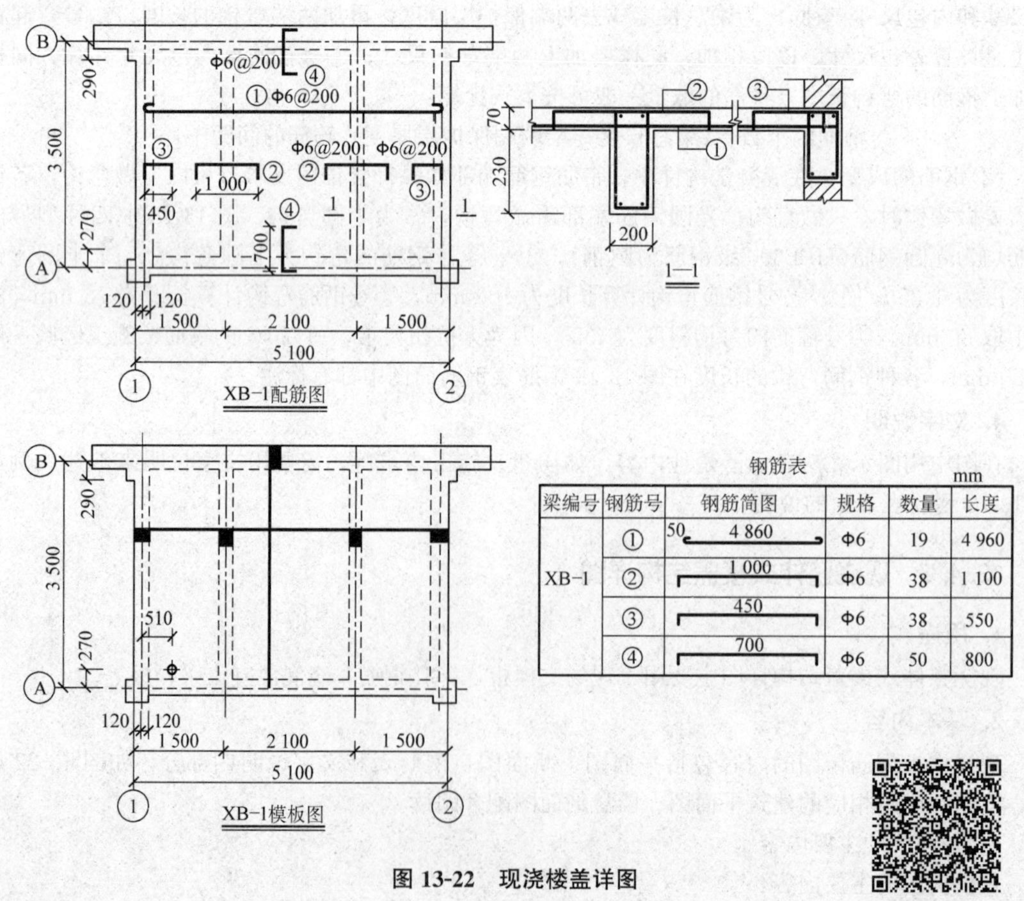

梁编号	钢筋号	钢筋简图	规格	数量	长度
XB-1	①	50 4 860	Φ6	19	4 960
	②	1 000	Φ6	38	1 100
	③	450	Φ6	38	550
	④	700	Φ6	50	800

图 13-22　现浇楼盖详图

微课：现浇整体式
楼盖结构详图阅读

3. 识图方法

对于梁、板等构件的识图方法基本一致，应注意以下几点：

(1)构件的断面尺寸、外部形状和使用部位。

(2)结合图、表查明各种钢筋的形状、数量及在梁、板中的位置。

(3)有钢筋表时，校对图表中所需要的数量是否一致。无钢筋表时，可以自制钢筋表，确定各种编号钢筋的形状、数量、长度。

(4)从说明中了解钢筋的级别、混凝土强度等级及施工和构造要求。

(5)弄清楚预埋铁件、预留孔洞的位置。

13.4.4 现浇钢筋混凝土柱详图

1. 用途

现浇钢筋混凝土柱详图主要用于支撑梁、板及结构的上部荷载，并传递荷载到基础，是框架结构中的主要承重构件。钢筋混凝土柱详图是现场绑扎钢筋、支模板、浇混凝土柱的依据。

2. 基本内容

现浇钢筋混凝土柱配筋详图的内容包括模板图、配筋图、钢筋表和文字说明四部分。

(1)模板图的主要内容：柱的模板图是为浇筑柱的混凝土绘制的，主要表示柱的长、宽、高和预埋件的位置、数量。

柱模板图的外轮廓线一般用细实线绘制，用粗实线画出各号钢筋的竖向位置。柱的正立面图和侧立面图可用两种比例绘制。如图 13-21 所示，柱的长度用 1∶100 绘制，柱的宽度用 1∶25 绘制，这样的图看上去比较协调。

(2)配筋图的主要内容：在配筋图中，柱的轮廓线用细实线绘制，钢筋用粗实线绘制，钢筋断面用黑圆点表示，并对不同形状、不同规格的钢筋进行编号。如图 13-23 中①～③号钢筋，编号用阿拉伯数字顺次编写，并将数字写在圆圈内。圆圈直径用 6 mm 的细实线绘制，并用引出线指到被编号的钢筋。配筋图主要用来表示梁内部钢筋的配置情况，内容包括钢筋的形状、规格、级别和数量、长度等。

配筋图一般包括立面图和断面图，如图 13-23 所示。

立面图中主要表示的内容：柱内不同类型的纵向钢筋用编号区别、纵向钢筋的规格和数量、钢筋搭接的位置。例如，图 13-23 中 Φ8@200 说明了其规格和间距。

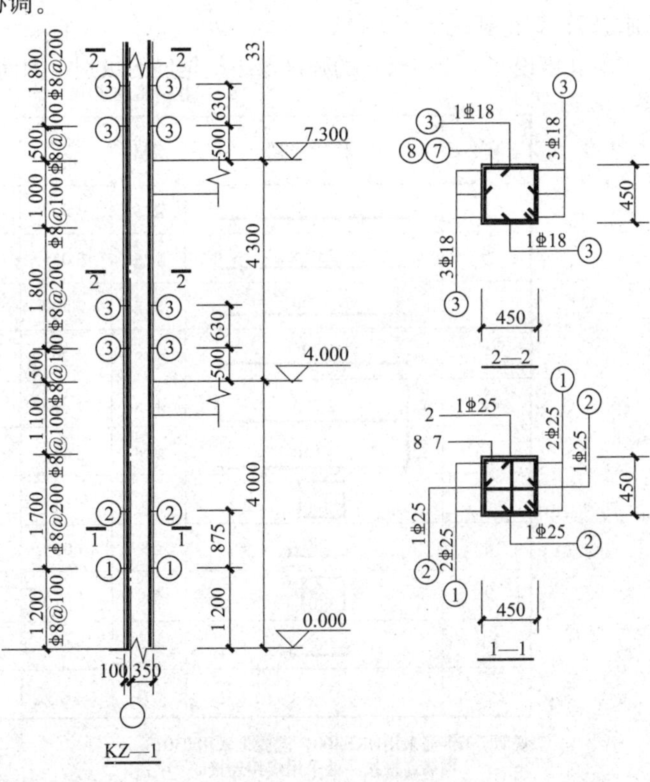

图 13-23　现浇柱详图

断面图主要表示的内容：主要表示柱截面的形式，柱中箍筋的形式，同时也表示各种编号钢筋在柱中的平面位置；纵向钢筋的规格和数量。如图 13-23 中 1—1 断面图(通常称剖面图)，一般断面图所用的比例比立面图大。断面轮廓用细实线绘制，断面内不再画混凝土的材料图例。

结合立面图和断面图可知，在图 13-23 所示的 KZ－1 框架柱中，主要包括以下四种类型的钢筋：

第一种为①号钢筋，在柱的角部，这种位置的钢筋称为角部纵向钢筋，其含义是“4 根直径为 25 mm 的 HRB400 级钢筋”。到二层之后，相同位置的“4 根直径为 25 mm 的 HRB400 级钢筋”变为“4 根直径为 18 mm 的 HRB400 级钢筋”。

第二种为②号钢筋，在柱的中部，这种位置的钢筋称为中间纵向钢筋，其含义是“4 根直径为 25 mm 的 HRB400 级钢筋”。到二层之后，相同位置的“4 根直径为 25 mm 的 HRB400 级钢筋”变为“4 根直径为 18 mm 的 HRB400 级钢筋”。

第三种为⑦号钢筋，在柱的外部，这种位置的钢筋称为箍筋的外箍，其含义是“直径为 8 mm 的 HRB400 级封闭箍筋”。到五层之后，虽然柱的截面变小(450 mm×450 mm 变为 400 mm×400 mm)，但相同位置依然是“直径为 8 mm 的 HRB400 级封闭箍筋”。形式不变，箍筋长度发生变化。

第四种为⑧号钢筋，在柱的内部，这种位置的钢筋称为箍筋的内箍，其含义是“直径为 8 mm 的 HRB400 级开口箍筋”。到五层之后，虽然柱的截面变小(450 mm×450 mm 变为 400 mm×400 mm)，但相同位置依然是“直径为 8 mm 的 HRB400 级开口箍筋”。形式不变，仅箍筋长度发生变化。

(3)钢筋表。如图 13-24 中①号钢筋的长度为 4 000－1 200＋500＝3 300(mm)，其中 4 000 为层高，1 200 为基础顶面处的焊接位置，500 为楼层处的焊接位置。钢筋的数量为 4 根，因为有 4 根相同的①号纵筋。如图 13-20 中⑦号钢筋的长度为 450－(50－8)×2＝392，其中 450 为柱的截面宽度，50 为柱的两侧保护层厚度，8 为箍筋的直径。箍筋的数量根据加密区和非加密区分别进行计算得到。

(4)文字说明。说明材料的强度等级、钢筋的级别、钢筋的连接方法和施工要求等。

KZ–1柱钢筋表（1根）

编号	钢筋形状图	规格	长度/mm	根数	质量/kg	备注
1	3 300	Φ25	3 300	4	50.86	
2	3 055	Φ25	3 055	4	47.09	
3	3 300	Φ18	3 300	17	112.06	
4	3 305	Φ18	3 305	7	46.21	
5	475 2 770	Φ18	3 245	4	25.93	
6	475 2 140	Φ18	2 615	4	20.89	
7	390 390	Φ8	1 815	107	76.63	
8	390	Φ8	600	214	50.66	
9	340 340	Φ8	1 615	25	15.93	
10	340	Φ8	550	50	10.85	
					457.13	

说明：1.钢筋采用HRB400，混凝土采用C30；
2.钢筋连接接头处采用焊接连接。

图 13-24　柱配筋表图

13.5 平法施工图

13.5.1 概述

1. 平法施工图表示方法的产生

随着国民经济的发展和建筑设计的标准化水平的提高，近年来各设计单位采用了一些较为简便的图示方法，为了规范各地的图示方法，中华人民共和国原建设部于 2003 年 3 月 15 日下发通知，批准《混凝土结构施工图平面整体表示方法制图规则和构造样图》作为国家建筑标准设计图集(简称“平法”)，于 2003 年 3 月 15 日执行，图集号为“03G101”。

平法是我国目前混凝土结构施工图设计表示方法的重大改革。目前广泛应用的结构平法图集有 22G101－1(现浇混凝土框架、剪力墙、梁、板)、22G101－2(现浇混凝土板式楼梯)、22G101－3(独立基础、条形基础、筏形基础、桩基础)等。

2. 平法表示方法与传统表示方法的区别

把结构构件的尺寸和配筋等，按照平面整体表示方法制图规则，整体直接地表示在各类构件的结构布置平面图上，再与标准构造详图配合，就构成了一套新型完整的结构设计表示方法。

平法适用的结构为柱、墙、梁 3 种；内容包括两大部分，即平面整体表示图和标准构造详图。在平面布置图上表示各种构件尺寸的配筋方式。表示方法分平面注写方式、列表注写方式和截面注写方式 3 种。

3. 常用构件代号

在平法表示中，各种构件必须标明构件的代号，除表 13-1 中常用的构件代号外，又增加了在平法施工图中的常用构件代号，平法施工图的常用构件代号见表 13-4。

表 13-4　平法施工图常用的构件代号

名称	代号	名称	代号
连梁	LL	芯柱	XZ
暗梁	AL	梁上柱	LZ
边框梁	BKL	剪力墙上柱	QZ
楼层框架梁	KL	约束边缘构件	YBZ
屋面框架梁	WKL	构造边缘构件	GBZ
框支梁	KZL	非边缘暗柱	AZ
非框架梁	L	扶壁柱	FBZ
悬挑梁	XL	剪力墙墙身	Q
井字梁	JZL	矩形洞口	JD
框架柱	KZ	圆形洞口	YD
转换柱	ZHZ		

13.5.2 柱平法施工图

柱平法施工图的绘制是在柱平面布置图上采用列表注写方式或截面注写方式表达。平法施工图的优点是省去了柱的竖、横剖面详图，缺点是增加了读图的难度。

1. 柱平法施工图列表注写方式

柱平法施工图列表注写方式，包括平面图、柱断面图类型、柱表、结构层楼面标高及结构层高等内容，如图 13-25 所示，现分述如下：

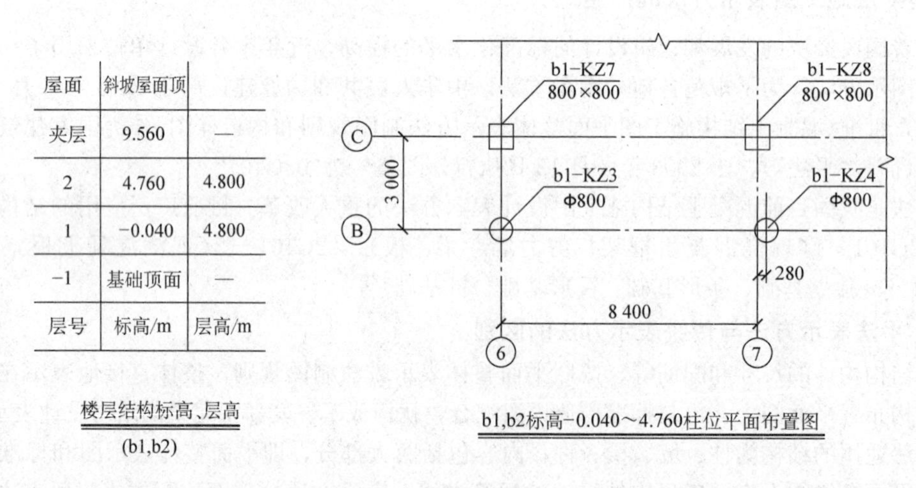

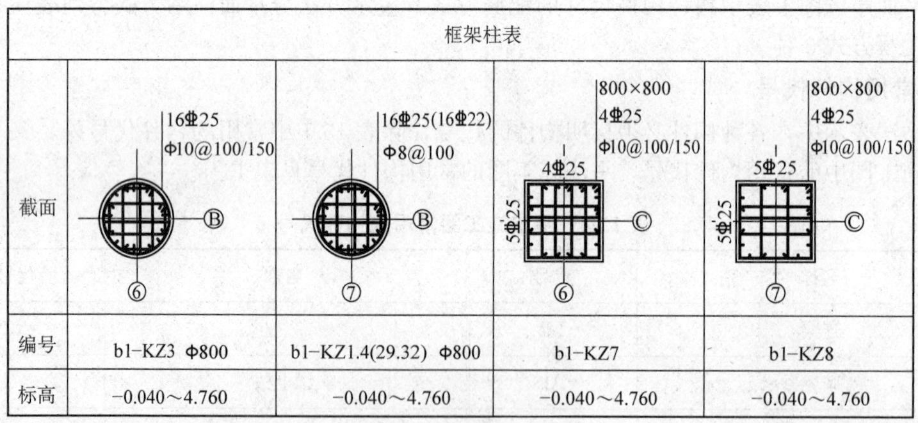

图 13-25 柱平法施工图

平面图表明定位轴线、柱的代号、形状及与轴线的关系。图中定位轴线的表示方法同建筑施工图，柱的代号有 KZ1、×Z1 等，KZ1 为框架柱，×Z1 为芯柱。柱的断面形状为矩形，与轴线的关系分为偏轴线和柱的中心线与轴线重合两种形式。图 13-25 中框架柱 b1－KZ4 偏离轴线⑦280 mm。

柱表中包括柱号、标高、断面尺寸与轴线的关系、角筋规格、中部筋规格、箍筋类型及其间距等。

柱号为柱的编号，包括柱的名称和编号。

在柱中不同的标高段，它的断面、配筋等不同，故平法表示时须注明柱子所在的标高范围。

矩形柱的断面尺寸用 $b \times h$ 表示，b 方向为建筑物的纵向方向的尺寸，h 为建筑物的横方向的尺寸，圆柱用 D 表示。

角筋规格指柱四大角的钢筋配置情况。

中部钢筋包括 b 边一侧和 h 边一侧两种，标注中写的数量只是 b 边一侧和 h 边一侧的钢筋数量，读图时还要注意与 b 边和 h 边对应一侧的钢筋数量。

箍筋中需要表明钢筋的级别、直径、加密区的间距和非加密区的间距(加密区的范围详见相关的构造图)。

结构层楼面标高及层高也用列表表示，列表一般同建筑物一致，由下向上排列，内容包括楼层编号，简称层号。楼层标高表示楼层结构构件上表面的高度。层高分别表示各层楼的高度，单位均用“m”表示。

图 13-25 中，b1－KZ7 加密区箍筋为直径 10 mm 的 HPB300 级钢筋，间距为 100 mm；非加密区箍筋为 Φ10@150，即直径为 10mm 的 HPB300 级钢筋，间距为 150mm。从框架柱表中还能看到该柱 b 方向一边为 4Φ25，即 b 方向共配 8 根直径为 25mm 的 HRB400 级钢筋；h 方向一边为 5Φ25，即 h 方向共配 10 根直径为 25 mm 的 HRB400 级钢筋。

2. 柱平法施工图截面注写方式

柱平法施工图截面注写方式与柱平法施工图列表注写方式大同小异。不同的是在施工平面布置图中对同一编号的柱选出一根作为代表，在原位置上按比例放大到能清楚表示轴线位置和详尽的配筋为止。它代替了柱平法施工图列表注写方式的截面类型和柱表，其他均同列表注写方式和常规的表示方法，此种方法读图较为简便，此处不再讲述。

在图 13-25 所示框架柱表中柱子的断面都是放大过的，从其断面上也能清楚看到轴线位置和详尽的配筋，此时也可看作是截面注写方式。也就是说，图 13-25 所给的柱平法施工图结合了列表注写和平面注写两种方式的特点。

13.5.3 剪力墙平法施工图

此处所讲的剪力墙是指现浇钢筋混凝土结构中的剪力墙。剪力墙平法施工图的绘制与柱平法施工图相同，分为列表注写方式和截面注写方式两种。

1. 剪力墙平法施工图列表注写方式

剪力墙的构造比较复杂，除剪力墙自身的配筋外，还有暗梁、连梁、圈梁和暗柱等。在剪力墙平法施工图列表注写方式中，图示包括平面布置图、剪力墙表和结构层楼面标高及结构层高等。剪力墙表包括三个表，即剪力墙梁表、剪力墙柱表和剪力墙身表。

剪力墙梁表阅读方法同梁的平法施工图中的列表注写方式；剪力墙柱表同柱平法施工图中的列表注写方式，剪力墙身表的配筋比较简单；结构层楼面标高及结构层高同柱的表示方法，此处不再介绍。

2. 剪力墙平法施工图截面注写方式

图 13-26 所示为剪力墙平法施工图截面注写方式，其与柱平法施工图截面注写方式基本相同。在图中除了要表示剪力墙的构造特点外，还要标注暗柱和连梁的位置及详细配筋，暗柱表示方法同柱平法施工图截面注写方式一致；连梁的表示方法常采用梁平法施工图平面注写方式。

微课：钢筋混凝土结构平法施工图阅读(一)

13.5.4 梁平法施工图

梁平法施工图的绘制是在梁的平面布置图上采用平面注写方式和截面注写方式表示。梁平法施工图在不同情况下的注写方式如图 13-27 所示。

		3.6
9	30.270	3.6
8	26.670	3.6
7	23.070	3.6
6	19.470	3.6
5	15.870	3.6
4	12.270	3.6
3	8.670	3.6
2	4.470	4.5
1	−0.030	4.5
层号	标高	层高

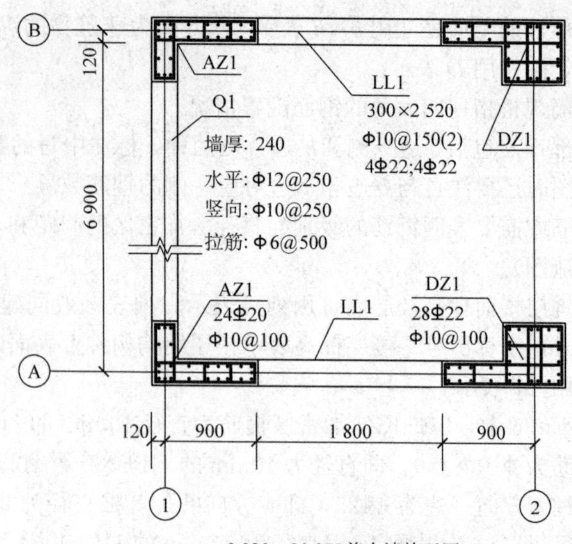

−0.030～30.270剪力墙施工图

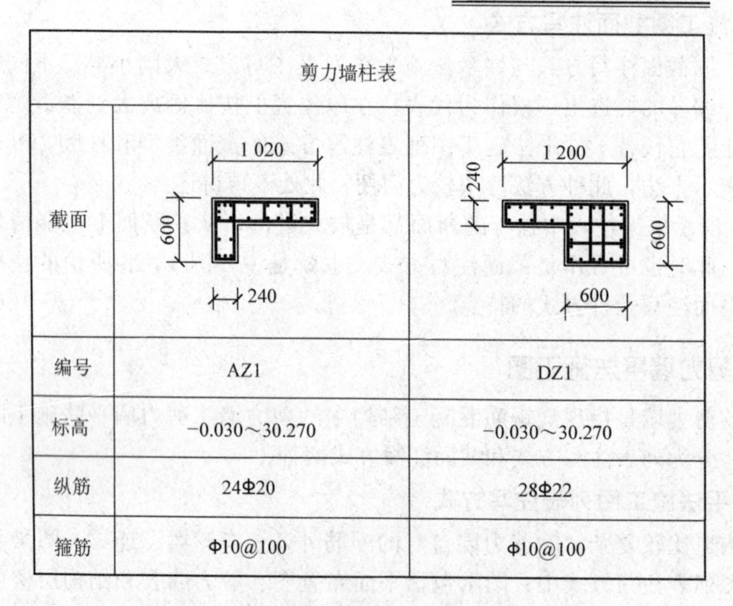

剪力墙柱表

截面	1 020 / 600 / 240	1 200 / 240 / 600 / 600
编号	AZ1	DZ1
标高	−0.030～30.270	−0.030～30.270
纵筋	24Φ20	28Φ22
箍筋	Φ10@100	Φ10@100

图 13-26　剪力墙平法施工图截面注写方式

1. 平面注写方式

平面注写又分为集中注写和原位注写两种方式，集中注写表达梁的通用数值，原位注写表达梁的特殊位置。读图时，当集中注写与原位注写不一致时，原位注写取值在先。

下面以图 13-27 和图 13-28 为例来介绍梁平法施工图中注写的含义。

图 13-27(a)中梁的集中标注内容及含义如下所示：

KL 为梁的代号，为框架梁。1 为编号，(2A)括号中的数字表示 KL1 的跨数为 2 跨，字母 A 表示一端悬挑，若是 B 则表示两端悬挑。300×800 表示梁的截面尺寸，图中悬挑段标注 300×600/400 表示变截面梁，高端为 600 mm，矮端为 400 mm。

“Φ10@100/200(2)”表示梁内箍筋配置情况，Φ10 表示直径为 10 mm 的 HPB300 级钢筋，@为相等间距符号，斜线前面的“100”表示加密区箍筋间距，斜线后面的“200”表示非加密区的箍筋间距，括号中的“(2)”表示箍筋的肢数为 2 肢。2Φ25 表示箍筋所箍的角筋的规格。

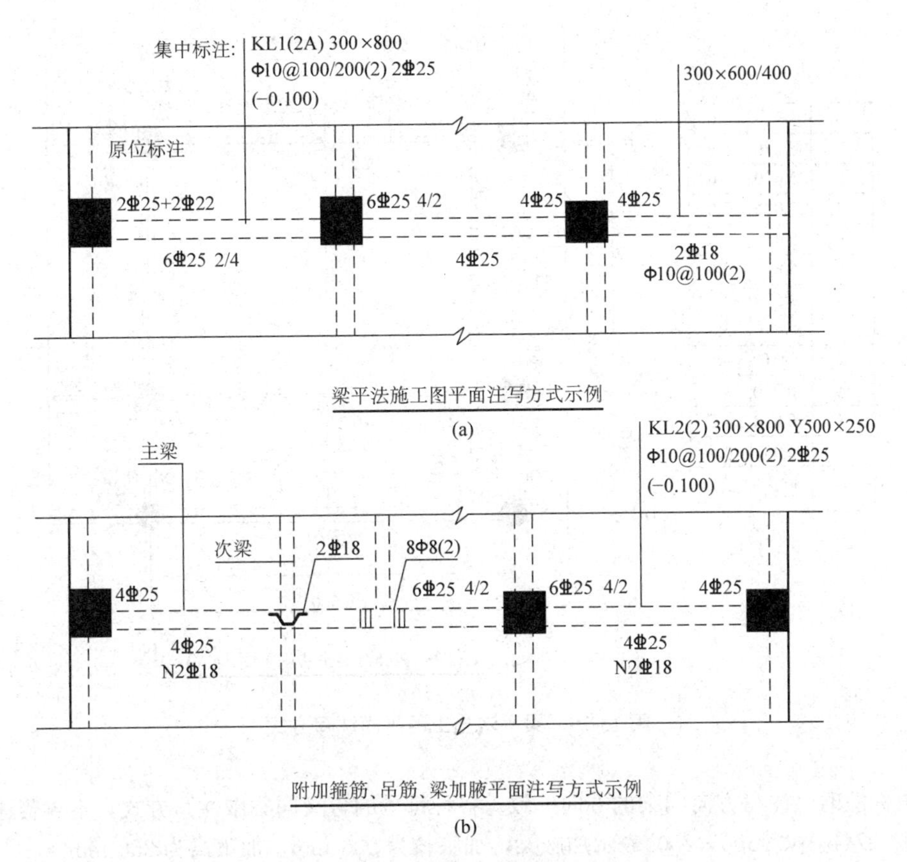

图 13-27　梁平法施工图的注写方式

“(0.100)”表示梁顶面标高高差，当梁顶面不在同一标高时，可在最下面一行括号内标注出该高差。梁顶面标高高差是相对于结构层楼面的高差值。(0.100)表示梁顶面比本层楼的楼面结构标高高出 0.1 m；若标注(−0.100)则表示比本层楼的楼面结构标高低 0.1 m。

在集中标注中，若上下钢筋变化不大，可直接在集中标注中标注出钢筋的配置情况，若变化大，则需要采用原位标注。在集中标注中，梁的上部与下部纵筋的配筋值用分号(;)隔开(如 2⌀25；4⌀25)，分号前为梁上部配筋值，分号后为梁下部配筋值。当上部与下部钢筋多于一排时，用斜线“/”分开。梁上部钢筋[图 13-27(a)中的 6⌀25 4/2]，斜线前为上部的上排钢筋，斜线后为上部的下排钢筋。梁下部钢筋[图 13-27(a)中的 6⌀25 2/4]，斜线前为下部的上排钢筋，斜线后为下部的下排钢筋。当同排钢筋有 2 种直径时，用“＋”相联，角部纵筋写在前面[图 13-27(a)中的 2⌀25＋2⌀22]。当梁截面高度≥450 mm，需配置纵向构造筋时，配筋值前加“G”；需配置受扭纵向筋时，配筋值前加“N”[图 13-27(b)中的 N2⌀18]。

梁在原位标注时，要特别注意各种数字符号的注写位置。纵向梁的后面表示梁的上部配筋，梁的前面表示梁的下部配筋。例如图 13-28 中Ⓓ轴纵向框架梁，梁的后边“6⌀25 4/2”表示梁的上部配有 6 根直径为 25 mm 的 HRB400 级钢筋，分两排布置，上面第一排 4 根，第二排 2 根。在Ⓓ轴纵向框架梁的前边标有“5⌀25”表示梁的下部配有 5 根直径 25 mm 的 HRB400 级钢筋。

横向梁的左边表示梁的上部配筋，右边表示下部配筋。图 13-28 中⑭轴横向梁左边“7⌀25 5/2”表示梁的上部配有 7 根直径为 25 mm 的 HRB400 级钢筋，分两排布置，上面第一排 5 根、第二排 2 根。梁右边标有“7⌀25 2/5”表示梁的下部配有 7 根直径为 25 mm 的 HRB400 级钢筋，分两排布置，梁下上排 2 根，梁下下排 5 根。

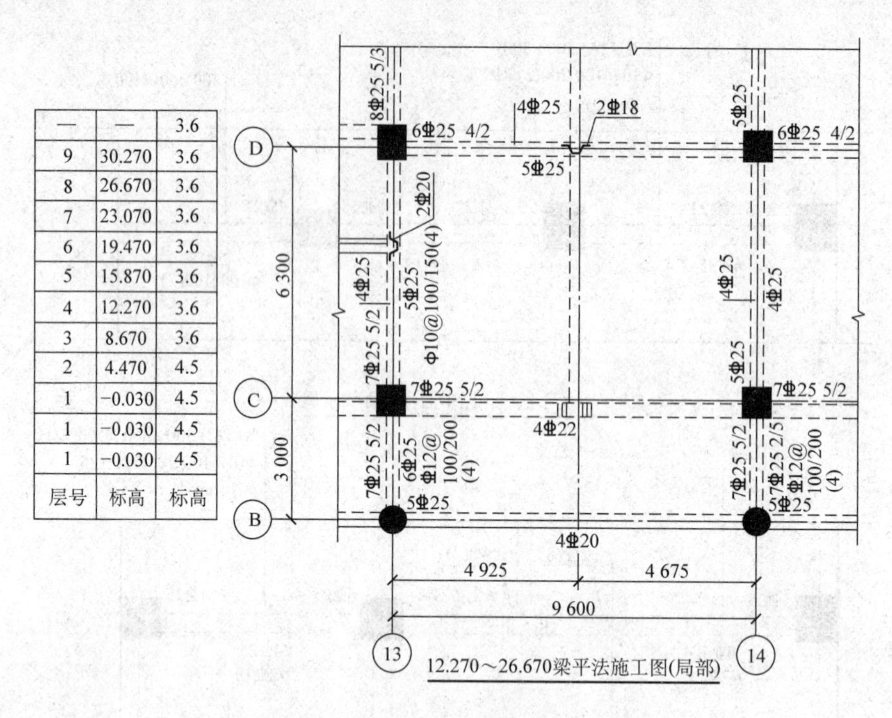

层号	标高	标高
—	—	3.6
9	30.270	3.6
8	26.670	3.6
7	23.070	3.6
6	19.470	3.6
5	15.870	3.6
4	12.270	3.6
3	8.670	3.6
2	4.470	4.5
1	−0.030	4.5
1	−0.030	4.5
1	−0.030	4.5

图 13-28　梁平法施工图平面注写方式

原位标注时，注写方向同梁的方向一致。各种符号的含义同集中注写方式，不再赘述。

图 13-27(b)中“Y500×250”表示加腋梁，加腋长为 500 mm，加腋高为 250 mm。

2. 截面注写方式

截面注写方式是指在分标准层绘制的梁平面布置图上，分别在不同编号的梁中各选择一根梁用剖面号引出配筋图，并在配筋图上注写截面尺寸和配筋具体数值的方式来表达梁平法施工图。

13.5.5　楼梯平法施工图

1. 现浇混凝土板式楼梯平法施工图的表示方法

现浇混凝土板式楼梯平法施工图有平面注写、剖面注写和列表注写三种表达方式。图集 22G101－2 主要是表述梯板的表达方式，与楼梯相关的平台板、梯梁、梯柱的注写方式详见标准图集 22G101－1。

楼梯平面布置图，应采用适当比例集中绘制，需要时绘制其剖面图。

楼梯的类型包含 12 种类型，详见表 13-5。

表 13-5　楼梯类型

梯板代号	适用范围		是否参与结构整体抗震计算
	抗震构造措施	适用结构	
AT	无	剪力墙、砌体结构	不参与
BT			
CT	无	剪力墙、砌体结构	不参与
DT			

续表

梯板代号	适用范围		是否参与结构整体抗震计算
	抗震构造措施	适用结构	
ET	无	剪力墙、砌体结构	不参与
FT			
GT	无	剪力墙、砌体结构	不参与
ATa	有	框架结构、框-剪结构中框架部分	不参与
ATb			不参与
ATc			参与
BTb	有	框架结构、框-剪结构中框架部分	不参与
CTa	有	框架结构、框-剪结构中框架部分	不参与
CTb			不参与
DTb	有	框架结构、框-剪结构中框架部分	不参与

图中 AT～ET 型板式楼梯代号代表一段上下支座的梯板，梯板的主体为踏步板，除踏步板之外，梯板可包括低端平板、高端平板以及中位平板。FT、GT 每个代号代表两跑踏步板和连接它们的楼层平板及层间平板。AT～DT 型为带滑动支座的板式楼梯，具体含义见图集 22G101－2。

2. 平面注写方式

平面注写方式，是指在楼梯平面布置图上注写截面尺寸和配筋具体数值的方式表达楼梯施工图。其包括集中标注和外围标注。楼梯集中标注的内容有五项，具体规定见图集 22G101－2。

楼梯外围标注的内容包括楼梯间的平面尺寸、楼层结构标高、层间结构标高、楼梯的上下方向、梯板的平面几何尺寸、平台板配筋、梯梁及梯柱配筋等。平面注写方式如图 13-29 所示。

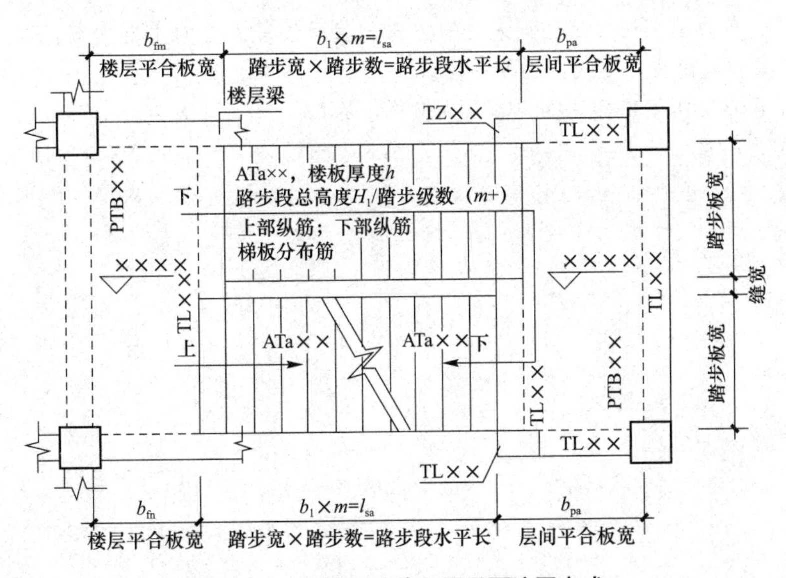

图 13-29　楼梯平法施工图平面注写方式

3. 剖面注写方式

剖面注写方式需要在楼梯平法施工图中绘制楼梯平面布置图和楼梯剖面图。注写方式分为平面注写、剖面注写两部分。具体内容及规定见图集 22G101－2。

楼梯平面图的注写内容包括楼梯间的平面尺寸、楼层结构标高、层间结构标高、楼梯的上下方向、梯板的平面几何尺寸、平台板配筋、梯梁及梯柱配筋等。

楼梯平剖面图的注写内容包括楼板集中标注、梯梁梯柱标号、梯板水平及竖向尺寸、楼层结构标高、层间结构标高等。

4. 列表注写方式

列表注写方式，指用列表方式注写截面尺寸和配筋具体数值的方式来表达楼梯施工图。楼板列表注写格式见表 13-6。

表 13-6　楼梯平法施工图列表注写方式

梯板编号	踏步段总度/踏步级数	板厚 h	上部纵向钢筋	下部纵向钢筋	分布筋

思考题

微课：钢筋混凝土结构平法施工图阅读(二)

1. 房屋结构的分类和组成有哪些?

2. 结构施工图的主要内容有哪些?

3. 基础图和基础详图的主要内容有哪些? 基础图阅读的注意事项有哪些?

4. 预制装配式楼层结构平面布置图的主要内容有哪些?

5. 钢筋混凝土构件中钢筋的分类、作用和表示方法有哪些?

6. 试述平法施工图中构件的代号内容。

7. 试述柱、剪力墙平法施工图列表注写方式和截面注写方式的主要内容，以及梁平法施工图平面注写方式和截面注写方式的主要内容。

8. 楼梯平面布置图集中标注的内容是如何规定的?

第 14 章　建筑给水排水施工图

14.1　概述

14.1.1　给水排水工程简介

给水排水工程是为了解决人们的生活、生产及消防的用水和排除废水、处理污水的城市建设工程，它包括室外给水工程、室外排水工程以及室内给水排水工程三方面。

给水排水工程的系统组成如下：

室外给水工程系统组成如图 14-1 所示。

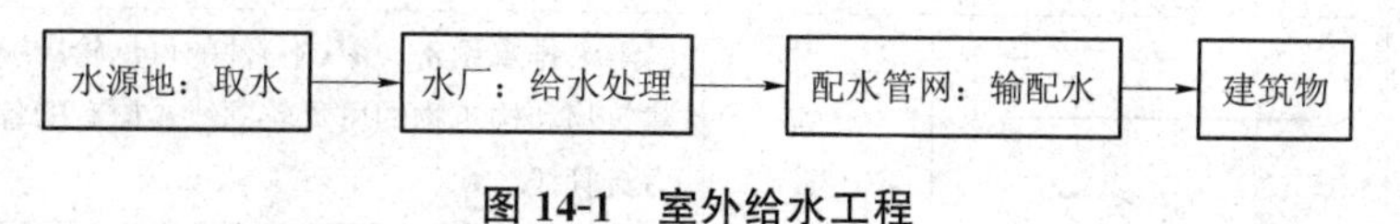

图 14-1　室外给水工程

室内给水排水工程系统组成如图 14-2 所示。

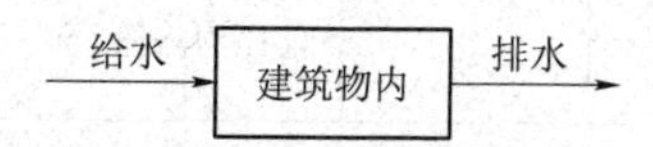

图 14-2　室内给水排水工程

室外排水工程系统组成如图 14-3 所示。

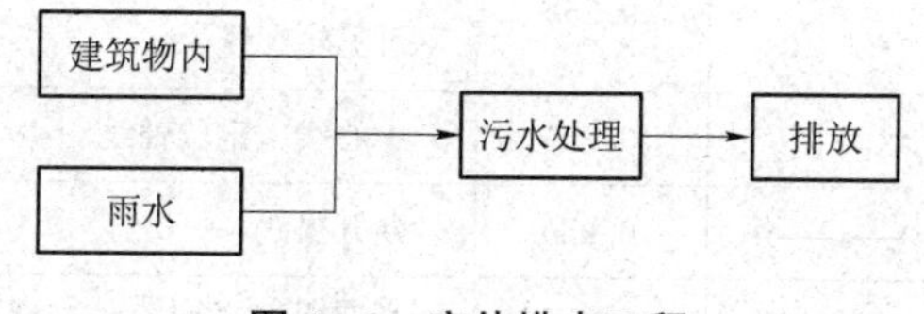

图 14-3　室外排水工程

14.1.2　给水排水施工图的一般规定和图示特点

1. 一般规定

绘制给水排水工程图须遵循国家标准《房屋建筑制图统一标准》(GB/T 50001—2017)及《建筑给水排水制图标准》(GB/T 50106—2010)等相关制图标准，选用国标图例，做到投影正确、形体表达方法恰当、尺寸齐全合理、图线清晰分明、图面整洁、字体工整。

(1)图线。给水排水施工图采用的线型应符合表 14-1 的要求。

表中线宽 b 应根据图样的复杂程度及图样比例的大小从下列线宽中选取：0.18、0.25、0.35、0.5、0.7、1.0、1.4、2.0(mm)。其中常用 0.7、1.0、1.4、2.0(mm)。

(2)比例。给水排水施工图选用的比例应符合表 14-2 的要求。

(3)字体。在给水排水施工图中，通常数字高为 3.5 mm 或 2.5 mm，字母高为 5 mm、3.5 mm 或 2.5 mm，说明文字及表格中的文字字高为 5 mm 或 7 mm。各图形下的图名及标题栏中的图名字高为 10 mm 或 7 mm。给水排水施工图中，除采用长仿宋字体外，常采用隶书书写大标题及图册封面。

表 14-1　给水排水专业图线型

名　称	线　型	线　宽	一般用途
粗实线		b	新设计的各种排水和其他重力流管线
粗虚线		b	新设计的各种排水和其他重力流管线的不可见轮廓线
中粗实线		$0.7b$	新设计的各种给水和其他压力流管线；原有的各种排水和其他重力流管线
中粗虚线		$0.7b$	新设计的各种给水和其他压力流管线及原有的各种排水和其他重力流管线的不可见轮廓线
中实线		$0.5b$	给水排水设备、零(附)件的可见轮廓线；总图中新建的建筑物和构筑物的可见轮廓线；原有的各种给水和其他压力流管线
中虚线		$0.5b$	给水排水设备、零(附)件的不可见轮廓线；总图中新建的建筑物和构筑物的不可见轮廓线；原有的各种给水和其他压力流管线的不可见轮廓线
细实线		$0.25b$	建筑的可见轮廓线；总图中原有的建筑物和构筑物的可见轮廓线；制图中的各种标注线
细虚线		$0.25b$	建筑的不可见轮廓线；总图中原有的建筑物和构筑物的不可见轮廓线
单点长画线		$0.25b$	中心线、定位轴线
折断线		$0.25b$	断开界线
波浪线		$0.25b$	平面图中水面线；局部构造层次范围线；保温范围示意线

表 14-2　给水排水专业图比例

名称	比例	备注
区域规划图 区域位置图	1∶50 000、1∶25 000、1∶10 000、1∶5 000、1∶2 000	宜与总图专业一致
总平面图	1∶1 000、1∶500、1∶300	宜与总图专业一致
管道纵断面图	竖向 1∶200、1∶100、1∶50 纵向 1∶1 000、1∶500、1∶300	—
水处理厂(站)平面图	1∶500、1∶200、1∶100	—

续表

名称	比例	备注
水处理构筑物、设备间、卫生间，泵房平、剖面图	1∶100、1∶50、1∶40、1∶30	—
建筑给水排水平面图	1∶200、1∶150、1∶100	宜与建筑专业一致
建筑给水排水轴测图	1∶150、1∶100、1∶50	宜与相应图纸一致
详图	1∶50、1∶30、1∶20、1∶10、1∶5、1∶2、1∶1、2∶1	—

2. 图示特点

(1)给水排水施工图中所表示的设备装置和管道一般均采用统一图例，在绘制和识读给水排水施工图前，应查阅和掌握与图纸有关的图例及其所代表的内容。

(2)给水排水管道的布置往往是纵横交叉，在平面图上较难表明它们的空间走向。因此，给水排水施工图中一般采用轴测投影法画出管道系统的直观图，用一张直观图来表明各层管道系统的空间关系及走向，这种直观图称为管道系统轴测图，简称系统轴测图。

(3)给水排水施工图中管道设备安装应与土建施工图相互配合，尤其是留洞、预埋件、管沟等方面对土建的要求，必须在图纸说明上表示和注明。

14.1.3 给水排水施工图中的常用图例

给排水施工图常用图例见表 14-3。

表 14-3 给水排水施工图中的常用图例

序号	名称	图例	说明
1	生活给水管	—— J ——	
2	热水给水管	—— RJ ——	
3	热水回水管	—— RH ——	
4	蒸汽管	—— Z ——	
5	通气管	—— T ——	
6	污水管	—— W ——	
7	雨水管	—— Y ——	
8	管道立管	XL-1 平面　XL-1 系统	X 为管道类别 L 为立管 1 为编号
9	排水明沟	坡向 →	
10	排水暗沟	坡向 →	
11	管道固定支架		
12	多孔管		

续表

序号	名称	图例	说明
13	立管检查口		
14	清扫口	平面 系统	
15	通气帽	成品 蘑菇形	
16	圆形地漏	平面 系统	
17	减压孔板		
18	弯折管	高 低 低 高	
19	管道丁字上接	高 低	
20	管道丁字下接	高 低	
21	管道交叉	低 高	在下面和后面的管道应断开
22	偏心异径管		
23	同心异径管		
24	S形存水弯		
25	P形存水弯		
26	90°弯头		
27	正三通		
28	斜三通		
29	正四通		
30	斜四通		

续表

序号	名称	图例	说明
31	闸阀		
32	角阀		
33	截止阀		
34	蝶阀	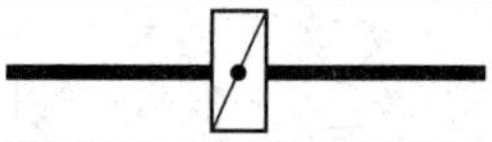	
35	球阀		
36	止回阀		
37	浮球阀	 平面　系统	
38	延时自闭冲洗阀		
39	室外消火栓		
40	室内消火栓 （单口）	平面　系统	
41	室内消火栓 （双口）	 平面　系统	
42	水泵接合器	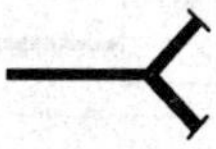	
43	立式洗脸盆		
44	台式洗脸盆		
45	浴盆	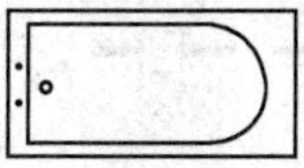	
46	化验盆、洗涤盆		
47	盥洗槽	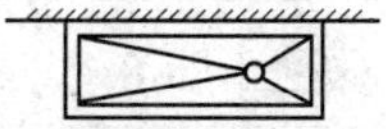	
48	带沥水板洗涤盆		

续表

序号	名称	图例	说明
49	污水池		
50	妇女净身盆		
51	立式小便器		
52	壁挂式小便器		
53	蹲式大便器		
54	坐式大便器		
55	小便槽		
56	淋浴喷头		
57	矩形化粪池	HC	HC 为化粪池代号
58	沉淀池	CC	CC 为沉淀池代号
59	中和池	ZC	ZC 为中和池代号
60	雨水口 （单箅）		
61	雨水口 （双箅）		
62	阀门井 及检查井	J-×× W-×× Y-×× J-×× W-×× Y-××	以代号区别管道
63	水封井		
64	跌水井		
65	水表井		
66	卧式水泵	平面 或 系统	

续表

序号	名称	图例	说明
67	立式水泵	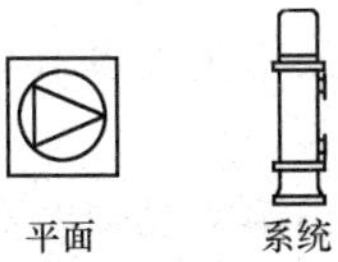 平面 系统	
68	潜水泵		
69	快速管式 热交换器	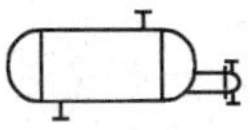	
70	开水器	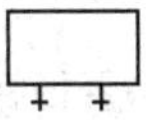	
71	除垢器	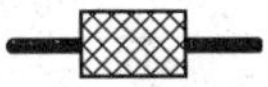	
72	温度计		
73	压力表		
74	水表		

14.1.4 给水排水管线的表示方法

1. 管道图示

管线即指管道，是指液体或气体沿管子流动的通道。管道一般由管子、管件及其附属设备组成。如果按照投影制图的方法画管道，则应将上述各组成部分的规格、形式、大小、数量及连接方式都遵循正投影规律并按照一定的比例画出来，但是在实际绘图时，却是根据管道图样的比例及其用途来决定管道图示的详细程度。在给水排水施工图中，一般有下列三种管道表示方法。

(1)单线管道图。在比例较小的图样中，无法按照投影关系画出细而长的各种管道，不论管道粗细，都采用位于各管道中心轴线上、线宽为 b 的单线图来表示。常见的管道图例见表 14-4。

表 14-4 给水排水施工图的管道图例

图例	说明
	用于一张图中只有一种管道
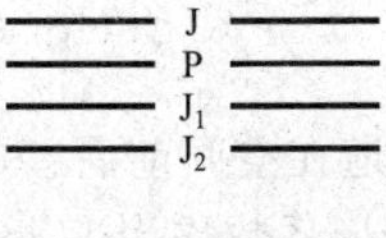 J P J_1 J_2	用汉语拼音字头表示管道类别，如“J”表示给水管，“P”表示排水管。若同类管道需要再详细区分，常在字母右下角依次加注数字编号，如图例中的“J_1”“J_2”即分别表示两种给水管道。 用于一张图内的管道多于一种时，应在图纸上加画图例
	以不同线型图例表示管道类别，常用于多于一种管道但类别不甚多的图纸中，应在图纸上加画图例

在给水排水施工图中最常见的就是用单粗线表示各种管道。在同一张图上，习惯上用粗实线表示给水管道，粗虚线表示排水管道。

(2)双线管道图。双线管道图就是用两条粗实线表示管道，不画管道中心轴线，一般用于重力管道纵断面图。

(3)三线管道图。三线管道图就是用两条粗实线画出管道轮廓线，用一条点画线画出管道中心轴线，同一张图纸中不同类别管道常用文字注明。此种管道广泛地用于给水排水施工图中的各种详图，如室内卫生设备安装详图等。

2. 管道的标注

(1)管径的标注。管道尺寸应以毫米(mm)为单位，对不同的管道进行标注，应符合表 14-5 所列规定要求。其中最常见的是用管道公称直径 *DN* 来表示。

表 14-5 管径标注

管径标注	用公称直径 *DN* 表示	用管道内径 *d* 表示	用管道外径 *D*×壁厚表示
适用范围	①低压流体输送用镀锌焊接钢管 ②不镀锌焊接钢管 ③铸铁管 ④硬聚氯乙烯管、聚丙烯管	①耐酸陶瓷管 ②混凝土管 ③钢筋混凝土管 ④陶土管(缸瓦管)	①无缝钢管 ②螺旋缝焊接钢管
标注举例	*DN*100	*d*350	*D*108×4

(2)标高标注。根据《建筑给水排水制图标准》(GB/T 50106—2010)规定，应标注管道的起讫点、转角点、连接点、变坡点、交叉点的标高。对于压力管道，宜标注管中心标高；对于室内外重力管道，宜标注管内底标高。若在室内有多种管道架空敷设且同支架时，为了方便标高的标注，对于重力管道也可标注管中心标高，但图中应加以说明。室内管道应标注相对标高，室外管道宜标注绝对标高，必要时也可标注相对标高。

3. 单线管道的画法

在给水排水施工图中，常采用正投影和轴测投影两种作图方法来绘制单线管道图。

(1)正投影作图方法。如前所述，若是一条直管道，就画成一条粗实线；若为 90°弯管，则画成相互垂直、交接规整的两条直线。为了在平面图上表示管道的空间情况，一般将垂直于投影面的管道用直径 2～3 mm 的细线圆圈表示。下面给出了在给水排水工程中常见管道组合方式的画法，如图 14-4 所示。请大家注意平面图上几种圆的区别。

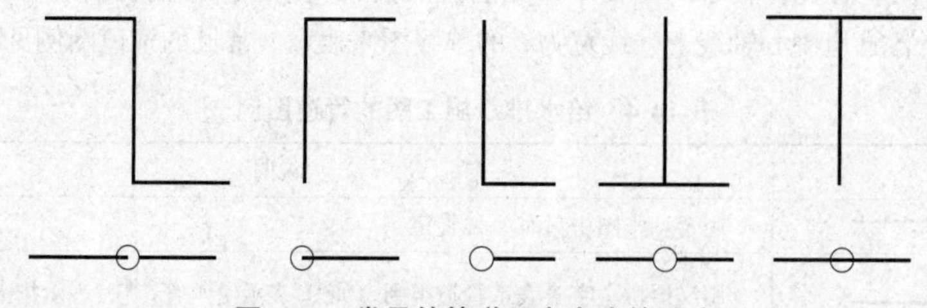

图 14-4 常见的管道组合方式的画法

(2)轴测投影作图方法。管道轴测图也称管道系统图，它能够反映管道在空间前后、左右、上下的走向。管道系统图是按正面斜等轴测投影法绘制的，即轴向简化变形系数均为 1($p=q=r=1$)。一般情况下轴间角$\angle Z_1O_1X_1=90°$，$\angle Z_1O_1Y_1=\angle X_1O_1Y_1=135°$，如图 14-5(a)所示。所绘制的管道重叠或交叉太多时，可按照图 14-5(b)所示绘制。

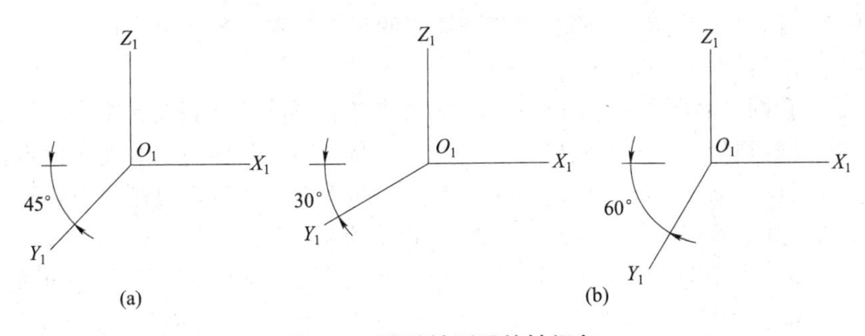

图 14-5 管道轴测图的轴间角

(a)常用画法；(b)少有画法

【例 14-1】 根据管道的立面图与平面图，绘制管道的系统图(图 14-6)。

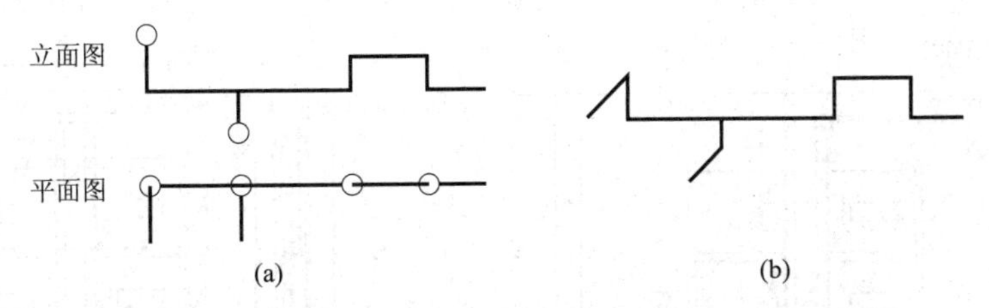

图 14-6 由管道的立面图与平面图绘制管道的系统图

(a)已知条件；(b)绘制结果

【例 14-2】 根据管道平面图与标高，绘制管道系统图(Z_1 轴方向按 1∶50 绘制，X_1 轴、Y_1 轴方向长度从图上量取，如图 14-7 所示)。

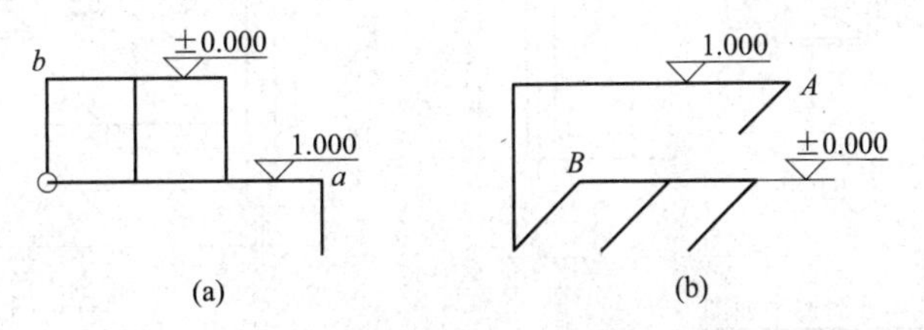

图 14-7 由管道的平面图与标高绘制管道的系统图

(a)已知条件；(b)绘制结果

14.2 室内给水排水施工图

室内给水排水施工图是指居住房屋内部的厨房和盥洗室等卫生设备图样，以及工矿企业车间内生产用水装置的工程设计图，它主要显示了这些用水器具的安装位置及其管道布置情况。室内给水排水施工图一般由平面布置图、管道系统轴测图、安装详图、户外管道总平面图等设计图配套组成。

14.2.1 管道平面图

1. 室内给水系统管道平面图

在房屋内部凡是需要用水的房间均需要配置卫生设备和给水器具。平面图主要表明用水设备的类型、位置，给水各干管、支管、立管、横管的平面位置，各管道配件的平面布置等。平面图的主要内容如下：

(1)底层给水管网平面图。为充分显示房屋建筑与室内给水排水设备间的布置和关系，又由于室内管道与户外管道相连，所以底层卫生设备平面布置图视具体情况和要求而定，最好单独画出一个完整的房屋平面图。本处仅以厕所及盥洗室的平面图为例，只画出与其相连的一小部分，并画折断线将其余各房间予以断开，如图 14-8(a)所示。

(2)楼层给水管网平面图。其余各个楼层只需要画出与用水设备和管道布置有关的房屋给水管网平面图即可，不必将整个楼层全部画出。当楼层的盥洗用房和卫生设备及管道布置完全相同时，只需要画出一个相同楼层的平面布置图，但在图中必须注明各楼层的层次和标高，如图 14-8(b)所示。

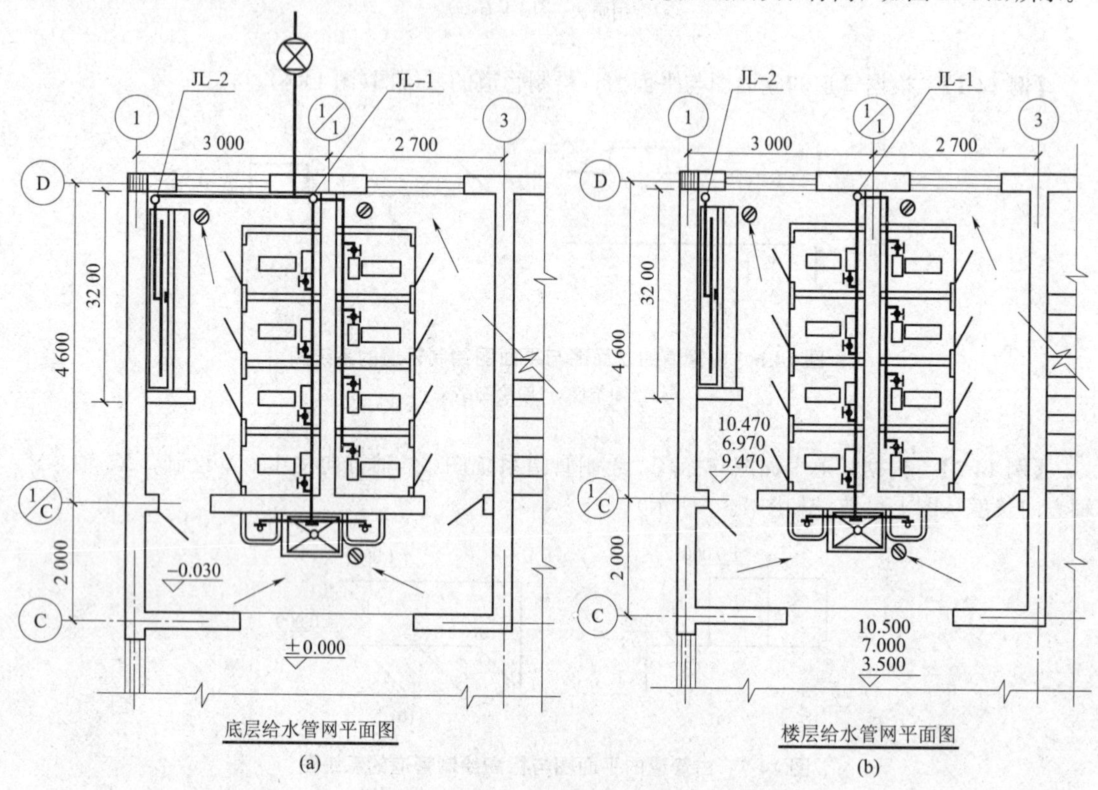

图 14-8　室内给水管网平面图

(3)屋顶给水管网平面图。当屋顶设置有水箱及管道时，可单独画出局部屋顶给水管网平面图来表达。但如果管道布置比较复杂，顶层平面布置图中又有空位置，与其他设施及管道又不致产生混淆，则可以在最高楼层的平面布置图中用双点长画线画出水箱的位置；当屋顶无用水设备时，则不需要画出屋顶给水管网平面图。

(4)标注。

1)尺寸标注。为使土建施工与管道设备的安装能互相核实，在各层平面布置图上均需要表明墙、柱的定位轴线，并在轴线间标注间距尺寸。

2)标高标注。在绘制给水管网平面图时，应标注各楼层地面的相对标高。在绘制底层给水管网平面图时，还应标注室外地面的相对标高，标高应以 m 为单位。

2. 室内给水系统管道平面图的画法

(1)画出用水房间的平面图，一般采用 1∶50 或 1∶25 的比例局部放大，墙身和门窗等构造，一律采用宽度为 0.25b 的细实线(b 为粗实线宽度)。

(2)画出卫生设备的平面图，各种卫生器具和配水设备，均可以用宽度为 0.5b 的图线，按比例画出其平面图形的轮廓，不必画出详细形体。各种标准的卫生器具也不必标注其外形尺寸，如有施工和安装上的需要，可标注出其定位尺寸。

(3)画出管道的平面图，管道是室内管网平面布置图的主要内容，通常用一条单粗实线表示。如果比例大于或者等于 1∶30 时，可用中粗的双线表示。底层平面图应画出引水管、下行上给式的水平干管、立管、支管和所配水龙头。立管在平面图上用小圆圈表示，立管的数量多于一个时，应加以编号，如图 14-9 所示。

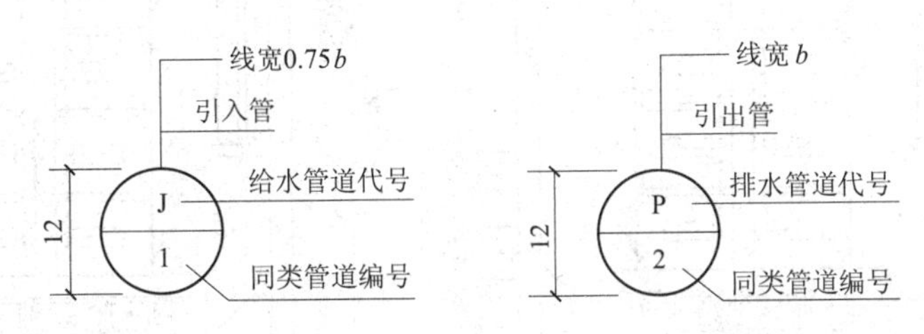

图 14-9　管道系统的编号

管道可以明装也可以暗装，但是在图纸上应该有所说明，暗装的管道因为不可见，应用虚线表示。每层卫生设备平面图中的管路，是以连接该层卫生设备的管路为准，而不是以楼地面作为分界线，因此，凡是连接某楼层卫生设备的管路，虽然有的安装在楼板上面或者下面，但都属于该楼层的管道，所以都要画在该楼层的平面布置图中，且不论管道投影的可见性如何，都按该管道系统的线型绘制，且管道线仅表示其安装位置，并不表示其具体安装位置的尺寸(如与墙面的距离等)。

管道平面图上一般不标注管径、坡度等数据，管道长度在图纸上也不必注写，可以在施工安装时根据图纸要求和设备的安装距离直接在实地量取后截割而得。

(4)给水管道平面图的绘制步骤。给水管道平面图的一般绘制步骤如下：

1)先绘制底层给水管道平面图，再绘制各楼层的给水管道平面图。

2)在绘制每一层给水管道平面图时，先画房屋建筑平面图以及卫生器具平面图，再绘制给水管道平面布置图。

3)在绘制给水管道平面布置图时，一般先画立管，再画给水引入管，最后按水流方向画出各干管、支管和各种附件。

4)画出必要的图例，标注有关尺寸、标高、编号和文字说明。

3. 室内排水系统管道平面图

水一经使用即成污水，日常生活使用过的水叫作生活污水。粪便污水经排水系统排入化粪池；沐浴、洗涤的污水需回收利用时，采用排放收集系统。上述两类常合为一个生活管道系统。工业使用过的水称为工业废水，工业废水排水系统是排除工业废水的管道系统。雨雪水一般比较清洁，可以直接排入水体或城市雨水排水系统。

室内排水系统施工图主要用于表示用水器具的安装位置及排水管道的布置情况。

室内排水管网平面布置图的图示内容及画法与给水管网平面布置图的相关内容基本一致。但两者的重要区别是：给水管路用粗实线表示，而排水管路用粗虚线表示。

某实验室的排水管网平面布置图如图 14-10 所示，将污水排放管布置在靠近室外排污管道处并与其连接，同时为了便于粪便的处理，将粪便排出管与盥洗室废水排放管分开，把废水排放管布置在房屋的侧墙面，直接排到室外排水管道(也可先排到室外雨水沟，再由雨水沟排入室外排水管道)。

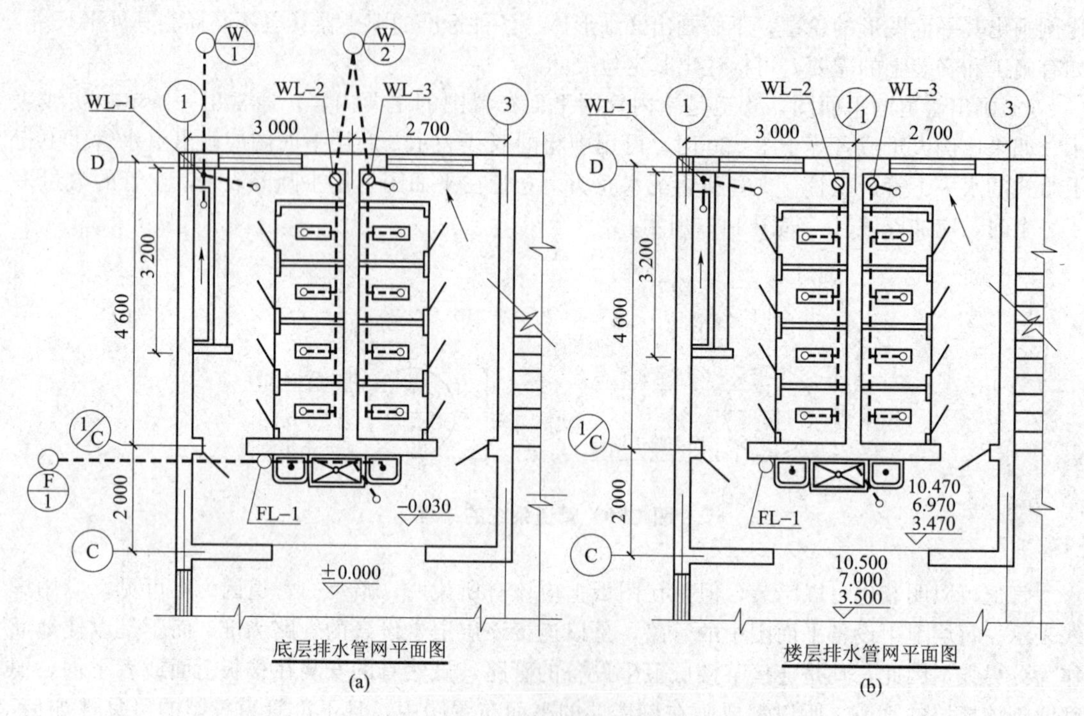

图 14-10　室内排水管网平面图

14. 2. 2　管道系统图

1. 室内给水管道系统图

为了清楚地表示给水排水管的空间布置情况，室内给水排水施工图中，除平面图外还应配画立体图，通常画成正面斜等测系统轴测图，简称管系轴测图，如图 14-11 所示。

(1)轴向选择。通常把房屋的高度方向作为 OZ 轴，OX、OY 轴的选择则以能使图上管道简单明了、避免管道过多交错为原则。由于室内卫生设备多以房屋横向布置，所以应以横向作为 OX 轴、纵向作为 OY 轴。管路在空间长、宽、高三个方向延伸，在管系轴测图中分别与相应的轴测轴 X、Y、Z 平行，且由于 3 个轴测轴的轴向变形系数均为 1，当平面图与轴测图具有相同的比例时，OX、OY 轴方向尺寸可以直接从平面图中量取，OZ 轴方向尺寸根据房屋的层高和配水龙头的习惯安装高度尺寸决定。凡是不平行于轴测轴 X、Y、Z 三个方向的管路，可用坐标定位法将处于空间任意位置的直线管段起讫两个端点的空间坐标位置量出，在管系轴测图中的相应坐标上定位，然后连接其两个端点即可。

(2)图示方法。管系轴测图的图示方法如下：

1)管系轴测图一般采用与房屋的卫生器具平面布置图或生产车间的配水设备平面布置图相同的比例，即常用 1∶50 或 1∶100，且各个管系轴测图的布图方向应与平面布置图的方向一致，以使两种图样对照联系，以免阅图时引起错误。

2)管系轴测图中的管路也都用单线表示，其图例、图线宽度等均与平面布置图相同。

3)当管道穿越地坪、楼面、屋顶及墙体时，可示意性地以细实线画水平线。下面加剖面斜线表示地坪，两竖线中加斜线表示墙体。

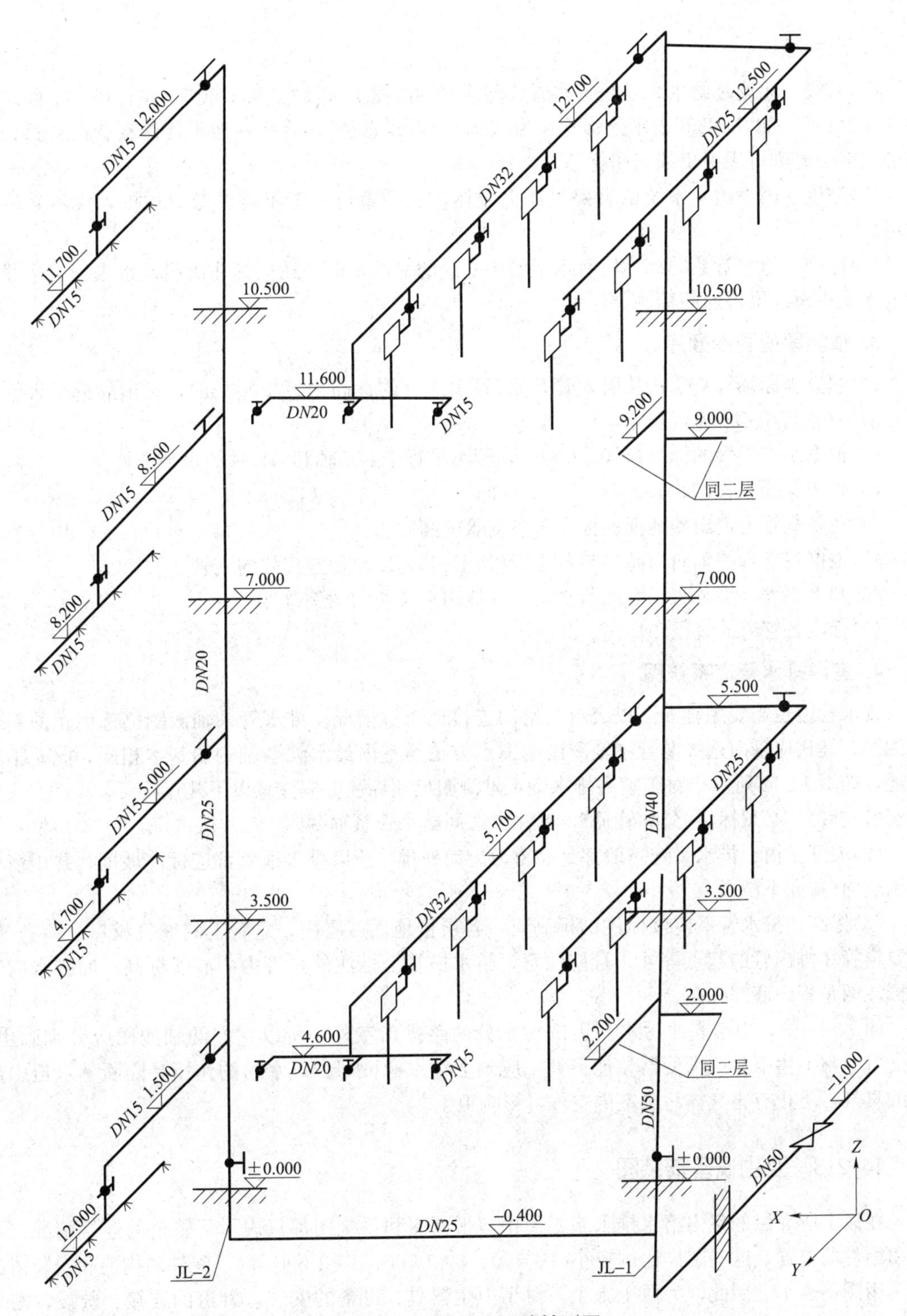

图 14-11　室内给水系统轴测图

4)空间中交叉的管路，当在管道系统轴测图中有相交时，在相交处可将前面或上面的管道画成连续的，而将后面或下面的管道画成断开的，以区别可见与否。

5)为使轴测图表达清晰，当各层管网布置相同时，轴测图上中间层的管路可以省略不画，在折断处注写“同×层”即可(“×层”应是已表达清楚的某层)。

2. 尺寸标注

(1)管径。无论是给水管还是排水管，均须在轴测图上标注“公称管径”，在管径数字前应加注代号“*DN*”，如“*DN*25”表示公称管径为 25 mm(内孔直径)，管径一般可标注在管段旁边，如管旁无空位时则可用引出线指引标注。

(2)坡度。因为给水系统的管路是压力流体，水平管道一般不需要敷设坡度，故不必注写坡度。

(3)标高。给水管系应标注所有水平管中心线的标高，此外还应标注阀门及水表、卫生器具的放水龙头及各层楼面的标高。

3. 轴测图的画图顺序

(1)建立坐标系 *OXYZ*；从引入管开始(设引入管的标高为－1.000 m)，画出靠近引入管的立管 JL-1(平行于 *OZ* 轴)。

(2)根据水平干管的标高(－0.400 m)，画出平行于 *OX* 轴和 *OY* 轴的水平干管。

(3)画出其他立管(如 JL-2)。

(4)在各立管上定出楼地面的标高和各支管的高度。

(5)根据各支管的轴向，画出与各立管(如 JL-1、JL-2)相连接处的支管。

(6)画上水表、水龙头、大便器水箱及其他用水设备的图例符号。

(7)标注各管道的直径和标高。

4. 室内排水管道系统图

排水管道也需要用轴测图以表示其空间连接或布置情况。排水管系轴测图仍选用正面斜等轴测图，其相应轴向选择及管系轴测图的图示方法与室内给水管系轴测图基本相同，此处不再赘述，如图 14-12 所示。对于室内排水管系轴测图尺寸标注，应注意以下几点：

(1)管径。必须标注“公称管径”，标注方法同给水管系轴测图。

(2)坡度。由于排水系统一般都是靠重力流动外排，所以排水横管都应标注坡度，并用箭头表示坡向(指向下游)。

(3)标高。排水管系应该标注的标高有：各层楼地面、屋面，立管上的通气帽口、检查口，主要横管和排出管的起点等处。且应注意，给水横管上标注的是管内中心线标高，而排水横管上标注的是管内底部标高。

图 14-12 中，由于粪便污水与盥洗污水分两路排出室外，所以它们的轴测图应分别画出。在支管上与卫生器具或大便器相连接处，应画上存水弯(水封)。水封的作用是隔断下水道中产生的臭气，防止有害气体污染室内空气，影响卫生。

14.2.3 卫生设备安装图

在以上所介绍的室内给水排水施工图中，平面图和系统图都只表示了管道的连接情况、走向和配件的位置，这些图样比例较小(1∶100、1∶1 000、1∶1 500 等)，配件的构造和安装情况均需用图例表示。因此，为便于施工，对于卫生器具、设备的安装，管道的连接、敷设，需要绘制能供具体施工的安装详图。

安装详图要求详尽、具体、明确，视图完整，尺寸齐全，材料规格注写清楚，并附以必要说明。安装详图采用比例较大，可按前述规定选用。

给水排水工程的配件及构筑物种类繁多，现将其中与房屋建筑有关的配件详图的画法简介如下。

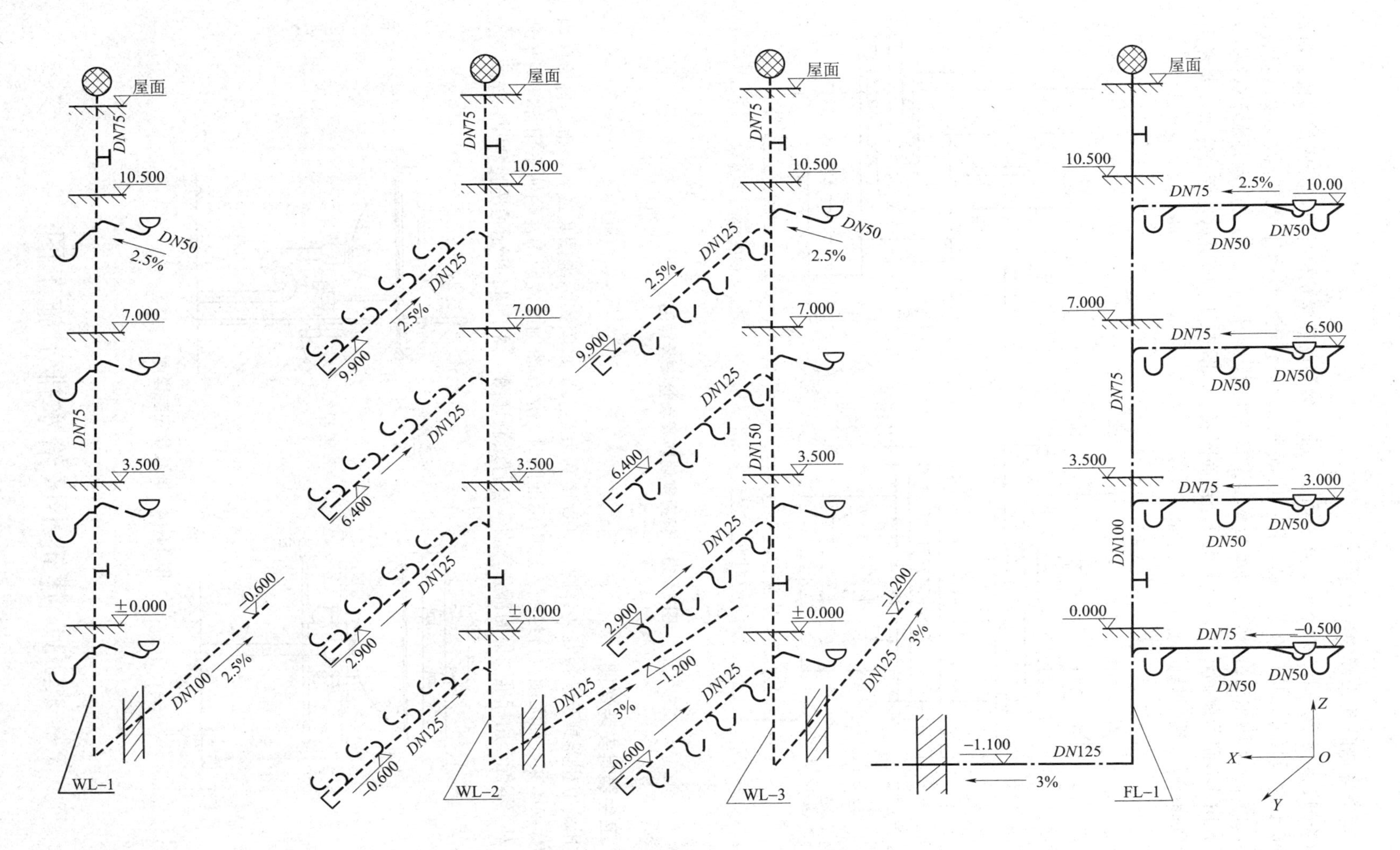

图14-12 排水系统轴测图

1. 管道穿墙防漏套管安装详图

当各种管道穿越基础、地下室、楼地面、屋面、梁和墙等建筑构件时，其所需预留孔洞和预埋件的位置及尺寸，均应在结构施工图中明确表示，而管道穿越构件的具体做法须以安装详图表示。图 14-13 所示是给水管道穿墙防漏套管安装详图，其中图 14-13(a)所示是水平管穿墙安装详图，由于管道都是回转体，可采用一个剖面图表示；图 14-13(b)所示是弯管穿墙安装详图，剖切位置通过进水管轴线。

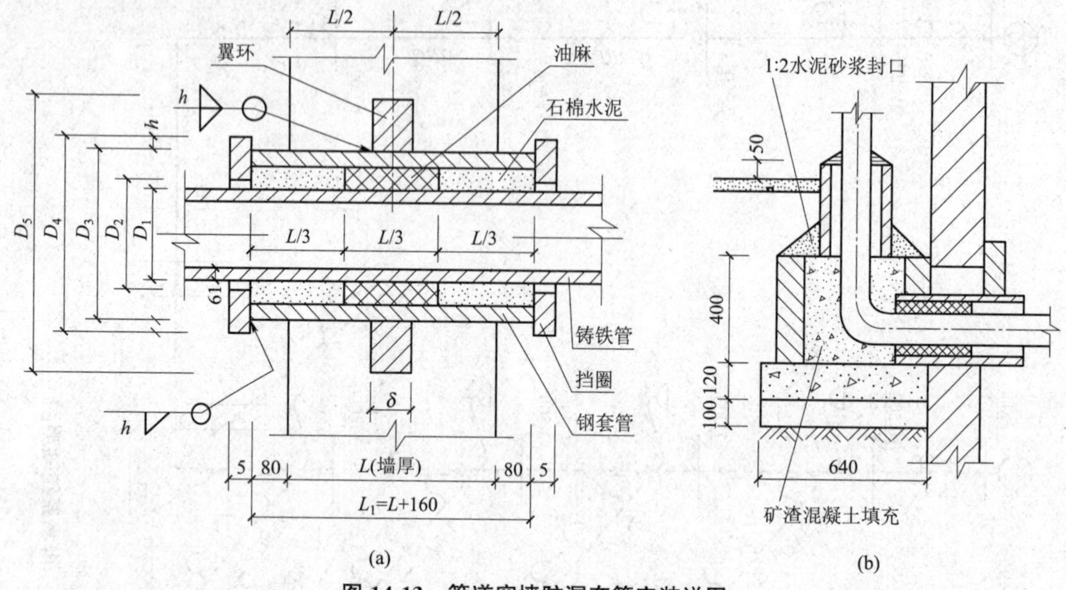

图 14-13　管道穿墙防漏套管安装详图

2. 卫生器具安装详图

常用的卫生器具及设备安装详图，可直接套用给水排水国家标准图集或省、市、自治区内通用的标准图集，而无须自行绘制。选用标准图时，须在图例或说明中注明所采用标准图集和图号。对于不能套用标准图集的部分，则需自行绘制详图。图 14-14 所示是洗脸盆安装详图。

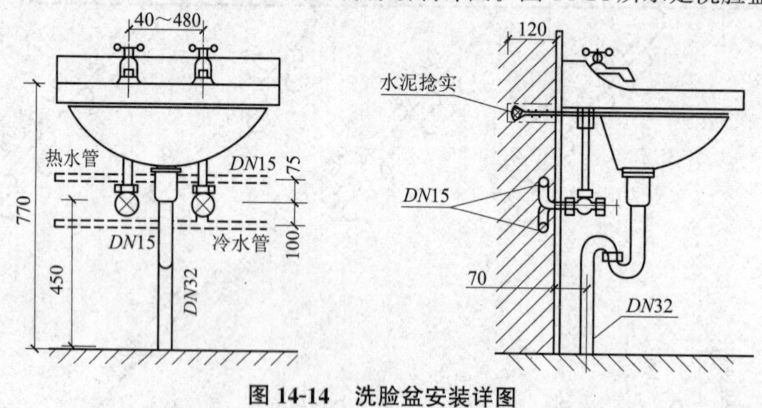

图 14-14　洗脸盆安装详图

14.3　建筑小区给水排水施工图

建筑小区给水排水工程是城市市政建设的重要组成部分，它主要反映了一个小区的给水工程设施、排水工程设施及管网布置系统等，由于涉及的范围较广、内容较多，我们只从工程制图的角度出发，介绍阅读、绘制建筑小区给水排水施工图的方法和要求。建筑小区给水排水施工图主要由给水排水平面图、给水排水管道断面图及其详图(节点图、大样图)等组成。

14.3.1 建筑小区给水排水平面图

1. 室外管网平面布置图

为了说明新建房屋室内给水排水与室外管网的连接情况，通常还要用小比例(1∶500 或 1∶1 000)画出室外管网的平面布置图。在此图中只画局部室外管网的干网，以能说明与给水引入管和排水引出管的连接情况为度。图 14-15(a)所示为室外给水管网平面布置图，图 14-15(b)所示为室外排水管网平面布置图。

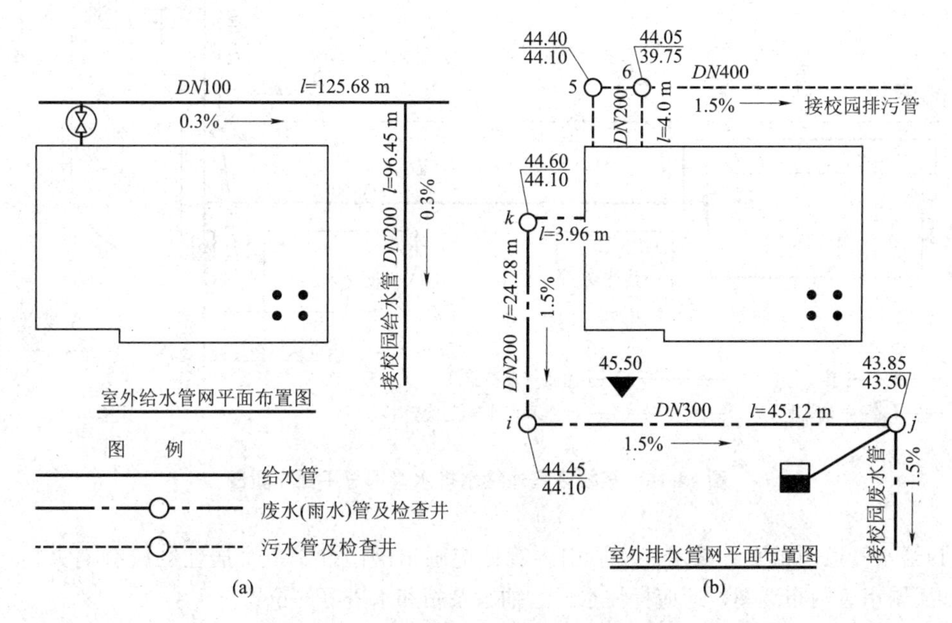

图 14-15 室外给水排水管网平面布置图

在室外管网平面布置图中，建筑物外墙轮廓线用中实线表示，用粗实线表示给水管道，用粗虚线表示污水排放管道，用粗单点长画线表示废水及雨水排放管道，检查井用直径 2～3 mm 的小圆圈表示。

图 14-16 所示的某校区管网总平面布置图，将给水和排水系统平面布置图画在同一张图纸上(也可分别画出)。

2. 小区管网总平面布置图

为了说明一个小区给水排水管网的布置情况，通常需要画出该小区的给水排水管网总平面布置图。

建筑总平面图是小区管网总平面布置图的设计依据。但由于作用不同，建筑总平面图的重点在于表示建筑群的总体布置、道路交通、环境绿化，所以用粗实线画出建筑物的轮廓。而管网总平面布置图则应以管网布置为重点，所以应用粗实线画出管道，而用中实线画出房屋外轮廓，用细实线画出其余地物、地貌、道路，绿化可以略去不画。图 14-17 所示是某小区的给水排水管网总平面布置图(局部)，图中有给水管、排水管和雨水管三种管道。画图时应注意：

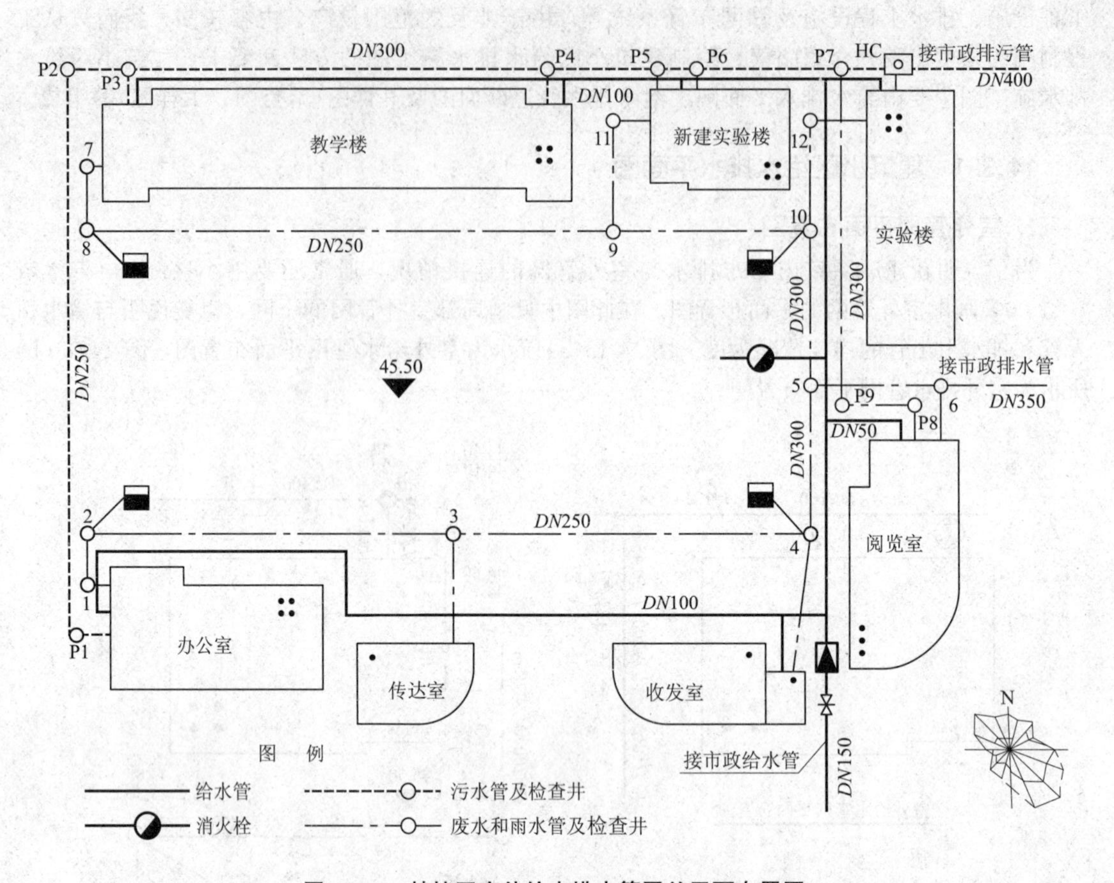

图 14-16　某校区室外给水排水管网总平面布置图

(1)给水管道用粗实线表示，房屋引入管处应画出阀门井。一个居住区应有消火栓和水表井。如属城市管网布置图，还应标注水厂、抽水泵站和水塔等的位置。

(2)由于排水管道要经常疏通，所以在排水管的起端、两管相交点和转折点均要设置检查井，在图上用直径 2～3 mm 的小圆圈表示。两检查井之间的管道应是直线，不能做成折线或曲线。排水管是重力自流管，因此小区内只能汇集于一点。排水干管和雨水管、粪便污水管等一般用粗虚线表示，也可自定义，但必须画出图例(图 14-18)。

(3)为满足施工需要，每条管道的设计计算资料必须完整、正确。图 14-17 所示设计的计算资料见表 14-6。

(4)对较简单的管网布置，可直接在布置图中标注管径、坡度、流向、检查井的埋设深度及每一管段检查井处的各向管子的管底标高。室外管道宜标注绝对标高。给水管道一般只需标注直径和长度，如图 14-15 所示。

14.3.2　建筑小区给水排水纵断面图

由于整个小区管道种类繁多、布置复杂，因此，应按管道种类分别绘制出每一条道路的沟、管总平面布置图和管道纵断面图，以显示路面起伏、管道敷设的坡度、埋深和沟管交接情况等。某校园排水干管(如图 14-16 的 P2～P7)纵断面图如图 14-19 所示。

断面图的内容、读法和画法如下。

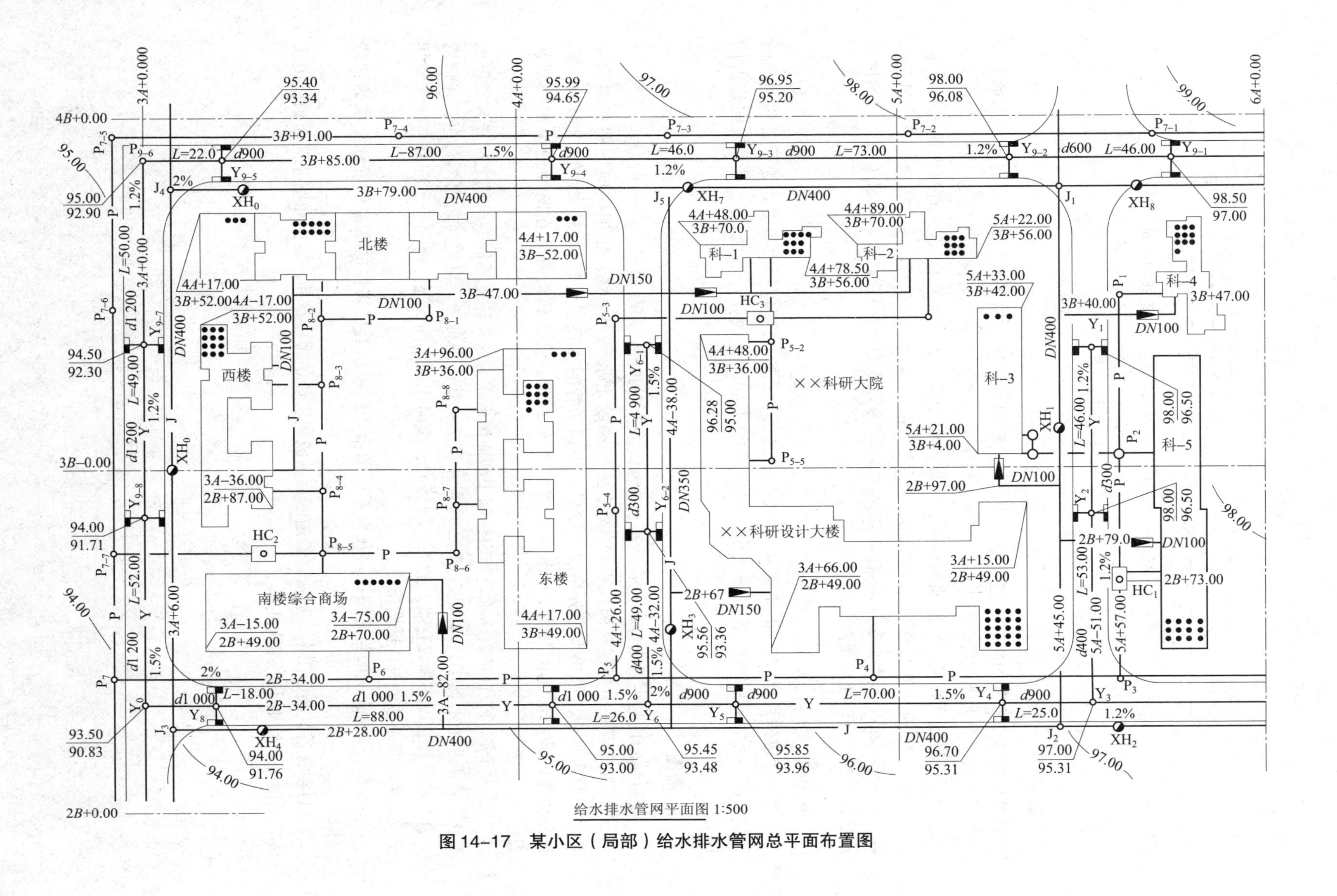

图 14-17　某小区（局部）给水排水管网总平面布置图

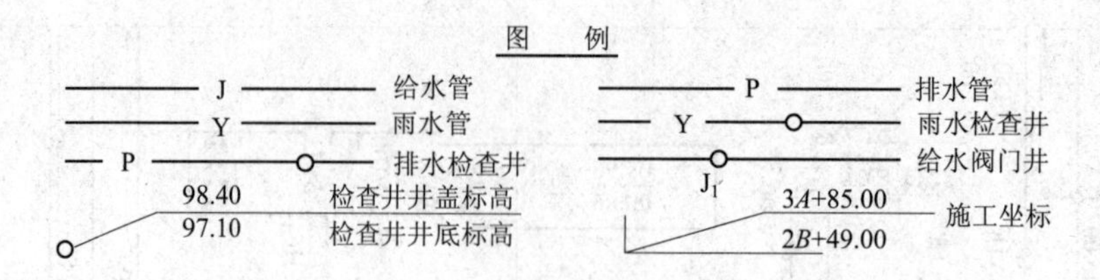

图 14-18　图例

1. 内容

管道纵断面图的内容有管道、检查井、地层的纵断面图和该干管的各项设计数据。前者用断面图表示，后者则在管道断面图下方的表格中分项列出。项目名称有干管的直径、坡度、埋置深度，设计地面标高、自然地面标高、干管内底标高、设计流量 Q(单位时间内通过的水量，以 L/s 计)、流速 v(单位时间内水流通过的长度，以 m/s 计)、充盈度(水在管道内所充满的程度，以 h/D 表示，h 指水在管道截面内的高度，D 为管道的内径)。此外，在最下方还应画出管道平面示意图，以便与断面图对应。

2. 比例

由于管道的长度方向(图中的横向)比其直径方向(图中的竖向)大得多，为了说明地面的起伏情况，通常在纵断面图中采用横、竖向两种不同的比例，一般竖向比例为横向比例的 10 倍。

3. 画图

管道纵断面是主要内容，它是沿着干管轴线垂直剖开的，步骤如下：

(1)在高程栏中根据竖向比例(1 格代表 1 m)绘出水平分格线；根据横向比例和两检查井之间的水平距离绘出垂直分格线。然后，根据干管的直径、管底标高、坡度、地面标高，在分格线内按照上述比例画出干管、检查井的断面图。管道和检查井在断面图中都用双线表示。

(2)该干管的设计项目名称，列表绘制于断面图的下方。应注意不同的管段之间设计数据的变化。管道平面示意图只画出该干管、检查井和交叉管道的位置，以便与断面图对应。并把同一直径的设计管段都画成直线。此外，因竖向、横向比例不同，还应将另一方向并与该干管相交或交叉的管道截面画成椭圆形。

(3)为了显示土层的构造情况，在纵断面图上还应绘出有代表性的钻井位置和土层的构造剖面。

(4)在管道纵断面图中，通常将管道断面画成粗实线，将检查井、地面和钻井剖面画成中实线，其他分格线则采用细实线。

表 14-6　排水管设计计算表

管段编号	起	P_{7-1}	P_{7-2}	P_{7-3}	P_{7-4}	P_{7-5}	P_{7-6}	P_{7-7}	P_1	P_2	HC_1	P_3	P_4	P_5
	末	P_{7-2}	P_{7-3}	P_{7-4}	P_{7-5}	P_{7-6}	P_{7-7}	P_7	P_2	HC_1	P_3	P_4	P_5	P_6
管径/mm		1 200	1 200	1 200	1 200	1 400	1 400	1 400	300	300	400	1 200	1 200	1 200
管长/m		65.0	65.00	70.0	76.0	48.0	68.0	35.00	42.0	28.0	27.0	65.0	66.0	63.0
坡度/%		0.70	0.70	1.40	1.40	1.40	1.7	2.0	1.00	1.00	1.30	1.50	1.50	2.00
井顶标高/m		98.69	98.03	96.97	95.88	98.09	94.80	94.40	98.30	97.80	97.31	97.01	96.41	95.61
地面标高/m	起端	98.66	98.00	96.94	95.85	95.06	94.77	94.43	98.30	97.80	97.56	97.00	96.40	95.60
	末端	98.00	96.94	95.85	95.06	94.77	94.43	94.00	97.80	97.60	97.00	96.40	95.60	94.65
管内底标高/m	起端	96.24	95.78	95.32	94.34	92.28	91.61	90.55	96.70	96.28	95.95	94.70	93.72	92.73
	末端	95.78	95.32	94.34	92.28	91.61	90.55	89.80	96.28	96.00	95.60	93.72	92.73	91.47
管底埋深/m	起端	2.52	2.32	1.72	1.61	2.88	2.90	3.13	1.60	1.52	1.61	2.30	2.68	2.87
	末端	2.32	1.72	1.61	2.88	2.90	3.13	3.54	1.52	1.60	1.40	2.68	3.07	3.08

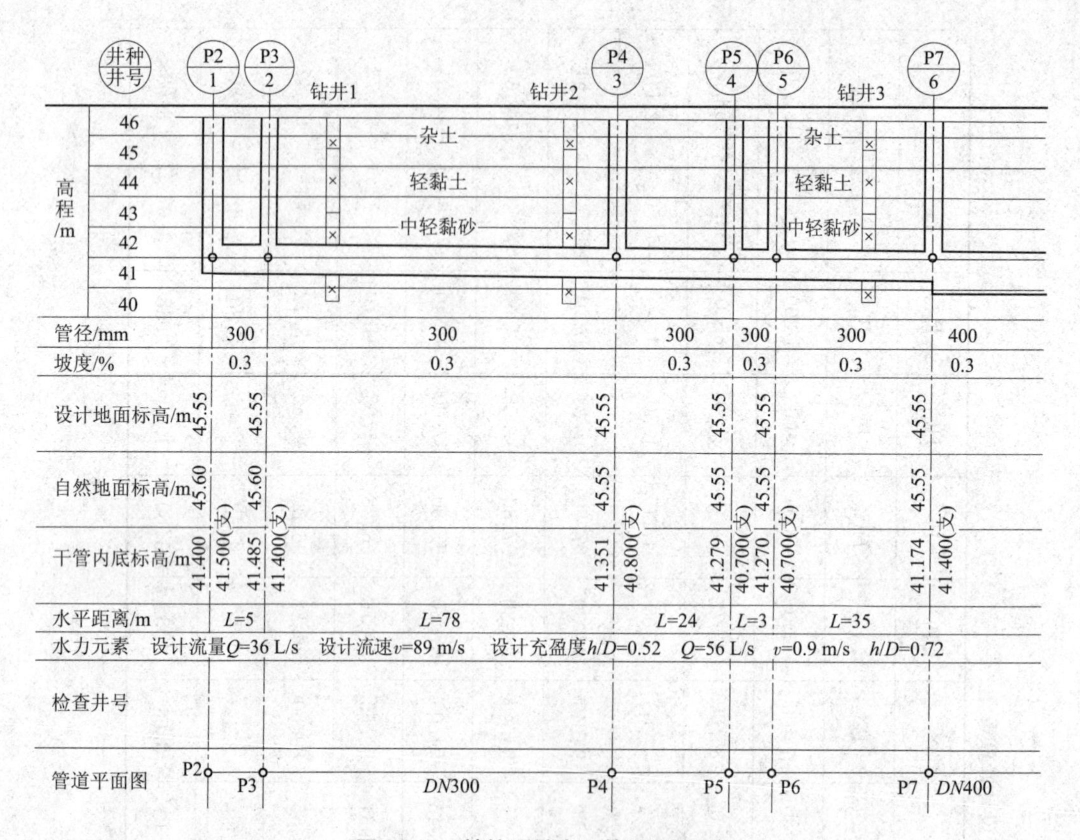

图 14-19 某校园排水干管纵断面图

1. 试述给水排水施工图的图示特点。
2. 给水排水系统分别由哪些部分组成？它们的作用是什么？

第 15 章　道路桥梁工程图

15.1　道路路线工程图

15.1.1　简介

道路是一种供车辆行驶和行人步行的带状结构物。道路根据它们不同的组成和功能特点，可分为公路和城市道路两种。位于城市郊区和城市以外的道路称为公路；位于城市范围以内的道路称为城市道路。

道路路线是指道路沿长度方向的中心线。由于受地形、地物和地质条件的限制，道路路线的线型在平面上由直线和曲线段组成，在纵面上由平坡和上、下坡段及竖曲线组成，从整体来看道路路线是一条空间曲线。

道路路线工程图包括路线平面图、路线纵断面图和路线横断面图。道路路线工程图与一般工程图不同，它是以地形图作为路线平面图，以纵向断面展开图作为立面图，以横断面图作为侧面图。各图大都画在单独的图纸上，综合表达道路的空间位置、线型和尺寸。绘制道路工程图时，应遵守《道路工程制图标准》(GB 50162—1992)中的有关规定。

15.1.2　路线平面图

道路路线平面图是从上向下投影所得到的水平投影图，也就是用高程投影法所绘制的道路中心线及沿线两侧一定区域的地形图。其作用是表达路线的方向、平面线型(直线和左、右弯道)及沿线两侧一定范围内的地形、地物及附属建筑物等情况。

图 15-1 所示为某公路 K3＋200 至 K5＋200 段的路线平面图，主要包括地形和路线两部分的信息，下面以此图为例介绍路线平面图的内容。

1. 地形部分

(1)比例。道路路线平面图所用比例一般较小，通常城镇区为 1∶500 或 1∶1 000，山岭区为 1∶2 000，丘陵和平原地带为 1∶5 000 或 1∶10 000。

(2)方位和走向。在路线平面图上应画出指北针或方位坐标网，用来指明道路在该地区的方位与走向。本图中用指北针来表示，指北针的箭头所指为正北方向，指北针宜用细实线绘制。方位坐标网的 X 轴向为南北方向(增加方向为正北)，Y 轴向为东西方向(增加方向为正东)。如“X2 000，Y3 500”表示两垂直线的交点坐标为距坐标网原点北 2 000 m、东 3 500 m 处。

(3)地形、地貌和地物。平面图中用等高线表示地形的起伏情况，每隔四条等高线画出一条粗的计曲线，并应标有相应的高程数字。由于绘图比例小，地貌和地物都应按规定图例绘制，常见的图例见表 15-1。从平面图可以看出，该地区西南和西北地势较高，东北面有一座山峰，有一条河自北向南流过，河流两岸地势较平坦，两岸为水稻田，河边有一村落。

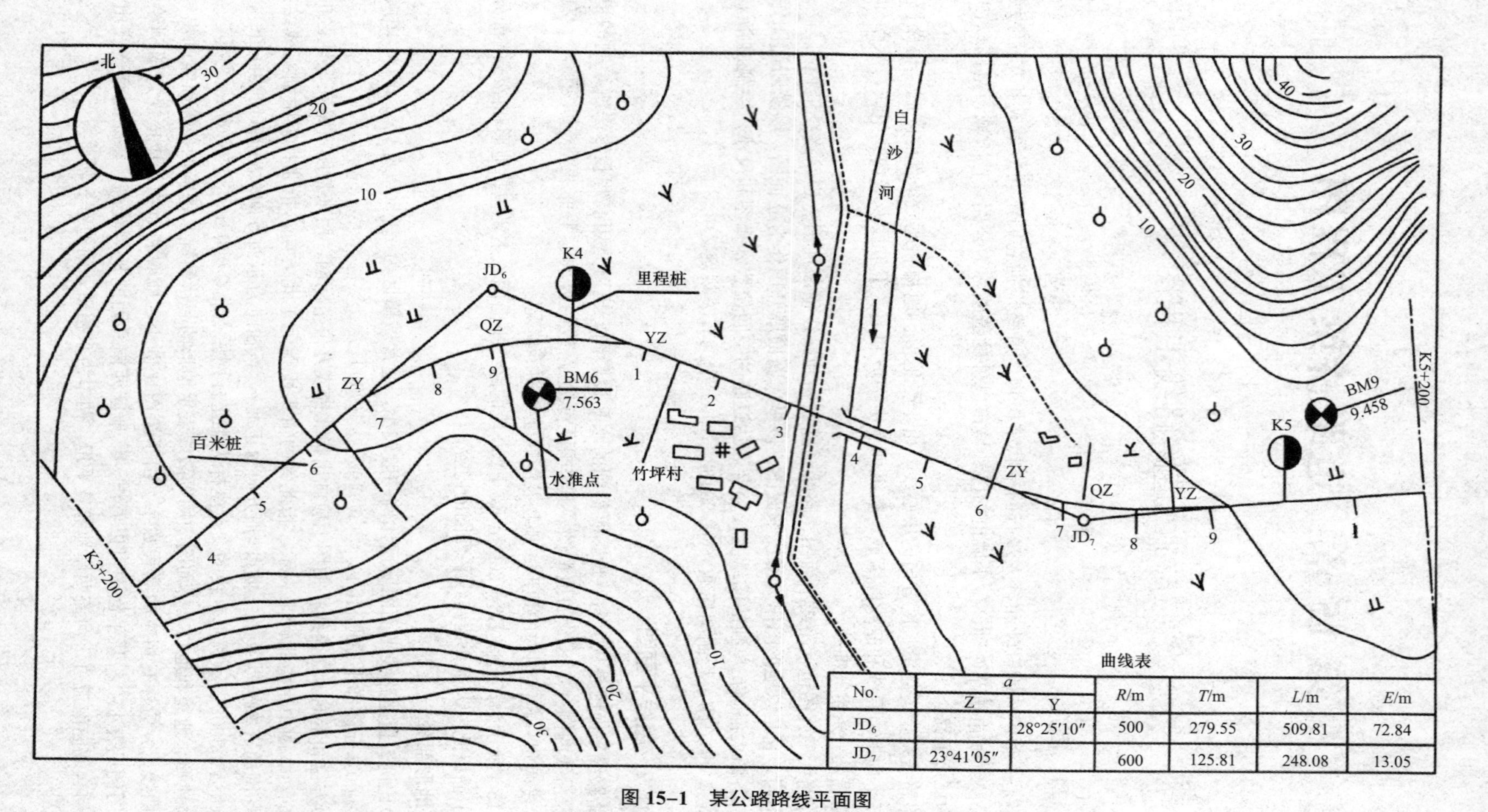

曲线表

No.	a (Z)	a (Y)	R/m	T/m	L/m	E/m
JD_6		28°25′10″	500	279.55	509.81	72.84
JD_7	23°41′05″		600	125.81	248.08	13.05

图 15-1　某公路路线平面图

表 15-1　道路工程常用地物图例

名称	符号	名称	符号	名称	符号
房屋		涵洞		水稻田	
大车路		桥梁		草地	
小路		菜地		梨	
堤坝		旱田		高压电力线 低压电力线	
河流		沙滩		人工开挖	

(4)水准点。沿路线每隔一段距离，应标有水准点的位置，用于路线的高程测量。水准点的符号用 BM 表示。

2. 路线部分

(1)设计路线。用加粗实线表示路线。由于道路的宽度相对于长度来说尺寸小得多，只有在较大比例的平面图中才画清楚，且为了使中心线与粗等高线有显著的区别，因此，通常沿道路中心线画出一条约 2 倍于等高线的粗实线来表示设计的路线。

(2)里程桩。道路路线的总长度和各段之间的长度用里程桩号表示。里程桩号的标注应在道路中心线上从路线的起点至终点，按从小到大、从左到右的顺序排列。里程桩分为公里桩和百米桩。公里桩宜标注在路线前进方向(从左往右)的左侧，用符号表示，公里数注写在符号的上方，如“K3”表示离起点 3 km；百米桩宜标注在路线前进方向的右侧，用垂直于路线的细短线表示桩位，用字头朝向前进方向(或字头向上)的阿拉伯数字表示百米数，注写在短线的端部。如图 15-1 中，在 K3 与 K4 公里桩之间的“5”，表示桩号为 K3＋500，说明该点距路线起点为 3 500 m。

(3)平曲线及曲线要素。路线在平面上是由直线段和曲线段组成的，在路线转折处应设平曲线。转折处应注写交角点代号并依次编号，如 JD_6 表示路线前进方向中的第 6 个交角点，其中交角点是路线的两直线的理论交点。常见的较简单的平曲线为圆弧曲线，路线平面图中除标注交角点外，还应标注曲线段的起点 ZY(直圆)、中点 QZ(曲中)、终点 YZ(圆直)的位置。曲线元素转折角 α，是路线前进时向左(α_Z)或向右(α_Y)偏转的角度；圆曲线半径 R，是连接圆弧的半径长度；切线长 T，是切点与交角点之间的长度；外距 E，是曲线中点到交角点的距离；曲线长 L，是圆曲线两切点之间的弧长。

平曲线几何要素

从图 15-1 中可知，该公路由 K3＋300 西南方地势较低处开始，在交角点 JD_6 处向右转折，转角 $\alpha_Y=28°25'10''$，圆曲线半径 $R=500$ m，到交角点 JD_7 处向左转折，$\alpha_Z=23°41'05''$，圆曲线半径

R＝600 m。

因道路狭长、曲折，要将整条道路清晰地画在一张图纸上是不可能的，因此路线平面图应分段画在各张图纸上，使用时拼接起来。分段时取整桩号处断开，断开的两端应用点画线绘制出垂直于路线的接图线。拼接的图纸都必须指向正北方向，每张图纸的右上角要画出角标，注明该类图纸的序号和总张数。

15.1.3 路线纵断面图

由于路线中心线既有直线又有曲线，剖切中心线的铅垂面既有平面又有柱面，将其展开(拉直)成一平面后进行投影，就可形成路线纵断面图。路线纵断面图用来表示路线中心纵向线型及地面起伏、地质和沿线设置构造物的概况。图 15-2 所示为某公路 K0＋000～K1＋700 段的路线纵断面图，包括了图样和资料表两部分。

1. 图样部分

(1)比例。路线纵断面图水平方向表示路线的长度(前进方向)，竖直方向表示设计线和地面的高程。由于路线和地面的高差比路线的长度小得多，为了便于画图和读图，绘制纵断面图时，竖向比例比横向比例放大 10 倍，如图 15-2 中竖向比例为 1∶200，横向比例为 1∶2 000。为了便于画图和读图，一般还应在纵断面图的左侧按竖向比例画出高程标尺。

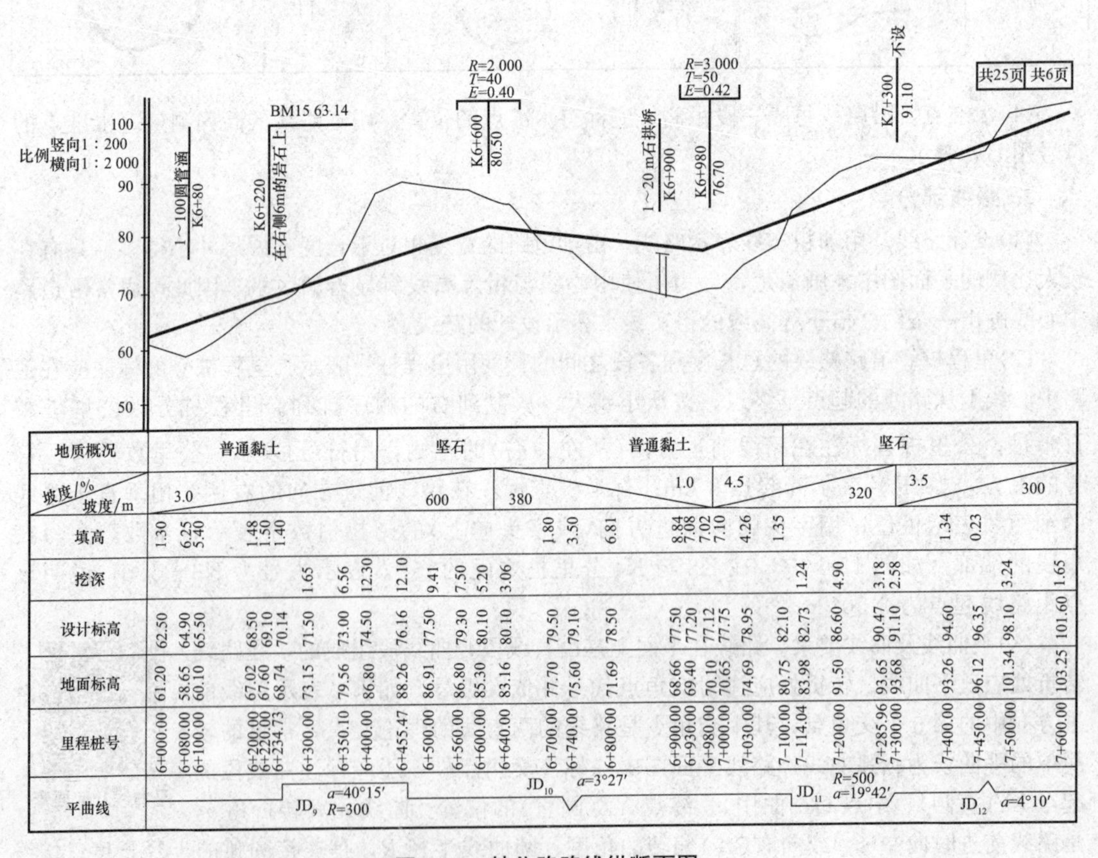

图 15-2 某公路路线纵断面图

(2)设计线和地面线。在纵断面图中，道路的设计线用粗实线表示，地面线用细实线表示。设计线上各点的标高通常是指路基边缘的设计高程，地面线是原地面上沿线各点的实测中心桩相应高程的连线。通过比较设计线与地面线的相对位置可决定填挖高度。

(3)竖曲线。道路设计线是由直线和竖曲线组成的，在设计线的纵向坡度变更处(变坡点)，依据技术标准的规定应设置圆弧竖曲线。竖曲线可分为凸形和凹形两种，在图中用“└┬┘”与“┌┬┐”表示。符号中部的竖线应对准变坡点，竖线左侧标注变坡点的里程桩号，竖线右侧标注竖曲线中点的高程。符号的水平线两端应对准竖曲线的始点和终点，竖曲线要素(半径 R、切线长 T、外距 E)的数值标注在水平线上方。图 15-2 中的变坡点处里程桩号为 K6＋600，竖曲线中点的高程为 80.50 m，设有凸形竖曲线(R＝2 000 m，T＝40 m，E＝0.40 m)。

(4)工程构筑物。道路沿线的工程构筑物如桥梁、涵洞等，应在道路设计线的上方或下方用竖直引出线标注，竖直引出线应对准构筑物的中心位置，并注出构筑物的名称、规格和里程桩号。如图 15-2 中，在里程桩 K6＋80 m 处设有一座直径为 100 cm 的单孔圆管涵；在 K6＋900 处设有一座桥，该桥为一孔径为 20 m 的石拱桥。

(5)水准点。沿线设置的测量水准点也应标注，竖直引出线对准水准点，左侧注明里程桩号，右侧写明其位置，水平线上方注出其编号和高程，如水准点 BM15 设置在里程桩 K6＋220 处的右侧距离为 6 m 的岩石上，高程为 63.14 m。

2. 资料表部分

路线纵断面图的测设数据资料表应与图样上下对齐布置，以便阅读，能较好地反映出纵向设计在各桩号处的高程、填挖方量、地质条件和坡度，以及平曲线与竖曲线的配合关系。

资料表主要包括以下项目和内容：

(1)地质概况。根据实测资料，在图中注出沿线各段的地质情况。

(2)坡度/距离。标注设计线各段的纵向坡度和水平长度。其中，对角线表示坡度方向，先低后高表示上坡，先高后低表示下坡，坡度标注在对角线上侧，长度标注在对角线下侧，以 m 为单位。

(3)标高。表中有设计标高和地面标高两栏，它们应和图样互相对应，分别表示设计线和地面上各点(桩号)的高程。

(4)填高及挖深。设计线在地面上方时需要填土，设计线在地面下方时需要挖土，填高或挖深的数值应是各点(桩号)对应的设计标高与地面标高之差的绝对值。

(5)里程桩号。沿线各点的桩号是按测量的里程数值填入的，单位为 m，桩号从左向右排列。在平曲线的起点、中点、终点和桥涵中心点等处可设置加桩。

(6)平曲线。为了表示路线在平面上的弯曲情况，在表中画出平曲线的示意图。直线段用水平线表示，道路左转弯用凹折线表示，右转弯用凸折线表示，有时需注出平曲线各要素的值，如编号、偏角、半径和曲线长。

(7)超高。为了减小汽车在弯道上行驶时的横向作用力，道路在平曲线处需设计成外侧高内侧低的形式，道路边缘与设计线的高程差称为超高，如图 15-3 所示。

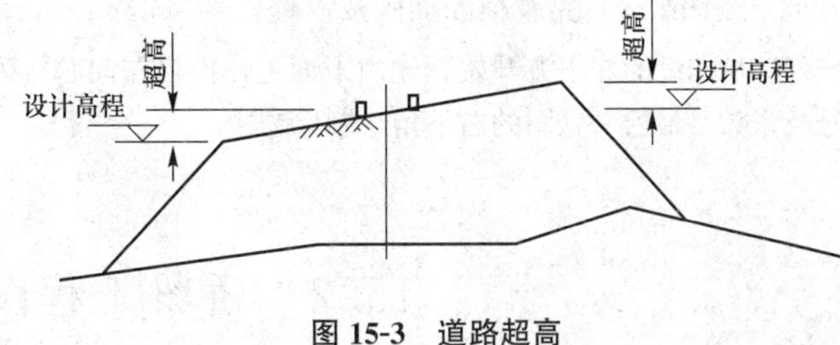

图 15-3　道路超高

纵断面图的标题栏绘在最后一张图或每张图的右下角，注明路线名称，纵、横比例等。由于路线较长，道路路线的纵断面图一般有多张图纸，使用时拼接起来，每张图纸右上角有角标，注明图纸序号及总张数。

15.1.4 路基横断面图

1. 图示方法

路基横断面图是用假想的剖切平面，垂直于路中心线剖切而得到的图形。

在横断面图中，路面线、路肩线、边坡线、护坡线均用粗实线表示，路面厚度用中粗实线表示，原有地面用细实线表示，路中心线用细点画线表示。

横断面图的水平方向和高度方向宜采用相同的比例，一般比例为1∶200、1∶100或1∶50。

2. 基本形式

为了路基施工放样和计算土石方量的需要，在路线的每一中心桩处，应根据实测资料和设计要求，画出一系列的路基横断面图，主要是表达路基横断面的形状和地面高低起伏状况。路基横断面图一般不画出路面层和路拱，以路基边缘的标高作为路中心的设计标高。

路基横断面图的基本形式有以下三种：

(1)填方路基。如图15-4(a)所示，整个路基全为填土区，称为路堤。填土高度等于设计标高减去路面标高，填方边坡一般为1∶1.5。在图下注有该断面的里程桩号、中心线处的填方高度 H_T(m)以及该断面的填方面积 A_T(m^2)。

(2)挖方路基。如图15-4(b)所示，整个路基全为挖土区，称为路堑。挖土深度等于地面标高减去设计标高，挖方边坡一般为1∶1。图下注有该断面的里程桩号、中心线处的挖方高度 H_W(m)以及该断面的挖方面积 A_W(m^2)。

(3)半填半挖路基。如图15-4(c)所示，路基断面一部分为填土区、一部分为挖土区，是前两种路基的综合。在图下仍注有该断面的里程桩号、中心线处的填(或挖)方高度 H_T(或 H_W)及该断面的填方面积 A_T 和挖方面积 A_W。

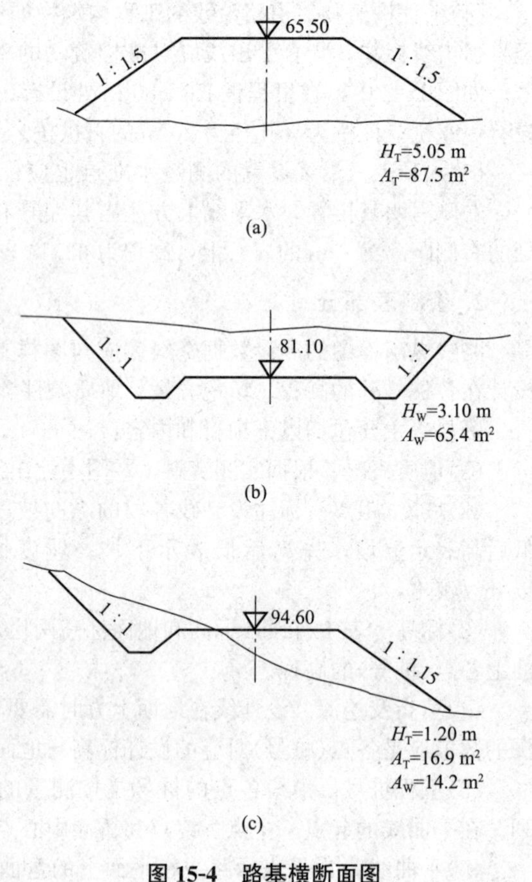

图15-4 路基横断面图

(a)填方路基；(b)挖方路基；(c)半填半挖路基

在同一张图纸内，路基横断面图按里程桩号顺序排列，从图纸的左下方开始，先由下而上，再自左向右排列。每张路基横断面图右上角写明图纸序号及张数，最后一张图的右下角绘制标题栏。

15.2 桥梁工程图

15.2.1 简介

当道路路线通过江河湖泊、山谷山川和低洼地带及道路与道路(铁路)相互交叉时，需要修筑桥梁以保证道路的畅通、车辆的正常行驶、水流的宣泄及船只的通航。

由图 15-5 中可见，桥梁由上部桥跨结构（主梁或主拱圈和桥面系）、下部结构（桥台、桥墩和基础）及附属结构（栏杆、灯柱、护岸、导流结构物等）三部分组成。

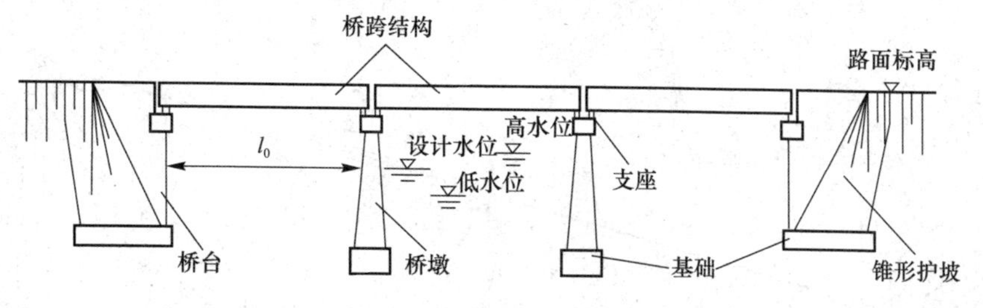

图 15-5　桥梁的基本组成

桥跨结构是在路线中断时，跨越障碍的主要承载结构，人们习惯上称之为上部结构；桥墩和桥台是支承桥跨结构并将恒载和车辆等活载传递至地基的建筑物，又称为下部结构；支座是桥跨结构与桥墩和桥台的支承处所设置的传力装置。

在路堤和桥台衔接处，一般还在桥台两侧设置石砌的锥形护坡，以保证迎水部分路堤边坡的稳定。

桥梁的上部结构基本组成如图 15-6 所示。

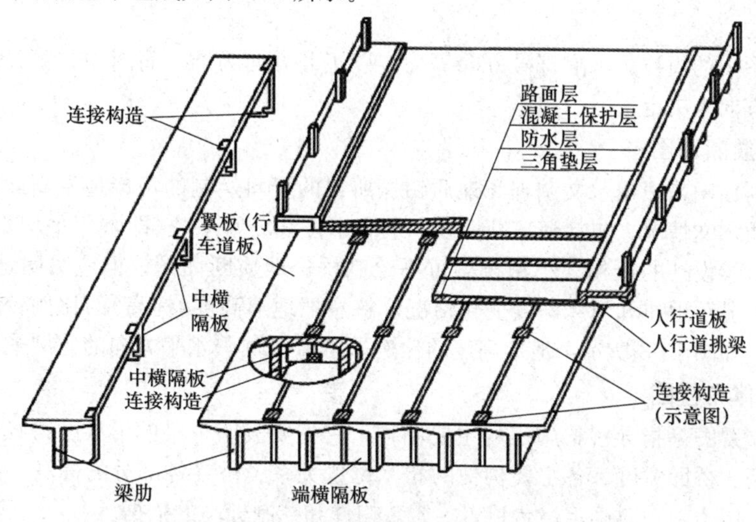

图 15-6　桥梁上部结构概貌

建造一座桥梁需用的图纸很多，但一般可分为桥位平面图、桥位地质纵断面图、总体布置图、构件图、详图等。

15.2.2　桥梁工程图

1. 桥位平面图

桥位平面图主要表明桥梁和路线连接的平面位置，以及与地形、地物的关系。通过地形测量绘制出桥位处的道路、河流、水准点、钻孔及附近的地形和地物，以便作为桥梁设计、施工定位的根据。这种图一般采用较小的比例，如 1∶500、1∶1 000、1∶2 000 等。

图 15-7 所示为某桥桥位平面图。除表示了路线平面形状、地形和地物外，还表明了钻孔、里程、水准点的位置和数据。

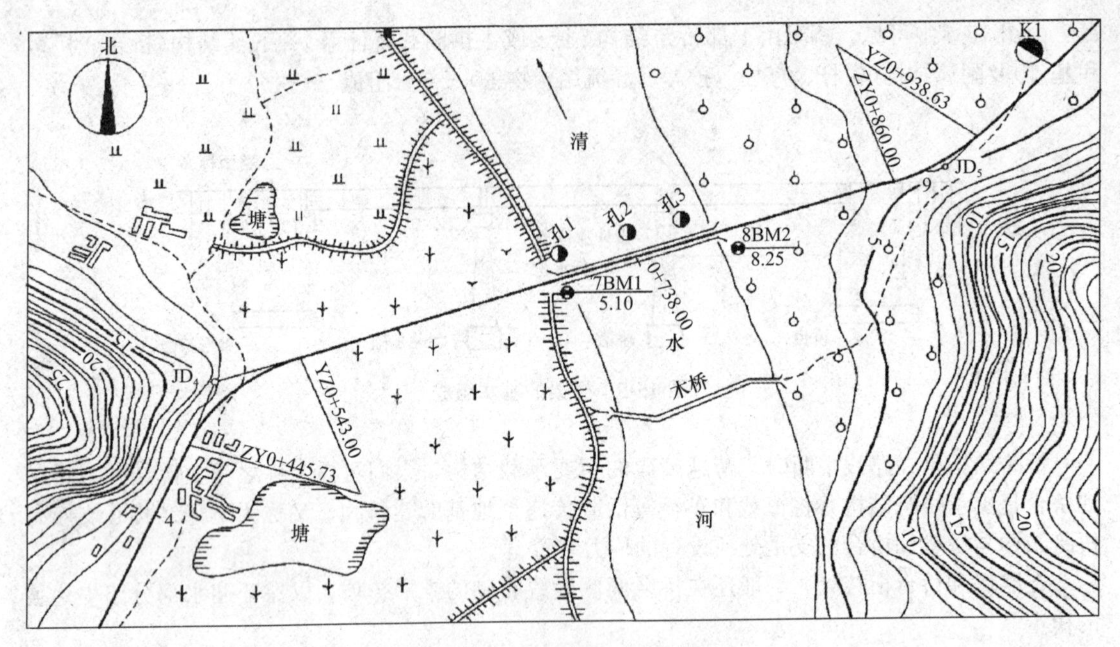

图 15-7　某桥桥位平面图

桥位平面图中的植被、水准符号方向等均应以正北方向为准，而图中文字方向则可按路线要求及总图标方向来决定。

2. 桥位地质断面图

桥位地质断面图是根据水文调查和地质钻探所得的资料绘制的河床地质断面图，表示桥梁所在位置的地质水文情况，包括河床断面线、最高水位线、常水位(即常年平均水位)线和最低水位线，作为桥梁设计的依据。小型桥梁可不绘制桥位地质断面图，但应写明地质情况说明。地质断面图为了显示地质和河床深度变化情况，特意把地形高度(标高)的比例较水平方向比例放大数倍画出。如图 15-8 所示，地形高度的比例采用 1∶200，水平方向的比例采用 1∶500。

3. 桥梁总体布置图

桥梁总体布置图是指导桥梁施工的主要图样，它主要表明桥梁的形式、跨径、孔数、总体尺寸、桥道标高、桥面宽度、各主要构件的相互位置关系、桥梁各部分的标高、材料数量及总的技术说明等，作为施工时确定墩台位置、安装构件和控制标高的依据。

图 15-9 所示为一桥梁总体布置图，其中立面图和平面图比例均为 1∶200，横剖面图比例则为 1∶100。该桥为五孔钢筋混凝土 T 形简支梁桥，总长度为 90 m，总宽度为 10.6 m，中孔跨径为 20 m，两边孔跨径为 10 m，桥中设有四个柱式桥墩，两端为重力式混凝土桥台，桥台和桥墩的基础均采用钢筋混凝土预制打入桩。

(1)立面图。桥梁一般是左右对称的，所以立面图常常采用半立面图和半纵剖面图合成。左半立面图为左侧桥台、1 号桥墩、2 号桥墩及板梁等主要部分的视图，因比例较小，人行道和栏杆省略不画。右半纵剖面图是沿桥梁中心线纵向剖开而得到的，3 号桥墩、4 号桥墩、右侧桥台、T 形桥梁和桥面均应按剖开绘制，因比例较小，断面涂黑表示。其中，桥墩立柱和桩按不剖画法，即剖切平面通过轴的对称中心线时，如不画材料断面符号则仅画外形，不画剖面线。

图中还注出了桥梁各重要部位如桥面、梁底、桥墩、桥台、桩尖等处的高程，画出了河床的断面形状及水文情况。由于预制桩打入地下较深的位置，不必全部画出，为了节省图幅，采用了断开画法。

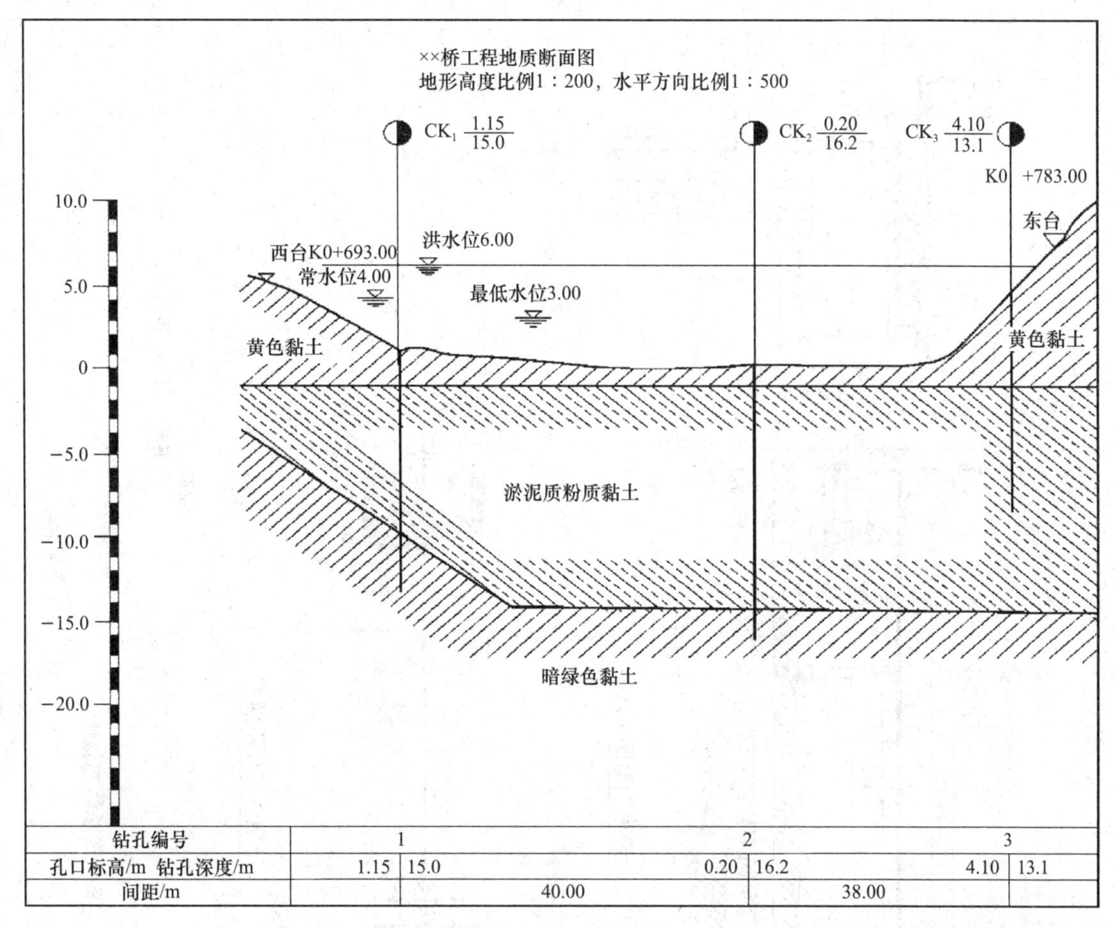

图 15-8　桥位地质断面图

(2)平面图。桥梁的平面图也常采用半剖的形式。左半平面图是从上向下投影得到的桥面俯视图，主要画出了车行道、人行道、栏杆等的位置。由所注尺寸可知，桥面车行道净宽为 7.1 m，两边人行道各 1.5 m。右半平面图采用剖切画法(分段揭层画法)来表达。对照立面图，0＋728.00 桩号的右面部分是把上部结构揭去之后画出了半个桥墩的上盖梁及支座的布置，可计算出共有 12 块支座，支座布置尺寸纵向为 50 cm、横向为 160 cm。在 0＋748.00 桩号处，桥墩经过剖切，显示出桥墩中部是由三根空心圆柱组成。在 0＋768.00 桩号处，显示出桩位平面布置图，它是由九根方桩所组成，图中还注出了桩柱的定位尺寸。最右端是桥台的平面图，可以看出是 U 形桥台，桥台背后的回填土及锥形护坡省略不画，目的是使桥台平面图更为清晰。这里为了施工时挖基坑的需要，只注出桥台基础的平面尺寸。

(3)横剖面图。根据立面图中所标注的剖切位置可以看出，Ⅰ—Ⅰ剖面是在中跨位置剖切的，Ⅱ—Ⅱ剖面是在边跨位置剖切的，桥梁的横剖面图是左半部Ⅰ—Ⅰ剖面和右半部Ⅱ—Ⅱ剖面拼成的。

从图中可以看出桥梁的上部结构是由六片 T 形梁组成，左半部分是跨径为 20 m 的 T 形梁，支承在两桥墩上。右半部分是跨径为 10 m 的 T 形梁，支承在桥台和桥墩上，图中还注出了桥面宽、人行道和栏杆的尺寸。

为使剖面图清楚考虑，每次剖切仅画所需要的内容，在Ⅱ—Ⅱ剖面图中，后面的桥台部分亦可见，但由于不属于本剖面范围的内容，故习惯不予画出。

该桥梁各组成部分的空间形状如图 15-10 所示。

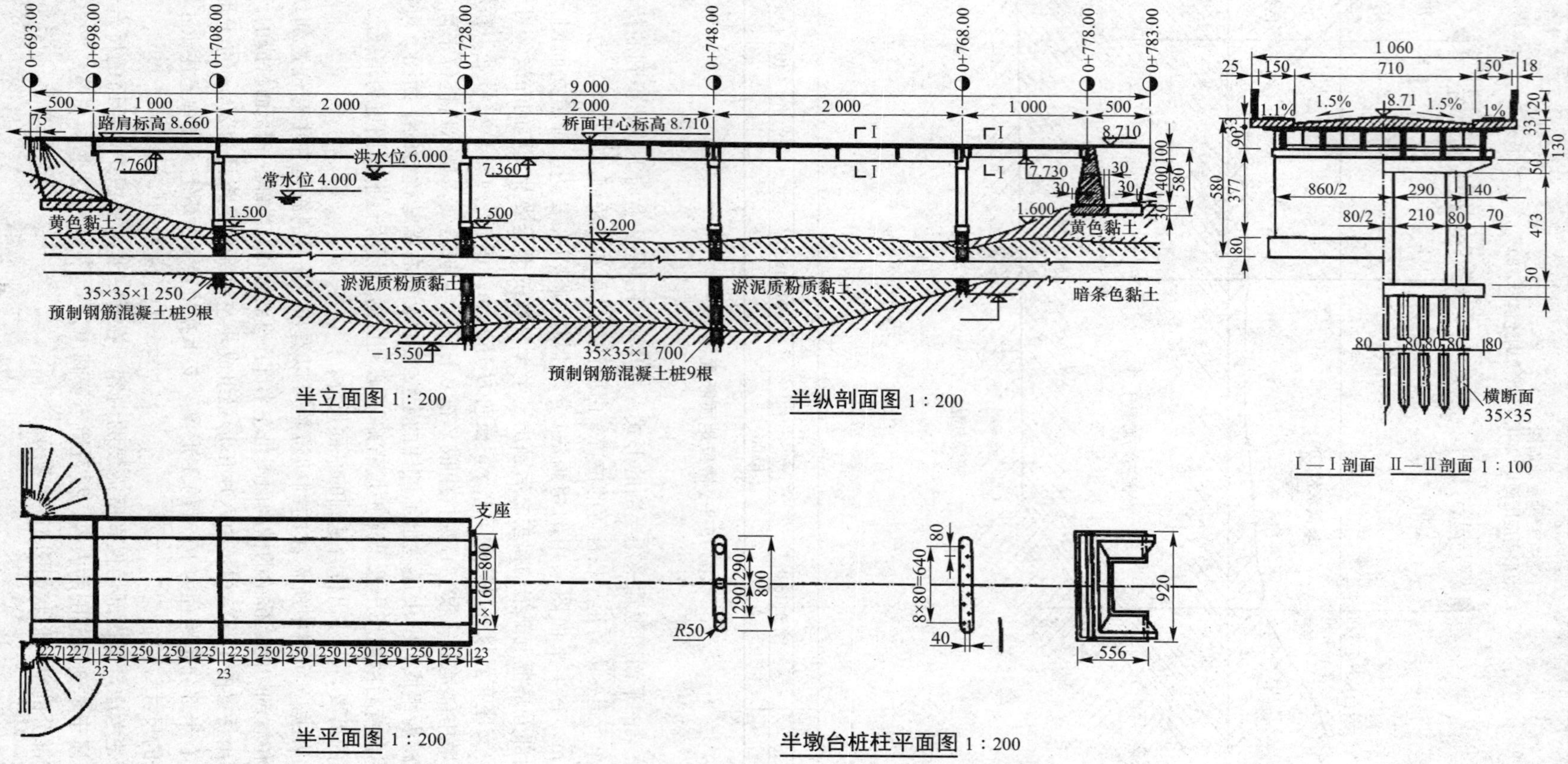
0+693.00
0+698.00
0+708.00
0+728.00
0+748.00
0+768.00
0+778.00
0+783.00
9 000
500
1 000
2 000
2 000
2 000
1 000
500
75
路肩标高 8.660
桥面中心标高 8.710
8.710
7.760
7.360
7.730
洪水位 6.000
常水位 4.000
1.500
1.500
0.200
1.600
−15.50
黄色黏土
黄色黏土
淤泥质粉质黏土
淤泥质粉质黏土
暗条色黏土
35×35×1 250
预制钢筋混凝土桩9根
35×35×1 700
预制钢筋混凝土桩9根
半立面图 1 : 200
半纵剖面图 1 : 200
1 060
25
150
710
150
18
1.1%
1.5%
8.71
1.5%
1%
120
33
130
90
580
377
80
860/2
290
140
80/2
210
80
70
473
50
50
横断面
35×35
Ⅰ—Ⅰ剖面 Ⅱ—Ⅱ剖面 1 : 100
支座
5×160=800
227
225
250
23
R50
290
290
800
8×80=640
80
40
920
556
半平面图 1 : 200
半墩台桩柱平面图 1 : 200

说明：

本图尺寸除标高以m计外，其余均以cm计。

图 15–9　某桥梁总体布置图

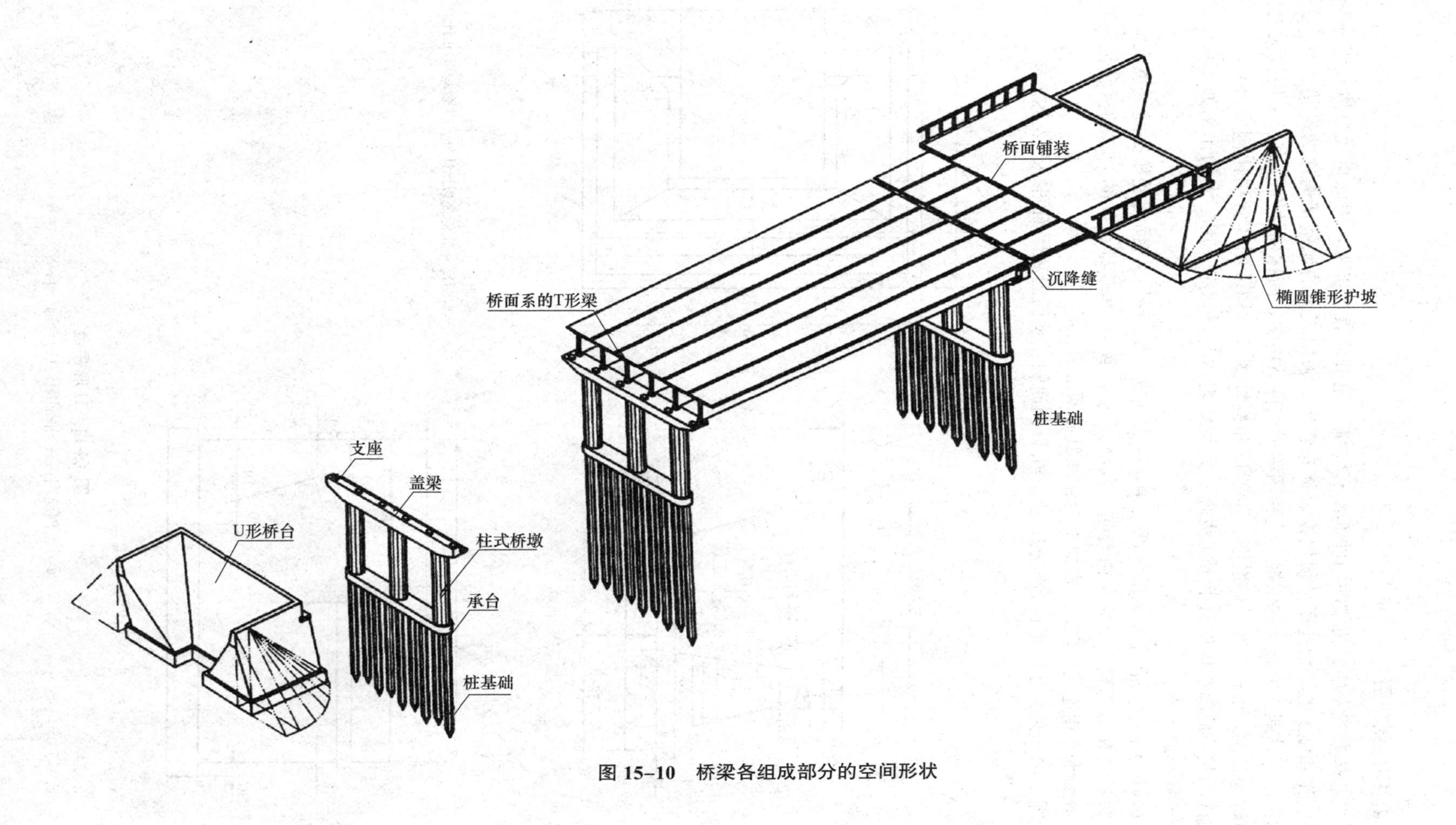

图 15–10　桥梁各组成部分的空间形状

4. 构件结构图

在总体布置图中，桥梁的构件都没有详细、完整地表达出来，因此单凭总体布置图是不能进行制作和施工的，为此还必须根据总体布置图，采用较大的比例把构件的形状、大小完整地表达出来，才能作为施工的依据，这种图称为构件结构图，简称构件图。由于采用较大的比例，故也称为详图，如桥台图、桥墩图、主梁图和栏杆图等。构件图的常用比例为 1∶10～1∶50。当构件的某一局部在构件图中不能清晰、完整地表达时，则应采用更大的比例如 1∶3～1∶10 等来画局部放大图。

(1)桥台图。桥台是桥梁的下部结构，一方面支承梁，另一方面承受桥头路堤填土的水平推力。常见的有 U 形桥台，它是由台帽、台身、侧墙(翼墙)和基础组成的。这种桥台是由胸墙和两道侧墙垂直相连成“U”形，再加上台帽和基础两部分组成。

图 15-11 所示为 U 形桥台的构造图，由纵剖面图、平面图和侧面图综合表达。

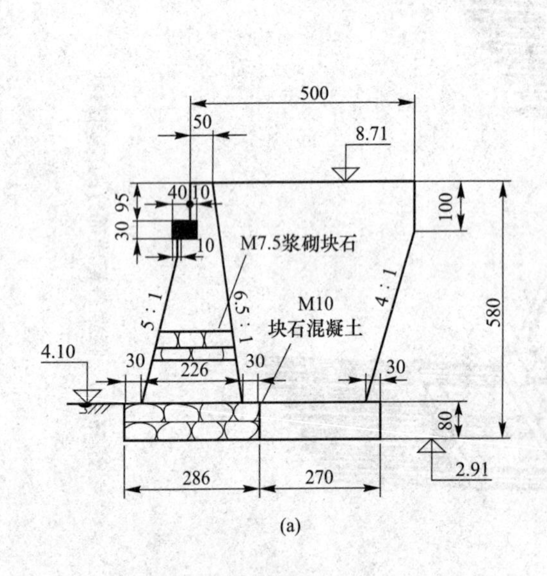

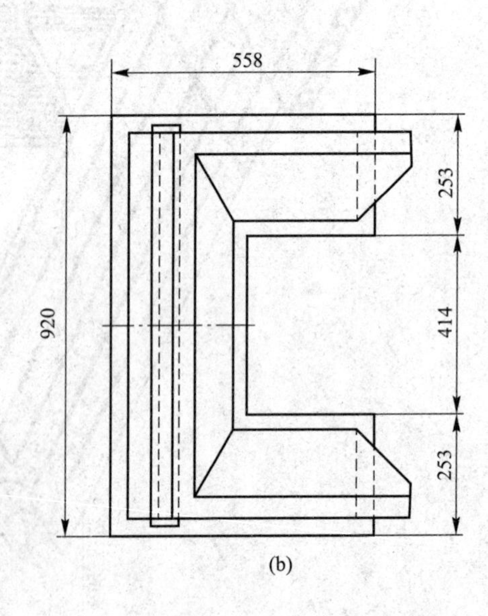

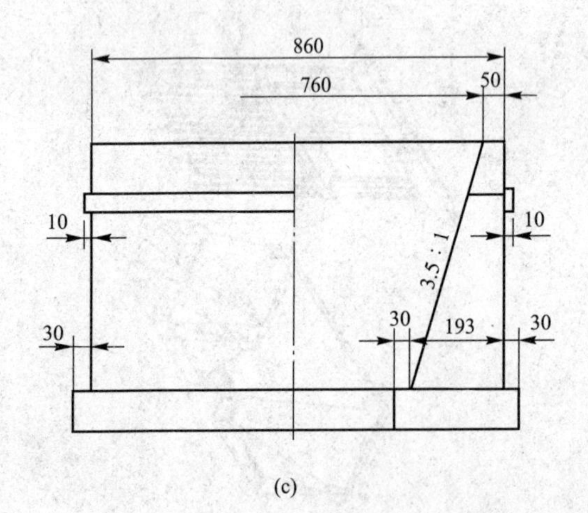

说明：
本图尺寸除标高以m计外，其余均以cm计。

图 15-11　U 形桥台

(a)纵剖面图；(b)平面图；(c)台前一台后

1)纵剖面图。采用纵剖面图代替立面图，显示了桥台内部构造和材料，如图 15-11(a)所示。

2)平面图。设想主梁尚未安装，台后也未填土，这样就能清楚地表示出桥台的水平投影，如图 15-11(b)所示。

3)侧面图。由 1/2 台前和 1/2 台后两个图合成。所谓台前，是指人站在河流的一边顺着路线观看桥台前面所得的投影图；所谓台后，是站在堤岸一边观看桥台背后所得的投影图，如图 15-11(c)所示。

(2)桥墩图。

1)一般构造图。桥墩和桥台一样同属桥梁的下部结构。图 15-12 所示为桥墩一般构造图。该桥墩为钻孔双柱式桥墩，由墩帽(上盖梁)、双柱、连系梁和桩基础组成。本图用正面图和侧面图两面视图表示。

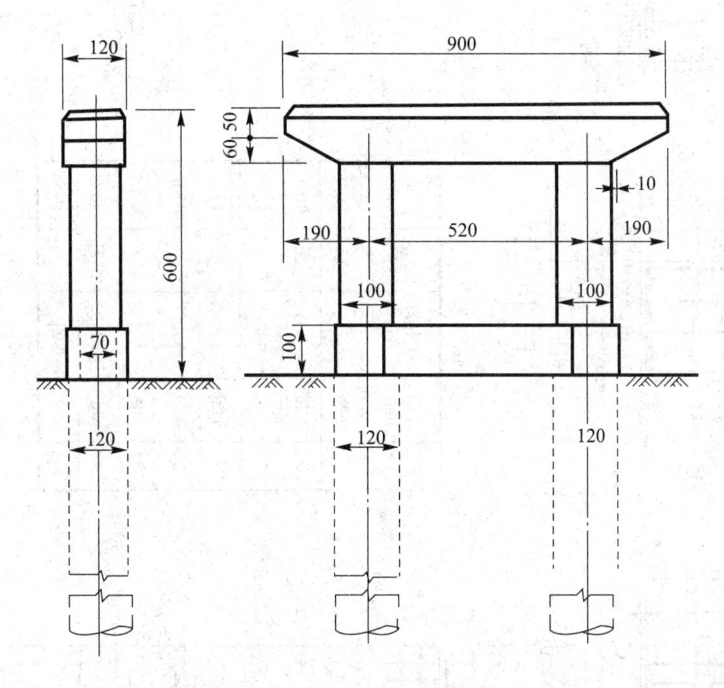

图 15-12　桥墩一般构造图

2)墩帽(上盖梁)钢筋布置图。钢筋布置图(钢筋结构图)最大的特点是假设混凝土为透明体，构件外形用细线画出，钢筋用粗线画出。如图 15-13 所示，由于上盖梁为对称结构，所以立面图和平面图只画一半，侧面图用两个断面图代替，断面图中方格内的数字表示钢筋的编号。在钢筋成型图中，因为⑦号钢筋布置在墩帽坡度处，高度有变化，所以只表示出平均高度。

(3)主梁钢筋布置图。T 形梁是由梁肋、横隔板(横隔梁)和翼板组成的，在桥面宽度范围内往往有几根梁并在一起，在两侧的主梁称为边主梁，中间的主梁称为中主梁。主梁之间用横隔板连系，沿着主梁长度方向有若干个横隔板，在两端的横隔板称为端隔板，中间的横隔板称为中隔板。其中边主梁一侧有横隔板，中主梁两侧有横隔板，如图 15-14 所示。

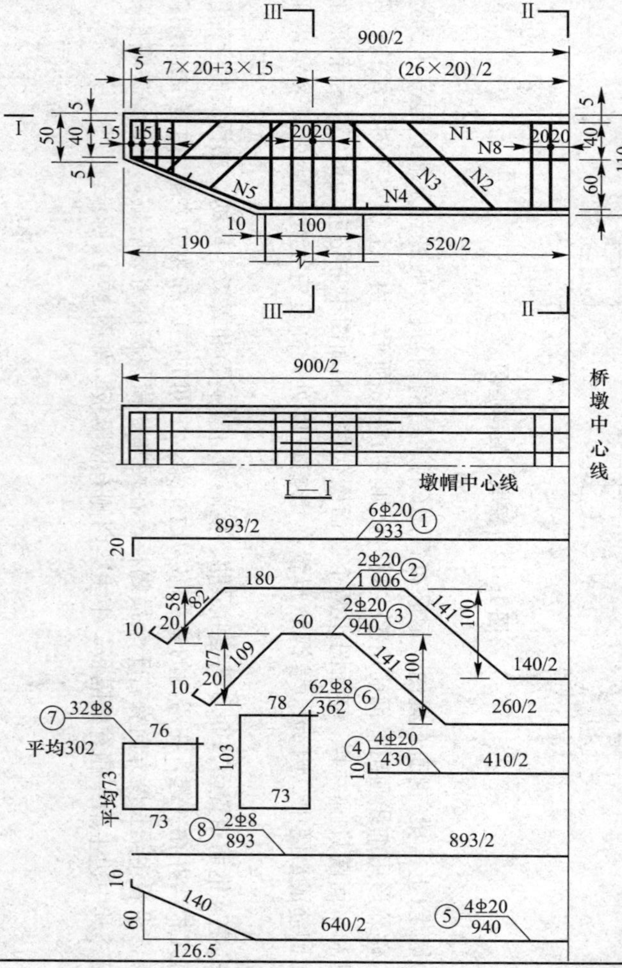

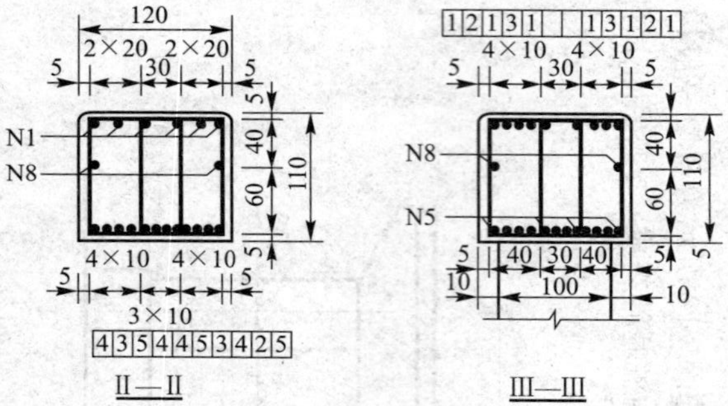

钢筋明细表

编号	直径/mm	每根长/cm	根数	共长/m
1	Φ20	933	6	56.0
2	Φ20	1 006	2	20.2
3	Φ20	940	2	18.8
4	Φ20	430	4	17.2
5	Φ20	940	4	37.6
6	Φ8	362	62	224.4
7	Φ8	平均302	32	96.6
8	Φ8	893	2	17.9

材料表

直径/mm	总长度/m	总质量/kg
Φ20	149.8	369.4
Φ8	418.7	165.4
合计		534.8

附注：

本图尺寸除钢筋直径以mm计外，其余均以cm计。

钻孔桩双柱式桥墩跨径16 m	汽−20，汽车−100
墩帽钢筋布置	净−7+2×1.50

图 15–13　墩帽钢筋布置图

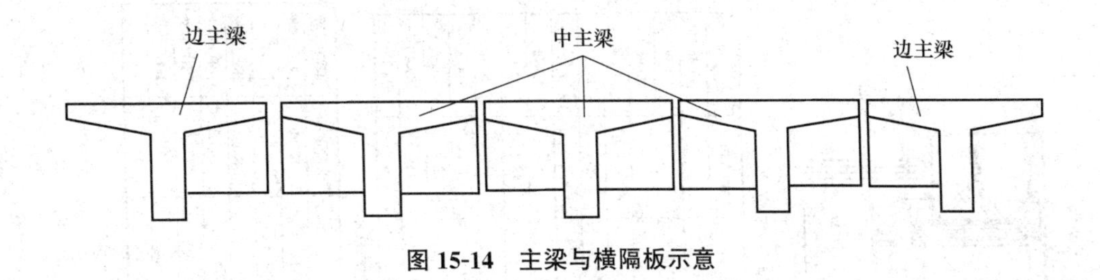

图 15-14 主梁与横隔板示意

图 15-15 所示为 16 mT 形梁的主梁骨架结构图。其中，①、②、③、⑤、⑥、⑦、⑧、⑨为受力钢筋，④为架立钢筋，⑫、⑬为箍筋。

以上介绍了桥梁中一些主要构件的画法，主梁横隔板、翼板钢筋布置图及隔板接头构造图的图示方法与梁肋钢筋布置图基本相同。实际上，要绘制的构件图和详图还有许多，但表示方法基本相同，在此不再赘述。

15.2.3 桥梁工程图的识读

1. 读图的方法

(1)读桥梁工程图的基本方法是形体分析方法。桥梁虽然是庞大而又复杂的建筑物，但它是由许多构件组成的，了解了每一个构件的形状和大小，再通过总体布置图把它们联系起来，弄清楚彼此之间的关系，就不难了解整个桥梁的形状和大小了。

(2)由整体到局部，再由局部到整体反复地读图。因此，必须把整个桥梁工程图由大化小、由繁化简，各个击破，解决整体。

(3)运用投影规律，互相对照，弄清整体。看图的时候，不能单看一个投影图，应同其他投影图包括总体图、详图，钢筋明细表，说明等联系起来。

2. 读图的步骤

看图步骤可按以下顺序进行。

(1)看图纸标题栏和附注，了解桥梁名称、种类、主要技术指标、施工措施、比例、尺寸单位等。读桥位平面图、桥位地质断面图，了解桥的位置、水文、地质状况。

(2)看总体图。掌握桥形、孔数、跨径大小、墩台数目、总长、总高，了解河床断面及地质情况。应先看立面图(包括纵剖面图)，对照看平面图和侧面图、横剖面图等，了解桥的宽度、人行道的尺寸和主梁的断面形式等。如有剖面、断面，则要找出剖切线位置和观察方向，以便对桥梁的全貌有一个初步的了解。

(3)分别阅读构件图和大样图，搞清楚构件的详细构造。各构件图读懂之后，再重新阅读总体图，了解各构件的相互配置及尺寸，直到全部看懂为止。

(4)看懂桥梁工程图，了解桥梁所使用的建筑材料，并阅读工程数量表、钢筋明细表及说明等，再对尺寸进行校核，检查有无错误或遗漏。

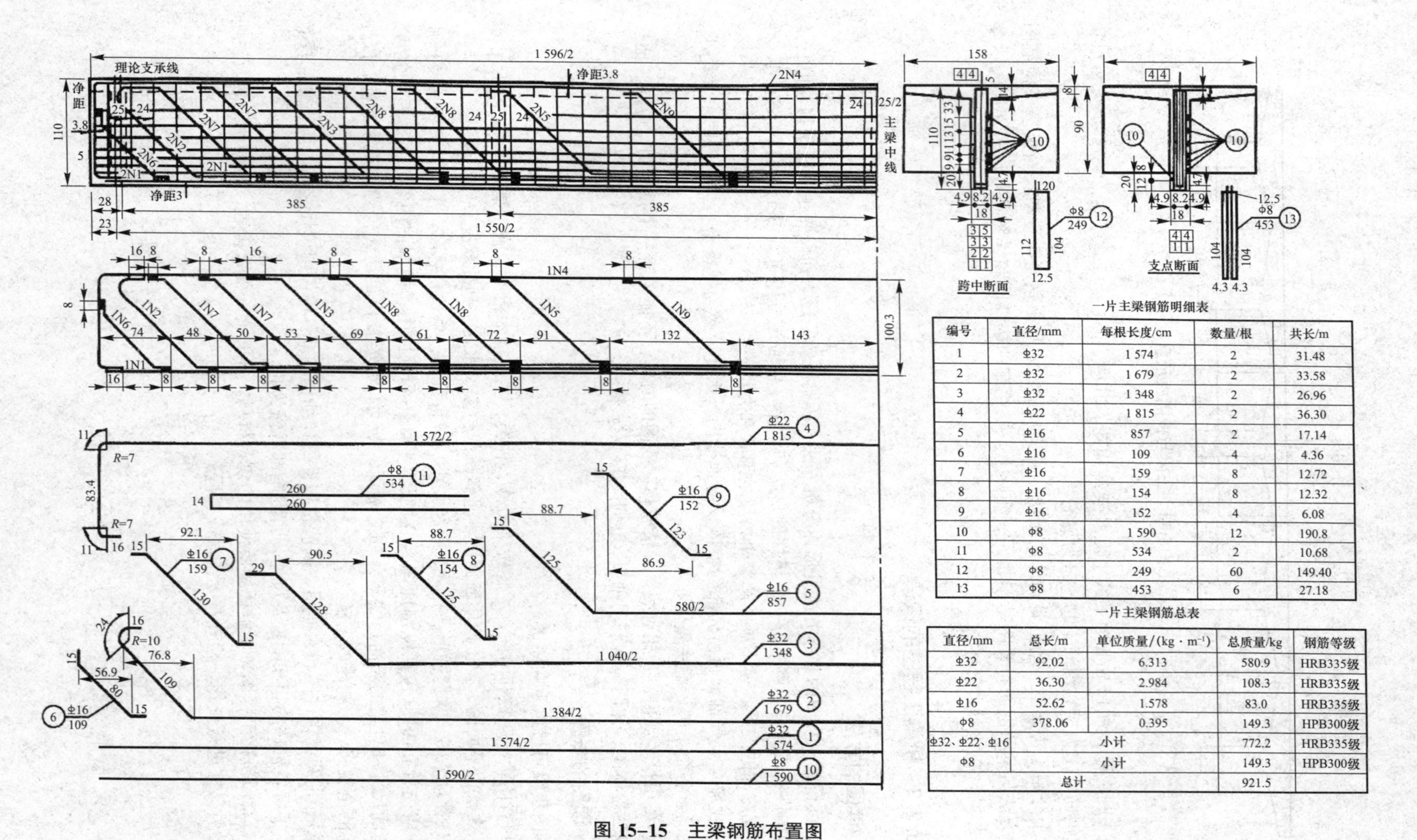

一片主梁钢筋明细表

编号	直径/mm	每根长度/cm	数量/根	共长/m
1	Φ32	1 574	2	31.48
2	Φ32	1 679	2	33.58
3	Φ32	1 348	2	26.96
4	Φ22	1 815	2	36.30
5	Φ16	857	2	17.14
6	Φ16	109	4	4.36
7	Φ16	159	8	12.72
8	Φ16	154	8	12.32
9	Φ16	152	4	6.08
10	Φ8	1 590	12	190.8
11	Φ8	534	2	10.68
12	Φ8	249	60	149.40
13	Φ8	453	6	27.18

一片主梁钢筋总表

直径/mm	总长/m	单位质量/(kg · m^{-1})	总质量/kg	钢筋等级
Φ32	92.02	6.313	580.9	HRB335级
Φ22	36.30	2.984	108.3	HRB335级
Φ16	52.62	1.578	83.0	HRB335级
Φ8	378.06	0.395	149.3	HPB300级
Φ32、Φ22、Φ16	小计		772.2	HRB335级
Φ8	小计		149.3	HPB300级
总计			921.5	

图 15-15　主梁钢筋布置图

（注：本图尺寸除钢筋直径以mm计外，其余均以cm计）

思考题

1. 道路桥梁工程图包含哪些内容？其图示方法有何特点？
2. 道路工程图包含哪些图样？其作用是什么？
3. 试述道路平面图的图示特点及图示内容。
4. 道路路线纵断面图是如何形成的？
5. 桥梁工程图由哪些图样组成？

第 16 章　计算机绘图

16.1　AutoCAD 2014 的工作界面

每次启动 AutoCAD 软件，都会打开 AutoCAD 窗口，这一窗口是用户的设计工作空间。AutoCAD 中文版的用户界面如图 16-1 所示。它主要由菜单栏、工具栏、绘图区、命令窗口和状态栏组成。

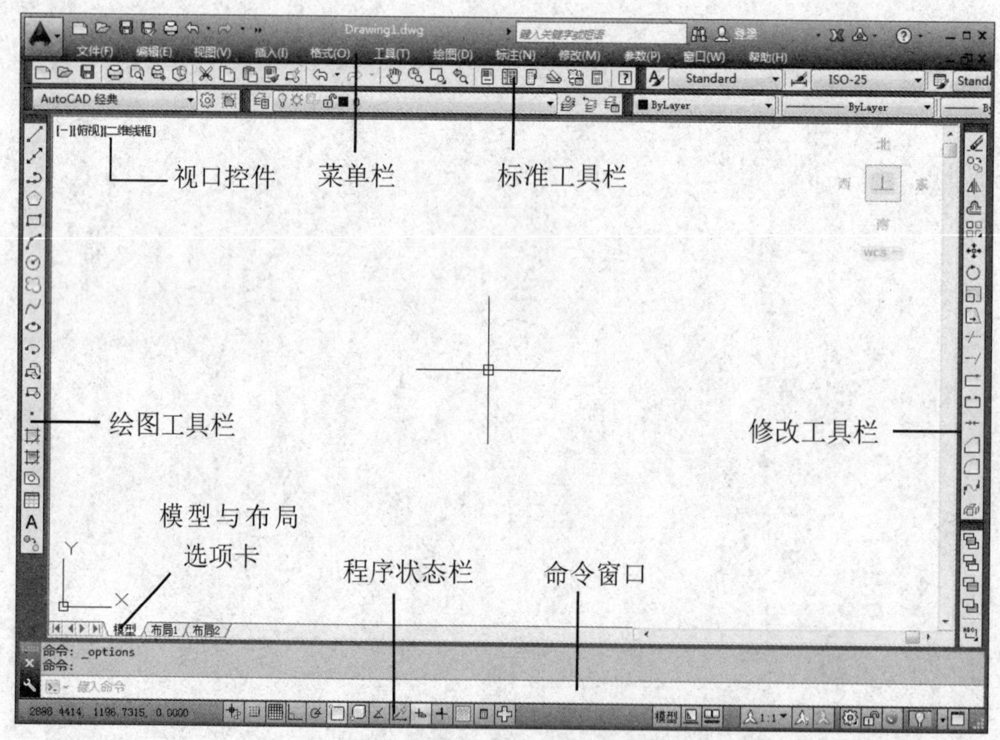

图 16-1　AutoCAD 工作界面

16.2　AutoCAD 二维绘图

16.2.1　设置绘图环境

1. 图形界限

图形界限是绘图窗口显示的范围，AutoCAD 默认的图形界限为 A3 图幅。当图形尺寸较大时，需要对图形界限进行调整。

操作方法：

(1)菜单栏："格式"→"图形界限"。

(2)命令行：输入"limits"。

2. 绘图单位与精度

AutoCAD 绘图，习惯上采取 1∶1 的比例，因此，图中直线等都以真实尺寸来绘制。

操作方法：

(1)菜单栏："格式"→"单位"。

(2)命令行：输入"units"。

3. 图层设置

AutoCAD 中所绘图形都在相应的图层上，图层相当于一张透明的玻璃纸，在一张张透明玻璃纸上绘制相应内容，透过上面的玻璃纸可以看到下一层的内容。无论在哪一层玻璃纸上涂画都不会影响其他层的玻璃纸，最后将各层的玻璃纸叠加起来即合成最终的图纸。

【例 16-1】 创建如图 16-2 所示的图层。

当前图层：轴线　　搜索图层

过滤器
全部
所有使用的图层
反转过滤器(I)

状	名称	开.	冻结	锁...	颜色	线型	线宽	透明度	打印...	打.	新.	说
	0				白	Continu...	默认	0	Color_7			
	标注				白	Continu...	默认	0	Color_7			
	洁具				红	Continu...	默认	0	Color_1			
	楼梯				黄	Continu...	默认	0	Color_2			
	门窗				绿	Continu...	默认	0	Color_3			
	墙体				红	Continu...	0.6...	0	Color_1			
	散水				青	Continu...	默认	0	Color_4			
	文本				白	Continu...	默认	0	Color_7			
✓	轴线				洋...	CENTER	默认	0	Color_6			

全部：显示了 9 个图层，共 9 个图层

图层特性管理器

图 16-2　创建图层

16. 2. 2　创建和编辑二维图形

微课：创建图层

1. 创建二维图形

(1)直线。

操作方法：

1)菜单栏："绘图"→"直线"。

2)工具栏：用鼠标单击"直线"图标。

3)命令行：输入"L"或"line"。

微课：绘制直线

(2)构造线。

操作方法：

1)菜单栏："绘图"→"构造线"。

2)工具栏：用鼠标单击"构造线"图标。

3)命令行：输入"XL"或"xline"。

(3)矩形。

操作方法：

1)菜单栏：“绘图”→“矩形”。

2)工具栏：用鼠标单击“矩形”图标。

3)命令行：输入“REC”或“rectang”。

微课：绘制矩形

(4)正多边形。

操作方法：

1)菜单栏：“绘图”→“多边形”。

2)工具栏：用鼠标单击“正多边形”图标。

3)命令行：输入“POL”或“polygon”。

(5)圆。

操作方法：

1)菜单栏：“绘图”→“圆”。

2)工具栏：用鼠标单击“圆”图标。

3)命令行：输入“C”或“circle”。

【例 16-2】 绘制如图 16-3 所示的图形，要求圆直径为 80，内接正四边形，外切正五边形。

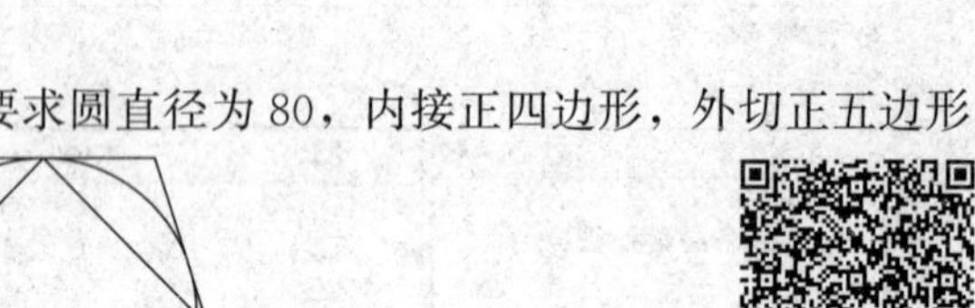

微课：【例 16-2】

图 16-3 正多边形示意图

操作步骤：

①画圆。

命令：_ circle

指定圆的圆心或[三点(3 P)/两点(2 P)/切点、切点、半径(T)]： //在屏幕上任意位置单击确定圆心

指定圆的半径或[直径(D)]<80.000 0> ： //圆半径为 80

②画正四边形。

命令：_ polygon

输入侧面数<3> ：4 //正多边形边数为 4

指定正多边形的中心点或[边(E)]： //捕捉圆的圆心单击

输入选项[内接于圆(I)/外切于圆(C)]<I> ：I //正四边形内接于圆

指定圆的半径： //用鼠标在圆周上单击

③画正五边形

命令：_ polygon

输入侧面数<4> ：5 //正多边形边数为 5

指定正多边形的中心点或[边(E)]： //捕捉圆的圆心并单击

输入选项[内接于圆(I)/外切于圆(C)]<I> ：C //正五边形外切于圆

指定圆的半径： //用鼠标在圆周上单击

【例 16-3】 用四种不同方法绘制圆，结果如图 16-4 所示。

微课：【例 16-3】

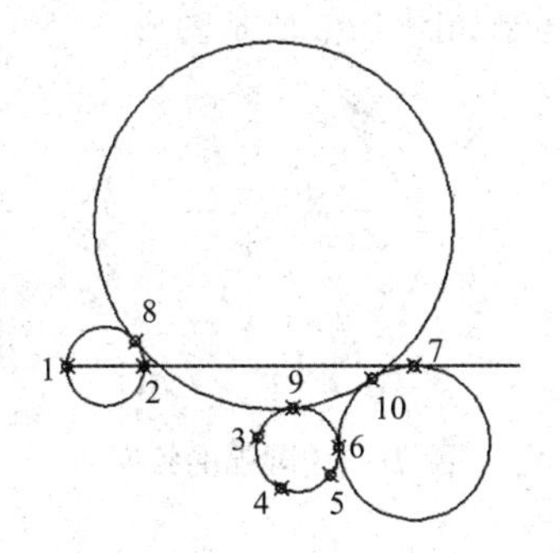

图 16-4 圆的绘制

操作步骤：

①两点法画圆。

命令：_ circle

指定圆的圆心或[三点(3P)/两点(2P)/切点、切点、半径(T)]：2P　　//选择两点法

指定圆直径的第一个端点：　　//用鼠标单击点 1

指定圆直径的第二个端点：　　//用鼠标单击点 2

②三点法画圆。

命令：_ circle

指定圆的圆心或[三点(3P)/两点(2P)/切点、切点、半径(T)]：3P　　//选择三点法

指定圆上的第一个点：　　//用鼠标单击点 3

指定圆上的第二个点：　　//用鼠标单击点 4

指定圆上的第三个点：　　//用鼠标单击点 5

③切点、切点、半径法画圆。

命令：_ circle

指定圆的圆心或[三点(3P)/两点(2P)/切点、切点、半径(T)]：T　　//选择切点、切点、半径法

指定对象与圆的第一个切点：　　//用鼠标单击点 6

指定对象与圆的第二个切点：　　//用鼠标单击点 7

指定圆的半径<38.3480>：70　　//设定圆的半径为 70

④切点、切点、切点法画圆。

命令：_ circle

指定圆的圆心或[三点(3P)/两点(2P)/切点、切点、半径(T)]：3P　　//选择三点法

指定圆上的第一个点：TAN 到　　//用鼠标单击点 8

指定圆上的第二个点：TAN 到　　//用鼠标单击点 9

指定圆上的第三个点：TAN　　//用鼠标单击点 10

(6)圆弧。

操作方法：

1)菜单栏："绘图"→"圆弧"。

2)工具栏：用鼠标单击"圆弧"图标 。

3)命令行：输入“arc”。

【例 16-4】 利用“圆弧”命令绘制如图 16-5 所示图形。

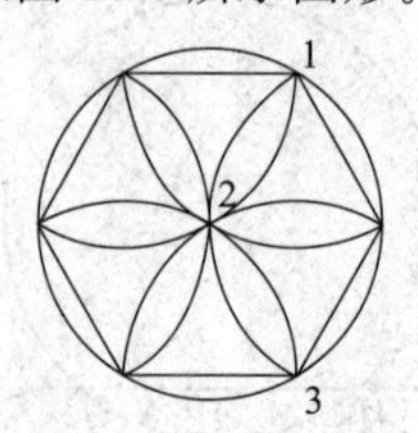

微课：【例 16-4】

图 16-5 圆弧的绘制

操作步骤：

①画圆。

命令：_ circle

指定圆的圆心或[三点(3P)/两点(2P)/切点、切点、半径(T)]： //用鼠标单击确定任意圆心

指定圆的半径或[直径(D)]<166.7478> ：150 //指定圆的半径

②画正六边形。

命令：_ polygon

输入侧面数<5> ：6 //正多边形边数为 6

指定正多边形的中心点或[边(E)]： //捕捉圆心后单击

输入选项[内接于圆(I)/外切于圆(C)]<C> ：I //正六边形内接于圆

指定圆的半径： //在圆周的合适位置单击

③画圆弧。

命令：_ arc //圆弧创建方向：逆时针(按住 Ctrl 键可切换方向)

指定圆弧的起点或[圆心(C)]： //用鼠标单击点 1

指定圆弧的第二个点或[圆心(C)/端点(E)]： //用鼠标单击点 2

指定圆弧的端点： //用鼠标单击点 3

以此类推绘制出所有圆弧即得到所示图形。

(7)点。

绘制点的操作方法：

1)菜单栏：“绘图”→“点”。

2)工具栏：用鼠标单击“点”图标 · 。

3)命令行：输入“PO”或“point”。

设置点样式的操作方法：

1)菜单栏：“格式”→“点样式”。

2)命令行：输入“ddptype”。

命令执行后，弹出“点样式”对话框，如图 16-6 所示。

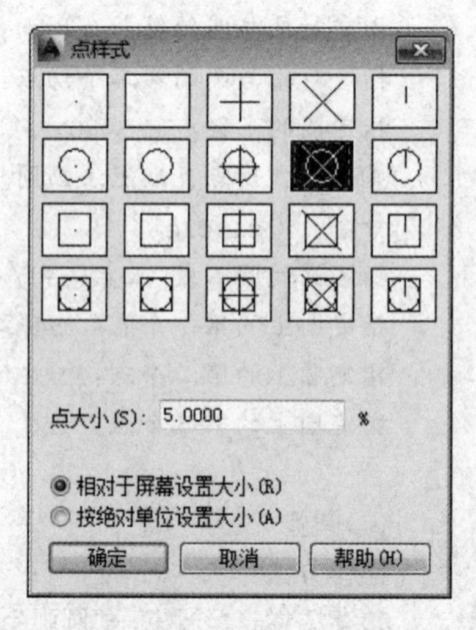

图 16-6 “点样式”对话框

【例 16-5】 利用圆、圆弧及点的定数等分绘制如图 16-7 所示图形。

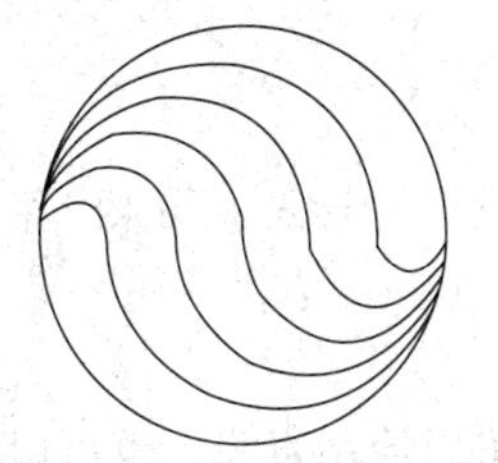

微课：【例 16-5】

图 16-7　圆、圆弧及点绘制图形

操作步骤：

①画一条长度为 70 的线，将其定数等分为 6 段。

命令：L

指定第一个点：　　　　//图中任意位置单击

指定下一点或[放弃(U)]：70　　　　//用鼠标向右滑动输入 70

指定下一点或[放弃(U)]：　　　　//按 Enter 键

②设置点样式为☒后，结果如图 16-8 所示。

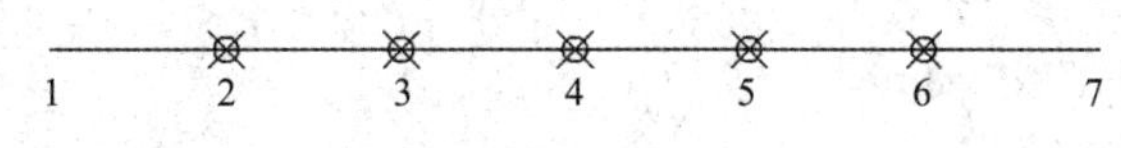

图 16-8　点的定数等分

③绘制圆弧。

命令：_ arc

圆弧创建方向：逆时针(按住 Ctrl 键可切换方向)。

指定圆弧的起点或[圆心(C)]：　　　　//选择点 1

指定圆弧的第二个点或[圆心(C)/端点(E)]：E　　　　//选择端点方式

指定圆弧的端点：　　　　//选择点 2

指定圆弧的圆心或[角度(A)/方向(D)/半径(R)]：D　　　　//选择方向方式

指定圆弧的起点切向：　　　　//选择垂直向上的方向单击

命令：ARC

圆弧创建方向：逆时针(按住 Ctrl 键可切换方向)。

指定圆弧的起点或[圆心(C)]：　　　　//选择点 2

指定圆弧的第二个点或[圆心(C)/端点(E)]：E　　　　//选择端点方式

指定圆弧的端点：　　　　//选择端点 7

指定圆弧的圆心或[角度(A)/方向(D)/半径(R)]：D　　　　//选择方向方式

指定圆弧的起点切向：　　　　//选择垂直向下的方向单击

绘图结果如图 16-9 所示。

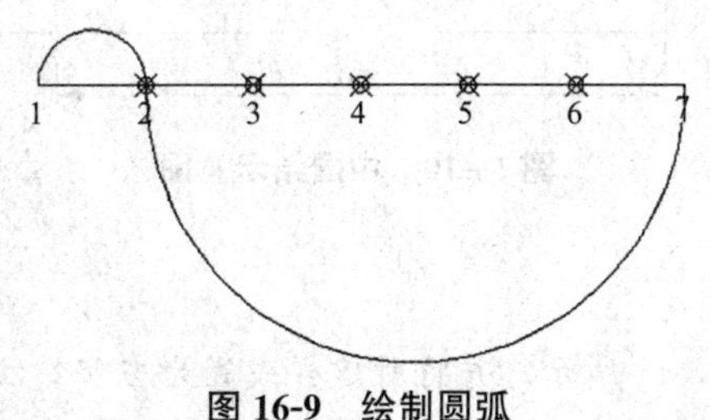

图 16-9　绘制圆弧

以此类推，利用“圆弧”命令绘制其余圆弧。

④绘制圆。

命令：_ circle

指定圆的圆心或[三点(3P)/两点(2P)/切点、切点、半径(T)]：　　//选择点 4

指定圆的半径或[直径(D)]< 35.000 0> ：　　//选择点 7

(8)多段线。利用“多段线”命令可以绘制直线，也可以绘制圆弧，还可以绘制直线和圆弧的组合图形，但一次“多段线”命令绘制的图形是一个对象。

操作方法：

1)菜单栏：“绘图”→“多段线”。

2)工具栏：用鼠标单击“多段线”图标。

3)命令行：输入“PL”或者“pline”。

(9)多线。多线对象是由 1～16 条平行线组成的，利用“多线”命令可以提高绘图效率，常用于建筑图中墙体、窗户等的绘制。

绘制多线的操作方法：

1)菜单栏：“绘图”→“多线”。

2)命令行：输入“ML”或“mline”。

设置多线样式的操作方法：

1)菜单栏：“格式”→“多线样式”。

2)命令行：输入“mlstyle”。

编辑多线的操作方法：

1)菜单栏：“修改”→“对象”→“多线”。

2)命令行：输入“mledit”。

3)在多线图形上双击。

【例 16-6】 利用“多线”命令绘制如图 16-10 所示的中国结。

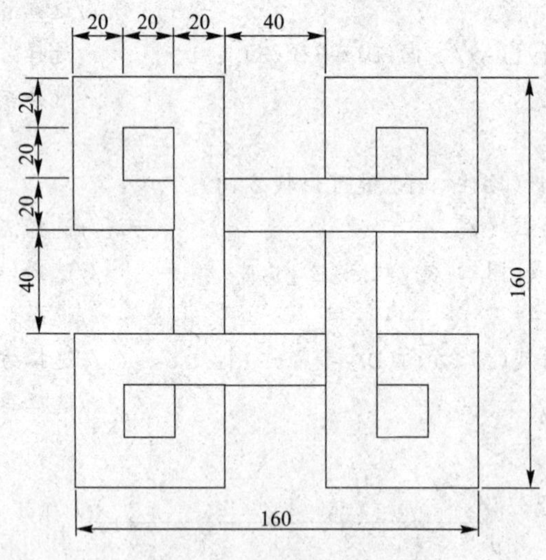

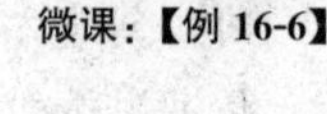

微课：【例 16-6】

图 16-10　中国结示意图

操作步骤：

①新建多线样式，如图 16-11 所示，并将所建样式置为当前。注意：两条多线之间的距离＝

两条线偏移量之差的绝对值×多线设置比例。

②绘制中国结。依次按照图 16-12 所示的顺序绘制出中国结。

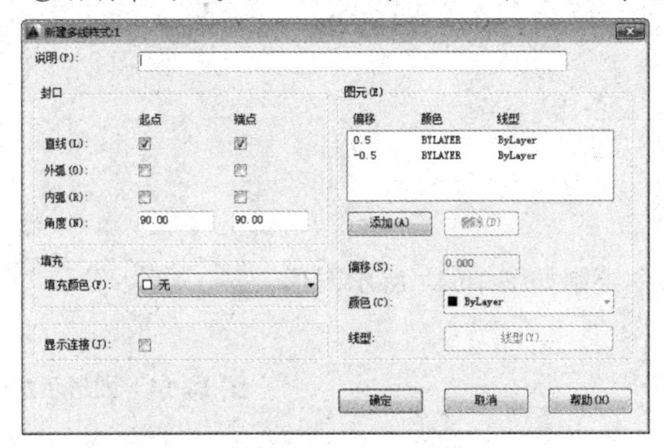

图 16-11　新建多线样式参数设置

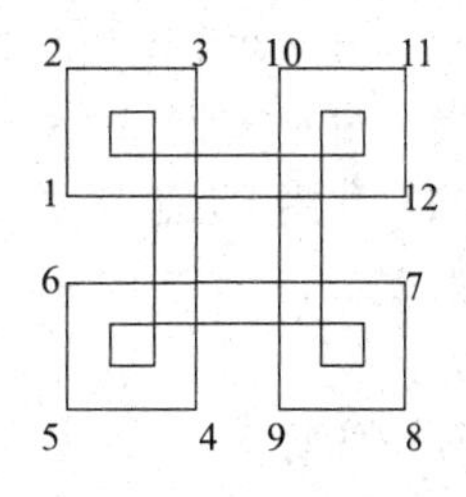

图 16-12　中国结的绘图顺序

命令：ML

当前设置：对正=上，比例=20.00，样式=L　　//多线的设置参数

指定起点或[对正(J)/比例(S)/样式(ST)]：　　//任意区域单击确定点 1

指定下一点：60　　//确定点 2

指定下一点或[放弃(U)]：60　　//确定点 3

指定下一点或[闭合(C)/放弃(U)]：160　　//确定点 4

指定下一点或[闭合(C)/放弃(U)]：60　　//确定点 5

指定下一点或[闭合(C)/放弃(U)]：60　　//确定点 6

指定下一点或[闭合(C)/放弃(U)]：160　　//确定点 7

指定下一点或[闭合(C)/放弃(U)]：60　　//确定点 8

指定下一点或[闭合(C)/放弃(U)]：60　　//确定点 9

指定下一点或[闭合(C)/放弃(U)]：160　　//确定点 10

指定下一点或[闭合(C)/放弃(U)]：60　　//确定点 11

指定下一点或[闭合(C)/放弃(U)]：60　　//确定点 12

指定下一点或[闭合(C)/放弃(U)]：c　　//闭合图形

③多线编辑。双击多线在弹出的对话框中选择“十字闭合”的方式依次处理交界处。下面以 1—12 段与 3—4 段说明交界处的处理方法。

选择“十字闭合”方式后，先单击 1—12 段再单击 3—4 段，处理显示效果为：1—12 段以 3—4 段为界线断开，如图 16-13 所示。以此类推，处理其他三处即可得到最终图形。

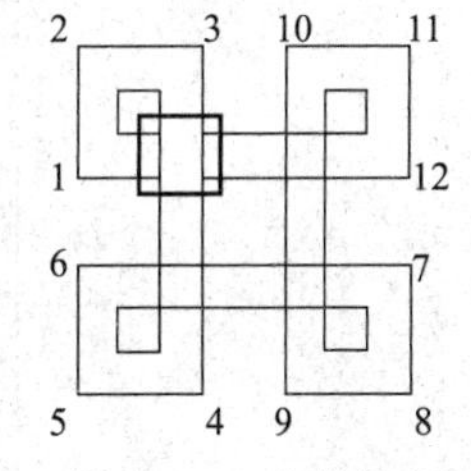

图 16-13　多线编辑处理交接处

2. 编辑二维图形

(1)选择和删除。

选择图形的操作方法：

1)拾取框选择。执行“修改”命令后(如“移动”“复制”等)，十字光标变为小方框(拾取框)，用拾取框选择相应对象，被选中实体由实线变为虚线，表示对象已经被选中。

2)窗口方式选择。在绘图区域单击，由左向右拖动窗口到合适位置，再次单击，完全位于窗口内的实体都会被选择。若由右向左拖动窗口到合适位置，再次单击，则所有与窗口相交的实体都会被选择。

删除图形的操作方法：

1)菜单栏：“修改”→“删除”。

2)工具栏：用鼠标单击“删除”图标。

3)命令行：输入“E”或“erase”。

(2)复制。

操作方法：

1)菜单栏：“修改”→“复制”。

2)工具栏：用鼠标单击“复制”图标。

3)命令行：输入“CO”或“copy”。

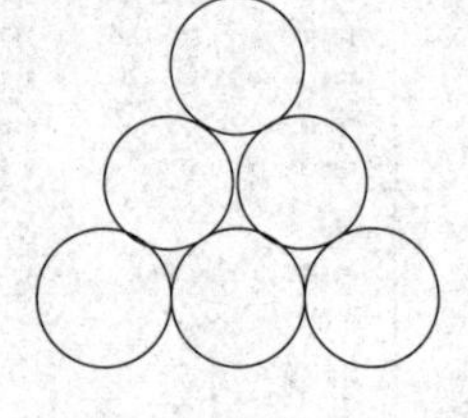

图 16-14　圆形示意图

【例 16-7】 利用“复制”和“极轴追踪”命令绘制如图 16-14 所示图形，图中圆半径为 20。

操作步骤：

①绘制第一排圆。

命令：_ copy

选择对象：找到 1 个　　//选择第一个圆

当前设置：复制模式= 多个

指定基点或[位移(D)/模式(O)]<位移>：　　//选择点 1

指定第二个点或[阵列(A)]<使用第一个点作为位移>：　　//选择点 2

指定第二个点或[阵列(A)/退出(E)/放弃(U)]<退出>：　　//选择点 3

指定第二个点或[阵列(A)/退出(E)/放弃(U)]<退出>：　　//按 Enter 键退出

绘图结果如图 16-15 所示。

微课：【例 16-7】

1　2　3

图 16-15　第一排圆

②绘制第二、第三排圆。用鼠标右键单击状态栏“极轴追踪”图标，选择“设置”命令，在弹出的对话框内，勾选“启用极轴追踪”复选框，并将增量角设为 60，如图 16-16 所示。

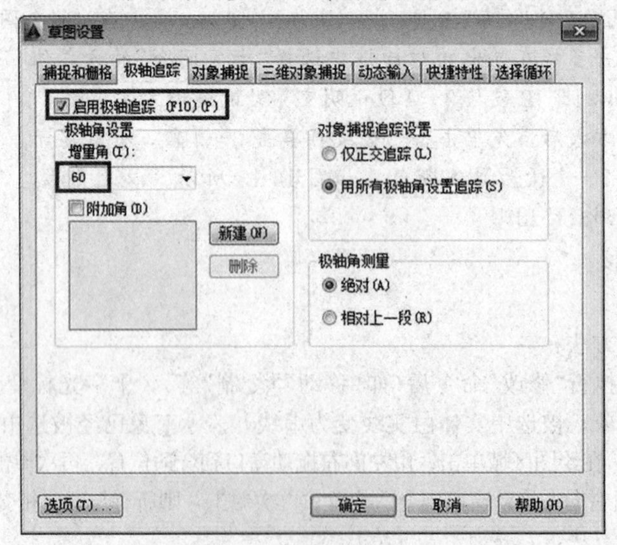

图 16-16　极轴追踪设置

选择第一排左侧两个圆，并将其沿 60°方向斜向上复制 40 个单位，如图 16-17 所示。

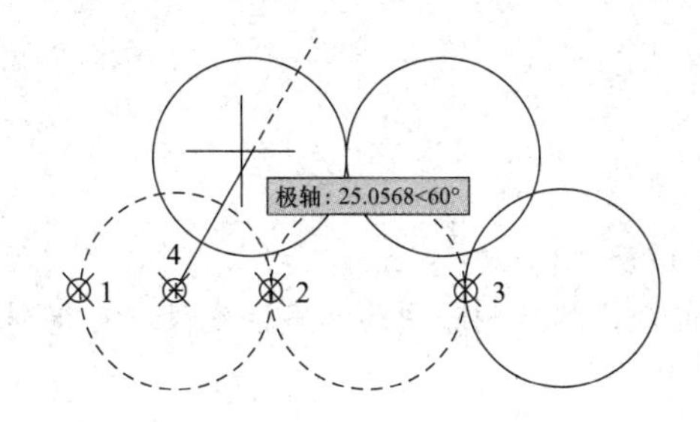

图 16-17　极轴追踪复制第二排圆

命令：_ copy
选择对象：指定对角点：找到 2 个　　//选择第一排左边两个圆
当前设置：复制模式= 多个
指定基点或[位移(D)/模式(O)]<位移>：　　//以圆心 4 为基点，并追踪 60°方向
指定第二个点或[阵列(A)]< 使用第一个点作为位移>：40　　//第二个点距离 40
指定第二个点或[阵列(A)/退出(E)/放弃(U)]< 退出>：　　//按 Enter 键退出
以此类推，将第二排第一个圆斜向右上方 60°复制 40 个单位即可得到最终图形。

(3)镜像。镜像如同照镜子一样，用于对称图形的绘制。
1)菜单栏："修改"→"镜像"。
2)工具栏：用鼠标单击"镜像"图标。
3)命令行：输入"MI"或者"mirror"。
【例 16-8】 利用"圆弧"和"镜像"命令绘制如图 16-18 所示图形。
操作步骤：
①绘制如图 16-19 所示的三角形和圆弧。其中 1—2 线段为竖直，圆弧段可采用起点、端点、方向的方式绘制。

图 16-18　心形示意图

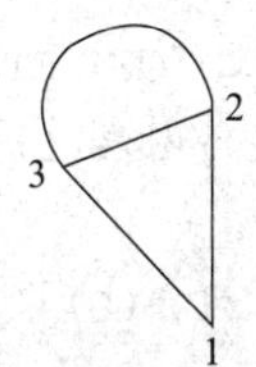

图 16-19　心形左半部分绘制

微课：【例 16-8】

命令：_ arc
圆弧创建方向：逆时针(按住 Ctrl 键可切换方向)
指定圆弧的起点或[圆心(C)]：　　//选择点 2
指定圆弧的第二个点或[圆心(C)/端点(E)]：E　　//选择端点
指定圆弧的端点：　　//选择点 3
指定圆弧的圆心或[角度(A)/方向(D)/半径(R)]：D　　//选择方向
指定圆弧的起点切向：　　//由点 2 竖直向上的方向

②镜像得到右半部分。

命令：_ mirror

选择对象：指定对角点：找到 4 个　　　　　　　　　　　　//选择图形

指定镜像线的第一点：　　　　　　　　　　　　　　　　　//选择点 2

指定镜像线的第二点：　　　　　　　　　　　　　　　　　//选择点 1

要删除源对象吗？[是(Y)/否(N)]<N> ：n　　　　　　　　　//不删除左半部分

命令执行后可得到右半部分，然后删除中间的多余线段即可得到最终图形。

(4)偏移复制。

1)菜单栏："修改"→"偏移"。

2)工具栏：用鼠标单击"偏移"图标。

3)命令行：输入"O"或"offset"。

(5)阵列复制。

1)菜单栏："修改"→"阵列"。

2)工具栏：用鼠标单击"阵列"图标。

3)命令行：输入"AR"或"array"。

【例 16-9】 利用"偏移"和"阵列"命令绘制如图 16-20 所示的图形，偏移距离为 5。

操作步骤：

①使用"多段线"命令，画一条长为 20 的直线、直径为 10 的圆弧(图 16-21)。

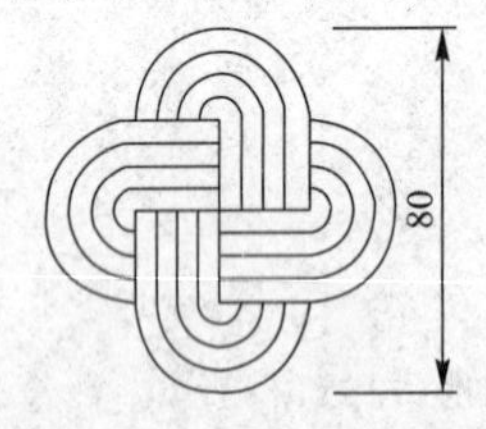

图 16-20　偏移、阵列图形示意

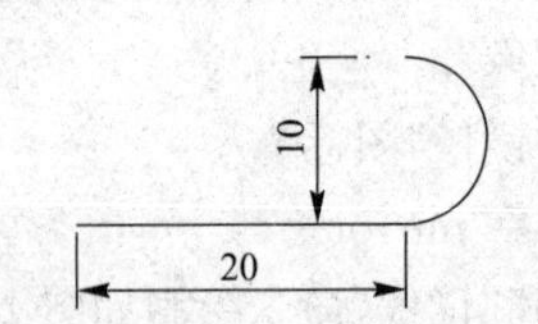

图 16-21　直线和圆弧尺寸示意

微课：【例 16-9】

②使用"偏移"命令，偏移出其他线条，偏移距离为 5(图 16-22)。

命令：_ offset

当前设置：删除源= 否　图层= 源　OFFSETGAPTYPE= 0

指定偏移距离或[通过(T)/删除(E)/图层(L)]<10.000 0> ：5

//偏移距离为 5

选择要偏移的对象，或[退出(E)/放弃(U)]<退出> ：

//选择所画多段线(加粗线)

指定要偏移的那一侧上的点，或[退出(E)/多个(M)/放弃(U)]<退出> ：

//单击多段线内侧得到多段线 1

以此类推可得到多段线 2～4。

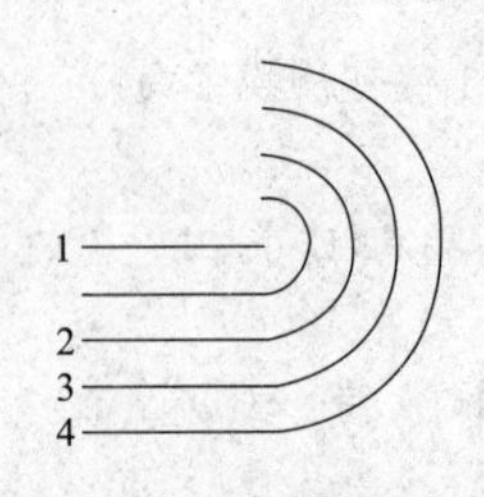

图 16-22　偏移后的图形

③使用“环形阵列”命令，得到最终图形。选择“修改”→“阵列”→“环形阵列”命令。

命令：_ arraypolar

选择对象：指定对角点：找到 5 个

类型= 极轴　关联= 是

指定阵列的中心点或[基点(B)/旋转轴(A)]：　　//选择线段 1 的左侧端点

选择夹点以编辑阵列或[关联(AS)/基点(B)/项目(I)/项目间角度(A)/填充角度(F)/行(ROW)/层(L)/旋转项目(ROT)/退出(X)]<退出>：I　　//选择项目

输入阵列中的项目数或[表达式(E)]<6>：4　　//设置项目数为 4

选择夹点以编辑阵列或[关联(AS)/基点(B)/项目(I)/项目间角度(A)/填充角度(F)/行(ROW)/层(L)/旋转项目(ROT)/退出(X)]<退出>：　　//退出

(6)移动和旋转。

移动图形的操作方法：

1)菜单栏：“修改”→“移动”。

2)工具栏：用鼠标单击“移动”图标。

3)命令行：输入“M”或“move”。

旋转图形的操作方法：

1)菜单栏：“修改”→“旋转”。

2)工具栏：用鼠标单击“旋转”图标。

3)命令行：输入“RO”或“rotate”。

(7)缩放。

操作方法：

1)菜单栏：“修改”→“缩放”。

2)工具栏：用鼠标单击“缩放”图标。

3)命令行：输入“SC”或“scale”。

(8)拉伸。

操作方法：

1)菜单栏：“修改”→“拉伸”。

2)工具栏：用鼠标单击“拉伸”图标。

3)命令行：输入“S”或“stretch”。

【例 16-10】 绘制一边长为 50 的正方形并执行如图 16-23 所示的操作。

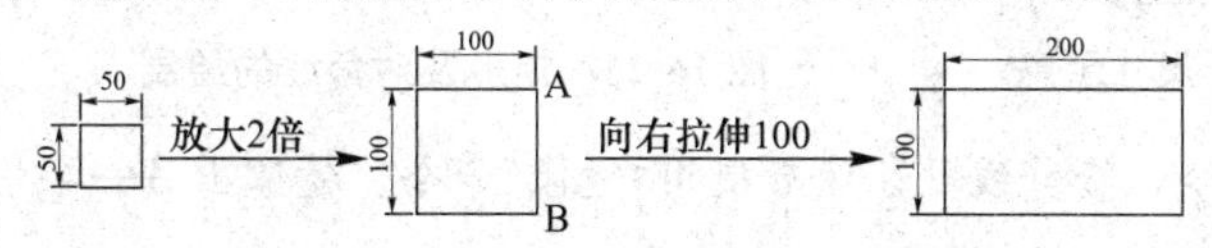

图 16-23　正方形的相关操作示意

微课：【例 16-10】

操作步骤：

①使用“矩形”命令，绘制图示边长为 50 的正方形，并用“缩放”命令将其放大两倍。

命令：_ scale

选择对象：找到 1 个　　//选择图形

指定基点：　　//选择正方形左下方点

指定比例因子或[复制(C)/参照(R)]：2　　//比例因子设为 2

②使用“拉伸”命令，从 P1 到 P2 框选图示虚线区域如图 16-24 所示，将图形向右拉伸 100，得到最终图形。

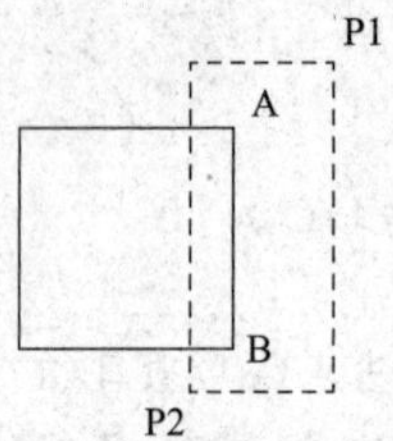

图 16-24　拉伸操作

命令：_ stretch
以交叉窗口或交叉多边形选择要拉伸的对象...
选择对象：
指定对角点：找到 1 个　　//从 P1 框选到 P2
指定基点或[位移(D)]<位移>：　　//选择点 B
指定第二个点或<使用第一个点作为位移>：100　　//鼠标水平向右方向输入 100

(9)修剪。
操作方法：
1)菜单栏：“修改”→“修剪”。
2)工具栏：用鼠标单击“修剪”图标 -/-。
3)命令行：输入“TR”或“trim”。

【例 16-11】 利用“偏移”“镜像”“修剪”等命令绘制如图 16-25 所示的图形。

操作步骤：

①先画一个 80×80 的矩形，然后画一条对角线，再使用“偏移”命令偏移对角线，偏移距离为 10(图 16-26)。

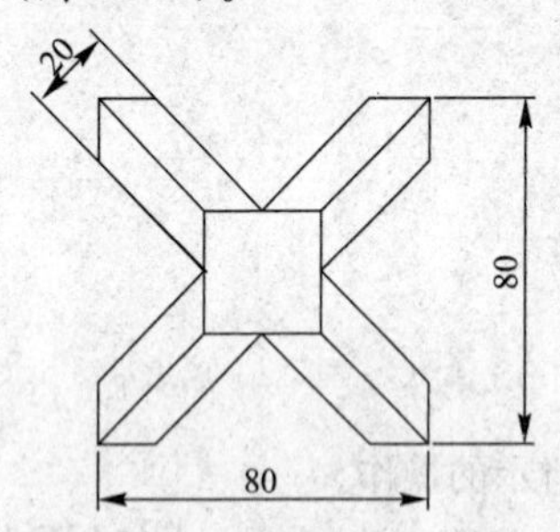

图 16-25　图形尺寸示意

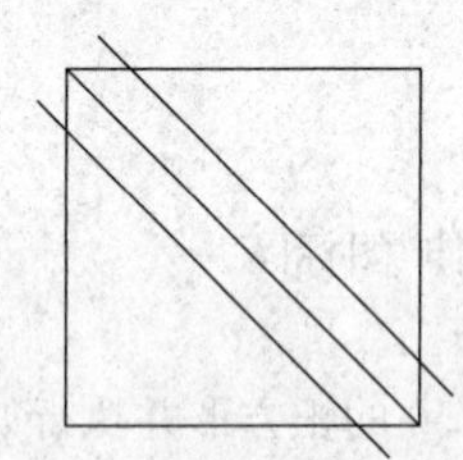

图 16-26　矩形及对角线的绘制

微课：【例 16-11】

②使用“修剪”命令，修剪线段；然后使用“镜像”命令，镜像出另一半。修剪步骤如下：

命令：_ trim
当前设置：投影= UCS，边= 无
选择剪切边...
选择对象或< 全部选择>：找到 1 个　　//选择正方形单击鼠标后，按 Space 键
选择要修剪的对象，或按住 Shift 键选择要延伸的对象，或
[栏选(F)/窗交(C)/投影(P)/边(E)/删除(R)/放弃(U)]：　　//依次单击正方形外的线段

以此类推，以上下两条斜线为剪切边，修剪掉右上角和左下角的线段。然后镜像得到如

图 16-27 所示的图形。

③使用“构造线”命令，过 1、2、3、4 四个点添加四条构造线，如图 16-28 所示。

命令：_ xline

指定点或[水平(H)/垂直(V)/角度(A)/二等分(B)/偏移(O)]：　//选择点 1

指定通过点：　//选择点 1 水平线上的任意一点

以此类推，可以得到其余三条构造线。

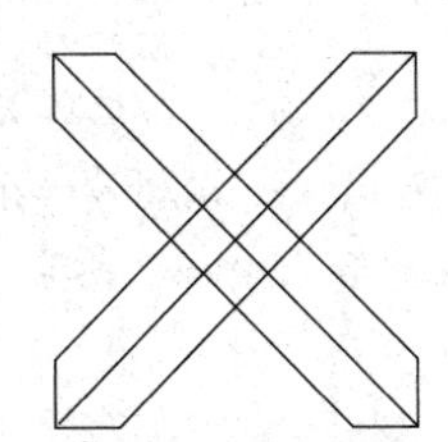

图 16-27　修剪、镜像后的图形

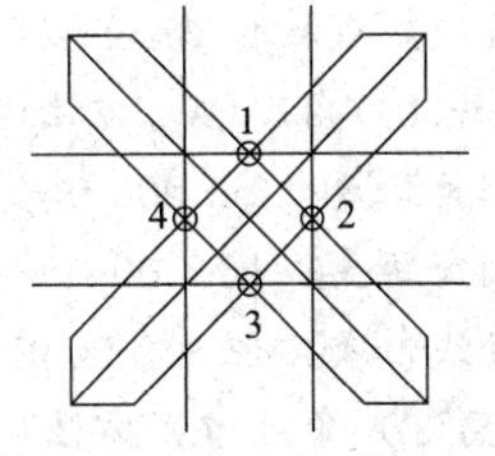

图 16-28　添加构造线示意

④以四条构造线围成的正方形为剪切边，使用“修剪”命令，修剪得到最终图形。

(10)延伸。

延伸的操作方法：

1)菜单栏：“修改”→“延伸”。

2)工具栏：用鼠标单击“延伸”图标--/。

3)命令行：输入“EX”或“extend”。

(11)打断与合并。

打断图形的操作方法：

1)菜单栏：“修改”→“打断”。

2)工具栏：用鼠标单击“打断”图标。

3)命令行：输入“BR”或“break”。

合并图形的操作方法：

1)菜单栏：“修改”→“合并”。

2)工具栏：用鼠标单击“合并”图标。

3)命令行：输入“J”或“join”。

(12)倒角与圆角。

倒角的操作方法：

1)菜单栏：“修改”→“倒角”。

2)工具栏：用鼠标单击“倒角”图标。

3)命令行：输入“CHA”或“chamfer”。

圆角的操作方法：

1)菜单栏：“修改”→“圆角”。

2)工具栏：用鼠标单击“圆角”图标。

3)命令行：输入“F”或者“fillet”。

【例 16-12】　绘制如图 16-29 所示的正方形并利用“倒角”命令执行如下操作。

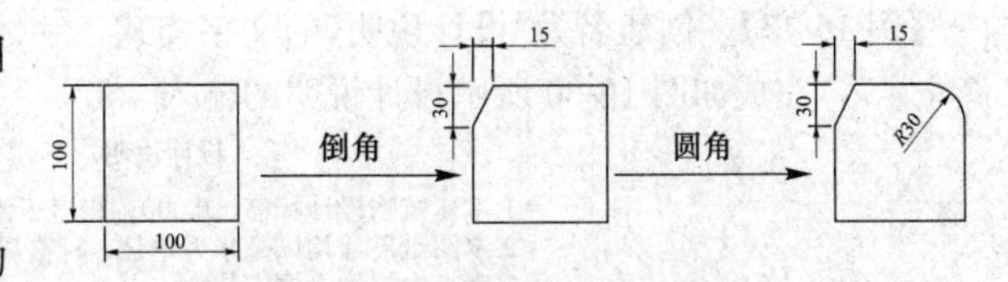

图 16-29　倒角操作

操作步骤：

①画一个 100×100 的矩形。

②利用“倒角”命令进行修改。

```
命令：_ chamfer
(“修剪”模式)当前倒角距离 1= 10.000 0，距离 2= 10.000 0
选择第一条直线或[放弃(U)/多段线(P)/距离(D)/
角度(A)/修剪(T)/方式(E)/多个(M)]：                 //选择正方形的上边
选择第二条直线，或按住 Shift 键选择直线以应
用角点或[距离(D)/角度(A)/方法(M)]：D                //选择距离
指定第一个倒角距离< 10.000 0> ：15                  //第一个倒角距离为 15
指定第二个倒角距离< 10.000 0> ：30                  //第二个倒角距离为 30
选择第二条直线，或按住 Shift 键选择直线以应
用角点或[距离(D)/角度(A)/方法(M)]：                 //选择正方形的左边
```

③利用圆角命令进行修改得到最终图形。

```
命令：_ fillet
当前设置：模式= 修剪，半径= 10.000 0
选择第一个对象或[放弃(U)/多段线(P)/半径(R)/
修剪(T)/多个(M)]：                                  //选择正方形的上边
选择第二个对象，或按住 Shift 键选择对象以应
用角点或[半径(R)]：R                                //选择半径
指定圆角半径< 10.000 0> ：30                        //指定半径为 30
选择第二个对象，或按住 Shift 键选择对象以应
用角点或[半径(R)]：                                 //选择正方形的右边
```

(13)分解。

操作方法：

1)菜单栏：“修改”→“分解”。

2)工具栏：用鼠标单击“分解”图标。

3)命令行：输入“X”或“explode”。

16.2.3 文字的输入与编辑

1. 设置文字样式

文字样式的设置会影响输入文字的效果，在输入文字之前需建立合适的文字样式。

操作方法：

(1)菜单栏：“格式”→“文字样式”。

(2)工具栏：用鼠标单击“文字样式”图标。

(3)命令行：输入“ST”或“style”。

【例 16-13】 创建名为“设计说明”的文字样式，字体为“仿宋 GB _ 2312”，宽度因子为 0.8，字高为 7，完成如图 16-30 所示设计说明的输入。

设计说明

1.本建筑物设计标高±0.000，相当于绝对标高25.000。
2.本图纸尺寸均以毫米为单位，标高以米为单位。
3.所有内门均为框安装。

图 16-30 设计说明

微课：【例 16-13】

操作步骤：

1)设置文字样式。选择“格式”→“文字样式”命令，调用“文字样式”对话框，通过“新建”按钮创建新的文字样式，设置好相应参数后，单击“置为当前”按钮。

2)利用“多行文字”命令输入相应内容。启用多行文字命令，在绘图区域单击框出矩形区域，设置好对齐等参数后输入相应文字。

2. 创建和编辑表格

(1)新建表格样式。表格样式控制表格的外观，通过表格样式可设置字体、颜色、文本、高度和行距等参数。

操作方法：

1)菜单栏：“格式”→“表格样式”。

2)命令行：输入“tablestyle”。

调用“表格样式”命令后，通过“新建”按钮可以创建新的表格样式，如图16-31所示。

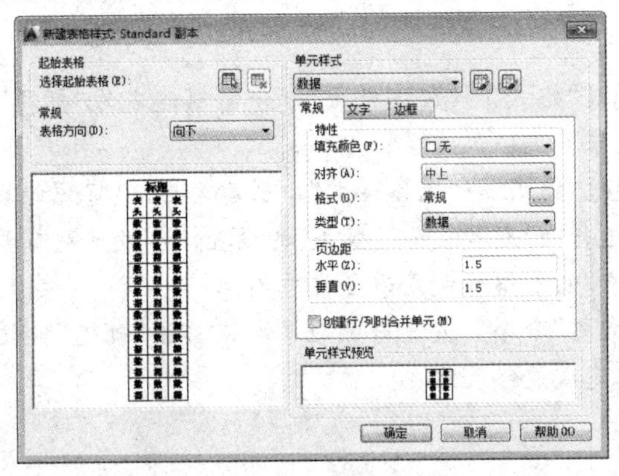

图 16-31 “新建表格样式”对话框

(2)创建表格。

操作方法：

1)菜单栏：“绘图”→“表格”。

2)工具栏：单击“表格”图标▦。

3)命令行：输入“TA”或“table”。

命令执行后，会弹出“插入表格”对话框，如图16-32所示。

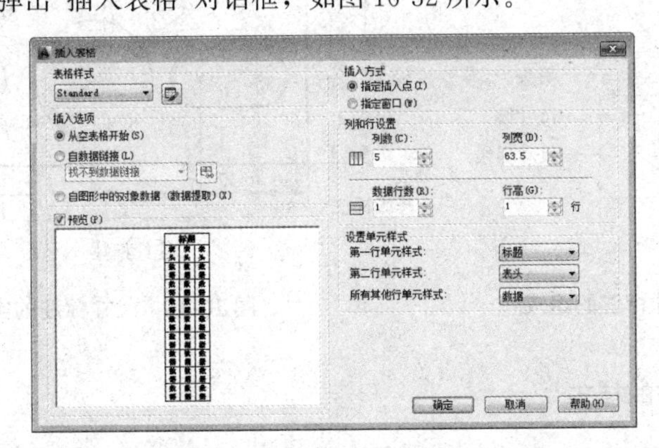

图 16-32 “插入表格”对话框

【例 16-14】 创建如图 16-33 所示的表格。标题文字要求："仿宋 GB_2312"，字高为 7；表头文字要求："仿宋"，字高为 5；数据文字要求："方正小标宋简体"，字高为 3.5；表格列宽要求：30；表格行高要求：1 行；所有文字正中放置，高宽比为 0.8。

门窗统计表			
序号	设计编号	规格	数
1	M–1	1 300×2 000	4
2	M–2	1 000×2 000	30
3	M–3	2 400×1 700	10
4	M–4	1 800×1 700	40

微课：【例 16-14】

图 16-33　门窗统计表

操作步骤：

①设置文字样式。通过"格式"→"文字样式"，分别创建名为"标题""表头"和"数据"的三种文字样式，参数见题目要求。

②设置表格样式。通过"格式"→"表格样式"，创建名为"门窗统计表"的表格样式，通过"单元样式"下拉菜单，分别进行"标题""表头""数据"的设置，参数见题目要求。单击"确定"按钮完成设置，并将"门窗统计表"的表格样式置为当前样式。

③创建表格。启用"表格"命令，设置好相应参数，单击"确定"按钮，在绘图区域单击鼠标插入表格。输入相应内容完成最终表格。

16.2.4　尺寸标注

1. 尺寸标注的组成与类型

(1)尺寸标注的组成。一个完整的尺寸标注由尺寸线、尺寸界线、箭头和文字组成，如图 16-34 所示。

(2)尺寸标注的类型。尺寸标注的类型有连续标注、基线标注、半径标注、对齐标注、角度标注和直线标注等，如图 16-35 所示。

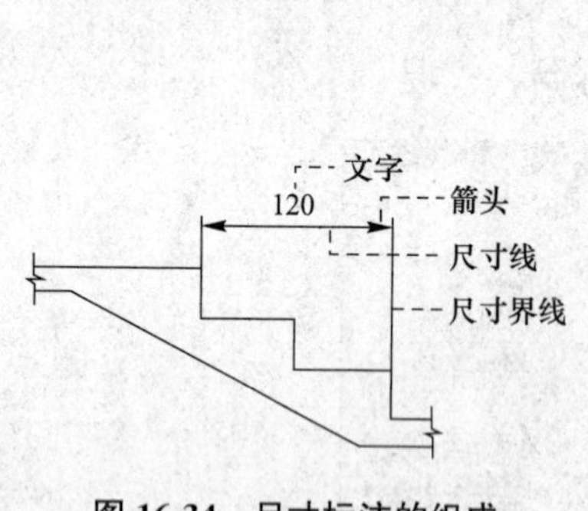

图 16-34　尺寸标注的组成

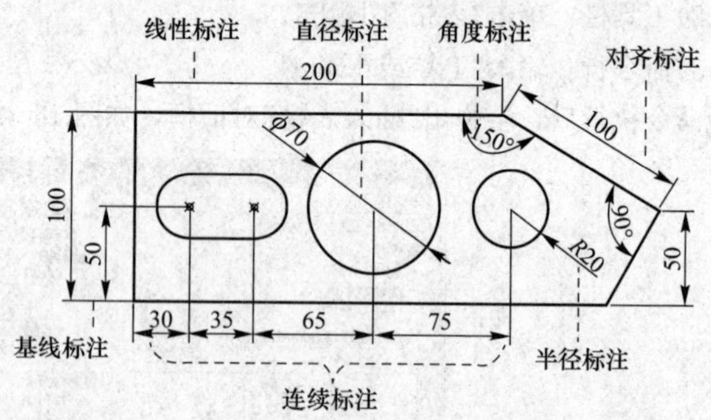

图 16-35　尺寸标注的类型

2. 创建尺寸标注的样式

操作方法：

(1)菜单栏："标注"→"标注样式"。

(2)命令行：输入“D”或“dimstyle”。

16.3　AutoCAD 三维建模

16.3.1　布尔运算

三维实体模型的一个重要功能是可以在两个以上的模型之间执行布尔运算命令，组合成新的复杂的实体模型。布尔运算包括“并集”“交集”和“差集”3 种运算命令，下面介绍这几种命令的用法。

(1)并集。并集运算是将两个以上的三维实体合为一体，如图 16-36 所示。

操作方法：

1)菜单栏：“实体”→“并集”。

2)命令行：输入“interfere”。

(2)交集。交集运算是将几个实体相交的公共部分保留，如图 16-37 所示。

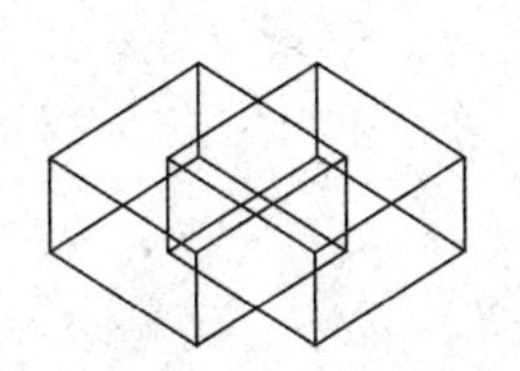
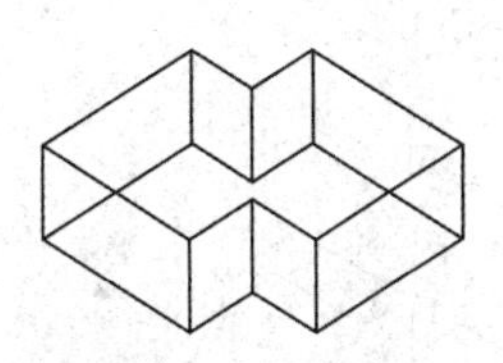

图 16-36　并集运算

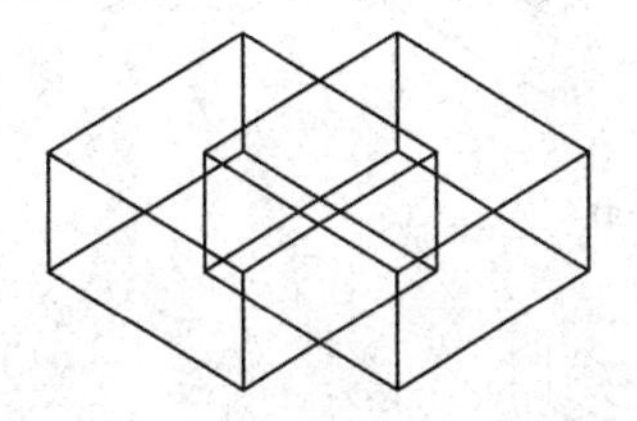
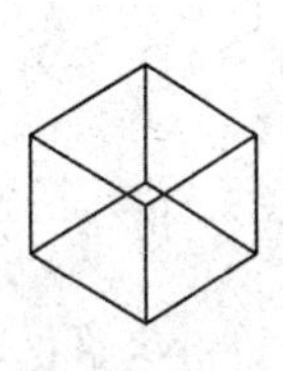

图 16-37　交集运算

操作方法：

1)菜单栏：“实体”→“交集”。

2)命令行：输入“intersect”。

(3)差集。差集运算是从一个三维实体中去除与其他实体相交的公共部分，如图 16-38 所示。

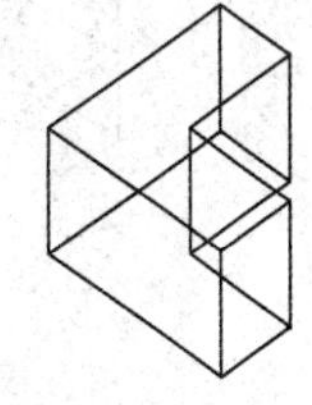

图 16-38　差集运算

操作方法：

1)菜单栏：“实体”→“差集”。

2)命令行：输入“subtract”。

16.3.2　三维建模实例

【例 16-15】　绘制如图 16-39 所示的图形，尺寸如图 16-39 所示，圆的半径为 2。

微课：【例 16-15】

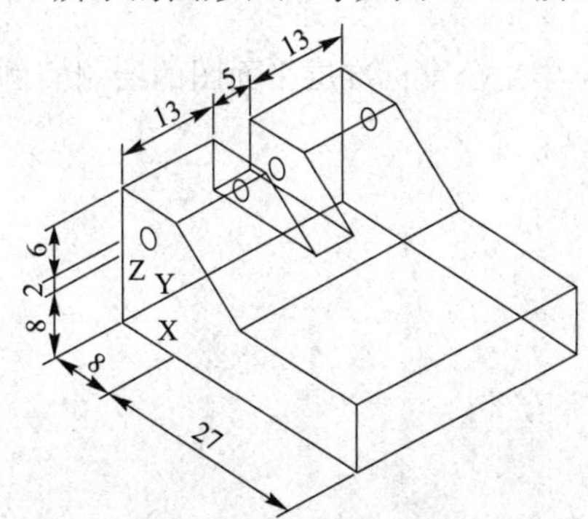

图 16-39　三维图形示意

操作步骤：

(1)新建一个图形文件。

(2)绘制 31×35×8 的长方体；旋转坐标轴，将作图 XY 平面切换至梯形所在平面上，在相应的位置绘制梯形的四边及圆形，构成面域，拉伸 30，如图 16-40(a)、(b)所示。

(3)绘制小矩形面：旋转坐标轴，将作图 XY 平面切换至竖直的矩形面上，画 5×6 的矩形，构成面域，拉伸 20，如图 16-40(c)、(d)所示。

(4)用并集与差集整合：(大长方体＋梯形体)－圆柱体－小长方体，如图 16-40(e)所示。

(5)着色并利用三维动态观察器来检查三维图形绘制是否准确。

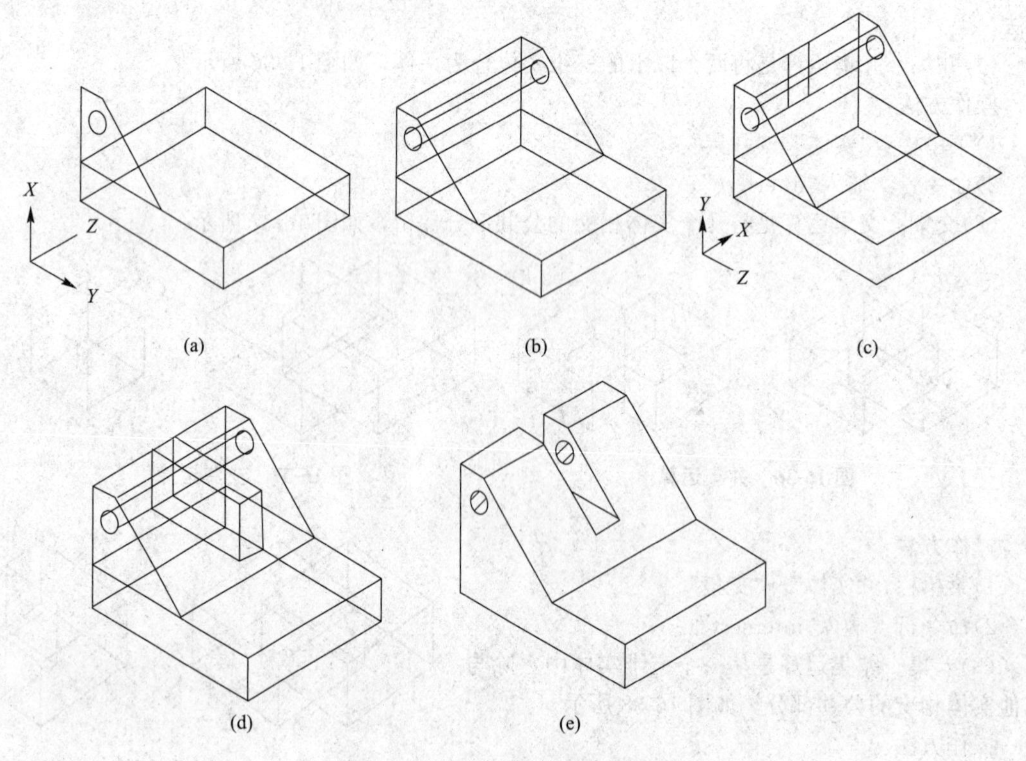

图 16-40　三维图形绘图过程示意

16.4　用 AutoCAD 绘制建筑施工图

本节通过如图 16-41 所示某学生公寓标准层平面图的绘制实例，介绍综合运用 AutoCAD 绘制工程图的方法和过程。

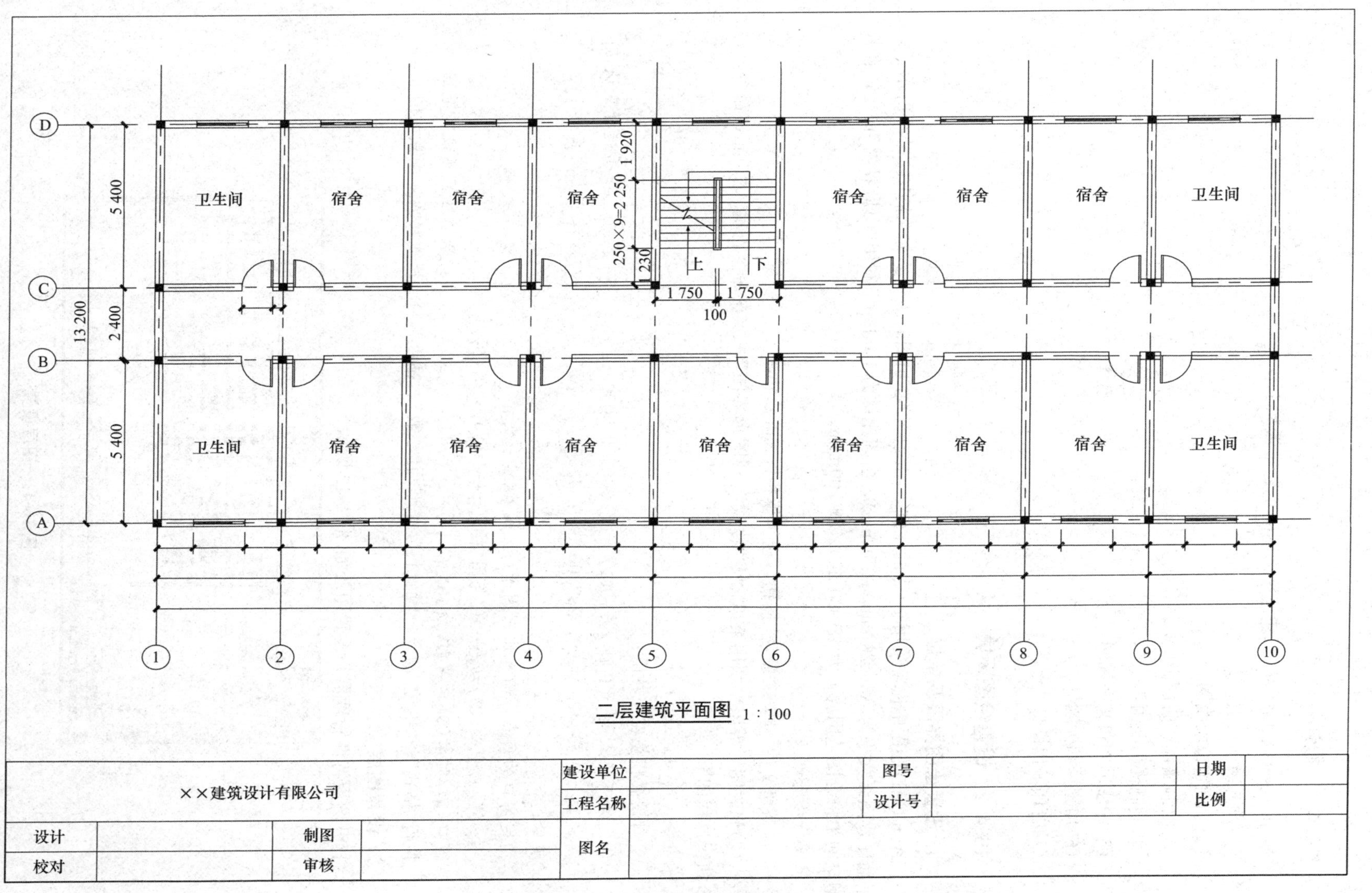

图 16-41 某学生公寓楼标准层平图

16.4.1　概述

使用 AutoCAD 软件绘制建筑平面图的主要步骤如下：

(1)设置绘图环境。

(2)绘制定位轴线网。

(3)绘制墙体、门窗。

(4)绘制楼梯及雨篷。

(5)标注尺寸和文字说明。

(6)加图框和标题栏。

(7)打印输出图样。

16.4.2　设置绘图环境

1. 设置绘图界限及单位

AutoCAD 绘图中通常采用 1∶1 的比例，图纸比例在出图时决定。如绘制图 16-41 所示建筑平面图，图纸大小为 A3(420 mm×297 mm)，出图比例为 1∶100。利用“图形界限”命令，在模型空间中将绘图范围放大为 42 000 mm×29 700 mm。

操作步骤如下：

(1)新建文件。单击“新建”按钮，选择模板“acadiso. dwt”。

(2)修改图形界限。利用菜单命令“格式”→“图形界限”，或在命令行输入“limits”命令，命令执行过程如下：

```
命令：'_ limits
重新设置模型空间界限：
指定左下角点或[开(ON)/关(OFF)]<0.0000, 0.0000> :          //按 Enter 键选择默认值
指定右上角点<420.0000, 297.0000> : 42000, 29700          //修改右上角坐标
命令：ZOOM
指定窗口的角点，输入比例因子(nX 或 nXP)，或者
[全部(A)/中心(C)/动态(D)/范围(E)/上一个(P)/比例(S)/
窗口(W)/对象(O)]<实时> : A                                 //绘图区显示设定范围
```

执行“格式”→“单位”命令，设置长度类型为“小数”，精度为 0，其他参数采用默认值。

2. 设置图层

打开图层特性管理器，设置图层如图 16-42 所示。

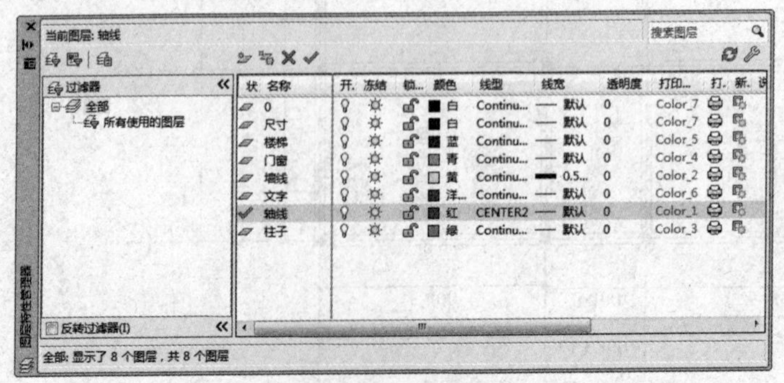

图 16-42　图层设置

3. 设置文字样式和标注样式

选择“格式”→“文字样式”命令，新建名为“建筑”的文字样式，“字体名”为“仿宋”，“宽度因子”为 0.7，其他采用默认参数，将该文字样式“置为当前”。

选择“格式”→“标注样式”命令，新建名为“标注”的标注样式，“基础样式”选择为“ISO－25”。具体参数设置为：

(1)在“线”选项卡上，设置“基线间距”为 10，“超出尺寸线”为 2，“起点偏移量”为 2。

(2)在“符号和箭头”选项卡上，设置“箭头”为“建筑标记”。

(3)在“文字”选项卡上，设置“文字样式”为“标注”，“文字高度”为 3，“从尺寸线偏移”为 1。

(4)在“调整”选项卡上，选择“调整选项”为“文字”，“标注特征比例”为“使用全局比例”并设置为 100。

(5)在“主单位”选项卡上，设置“线性标注”的“精度”为 0。

16.4.3 建立图块

1. 门

绘图步骤：

(1)绘制一个半径为 900 的圆。

(2)从圆心绘制两条垂直的半径，将竖向线向左偏移 50。

(3)利用“修剪”命令得到最终图形，如图 16-43 所示。

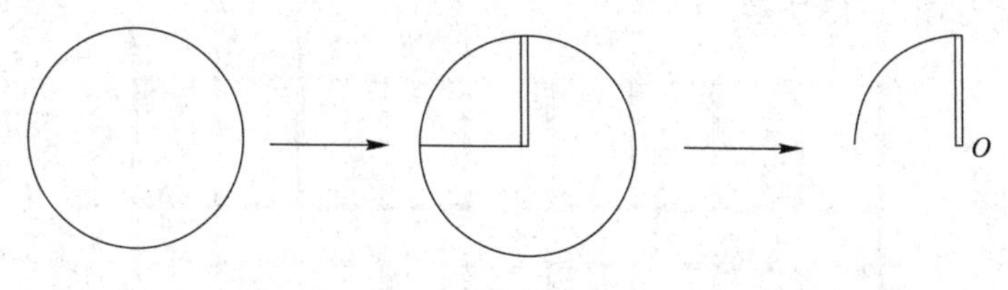

图 16-43　门的画法

选择最终图形，选择“绘图”→“块”命令，以 *O* 点为基点创建名为“门”的块。

2. 轴号

绘图步骤：

(1)绘制一个半径为 400 的圆。

(2)选择“绘图”→“块”→“定义属性”命令，在“标记”中输入 1，在“对正”中选择“正中”，在“文字样式”中选择“建筑”，“文字高度”输入 500。

(3)单击“确定”按钮，捕捉并选择圆的圆心。

(4)捕捉圆的上方象限点，利用“直线”命令画长度为 1 000 的直线。

选择最终图形，选择“绘图”→“块”命令，以直线的上方端点为基点创建名为“轴号”的块。

16.4.4 绘制图样并标注尺寸

1. 绘制轴网

选择“格式”→“线型”命令，弹出“线型管理”对话框，单击“显示细节”按钮，将“全局比例因子”设为 100(出图比例的倒数)。

将当前图层设置为“轴线”图层，利用“直线”“偏移”或“复制”命令，根据轴线间的距离绘制轴网，绘图过程中如果轴线过长或过短，可以利用“拉伸”命令来拉长或缩短，绘制完成如图 16-44 所示。

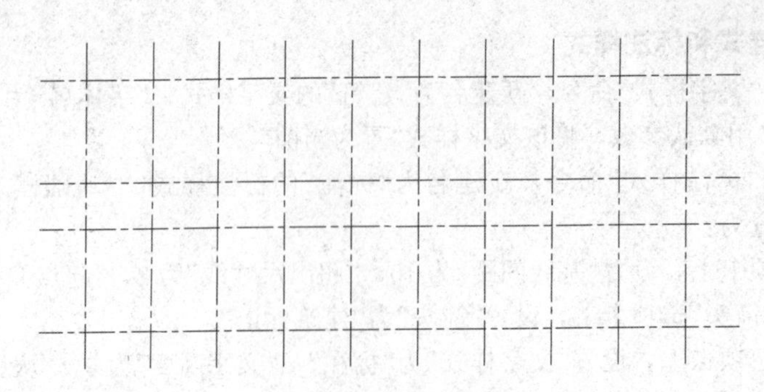

微课：绘制轴网

图 16-44　轴网示意

2. 绘制墙体和柱子

可以利用直线偏移或多线来绘制墙体，利用“矩形”和“填充”命令来绘制柱子，下面说明多线绘制墙体的方法。

选择“格式”→“多线样式”命令，以“standard”为基础样式创建名为“墙体”的多线样式，“封口”选择“直线”并勾选“起点”和“端点”复选框，其他参数不变，最后将此样式置为当前。

将当前图层设置为“墙线”图层，选择“绘图”→“多线”命令绘制墙体，设置“对正”为“无”，“比例”为 240。墙体绘制完成后，选择“修改”→“对象”→“多线”命令进行多线编辑得到如图 16-45 所示的图形。绘图过程中可以先画左上部分图形，然后利用“镜像”命令得到其余部分，局部修改后得到最终图形，如图 16-45 所示。

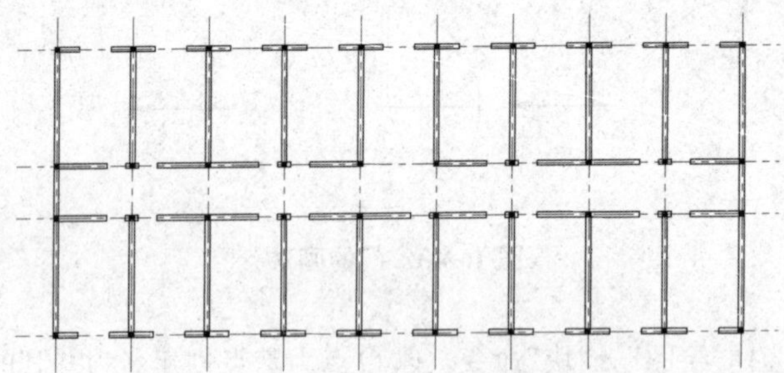

微课：绘制墙体和柱子

图 16-45　绘制墙体和柱子

3. 绘制门窗

(1)窗。利用“多线”命令来绘制窗，参数设置如图 16-46 所示。将此样式置为当前，将当前图层设为“门窗”，然后利用绘制多线方法绘制窗，设置“对正”为“无”，“比例”为 240。

微课：绘制门窗

图 16-46　多线参数设置

(2)门。选择“插入”→“块”命令，选择“门”命令，在相应位置插入门。

4. 绘制楼梯

将当前图层设为“楼梯”，利用“直线”“偏移”命令绘制踏步，利用“多段线”命令绘制箭头，箭头起点宽度为0，终点宽度为100，箭身长度为300。

5. 标注图形和文字

将当前图层设为“尺寸”，利用线性、基线、连续等标注方式对图形进行标注。选择“插入”→“块”命令，选择“轴号”命令，在相应位置插入轴号。

选择“绘图”→“文字”命令，在相应房间内添加文字说明。

6. 添加图框和标题栏

利用“矩形”“直线”“文字”及“图形编辑”等命令添加A3图框(42 000×29 400)和标题栏，得到最终图形。

微课：绘制楼梯

微课：标注图形和文字

微课：添加图框和标题栏

参 考 文 献

[1] 莫章金，毛家华．建筑工程制图与识图[M]. 4 版．北京：高等教育出版社，2018.
[2] 易幼平．土木工程制图[M]. 北京：中国建材工业出版社，2002.
[3] 宋兆全．土木工程制图[M]. 武汉：武汉大学出版社，2000.
[4] 杨松林．建筑工程 CAD 技术应用及实例[M]. 北京：化学工业出版社，2007.
[5] 薛焱，盛和太．中文版 AutoCAD 2005 基础教程[M]. 北京：清华大学出版社，2004.
[6] 龙玉辉．AutoCAD 2006 中文版实用教程[M]. 北京：中国铁道出版社，2007.
[7] 中华人民共和国住房和城乡建设部．GB/T 50001—2017 房屋建筑制图统一标准[S]. 北京：中国建筑工业出版社，2017.
[8] 中华人民共和国住房和城乡建设部，中华人民共和国国家质量监督检验检疫总局．GB/T 50103—2010 总图制图标准[S]. 北京：中国建筑工业出版社，2010.
[9] 中华人民共和国住房和城乡建设部，中华人民共和国国家质量监督检验检疫总局．GB/T 50104—2010 建筑制图标准[S]. 北京：中国建筑工业出版社，2010.
[10] 中华人民共和国住房和城乡建设部，中华人民共和国国家质量监督检验检疫总局．GB/T 50105—2010 建筑结构制图标准[S]. 北京：中国建筑工业出版社，2010.
[11] 中国建筑标准设计研究院．16G101—1 混凝土结构施工图平面整体表示方法制图规则和构造详图(现浇混凝土框架、剪力墙、梁、板)[S]. 北京：中国计划出版社，2016.

工 程 做 法

项目	类别	编号	适用范围	备注
防潮层	地圈梁兼			
散水	混凝土散水	散 3	建筑物外墙周边	散水宽1 200
台阶	花岗岩板材台阶	台9A	主入口处台阶	600×900浅灰色磨光花岗岩
	铺地砖	台1/台3	侧入口处台阶	花色及规格甲方自定
坡道	水泥防滑坡道	坡3	主入口处坡道	尺寸及坡度详见建筑平面图
外墙面	喷涂料墙面	外13 外14	见立面图示	颜色、品种、规格甲方自理
踢脚	均同相应楼地面			高度120
地面	铺地砖地面	地29	卫生间	地砖颜色、规格甲方自理
	铺地砖地面	地28	其他	地砖颜色、规格甲方自理
楼面	铺地砖楼面	楼41	卫生间	地砖颜色、规格甲方自理
	铺地砖楼面	楼39	其他	地砖颜色、规格甲方自理
内墙面	瓷砖	内35	卫生间、盥洗间	吊顶上100 mm
	乳胶漆墙面	内17	其他	高级乳胶漆，白色
顶棚	PVC条板吊顶	棚29	卫生间	颜色、规格甲方自理 层高下600
	纸面石膏板吊顶	棚22-B	公共走道及宿舍局部入口处	高级乳胶漆，白色
	乳胶漆顶棚	棚 6	其他	高级乳胶漆，白色
油漆	木材面硝基清漆	油15	木门	颜色甲方自理
	金属面，银粉漆	油24	其他	
屋面	大屋面	屋Ⅱ 倒置式屋面（上人）	面层为25厚1：2水泥砂浆保护层，保温层为厚65挤塑聚苯板 防水层为3厚高聚物改性沥青防水卷材两道（总厚度为6 mm）	
雨棚	建筑入口处	委托有资质的钢构公司设计制作，玻璃采用防火安全玻璃，其设计、制作、安装符合全国民用建筑工程设计技术措施/建筑2003年中10.7的相关要求		
水落管、水落斗	水落管采用内径100的PVC管材；水落斗为成品PVC材料产品			水落管出水口距散水300

（表中做法编号均见陕02J01）（工程做法见2007年油田产建统一技术规定）

门 窗 表

类别	编号	洞口尺寸		使用图集			樘数					备注	过梁选用
		宽	高	图集代号	页次	编号	一层	二层，三层	四层至六层	屋面	合计		
塑钢中空窗	C-1	3 900	1 500	陕02J06-4	41	参CST_{80}-29-S		1×2	1×3		5	中空玻璃 推拉窗	过梁选用陕02G05 KGLA24152
	C-2	1 800	1 500	陕02J06-4	29	CST_{80}-72-S	26	27×2	27×3		161	中空玻璃 推拉窗 卫生间采用玉砂玻璃	过梁选用陕02G05 KGLA24122
防火窗	FC乙-1	1 800	1 500	厂家制定			1	1×2			3		乙级防火窗
木门	M-1	1 000	2 100	陕02J06-1	7	M2-1021	24	24×2	24×3		144		过梁选用陕02G05 KGLA24152
	M-2	800	2 100	陕02J06-1	9	M4-0821	24	24×2	24×3		144		过梁选用陕02G05 KGLA24122
	M-3	1 500	2 100	陕02J06-1	7	M2-1521				2	2		过梁选用陕02G05 KGLA24122
防火门	FM丙-1	700	2 000	陕02J06-1	55	FM1(丙)-0721	13	13×2	13×3		78	木质防火门	门槛高100 丙级防火门
	FM乙-1	1 800	2 100	陕02J06-1	55	FM1(乙)-1821	3				3	木质防火门	乙级防火门
	FM乙-2	1 500	2 100	陕02J06-1	55	FM1(乙)-1521	2	2×2	2×3		12		乙级防火门
	FM甲-1	1 500	2 100	陕02J06-1	55	FM1(甲)-1821	2	1×2			3		甲级防火门
铝合金玻璃门	SM-1	1 800	2 600	陕02J06-3	71	参DHLM2-28	1				1	平开门，向疏散方向开启	钢化玻璃门LOW-E玻璃中空
	SM-2	3 900	2 600	陕02J06-3	72	参DHLM2-68	1				1	平开门，向疏散方向开启	钢化玻璃门LOW-E玻璃中空

注：一般窗户的玻璃选用单层12厚中空玻璃；主入口处玻璃门选用10厚钢化玻璃；窗户为80系列推拉窗，外窗均设纱窗

西安××科技工程有限责任公司					
制图		职工公寓 工程做法、门窗表			
设计					
校对					
审核					
专业 建筑	阶段 施工图	文件号	建-21524/2	0版	
比例 1：100	日期 2009.03.02	项目号	CTEC142S-2008		

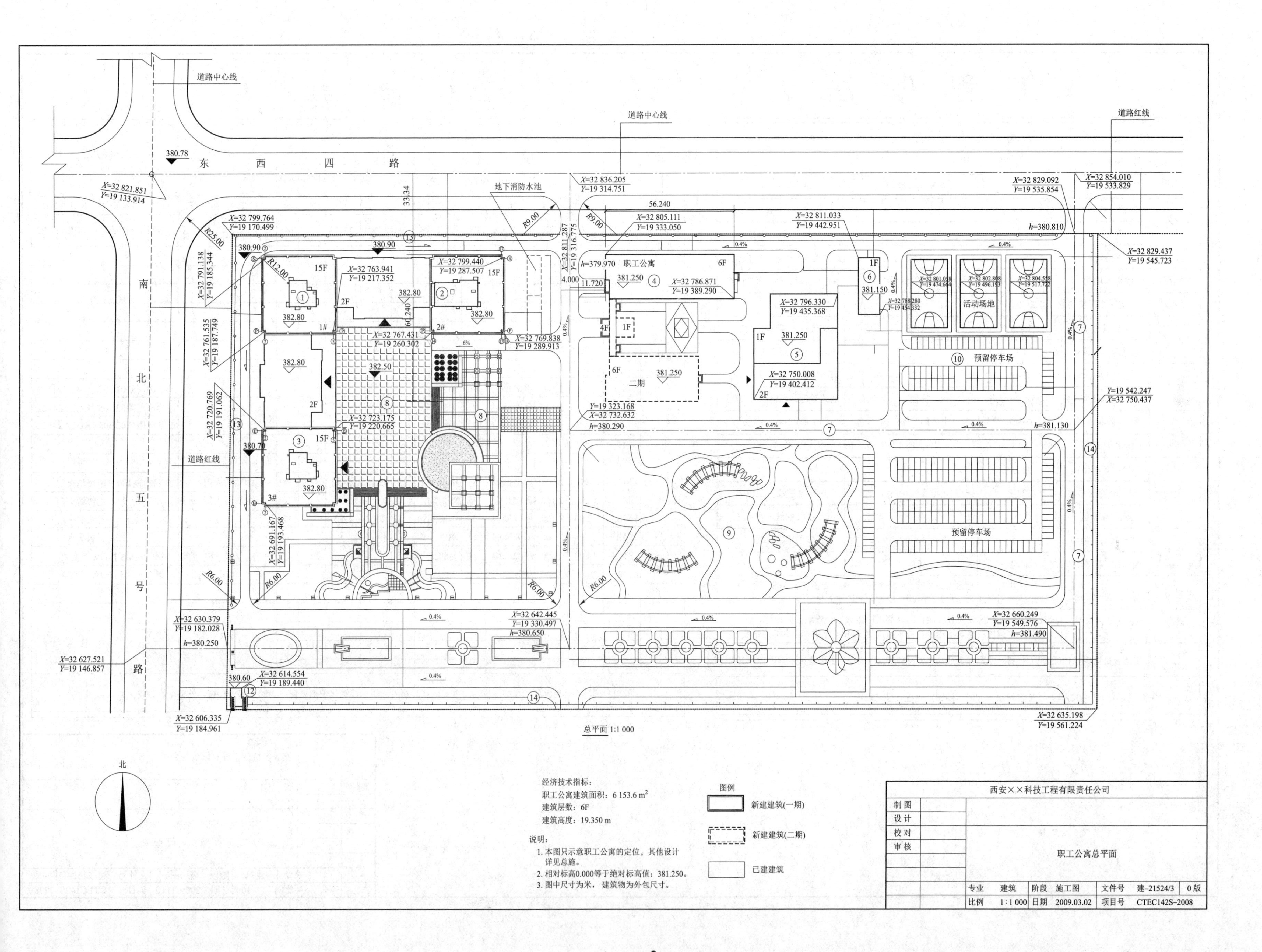
道路中心线
道路红线
东 西 四 路
南 北 五 号 路
地下消防水池
职工公寓
活动场地
预留停车场
二期
北
经济技术指标：
职工公寓建筑面积：6 153.6 m²
建筑层数：6F
建筑高度：19.350 m
说明：
1. 本图只示意职工公寓的定位，其他设计详见总施。
2. 相对标高0.000等于绝对标高值：381.250。
3. 图中尺寸为米，建筑物为外包尺寸。
图例
新建建筑(一期)
新建建筑(二期)
已建建筑
西安××科技工程有限责任公司
制图
设计
校对
审核
职工公寓总平面
专业 建筑 阶段 施工图 文件号 建–21524/3 0版
比例 1∶1 000 日期 2009.03.02 项目号 CTEC142S–2008
总平面 1:1 000

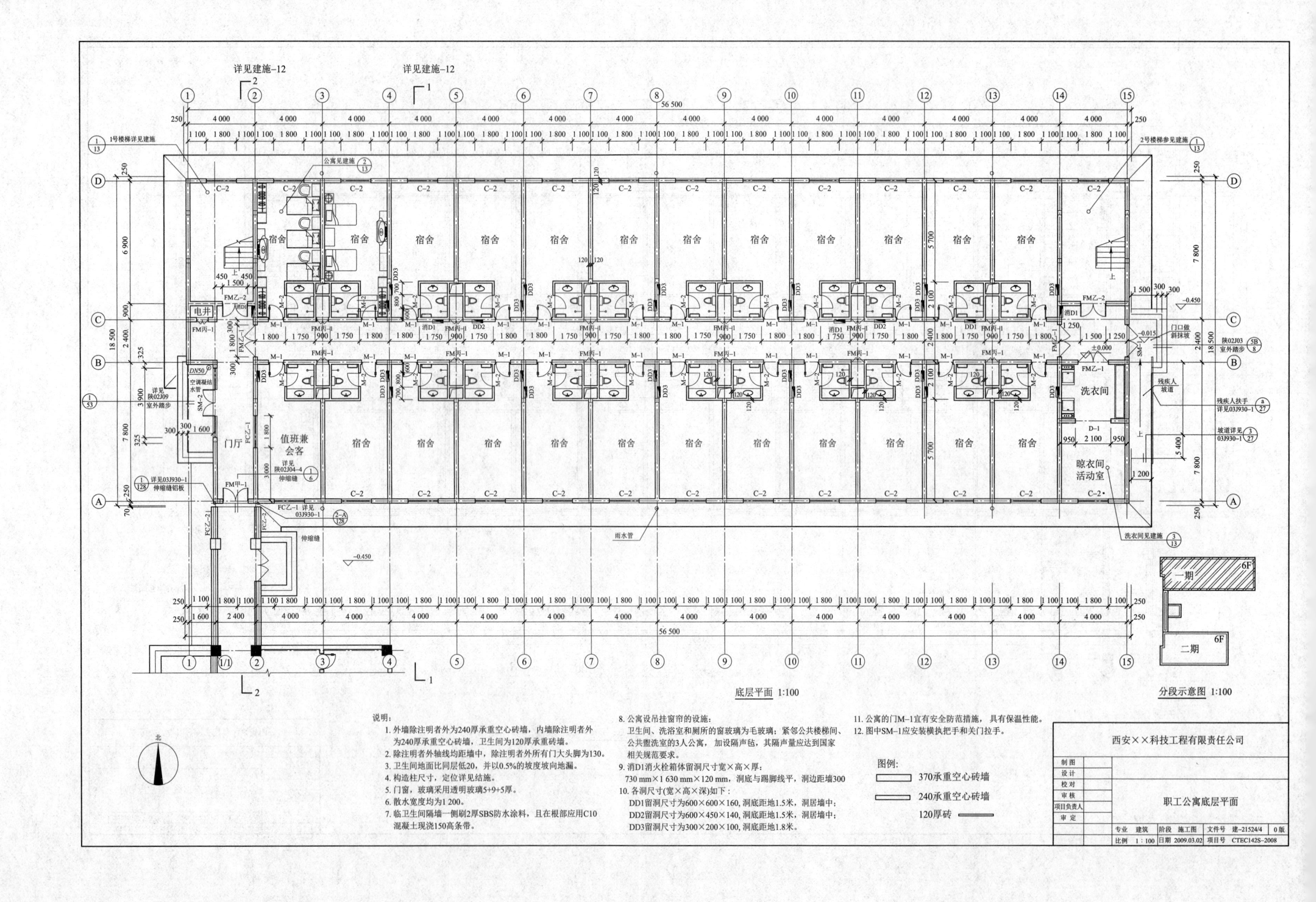

详见建施-12
详见建施-12
宿舍
值班兼
会客
门厅
电井
洗衣间
晾衣间
活动室
1号楼梯详见建施
2号楼梯参见建施
公寓见建施
洗衣间见建施
残疾人坡道
残疾人扶手
详见03J930-1
坡道详见
03J930-1
门口做
斜抹坡
陕02J03
室外踏步
陕02J09
室外踏步
详见
陕02J04-4
伸缩缝
详见03J930-1
伸缩缝铝板
空调凝结水管
雨水管
伸缩缝
56 500
18 500
底层平面 1:100
一期
二期
6F
6F
分段示意图 1:100
北
说明：
1. 外墙除注明者外为240厚承重空心砖墙，内墙除注明者外为240厚承重空心砖墙，卫生间为120厚承重砖墙。
2. 除注明者外轴线均距墙中，除注明者外所有门大头脚为130。
3. 卫生间地面比同层低20，并以0.5%的坡度坡向地漏。
4. 构造柱尺寸，定位详见结施。
5. 门窗，玻璃采用透明玻璃5+9+5厚。
6. 散水宽度均为1 200。
7. 临卫生间隔墙一侧刷2厚SBS防水涂料，且在根部应用C10混凝土现浇150高条带。
8. 公寓设吊挂窗帘的设施：
卫生间、洗浴室和厕所的窗玻璃为毛玻璃；紧邻公共楼梯间、公共盥洗室的3人公寓，加设隔声毡，其隔声量应达到国家相关规范要求。
9. 消D1消火栓箱体留洞尺寸宽×高×厚：
730 mm×1 630 mm×120 mm，洞底与踢脚线平，洞边距墙300
10. 各洞尺寸(宽×高×深)如下：
DD1留洞尺寸为600×600×160，洞底距地1.5米，洞居墙中；
DD2留洞尺寸为600×450×140，洞底距地1.5米，洞居墙中；
DD3留洞尺寸为300×200×100，洞底距地1.8米。
11. 公寓的门M-1宜有安全防范措施，具有保温性能。
12. 图中SM-1应安装横执把手和关门拉手。
图例：
370承重空心砖墙
240承重空心砖墙
120厚砖
西安××科技工程有限责任公司
制图
设计
校对
审核
项目负责人
审定
职工公寓底层平面
专业 建筑
阶段 施工图
文件号 建-21524/4
0版
比例 1：100
日期 2009.03.02
项目号 CTEC142S-2008

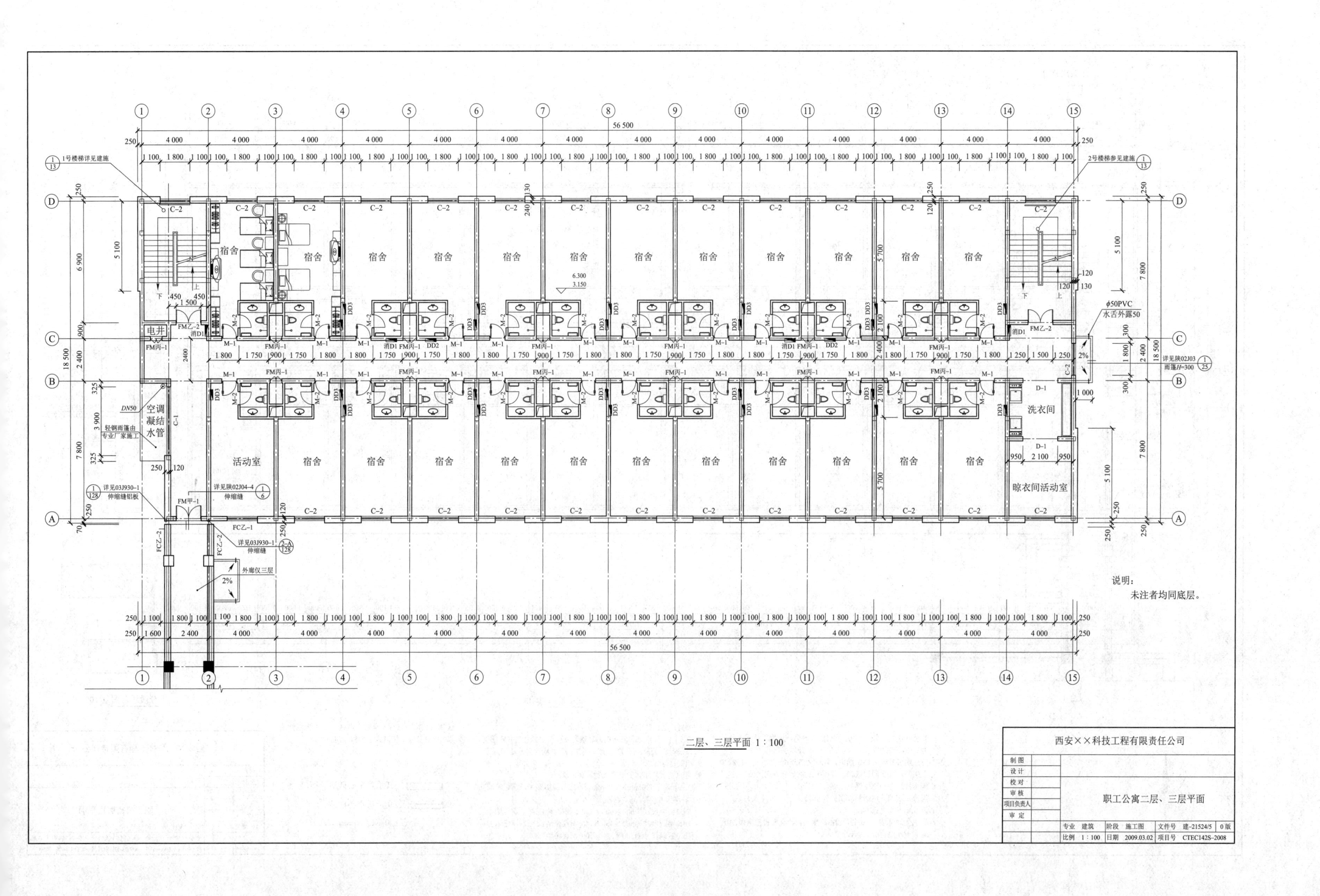
1号楼梯详见建施
2号楼梯参见建施
宿舍
活动室
洗衣间
晾衣间活动室
电井
空调凝结水管
轻钢雨篷由专业厂家施工
详见03J930-1 伸缩缝铝板
详见陕02J04-4 伸缩缝
详见03J930-1 伸缩缝
外廊仅三层
ϕ50PVC 水舌外露50
详见陕02J03 雨篷H=300
说明：
未注者均同底层。
二层、三层平面 1∶100
西安××科技工程有限责任公司
制图
设计
校对
审核
项目负责人
审定
职工公寓二层、三层平面
专业 建筑 阶段 施工图 文件号 建-21524/5 0版
比例 1∶100 日期 2009.03.02 项目号 CTEC142S-2008

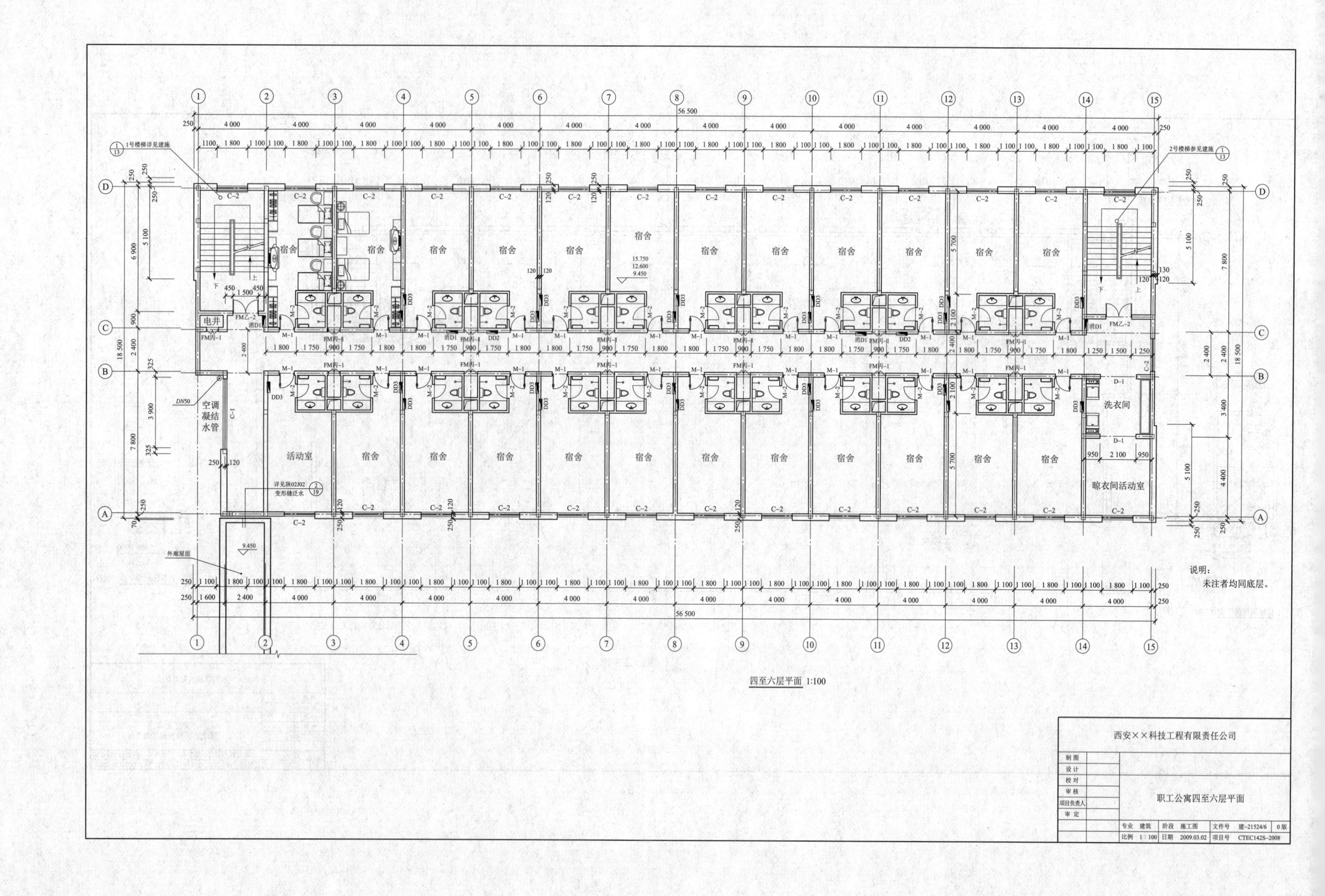

空调凝结水管
活动室
宿舍
洗衣间
晾衣间活动室
电井
1号楼梯详见建施
2号楼梯参见建施
详见陕02J02变形缝泛水
外廊屋面
说明：
未注者均同底层。
四至六层平面 1:100
西安××科技工程有限责任公司
制图
设计
校对
审核
项目负责人
审定
职工公寓四至六层平面
专业 建筑 阶段 施工图 文件号 建–21524/6 0版
比例 1∶100 日期 2009.03.02 项目号 CTEC142S–2008

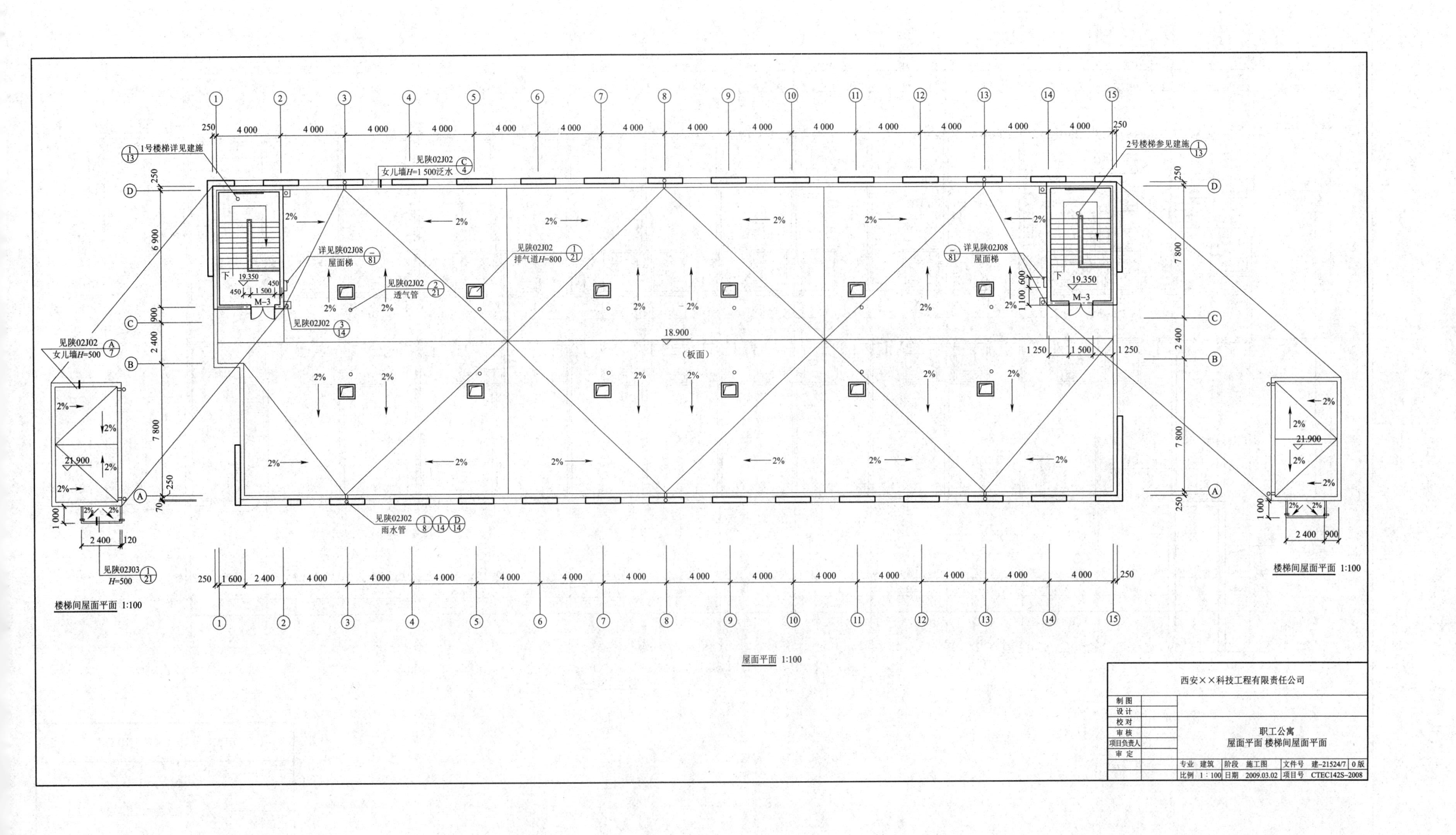
1号楼梯详见建施
2号楼梯参见建施
见陕02J02 女儿墙H=1 500泛水
详见陕02J08 屋面梯
见陕02J02 透气管
见陕02J02 排气道H=800
见陕02J02
18.900
(板面)
19.350
M-3
见陕02J02 雨水管
见陕02J02 女儿墙H=500
21.900
见陕02J03 H=500
楼梯间屋面平面 1:100
屋面平面 1:100
楼梯间屋面平面 1:100
西安××科技工程有限责任公司
制图
设计
校对
审核
项目负责人
审定
职工公寓
屋面平面 楼梯间屋面平面
专业 建筑 阶段 施工图 文件号 建-21524/7 0版
比例 1：100 日期 2009.03.02 项目号 CTEC142S-2008

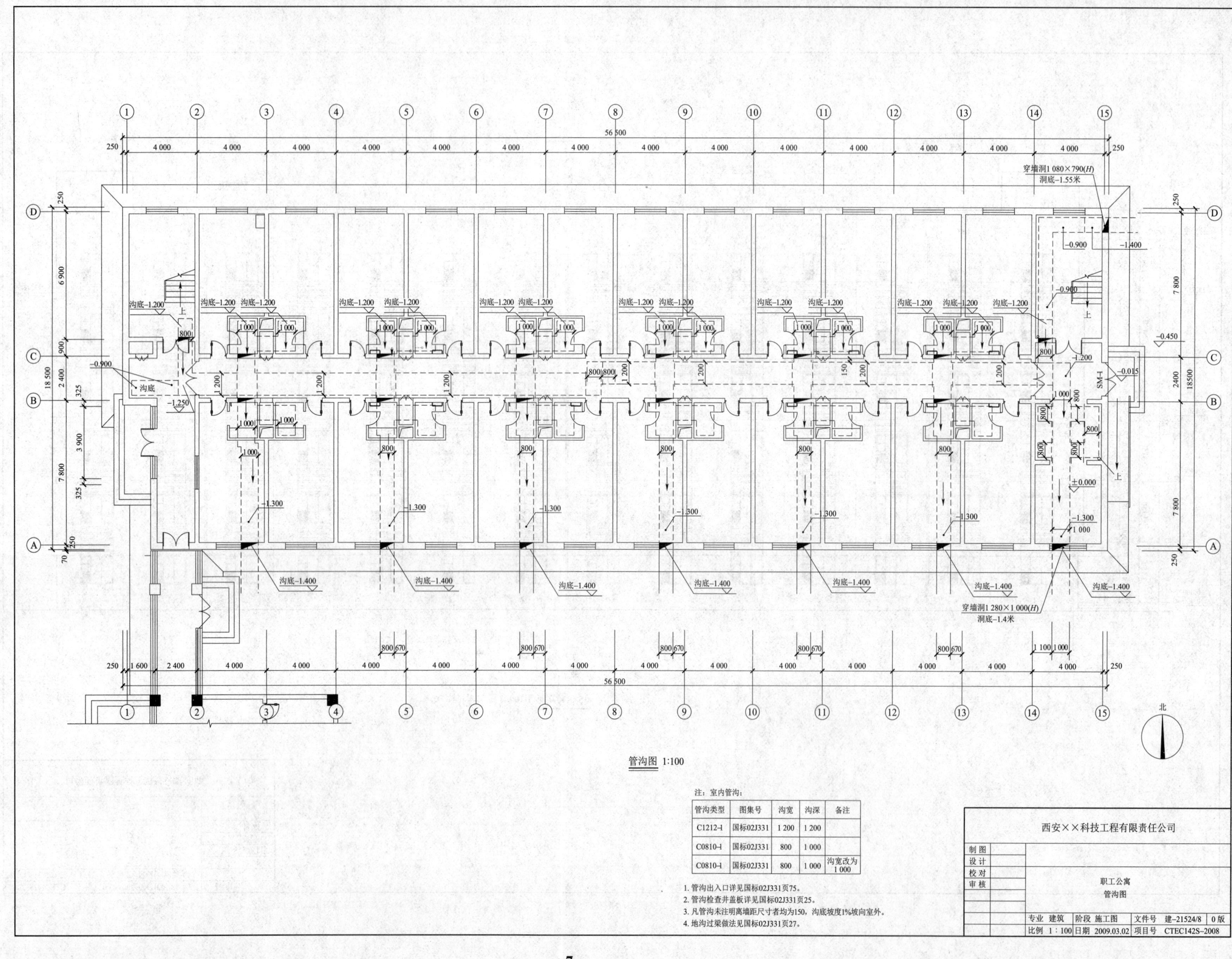

管沟图 1:100

注：室内管沟：

管沟类型	图集号	沟宽	沟深	备注
C1212-Ⅰ	国标02J331	1 200	1 200	
C0810-Ⅰ	国标02J331	800	1 000	
C0810-Ⅰ	国标02J331	800	1 000	沟宽改为1 000

1. 管沟出入口详见国标02J331页75。
2. 管沟检查井盖板详见国标02J331页25。
3. 凡管沟未注明离墙距尺寸者均为150，沟底坡度1%坡向室外。
4. 地沟过梁做法见国标02J331页27。

西安××科技工程有限责任公司

制图
设计
校对
审核

职工公寓
管沟图

专业 建筑 | 阶段 施工图 | 文件号 建-21524/8 | 0版
比例 1：100 | 日期 2009.03.02 | 项目号 CTEC142S-2008

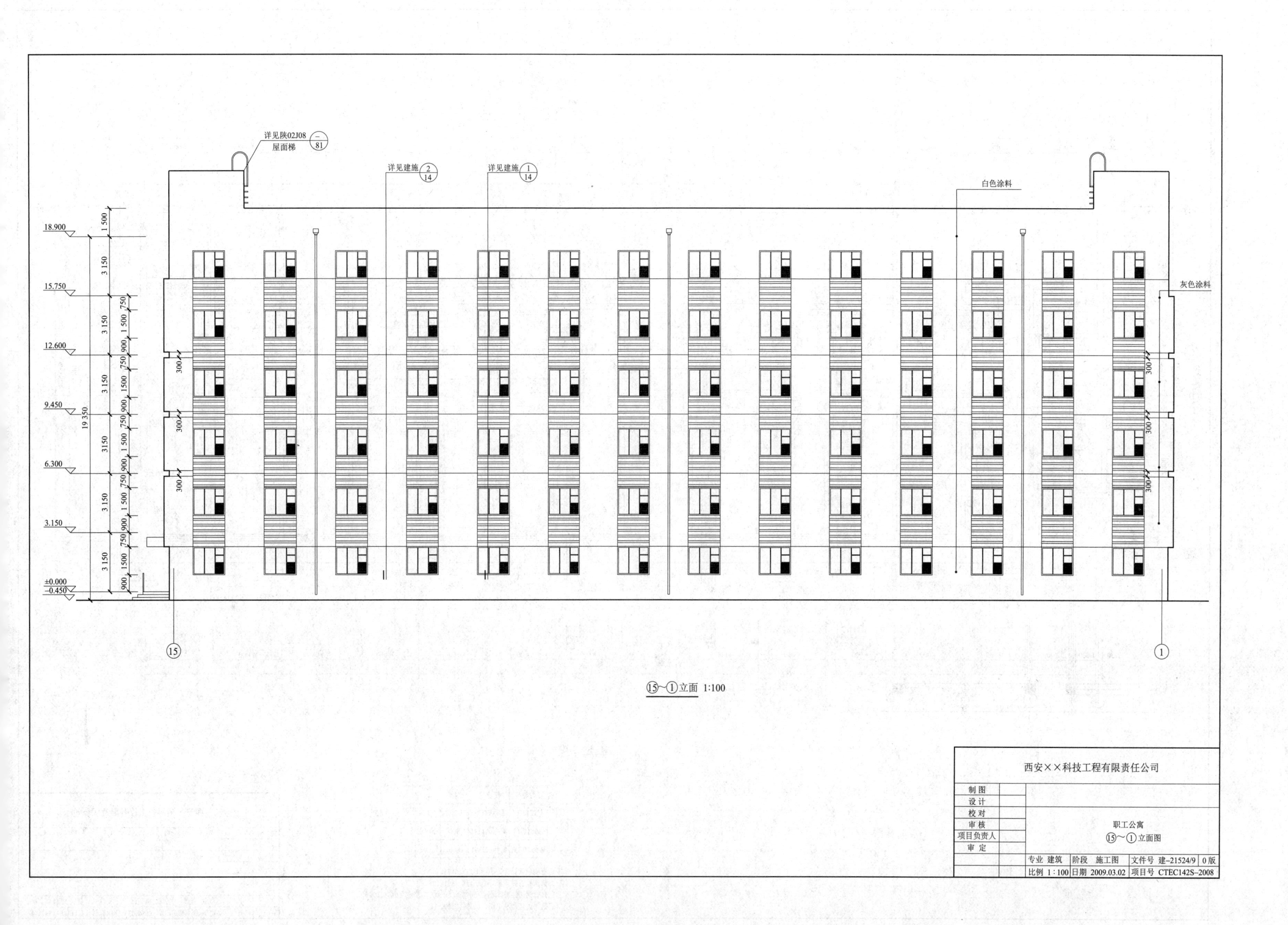
详见陕02J08 屋面梯
—
81
详见建施 2/14
详见建施 1/14
白色涂料
灰色涂料
18.900
15.750
12.600
9.450
6.300
3.150
±0.000
-0.450
1 500
3 150
19 350
750
1 500
900
300
15
1
⑮~①立面 1:100
西安××科技工程有限责任公司
制图
设计
校对
审核
项目负责人
审定
职工公寓
⑮~①立面图
专业 建筑
阶段 施工图
文件号 建-21524/9
0版
比例 1:100
日期 2009.03.02
项目号 CTEC142S-2008

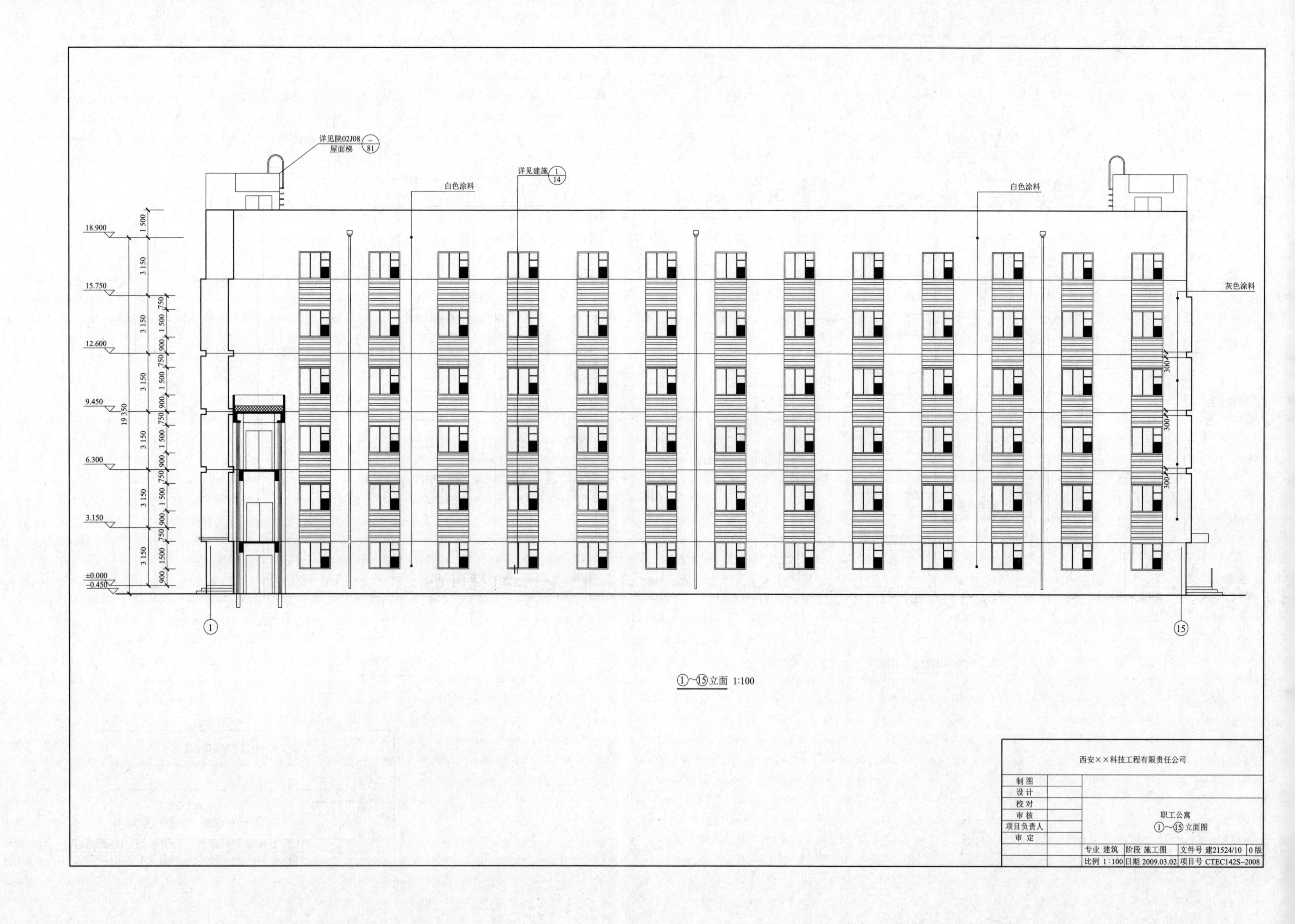

①~⑮立面 1:100

西安××科技工程有限责任公司					
制图		职工公寓 ①~⑮立面图			
设计					
校对					
审核					
项目负责人					
审定					
		专业 建筑	阶段 施工图	文件号 建21524/10	0版
		比例 1:100	日期 2009.03.02	项目号 CTEC142S-2008	

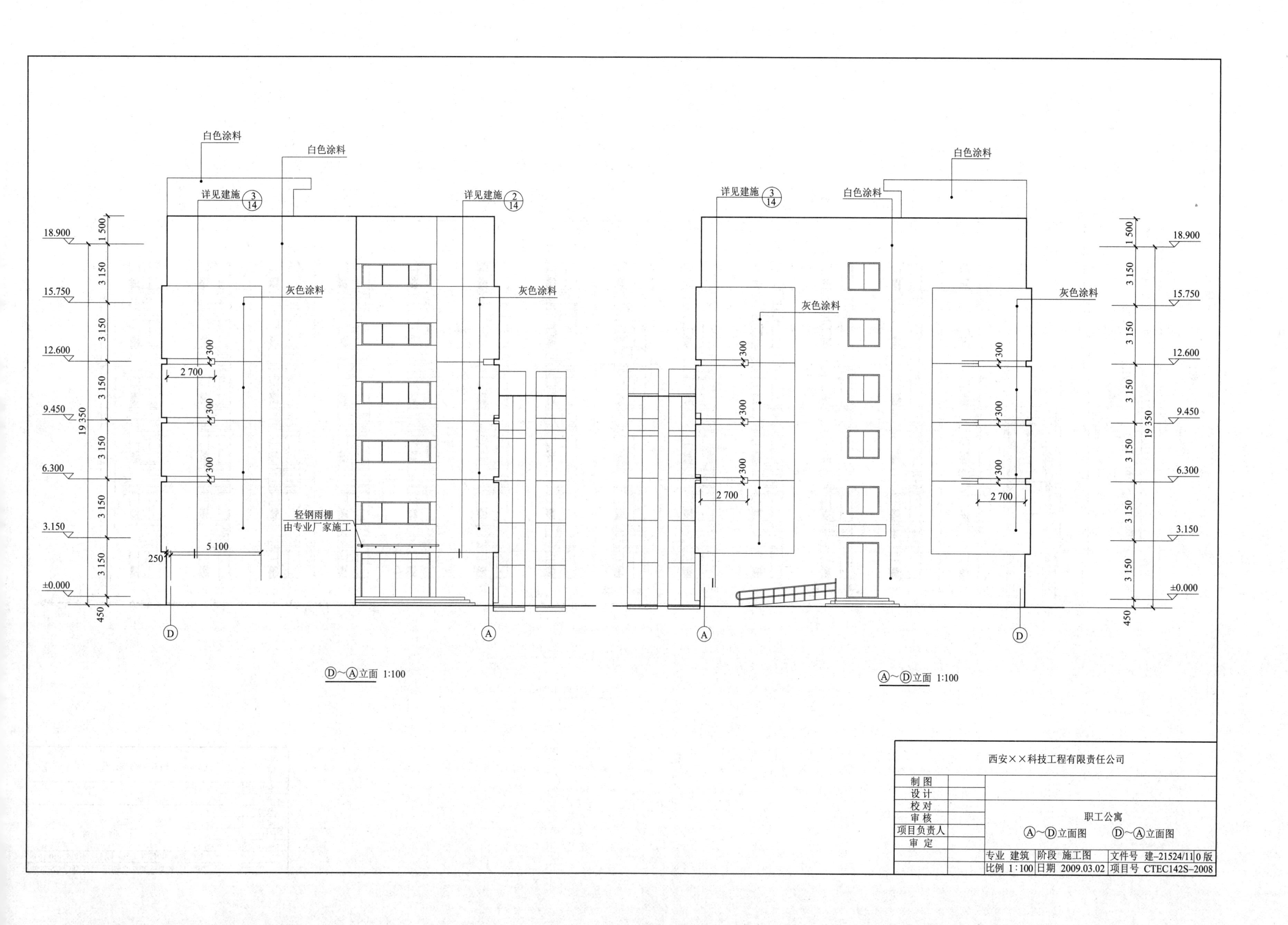

白色涂料
白色涂料
详见建施 3/14
详见建施 2/14
灰色涂料
灰色涂料
轻钢雨棚
由专业厂家施工
18.900
15.750
12.600
9.450
6.300
3.150
±0.000
1 500
3 150
450
19 350
2 700
300
5 100
250
D
A
D~A立面 1:100
A~D立面 1:100
西安××科技工程有限责任公司
制 图
设 计
校 对
审 核
项目负责人
审 定
职工公寓
A~D立面图 D~A立面图
专业 建筑
阶段 施工图
文件号 建-21524/11
0 版
比例 1:100
日期 2009.03.02
项目号 CTEC142S-2008

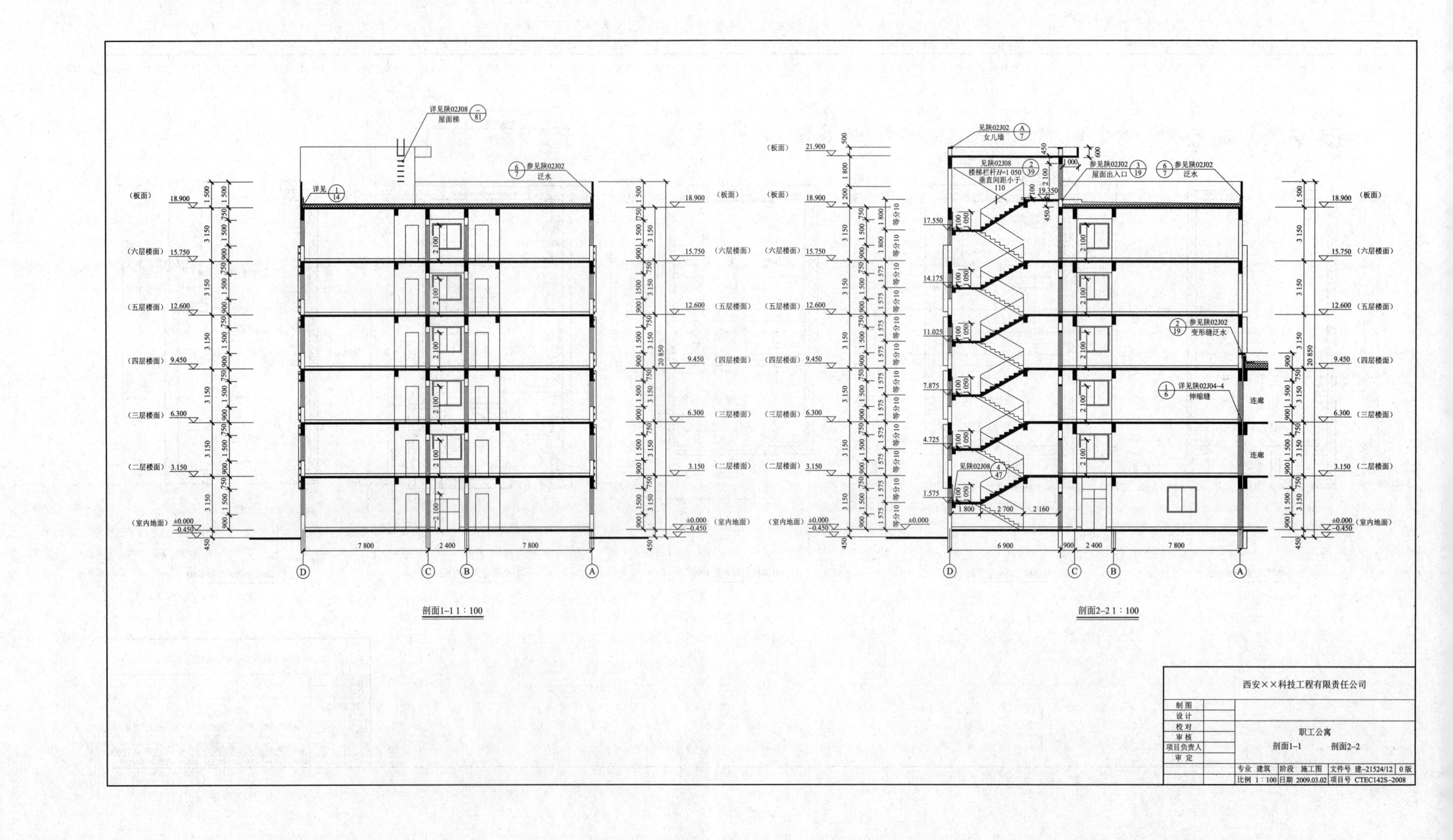
详见陕02J08 81 屋面梯
6/7 参见陕02J02 泛水
详见 1/14
(板面) 18.900
(六层楼面) 15.750
(五层楼面) 12.600
(四层楼面) 9.450
(三层楼面) 6.300
(二层楼面) 3.150
(室内地面) ±0.000 -0.450
7 800
2 400
20 850
剖面1-1 1 : 100
(板面) 21.900
见陕02J02 A/7 女儿墙
见陕02J08 2/39 楼梯栏杆H=1 050 垂直间距小于110
参见陕02J02 3/19 屋面出入口
19.350
17.550
14.175
11.025
7.875
4.725
1.575
见陕02J08 4/47
2/19 参见陕02J02 变形缝泛水
1/6 详见陕02J04-4 伸缩缝
连廊
等分10
6 900
剖面2-2 1 : 100
西安××科技工程有限责任公司
制图
设计
校对
审核
项目负责人
审定
职工公寓
剖面1-1 剖面2-2
专业 建筑 阶段 施工图 文件号 建-21524/12 0版
比例 1 : 100 日期 2009.03.02 项目号 CTEC142S-2008

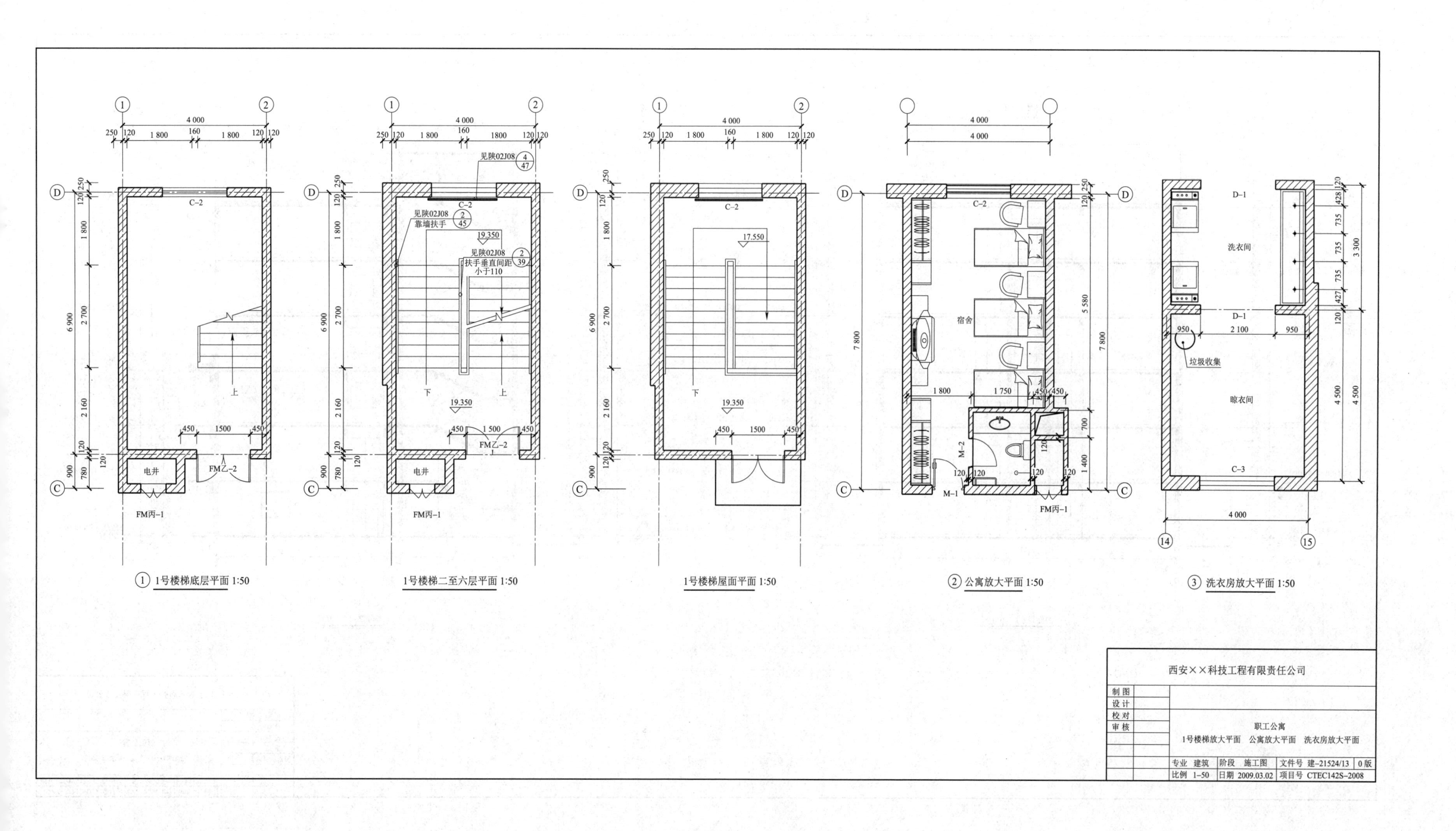
1号楼梯底层平面 1:50
1号楼梯二至六层平面 1:50
1号楼梯屋面平面 1:50
公寓放大平面 1:50
洗衣房放大平面 1:50
电井
FM丙-1
FM乙-2
见陕02J08
靠墙扶手
扶手垂直间距
小于110
上
下
19.350
17.550
宿舍
M-1
M-2
洗衣间
晾衣间
垃圾收集
D-1
C-2
C-3
西安××科技工程有限责任公司
制图
设计
校对
审核
职工公寓
1号楼梯放大平面 公寓放大平面 洗衣房放大平面
专业 建筑 阶段 施工图 文件号 建-21524/13 0版
比例 1-50 日期 2009.03.02 项目号 CTEC142S-2008

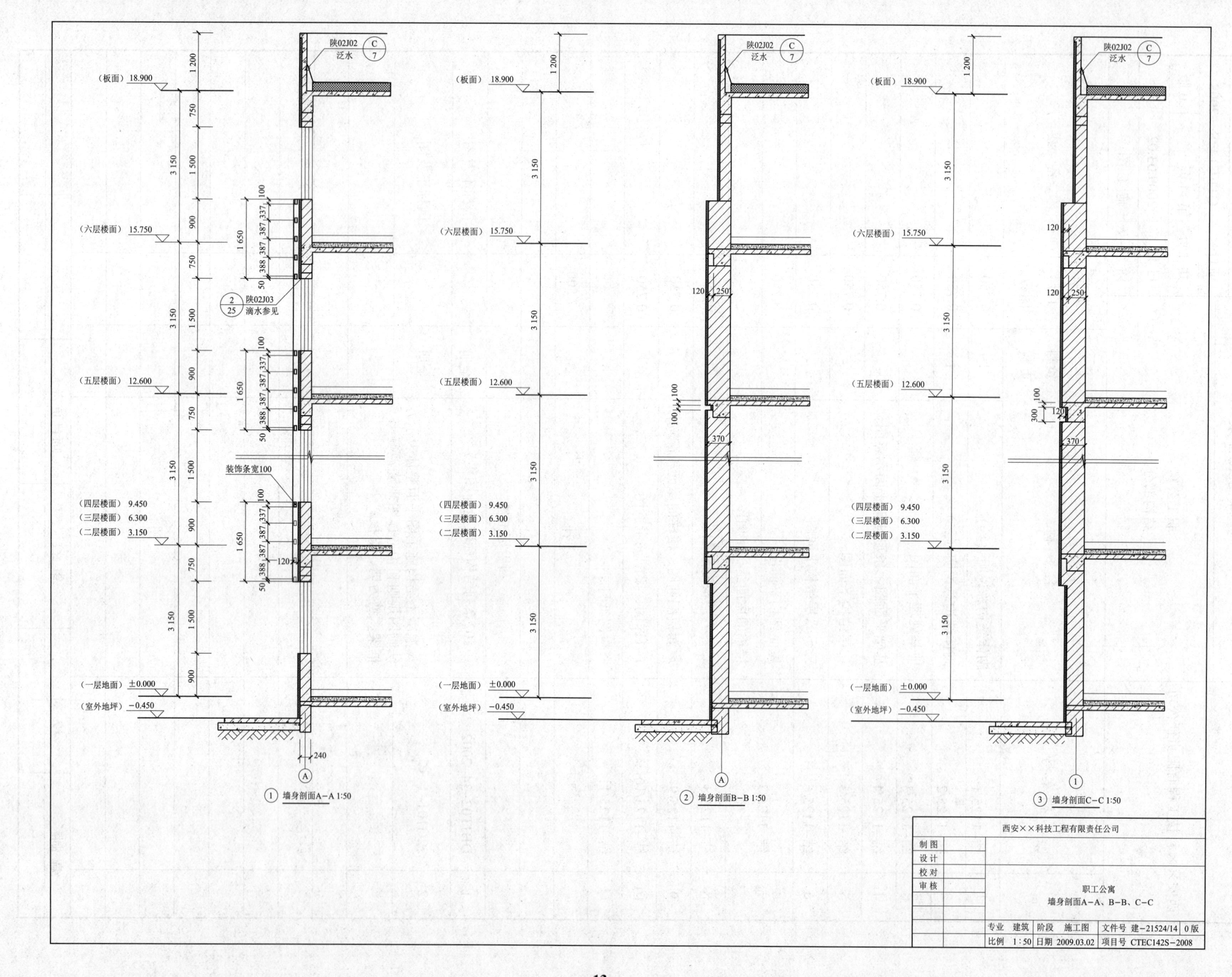

（板面） 18.900
（六层楼面） 15.750
（五层楼面） 12.600
（四层楼面） 9.450
（三层楼面） 6.300
（二层楼面） 3.150
（一层地面） ±0.000
（室外地坪） −0.450
陕02J02 泛水 C 7
陕02J03 滴水参见 2 25
装饰条宽100
3 150
1 200
750
1 500
900
1 650
50 388 387 387 337 100
120
240
250
370
300
100
A
1
① 墙身剖面A−A 1:50
② 墙身剖面B−B 1:50
③ 墙身剖面C−C 1:50
西安××科技工程有限责任公司
制图
设计
校对
审核
职工公寓
墙身剖面A−A、B−B、C−C
专业 建筑 阶段 施工图 文件号 建−21524/14 0版
比例 1:50 日期 2009.03.02 项目号 CTEC142S−2008

<table>
<tr><td rowspan="5">西安××科技工程有限责任公司</td><td>资料图纸目录</td><td colspan="2">文件号　结–　1125/目</td></tr>
<tr><td rowspan="4">职工公寓
结构部分</td><td colspan="2">项目号　CTEC142S—2008</td></tr>
<tr><td>共 1页　第 1页</td><td>0版</td></tr>
<tr><td colspan="2">日 期　2009.03.02</td></tr>
<tr><td colspan="2">阶 段　施 工 图</td></tr>
</table>

序号	档案号	名　称	文字资料页数	折合1号图数	备　注
1	结–1125/1	砌体结构总说明（一）	1	0.750	
2	结–1125/2	砌体结构总说明（二）	1	0.750	
3	结–1125/3	地基处理平面图		0.750	
4	结–1125/4	基础平面图、条形基础平面示意图		0.750	
5	结–1125/5	二层结构平面图		0.750	
6	结–1125/6	三～六层结构平面图		0.750	
7	结–1125/7	屋面结构平面图		0.750	
		楼梯间屋面结构平面图			
8	结–1125/8	二～六层板配筋图		0.750	
9	结–1125/9	屋面板配筋图、楼梯间屋面板配筋图		0.750	
10	结–1125/10	T–1详图、梁配筋示意图		0.750	
11	结–1125/目	资料图纸目录	1		
		小计	3	7.500	
		利用标准图			
1	DBJT02–34–2002	《02系列结构标准设计图集》	全册		国标不发图
2	22G101–1	《混凝土结构施工图平面整体表示方法制图规则和构造详图现浇混凝土框架、剪力墙、梁板》	全册		国标不发图

编 制	校 对	审 核	项目负责人		

砌体结构总说明

1 概述

1.1 设计依据：除设计另行注明者外，均按建筑工程现行设计规范和岩土工程勘察报告。

1.2 本工程设计等级标准见下表：

结构设计使用年限		50年	抗震设防分类	丙类建筑
环境类别	地下	二b类	地基基础设计等级	丙级
	地上	室内正常环境 一类	黄土地区建筑分类	丙类
		室内潮湿环境 二a类		
		室外露天环境 二b类	施工质量控制等级	B级
建筑结构安全等级		二级	场地类别	Ⅱ
防空地下室抗力等级				

1.3 本工程建筑抗震设防烈度为7度(0.15g)。

（有关结构抗震构造措施，按本条抗震设防烈度采用）

1.4 楼（屋）面主要使用荷载（kN/m^2）：

宿舍、卫生间、洗衣间、走廊		2.0	
上人屋面	2.0	不上人屋面	0.5

1.5 结构混凝土耐久性的基本要求：

环境类别	最大水胶比	最小水泥用量/($kg \cdot m^{-3}$)	最低混凝土强度等级	最大氯离子含量/%	最大碱含量/($kg \cdot m^{-3}$)
一	0.65	225	C20	1.0	不限制
二a	0.60	250	C25	0.3	3.0
二b	0.55	275	C30	0.2	3.0

1.6 本工程设计未考虑冬期施工措施，施工单位应根据国家现行的各项施工及验收规范自定。

1.7 本说明与图集中规定有出入时，应以本说明为准。

1.8 未经技术鉴定或设计许可，不得改变结构的用途和使用环境。

1.9 本工程图纸中标高单位均为m（米），尺寸单位均为mm（毫米）。

2 地基与基础

2.1 地基处理及基础设计依据下列单位提供的岩土工程勘察报告：

《××职工公寓岩土工程勘察报告》(详细勘察)，西安××工程有限公司2008年11月提供。

2.2 ±0.000相当于绝对标高381.250。

2.3 基础施工前应按《建筑场地基坑探查与处理暂行规程》（Q/XJ104—64）进行墓探与处理，探墓资料应及时送交设计单位，以便确定处理方案。

2.4 基坑、基槽开挖后，应立即施工基础，否则应保留300 mm厚原状土，待做基础垫层时，再全部挖除。

2.5 基础施工完成后，应及时清理并用素土回填至设计标高，回填土压实系数$\lambda \geqslant 0.94$。

2.6 素土、灰土垫层的质量要求：不得用耕质土、杂填土、淤泥土及有机质含量大于5%的黏土作垫层填土；垫层厚度不大于3 m时，填土压实系数$\lambda \geqslant 0.95$；大于3 m时，垫层底向上3 m范围内，填土压实系数$\lambda \geqslant 0.95$，超过部分，填土压实系数$\lambda \geqslant 0.97$。

2.7 当采用桩基或其他人工地基时，应及时将测试检验报告送设计单位，经确认后方可施工基础。

2.8 地质情况详见地勘报告。

2.9 基坑（槽）开挖时施工单位应按地质勘察资料进行放坡，无条件放坡时应进行基坑支护专项设计。基坑支护和基坑降水要充分保证土体边坡、周围建筑物及其公用设施的稳定和施工人员的安全。

2.10 土方开挖完成后应立即对基坑进行封闭，防止水浸和暴露，并应及时进行地下结构施工。基坑土方开挖应严格按设计要求进行，不得超挖堆载。

3 基础构造

3.1 未注明的墙体(或基础梁)中心均为轴线中。

3.2 基础梁纵向钢筋、梁侧纵向构造钢筋均按非抗震受拉描固。

3.3 基础梁四角钢筋应焊通并与构造柱四角插筋焊接以保证防雷要求。

3.4 基础墙留洞：洞宽≤600时，采用砖砌平拱，拱高≥240；洞宽>600时，应设置钢筋混凝土过梁（或基础圈梁加筋兼作过梁），过梁编号见基础平面图。预制过梁与现浇构造柱相碰时，过梁改为现浇，截面、配筋不变。

3.5 基础管沟，按陕02G01-1第18～22页详图施工。

3.6 120厚隔墙基础，按陕02G03第8页详图①施工。

3.7 灰土基础、钢筋混凝土条形基础错台处理，按陕02G03第7、31页施工。

3.8 钢筋混凝土条形基础底板L形、T形及十字形接头配筋构造按陕02G03第30页施工。

3.9 钢筋混凝土条形基础，当基础宽度大于2 500 mm时，钢筋长度可取0.9（B-50）mm交错放置（B为基础宽度）。

4 材料（所有材料必须符合现行规范对质量的要求）

4.1 混凝土强度等级：

基础垫层：C10（垫层与基础之间的防水做法及厚度见建施图）；

±0.000以下：基础，C30；

±0.000以上：梁、板、柱，C25；构造柱、圈梁：C25。

4.2 砖砌体：

砌体位置	砖类型	砖强度等级	砂浆强度等级
±0.000以下	烧结普通砖	MU10	M10（水泥砂浆）
标高9.410以下	烧结多孔砖(KP1型)	MU10	M10（混合砂浆）
标高9.410以上	烧结多孔砖(KP1型)	MU10	M7.5（混合砂浆）

4.3 钢筋：（钢筋的强度标准值应具有不小于95%的保证率）；

钢筋：ф为HPB235钢筋、Φ为HRB335钢筋、Φ为HRB400钢筋、ф^R为冷轧带肋钢筋；

4.4 焊条：E43系列焊HPB235与HPB235、HPB235与HRB335钢筋；

E50系列焊HRB335与HRB335、HRB335与HRB400钢筋。

4.5 钢材：Q235（普通碳素钢）B级。

5 钢筋构造

5.1 受力钢筋的保护层厚度（有特殊要求者另见详图）：

5.1.1 基础：基础底板有垫层者为40 mm，无垫层者为70 mm。

5.1.2 −0.100以上梁：25 mm；板：15 mm；构造柱：25 mm；圈梁：20 mm。

5.1.3 −0.100以下墙、板：25 mm；梁：35 mm；构造柱：35 mm。

5.2 梁、板、柱受力钢筋的接头：

5.2.1 接头位置：承受均布荷载的梁、板，上部钢筋在支座至跨度两端各1/3范围以外，下部钢筋在支座至跨度两端各1/3范围以内；基础梁、板，上部钢筋在支座至跨度两端各1/3范围以内，下部钢筋在支座至跨度两端各1/3范围以外。

5.2.2 接头数量：钢筋接头应错开，当采用绑扎搭接时，在任一接头中心至1.3倍钢筋搭接长度区段内，受力钢筋搭接接头面积百分率：对梁、板类构件不宜大于25%，对柱类构件不宜大于50%，工程中确有必要增大受力钢筋搭接接头面积百分率时，应由设计人员在施工图中注明相应的措施。

5.2.3 接头长度：

钢筋类别	最小锚固长度L_a（不应小于250）		最小搭接长度（不应小于300）		
	C20	C25	C20	C25	说明
HPB235	31d	27d	37d（43d）	33d（37d）	括号内数字用于钢筋搭接接头面积百分率50%时
HRB335	39d	33d	47d（55d）	40d（46d）	
HRB400	46d	40d	55d（64d）	48d（56d）	
CRB550	40d	35d	50d	44d	

5.2.4 接头质量及施工质量要求：应满足下列规范、规程要求：

《混凝土结构工程施工质量验收规范》(GB 50204—2002）；

《砌体工程施工质量验收规范》(GB 50203—2002）；

《钢筋焊接及验收规程》(JGJ 18—2003）；

《钢筋机械连接通用技术规程》(JGJ 107—2003）；

《冷轧带肋钢筋混凝土结构技术规程》(JGJ 95—2003）。

5.2.5 HPB钢筋为受拉时，其末端应做成180°弯钩，弯钩平直段长度不应小于3d。

6 板构造

6.1 现浇板：

6.1.1 图中未注明的楼板分布筋为ф6@250；屋面板分布筋为ф6@200。

6.1.2 板底钢筋短向钢筋在长向钢筋之下；板面钢筋短向钢筋在长向钢筋之上。

6.1.3 现浇板上留洞不大于300×300时，应结合其他专业图纸预留，洞边可不设附加钢筋，板原配钢筋绕过洞边。

6.1.4 屋面檐口转角配筋按陕02G08第70页施工，阴角配筋见结施-2。

6.1.5 外露现浇挑檐板、女儿墙或通长阳台板，每隔12 m设置温度缝，缝宽20 mm，位置见平面图。当未设温度缝时，应按图纸要求的配筋率设置分布钢筋。

6.1.6 楼板沿墙体周边加强配筋构造按陕02G01−1第68页施工。

7 梁构造

7.1 现浇钢筋混凝土梁在砖墙支承处需设梁垫时，梁垫高同梁高，梁垫宽同墙宽，梁垫长见结构平面图。砖墙支承处为砖壁柱时，混凝土浇满柱头。

7.2 板底圈梁构造，按陕02G01−1第27～38页有关详图施工。

7.3 圈梁及圈梁局部加大兼作过梁时，按陕02G01−1第46、47或50、51页施工。

7.4 现浇楼（屋）盖不设圈梁时，沿墙体周边加强配筋，按陕02G01−1第68页施工。

7.5 楼梯间出入口处圈梁局部降低，按陕02G01−1第54页详图施工。

7.6 图中未注明的现浇梁（含基础梁）两侧腹板高度范围内的腰筋按下表配筋：

梁宽b	h_w=450	450<h_w≤600	600<h_w≤800	800<h_w≤1 000
≤300	2Φ14	4Φ12	6Φ12	8Φ10
350	2Φ16	4Φ12	6Φ12	8Φ12
≤500	2Φ18	4Φ14	6Φ14	8Φ14

注：1. 表中钢筋种类同梁下部钢筋。

2. 拉筋ф6@400（或箍筋间距的2倍）梅花型布置。

3. h_w（腹板高）=梁高−板厚，当梁一侧或两侧无现浇板时，h_w（腹板高）=梁高。

西安××科技工程有限责任公司						
制图		职工公寓 砌体结构总说明(一)				
设计						
校对						
审核						
项目负责人						
审定						
		专业 结构	阶段 施工图	文件号	结−1125/1	0版
		比例 1∶100	日期 2009.03.02	项目号	CTEC142S−2008	

7.7 预制过梁根据建筑门、窗洞宽与墙厚选用，预制过梁与现浇构造柱相碰时，过梁改为现浇，截面、配筋不变。

门窗洞宽	120墙	240墙	说明
<900	KGLA12091	KGLA24094	1. 采用图集陕02G05。 2. 洞宽≤900的过梁长度，按实际洞宽+500 mm确定
900		KGLA24094 (1~5层)	
		KGLA24095 (6层)	
1 000		KGLA24104 (1~5层)	
		KGLA24105 (6层)	
1 500		KGLA24154	
1 800		KGLA24184 (1~5层)	
		KGLA24185 (6层)	
2 100		KGLA24215	

8 柱构造

8.1 基础平面及结构平面图中，未编号的柱均为构造柱。

8.2 构造柱的配筋按陕02G01-1第4页表2A（表2B），构造柱截面与配筋构造，按陕02G01-1第7~11页施工。

8.3 构造柱与墙体及纵筋的锚固与搭接，按陕02G01-1第12~17页施工。

8.4 屋面女儿墙构造柱的连接，按陕02G01-1第23~25页施工。

8.5 出屋面构造柱的连接，按陕02G01-1第26页施工。

8.6 构造柱必须先砌墙后浇柱。

9 墙构造

9.1 墙体配筋按陕02G01-1第62或63、64页详图施工。

9.2 后砌的非承重砌体隔墙与承重墙、板的拉结，按陕02G01-1第70页施工。

9.3 底层墙体门窗洞口处防裂缝措施，按陕02G01-1第57页详图施工。

9.4 四层以上墙体门窗洞口处防裂缝措施，按陕02G01-1第58页详图施工。

9.5 五层以上的两端山墙及两端第一开间的内外纵墙沿墙高每隔500 mm设2Φ6通长配筋。

9.6 顶层楼、电梯间的横墙和外墙按陕02G01-1第55页加强，7~9度时其他各层楼梯间墙体应在休息平台或楼层半高处设置60 mm厚的钢筋砼带或配筋砖带，其砂浆强度等级不应低于M7.5，纵向钢筋不应少于2Φ10。

9.7 凸出屋顶的楼、电梯间，构造柱应伸到顶部，并与顶部圈梁连接，内外墙交接处应沿墙每隔500 mm设2Φ6通长拉结钢筋。

9.8 8度时，外墙转角及内外墙交接处，应沿墙高每隔500 mm设2Φ6通长钢筋，做法参考陕02G01-1第12~17页施工。

9.9 砌体施工中，应配合建施图将固定门窗的埋件预先埋入墙体内；配合设施图埋入各种管线，防止在砌好的墙体上打洞、凿槽。

10 其他

10.1 悬挑构件的上部钢筋严禁踩踏，浇灌混凝土以前必须对钢筋进行修整，合格后方可浇灌混凝土。

10.2 悬挑构件的支撑必须待混凝土强度等级达到设计强度的100%，且上部结构施工完一层后（或屋面施工完成后），方可拆除。

10.3 施工中必须密切配合建施、水施、电施、设施等有关图纸施工。如配合建施的楼梯栏杆、钢梯、吊顶、门窗安装等设置埋件或预留孔洞，电施的预埋线、防雷装置、接地线，水施和设施中的预埋管及预留洞。

10.4 对湿陷性黄土场地的建筑物和管道应按《湿陷性黄土地区建筑规范》（GB 50025—2004）第9章有关规定进行维护和检修。

10.5 所有外露铁件均涂红丹二度、色漆二度。

10.6 本说明与施工图有出入者，应以施工图为准。

10.7 节点详图应与建施校核无误后，方可施工。

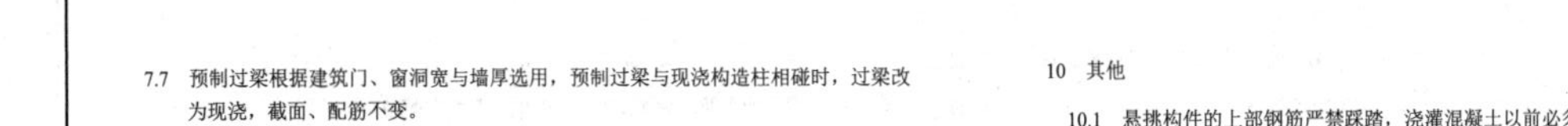
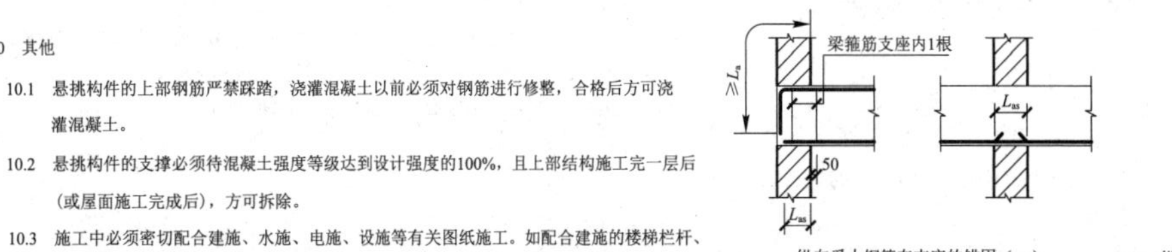
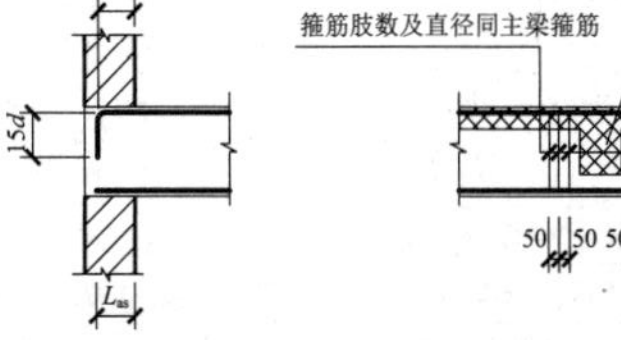
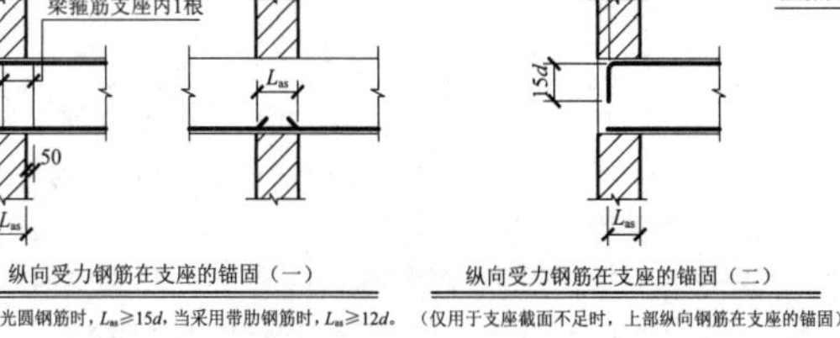

纵向受力钢筋在支座的锚固（一）

当采用光圆钢筋时，$L_m≥15d$，当采用带肋钢筋时，$L_m≥12d$。

纵向受力钢筋在支座的锚固（二）

（仅用于支座截面不足时，上部纵向钢筋在支座的锚固）

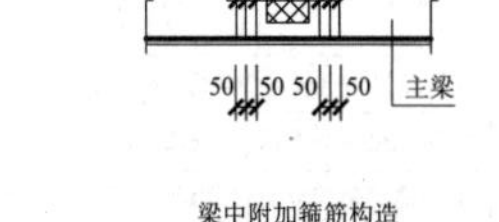
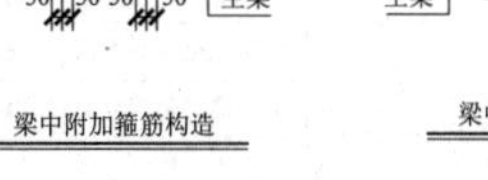

梁中附加箍筋构造

梁中附加吊筋构造

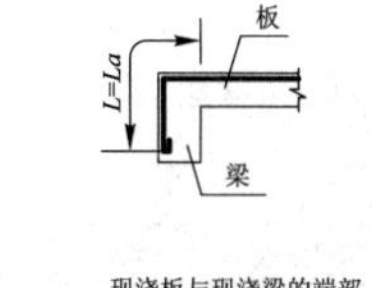

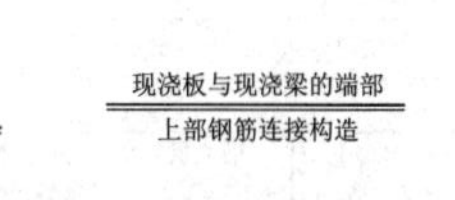
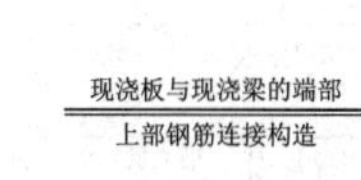
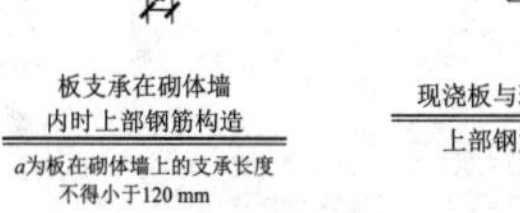

梁中附加吊筋构造

悬挑梁端部支承次梁的构造

板支承在砌体墙内时上部钢筋构造

a为板在砌体墙上的支承长度不得小于120 mm

现浇板与现浇梁的端部上部钢筋连接构造

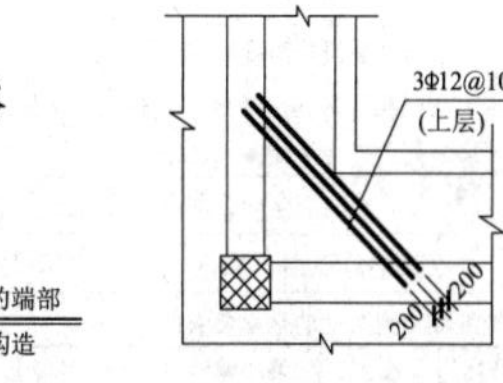
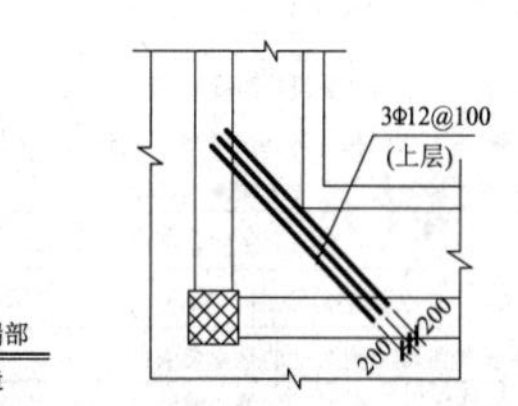
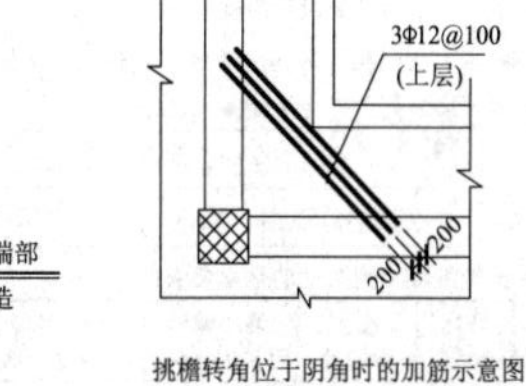

挑檐转角位于阴角时的加筋示意图

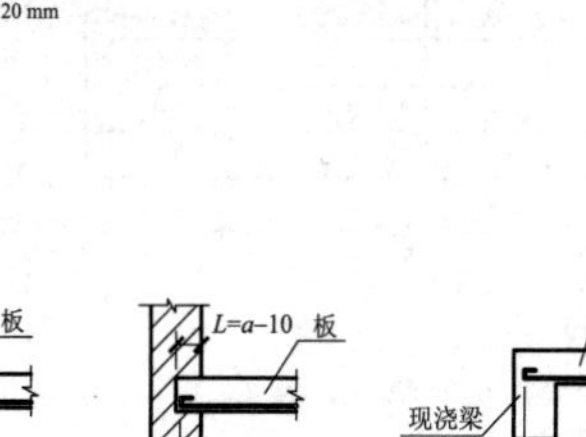
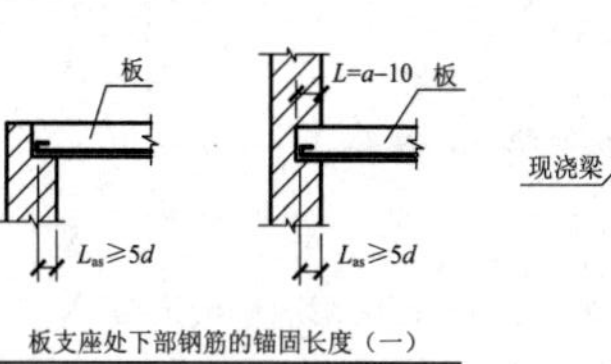
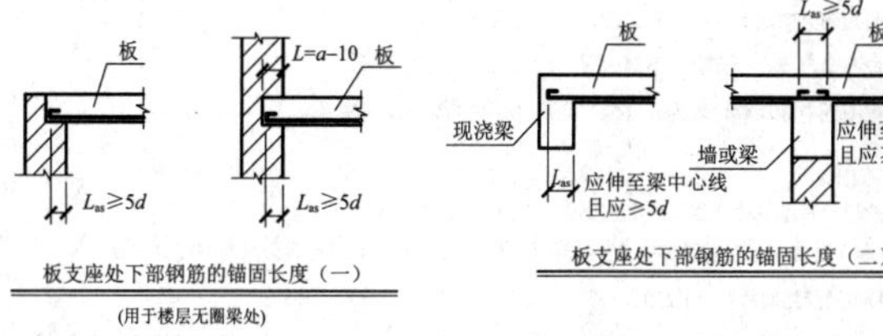
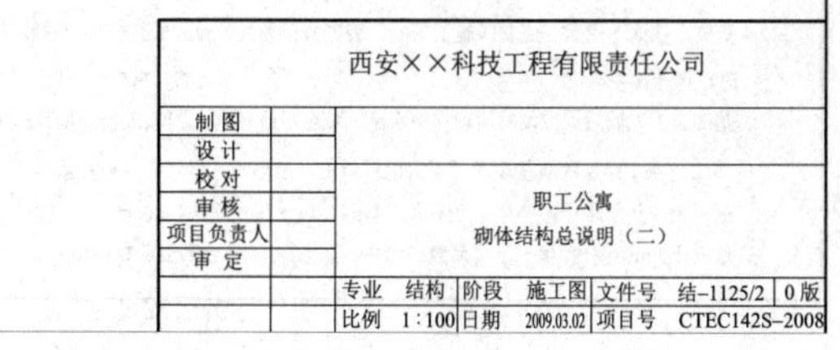

板支座处下部钢筋的锚固长度（一）

（用于楼层无圈梁处）

板支座处下部钢筋的锚固长度（二）

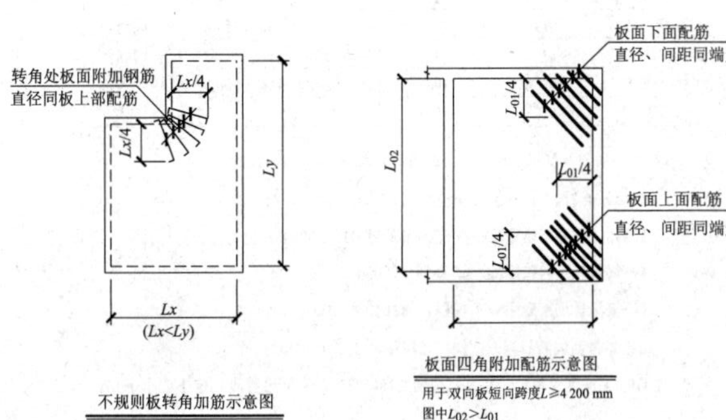

不规则板转角加筋示意图

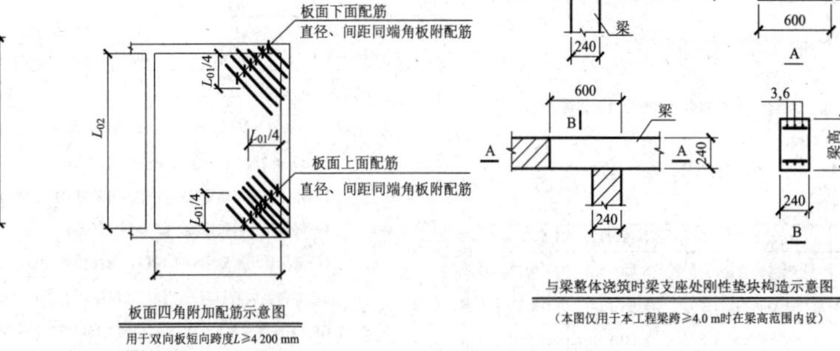

板面四角附加配筋示意图

用于双向板短向跨度L≥4 200 mm

图中$L_{02}>L_{01}$

与梁整体浇筑时梁支座处刚性垫块构造示意图

（本图仅用于本工程梁跨≥4.0 m时在梁高范围内设）

西安××科技工程有限责任公司							
制图		职工公寓 砌体结构总说明（二）					
设计							
校对							
审核							
项目负责人							
审定							
	专业	结构	阶段	施工图	文件号	结-1125/2	0版
	比例	1∶100	日期	2009.03.02	项目号	CTEC142S-2008	

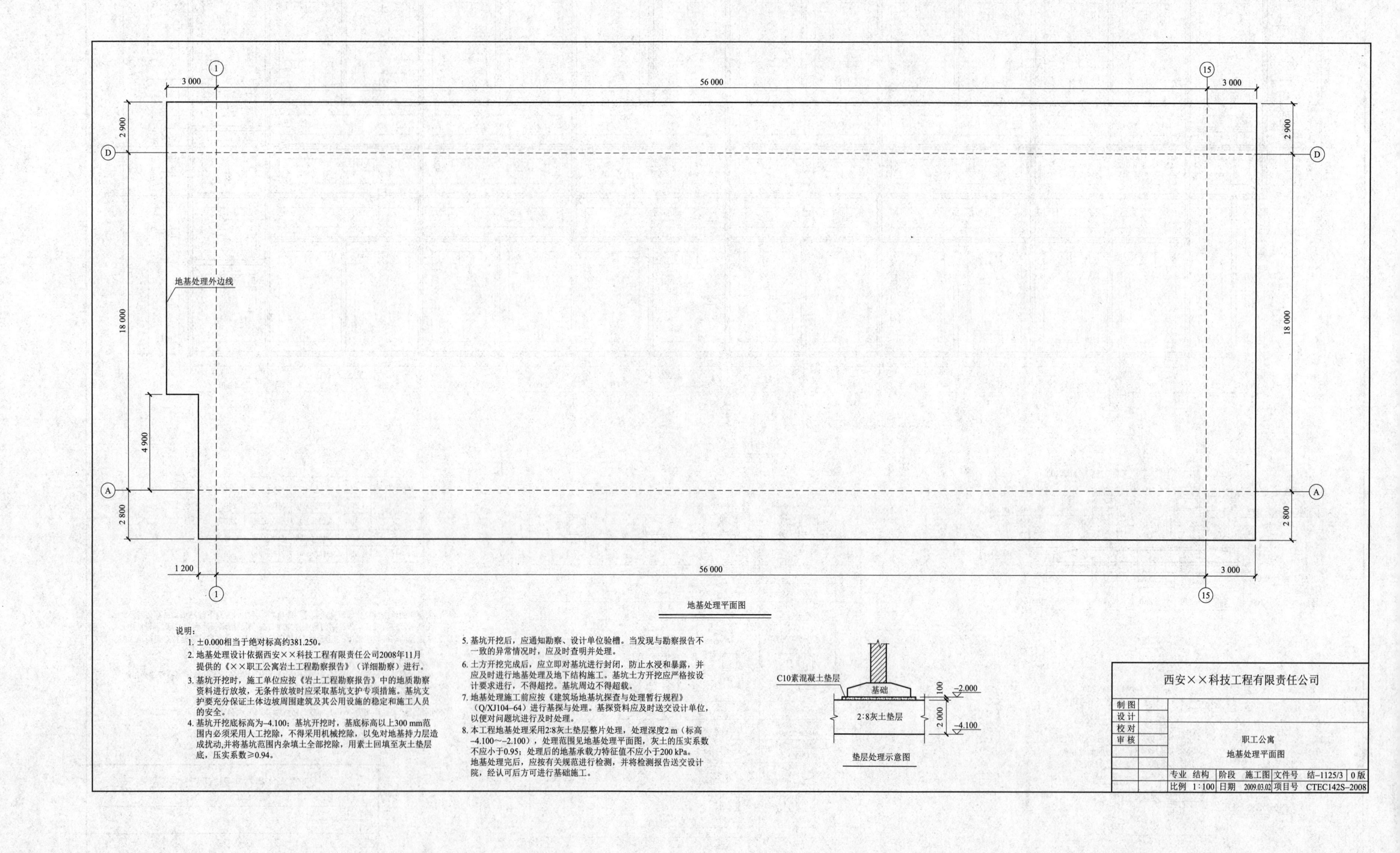
3 000
56 000
3 000
2 900
18 000
4 900
2 800
1 200
D
A
1
15
地基处理外边线
地基处理平面图
说明：
1. ±0.000相当于绝对标高约381.250。
2. 地基处理设计依据西安××科技工程有限责任公司2008年11月提供的《××职工公寓岩土工程勘察报告》（详细勘察）进行。
3. 基坑开挖时，施工单位应按《岩土工程勘察报告》中的地质勘察资料进行放坡，无条件放坡时应采取基坑支护专项措施。基坑支护要充分保证土体边坡周围建筑及其公用设施的稳定和施工人员的安全。
4. 基坑开挖底标高为–4.100；基坑开挖时，基底标高以上300 mm范围内必须采用人工挖除，不得采用机械挖除，以免对地基持力层造成扰动,并将基坑范围内杂填土全部挖除，用素土回填至灰土垫层底，压实系数≥0.94。
5. 基坑开挖后，应通知勘察、设计单位验槽。当发现与勘察报告不一致的异常情况时，应及时查明并处理。
6. 土方开挖完成后，应立即对基坑进行封闭，防止水浸和暴露，并应及时进行地基处理及地下结构施工。基坑土方开挖应严格按设计要求进行，不得超挖。基坑周边不得超载。
7. 地基处理施工前应按《建筑场地基坑探查与处理暂行规程》（Q/XJ104–64）进行基探与处理。基探资料应及时送交设计单位，以便对问题坑进行及时处理。
8. 本工程地基处理采用2:8灰土垫层整片处理，处理深度2 m（标高–4.100～–2.100），处理范围见地基处理平面图，灰土的压实系数不应小于0.95；处理后的地基承载力特征值不应小于200 kPa。地基处理完后，应按有关规范进行检测，并将检测报告送交设计院，经认可后方可进行基础施工。
C10素混凝土垫层
基础
2:8灰土垫层
100
2 000
–2.000
–4.100
垫层处理示意图
西安××科技工程有限责任公司
制 图
设 计
校 对
审 核
职工公寓
地基处理平面图
专业 结构
阶段 施工图
文件号 结–1125/3
0 版
比例 1:100
日期 2009.03.02
项目号 CTEC142S–2008

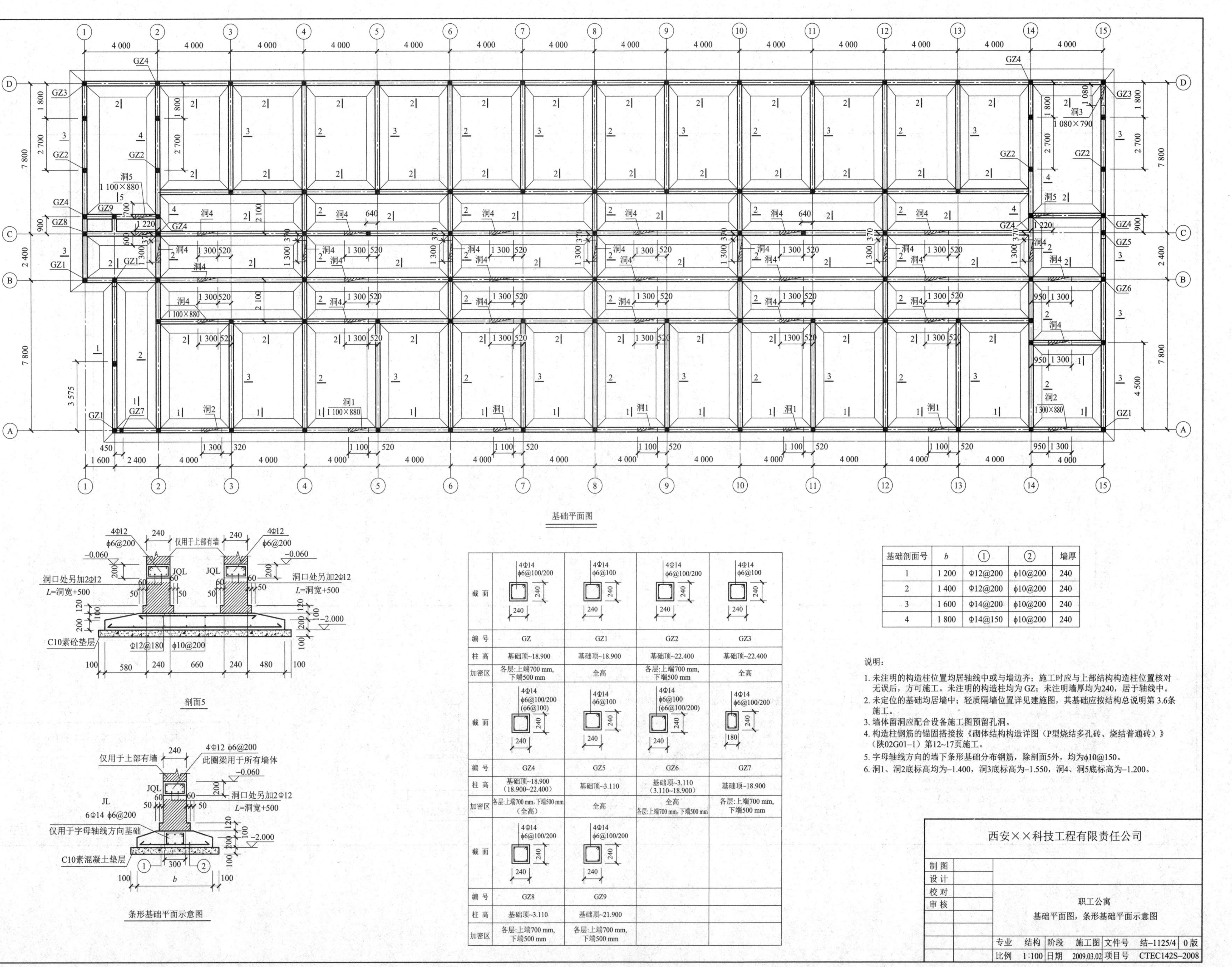
基础平面图
剖面5
4Φ12
φ6@200
仅用于上部有墙
JQL
洞口处另加2Φ12
L=洞宽+500
C10素砼垫层
Φ12@180
φ10@200
−0.060
−2.000
条形基础平面示意图
4Φ12 φ6@200
此圈梁用于所有墙体
仅用于字母轴线方向基础
JL
6Φ14 φ6@200
C10素混凝土垫层
编号 GZ GZ1 GZ2 GZ3
柱高 基础顶~18.900 基础顶~18.900 基础顶~22.400 基础顶~22.400
加密区 各层:上端700 mm,下端500 mm 全高 各层:上端700 mm,下端500 mm 全高
编号 GZ4 GZ5 GZ6 GZ7
柱高 基础顶~18.900(18.900~22.400) 基础顶~3.110 基础顶~3.110(3.110~18.900) 基础顶~18.900
加密区 各层:上端700 mm,下端500 mm(全高) 全高 全高 各层:上端700 mm,下端500 mm 各层:上端700 mm,下端500 mm
编号 GZ8 GZ9
柱高 基础顶~3.110 基础顶~21.900
加密区 各层:上端700 mm,下端500 mm 各层:上端700 mm,下端500 mm
基础剖面号 b ① ② 墙厚
1 1 200 Φ12@200 φ10@200 240
2 1 400 Φ12@200 φ10@200 240
3 1 600 Φ14@200 φ10@200 240
4 1 800 Φ14@150 φ10@200 240
说明:
1. 未注明的构造柱位置均居轴线中或与墙边齐;施工时应与上部结构构造柱位置核对无误后,方可施工。未注明的构造柱均为GZ;未注明墙厚均为240,居于轴线中。
2. 未定位的基础均居墙中;轻质隔墙位置详见建施图,其基础应按结构总说明第3.6条施工。
3. 墙体留洞应配合设备施工图预留孔洞。
4. 构造柱钢筋的锚固搭接按《砌体结构构造详图(P型烧结多孔砖、烧结普通砖)》(陕02G01−1)第12~17页施工。
5. 字母轴线方向的墙下条形基础分布钢筋,除剖面5外,均为φ10@150。
6. 洞1、洞2底标高均为−1.400,洞3底标高为−1.550,洞4、洞5底标高为−1.200。
西安××科技工程有限责任公司
制图
设计
校对
审核
职工公寓
基础平面图,条形基础平面示意图
专业 结构 阶段 施工图 文件号 结−1125/4 0版
比例 1:100 日期 2009.03.02 项目号 CTEC142S−2008

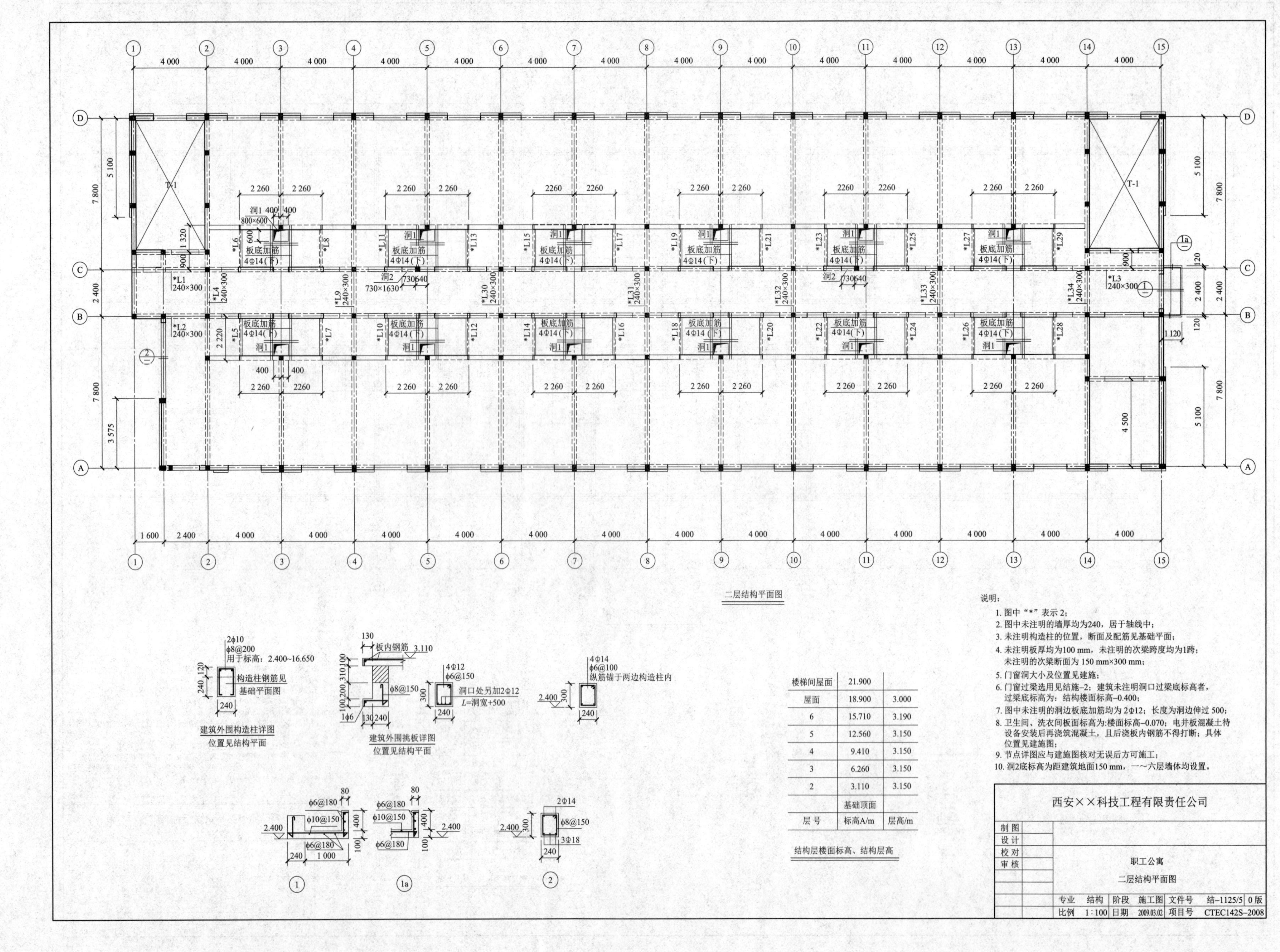

楼梯间屋面	21.900	
屋面	18.900	3.000
6	15.710	3.190
5	12.560	3.150
4	9.410	3.150
3	6.260	3.150
2	3.110	3.150
	基础顶面	
层号	标高A/m	层高/m

结构层楼面标高、结构层高

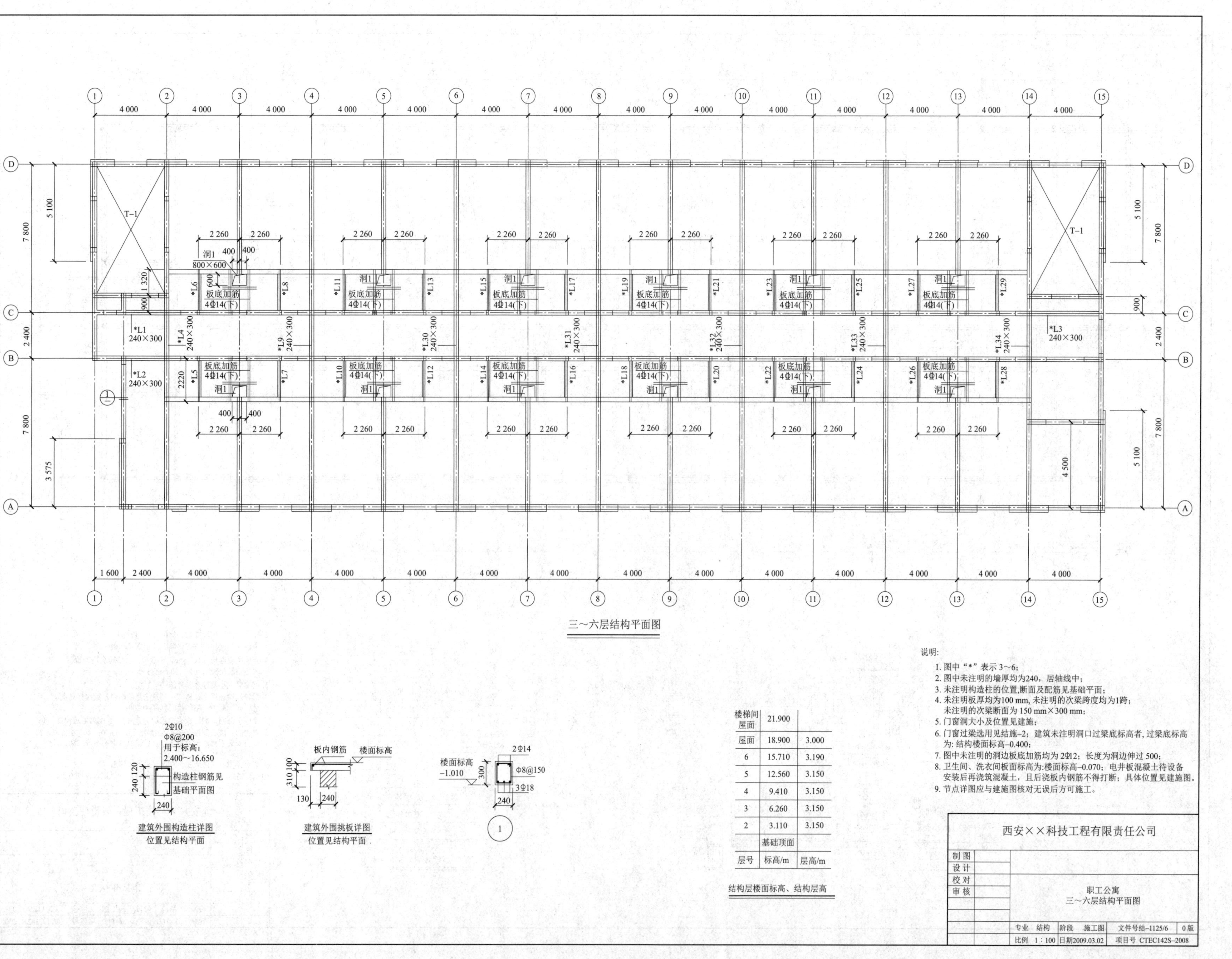

层号	标高/m	层高/m
楼梯间屋面	21.900	
屋面	18.900	3.000
6	15.710	3.190
5	12.560	3.150
4	9.410	3.150
3	6.260	3.150
2	3.110	3.150
	基础顶面	

结构层楼面标高、结构层高

说明:

1. 图中“*”表示3～6;
2. 图中未注明的墙厚均为240，居轴线中;
3. 未注明构造柱的位置,断面及配筋见基础平面;
4. 未注明板厚均为100 mm, 未注明的次梁跨度均为1跨;
   未注明的次梁断面为150 mm×300 mm;
5. 门窗洞大小及位置见建施;
6. 门窗过梁选用见结施-2；建筑未注明洞口过梁底标高者，过梁底标高为：结构楼面标高-0.400;
7. 图中未注明的洞边板底加筋均为2Φ12；长度为洞边伸过500;
8. 卫生间、洗衣间板面标高为:楼面标高-0.070；电井板混凝土待设备安装后再浇筑混凝土，且后浇板内钢筋不得打断；具体位置见建施图。
9. 节点详图应与建施图核对无误后方可施工。

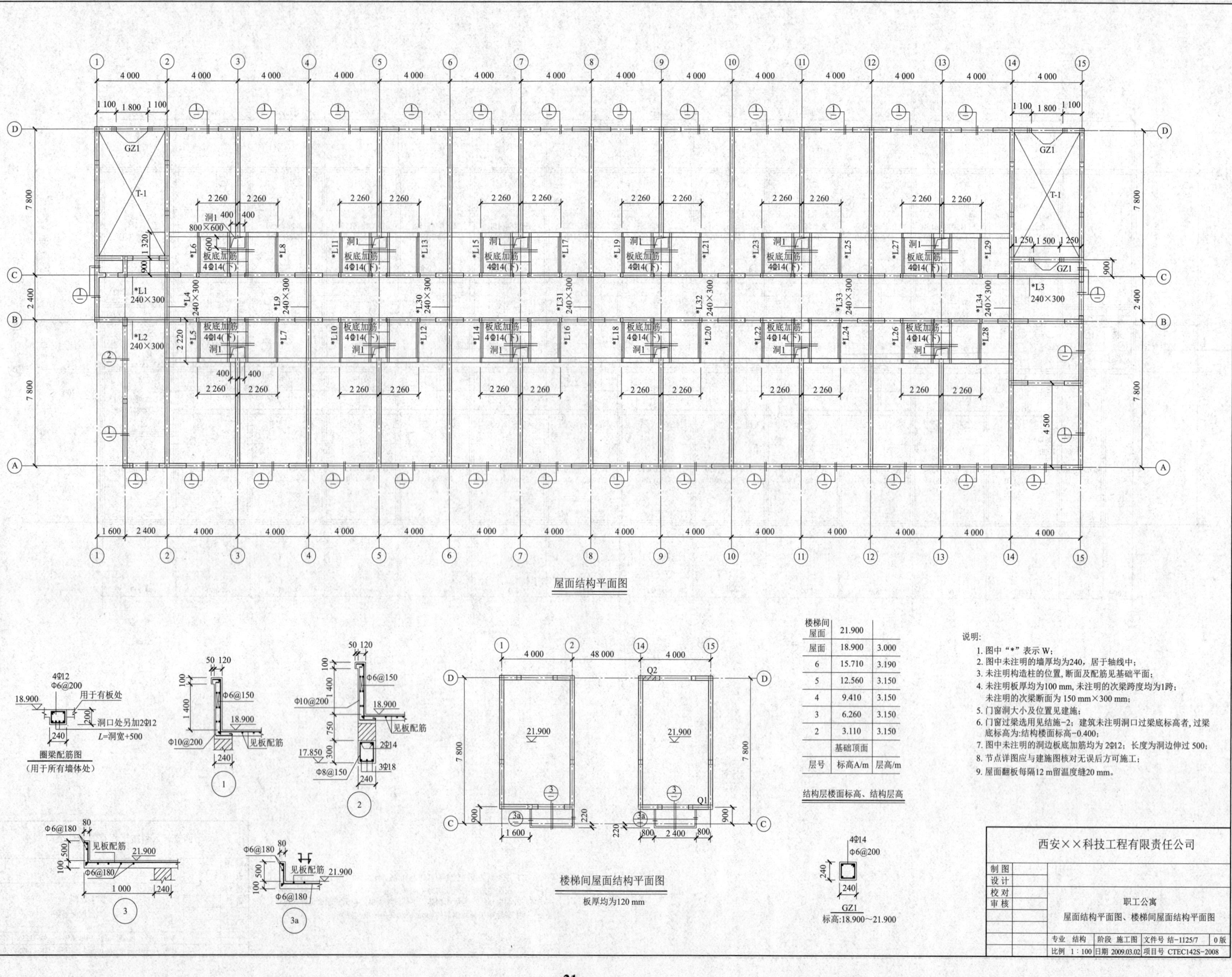
屋面结构平面图
楼梯间屋面结构平面图
板厚均为120 mm
圈梁配筋图
(用于所有墙体处)
4Φ12
Φ6@200
用于有板处
洞口处另加2Φ12
L=洞宽+500
见板配筋
GZ1
标高:18.900～21.900
楼梯间屋面 21.900
屋面 18.900 3.000
6 15.710 3.190
5 12.560 3.150
4 9.410 3.150
3 6.260 3.150
2 3.110 3.150
基础顶面
层号 标高A/m 层高/m
结构层楼面标高、结构层高
说明:
1. 图中“*”表示W;
2. 图中未注明的墙厚均为240，居于轴线中;
3. 未注明构造柱的位置，断面及配筋见基础平面;
4. 未注明板厚均为100 mm，未注明的次梁跨度均为1跨;
未注明的次梁断面为150 mm×300 mm;
5. 门窗洞大小及位置见建施;
6. 门窗过梁选用见结施-2；建筑未注明洞口过梁底标高者，过梁底标高为:结构楼面标高-0.400;
7. 图中未注明的洞边板底加筋均为2Φ12；长度为洞边伸过500;
8. 节点详图应与建施图核对无误后方可施工;
9. 屋面翻板每隔12 m留温度缝20 mm。
西安××科技工程有限责任公司
制图
设计
校对
审核
职工公寓
屋面结构平面图、楼梯间屋面结构平面图
专业 结构 阶段 施工图 文件号 结-1125/7 0版
比例 1:100 日期 2009.03.02 项目号 CTEC142S-2008

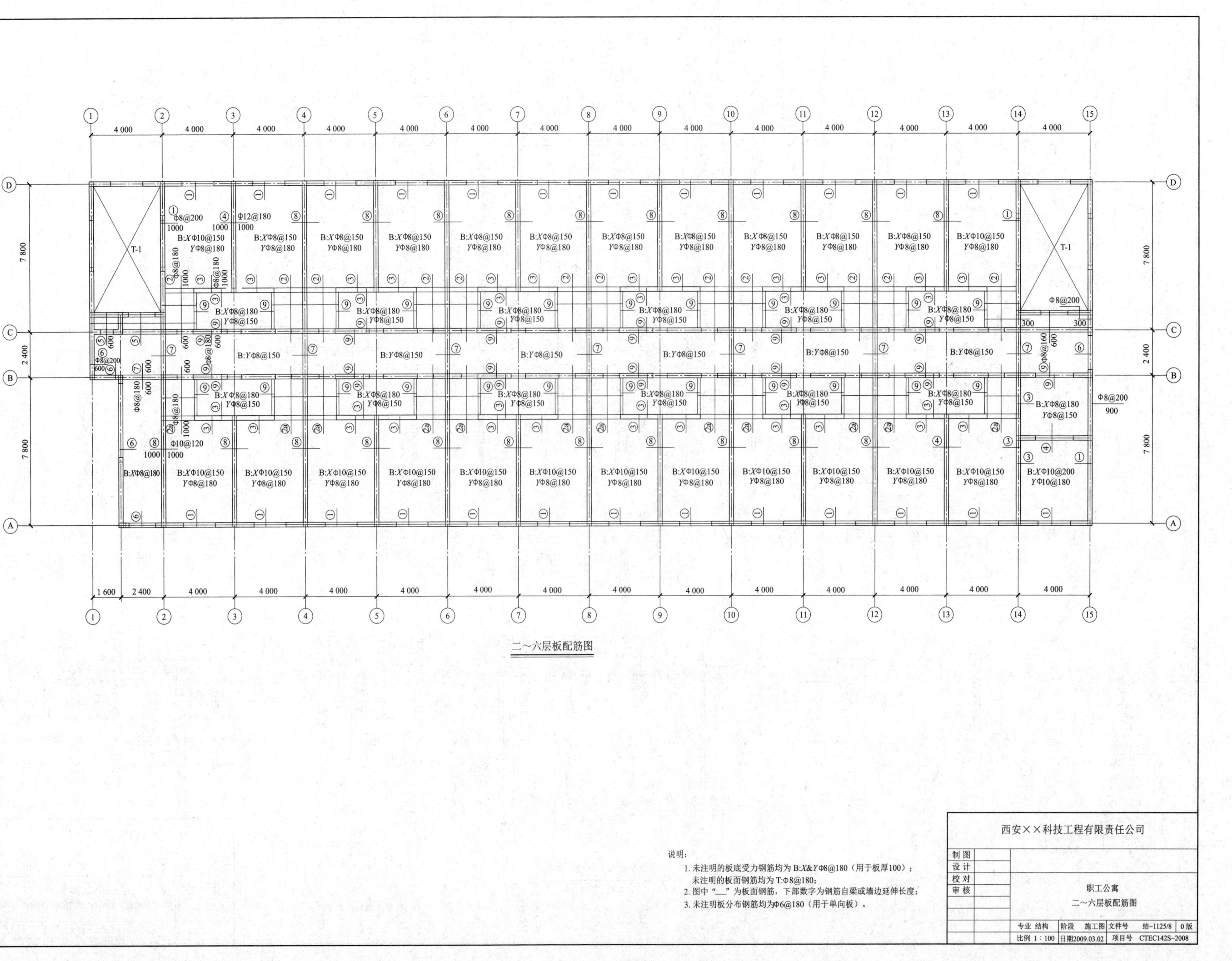

二~六层板配筋图

说明：

1. 未注明的板底受力钢筋均为 B:X&YΦ8@180（用于板厚100）；
   未注明的板面钢筋均为 T:Φ8@180；
2. 图中"—"为板面钢筋，下部数字为钢筋自梁或墙边延伸长度；
3. 未注明板分布钢筋均为Φ6@180（用于单向板）。

西安××科技工程有限责任公司					
制 图		职工公寓 二~六层板配筋图			
设 计					
校 对					
审 核					
专业 结构	阶段 施工图	文件号	结-1125/8	0版	
比例 1 : 100	日期2009.03.02	项目号	CTEC142S-2008		

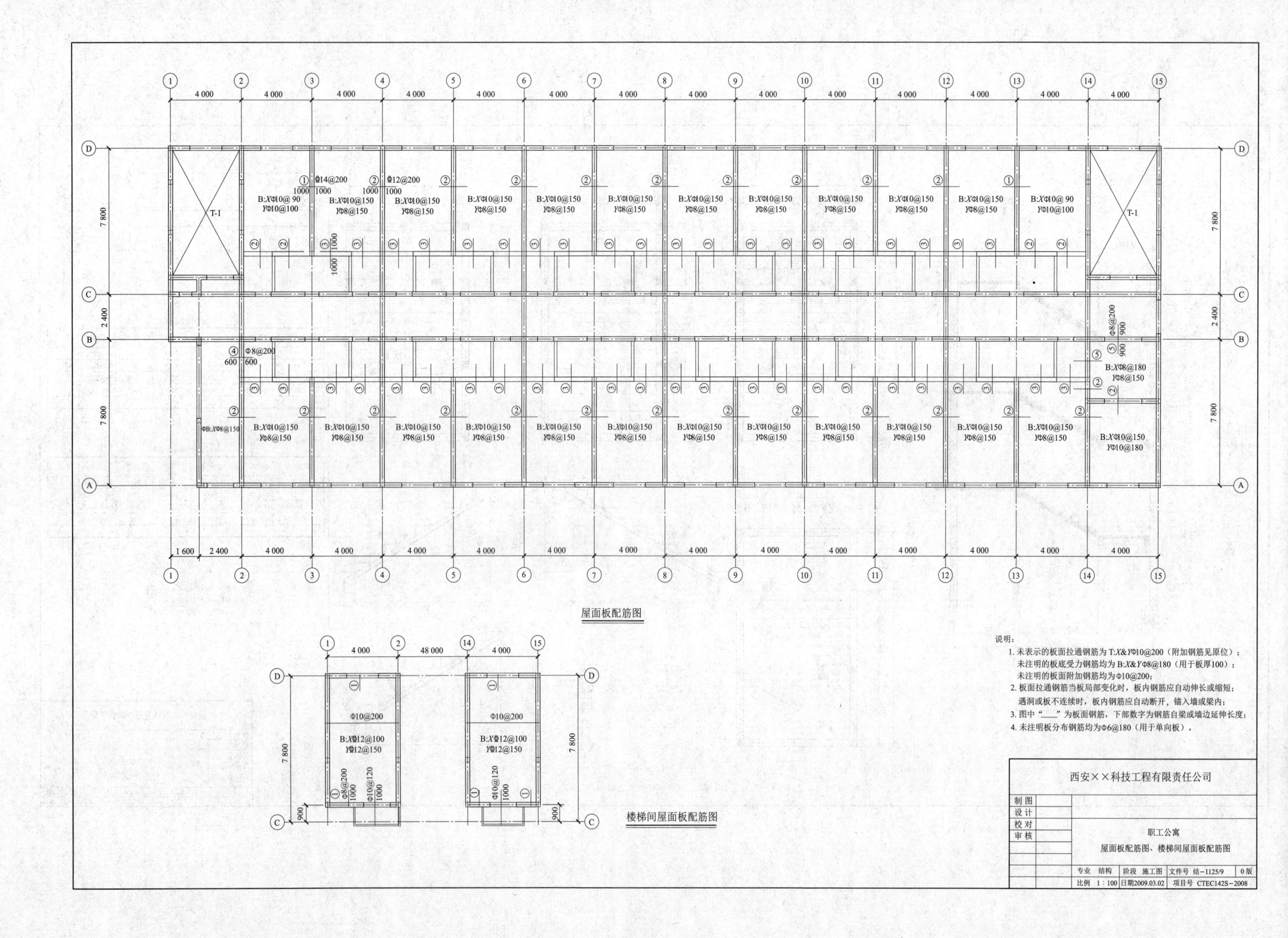
屋面板配筋图
楼梯间屋面板配筋图
说明：
1. 未表示的板面拉通钢筋为T:X&YΦ10@200（附加钢筋见原位）；
未注明的板底受力钢筋均为B:X&YΦ8@180（用于板厚100）；
未注明的板面附加钢筋均为Φ10@200；
2. 板面拉通钢筋当板局部变化时，板内钢筋应自动伸长或缩短；
遇洞或板不连续时，板内钢筋应自动断开，锚入墙或梁内；
3. 图中“____”为板面钢筋，下部数字为钢筋自梁或墙边延伸长度；
4. 未注明板分布钢筋均为Φ6@180（用于单向板）。
西安××科技工程有限责任公司
制图
设计
校对
审核
职工公寓
屋面板配筋图、楼梯间屋面板配筋图
专业 结构 阶段 施工图 文件号 结-1125/9 0版
比例 1：100 日期2009.03.02 项目号 CTEC142S-2008

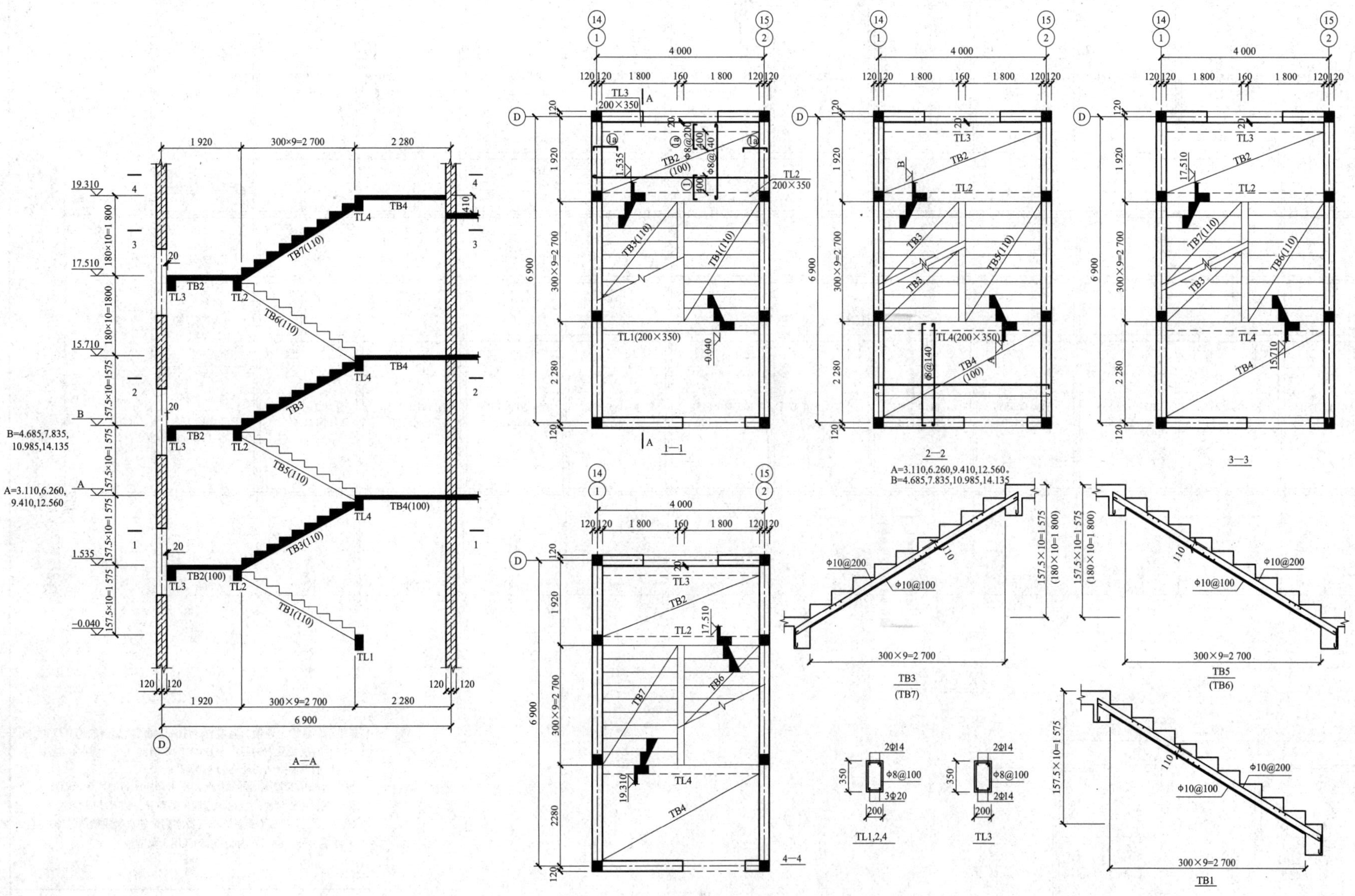

A—A

1—1

2—2

A=3.110,6.260,9.410,12.560。
B=4.685,7.835,10.985,14.135

3—3

4—4

TB3
(TB7)

TB5
(TB6)

TB1

TL1,2,4

TL3

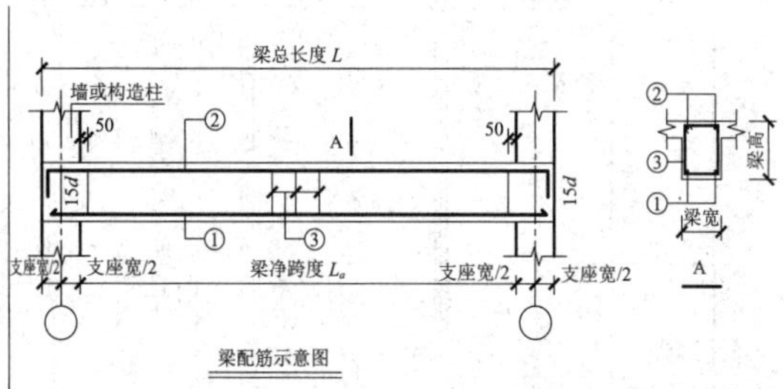

梁配筋示意图

二～六层结构平面梁配筋表

梁编号	梁断面	梁总长度 L/mm	①号钢筋	②号钢筋	③号钢筋	备 注
L1,2	240×300	2 640	2Φ16	2Φ14	Φ8@200(2)	
L3	240×300	4 240	2Φ18	2Φ14	Φ8@200(2)	
L4,9,30~34	240×300	2 640	2Φ16	2Φ14	Φ8@200(2)	
L5~8,10~29	150×300	2 340	2Φ14	2Φ12	Φ6@150(2)	

屋面结构平面梁配筋表

梁编号	梁断面	梁总长度 L/mm	①号钢筋	②号钢筋	③号钢筋	备 注
L1,2	240×300	2 640	2Φ16	2Φ14	Φ8@200(2)	
L3	240×300	4 240	2Φ18	2Φ14	Φ8@200(2)	
L4,9,30~34	240×300	2 640	2Φ16	2Φ14	Φ8@200(2)	
L5~8,10~29	150×300	2 340	2Φ14	2Φ12	Φ6@150(2)	

说明：

1. 未注明的板内钢筋均为Φ8@180。
2. 楼梯栏杆应配合建施图施工。
3. 未注明的分布筋为Φ6@170。

西安××科技工程有限责任公司							
制图		职工公寓 T-1详图、梁配筋示意图					
设计							
校对							
审核							
专业	结构	阶段	施工图	文件号	结-1125/10	0版	
比例	1：100	日期	2009.03.02	项目号	CTEC142S-2008		